前言

電腦視覺是目前最熱門的研究領域之一，OpenCV-Python 整合了 OpenCV C++ API 和 Python 的最佳特性，成為電腦視覺領域內極具影響力和實用性的工具。

近年來，我深耕電腦視覺領域，從事課程研發工作，在該領域，尤其是 OpenCV-Python 方面累積了一些經驗，因此經常會收到與該領域相關的諮詢，內容涵蓋影像處理的基礎知識、OpenCV 工具的使用、深度學習的具體應用等多個方面。為了更進一步地把累積的知識以圖文的形式分享給大家，我對該領域的基礎知識進行了系統的整理，撰寫了本書。希望本書的內容能夠為大家在電腦視覺方面的學習提供幫助。

✿ 本書的主要內容

本書對電腦視覺涉及的基礎知識進行了全面、系統、深入的整理，旨在幫助讀者快速掌握該領域的核心基礎知識。全書包含 5 個部分，40 餘個電腦視覺經典案例，主要內容如下。

第 1 部分　基礎知識導讀篇

本部分對電腦視覺領域的基礎內容進行了系統的整理，以幫助初學者快速入門。本部分主要包含以下三方面內容：

- 數位影像基礎（第 1 章）
- Python 基礎（第 2 章）
- OpenCV 基礎（第 3 章）

第 2 部分　基礎案例篇

本部分主要為使用 OpenCV-Python 實現影像處理的經典案例，主要包含：

- 影像加密與解密（第 4 章）
- 數位浮水印（第 5 章）
- 物體計數（第 6 章）

- 缺陷檢測（第 7 章）
- 手勢辨識（第 8 章）
- 答題卡辨識（第 9 章）
- 隱身術（第 10 章）
- 以圖搜圖（第 11 章）
- 手寫數字辨識（第 12 章）
- 車牌辨識（第 13 章）
- 指紋辨識（第 14 章）

上述案例採用傳統的影像處理方法解決問題，以幫助讀者理解以下基礎知識：

- 影像前置處理方法（閾值處理、形態學操作、影像邊緣檢測、濾波處理）
- 色彩空間處理
- 邏輯運算（逐位元與、逐位元互斥）
- ROI（感興趣區域）
- 計算影像輪廓
- 特徵值提取、比對
- 距離計算

第 3 部分 機器學習篇

本部分主要對機器學習基礎知識及 K 近鄰模組、SVM 演算法、K 平均值聚類別模組進行了具體介紹。在上述基礎上，使用 OpenCV 機器學習模組實現了下述案例：

- KNN 實現字元（手寫數字、英文字母）辨識（第 16 章）
- 求解數獨影像（第 17 章）
- SVM 數字辨識（第 18 章）
- 行人檢測（第 19 章）
- K 平均值聚類實現藝術畫（第 20 章）

第 4 部分 深度學習篇

本部分介紹了深度學習基礎知識、卷積神經網路基礎知識、深度學習案例。在第 24 章介紹了使用 DNN 模組實現電腦視覺的經典案例，主要有：

- 影像分類
- 物件辨識（YOLO 演算法、SSD 演算法）
- 語義分割
- 實例分割
- 風格遷移
- 姿勢辨識

第 5 部分 人臉辨識篇

本部分對人臉辨識的相關基礎、dlib 函數庫、人臉辨識的典型應用進行了深入介紹。主要案例如下：

- 人臉檢測（第 25 章）
- 人臉辨識（第 26 章）
- 勾勒五官輪廓（第 27 章）
- 人臉對齊（第 27 章）
- 表情辨識（第 28 章）
- 駕駛員疲勞檢測（第 28 章）
- 易容術（第 28 章）
- 年齡和性別辨識（第 28 章）

❖ 本書的主要特點

本書在內容的安排、組織、設計上遵循了以下想法。

1. 適合入門

第 1 部分對電腦視覺的基礎知識進行了全面的整理，主要包括數位影像基礎、Python 基礎、OpenCV 基礎。重點對電腦視覺中用到的基礎理論、演算法、影像處理，Python 程式設計基礎語法，OpenCV 核心函數進行了介紹。該部分內容能夠幫助沒有電腦視覺基礎的讀者快速入門，也能夠幫助有一定電腦視覺基礎的讀者對核心基礎知識進行快速整理。

2. 以案例為載體

按照基礎知識安排的教材的特點在於「相互獨立，完全窮盡」（Mutually Exclusive Collectively Exhaustive，MECE），能夠保證介紹的基礎知識「不重疊，不遺漏」。但是，跟著教材學習可能會存在以下問題：「了解了每一個基礎知識，但在遇到問題時感覺無從下手，不知道該運用哪些基礎知識來解決當前問題。」

基礎知識是一個個小石子，解決問題的想法是能夠把許多石子串起來的繩子。繩子可以指定石子更大的意義和價值，解決問題能夠讓基礎知識得以運用。

本書透過案例來介紹相關基礎知識，儘量避免將案例作為一個孤立的問題來看待，而是更多地考慮基礎知識之間的衡接、組合、應用場景等。舉例來說，本書採用了多種不同的方式來實現手寫數字辨識，以幫助大家更進一步地從不同角度理解和分析問題。本書從案例實戰的角度展開，將案例作為一根線，把所有基礎知識串起來，以幫助讀者理解基礎知識間的關係並將它們組合運用，提高讀者對基礎知識的理解和運用能力。

3. 輕量級實現

儘量以簡單明瞭的方式實現一個問題，以更進一步地幫讀者搞清問題的核心和演算法。用最簡化的方式實現最小可用系統（Minimum Viable Product，MVP），用最低的成本和代價快速驗證和迭代一個演算法，這樣更有利於理解問題、解決問題。在成本最低的前提下，利用現有的資源，以最快的速度行動起來才是最關鍵的。所以，本書盡可能簡化每一個案例，儘量將程式控制在 100 行左右。希望透過這樣的設計，讓讀者更進一步地關注演算法核心。

4. 專注演算法

抽象可以幫助讀者遮蔽無關細節，讓讀者能夠專注於工具的使用，極大地提高工作效率。OpenCV 及很多其他庫提供的函數都是封裝好的，只需要直接把輸入傳遞給函數，函數就能夠傳回需要的結果。因此，本書沒有對函數做過多介紹，而是將重點為實現案例所使用的核心演算法上。

5. 圖解

一圖勝千言。在描述關係、流程等一些相對比較複雜的基礎知識時，單純使用語言描述，讀者一時可能會難以理解。在面對複雜的基礎知識時，有經驗的學習者會根據已有基礎知識繪製一幅與該基礎知識有關的圖，從而進一步理解該基礎知識。因為影像能夠更加清晰、直觀、細緻地將基礎知識的全域、結構、關係、流程、脈絡等訊息本體現出來。本書配有大量精心製作的圖表，希望能夠更進一步地幫助讀者理解相關基礎知識。

6. 案例全面

本書涉及的 40 餘個案例都是相關領域中比較一般來說，涵蓋了電腦視覺領域的核心應用和關鍵基礎知識。案例主要包括四個方面。

- 基礎部分：影像安全（影像加密、影像關鍵部位馬賽克、隱身術）、影像辨識（答題卡辨識、手勢辨識、車牌辨識、指紋辨識、手寫數字辨識）、物體計數、影像檢索、缺陷檢測等。

- 機器學習：KNN 實現字元（手寫數字、英文字母）辨識、數獨影像求解（KNN）、SVM 手寫數字辨識、行人檢測、藝術畫（K 平均值聚類）等。

- 深度學習：影像分類、物件辨識（YOLO 演算法、SSD 演算法）、語義分割、實例分割、風格遷移、姿勢辨識等。

- 人臉辨識相關：人臉檢測、人臉辨識、勾勒五官輪廓、人臉對齊、表情辨識、駕駛員疲勞檢測、易容術、性別和年齡辨識等。

❧ 感謝

首先，感謝我的導師高鐵槓教授，感謝高教授帶我走進了電腦視覺這一領域，以及一直以來給我的幫助。

感謝 OpenCV 開放原始碼庫的所有貢獻者讓 OpenCV 變得更好，讓電腦視覺領域更加精彩。

感謝本書的責任編輯符隆美老師，她積極促成本書的出版，修正了書中的技術性錯誤，並對本書內容進行了潤色。感謝本書的封面設計老師為本書設計了精美的封面。感謝為本書出版而付出辛苦工作的每一位老師。

感謝合作單位天津撥雲諮詢服務有限公司為本書提供資源支援。

感謝家人的愛，我愛你們。

❧ 互動方式

限於本人水準，書中存在很多不足之處，歡迎大家提出寶貴的意見和建議，也非常歡迎大家跟我交流關於 OpenCV 的各種問題，我的電子郵件是 lilizong@gmail.com。

李立宗

目錄

第二部分　基礎案例篇

04　影像加密與解密

05　數位浮水印

06　物體計數

07　缺陷檢測

13 車牌辨識

14 指紋辨識

第三部分　機器學習篇

15 機器學習導讀

第四部分　深度學習篇

第五部分　人臉辨識篇

25 人臉檢測

26 人臉辨識

27 dlib 函數庫

28 人臉辨識應用案例

A 參考文獻

B 參考網址

第一部分
基礎知識導讀篇

本部分對電腦視覺的基礎知識進行介紹，主要包含數位影像基礎、Python 基礎、OpenCV 基礎三方面內容。

數位影像基礎

本章將介紹影像處理過程中的一些基本概念和方法。希望透過學習本章內容，讀者能夠對影像處理有一個基本認識，為後續學習打下基礎。

相比於直觀的資料處理，影像處理更抽象和複雜。因為在處理資料時，我們和電腦處理的是同一個物件——「資料」。與處理資料相比，處理影像的情況稍顯複雜。我們擅長理解影像，而電腦擅長理解數值。在處理影像時，我們要把影像轉換為數值，再交給電腦來處理。這意味著，我們要從自身擅長的領域，轉戰到我們不太擅長的領域。我們要把自己擅長理解的影像，轉換為枯燥無味的數值，然後讓電腦處理這些數值，最後讓電腦把處理好的數值轉換為影像交給我們。該過程是影像處理的核心內容。

這個過程中的核心問題是如何處理影像對應的資料。在解決這個問題之前，要解決的另一個核心問題是怎樣把影像轉換為數值（提取特徵）。

▌ 1.1 影像表示基礎

本節將介紹影像的表示法。很多演算法的思想都來自生活實踐，影像處理演算法及表示也是如此。從現實生活的角度去理解演算法，能夠幫助我們快速地理解演算法的含義及實現思路。對於很多非常抽象的演算法、概念，如果只去理解其本身，那麼可能百思而不得其解。但是，如果從思想來源入手，找到其在生活中對應的實例，那麼將能快速理解其內涵並對其進行應用。

1.1.1 藝術與生活

小時候，我經常用瓜子擺一個小動物或者幾個簡單的字。在生活中，也可以看到類似的作品。例如，很多人會在家裡繡制十字繡。我堂姐曾繡制了一幅百壽圖，該繡品由一百個不同字型的「壽」字組成，飽含著她對父母健康長壽的期望。有些大學生在軍訓或者畢業時，透過站成不同的佇列，來組成表達他們感情的文字，在經過組織後還可以實現不同文字內容的切換，從而實現動畫效果。如今，越來越多的藝術家專注於像素藝術畫的創造，他們用各種素材（如鍵盤的鍵帽等）拼湊出具有較好藝術價值的人像，如讓許多人在廣場上排列出瑪麗蓮‧夢露的肖像。

上述影像都是由一個個不同顏色的物件組成的。

數位影像的儲存、顯示與十字繡等作品的製作具有異曲同工之妙，數位影像是由一個又一個的點組成的，這些點被稱為像素。

1.1.2 數位影像

電腦使用不同的數值來表示不同的顏色。例如，圖 1-1 左側是一幅二值影像，該影像是由 64 個像素點組成的，這些像素點分為兩種顏色，即黑色和白色。該影像在被儲存到電腦中時，白色的像素點被儲存為"1"，黑色的像素點被儲存為 "0"，如圖 1-1 右側圖所示。在將右側資料從電腦內讀取出來顯示時，數值 "0" 被顯示為黑色像素點，數值 "1" 被顯示為白色像素點，如圖 1-1 左側影像所示。

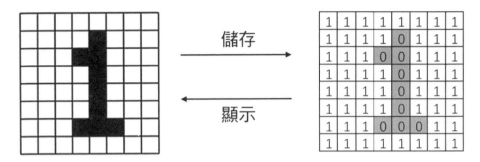

▲圖 1-1 二值影像範例

　　在圖 1-1 中，僅僅有 8×8 個像素點，比較簡單，通常用來表示數字、字母等簡單資訊，被廣泛應用在儀表板等場景下。如果影像包含更多像素點，那麼影像將能夠呈現更細微的變化與差別。例如，圖 1-2 的左側影像，在電腦中可以儲存為如圖 1-2 右側影像所示的形式。圖 1-2 左側影像包含 512×512 個像素點，用由 512×512 個 0 和 1 組成的一個矩陣來表示。由於 512×512 個 0 和 1 無法直接在書中表現，因此選取圖 1-2 左側影像的部分區域進行說明。從圖 1-2 左側影像中，選取一個 9 像素×9 像素大小的區域，其在電腦內的儲存形式如圖 1-2 右側影像所示；在需要顯示時，可以從電腦中讀取圖 1-2 右側影像所示資料，其將顯示為圖 1-2 左側影像形式。

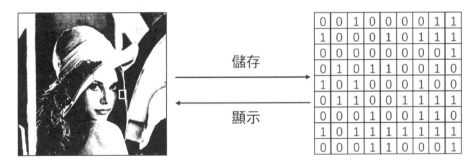

▲圖 1-2 影像顯示

　　透過觀察可以發現，表示一幅影像的像素點越多，影像呈現的細節資訊越豐富，影像越逼真。這個衡量影像清晰度的重要標準被稱為解析度。

大部分的情況下，影像的解析度越高，單位面積內所包含的像素點越多，影像越清晰。

　　二值影像僅僅能夠表示黑白兩種顏色，色彩比較單一，因此呈現的資訊不夠豐富。如果使用更多的顏色來呈現影像，就可以讓影像具有更豐富的層次。例如，圖 1-3 左側影像不再僅有黑白兩種顏色，而是具有更多的灰階級。圖 1-3 左側影像的色彩如圖 1-3 右側影像所示，除了純黑、純白還包含非常多不同程度的灰色。

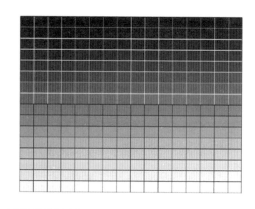

▲ 圖 1-3　影像色彩範圍

　　大部分的情況下，使用一個位元組，即 8 個二進位位元，來表示一個像素點。一個 8 位元的二進位數字能夠表示的資料範圍是 0000 0000～1111 1111，即 0～2^8，也就是[0,255]。因此使用 8 位元二進位數字能夠表示 256 種不同的顏色，這裡的顏色為黑、白、灰三種。

　　二值影像指僅具有黑色、白色兩種不同顏色的影像。上述具有更多灰階級的影像被稱為灰階影像。

　　一般情況下，使用灰階級來表示色彩的範圍，使用 8 位元二進位數字表示的灰階影像具有 256 個灰階級。

　　通常所説的灰階影像，是指上述具有 256 個灰階級的影像。一般用 8 位元二進位數字表示的灰階影像，被稱為 8 位元點陣圖。

在灰階影像中，使用數值 "0" 表示純黑色，使用數值 "255" 表示純白色，使用其他值分別表示不同程度的灰色。數值越小，灰階越深；數值越大，灰階越淺。灰階值與色彩示意圖如圖 1-4 所示。

0	1	2	3	4	5	6	7	8	9	10	11	12	13	14	15
16	17	18	19	20	21	22	23	24	25	26	27	28	29	30	31
32	33	34	35	36	37	38	39	40	41	42	43	44	45	46	47
48	49	50	51	52	53	54	55	56	57	58	59	60	61	62	63
64	65	66	67	68	69	70	71	72	73	74	75	76	77	78	79
80	81	82	83	84	85	86	87	88	89	90	91	92	93	94	95
96	97	98	99	100	101	102	103	104	105	106	107	108	109	110	111
112	113	114	115	116	117	118	119	120	121	122	123	124	125	126	127
128	129	130	131	132	133	134	135	136	137	138	139	140	141	142	143
144	145	146	147	148	149	150	151	152	153	154	155	156	157	158	159
160	161	162	163	164	165	166	167	168	169	170	171	172	173	174	175
176	177	178	179	180	181	182	183	184	185	186	187	188	189	190	191
192	193	194	195	196	197	198	199	200	201	202	203	204	205	206	207
208	209	210	211	212	213	214	215	216	217	218	219	220	221	222	223
224	225	226	227	228	229	230	231	232	233	234	235	236	237	238	239
240	241	242	243	244	245	246	247	248	249	250	251	252	253	254	255

▲圖 1-4 灰階值與色彩示意圖

例如，在圖 1-5 中，左側影像是由 512×512 個像素點組成的影像。選取其中大小為 9 像素×9 像素的區域，其內部的像素值如圖 1-5 右側影像所示。在儲存影像時，將類似於圖 1-5 中右側影像中的數值儲存在電腦內；在顯示影像時，從電腦中讀取類似於圖 1-5 右側影像的數值，並將不同的數值按照圖 1-4 處理為不同的顏色，最終顯示為圖 1-5 左側影像。

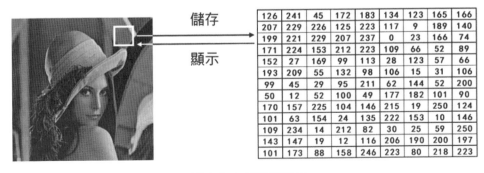

▲圖 1-5 灰階影像範例

1.1.3 二值影像的處理

　　二值影像僅有黑色和白色，因此可以僅使用一個位元來表示一個像素點，用數值 "1" 表示白色，用數值 "0" 表示黑色。

　　在電腦中，位元組是儲存的基本單位。與此相對應，8 位元點陣圖是一種應用最廣泛的影像。因此，在實踐中，為了處理上的方便及一致性，通常用 8 位元點陣圖來表示二值影像。

　　在 8 位元點陣圖組成的灰階影像中，用數值 "255" 表示白色，用數值 "0" 表示黑色，其他數值分別表示深淺不同的灰色。

　　在使用包含 256 個灰階級的 8 位元點陣圖來表示僅包含黑色和白色的二值影像時，用數值 "255" 表示白色，用數值 "0" 表示黑色。在使用包含 256 個灰階級的 8 位元點陣圖來表示的二值影像中，除了數值 "0" 和數值 "255"，不存在其他值。因此圖 1-6 左側影像的表示形式不再使用圖 1-6 中間影像所示的形式，而是使用圖 1-6 右側影像所示的 "0" 和 "255" 的形式。

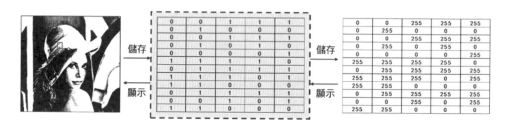

▲ 圖 1-6　二值影像的表示

　　在實踐中，通常會將其他形式的影像（如灰階影像）處理為二值影像再進行運算。一方面是由於二值影像運算更簡單方便，另一方面是由於二值影像能夠保留原始影像（如灰階影像）中的重要特徵資訊。因此，二值影像是影像處理過程中的關鍵影像，在實踐中發揮著非常重要的作用。

1.1.4 像素值的範圍

　　大部分的情況下，採用一個位元組來描述灰階影像中一個像素點的像素值。一個位元組表示的範圍是[0,255]。在處理影像的過程中，像素點的像素值的處理結果可能會超過 255，此時應該如何處理該值呢？

　　先來看看現實生活中的情況。實際上，在顯示資料時，存在如下兩種不同的處理方式。

- 取餘處理：也可以稱為「循環取餘數」。現實生活中的電錶、水錶、機械手表等顯示資料使用的都是取餘處理方式。這些表的終點和起點是重疊的，到達終點後，就是一個新的起點。例如，牆上的掛鐘僅僅能夠顯示 1～12 點，當 13 點時，實際顯示的是 1 點，而非 13 點。電錶、水錶等以機械方式進行計數的表與此類似，在顯示了 "9999" 後，繼續從 "0000" 開始計數。

- 飽和處理：把越界的數值處理為最大值，也被稱為「截斷處理」。汽車儀表板等場景使用的是飽和處理方式。當汽車速度超過儀表板能顯示的最大值時，儀表板顯示的就是最大值，不會從 0 開始重新計數。如果汽車儀表板能顯示的最高值是 200km/h，那麼車速在達到 300km/h 時，汽車儀表板也只能顯示 200km/h。

　　實踐中，上述兩種方式都有廣泛應用。在影像處理過程中，也常採用上述兩種方式對影像的運算結果進行處理。下面以 8 位元點陣圖為例來進行說明。

- 取餘處理：如果像素點的像素值超過 255，則將處理結果對 255 取餘，並將得到的值作為運算結果。當然，在不超過 255 時，取餘與否結果都是自身。如果在進行取餘處理前，某個像素點的像素值為 258，那麼其對 255 取餘得到的結果為 258%255=3，即該像素點的最終像素值為 3。其中，符號 "%" 表示取餘運算。如果在進行取餘處理前，某個像素點的像素值為 251，那麼其對 255 取餘得到的結果為

251%255=251，即得到的結果仍是 251。綜上所述，在取餘處理時，如果某像素點的像素值是 N，那麼其結果為 N％255。具體可以表示為：

$$result = \mod(ov, 255)$$

其中，ov 為原始值，$\mod(a,b)$ 表示將 a 對 b 取餘。

■ 飽和處理：將超過 255 的像素值處理為 255，小於或等於 255 的像素值保持不變。如果在進行飽和處理前，某個像素點的像素值為 258，那麼其將被處理為 255。如果在進行飽和處理前，某個像素點的像素值為 251，小於 255，就不需要進行額外處理，得到的結果仍舊是 251，具體可以表示為：

$$result = \begin{cases} 255 & ov > 255 \\ ov & else \end{cases}$$

其中，ov 表示在進行飽和處理前經過計算得到的需要進行飽和處理的值。

在某些情況下，希望表現像素值更加細膩的差異，不再滿足於僅使用 256 個灰階級來表示顏色。這時，就需要使用更多的二進位位元來表示像素點的像素值。例如，採用 16 個二進位位元來表示一個像素點。此時，影像具有 2^{16}（65536）個灰階級，每一個像素點的像素值範圍是$[0,2^{16}-1]$，共有 2^{16} 種可能值。

在 8 位元點陣圖的灰階影像中，數值 "0" 表示純黑色，數值 "255" 表示純白色；而數值[1,127]表示顏色較深的灰色，數值[128,254]表示顏色較淺的灰色。同樣，在 16 位元點陣圖中，數值 "0" 表示純黑色，數值 "$2^{16}-1$" 表示純白色；而數值 $\left[1, \frac{2^{16}}{2} - 1\right]$ 表示顏色較深的灰色、數值 $\left[\frac{2^{16}}{2}, 2^{16} - 1\right]$ 表示顏色較淺的灰色。8 位元點陣圖和 16 位元點陣圖的顏色示意圖如圖 1-7 所示。

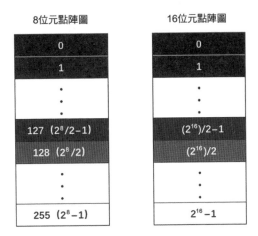

▲ 圖 1-7 8 位元點陣圖和 16 位元點陣圖的顏色示意圖

　　有時需要將針對 8 位元點陣圖進行計算得到的處理結果影像 R 轉換為 16 位元點陣圖。如果在將影像 R 轉換為 16 位元點陣圖後，得到的新的像素值正好均勻分佈在 16 位元點陣圖的範圍[0,2^{16}-1]內，就不需要做任何額外處理了。

　　但是，在實踐中往往會出現需要進行額外處理的情況。例如，在對一個 8 位元點陣圖進行某種運算處理後得到新的影像 R，影像 R 的像素值在[0,1000]內。此時，如果想保留影像 R 內像素值之間的差異，就不能再使用 8 位元點陣圖了。因為 8 位元點陣圖僅能夠表示 256 個灰階級，不能夠完全表現出當前分佈在[0,1000]內的像素值的差異情況。要表現出處理結果中[0,1000]內像素值的差異情況，只能選用 16 位元點陣圖。

　　需要注意的是，在轉換了數值的表示範圍後，要對數值進行合適的處理才能讓影像正常顯示。例如，上述處理結果影像 R 的像素值分佈在[0,1000]範圍內，由於這些像素值都分佈在 16 位元點陣圖的像素值[0,2^{16}-1]範圍中值較小的範圍內，因此對應的是黑色或顏色較深的灰色。此時，需要採用某種方式將上述分佈在[0,1000]內的值調整（映射）到[0,2^{16}-1]範圍內，以讓影像正常顯示，保證後續的處理。像素值的調整方式有長條圖均衡化、歸一化等。

【注意】資料範圍不同導致的影像不能正常顯示,或者不能得到正確處理是一種比較常見的錯誤。

1.1.5 影像索引

簡單來理解,數位影像在電腦中是儲存在一個矩陣(陣列)內的。矩陣中的每個元素都有一個位置值,該位置值用來表示元素所在位置的行號和列號。這個位置通常被稱為索引。例如,在圖 1-8 中,左上角的像素點的索引為(0,0),索引中第 1 個數值 "0" 表示該像素點在第 0 行,第 2 個數值 "0" 表示該像素點在第 "0" 列。

1	1	1	1	1	1	1	1
1	1	1	1	0	1	1	1
1	1	1	0	0	1	1	1
1	1	1	1	0	1	1	1
1	1	1	1	0	1	1	1
1	1	1	1	0	1	1	1
1	1	1	0	0	0	1	1
1	1	1	1	1	1	1	1

(0,0)	(0,1)	(0,2)	(0,3)	(0,4)	(0,5)	(0,6)	(0,7)
(1,0)	(1,1)	(1,2)	(1,3)	(1,4)	(1,5)	(1,6)	(1,7)
(2,0)	(2,1)	(2,2)	(2,3)	(2,4)	(2,5)	(2,6)	(2,7)
(3,0)	(3,1)	(3,2)	(3,3)	(3,4)	(3,5)	(3,6)	(3,7)
(4,0)	(4,1)	(4,2)	(4,3)	(4,4)	(4,5)	(4,6)	(4,7)
(5,0)	(5,1)	(5,2)	(5,3)	(5,4)	(5,5)	(5,6)	(5,7)
(6,0)	(6,1)	(6,2)	(6,3)	(6,4)	(6,5)	(6,6)	(6,7)
(7,0)	(7,1)	(7,2)	(7,3)	(7,4)	(7,5)	(7,6)	(7,7)

▲圖 1-8 像素點的索引表示法

有時還需要使用座標系表示 OpenCV 內的影像的位置。需要注意的是,OpenCV 中影像座標原點在其左上角,該點座標值為(0,0)。自原點向右,x 值不斷增加;自原點向下,y 值不斷增加。OpenCV 中的影像座標如圖 1-9 所示。

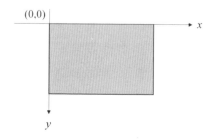

▲圖 1-9 OpenCV 中的影像座標

座標和矩陣的應用場景不同。在運算中，需要額外注意座標和矩陣之間的關係。在影像處理中經常用到影像的行（row）、列（column）、寬度（width）、高度（height）資訊。影像尺度參數示意圖如圖 1-10 所示，由此圖可知這些資訊和我們日常理解的含義沒有差異。

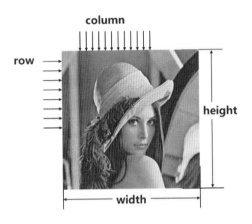

▲ 圖 1-10 影像尺度參數示意圖

1.2 彩色影像的表示

神經生理學實驗發現，視網膜上存的顏色感受器能夠感受三種不同的顏色，即紅色、綠色和藍色，這就是三原色。自然界中常見的各種色光都可以透過將三原色按照一定比例混合得到。從光學角度出發，可以將顏色解析為主波長、純度、明度等；從心理學和視覺角度出發，可以將顏色解析為色調、飽和度、亮度等。通常將上述採用不同方式表述顏色的模式稱為色彩空間（又稱顏色空間、顏色模式等）。

雖然不同的色彩空間具有不同的表示法，但是各種色彩空間之間可以根據需要按公式進行轉換。

在電腦中，RGB 模式是一種被廣泛採用的模式，該模式採用 R（Red，紅色）、G（Green，綠色）、B（Blue，藍色）三個分量來表示不同顏色。R、G、B 分別對應三種顏色分量的大小，每個分量值的範圍都為[0, 255]。

假設有三個油漆桶，裡面分別放著紅色、綠色、藍色三種不同顏色的油漆。從每個油漆桶中取容量為 0～255 個單位的不等量的油漆，將三種油漆混合就可以調配出一種新的顏色。三種油漆經過不同的組合，共可以調配出 256×256×256=16777216 種顏色。

表 1-1 所示為 RGB 值對應的顏色範例。

表 1-1 RGB 值對應的顏色範例

R 值	G 值	B 值	RGB 值	顏色
0	0	0	(0,0,0)	純黑色
255	255	255	(255,255,255)	純白色
255	0	0	(255,0,0)	紅色
0	255	0	(0,255,0)	綠色
0	0	255	(0,0,255)	藍色
114	141	216	(114,141,216)	天藍色
139	69	19	(139,69,19)	棕色

綜上所述，可以用一個三維陣列來表示一幅 RGB 色彩空間的彩色影像。

大部分的情況下，在電腦中儲存 RGB 模式的像素點時，不是把三個色彩分量的值儲存在一起，而是單獨存放每個色彩分量的值。RGB 色彩空間中存在 R 通道、G 通道和 B 通道三個通道。每個色彩通道值的範圍都為[0, 255]，我們用這三個色彩通道的組合表示顏色。

例如，可以認為圖 1-11 左側影像是由圖 1-11 中間影像及圖 1-11 右側影像的 R 通道、G 通道、B 通道三個通道組成的。其中，每一個通道都可以視為一個獨立的灰階影像。圖 1-11 左側影像中的白色方塊內的區域分別對應圖 1-11 中間影像所示的三個通道及圖 1-11 右側影像所示的三個通道。圖 1-11 中的白色方塊中，左上方位置的某個像素點的 RGB 值為

(67,3,81)，需要注意的是，表示該像素點的三個像素值並沒有存放在一起，而是分別儲存在 R 通道、G 通道、B 通道內的。

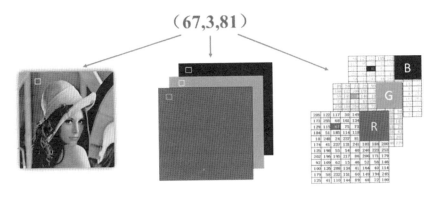

▲圖 1-11 RGB 影像範例

1.3 應用基礎

費曼學習法強調，說明問題時要不斷地簡化它，一直將其簡化到小朋友能夠理解為止。本節我們朝著這個目標努力，儘量將數位影像處理過程中的一些問題簡化，以幫助大家快速理解數位影像處理中解決問題的一些基本思路和方法。

1.3.1 量化

影像處理的一個關鍵問題是將其量化。電腦不能直接理解影像，只有將影像處理為數值，電腦才能透過數值理解影像。如果電腦想找出圖 1-12（a）和圖 1-12（b）的差別，必須使用某種方式將圖 1-12（a）和圖 1-12（b）處理為數值。將圖 1-12（a）和圖 1-12（b）處理為如圖 1-12（c）和圖 1-12（d）所示的數值形式，即可直觀地觀察到二者的不同：在圖 1-12（c）和圖 1-12（d）這兩幅圖中，第 1 行第 3 列上的數值不一樣。

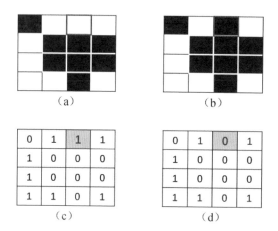

▲圖 1-12 找不同

最簡單的量化就是直接獲取影像各像素點的像素值。但是，實踐中面對的往往是比較複雜的影像，如果直接對影像內所有像素點進行運算，那麼運算量是非常龐大的，有時難以實現即時效果。例如，在視訊監控場景中，可以透過對比一個攝影機先後拍攝的兩幅相片是否一致，來判斷是否有人闖入。此時，簡單地對每一個像素點的像素值進行對比，難以獲得很好的效果。這一方面是因為像素點過多，運算量過大；另一方面是因為樹葉晃動等微小的變化也會對運算結果造成影響。基於此，通常要把最能代表影像的本質特徵提取出來（量化），以便進行後續操作。

1.3.2 特徵

在一定程度上，特徵是指影像核心、本質的特點。只有從影像中提取出其特徵，才能更高效率地處理影像。影像的特徵可能是非常直觀的、視覺化的，也可能是不易觀察的、隱藏的。在提取影像特徵時，需要細心觀察，特徵既要表現本影像的特點，還要表現其與其他影像的差別。

影像特徵示意圖如圖 1-13 所示。採用三種不同的特徵描述圖 1-13（a）與圖 1-13（b）所示的影像，具體如下。

- 特徵 A：將黑色方塊的數量作為影像特徵，則圖 1-13（a）的特徵值為 11，圖 1-13（b）的特徵值為 7。這個特徵值能夠區分出圖 1-13（a）與圖 1-13（b），且實現起來比較容易。
- 特徵 B：將左側是白色方塊、右側是黑色方塊的數量作為影像特徵，則圖 1-13（a）的特徵值是 5；圖 1-13（b）的特徵值為 5。這個特徵值不能區分圖 1-13（a）與圖 1-13（b），且實現起來比較複雜。
- 特徵 C：將上方是黑色方塊下方是白色方塊作為影像特徵，則圖 1-13（a）的特徵值是 7；圖 1-13（b）的特徵值為 3。這個特徵值能夠區分出圖 1-13（a）與圖 1-13（b），但實現起來比較複雜。

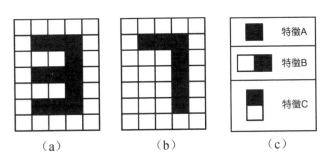

▲ 圖 1-13 影像特徵示意圖

透過以上比較可知，本例中使用特徵 A 來刻畫圖 1-13（a）與圖 1-13（b）是比較合理的。該特徵一方面計算簡單、方便；另一方面能夠有效地區分兩幅影像。

1.3.3 距離

為了更好地對影像進行區分、辨識，通常使用距離來衡量影像之間的差異。例如，在圖 1-14 中：

- 圖 1-14（a）中的黑色方塊的數量為 6。
- 圖 1-14（b）中的黑色方塊的數量為 11。
- 圖 1-14（c）中的黑色方塊的數量為 7。

　　圖 1-14（a）與圖 1-14（b）和圖 1-14（c）間的距離可以使用彼此之間黑色塊的差值來表示：

■ 圖 1-14（a）與圖 1-14（b）的距離為 11-6=5。

■ 圖 1-14（a）與圖 1-14（c）的距離為 7-6=1。

　　從上述差值可以看出，圖 1-14（a）與圖 1-14（c）的距離更近，說明這兩幅影像更相似。

（a）

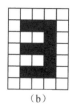

（b）

（c）

▲圖 1-14 影像距離示意圖

　　有時直接使用減法計算距離會得到錯誤的結果。例如，在圖 1-15 中，取每幅圖中左右兩個黑色方塊數量作為特徵值，則各個影像的特徵值如下：

■ 圖 1-15（a）的特徵值為（6,12）。

■ 圖 1-15（b）的特徵值為（7,11）。

■ 圖 1-15（c）的特徵值為（11,7）。

　　若使用減法計算距離，則距離可以表示為：

■ 圖 1-15（a）與圖 1-15（b）的距離為（6-7）+（12-11）= -1 + 1 = 0。

■ 圖 1-15（a）與圖 1-15（c）的距離為（6-11）+（12-7）= -5 + 5 = 0。

從上述差值可以看到，圖 1-15（a）與圖 1-15（b）的距離、圖 1-15（a）與圖 1-15（c）的距離都是 0。距離 0 表明二者完全一致，但顯然圖 1-15（a）與圖 1-15（b）、圖 1-15（a）與圖 1-15（c）並不完全一致。發生誤判是因為上述計算過程中存在「負負得正」現象。

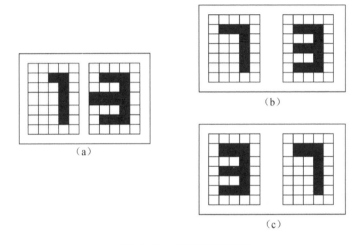

▲圖 1-15　距離計算範例

為了更好地表示距離，避免「負負得正」導致的錯誤，通常將對應特徵的差值求平方後再開根號得到的結果作為兩個物件間的距離，具體為：

■ 圖 1-15（a）與圖 1-15（b）的距離為 $\sqrt{(6-7)^2+(12-11)^2}=\sqrt{2}$ 。

■ 圖 1-15（a）與圖 1-15（c）的距離為 $\sqrt{(6-11)^2+(12-7)^2}=\sqrt{50}$ 。

上述距離計算方式，就是實踐中最常用的歐氏距離（Euclidean Distance），對應的公式為：

$$L_2\left(A,B\right)=\left[\sum_{i=1}^{n}\left|a_i-b_i\right|^2\right]^{\frac{1}{2}}$$

當然，也可以直接計算對應特徵差值的絕對值，具體為：

- 圖 1-15（a）與圖 1-15（b）的距離為 $|6-7|+|12-11|=2$。
- 圖 1-15（a）與圖 1-15（c）的距離為 $|6-11|+|12-7|=10$。

上述距離計算方式稱為城區（City-Block）距離，又稱曼哈頓距離，對應的公式為：

$$L_1(A,B) = \sum_{i=1}^{n} |a_i - b_i|$$

歐氏距離是應用比較廣泛的一種距離計算方式。不同的距離計算方式從不同的維度描述了距離，代表的含義不同。例如，在圖 1-16 中，點 A 和點 B 之間的距離可以有兩種計算方式：

- 曼哈頓距離：$|x2-x1|+|y2-y1|=$ 線X + 線Y。
- 歐氏距離：$\sqrt{(x2-x1)^2+(y2-y1)^2}=$ 線Z。

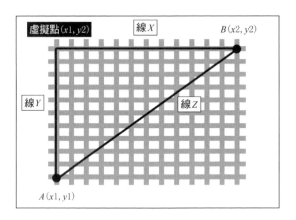

▲ 圖 1-16 不同距離計算方式的意義

也有學者認為，因為前電腦時代算力不足，計算絕對值不如計算平方根方便，所以歐氏距離比曼哈頓距離有更普遍的應用。在實踐中，有非常多的距離計算方式，可以根據實際需要選用合適的距離演算法。

1.3.4 影像辨識

先看一個人臉辨識的例子。要進行人臉辨識，首先需找到一個可以用簡潔且具有差異性的方式準確反映人臉特徵的模型；然後採用該模型提取已知人臉特徵，得到特徵集合 T；再採用該模型提取待辨識人臉的特徵，得到特徵值 X；將待辨識人臉的特徵值 X 與特徵集合 T 中的人臉特徵一一對比，計算距離，並將其辨識為距離最近的人臉。

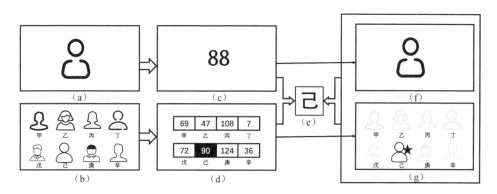

▲圖 1-17 人臉辨識示意圖

人臉辨識過程示意圖如圖 1-17 所示，其中：

- 圖 1-17（a）是待辨識人臉。
- 圖 1-17（b）是已知人臉集合。
- 圖 1-17（c）是圖 1-17（a）的特徵值 X。
- 圖 1-17（d）是圖 1-17（b）中各個人臉對應的特徵值（特徵集 T）。經過對比可知，圖 1-17（a）中待辨識人臉的特徵值 88 與圖 1-17（d）中的特徵值 90 最為接近。據此，可以將待辨識人臉圖 1-17（a）辨識為特徵值 90 對應的人臉「己」。
- 圖 1-17（e）是傳回值，即圖 1-17（a）辨識的結果是人臉「己」。

為了方便理解，可以想像在對比時有一個反向映射過程。例如：

- 圖 1-17（f）是待辨識人臉，由數值 88 反向映射得到。
- 圖 1-17（g）是人臉集合，由圖 1-17（d）中的特徵值反向映射得到。

透過觀察圖 1-17（f）和圖 1-17（g），可以更直觀地得出，圖 1-17（g）中第 2 行第 2 列是辨識的對應結果。該辨識結果是根據圖 1-17（c）和圖 1-17（d）之間的值的對應關係確立的。

為了方便說明和理解，上述案例假設人臉的特徵值只有一個值。在實踐中，會根據實際情況，選取更具代表性的、更複雜的、更多的特徵值作為比較判斷的依據。人臉辨識原理示意圖如圖 1-18 所示，其選用四個值作為人臉特徵值進行比較，進而獲取辨識結果。圖 1-18（e）表示將影像 A 對應的人臉辨識為圖 1-18（b）中甲對應的人。

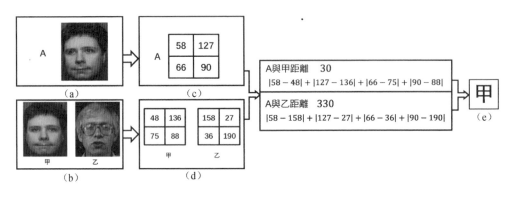

▲ 圖 1-18 人臉辨識原理示意圖

很多搜尋引擎提供以圖搜圖功能，利用該功能能夠找到與當前圖片相似的圖片。很多購物網站也提供這樣的功能，當看到某個物品也想買一個時，可以直接給這個物品拍一張照片，購物網站會透過該照片找到對應物品的銷售連結。以圖搜圖功能原理示意圖如圖 1-19 所示。由圖 1-19 可知，以圖搜圖功能的原理與人臉辨識的原理是一致的。

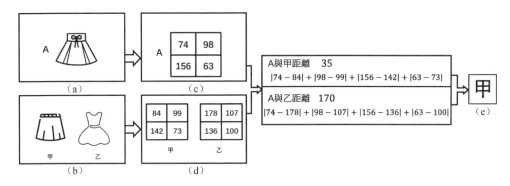

▲圖 1-19 以圖搜圖功能原理示意圖

數字辨識有著非常廣泛的現實意義，也是影像辨識教學中使用的非常經典的案例，其原理示意圖如圖 1-20 所示。由圖 1-20 可以看出，數字辨識原理與人臉辨識和以圖搜圖的原理是一致的。

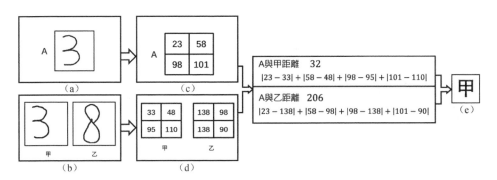

▲圖 1-20 數字辨識原理示意圖

由圖 1-18～圖 1-20 可知影像辨識的原理是基本一致的。將影像辨識流程一般化，其示意圖如圖 1-21 所示，具體表述如下。

- 透過特徵提取模組分別完成待辨識影像和已知影像的特徵提取。
- 分別計算待辨識影像與各個已知影像之間的距離值。
- 將最小距離值對應的已知影像作為辨識的結果。

透過以上分析可知，在影像處理過程中特徵提取是非常關鍵的步驟。如果能提取合適的特徵，就能有效地理解影像並對影像進行處理。

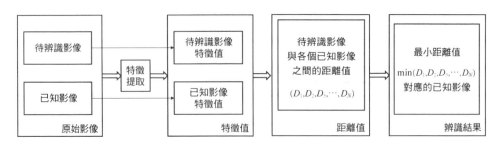

▲圖 1-21 影像辨識的一般流程

1.3.5 資訊隱藏

由 1.3.4 節可知，影像特徵是影像處理非常關鍵的步驟，通常會根據影像特徵來完成影像處理。本節將透過影像像素值的奇偶性來實現影像資訊隱藏。

資訊隱藏範例如圖 1-22 所示。該範例是將數字 1 影像隱藏到如圖 1-22（a）所示的影像中。

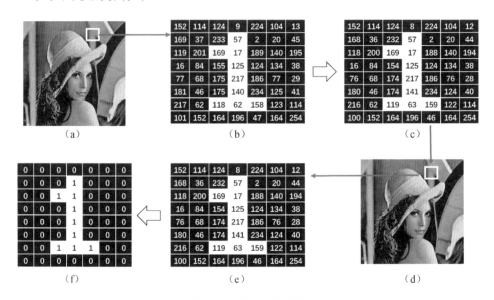

▲圖 1-22 資訊隱藏範例

- 圖 1-22（a）是載體影像。
- 圖 1-22（b）是從圖 1-22（a）中選取的一小塊區域，希望在該區域內嵌入數字 1 影像。
- 圖 1-22（c）是在圖 1-22（b）中嵌入了數字 1 影像的結果。
- 圖 1-22（d）是嵌入了數字 1 影像後的載體影像。
- 圖 1-22（e）從圖 1-22（d）中提取的一小塊區域，該區域嵌入了數字 1 影像。
- 圖 1-22（f）是從圖 1-22（e）中提取的數字 1 影像。

嵌入資訊過程的具體步驟如下。

第一步：從圖 1-22（a）中選擇一塊區域如圖 1-22（b）所示。

第二步：在圖 1-22（b）中選取一塊區域作為數字 1 影像的前景，如圖 1-22（b）中白色區域所示。

第三步：將圖 1-22（b）中的數字 1 影像前景中的所有的像素值調整為等於自身值或比自身值大 1 的奇數；將數字 1 影像的背景〔圖 1-22（b）中的陰影部分〕的所有像素值調整為等於自身或比自身值小 1 的偶數，得到如圖 1-22（c）所示結果。

第四步：用處理後的圖 1-22（c）替換圖 1-22（a）內該部分原有像素值，完成數字 1 影像的嵌入，得到圖 1-22（d）。

提取嵌入資訊的具體步驟如下。

第一步：從圖 1-22（d）中選擇包含數字 1 影像的區域，得到該區域的像素值，如圖 1-22（e）所示。

第二步：從圖 1-22（e）中提取資訊，如果圖 1-22（e）中的像素值是偶數，則提取為 "0"；如果圖 1-22（e）中的像素值是奇數，則提取為 "1"；提取結果如圖 1-22（f）所示，從圖中可以看出，數字 1 影像被準確地提取出來了。

上述資訊隱藏範例還涉及一個原理：灰階影像具有 256 個灰階級，其像素值的範圍是[0,255]。當像素值發生一個單位的變化時（變為最鄰近的奇數或偶數），相當於變化了 1/256，人眼觀察不到這個範圍的變化，因此嵌入的資訊具有較好的隱蔽性。例如，圖 1-22（b）中右上角的像素值 13 變成圖 1-22（c）中的像素值 12，人眼觀察到的像素值 12 和像素值 13 在外觀上是一致的，沒有區別。

1.4 智慧影像處理基礎

上文介紹的應用都是使用傳統方法來實現影像處理的。傳統方法涉及的核心問題有：

- 選取合適的特徵：要高度概括影像特點，表現不同影像間的差異。
- 合適的量化方式：將特徵量化為合理的數值。
- 距離計算：選用合適的距離計算方式計算距離。

傳統方法的特點是，需要提取影像的特徵，並手動對特徵進行分析、處理。在對特徵進行分析、處理的過程中，距離的計算是非常關鍵的。為實現影像的分類、辨識等，人們提出了很多距離計算方式。

在影像處理早期階段，傳統處理方式解決了非常多的問題。為了更高效率地處理影像，人們引入了機器學習。機器學習方法的首要工作仍是進行特徵的提取和量化，但機器學習提供了更多對特徵值進行處理的方式，讓我們能夠根據需要對特徵進行不同維度的分析、處理，從而得到對影像的分析處理結果。

簡單來說，在傳統方法中，我們常使用特徵的距離來實現對影像的分析處理（如影像辨識等）。在使用機器學習處理影像時，機器學習提供了更多關於如何使用特徵來完成影像處理工作的成熟方案。我們可以直接採用已知的具體成熟方案來完成對特徵的分析、處理工作，從而實現對影像的辨識、分類等。

也就是說，在傳統方式中，我們需要自己提取特徵，然後選取一種有效的特徵處理方式，如透過計算距離並對比結果等完成對特徵的處理工作。而在機器學習中，我們要做的工作只是提取特徵，在提取完特徵後，直接把特徵交給機器學習演算法來處理即可。

機器學習提供了強大且多樣的特徵處理方案。本書將介紹使用 OpenCV 透過 K 近鄰演算法、支援向量機、K 均值聚類等方式實現手寫數字辨識等工作。

機器學習讓我們只需關注特徵提取，無須關注如何處理特徵，與傳統影像處理方式相比，工作量減少了一半。但是，特徵提取其實是一件非常困難的事，主要表現在如下兩方面。

1. 如何選取特徵

影像的特徵有很多，多到我們無法想像。因為從根本上講，任何像素之間的排列組合都能作為特徵。那麼哪些特徵有用，哪些特徵沒用呢？

有些特徵是能夠一眼捕捉的，在這種情況下直接拿來用就好了。但是，有些特徵可能並不直觀，屬於影像隱含的高層次特徵，無法直接被觀察到，在這種情況下就無法直接提取出這些特徵。

因此選取有效的特徵一直是影像處理過程中面臨的一個非常複雜的問題。即使在機器學習階段，特徵的選取仍是一個重要的研究方向。人們在這方面取得了很多突破，並提出了非常多的有效特徵提取方式，如 SIFT、HOG、SURF 等。但是，透過這些方式提取的特徵具有很強的針對性，在不同的場景下，如何選取有效特徵成為一個難題。

2. 如何處理特徵

在找到合適的特徵後，如何處理特徵是一個非常棘手的問題。即使使用機器學習也面臨從許多演算法中選擇合適的演算法來處理特徵的問題。即使獲取了有效特徵、選用了合適的演算法，特徵值的計算量也是巨大的。因此,即使機器學習能夠自動處理特徵,同樣需要對特徵進行有效的前置處理,以減少計算量。這有點複雜,針對特徵值的前置處理,好像又讓我們回到了傳統影像處理方式上,仍需要對特徵進行複雜的處理工作。

這兩個問題一直困擾著影像處理工作者,他們不斷尋找突破點,在這種情況下,他們提出使用深度學習來處理影像。

在深度學習中,不需要直接提取特徵,而是透過卷積操作等提取影像的高層次特徵,這些特徵往往能夠更清晰地表述影像的高層語義,甚至有可能包含我們不能直接理解或觀察到的特徵。在深度學習中,我們特別注意卷積操作,透過變換卷積操作提取不同特徵。透過卷積操作,可以提取到影像的高層次特徵,利用這些特徵可以更好地進行影像分析與處理。例如,辨識影像內的貓時,直接提取特徵提取的可能是線條、邊角等基礎特徵。而在深度學習中,透過卷積可以提取貓所特有的形態、外觀、姿勢等高層次特徵,甚至可能包含不能被觀察到的、尚未被掌握的,甚至不能理解的更高層次、更抽象的特徵。

卷積運算在深度學習中發揮著非常關鍵的作用,下文將專門對卷積神經網路的基本方法和邏輯進行介紹。

不同影像處理方式的比較如表 1-2 所示。

表 1-2 不同影像處理方式的比較

方　式	思　路
傳統方式	自己提取特徵,自己對特徵進行處理。
機器學習方式	自己提取特徵,自動對特徵進行處理。
深度學習方式	自動提取高層次特徵,自動對特徵進行處理。

如果把不需要手動設計的部分表示為「黑盒」,那麼可以使用圖 1-23 來表示各個階段。

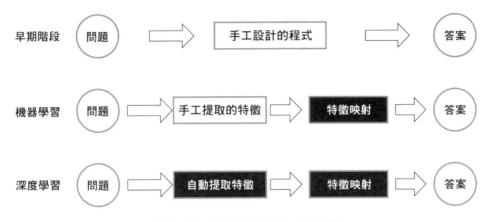

▲圖 1-23 不同影像處理方式示意圖

　　當然，上文簡化了影像處理的發展歷程，重點說明了傳統方式、機器學習方式、深度學習方式的區別。實際發展過程是一個不斷試錯的過程，是曲折的、反覆的。

1.5 抽象

　　在生活中，抽象工具是廣泛存在的。例如，鍵盤就是一個抽象工具，它封裝了所有功能，幫我們遮蔽了所有無關細節。在使用鍵盤時，我們無須關注鍵盤的內部結構，也無須關注其內部涉及的物理、電路等相關知識，更無須關注其使用的相關演算法原理。我們只需要知道按下一個鍵，顯示器上就會輸出該操作的執行結果。這樣的設計，讓我們在打字時，能夠專注於將鍵盤作為輸入工具使用，極大地提高了工作效率。在使用鍵盤時，我們的核心訴求是打字，需要做的就是不斷地練習指法，從而達到「運指如飛」的目的，並不需要掌握鍵盤內的電路是如何傳遞訊號的。我們對其機械原理、電路原理了解的深入與否，並不會影響我們打字的速度。

　　鍵盤的抽象層次結構如圖 1-24 所示。實際上,生活中的很多工具都有類似的結構。大部分的情況下,每一層的使用者只需要關心本層的知識,無須過度關注其下一層知識。

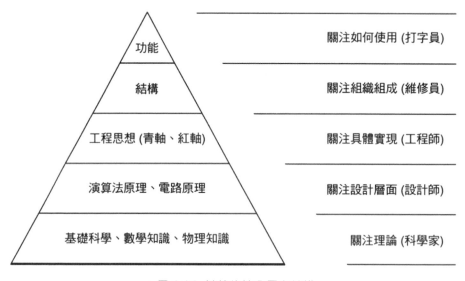

▲圖 1-24 鍵盤的抽象層次結構

　　電腦中也存在大量抽象工具。例如,影像處理工具 Photoshop 就是一個抽象工具,它把功能抽象為一個又一個按鈕或選單。需要實現某個特定功能時,只需點擊特定的按鈕或選單即可。在使用 Photoshop 時,我們的訴求是更好、更快地使用該工具完成影像處理,並不需要了解每個按鈕對應的功能到底是如何實現的。

　　現代程式設計的核心是「抽象」,類似於鍵盤、Photoshop 的設計,會把要實現的某些非常複雜的功能封裝起來,組成函數。在實現對應功能時,只需要呼叫函數就可以了,不需要再把程式從頭到尾寫一遍。

　　預先寫好的函數集合叫作「函數庫」(模組、套件)。開發者開發了各種各樣的函數庫,並提供給我們免費使用,這大幅提高了我們的工作效率。函數庫中的函數,為處理影像提供了方便。使用函數幾乎和使用

Photoshop 處理影像一樣簡單方便。大部分的情況下,只需要把要處理的影像傳遞給函數庫函數,它就能把處理結果傳回給我們。

影像處理領域有非常多的高品質函數庫。其中,OpenCV 的影響力最大、應用最廣。OpenCV 提供了機器學習模組用以實現機器學習功能,提供了 DNN(Deep Neural Networks,深度神經網路)模組用以實現深度學習功能。

在人臉辨識領域中,可以借助 dlib 函數庫中關於人臉辨識的部分實現易容術、駕駛員疲勞檢測、面部表情辨識、性別和年齡辨識等。

函數庫函數遮蔽了許多細節,我們無須關注實現的具體過程。在使用函數庫函數完成影像處理任務時,只需把符合要求的輸入作為參數傳遞給函數庫函數即可得到想要的處理結果。函數庫函數工作示意圖如圖 1-25 所示。

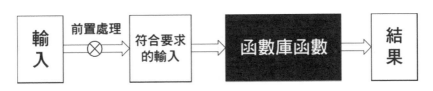

▲ 圖 1-25 函數庫函數工作示意圖

抽象後的鍵盤讓我們無須關注任何相關技術知識,只需關注打字就好。但是,需要注意的是,抽象後的層次並不都像鍵盤的頂層抽象一樣無須關注實現原理。在影像處理中,對下層抽象的了解有助於在本層更好地開展工作。

簡單來說,影像處理領域有各種各樣的抽象好的函數,這些函數能幫助我們完成特定的功能。我們可以將這些函數稱為「黑盒」,無須關注其內部的構造也能夠正常使用它。但為了更好地使用函數,我們有必要了解該函數是如何設計建構的。當我們打開函數,理解函數的具體實現時,函數對於我們來說就是個「白盒」。

　　將函數作為「黑盒」使用，我們無法深入了解函數所使用的演算法原理，很難將函數的功能發揮好。但是，將函數作為「白盒」認真研究，相當於從頭造輪子，會浪費大量的精力。

　　實踐中，我們要控制好「白盒」和「黑盒」的平衡。既要掌握函數庫函數的使用方法，也要掌握一定的函數實現涉及的演算法原理。我們既要善於使用函數庫來完成工作，也要對實現這些函數庫的原理有所了解。了解原理能夠幫助我們更好地使用函數庫、設定函數庫函數的參數；了解演算法的原理，能夠幫助我們在實踐中進行更有針對性的開發。

Chapter

02

Python 基礎

Python 的功能非常強大，基礎知識也非常多。針對個人來講，如果想弄清楚每一個基礎知識幾乎是不可能完成的任務。

與其他科目一樣，入門 Python 的好方法是先提綱挈領地把握主要基礎知識，掌握整體的知識脈絡，然後在不斷實踐中逐漸掌握更多細節，最後針對某個具體領域展開深入具體的研究和應用。

在學習過程中一定要避免只研究局部細節，忽略整體，最終陷入「只見樹木，不見森林」的局面。

本章將介紹 Python 的關鍵基礎知識，只要掌握了這些基礎知識，就可以應對開發過程中的大多數問題，這些基礎知識也是我們深入使用 Python 的必備基礎。

2.1 如何開始

本書使用的是 Python 3。由於 Python 2 和 Python 3 有很多相同之處，因此 Python 2 的讀者也可以使用本書，但還是要說明一下，本書直接使用的版本是 Python 3。

Python 的開發環境有很多種,在實際開發時可以根據需要選擇。本書選擇使用 Anaconda 作為開發環境。

Anaconda 簡單好用,對於初學者非常友善,包括 Python 和很多常見的軟體函數庫,在程式設計時不需要安裝額外設定,安裝完成後,可以直接用來完成 Python 程式設計。

可以在 Anaconda 的官網上下載 Anaconda。下載頁頂部指出了當前的最新版本。

如果想安裝其他版本,可以在下載頁內根據實際情況選擇。具體選擇哪種安裝套件依賴於如下三個因素:

- Python 的版本,如 Python 2.7 或 Python 3.8 等。需要額外注意,Anaconda 不一定支援最新的 Python 版本,當然,它很快就會支援。
- 作業系統,如 Windows、macOS、Linux 等。
- 處理器位元數,如 32 位元、64 位元。

根據自己的環境設定,在下載頁中下載對應的安裝套件。

下載完成後,按照提示步驟完成安裝即可。大部分的情況下,只需要依次點擊「下一步」按鈕即可完成安裝。

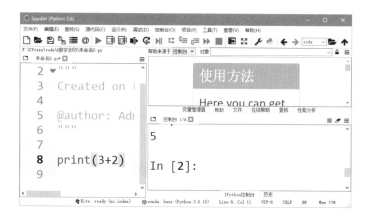

▲ 圖 2-1 "Spyder"視窗

安裝完成後，可以直接打開"Spyder"視窗進行 Python 程式設計，如圖 2-1 所示。在圖 2-1 左側編輯器的第 8 行輸入"print(2+3)"（前 7 行是程式附帶的註釋說明與留白），按下"F5"鍵執行當前程式，圖 2-1 右側"Python 控制台"面板即可顯示計算結果"5"。

▌ 2.2 基礎語法

變數是程式設計基礎，本節將分別從變數的概念、定義、運算、輸出等角度詳細説明。

2.2.1 變數的概念

可以從如下三個角度來理解變數：

- 容器角度：可以將變數理解為一個盒子，資料儲存在變數中。
- 記憶體角度：變數是記憶體中的某段空間，是記憶體中的某個位置。
- 辨識角度：變數是「ID」、「名字」、「標籤」等，用於與其他值進行區分。

2.2.2 變數的使用

變數的使用主要涉及：定義（給予值）、運算、輸出三方面。

1. 定義

一般透過給予值的方式來定義一個變數，其形式為

```
變數名稱 = 值
```

需要注意的是，上述運算式中的"="含義與數學中的"="含義是不一樣的。這裡的"="表示給予值，它是一個給予值符號，表示將右側的值賦給左側的變數。

例如，程式中需要使用一本書的價格，則可以使用如下敘述來定義變數 price：

```
price = 365
```

上述敘述定義了一個變數 price，並將值 365 賦給了變數 price。

定義變數 price 後，電腦記憶體中就會分配出一段空間給 price。透過引用名稱 price，可以存取這個變數，獲取該變數的值 365；也可以透過存取該變數，修改該變數的值，如：

```
price=98
```

上述敘述使 price 的值變為 98。

變數的名稱被稱為「變數名稱」，變數名稱的命名原則是「合法、簡單易懂、易於理解」。大部分的情況下，會根據需要為變數起一個好記、好理解的名字。

- 「合法」是指變數的命名必須滿足一定條件。

  從組成上看，變數名稱只能由字母、數字、底線組成，不能包含其他字元。

  在使用上，變數名稱不能使用 Python 中的關鍵字。關鍵字是指已經被使用的一些特殊標記。例如，print 表示列印，就不能再定義一個變數名稱為"print"了

- 「簡單易懂、易於理解」是指變數名稱不要有歧義，要直觀，一眼能看出來其意義。

  例如，給家裡的黑貓命名為「小白」沒有問題，但是如果這樣定義變數名稱，就容易引起歧義。當變數名稱由多個單字組成時，可以採用駝峰式命名規則或者使用底線區分的命名規則。

- 駝峰式命名是指將後續出現的單字字首以大寫形式表示，如"liLiZong"。

- 底線區分的命名規則是在不同的單字間使用底線，如"li_li_zong"。

【注意】在 Python 中，變數名稱是大小敏感的。也就是說，"zhangsan"和 "zhangSan"是兩個不同的變數。

2. 運算

Python 中支援非常多的運算形式，基本的運算有加法"+"、減法"-"、乘法"*"、除法"/"、整除"//"、取餘數"%"、指數"**"等。

運算式：

```
a=5
b=a**3
```

含義為變數 b 被給予值為變數 a 的 3 次方，其值為"125"。

3. 輸出

在 Python 中，print()函數用於輸出資訊。它可以接受 0 個或多個資料作為參數，參數間用逗點分隔。

【例 2.1】變數使用展示。

```
a=5
b=a**3
print(a,b)
```

執行上述程式，輸出結果為

```
5 125
```

▌ 2.3 資料型態

Python 提供了多種不同的資料型態來處理資料。之所以提供不同的資料型態，是基於如下兩方面的考慮。

1. 儲存空間的角度

　　例如，在圖 2-2 中，如果將空間統一劃分為如圖 2-2（a）所示的較小單位，雖然能夠儲存更多資料，但是較小的空間不能儲存較大的資料。如果將所有空間都劃分為如圖 2-2（b）所示的較大單位，雖然能夠儲存較大的資料，但儲存的資料量會變得很少。如果將空間劃分為如圖 2-2（c）所示的大小不一的單位，那麼既能夠儲存大小不等的資料，又有足夠多的空間單元來儲存資料。

　　這和我們在生活中使用大小不一的盒子來儲存物品的道理是一樣的。

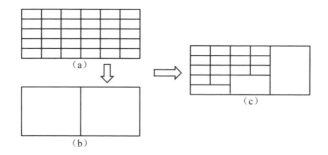

▲圖 2-2　儲存空間需求

2. 不同運算的需求

　　在資料處理過程中，針對不同資料型態會有不同的需求。例如，圖 2-3 中的兩個數字"5"和"3"：

■ 當它們是字元時，我們希望將它們連接起來，得到"53"。

■ 當它們是數值時，我們希望計算它們的和，得到"8"。

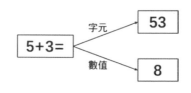

▲圖 2-3　運算範例

不同的資料型態，決定了我們想要得到的結果。這和我們在生活中使用不同的廚具來處理不同食材的道理是一樣的。

2.3.1 基礎類型

本節將介紹整數、浮點數、布林型、字串這幾種資料型態。

1. 整數

整數就是數學中的整數，如 9、666、−3 等。直接使用：

```
變數名稱 = 數值
```

完成定義即可。例如：

```
price = 108
```

上述程式定義了一個整數變數 price，其值為 108。

2. 浮點數

浮點數就是小數，即帶有小數點的數字，如 3.14、2.718281828459、0.618 等。例如：

```
price=99.99
```

上述程式定義了一個浮點數 price，其值為 99.99。

3. 布林型

由於布林（George Boole，1815—1864）在邏輯運算領域做出了特殊貢獻，因此常將邏輯運算（Logical Operators）稱為布林運算，將其結果稱為布林值。邏輯運算通常用來測試真假值，其結果要麼是「真」，要麼是「假」。也就是說，布林型的資料僅包含"True"和"False"兩個資料。

例如，邏輯運算式：

```
5 > 3
```

的結果為"True"。

邏輯運算式：

```
5 < 3
```

的結果為"False"。

4. 字串

字串表示一串文字內容，在定義時通常使用「雙引號」或「單引號」來完成。例如：

```
a = "李立宗"
b = "Python 課程"
c = a + b
print(c)
```

上述程式中，分別定義了字串 a 和字串 b，字串 c 是將字串 a 和字串 b 連接的結果，得到的是「李立宗 Python 課程」。最後將 c 輸出，輸出的是字串 c 的內容。

2.3.2 串列

串列（List）是資料的集合，可以將用到的一組資料集中儲存在一個串列中。例如，需要儲存 100 個成績資料時，不需要單獨定義 100 個整數變數，而是定義一個串列，將所有成績都存放在這個串列中即可。

1. 定義

在定義串列時，使用中括號將所有值括起來，並將不同的值使用逗點分隔開。

【例 2.2】串列的定義及輸出。

```
a = [3,4,5,6,7,8,9,666,99,0]
b = []
print(a)
print(b)
```

本例定義了兩個串列，分別是串列 a 和串列 b，並將它們輸出。

上述程式輸出結果為

```
[3, 4, 5, 6, 7, 8, 9, 666, 99, 0]
[]
```

2. 存取

可以使用索引來存取串列內的元素，索引表示的是位置資訊。可以使用正索引和負索引兩種不同形式來存取串列內的元素。索引資訊示意圖如圖 2-4 所示。

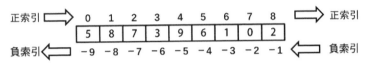

▲圖 2-4 索引資訊示意圖

【例 2.3】使用索引存取串列元素。

```
a = [5,8,7,3,9,6,1,0,2]
print(a[2])
print(a[-2])
a[2]=666
print(a)
```

上述程式輸出結果為

```
7
0
[5, 8, 666, 3, 9, 6, 1, 0, 2]
```

Python 提供了使用冒號" : "實現切片功能，其一般語法格式為

```
串列名稱[開始:結束]
```

需要注意的是，上述形式表示的區間是左閉右開的。也就是說，冒號指定的切片區間包含起始索引對應的元素，不包含終止索引對應的元素。例如，有串列"a = [5,8,7,3,9,6,1,0,2]"，則"a[2:6]"表示的是 a[2]、a[3]、

a[4]、a[5]四個元素，分別是串列 a 中的 7、3、9、6，不包含"a[6]"對應的
元素"1"。

在必要時，可以使用「步進值」來表示在索引元素時使用的步進值，
其語法格式為

```
a[開始:結束:步進值]
```

例如，"a[2:9:2]"表示步進值為 2，表示的值為 a[2]、a[4]、a[6]、a[8]
四個元素。

除此之外，起始索引、終止索引都可以根據需要省略。

- 如果想從第 0 個元素開始索引，那麼可以將起始索引省略，僅僅用一
  個終止索引，如"a[:6]"與"a[0:6]"是一致的。此時，相當於省略了開始
  索引 0。
- 如果想索引到最後一個元素，那麼可以將終止索引省略，僅僅用一個
  起始索引，如"a[6:]"表示的是從第 7 個元素開始索引直到最後一個元
  素。此時，相當於省略了終止索引位置上的串列長度值（結束位置索
  引加 1 的結果）。

【例 2.4】使用切片存取串列元素。

```
a = [5,8,7,3,9,6,1,0,2]
print(a[2:6])
print(a[2:9:2])
print(a[:6])
print(a[6:])
print(a[6:-1])
```

上述程式輸出結果為

```
[7, 3, 9, 6]
[7, 9, 1, 2]
[5, 8, 7, 3, 9, 6]
[1, 0, 2]
[1, 0]
```

【注意】在 Python 中，正索引的起始索引從 0 開始，負索引的起始索引從-1 開始。另外，索引中的"[開始,結束]"是「左閉右開」的形式，終止索引對應的元素並不包含在索引結果中。

3. 增加

可以使用函數 append 向串列的尾端增加元素。例如，使用 "a.append(666)"可將數值 666 增加到串列 a 的尾端。

【例 2.5】使用函數 append 向串列內增加元素。

```
a = [5,8,7,3]
print("增加前 a=",a)
a.append(666)
print("增加後 a=",a)
```

上述程式輸出結果為

```
增加前 a= [5, 8, 7, 3]
增加後 a= [5, 8, 7, 3, 666]
```

4. 刪除

使用 del 可以刪除串列內指定索引對應的元素。例如，使用"del a[2]" 會將串列 a 內索引 2 對應的元素刪除。

【例 2.6】使用 del 刪除串列元素。

```
a = [5,8,6,2]
print("刪除前 a=",a)
del a[2]
print("刪除後 a=",a)
```

上述程式輸出結果為

```
刪除前 a= [5, 8, 6, 2]
刪除後 a= [5, 8, 2]
```

2.3.3 元組

元組（Tuple）在使用上與串列類似，使用小括號將其中的元素括起來，各元素間使用逗點分隔。需要特別注意的是，元組元素是不能改變的。

【例 2.7】使用切片存取元組元素。

```
a = (5,8,7,3,9,6,1,0,2)
print(a[2])
print(a[-2])
# a[2]=666    元組的值不允許更，執行此敘述會顯示出錯
print(a[2:6])
print(a[2:6:2])
print(a[:6])
print(a[6:])
print(a[6:-1])
```

上述程式中的"#"是註釋標記，該標記後面的內容是註釋內容，不會被 Python 執行。如果去掉註釋，嘗試執行"a[2]=666"，那麼程式會顯示出錯。上述程輸出結果為

```
7
0
(7, 3, 9, 6)
(7, 9)
(5, 8, 7, 3, 9, 6)
(1, 0, 2)
(1, 0)
```

Python 提供了很多處理串列、元組的方法，下面透過【例 2.8】來進行簡單說明。

【例 2.8】資料處理。

```
a = (1,2,3)
b = (4,5,6)
print("a=",a)
print("b=",b)
```

```
c = a + b
print("c=",c)
l = len(c)
print("len(c)=",l)
d = a * 3
print("a*3=",d)
```

上述程式輸出結果為

```
a= (1, 2, 3)
b= (4, 5, 6)
c= (1, 2, 3, 4, 5, 6)
len(c)= 6
a*3= (1, 2, 3, 1, 2, 3, 1, 2, 3)
```

上述程式中，各個敘述含義如下。

- c=a+b：表示將元組 a 和元組 b 連接到一起，並給予值給 c。
- l = len(c)：函數 len 用來計算參數 c 的長度。
- d = a * 3：元組的乘號"*"運算，表示將元組迭代指定的次數，該敘述表示將元組 a 迭代 3 次。

上述運算，同樣適用於串列。

【注意】在 Python 中：
- 定義串列時使用的是中括號；定義元組時使用的是小括號。
- 串列的大小是可變的（可以刪除、增加元素）、元素值是可修改的；元組的大小、元素值都是固定的，是不能修改的。

2.3.4 字典

串列只能儲存單一的資訊。例如，在儲存一組成績時，串列只能儲存成績，不能同時儲存成績及對應人名。要想使用串列同時儲存人名、成績，必須建構兩個串列，並確定兩個串列間的對應關係。很顯然這樣做的效率不高，而且容易出錯。

字典（Dict）是相關資料對的一個集合，這個資料對通常被稱為鍵值對。它和日常生活中使用的字典類似，能夠輕鬆地透過字（鍵，key），找到對應的解釋説明（值，value）。它能夠同時儲存成績及對應的人名，並能夠透過人名（鍵）查詢到對應的成績（值）。字典範例如表 2-1 所示。

表 2-1 字典範例

鍵	值
孫悟空	66
哪吒	88
豬八戒	77
紅孩兒	99

1. 使用基礎

在建立字典時，鍵和值之間使用冒號分隔，相鄰的兩個鍵值對之間使用逗點分隔，所有元素放在"{}"中。例如，"a = {"李立宗"：66,"劉能": 88,"趙四": 99}"敘述建立了一個字典 a。

與串列、元組等不同的是，在引用時字典中的元素時不再使用索引，而是使用鍵。例如，透過"a["李立宗"]"可以獲取字典 a 中的鍵李立宗對應的值 66。

【例 2.9】字典使用基礎。

```
a = {
    "李立宗" : 66,
    "劉能": 88,
    "趙四": 99
    }
print(a)
print(a["李立宗"])
```

上述程式輸出結果為

```
{'李立宗': 66, '劉能': 88, '趙四': 99}
66
```

2. 改增刪

改增刪（修改、增加、刪除）是在資料處理中最常用的操作，在字典中執行上述操作的方式如下：

- 修改：針對已經存在的鍵，使用「字典名稱[鍵]=新值」的語法形式完成鍵值對的刪除。例如，"a["李立宗"]=90"敘述會將字典中鍵李立宗對應的值修改為 90。
- 增加：使用「字典名稱[鍵]=值」的語法形式完成。例如，執行"a['小明']=100"敘述可向字典 a 中新增一個鍵值對"小明：100"。
- 刪除：使用"del 字典名稱[鍵]"語法形式完成鍵值對的刪除。例如，執行"del a['李立宗']"敘述將會刪除字典 a 中鍵李立宗對應的鍵值對。

【例 2.10】字典的資料處理。

```
a = {
    "李立宗": 66,
    "劉能": 88,
    "趙四": 99
    }
print(a)
# 修改李立宗的成績
a["李立宗"]=90
print(a)
# 增加小明及其成績
a['小明']=100
print(a)
# 刪除李立宗的名字及其成績
del a['李立宗']
print(a)
```

上述程式輸出結果為

```
{'李立宗': 66, '劉能': 88, '趙四': 99}
{'李立宗': 90, '劉能': 88, '趙四': 99}
{'李立宗': 90, '劉能': 88, '趙四': 99, '小明': 100}
{'劉能': 88, '趙四': 99, '小明': 100}
```

2.4 選擇結構

　　對症下藥，意思是醫生針對患者病症用藥，指要針對事物存在的問題採取有效的措施。選擇結構就是針對不同的條件做出不同的選擇，從而執行不同的任務。

　　某遊戲廳有一個投籃遊戲，該遊戲的成績顯示在一塊螢幕上。螢幕顯示處理方式如圖 2-5 所示，具體如下：

- 圖 2-5（a）屬於單分支結構。在單分支結構中，當條件成立時，去做某件事情；當條件不成立時，什麼都不做。對於本例為，若投籃成績大於 90 分，則在螢幕上顯示「A 級」；否則，什麼都不顯示。

- 圖 2-5（b）屬於雙分支結構。在雙分支中結構，當條件成立時，去做某件事情；當條件不成立時，去做另外一件事情。對於本例為，若投籃成績大於 90 分，則在螢幕上顯示「A 級」；否則，在螢幕上顯示「加油」。

- 圖 2-5（c）屬於多分支結構。在多分支結構中，一個一個判斷是否滿足某個條件，並根據判斷結果執行對應的敘述。對於本例為

  - 先判斷投籃成績是否大於 90 分，若大於 90 分，則在螢幕上顯示「A 級」；否則，繼續後續判斷。

  - 然後判斷投籃成績是否大於 80 分，若大於 80 分，則在螢幕上顯示「B 級」；否則，繼續後續判斷。

  - 然後判斷投籃成績是否大於 70 分，若大於 70 分，則在螢幕上顯示「C 級」；否則，繼續後續判斷。

  - 然後判斷投籃成績是否大於 60 分，若大於 60 分，則在螢幕上顯示「D 級」；否則，在螢幕上顯示「加油」。

　　在多分支結構中，可以一直不斷地縮小判斷範圍進行後續判斷。

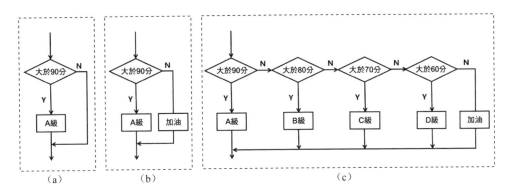

▲圖 2-5 螢幕顯示處理方式

1. 單分支

單分支結構僅在條件成立時執行操作,當條件不成立時什麼都不做,其結構為

```
if 條件運算式:
    敘述段
```

【例 2.11】單分支結構實現投籃成績判斷。

```
s=input("請輸入成績:")
s=int(s)
if s>90:
    print("A 級")
```

執行上述程式,會提示輸入成績,當輸入的數值大於 90 時,輸出結果為

```
A 級
```

如果輸入的數值小於或等於 90,那麼程式沒有任何輸出。

這裡涉及如下兩個新的基礎知識:

- 函數 input():用來接收使用者的輸入。
- 函數 int():用來完成類型的轉換。從函數 input()讀取的資料是字串,不能直接與數值比較大小,要使用函數 int()將其轉換為整數。

【注意】在 Python 中，不使用大括號來表示敘述段的開始和結束，而使用縮排來表示敘述的開始和結束。例如，當條件成立時，若要執行的敘述有很多行，則直接將這些敘述進行相同的縮排。

這樣的方式很方便，但是需要額外關注程式的縮排。初學者在使用 Python 時，經常會因為縮排使用不當而出錯，務必恰當地使用縮排。

2. 雙分支

在雙分支結構中，當條件成立時，去做某件事情；當條件不成立時，去做另外一件事情，其結構為

```
if 條件運算式：
    敘述段 1
else：
    敘述段 2
```

【例 2.12】雙分支結構實現投籃成績判斷。

```
s=input("請輸入成績：")
s=int(s)
if s>90:
    print("A 級")
else:
    print("加油！")
```

執行上述程式，會提示輸入成績，若輸入的數值大於 90，則輸出「A級」；若輸入的數值小於或等於 90，則輸出「加油！」。

3. 多分支

多分支結構針對多個條件進行判斷，根據判斷結果執行對應操作。針對投籃遊戲的座標示意圖如圖 2-6 所示。

這裡需要注意的是，第二個判斷條件「大於 80 分」，是在第一個判斷條件「大於 90 分」不成立的情況下的條件，其範圍是（80,90]。其他

條件類似，都是上一次判斷條件不成立情況下的判斷條件。

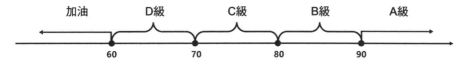

▲圖 2-6 針對投籃遊戲的座標示意圖

多分支結構中使用"if...elif...else"結構，可以包含多個"elif"，其結構
為

```
if 條件運算式 1：
    敘述段 1
elif 條件運算式 2：
    敘述段 2
elif 條件運算式 3：
    敘述段 3
elif 條件運算式 4：
    敘述段 4
else：
    敘述段 5
```

【例 2.13】多分支結構實現投籃成績判斷。

```
s=input("請輸入成績：")
s=int(s)
if s>90:
    print("A 級")
elif s>80:
    print("B 級")
elif s>70:
    print("C 級")
elif s>=60:
    print("D 級")
else:
    print("加油")
```

執行上述程式，根據輸入不同，結果如下：

- 若輸入的數值大於 90，則輸出「A 級」。
- 若輸入的數值為(80,90]，則輸出「B 級」。
- 若輸入的數值為(70,80]，則輸出「C 級」。
- 若輸入的數值為[60,70]，則輸出「D 級」。
- 若輸入的數值小於 60，則輸出「加油」。

4. 內聯 if

可以將 if 敘述簡單地寫在一行內。此時的語法格式為

```
敘述 A if 條件 else 敘述 B
```

上述敘述的規則是
- 當條件成立時，將敘述 A 作為傳回值。
- 當條件不成立時，將該敘述 B 作為傳回值。

內聯 if 敘述結構如圖 2-7 所示。

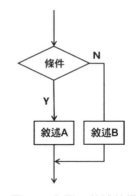

▲圖 2-7 內聯 if 敘述結構

【例 2.14】使用內聯 if 敘述計算兩個數值的最大值。

```
a=input("請輸入 a:")
b=input("請輸入 b:")
a=int(a)
b=int(b)
big=(a if a>b else b)
print("大數是:",big)
```

執行上述程式，根據不同輸入，會出現不同結果：

- 當輸入的值滿足 a>b 時，big=a。例如，輸入 a=6、b=3，則 big=a，輸出為「大數是：6」。

■ 當輸入的值不滿足 a>b 時，big=b。例如，輸入 a=6、b=9，則 big=b，
輸出為「大數是：9」。

5. 條件敘述

條件陳述式通常是由比較敘述組成的，傳回一個邏輯值（True 或
False）。使用比較符號可以組成比較敘述，常用的比較符號如表 2-2 所示。

表 2-2　常用的比較符號

符　號	範　例	範 例 值
等於（==）	5==3	False
不等於（!=）	5!=3	True
大於（>）	5>3	True
大於或等於（>=）	5>=3	True
小於（<）	5<3	False
小於或等於（<=）	5<=3	False

在需要對多個條件進行組合時，可以使用邏輯符號。常用的邏輯符號
如表 2-3 所示。

表 2-3　常用的邏輯符號

符　號	含　義	範　例	範例值
與（and）	若所有條件都滿足，則傳回 True；否則，傳回 False	(8>3) and (9>6)	True
或（or）	只要有一個條件滿足，就傳回 True；否則，傳回 False	(8>16) or (9>6)	True
非（not）	取相反值	not(3>6)	True

▌2.5　迴圈結構

簡單來說，迴圈就是重複做某件事情。迴圈結構透過控制迴圈條件來
實現某一段程式的重複執行和適時結束，如圖 2-8 所示。

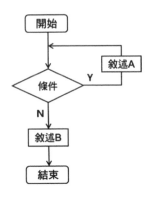

▲ 圖 2-8　迴圈結構

1. for...in 迴圈

使用 for...in 敘述能夠遍歷一個集合。其語法格式為

```
for 變數 in 集合:
    具體操作
```

上述語法針對可迭代物件（集合）展開遍歷，其迴圈次數取決於迭代集合大小。集合可以是串列、元組、字串等。

【例 2.15】使用 for...in 迴圈分別遍歷串列、元組、字串。

```
print("遍歷串列範例：")
a = [7,9,8]
for x in a:
    print(x)
print("遍歷元組範例：")
b=(1,7,1)
for x in b:
    print(x)
print("遍歷字串範例：")
s="PYTHON"
for x in s:
    print(x)
```

執行上述程式，輸出結果如下：

```
遍歷串列範例:
7
9
8
遍歷元組範例:
1
7
1
遍歷字串範例:
P
Y
T
H
O
N
```

若希望輸出索引,則可以使用關鍵字 enumerate 實現。

【例 2.16】 使用 for...in 迴圈輸出索引及對應元素值。

```
print("列印索引及值:")
b = ["Python","人工智慧","巨量資料"]
for index,name in enumerate(b):
    print(index,name)
```

執行上述程式,輸出結果如下:

```
列印索引及值:
0 Python
1 人工智慧
2 巨量資料
```

2. for...in 次數迴圈

使用 for...in 敘述能夠實現指定次數的迴圈,此時,通常借助函數 range 控制迴圈次數。range 的語法格式為

```
range(初值,終止值,步進值)
```

其中,各個參數含義如下:

- 初值:計數的開始值,可以省略,省略該值時其預設值是 0,表示從 0

開始，如 range(5)等價於 range(0,5)。

- 終止值：計數到終止值結束，但不包括終止值，如 range(1,5)對應 [1,2,3,4]，不包含 5。

- 步進值：可以省略，省略該值時，預設為 1，如 range(1,5)等價於 range(1,5,1)。

需要注意的是，range 函數傳回的是一個可迭代物件，如果想將其轉換為串列，那麼可以使用 list 函數實現。例如，透過 list(range(1,5))函數可得到一個串列。

【例 2.17】使用 range 函數獲取物件及串列。

```
# 使用三個參數
a = range(1,10,3)
print(a)
b=list(a)
print(b)
# 預設步進值
c = range(1,5)
print(list(c))
# 預設初值為 0
d = range(5)
print(list(d))
```

執行上述程式，輸出結果如下：

```
range(1, 10, 3)
[1, 4, 7]
[1, 2, 3, 4]
[0, 1, 2, 3, 4]
```

【例 2.18】透過 range 函數控制 for...in 迴圈執行。

```
for x in range(1,5):
    print(x,"迴圈")
```

執行上述程式，輸出結果如下：

```
1 迴圈
2 迴圈
3 迴圈
4 迴圈
```

3. while 迴圈

使用 while 敘述可以實現在某個條件成立的情況下,重複執行迴圈內的敘述,其語法格式為

```
while 條件運算式:
    迴圈本體
```

在 while 迴圈中當條件為真時,執行迴圈本體。因此,若讓迴圈本體不再執行,需保證條件運算式在一定條件下不成立。如果條件運算式一直成立,那麼該迴圈就是一個無窮迴圈。無窮迴圈通常只用於一些特殊情況,或者微型感測器等永不停歇工作直到報廢的裝置上。

在 while 迴圈中,通常使用一個變數作為迴圈計數器。透過控制該迴圈計數器的值,來控制迴圈執行的次數。

【例 2.19】使用 while 迴圈實現 5 次迴圈。

```
i = 0
while i < 5:
    print(i)
    i += 1
```

執行上述程式,輸出結果如下:

```
0
1
2
3
4
```

本例使用變數 i 作為迴圈計數器。設定其初值為 0,當其值小於 5 時,條件運算式成立,迴圈得以執行;迴圈本體內,不斷地改變 i 的值,

讓其增大，使其朝著使迴圈條件"i<5"不成立的方向發展。最終在 i=5 時，迴圈條件不再成立，迴圈終止。

【例 2.20】使用 while 迴圈遍歷一個串列。

```
a = [7,9,8,666]
i = 0
while i < len(a):
    print(a[i])
    i += 1
```

執行上述程式，輸出結果如下：

```
7
9
8
666
```

4. 跳出迴圈 break

有時我們希望在滿足某個特定的條件時，終止迴圈的執行，關鍵字 break 可以幫助我們達到這個目的，其使用形式一般為

```
迴圈(while 或 for...in)
    if 條件運算式
        break
```

上述結構當條件運算式成立時，跳出迴圈本體。

【例 2.21】break 使用範例。輸出串列的值，一旦遇到數值 666，就終止後續所有輸出。

```
a = [7,9,8,666,999,973,985,211]
for x in a:
    if x==666:
        break
    print(x)
```

執行上述程式，輸出結果如下：

```
7
9
8
```

【例 2.21】嘗試使用 for...in 迴圈遍歷串列 a 中的所有元素。但是，當條件判斷敘述"if x==666:"成立時，執行"break"敘述。這意味著，一旦遇到數值"666"，就要退出迴圈，終止繼續遍歷串列 a 內其餘元素。所以，程式在遍歷到數值 666 後，迴圈終止執行，數值 666 及後續所有值都沒有被輸出。

5. 跳出迴圈 continue

有時我們希望在滿足某個特定的條件時，終止本次迴圈，繼續執行下一次迴圈。關鍵字 continue 可以幫助我們達到這個目的，其使用形式一般為

```
迴圈（while 或 for...in）
    if 條件運算式
        continue
```

對於上述結構，當條件運算式成立時，忽略當次迴圈中剩下的敘述，繼續執行下一次迴圈。

【例 2.22】continue 使用範例。輸出串列的值，在遇到數值 666 時，不輸出該值。

```
a = [7,9,8,666,999,973,985,211]
for x in a:
    if x==666:
        continue
    print(x)
```

執行程式，輸出結果如下：

```
7
9
8
```

```
999
973
985
211
```

【例 2.22】嘗試使用 for...in 迴圈遍歷串列 a 中的所有元素。但是，當條件判斷敘述"if x==666:"成立時，執行"continue"敘述。這意味著，一旦遇到數值"666"，就要退出本次迴圈，放棄本次迴圈中後續敘述，繼續執行下一次迴圈。所以，在遇到數值 666 後，終止本次迴圈後續敘述（print 敘述）的執行，繼續執行下一次迴圈。在下一次迴圈中，遇到數值"999"，if 敘述不成立，執行 print 敘述將數值"999"輸出。之後繼續執行下一次迴圈，直到迴圈結束。

2.6 函數

本節內容分為三部分：2.6.1 節將從詞義、作用、組成等角度介紹什麼是函數；2.6.2 節將介紹內建函數的基本使用方法；2.6.3 節將簡單介紹自訂函數。

2.6.1 什麼是函數

函數是一個處理器，是一個將「輸入」處理為「輸出」的工具。在使用果汁機將水果變為果汁的場景中，果汁機就是一個函數。圖 2-9 所示為函數和果汁機的對比示意圖。

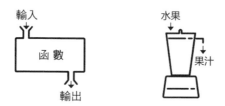

▲ 圖 2-9 函數和果汁機的對比示意圖

在數學或者電腦中，我們嘗試建構不同的函數來解決不同的問題。這裡的函數本質上是指，透過對輸入進行有效處理，得到輸出結果。我們可以利用函數解決各種各樣的問題，這些問題可以是計算絕對值、計算最大值等相對簡單的數學問題，也可以是複雜的現實問題。例如，利用 canny 函數可以得到原始影像（圖 2-10 左側影像）對應的 canny 邊緣（圖 2-10 右側影像）。

▲圖 2-10 canny 函數處理範例

無論在生活中還是在數學或者電腦中，函數的輸入和輸出都存在較強的相關性。也就是說，透過一定的變換，能夠將輸入變為輸出，這種變換必須是科學的。例如，我們可以建構一個實現輸入水輸出水蒸氣，甚至氧氣的函數，但是不可以建構一個輸入水輸出油的函數。

清代的數學家李善蘭與英國傳教士偉烈亞力（Alexander Wylie）合譯《代數學》時，將函數解釋為「凡此變數中函（包含）彼變數者，則此為彼之函數」。

「函」作為動詞使用是「包含、容納」的意思。我們在 2.2.1 節中介紹了「變數」的概念。一般來說，我們把輸入稱為引數，輸出稱為因變數。因此，可以將上述翻譯理解為「函數作為一種變數（因變數），包含著另外一個變數（引數）」。

「函」作為名詞使用是「匣、盒」的意思，從這個角度講，函數是一個盒子。進一步講，這個盒子可能是個「黑盒」，也可能是個「白盒」。函數示意圖如圖 2-11 所示。

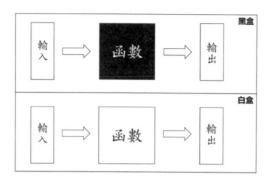

▲ 圖 2-11 函數示意圖

- 黑盒角度：作為使用函數的使用者，不需要關心函數內部的構造。
Python 提供了非常多函數，直接使用這些函數就能夠完成非常複雜的
工作。類似於，使用果汁機，不用關心它是怎麼工作的，把水果放進
去後，只需按下開關就能得到果汁。協力廠商模組提供了大量實用函
數，本書主要使用 OpenCV 模組，該模組套件含大量用於影像處理的
實用函數。直接把輸入交給對應的函數，即可得到傳回結果。不同的
函數對應不同的功能，我們需要做的是找到能解決問題的特定函數，
無須關心它內部是如何執行原理的。

- 白盒角度：作為開發函數的程式設計師，需要撰寫程式，從而完成將
輸入轉換為輸出的工作。這類似於，開發果汁機的工程師需要關注實
現的每一個技術細節。

　横看成嶺側成峰，遠近高低各不同。針對同一個物件，當我們從不同
角度去解析時，更能避免陷入瞎子摸象的境地。從實踐的角度，一般把函
數劃分為如下三類：

- 內建函數：Python 附帶的，實踐中使用非常頻繁的函數。
- 自訂函數：通常指程式設計師自己定義的函數。
- 模組：把一些函數單獨地放在稱為模組的檔案中，這些函數就被稱為
模組。這些函數可能是 Python 附帶的，也可能是由協力廠商開發的。

2.6.2 內建函數

內建函數，是指 Python 系統內附帶的函數。常用語言套件含了大量的被頻繁使用的內建函數，如數學計算函數等。Python 包含了 abs、pow、sorted、max、min、sum 等函數。下面以一個範例來說明其具體用法。

【例 2.23】常用函數使用範例。

```
# abs 絕對值
x = -45
print(abs(x))
# pow 指數計算 b^e/2^3=8
b = 2
e = 3
r = pow(b,e)
print(r)
# sorted 排序
a = [1,2,3,0,5]
b = sorted(a)
print(b)
# max 最大值、min 最小值、sum 求和
print(max(a))
print(min(a))
print(sum(a))
```

執行上述程式，輸出結果如下：

```
45
8
[0, 1, 2, 3, 5]
5
0
11
```

2.6.3 自訂函數

可以根據自己的需要自訂一個函數。自訂函數的呼叫方法與內建函數一致。

在自訂函數時，使用 def 來定義函數，使用 return 來傳回函數的傳回值。自訂函數的語法結構如下：

```
def 函數名稱(參數):
        函數本體
        return    傳回值
```

上述語法結構中：

- def 表示定義一個函數。關鍵字 def 表示從下一行開始的縮排程式都是函數的組成部分。

- 函數名稱，是指函數的名稱。函數名稱和變數名稱的定義是一樣的，可以根據需要起一個通俗易懂、好記的名字。

- 參數，是指函數的輸入，是要處理的物件。例如，在計算一個圓的面積時，輸入就是該圓的半徑。簡單來説，參數是交給函數的資料或指令。大部分的情況下，函資料此與使用者進行互動，針對特定的輸入進行處理。

- 關鍵字 return 後面是函數要傳回的處理結果。傳回值是函數和使用者互動的一種方式，函數透過傳回值將處理結果報告給使用者。

函數就是「機器人」，用來完成特定的任務。函數對應的參數和傳回值的情況如下。

- 參數：一般情況下，只有向機器人發出指令，機器人才會去執行對應的操作。但是，有時並不需要發出指令，機器人就能把事情處理好。例如，某簡單的掃地機器人只有開關，打開開關它就開始工作了。這相當於函數沒有參數，固定執行某個特定的功能。如果某個函數的功能是計算正方形面積，那麼就需要透過參數接收邊長值。如果函數只需要計算邊長為 3 的正文形的正方形的面積，那麼就不需要輸入任何參數，直接在函數內計算邊長為 3 的正方形的面積就可以了。

■ 傳回值：一般情況下，需要機器人傳回處理結果。但是，有時只需要機器人把事情做好就可以了，不需要彙報結果。例如，某個機器人幫助某部門在早晨 6 點檢查資料整理結果。在檢查無誤時，並不需要機器人大喊一聲：「沒有問題啦！」。機器人不彙報處理結果，相當於函數沒有傳回值，只需默默執行某個特定的功能就好了。如果需要用正方形面積進行後續計算，那麼就需要計算正方形面積的函數將面積值傳回，以便後續對該面積值進行操作處理。如果只需要將面積值輸出，那麼就不需要讓函數傳回任何值，直接在函數內部完成列印即可。

【例 2.24】定義具有不同形式的參數、傳回值的函數，用於計算邊長為 3 的正方形面積。

表 2-4 對函數的參數、傳回值的範例進行了簡要說明。

表 2-4 函數的參數與傳回值

訴 求	參數	傳回值	說 明	函數名稱
列印邊長為 3 的正方形面積	無	無	在函數內列印面積值 9	area1
獲得邊長為 3 的正方形面積	無	有	函數傳回面積值 9	area2
根據邊長列印正方形面積	有	無	根據參數 3 在函數內列印面積值 9	area3
根據邊長獲得正方形面積	有	有	函數根據參數 3 傳回面積值 9	area4

根據上述說明，撰寫程式如下：

```
# 建構函數 area1，無參數，無傳回值
def area1():
    print("1:無參數，無傳回值：")
    print("邊長為 3 的正方形面積：",3*3)
# 建構函數 area2，無參數，有傳回值
def area2():
    print("2:無參數，有傳回值：")
```

```
     return 3*3    # 傳回值
# 建構函數 area3，有參數，無傳回值
def area3(r):
    print("3:有參數，無傳回值：")
    print("邊長為",r,"的正方形面積為：",r*r)
# 建構函數 area4，有參數，有傳回值
def area4(r):
    print("4:有參數，有傳回值：")
    return  r*r
# 呼叫函數
area1()
print("邊長為 3 的正方形面積為：",area2())
area3(3)
print("邊長為 3 的正方形面積為:",area4(3))
# 不用函數直接計算
area=3*3
print("5:直接計算邊長為 3 的正方形面積：",area)
```

執行上述程式，輸出結果如下：

```
1:無參數，無傳回值：
邊長為 3 的正方形面積：  9
2:無參數，有傳回值：
邊長為 3 的正方形面積為：  9
3:有參數，無傳回值：
邊長為  3  的正方形面積為：  9
4:有參數，有傳回值：
邊長為 3 的正方形面積為：  9
5:直接計算邊長為 3 的正方形面積：  9
```

從上述程式可以看出：

- 在函數沒有傳回值時，通常直接呼叫該函數，讓其內部敘述得以執行，透過內部敘述展示某種形式的運算結果或過程。例如，函數 area1、函數 area3 都沒有傳回值，使用時直接呼叫即可。

- 在函數有傳回值時，函數表示的就是函數的傳回值。此時，可以將函

數看作一個普通的變數，它的使用方式與普通變數是一致的，可以作為其他函數的參數。例如，函數 area2、函數 area4 都有傳回值，表示的都是各自對應的傳回值。因此，這兩個函數都可以作為 print 函數的參數。

2.7 模組

為了方便處理和使用，通常將常用的一些函陣列織在一起，儲存在一個副檔名為".py"的檔案內，這個檔案就是一個模組。因此，模組是函數的集合。

模組對應的英文是"modules"。如果函數是果汁機，那麼模組就是一套廚具組合，這套廚具包含果汁機、絞肉機、電鍋等。

大部分的情況下，可以從以下幾個方面來理解模組：

- 來源：可能是系統附帶的，也可能是由程式設計師自發開發並共用的可以被大家任意呼叫的；還可能是自己定義供自己使用的。

- 作用：可滿足特定的需求和目的，如方便網路存取、方便加密處理、方便數學計算、方便資料處理、方便影像處理等。

- 建構：無論是附帶模組（標準模組），還是協力廠商模組，都已經被建構好了，可以直接呼叫。對於自訂模組，只需把自訂函數放在副檔名為".py"的檔案內，就可完成模組的建構。

- 使用：通常使用「import 模組名稱」敘述將模組匯入程式。

2.7.1 標準模組

標準模組是非常實用的，Python 提供了 200 多個內建的標準模組。

例如，random 模組可以用來處理隨機數。該模組提供了許多與隨機數處理相關的函數。例如，函數 randint(初值,終值)可生成一個介於[初值,終值]的隨機整數。

要想使用模組內的函數就要先將模組匯入程式,其格式為「import 模組名稱」。例如,使用 random 模組內的函數,需要先將該模組匯入,具體為

```
import random
```

使用關鍵字"import"匯入標準模組後,可以透過模組名稱呼叫其提供的函數,形式為「模組名稱.函數名稱」。例如,在匯入 random 模組後,如果要使用其中的函數 randint()來生成一個介於[0,9]的隨機數,其使用方式是"random.randint(0,9)"。

【例 2.25】使用 random 模組內的 randint 函數,生成一組介於 0~9 的隨機數。

```
import random
x=[]
for i in range(7):
    r=random.randint(0,9)
    x.append(r)
print(x)
```

執行上述程式,輸出結果如下:

```
[3, 5, 3, 8, 5, 8, 1]
```

若感覺每次呼叫 randint 函數都寫 random.randint 比較麻煩,則可以使用"import random as r"敘述將 r 指定為 random 的縮寫形式。指定上述縮寫後,每次使用"r.randint()"即可呼叫 randint 函數。縮寫名稱是任意指定的,如 random 的縮寫不一定必須是"r"。

Python 中常用的標準模組如下:

■ random 模組:提供可進行隨機選擇的函數。
■ os 模組:提供與作業系統互動的函數。
■ sys 模組:提供與系統相關的參數和函數。
■ time 模組:提供與時間相關的函數。

- math 模組：提供對浮點數學的底層 C 函數庫函數的存取。
- re 模組：為高級字串處理提供正規表示法的工具。

2.7.2 協力廠商模組

在使用協力廠商模組前，需要先對其進行下載和安裝，然後就可以像使用標準模組一樣匯入並使用了。下載和安裝協力廠商模組可以使用 Python 提供的 pip 命令，語法結構為

```
pip install 協力廠商模組名稱
```

例如，安裝用於科學計算的 NumPy 模組，可以使用的敘述為

```
pip install numpy
```

當然，在面臨網路不好等情況時，可以直接從 PyPI 的官網透過「pip install 本地路徑」敘述將要使用的協力廠商模組安裝到本地。

本書主要使用的協力廠商模組如下：

- NumPy：該模組用於實現科學計算，其提供的陣列功能可以非常方便地處理影像。
- OpenCV：高效的影像處理模組，是本書的重點。
- dlib：包含很多機器學習演算法，使用起來簡單方便。
- matplotlib.pyplot：該模組提供了類似於 MATLAB 的介面，使用簡單的程式即可實現高效的繪圖功能。

協力廠商模組的使用方式與標準模組是一致的，都是先使用關鍵字 import 匯入，然後透過「模組名稱.函數名稱()」的方式呼叫。

2.7.3 自訂模組

自訂模組是指將一些可能重複使用的函數單獨放在一個副檔名為的 ".py"檔案中。自訂模組的使用方式與標準模組相同。

【例 2.26】自訂一個模組，並使用該模組內的函數。

分析：本例題包含兩個程式，一個是模組程式（myModules.py），另一個是用來呼叫模組內函數的程式（例 2.26.py）。

模組程式（myModules.py）提供了二次方計算（函數 x2）、10 倍計算（函數 x10）兩個不同的函數。

主程式（例 2.26.py）分別對模組程式內的函數進行了呼叫。

myModules.py 程式如下：

```
# 兩個功能：二次方、10 倍計算
# 計算一個數的二次方
def x2(a):
    return a*a
# 計算一個數的 10 倍
def x10(a):
return 10*a
```

例 2.26.py 程式如下：

```
import myModules as m
a=9
b=m.x2(a)
c=m.x10(a)
print("a=",a)
print("a 的二次方:",b)
print("a 的 10 倍:",c)
```

執行程式例 2.25.py，輸出結果如下：

```
a= 9
a 的二次方: 81
a 的 10 倍: 90
```

OpenCV 基礎

OpenCV 是一個開放原始碼的電腦視覺函數庫，包含 500 多個函數，能夠幫助開發人員快速建構視覺應用。本章將介紹 OpenCV 中的一些比較典型的函數及應用。

3.1 基礎

在影像處理過程中，讀取影像、顯示影像、儲存影像是最基本的操作。本節將簡單介紹這幾項基本操作。

3.1.1 安裝 OpenCV

大部分的情況下，在 Anaconda Prompt 內使用如下敘述安裝 OpenCV-Python 即可：

```
pip install opencv-python
```

執行上述敘述後，OpenCV-Python 將自動完成安裝。

套件列表如圖 3-1 所示。

▲ 圖 3-1　套件列表

安裝完成後，會顯示安裝成功敘述「Successfully installed opencv-python-版本編號」，如圖 3-2 所示。

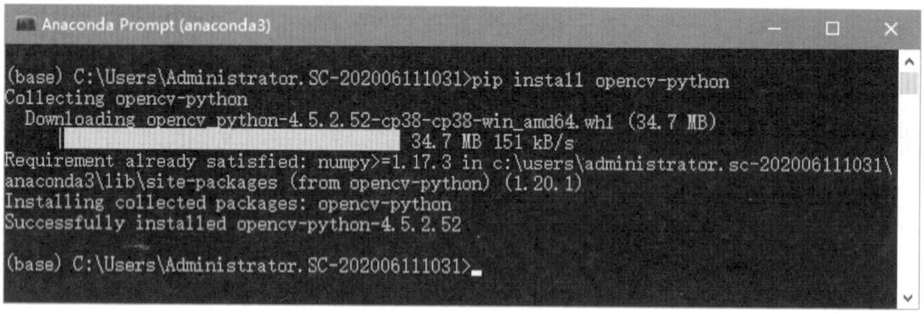

▲ 圖 3-2　安裝成功提示

可以在 Anaconda Prompt 內使用"conda list"敘述查看安裝是否成功。如果安裝成功，那麼將會顯示安裝成功的 OpenCV 函數庫及對應的版本等資訊。需要注意，不同安裝套件的名稱及版本編號可能略有差異。圖 3-3 所示套件清單顯示了系統內設定 OpenCV 的情況，該圖說明在當前系統內設定的是 OpenCV 為 4.5 版本。

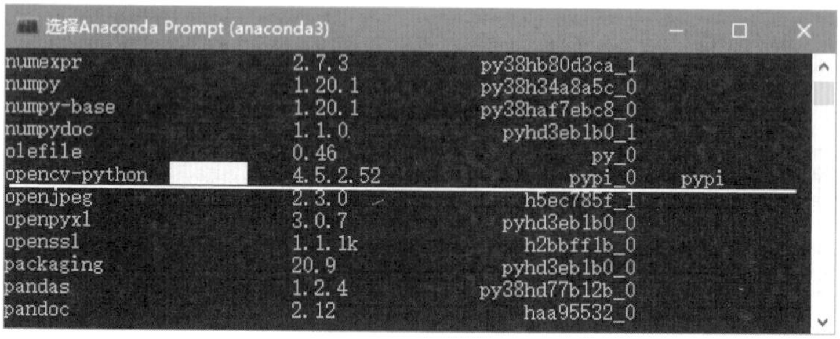

▲ 圖 3-3　套件列表

如果因為網路等問題，無法完成安裝，可以先下載安裝套件，再完成安裝。例如，可以選擇由 PyPI 提供的 OpenCV 安裝套件，透過 PyPI 官網（參考網址 2）下載最新的針對 Python 的 OpenCV 函數庫，該下載頁頂部指出了當前的最新版本。

如果想安裝其他版本，可以在 PyPI 官網"Download files"欄內根據實際情況來選擇。具體選擇哪種安裝套件取決於如下三個因素：

- Python 的版本，如 Python 2.7 或者 Python 3.8 等。
- 作業系統，如 Windows、macOS、Linux 等。
- 處理器位數，如 32 位元或者 64 位元。

完成下載後，在 Anaconda Prompt 內使用「pip install 完整路徑檔案名稱」格式的敘述完成安裝。例如，使安裝檔案"opencv_python-3.4.3.18-cp37-cp37m-win_amd64.whl"儲存在 D:\anaconda\Lib 目錄下面，使用的敘述為

```
>>pip install D:\anaconda\Lib\opencv_python-3.4.3.18-cp37-cp37m-
win_amd64.whl
```

本節將主要介紹如何在 Windows 系統下對環境進行設定，如果需要設定其他作業系統下的環境，請參考 OpenCV 官網的具體介紹。

需要注意的是，OpenCV 的很多新功能被放在貢獻套件內，因此在安裝好 OpenCV 的同時要安裝好貢獻套件。可以使用 pip 敘述完成貢獻套件的安裝，具體如下：

```
pip install opencv-contrib-python
```

3.1.2 讀取影像

OpenCV 提供了函數 cv2.imread()來讀取影像，它支援各種靜態影像格式，其語法格式為

```
retval = cv2.imread( filename[, flags] )
```

其中：

- retval 是傳回值，其值是讀取到的影像。若未讀取到影像，則傳回 "None"。
- filename 表示要讀取的影像的完整檔案名稱。
- flags 是讀取標記。該標記用來控制讀取檔案的類型，其主要值如表 3-1 所示。表 3-1 中的第 1 列值與第 3 列數值是等價的，在設定參數時，既可以使用第 1 列的值，也可以使用第 3 列的數值。

表 3-1 flags 標記值

值	含 義	數值
cv2.IMREAD_UNCHANGED	保持原格式不變	−1
cv2.IMREAD_GRAYSCALE	將影像調整為單通道的灰階影像	0
cv2.IMREAD_COLOR	將影像調整為三通道的 BGR 影像，該值是預設值	1

例如，若想讀取目前的目錄下檔案名稱為 lena.bmp 的影像，並保持原有格式讀取，則可以使用的敘述為

```
lena=cv2.imread("lena.bmp",-1)
```

需要注意的是，上述程式要想正確執行，需要先匯入 cv2 模組，大多數常用的 OpenCV 函數都在 cv2 模組內。與 cv2 模組對應的 cv 模組代表傳統版本的模組。cv2 模組並不表示該模組是專門針對 OpenCV 2 版本的，而是指該模組引入了一個改善的 API 介面。cv2 模組內採用的是物件導向的程式設計方式，而 cv 模組內更多採用的是過程導向的程式設計方式。本書使用的模組都是 cv2 模組。

【例 3.1】使用 cv2.imread()函數讀取一幅影像。

根據題目要求，撰寫程式如下：

```
import cv2
lena=cv2.imread("lena.bmp")
print(lena)
```

上述程式首先會讀取目前的目錄下的影像 lena.bmp，然後使用 print 敘述列印讀取的影像資料。執行上述程式後輸出的影像部分像素值如圖 3-4 所示。

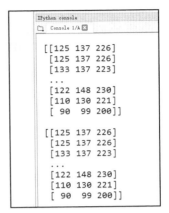

▲ 圖 3-4 影像部分像素值

3.1.3 顯示影像

OpenCV 提供了多個與顯示有關的函數，下面對幾個常用的函數進行簡單介紹。

1. cv2.imshow()函數

函數 cv2.imshow()用來顯示影像，其語法格式為

```
cv2.imshow( winname, mat )
```

其中：

- winname 是視窗名稱。
- mat 是要顯示的影像。

在顯示影像時，初學者經常遇到的一個錯誤是"error:(-215:Assertion failed) size.width>0 && size.height>0 in function 'cv::imshow'"。該錯誤是指當前要顯示的影像是空的（None）。這個錯誤通常是由於在讀取檔案時沒有找到影像檔造成的。一般來說，如果檔案確實存在，那麼這個問題出現的原因可能是檔案名稱（或路徑）錯誤。

要解決這個問題，首先要了解存取檔案的方式：

■ 絕對路徑：使用完整的路徑名稱存取檔案，如"e:\lesson\lena.bmp"。

■ 相對路徑：從當前路徑開始的路徑。假如當前路徑為 e:\lesson，使用
  "lena=cv2.imread("lena.bmp")"敘述讀取檔案 lena.bmp 時，實際上讀取
  的是"e:\lesson\lena.bmp"。

在使用絕對路徑時通常不會出錯，一般情況下出現上述錯誤使用的是
相對路徑，此時只有確保要存取的影像檔在當前工作路徑下，影像檔才能
被存取到。例如，使用"lena=cv2.imread("lena.bmp")"讀取檔案 lena.bmp
時，必須確保檔案 lena.bmp 在當前工作路徑下。

2. cv2.waitKey()函數

函數 cv2.waitKey()用來等待按鍵，當使用者按下按鍵後，該敘述會
被執行，並獲取傳回值，其語法格式為

```
retval = cv2.waitKey( [delay] )
```

其中：

■ retval 表示傳回值。若在等待時間（由參數 delay 指定）內，有按鍵被
  按下，則傳回該按鍵的 ASCII 碼；若在等待時間（由參數 delay 指
  定）內，沒有按鍵被按下，則傳回-1。

■ delay 表示等待鍵盤觸發的時間，單位是 ms。當該值是負數或 0 時，
  表示無限等待。該值預設為 0。

在實踐中，通常使用函數 cv2.waitKey()實現暫停功能。當程式執行
到該敘述時，會按照參數 delay 指定的值等待特定時長。根據參數 delay
的值，可能有不同的情況：

■ 若參數 delay 的值為空（表示使用預設值 0）、0、負數這三種情況之
  一，則程式會一直等待直到有按鍵被按下。在按下按鍵事件發生時，
  會傳回該按鍵的 ASCII 碼，繼續執行後續程式。

■ 若參數 delay 的值為正數,則在這段時間內,程式等待按鍵被按下。在按下鍵盤按鍵事件發生時,傳回該按鍵的 ASCII 碼,繼續執行後續程式敘述。若在 delay 參數所指定的時間內一直沒有鍵盤被按下,則在超過等待時間後傳回-1,繼續執行後續程式。

3. destroyAllWindows 函數

函數 cv2.destroyAllWindows()用來釋放(銷毀)所有視窗,其語法格式為

```
None = cv2.destroyAllWindows( )
```

【例 3.2】撰寫一個程式,演示影像的讀取、顯示、釋放。

根據題目要求,撰寫程式如下:

```
import cv2
lena=cv2.imread("lena.bmp")
cv2.imshow("demo1", lena )
cv2.imshow("demo2", lena )
cv2.waitKey()
cv2.destroyAllWindows()
```

上述程式透過敘述"cv2.waitKey()"暫停執行,當使用者按下任意按鍵後,執行敘述"cv2.destroyAllWindows()"釋放所有視窗。

執行上述程式,會分別出現名稱為 demo1 和 demo2 的兩個視窗,這兩個視窗中顯示的都是 lena.bmp 影像。當未按下按鍵時,沒有新的狀態出現;當按下任意一個按鍵後,兩個視窗都會被釋放(關閉)。

3.1.4 儲存影像

OpenCV 提供了函數 cv2.imwrite()來儲存影像,該函數的語法格式為

```
retval = cv2.imwrite( filename, img[, params] )
```

其中：

- retval 是傳回值。若儲存成功，則傳回邏輯值真（True）；否則，傳回邏輯值假（False）。
- filename 是要儲存的目的檔案的完整路徑名稱，引用檔案副檔名。
- img 是被儲存影像的名稱。
- params 是儲存類型參數，是可選參數。

【例 3.3】撰寫一個程式，將讀取的影像儲存到目前的目錄下。

根據題目要求，撰寫程式如下：

```
import cv2
lena=cv2.imread("lena.bmp")
r=cv2.imwrite("result.bmp",lena)
```

上述程式會先讀取目前的目錄下的影像 lena.bmp，然後將該影像以名稱 result.bmp 儲存到目前的目錄下。

3.2 影像處理

本節將主要介紹影像的像素處理、通道處理及調整大小等基礎知識。需要說明的是，使用針對 Python 的 OpenCV（OpenCV-Python），需要借助 NumPy 函數庫，尤其是 np.array 函數庫。np.array 函數庫是 Python 處理影像的基礎。

3.2.1 像素處理

像素是影像組成的基本單位，像素處理是影像處理的基本操作，可以透過索引對影像內的元素進行存取和處理。

1. 二值影像及灰階影像

需要說明的是，OpenCV 中的最小的資料型態是無符號的 8 位元二進位數字，其最小值是 0，最大值是 255。因此，OpenCV 中沒有僅用一位元二進位數字表示二值影像的一個像素值（0 或 1）的資料型態，其使用 8 位元二進位數字的最小值 0 表示二值影像中的黑色，使用 8 位元二進位數字的最大值 255 表示二值影像中的白色。

因此，可以將二值影像理解為特殊的灰階影像，其像素值僅有最大值 255 和最小值 0。因此，下文僅考慮灰階影像的讀取和修改等，不再單獨對二值影像進行討論。

可以將影像理解為一個矩陣，在針對 Python 的 OpenCV 中，影像就是 NumPy 函數庫中的陣列（numpy.ndarray），一個灰階影像是一個二維陣列，可以透過索引存取其中的像素值。例如，可以使用 image[0,0]存取影像 image 第 0 行第 0 列位置上的像素點，第 0 行第 0 列位於影像的左上角，其中第 1 個索引"0"表示第 0 行，第 2 個索引"0"表示第 0 列，如圖 3-5 所示。

(0,0)	(0,1)	(0,2)	(0,3)	(0,4)	(0,5)
(1,0)	(1,1)	(1,2)	(1,3)	(1,4)	(1,5)
(2,0)	(2,1)	(2,2)	(2,3)	(2,4)	(2,5)
(3,0)	(3,1)	(3,2)	(3,3)	(3,4)	(3,5)
(4,0)	(4,1)	(4,2)	(4,3)	(4,4)	(4,5)
(5,0)	(5,1)	(5,2)	(5,3)	(5,4)	(5,5)
(6,0)	(6,1)	(6,2)	(6,3)	(6,4)	(6,5)

▲ 圖 3-5　OpenCV 影像索引示意圖

為了方便理解，首先使用 NumPy 函數庫來生成一個 8×8 大小的陣列，用來模擬一個黑色影像，並對其進行簡單處理。

【例 3.4】使用 NumPy 函數庫生成一個元素值都是 0 的二維陣列，用來模擬一幅黑色影像，並對其進行存取和修改。

分析：使用 NumPy 函數庫中的函數 zeros()可以生成一個元素值都是 0 的陣列，並可以直接使用陣列的索引對其進行存取和修改。

根據題目要求及分析，撰寫程式如下：

```
import cv2
import numpy as np
img=np.zeros((8,8),dtype=np.uint8)
print("img=\n",img)
cv2.imshow("one",img)
print("讀取像素點 img[0,3]=",img[0,3])
img[0,3]=255
print("修改後 img=\n",img)
print("讀取修改後像素點 img[0,3]=",img[0,3])
cv2.imshow("two",img)
cv2.waitKey()
cv2.destroyAllWindows()
```

程式分析如下：

- 使用函數 zeros()生成一個 8×8 大小的二維陣列，該陣列中所有元素的值都是 0，數數值型別是 np.uint8。根據該陣列的值及屬性可以將其看作一幅黑色影像。
- img[0,3]存取的是影像 img 第 0 行第 3 列的像素點。需要注意的是，行序號、列序號都是從 0 開始的。
- 敘述 img[0,3]=255 將 img 中第 0 行第 3 列的像素點的像素值設定為 "255"。

執行上述程式，會出現名為 one 和 two 的兩個非常小的影像視窗。其中，名為 one 的視窗是純黑色的；名為 two 的視窗在頂部靠近中間位置有一個白點（對應修改後的像素值 255），其他地方都是純黑色。

同時，在「Python 控制台」面板會輸出如下內容：

```
img=
 [[0 0 0 0 0 0 0 0]
  [0 0 0 0 0 0 0 0]
  [0 0 0 0 0 0 0 0]
  [0 0 0 0 0 0 0 0]
  [0 0 0 0 0 0 0 0]
  [0 0 0 0 0 0 0 0]
  [0 0 0 0 0 0 0 0]
  [0 0 0 0 0 0 0 0]]
讀取像素點 img[0,3]= 0
修改後 img=
 [[  0   0   0 255   0   0   0   0]
  [  0   0   0   0   0   0   0   0]
  [  0   0   0   0   0   0   0   0]
  [  0   0   0   0   0   0   0   0]
  [  0   0   0   0   0   0   0   0]
  [  0   0   0   0   0   0   0   0]
  [  0   0   0   0   0   0   0   0]
  [  0   0   0   0   0   0   0   0]]
讀取修改後像素點 img[0,3]= 255
```

　　圖 3-6 所示為【例 3.4】程式執行結果的影像放大 10 倍的效果圖。透過【例 3.4】中的兩個視窗顯示的影像可知，二維陣列與影像之間存在對應關係。

▲圖 3-6　【例 3.4】程式執行結果放大 10 倍的效果圖

【例 3.5】讀取一個灰階影像，並對其像素進行存取、修改。

根據題目要求，撰寫程式如下：

```
import cv2
img=cv2.imread("lena.bmp",0)
cv2.imshow("before",img)
print("img[50,90]原始值:",img[50,90])
img[10:100,80:100]=255
print("img[50,90]修改值:",img[50,90])
cv2.imshow("after",img)
cv2.waitKey()
cv2.destroyAllWindows()
```

【例 3.5】中的程式使用切片方式將影像 img 中第 10 行到第 99 行與第 80 列到第 99 列交叉區域內的像素值設定為 255。從影像 img 來看，該交叉區域被設定為白色。

執行上述程式，輸出結果如圖 3-7 所示，其中，左圖是讀取的原始影像；右圖是經過修改後的影像。

▲圖 3-7 【例 3.5】程式執行結果

同時，程式輸出結果如下：

```
img[50,90]原始值: 131
img[50,90]修改值: 255
```

2. 彩色影像

OpenCV 在處理 RGB 模式的彩色影像時，會按照行方向依次分別讀取該 RGB 影像像素點的 B 通道、G 通道、R 通道的像素值，並將像素值以行為單位儲存在 ndarray 的列中。例如，有一幅大小為 R 行× C 列的原始 RGB 影像，其在 OpenCV 內以 BGR 模式的三維陣列形式儲存，可以使用運算式存取陣列內的值。例如，可以使用 image[0,0,0]存取 image 影像 B 通道內第 0 行第 0 列上的像素點，其中：

■ 第 1 個索引表示第 0 行。

■ 第 2 個索引表示第 0 列。

■ 第 3 個索引表示第 0 個顏色通道。

根據上述分析可知，假設有一幅紅色影像（其 B 通道內所有像素點的像素值均為 0，G 通道內所有像素點的像素值均為 0，R 通道內所有像素點的像素值均為 255），不同的存取方式對應的情況如下。

■ img[0,0]：存取 img 影像第 0 行第 0 列像素點的 B 通道像素值、G 通道像素值、R 通道像素值。注意順序，BGR 影像的通道順序是 B、G、R，因此得到的數值為[0,0,255]。

■ img[0,0,0]：存取 img 影像第 0 行第 0 列第 0 個通道的像素值，由於影像是 BGR 格式的，所以第 0 個通道是 B 通道，會得到 B 通道內第 0 行第 0 列的位置對應的像素值 0。

■ img[0,0,1]：存取 img 影像第 0 行第 0 列第 1 個通道的像素值，由於影像是 BGR 格式的，所以第 1 個通道是 G 通道，會得到 G 通道內第 0 行第 0 列的位置對應的像素值 0。

■ img[0,0,2]：存取 img 影像第 0 行第 0 列第 2 個通道的像素值，由於影像是 BGR 格式的，所以第 2 個通道是 R 通道，會得到 R 通道內第 0 行第 0 列的位置對應的像素值 255。

【例 3.6】讀取一幅彩色影像，並對其像素進行存取、修改。

根據題目要求，撰寫程式如下：

```
1.  import cv2
2.  img=cv2.imread("lenacolor.png")
3.  cv2.imshow("before",img)
4.  print("存取 img[0,0]=",img[0,0])
5.  print("存取 img[0,0,0]=",img[0,0,0])
6.  print("存取 img[0,0,1]=",img[0,0,1])
7.  print("存取 img[0,0,2]=",img[0,0,2])
8.  print("存取 img[50,0]=",img[50,0])
9.  print("存取 img[100,0]=",img[100,0])
10. # 區域 1：白色
11. img[0:50,0:100,0:3]=255
12. # 區域 2：灰色
13. img[50:100,0:100,0:3]=128
14. # 區域 3：黑色
15. img[100:150,0:100,0:3]=0
16. # 區域 4：紅色
17. img[150:200,0:100]=(0,0,255)
18. # 顯示
19. cv2.imshow("after",img)
20. print("修改後 img[0,0]=",img[0,0])
21. print("修改後 img[0,0,0]=",img[0,0,0])
22. print("修改後 img[0,0,1]=",img[0,0,1])
23. print("修改後 img[0,0,2]=",img[0,0,2])
24. print("修改後 img[50,0]=",img[50,0])
25. print("修改後 img[100,0]=",img[100,0])
26. cv2.waitKey()
27. cv2.destroyAllWindows()
```

上述程式進行了如下操作。

- 第 2 行使用 imread()函數讀取目前的目錄下的一幅彩色 RGB 影像。
- 第 4 行的 img[0,0]敘述會存取影像 img 中的第 0 行第 0 列位置上的 B 通道、G 通道、R 通道三個像素值。

- 第 5～7 行分別會存取影像 img 中第 0 行第 0 列位置上的 B 通道、G 通道、R 通道三個像素值。

- 第 8 行的 img[50,0]敘述會存取第 50 行第 0 列位置上的 B 通道、G 通道、R 通道三個像素值。

- 第 9 行的 img[100,0]敘述會存取第 100 行第 0 列位置上的 B 通道、G 通道、R 通道三個像素點。

- 第 11 行使用切片方式將影像左上角區域（第 0 行到第 49 行與第 0 列到第 99 列的行列交叉區域，稱為區域 1）內三個通道的像素值都設定為 255，該區域變為白色。

- 第 13 行使用切片方式將影像左上角位於區域 1 正下方的區域（第 50 行到第 99 行與第 0 列到第 99 列的行列交叉區域，稱為區域 2）內三個通道的像素值都設定為 128，該區域變為灰色。

- 第 15 行使用切片方式將影像左上角位於區域 2 正下方的區域（第 100 行到第 149 行與第 0 列到第 99 列的行列交叉區域，稱為區域 3）內三個通道的像素值都設定為 0，該區域變為黑色。

- 第 17 行使用切片方式將影像左上角位於區域 3 正下方的區域（第 150 行到第 199 行與第 0 列到第 99 列的行列交叉區域，稱為區域 4）內三個通道的像素值分別設定為 0、0、255，即將該區域內 B 通道的像素值設定為 0，G 通道的像素值設定為 0，R 通道的像素值設定為 255，該區域變為紅色。

執行上述程式，輸出結果如圖 3-8 所示，其中左圖是讀取的原始影像，右圖是經過修改的影像。由於本書為黑白印刷，所以為了更好地觀察執行效果，請大家親自上機驗證程式。

同時，在「Python 控制台」面板會輸出如下內容：

```
存取 img[0,0]= [125 137 226]
存取 img[0,0,0]= 125
存取 img[0,0,1]= 137
存取 img[0,0,2]= 226
```

```
存取 img[50,0]= [114 136 230]
存取 img[100,0]= [ 75  55 155]
修改後 img[0,0]= [255 255 255]
修改後 img[0,0,0]= 255
修改後 img[0,0,1]= 255
修改後 img[0,0,2]= 255
修改後 img[50,0]= [128 128 128]
修改後 img[100,0]= [0 0 0]
```

▲圖 3-8 【例 3.6】程式執行結果

3.2.2 通道處理

　　RGB 影像是由 R 通道、G 通道、B 通道三個通道組成的。需要注意的是，OpenCV 中的通道是按照 B 通道→G 通道→R 通道的循序儲存的。在影像處理過程中，可以根據需要對通道進行拆分和合併。

1. 通道拆分

　　針對 RGB 影像，可以分別拆分出其 R 通道、G 通道、B 通道。在 OpenCV 中，透過索引可以直接將各個通道從影像內提取出來。例如，針對 OpenCV 內的 BGR 影像 img，可用如下敘述分別從中提取 B 通道、G 通道、R 通道：

```
b = img[ : , : , 0 ]
g = img[ : , : , 1 ]
```

```
r = img[ : , : , 2 ]
```

【例 3.7】撰寫程式，演示影像通道拆分及通道值改變對彩色影像的影響。

根據題目要求，撰寫程式如下：

```
import cv2
lena=cv2.imread("lenacolor.png")
cv2.imshow("lena",lena)
b=lena[:,:,0]
g=lena[:,:,1]
r=lena[:,:,2]
cv2.imshow("b",b)
cv2.imshow("g",g)
cv2.imshow("r",r)
lena[:,:,0]=0
cv2.imshow("lenab0",lena)
lena[:,:,1]=0
cv2.imshow("lenab0g0",lena)
cv2.waitKey()
cv2.destroyAllWindows()
```

本例實現了通道拆分和通道值改變：

- 敘述 b=lena[:,:,0]獲取了影像 img 的 B 通道。
- 敘述 g=lena[:,:,1]獲取了影像 img 的 G 通道。
- 敘述 r=lena[:,:,2]獲取了影像 img 的 R 通道。
- 敘述 lena[:,:,0]=0 將影像 img 的 B 通道值設定為 0。
- 敘述 lena[:,:,1]=0 將影像 img 的 G 通道值設定為 0。

執行上述程式，輸出結果如圖 3-9 所示，其中：

- 圖 3-9（a）是原始影像 lena。
- 圖 3-9（b）是原始影像 lena 的 B 通道影像 b。
- 圖 3-9（c）是原始影像 lena 的 G 通道影像 g。

- 圖 3-9（d）是原始影像 lena 的 R 通道影像 r。
- 圖 3-9（e）是將影像 lena 中 B 通道值置為 0 後得到的影像。
- 圖 3-9（f）是將影像 lena 中 B 通道值、G 通道值均置為 0 後得到的影像。

（a）　　　　　　　（b）　　　　　　　（c）

（d）　　　　　　　（e）　　　　　　　（f）

▲ 圖 3-9　【例 3.7】程式執行結果

由於本書為黑白印刷，所以為了更好地觀察執行效果，請大家親自上機驗證程式。

除了使用索引，還可以使用函數 cv2.split() 來拆分影像的通道。例如，可以使用如下敘述拆分彩色 BGR 影像 img，得到 B 通道影像 b、G 通道影像 g 和 R 通道影像 r：

```
b,g,r=cv2.split(img)
```

上述敘述與如下敘述是等價的：

```
b=cv2.split(img)[0]
g=cv2.split(img)[1]
r=cv2.split(img)[2]
```

2. 通道合併

通道合併是通道拆分的逆過程，透過合併通道可以將三個通道的灰階影像合併成一幅彩色影像。函數 cv2.merge()可以實現通道合併。例如，使用函數 cv2.merge()將 B 通道影像 b、G 通道影像 g 和 R 通道影像 r 這三幅通道影像合併為一幅 BGR 的三通道彩色影像，實現的敘述為

```
bgr=cv2.merge([b,g,r])
```

【例 3.8】撰寫程式，演示使用函數 cv2.merge()合併通道。

根據題目要求，撰寫程式如下：

```
import cv2
lena=cv2.imread("lenacolor.png")
b,g,r=cv2.split(lena)
bgr=cv2.merge([b,g,r])
rgb=cv2.merge([r,g,b])
cv2.imshow("lena",lena)
cv2.imshow("bgr",bgr)
cv2.imshow("rgb",rgb)
cv2.waitKey()
cv2.destroyAllWindows()
```

本例程式先對 BGR 影像進行了拆分，接著又對其進行了兩種不同形式的合併。

■ 敘述 b,g,r=cv2.split(lena)對影像 lena 進行拆分，得到 b、g、r 三幅通道影像。

■ 敘述 bgr=cv2.merge([b,g,r])對通道 b、g、r 三幅通道影像進行合併，

合併順序為 B 通道→G 通道→R 通道，得到影像 bgr。此時，得到的影像的通道順序與 OpenCV 的預設通道順序是一致的。

■ 敘述 rgb=cv2.merge([r,g,b])對通道 r、g、b 三幅通道影像進行合併，合併順序為 R 通道→G 通道→B 通道，得到影像 rgb。此時，得到的影像的通道順序與 OpenCV 的預設通道順序不一致。

執行上述程式，得到如圖 3-10 所示的影像，其中：

■ 左圖是原始影像 lena。

■ 中間的圖是 lena 影像經過通道拆分、合併後得到的 BGR 通道順序的彩色影像 bgr，在 OpenCV 中正常顯示。

■ 右圖是 lena 影像經過通道拆分、合併後得到的 RGB 通道順序的彩色影像 rgb，在 OpenCV 中色彩顯示不自然。

▲圖 3-10 【例 3.8】程式執行結果

由於本書為黑白印刷，所以為了更好地觀察執行效果，請大家親自上機驗證程式。

透過本例可以看出，改變通道順序後，影像顯示效果會發生變化。

3.2.3 調整影像大小

OpenCV 使用函數 cv2.resize()實現對影像的縮放，該函數的具體形式為

```
dst = cv2.resize( src, dsize[, fx[, fy[, interpolation]]] )
```

其中：

- dst 代表輸出的目標影像。
- src 代表需要縮放的原始影像。
- dsize 代表輸出影像大小。
- fx 代表水平方向的縮放比例。
- fy 代表垂直方向的縮放比例。
- interpolation 代表插值方式，具體如表 3-2 所示。

表 3-2 插值方式

類　　型	說　　明
cv2.INTER_NEAREST	最近鄰插值
cv2.INTER_LINEAR	雙線性內插（預設方式）
cv2.INTER_CUBIC	三次樣條插值，先對原始影像中對應像素點附近的 4×4 近鄰區域進行三次樣條擬合，然後將目標像素對應的三次樣條值作為目標影像對應像素點的像素值
cv2.INTER_AREA	區域插值，根據當前像素點週邊區域的像素實現當前像素點的採樣。該方式類似於最近鄰插值方式
cv2.INTER_LANCZOS4	一種使用 8×8 近鄰的 Lanczos 插值方式
cv2.INTER_LINEAR_EXACT	位精確雙線性內插
cv2.INTER_MAX	差值編碼遮罩
cv2.WARP_FILL_OUTLIERS	標識，填補目標影像中的所有像素值。若其中一些對應原始影像中的奇異點（離群值），則將它們設定為 0
cv2.WARP_INVERSE_MAP	標識，逆變換。 例如，極座標變換： • 如果未設定 flag，則進行轉換 $\text{dst}(\phi, \rho) = \text{src}(x, y)$ • 如果已設定 flag，則進行轉換 $\text{dst}(x, y) = \text{src}(\phi, \rho)$

在 cv2.resize() 函數中，目標影像的大小可以透過參數 dsize 或者參數 fx 和 fy 來指定，具體如下。

情況 1：透過參數 dsize 指定。

在指定參數 dsize 的值後，參數 fx 和 fy 的值將不會起作用，目標影像直接由參數 dsize 決定大小。

需要注意的是，dsize 內第 1 個參數對應縮放後影像的寬度（width，即列數 cols，與參數 fx 類似），第 2 個參數對應縮放後影像的高度（height，即行數 rows，與參數 fy 類似）。

情況 2：透過參數 fx 和 fy 指定。

如果參數 dsize 的值是 None，那麼目標影像的大小將由參數 fx 和 fy 決定。此時，目標影像的大小為

```
dsize=Size(round(fx*src.cols),round(fy*src.rows))
```

插值是指在對影像進行幾何處理時，為無法直接透過映射得到像素值的像素點給予值。例如，將影像放大為原來的 2 倍，必然會多出一些無法被直接映射的像素點，對於這些新的像素點，插值方式決定了如何確定它們的值。除此以外，還會有一些非整數的映射值，如反向映射可能會把目標影像中的像素點位置值映射到原始影像中的非整數值對應的位置上。由於原始影像內是不可能存在非整數位置值的，因此目標影像上的這些像素點不能對應到原始影像中某個具體的位置上。在這種情況下，就需要採用不同的插值方式來完成映射。簡單理解就是把不存在的點用其可能的鄰近像素點的加權均值來替換。

例如，在圖 3-11 中，透過計算後，右側目標影像內某個像素點的像素值來自原始影像內座標為(1.8,1.7)的像素點的像素值。由於原始影像內不存在座標為非整數的像素點，因此取原始影像內與像素點(1.8,1.7)鄰近的四個像素點像素值的加權均值作為座標為(1.8,1.7)的像素點的像素值，並把該值傳回到目標影像對應的像素點上。

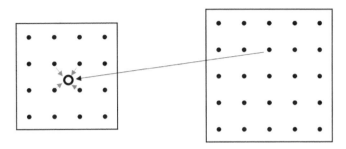

▲圖 3-11 插值演示

在縮小影像時，使用區域插值（cv2.INTER_AREA）方式能夠得到最好的效果；在放大影像時，使用三次樣條插值（cv2.INTER_CUBIC）方式和雙線性內插（cv2.INTER_LINEAR）方式都能夠取得較好的效果。三次樣條插值方式速度較慢，雙線性內插方式速度相對較快且效果並不遜色於三次樣條插值方式。

【例 3.9】設計程式，使用函數 cv2.resize()完成一個簡單的影像縮放。

根據題目要求，設計程式如下：

```
import cv2
img=cv2.imread("test.bmp")
rows,cols=img.shape[:2]
size=(int(cols*0.9),int(rows*0.5))
rst=cv2.resize(img,size)
print("img.shape=",img.shape)
print("rst.shape=",rst.shape)
```

執行上述程式，輸出結果如下：

```
img.shape= (512, 51, 3)
rst.shape= (256, 45, 3)
```

從上述程式可以看出：

■ 列數變為原來的 90%，計算得到 $51 \times 0.9 = 45.9$，取整得到 45。

■ 行數變為原來的 50%，計算得到 $512 \times 0.5 = 256$。

▌3.3 感興趣區域

在影像處理過程中，我們可能會對影像的某一個特定區域感興趣，該區域被稱為感興趣區域（Region of Interest，ROI）。在設定 ROI 後，可以對該區域進行整體操作。

ROI 示意圖如圖 3-12 所示，假設當前影像的名稱為 img，圖中的數字分別表示行號和列號，則圖 3-12 中的 ROI（黑色區域）可以表示為 img[200:400, 200:400]。

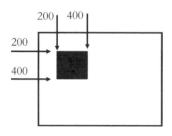

▲ 圖 3-12 ROI 示意圖

透過以下敘述能夠將圖 3-12 中的 ROI 複製到該區域右側：

```
a=img[200:400,200:400]
img[200:400,600:800]=a
```

上述程式處理結果如圖 3-13 所示。

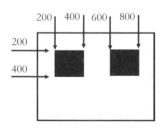

▲ 圖 3-13 複製 ROI

【例 3.10】獲取影像 lena 的臉部資訊，並將其顯示出來。

根據題目要求，撰寫程式如下：

```
import cv2
a=cv2.imread("lenacolor.png",cv2.IMREAD_UNCHANGED)
face=a[220:400,250:350]
cv2.imshow("original",a)
cv2.imshow("face",face)
cv2.waitKey()
cv2.destroyAllWindows()
```

本例透過 face=a[220:400,250:350]敘述獲取了一個 ROI，並使用函數 cv2.imshow()將其顯示了出來。

執行上述程式，輸出結果如圖 3-14 所示，其中左圖是 lena 的原始影像，右圖是從 lena 影像中獲取的臉部資訊。

▲ 圖 3-14 【例 3.10】程式執行結果

【注意】運算式"a=img[200:400,200:400]"既可以表述為第 200 行到第 400 行，與第 200 列到第 400 列的交叉區域，又可以表述為第 200 行到第 399 行與第 200 列到第 399 列的交叉區域。這是因為在 Python 中，上述運算式包含的實際範圍是第 200 行（包含）到第 400 行（不包含）與第 200 列（包含）到第 400 列（不包含）的交叉區域。也就是說，上述運算式是包含起始值，不包含終止值的情況。

不同的文獻資料，在表述上可能存在差異，但上述兩種表述方式都是可以的。

■ 3.4 遮罩

遮罩（又稱掩膜、範本等）來自"mask"。在半導體製造中，用一個不透明的圖形範本遮蓋晶圓表面選定的區域，後續僅對選定區域外的區域進行腐蝕等操作，這個範本，被稱為遮罩。影像遮罩是指，用選定的影像、圖形或物體遮擋待處理的影像（全部或局部），從而控制影像處理的區域。

在傳統的光學影像處理中，遮罩可能是膠卷、濾光片等實物。在數位影像處理中，遮罩為一個指定的陣列。

3.4.1 遮罩基礎及構造

下面介紹遮罩處理的基本形式。遮罩處理示意圖如圖 3-15 所示，左圖是原始影像 O，中間圖是遮罩影像 M，右圖是使用遮罩影像 M 對原始影像 O 進行遮罩運算的結果影像 R。

▲ 圖 3-15 遮罩處理示意圖

　　為了方便理解，可以將遮罩影像看作一塊玻璃板，玻璃板上的白色區域是透明的，黑色區域是不透明的。遮罩運算就是將該玻璃板覆蓋在原始影像上，透過玻璃板顯示出來的部分就是遮罩運算的結果影像。在運算中，只有被遮罩指定的部分參與運算，其餘部分不參與運算。

　　遮罩在影像處理實踐中被廣泛應用。例如，可以完成以下功能：

- ROI 的提取：使用遮罩與原始影像進行計算，可以提取遮罩指定的特定區域，將其餘區域置為白色（數值 0）或者黑色（數值 255）。
- 遮罩作用：僅讓遮罩指定的區域參與運算。
- 結構特徵提取：用影像匹配方法檢測和提取影像中與遮罩相似的結構特徵。

　　在建構遮罩影像時，通常先建構一個像素值都是 0 的陣列，再將陣列中指定區域的像素值設定為 255（或 1 或其他非 0 值）。下面透過一個例子來說明如何建構遮罩影像。

　　【例 3.11】建構一個中心是白色區域的遮罩影像。

　　根據題目要求，先使用函數 np.zeros()建構一個數值都是 0 的二維陣列，然後將其中間部分的數值設定為 255，程式如下：

```
import cv2
import numpy as np
m1=np.zeros([600,600],np.uint8)
m1[200:400,200:400]=255
m2=np.zeros([600,600],np.uint8)
m2[200:400,200:400]=1
cv2.imshow('m1',m1)
cv2.imshow('m2',m2)
cv2.imshow('m2*255',m2*255)
cv2.waitKey()
cv2.destroyAllWindows()
```

　　執行上述程式，輸出結果如圖 3-16 所示。其中：

- 圖 3-16 左側影像 m1 的中間部分是白色，對應像素值為 255，周圍的黑色對應像素值為 0。

- 圖 3-16 中間影像 m2 是由像素值 0 和像素值 1 組成的。在顯示時，像素值 1 與 8 位元點陣圖的 256 個灰階級相比是接近於純黑色的深灰色。一般情況下，我們肉眼觀察不到像素值為 1 的深灰色與像素值為 0 的純黑色之間的差異。所以，雖然影像內中間部分是接近於黑色的灰色，但整幅影像看起來都是黑色的。

- 圖 3-16 右側影像 m2*255 是由像素值 0 和像素值 255 組成的，其中間部分是白色，對應像素值為 255，周圍是黑色的，對應像素值為 0。

▲ 圖 3-16 【例 3.11】程式執行結果

3.4.2 乘法運算

乘法運算遵循如下規則：

- 任意數字 N 與 1 相乘，結果是數字 N 自身。
- 任意數字 N 與 0 相乘，結果為 0。

將遮罩影像與原始影像相乘，可以得到遮罩影像指定的影像區域。例如，乘法運算「mask*原始影像」使得原始影像中與 mask 中像素值 0（背景）對應位置上的像素值被處理為 0（背景）；與 mask 中像素值 1（前景）對應位置上的像素值保持不變（前景）。乘法運算「mask*原始影像」的示意圖如圖 3-17 所示。

0	0	0	0	0	0	0
0	0	0	0	0	0	0
0	0	1	1	1	0	0
0	0	1	1	1	0	0
0	0	1	1	1	0	0
0	0	0	0	0	0	0
0	0	0	0	0	0	0

*

93	212	93	115	19	74	121
52	58	77	41	20	168	211
236	194	151	75	249	74	231
208	198	213	201	212	121	153
47	85	239	237	244	194	29
149	104	93	72	29	15	137
35	165	253	158	183	186	244

=

0	0	0	0	0	0	0
0	0	0	0	0	0	0
0	0	151	75	249	0	0
0	0	213	201	212	0	0
0	0	239	237	244	0	0
0	0	0	0	0	0	0
0	0	0	0	0	0	0

　　　　mask　　　　　　　　　原始影像　　　　　　　　運算結果

▲圖 3-17　乘法運算「mask*原始影像」的示意圖

【例 3.12】演示原始影像與遮罩影像的乘法運算。

根據題目要求，撰寫程式如下：

```
import cv2
import numpy  as np
o=cv2.imread("lenacolor.png",1)
h,w,c=o.shape
m=np.zeros((h,w,c),dtype=np.uint8)
m[100:400,200:400]=1
m[100:500,100:200]=1
result=m*o
cv2.imshow("o",o)
cv2.imshow("mask",m*255)    # m*255，確保能顯示
cv2.imshow("result",result)
cv2.waitKey()
cv2.destroyAllWindows()
```

執行上述程式，輸出結果如圖 3-18 所示。

▲圖 3-18　【例 3.12】程式執行結果

3.4.3　邏輯運算

　　根據逐位元與運算的規則，任意數值與數值 1 進行與運算，結果都等於其自身的值。因此，任意一個 8 位元像素值與二進位數字 1111 1111 進行逐位元與運算，得到的都是像素值自身。二進位數字 1111 1111 對應的十進位數字是 255，所以任意一個 8 位元像素值與 255 進行逐位元與運算得到的都是原來的像素值。例如，像素點 X 的像素值為 58，像素點 Y 的像素值為 135，將這兩個像素值與 255 進行逐位元與運算後，得到的是它們自身的值，如表 3-3 所示。

表 3-3　逐位元與運算範例（一）

說　明	像素點 X（58）	像素點 Y（135）
像素值對應的二進位數字	0011 1010	1000 0111
255 的二進位形式	1111 1111	1111 1111
逐位元與運算的結果	0011 1010	1000 0111
十進位數字	58	135
是否與原值相等	相等	相等

　　當然，任意數值與數值 0 進行逐位元與運算的結果都是 0，如表 3-4 所示。

表 3-4　逐位元與運算範例（二）

說　明	像素點 X（58）	像素點 Y（135）
像素值對應的二進位數字	0011 1010	1000 0111
0 的二進位數字形式	0000 0000	0000 0000
逐位元與運算的結果	0000 0000	0000 0000
十進位數字	0	0

　　根據上述分析，可以將遮罩影像的白色背景部分的像素值設定為 255，黑色背景部分的像素值設定為 0，如圖 3-19 所示。

▲圖 3-19 遮罩影像的組成

如圖 3-20 所示，將左側遮罩影像與中間的原始影像進行逐位元與運算後，得到右側結果影像。結果影像包含以下兩部分：

- 與遮罩影像中白色背景（像素值為 255）對應的部分，該部分的像素保留原有值。
- 與遮罩影像中黑色背景（像素值為 0）對應的部分，該部分的像素值都被置為 0。

▲圖 3-20 遮罩影像與原始影像進行逐位元與運算的結果

【例 3.13】演示逐位元與運算實現遮罩效果。

根據題目要求，撰寫程式如下：

```
import cv2
import numpy  as np
o=cv2.imread("lenacolor.png",1)
h,w,c=o.shape
m=np.zeros((h,w,c),dtype=np.uint8)
m[100:400,200:400]=255
```

```
m[100:500,100:200]=255
result=cv2.bitwise_and(o,m)
cv2.imshow("original",o)
cv2.imshow("mask",m)
cv2.imshow("result",result)
cv2.waitKey()
cv2.destroyAllWindows()
```

執行上述程式，得到如圖 3-21 所示結果。

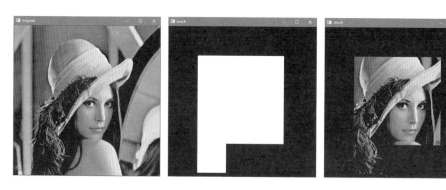

▲圖 3-21 【例 3.13】程式執行結果

3.4.4 遮罩作為函數參數

OpenCV 中的很多函數都會指定一個遮罩，例如：

```
計算結果=cv2.add(參數 1,參數 2,遮罩)
```

當使用遮罩參數時，操作只會在遮罩值為非空的像素點上執行，並將其他像素點的像素值置為 0。

需要注意的是，遮罩值為非空（不是 0），即可實現遮罩效果。也就是說，這個非空值可以是任意符合要求的非 0 值。

【例 3.14】建構一個遮罩影像，將該遮罩影像作為加法函數的遮罩參數，實現指定部分的加法運算。

```
import cv2
```

```
import numpy  as np
o=cv2.imread("lenacolor.png",1)
t=cv2.imread("text.png",1)
h,w,c=o.shape
m=np.zeros((h,w),dtype=np.uint8)
m[100:400,200:400]=255
m[100:500,100:200]=255
r=cv2.add(o,t,mask=m)
cv2.imshow("orignal",o)
cv2.imshow("text",t)
cv2.imshow("mask",m)
cv2.imshow("result",r)
cv2.waitKey()
cv2.destroyAllWindows()
```

執行上述程式，輸出結果如圖 3-22 所示，其中:

- 圖 3-22 (a) 為原始影像 o。
- 圖 3-22 (b) 為文字影像 t。
- 圖 3-22 (c) 為遮罩影像。
- 圖 3-22 (d) 為原始影像與文字影像，在遮罩影像的控制下，實現的加法效果。

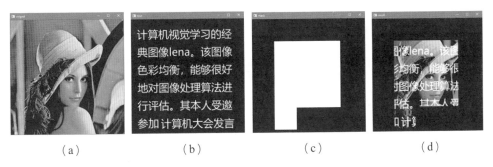

(a)　　　　　　(b)　　　　　　(c)　　　　　　(d)

▲圖 3-22 【例 3.14】程式執行結果(編按：本圖例為簡體中文介面)

▌ 3.5 色彩處理

RGB 色彩空間是一種比較常見的色彩空間，除此之外比較常見的色彩空間還包括 GRAY 色彩空間（灰階影像）、YCrCb 色彩空間、HSV 色彩空間、HLS 色彩空間、CIEL＊a＊b＊色彩空間、CIEL＊u＊v＊色彩空間、Bayer 色彩空間等。

不同的色彩空間從不同的角度理解顏色，表示顏色。簡單來說就是，不同的色彩空間是影像的不同表示形式。每個色彩空間都有自己擅長處理的問題，要針對處理的問題，選用不同的色彩空間。

實踐中，為了更方便地處理某個具體問題，經常要用到色彩空間類型轉換。色彩空間類型轉換是指，將影像從一個色彩空間轉換到另外一個色彩空間。例如，使用 HSV 色彩空間能夠更方便地找到影像中的皮膚，因此在處理皮膚時可以將影像從其他空間轉換到 HSV 色彩空間，再進行處理。又如，灰階空間與色彩空間相比，在進行影像的特徵提取、距離計算時更簡單、方便，因此在進行上述處理時，可以先將影像從其他色彩空間轉換到灰階色彩空間。再如，在一些僅需要考慮形狀特徵的情況下，可以將色彩空間的影像轉換為二值影像。

3.5.1 色彩空間基礎

本節將主要介紹 GRAY 色彩空間和 HSV 色彩空間。

1. GRAY 色彩空間

當影像由 RGB 色彩空間轉換至 GRAY 色彩空間時，其處理方式如下：

$$GRAY = 0.299 \cdot R + 0.587 \cdot G + 0.114 \cdot B$$

上述是標準轉換方式，也是 OpenCV 中使用的轉換方式。有時，也可以採用簡化形式完成轉換：

$$GRAY = \frac{R + G + B}{3}$$

當影像由 GRAY 色彩空間轉換至 RGB 色彩空間（或 BGR 色彩空間）時，最終所有通道的值都將是相同的，其處理方式如下：

$$R = GRAY$$
$$G = GRAY$$
$$B = GRAY$$

2. HSV 色彩空間

RGB 是從硬體角度提出的色彩空間，是一種被廣泛接受的色彩空間。但是，該色彩空間過於抽象，在與人眼匹配的過程中可能存在一定差異，這使人們不能直接透過其值感知具體的色彩。例如，現實中不可能用每種顏料的百分比（RGB 色彩空間）來形容一件衣服的顏色，而是更習慣使用直觀的方式來感知顏色，HSV 色彩空間提供了這樣的方式。透過 HSV 色彩空間，能夠更加方便地透過色調、飽和度和明度來感知顏色。其實，除了 HSV 色彩空間，其他大多數色彩空間都不方便人們直接理解和解釋顏色。

HSV 色彩空間是針對視覺感知的，它從心理學和視覺的角度指出了人眼的色彩知覺，主要包含色調、飽和度、明度三要素。

1）色調 H

色調指光的顏色。色調與混合光譜中的主要光波長相關，如紅、橙、黃、綠、青、藍、紫分別表示不同的色調。從波長的角度考慮，不同波長的光表現為不同的顏色，這實際上表現的是色調的差異。在 HSV 色彩空間中，色調 H 的取值範圍是[0,360]，色調值為 0 表示紅色，色調值為 300 表示品紅色。8 位元點陣圖內每個像素點能表示的值有 2^8=256 個，所以在 8 位元點陣圖內表示 HSV 影像時要把色調在[0,360]範圍內的值映射到[0,255]範圍內。OpenCV 直接把色調的值除以 2，得到介於[0,180]的值，以適應 8 位元二進位數字（256 個灰階級）的儲存和表示範圍。部分典型顏色對應的值如表 3-5 所示。

表 3-5 部分典型顏色對應的值

顏　色	色　調	OpenCV 內的值
紅色	0	0
黃色	60	30
綠色	120	60
青色	180	90
藍色	240	120
品紅色	300	150

　　確定取值範圍後，就可以直接在影像的 H 通道內查詢對應的值，從而找到特定的顏色。例如，在 HSV 影像中，H 通道內的值為 120 的像素點對應藍色，查詢 H 通道內的值為 120 的像素點，找到的就是藍色像素點。

　　2）飽和度 S

　　飽和度指色彩的鮮豔程度，表示色彩的相對純淨度。飽和度取決於色彩中灰色的占比，灰色占比越小，飽和度越高；灰色占比越大，飽和度越低。飽和度最高的色彩就是沒有混合任何灰色（包括白色和黑色）的色彩，也就是純色。灰色是一種極不飽和的顏色，它的飽和度值是 0。如果顏色的飽和度很低，那麼它計算所得色調就不可靠，因為此時已經沒有彩色資訊僅剩灰色了。

　　飽和度等於所選顏色的純度值和該顏色最大純度值之間的比值，取值範圍為[0,1]。當飽和度的值為 0 時，只有灰階。進行色彩空間轉換後，為了適應 8 位元點陣圖的 256 個灰階級，需要將新色彩空間內的數值映射至[0,255]範圍內。也就是說，要將飽和度的值從[0,1]映射到[0,255]。

　　3）明度 V

　　明度指人眼感受到的色彩的明亮程度，反映的是人眼感受到的光的明暗程度。該指標與物體的反射度有關，同一個色調會有不同的明度差。對於無彩色（黑、白、灰），白色的明度最高，黑色的明度最低，在黑色與白色之間存在著不同明度的灰色。對於彩色影像來講，明度值越高，影像越明亮；明度值越低，影像越暗淡。

明度是視覺感知中的關鍵因素，它不依賴於其他性質而獨立存在。當彩色影像的明度值低於一定程度時，呈現的是黑白相片效果。

明度的範圍與飽和度的範圍一致，都是[0,1]。同樣，明度值在 OpenCV 內也被映射到[0,255]。

HSV 色彩空間使得取色更加直觀。例如，在取值「色調=0，飽和度=1，明度=1」時，色彩為深紅色，而且顏色較亮；當取值「色調=120，飽和度=0.3，明度=0.4」時，色彩為淺綠色，而且顏色較暗。

在上述基礎上，透過分析不同物件對應的 HSV 值可查詢不同的物件。例如，透過分析得到膚色的 HSV 值，就可以直接在影像內根據膚色的 HSV 值來查詢人臉（等皮膚）區域。

3.5.2 色彩空間轉換

OpenCV 使用 cv2.cvtColor()函數實現色彩空間的轉換。該函數能夠實現多個色彩空間之間的轉換，語法格式為

```
dst = cv2.cvtColor( src, code [, dstCn] )
```

其中：

- dst 表示輸出影像，與原始輸入影像具有相同的資料型態和深度。
- src 表示原始輸入影像。可以是 8 位元無符號影像、16 位元無符號影像，或者單精度浮點數影像等。
- code 是色彩空間轉換碼，表 3-6 展示了部分常見的 code 值。
- dstCn 是目標影像的通道數。如果參數為預設值 0，那麼通道數自動透過原始輸入影像和 code 得到。

表 3-6　部分常見的 code 值

值	說　明
cv2.COLOR_BGR2RGB	將影像從 BGR 模式轉換為 RGB 模式
cv2.COLOR_RGB2BGR	將影像從 RGB 模式轉換為 BGR 模式
cv2.COLOR_BGR2GRAY	將影像從 BGR 色彩空間轉換到 GRAY 色彩空間
cv2.COLOR_RGB2GRAY	將影像從 RGB 色彩空間轉換到 GRAY 色彩空間
cv2.COLOR_GRAY2BGR	將影像從 GRAY 色彩空間轉換到 BGR 色彩空間
cv2.COLOR_GRAY2RGB	將影像從 GRAY 色彩空間轉換到 RGB 色彩空間
cv2.COLOR_BGR2HSV	將影像從 BGR 色彩空間轉換到 HSV 色彩空間
cv2.COLOR_RGB2HSV	將影像從 RGB 色彩空間轉換到 HSV 色彩空間

　　OpenCV 提供了幾百種不同的參數來實現許多色彩空間之間的轉換，更多轉換參數可以參考官網列表。

　　這裡需要注意，BGR 色彩空間與傳統的 RGB 色彩空間不同。對於一個標準的 24 位元點陣圖，BGR 色彩空間中第 1 個 8 位元（第 1 個位元組）儲存的是藍色組成資訊（Blue Component），第 2 個 8 位元（第 2 個位元組）儲存的是綠色組成資訊（Green Component），第 3 個 8 位元（第 3 個位元組）儲存的是紅色組成資訊（Red Component），第 4 個、第 5 個、第 6 個位元組分別儲存的是藍色組成資訊、綠色組成資訊、紅色組成資訊，依此類推。簡單來說，BGR 色彩空間三個通道的順序是 B 通道、G 通道、R 通道，與 RGB 色彩空間的 R 通道、G 通道、B 通道的順序不一致。

　　色彩空間的轉換用到的約定如下：

- 8 位元點陣圖的像素值的範圍是[0,255]。
- 16 位元點陣圖的像素值的範圍是[0,65535]。
- 浮點數影像的像素值的範圍是[0.0,1.0]。

　　8 位元點陣圖能夠表示的灰階級有 2^8=256 個，也就是說，8 位元點陣圖最多能表示 256 個狀態，通常是[0,255]之間的值。但是，在很多色彩空間中，值的範圍並不恰好在[0,255]範圍內，這時就需要將該值映射到 [0,255]。

例如，在 HSV 色彩空間中，色調值通常為[0,360)，在 8 位元點陣圖中轉換到上述色彩空間後，色調值要除以 2，其範圍變為[0,180)，以滿足儲存範圍，即讓像素值的分佈位於 8 位元點陣圖能夠表示的[0,255]範圍內。又如，在 CIEL*a*b*色彩空間中，a 通道和 b 通道的像素值範圍是 [-127,127]，為了使其適應範圍[0,255]，每個值都要加上 127。需要注意的是，由於計算過程中存在四捨五入的情況，所以轉換過程並不是精準可逆的。

3.5.3 獲取皮膚範圍

在 HSV 色彩空間中，H 通道（色相 Hue 通道）對應不同的顏色。換個角度理解，顏色的差異主要取決於 H 通道值。所以，透過篩選 H 通道值，能夠篩選出特定的顏色。例如，在一幅 HSV 影像中，如果透過控制僅將 H 通道內的值為 240（在 OpenCV 內被調整為 120）的像素點顯示出來，那麼就會只顯示藍色部分影像。

本節將透過具體例題展示如何將影像內的特定顏色標記出來，即將一幅影像內的其他顏色遮罩，僅將特定顏色顯示出來。

OpenCV 透過函數 cv2.inRange()來判斷影像內像素點的像素值是否在指定的範圍內，其語法格式為

```
dst = cv2.inRange( src, lowerb, upperb )
```

其中：

- dst 表示輸出結果，大小和 src 一致。
- src 表示要檢查的陣列或影像。
- lowerb 表示範圍下界。
- upperb 表示範圍上界。

傳回值 dst 與 src 大小一致，其值取決於 src 中對應位置上的值是否處於[lowerb,upperb]區間內：

- 若 src 值處於該指定區間內，則 dst 中對應位置上的值為 255。
- 若 src 值不處於該指定區間內，則 dst 中對應位置上的值為 0。

標記特定顏色，即可標注該顏色對應的特定物件，如透過分析可以估算出膚色在 HSV 色彩空間內的範圍值。在 HSV 色彩空間內篩選出膚色範圍內的值，即可將影像內包含膚色的部分提取出來。

這裡將膚色範圍劃定為

- 色調值為[0,33]。
- 飽和度值為[10, 255]。
- 明度值為[80,255]。

【例 3.15】提取一幅影像內的膚色部分。

根據題目要求，設計程式如下：

```
import cv2
import numpy as np
img=cv2.imread("x.jpg")
hsv = cv2.cvtColor(img, cv2.COLOR_BGR2HSV)
min_HSV = np.array([0 ,10,80], dtype = "uint8")
max_HSV = np.array([33, 255, 255], dtype = "uint8")
mask = cv2.inRange(hsv, min_HSV, max_HSV)
reusult = cv2.bitwise_and(img,img, mask= mask)
cv2.imshow("img",img)
cv2.imshow("reusult",reusult)
cv2.waitKey()
cv2.destroyAllWindows()
```

上述程式實現了將人的影像從背景內分離出來。執行上述程式，輸出如圖 3-23 所示結果，其中：

- 左側是原始影像，影像背景為白色。

■ 右側是提取結果，提取後的影像僅保留了人像膚色部分，背景為黑色。

由於本書是黑白印刷，所以為了更好地觀察執行效果，請大家親自上機執行程式。

▲圖 3-23 【例 3.15】程式執行結果

3.6 濾波處理

在儘量保留影像原有資訊的情況下，過濾掉影像內部的雜訊的過程稱為對影像的平滑處理（又稱濾波處理），所得影像稱為平滑影像。圖 3-24 左側影像為含有雜訊的影像，該影像記憶體在雜訊資訊，通常會透過影像平滑處理等方式去除這些雜訊資訊。圖 3-24 右側影像是對圖 3-24 左側影像進行平滑處理得到的結果，可以看到原有影像內含有的雜訊資訊被有效過濾掉了。

▲圖 3-24 濾波範例

一般來說，影像平滑處理是指在一幅影像中若一個像素點與周圍像素點的像素值差異較大，則將其值調整為周圍鄰近像素點像素值的近似值（如均值等）。例如，在圖 3-25 中：

- 圖 3-25（a）是一幅影像的像素值。其中，大部分像素值在[145,150]區間內，只有位於第 3 行第 3 列的像素值"29"不在這個區間內，與周圍像素值的大小存在明顯差異。

- 圖 3-25（b）是圖 3-25（a）對應的影像。位於第 3 行第 3 列的像素點顏色較深（像素值較小），是一個黑色點，該點周圍的像素點都是顏色較淺的灰階點（像素值較大）。該像素點與周圍像素點存在較大差異，是一個離群點，因此該像素點可能是雜訊，需要將該像素點的像素值調整為周圍像素點的像素值的近似值。

- 圖 3-25（c）是針對圖 3-25（a）中第 3 行第 3 列的像素點進行平滑處理的結果，經平滑處理後，該像素點的像素值由 29 變為其鄰近點的均值 148。

- 圖 3-25（d）是圖 3-25（c）對應的影像，也就是對圖 3-25（a）進行平滑處理後得到的影像。圖 3-25（d）中所有像素點的顏色趨於一致，不再存在離群點。

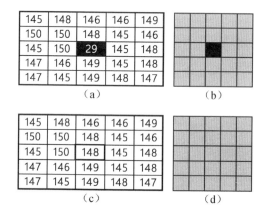

▲圖 3-25 平滑影像

　　針對影像內的每一個像素點都進行上述平滑處理就能夠完成整幅影像的平滑處理，有效地去除影像內的雜訊資訊。

　　影像平滑處理的基本原理是，將雜訊所在像素點的像素值處理為其周圍鄰近像素點像素值的近似值。取近似值的方式很多，本節將主要介紹均值濾波、高斯濾波、中值濾波等方法。

　　影像平滑處理對應的英文是 Smoothing Images。影像平滑處理通常伴隨影像模糊操作，因此影像平滑處理有時也被稱為影像模糊處理，影像模糊處理對應的英文是 Blurring Images。

　　影像濾波是影像處理和電腦視覺中最常用、最基本的操作。影像濾波允許在影像上進行各種各樣的操作，因此有時會把影像平滑處理稱為影像濾波，影像濾波對應的英文是 Images Filtering。

　　在閱讀文獻時，針對影像平滑處理，由於不同的學者對於影像平滑處理的稱呼可能不太一樣，所以我們可能會遇到各種不同的說法。希望大家在學習時不要糾結這些稱呼的不同，而要將注意力集中在如何更好地理解影像演算法及如何更好地處理影像上。

3.6.1 均值濾波

　　均值濾波是指用當前像素點周圍 $N \times N$ 個像素值的均值代替當前像素值。使用該方法遍歷處理影像內的每一個像素點，即可完成整幅影像的均值濾波。

1. 基本原理

　　例如，對圖 3-26 中位於第 5 行第 4 列的像素點進行均值濾波。

23	158	140	115	131	87	131
238	0	67	16	247	14	220
199	197	25	106	156	159	173
94	149	40	107	5	71	171
210	163	198	226	223	156	159
107	222	37	68	193	157	110
255	42	72	250	41	75	184
77	150	17	248	197	147	150
218	235	106	128	65	197	202

▲ 圖 3-26　一幅影像的像素值範例

在進行均值濾波時，首先要考慮需要對周圍多少個像素點取平均值。大部分的情況下，會以當前像素點為中心，求行數和列數相等的一塊區域內的所有像素點的像素值的平均值。以圖 3-26 中第 5 行第 4 列的像素點為中心，可以對其周圍 3×3 區域內所有像素點的像素值求平均值，也可以對其周圍 5×5 區域內所有像素點的像素值求平均值。我們對其周圍 5×5 區域內的像素點的像素值求平均，計算方法為

$$新值=[(197+25+106+156+159)+(149+40+107+5+71)$$
$$+(163+198+226+223+156)+(222+37+68+193+157)$$
$$+(42+72+250+41+75)]/25$$
$$=126$$

計算完成後得到 126（近似的整數），將 126 作為當前像素點均值濾波後的像素值，即可得到當前影像的均值濾波結果。

當然，影像的邊界點並不存在 5×5 鄰域區域。例如，左上角第 1 行第 1 列上的像素點，其像素值為 23，如果以其為中心點取周圍 5×5 鄰域，那麼 5×5 鄰域中的部分區域將位於影像外部。影像外部沒有像素點和像素值，顯然無法計算該點的 5×5 鄰域均值。

針對影像的邊界點，可以只取影像記憶體在的周圍鄰域點的像素值均

值。如圖 3-27 所示，計算左上角像素點的均值濾波結果時，僅取圖中灰色背景處 3×3 鄰域內的像素值的平均值。

23	158	140	115	131	87	131
238	0	67	16	247	14	220
199	197	25	106	156	159	173
94	149	40	107	5	71	171
210	163	198	226	223	156	159
107	222	37	68	193	157	110
255	42	72	250	41	75	184
77	150	17	248	197	147	150
218	235	106	128	65	197	202

▲圖 3-27 影像的邊界點的處理

在圖 3-27 中，對於左上角（第 1 行第 1 列）的像素點，取第 1～3 行與第 1～3 列交匯處包含的 3×3 鄰域內的像素點的像素值均值。因此，當前像素點的均值濾波計算方法為

新值=[(23+158+140)+(238+0+67)+(199+197+25)]/9=116

計算完成後得到 116，將該值作為當前像素點的濾波結果即可。

針對影像中第 5 行第 4 列的像素點，其運算過程相當於，將該像素點的 5×5 鄰域像素值與一個內部值都是 1/25 的 5×5 矩陣相乘，得到均值濾波的結果 126，該運算示意圖如圖 3-28 所示。

23	158	140	115	131	87	131
238	0	67	16	247	14	220
199	197	25	106	156	159	173
94	149	40	107	5	71	171
210	163	198	226	223	156	159
107	222	37	68	193	157	110
255	42	72	250	41	75	184
77	150	17	248	197	147	150
218	235	106	128	65	197	202

×

1/25	1/25	1/25	1/25	1/25
1/25	1/25	1/25	1/25	1/25
1/25	1/25	1/25	1/25	1/25
1/25	1/25	1/25	1/25	1/25
1/25	1/25	1/25	1/25	1/25

=

			126			

▲圖 3-28 針對第 5 行第 4 列像素點均值濾波的運算示意圖

根據上述運算，每一個像素點的濾波都可以視為與一個內部值均為 1/25 的 5×5 矩陣相乘得到均值濾波的計算結果，如圖 3-29 所示。

▲ 圖 3-29　針對每一個像素點均值濾波的運算示意圖

將使用的 5×5 矩陣一般化，可以得到如圖 3-30 所示的結果。

$$K = \frac{1}{25}\begin{bmatrix} 1 & 1 & 1 & 1 & 1 \\ 1 & 1 & 1 & 1 & 1 \\ 1 & 1 & 1 & 1 & 1 \\ 1 & 1 & 1 & 1 & 1 \\ 1 & 1 & 1 & 1 & 1 \end{bmatrix}$$

▲ 圖 3-30　將矩陣一般化

在 OpenCV 中，圖 3-30 右側的矩陣被稱為卷積核心，其一般形式為

$$K = \frac{1}{M \cdot N}\begin{bmatrix} 1 & 1 & 1 & \dots & 1 & 1 \\ 1 & 1 & 1 & \dots & 1 & 1 \\ \vdots & \vdots & \vdots & & \vdots & \vdots \\ 1 & 1 & 1 & \dots & 1 & 1 \\ 1 & 1 & 1 & \dots & 1 & 1 \\ 1 & 1 & 1 & \dots & 1 & 1 \end{bmatrix}$$

其中，M 和 N 分別對應矩陣高度和寬度。一般情況下，M 和 N 是相等的，比較常用的有 3×3、5×5、7×7 等。M 和 N 的值越大，參與運算的像素點越多，當前像素點的計算結果受到越多的周圍像素點影響。

2. 函數語法

OpenCV 實現均值濾波的函數是 cv2.blur()，其語法格式為

```
dst = cv2.blur( src, ksize, anchor, borderType )
```

其中：

- dst 是傳回值，表示進行均值濾波後得到的處理結果。
- src 是需要處理的影像，即原始影像。
- ksize 是濾波核心的大小。濾波核心的大小是指在均值濾波處理過程中，其鄰域影像的高度和寬度。例如，其值可以為(5,5)，表示將 5×5 大小的鄰域均值作為影像均值濾波處理的結果：

$$K = \frac{1}{5 \times 5} \begin{bmatrix} 1 & 1 & 1 & 1 & 1 \\ 1 & 1 & 1 & 1 & 1 \\ 1 & 1 & 1 & 1 & 1 \\ 1 & 1 & 1 & 1 & 1 \\ 1 & 1 & 1 & 1 & 1 \end{bmatrix}$$

- anchor 是錨點，預設值是(-1,-1)，表示當前計算均值的像素點位於濾波核心的中心點位置。該值使用預設值即可，在特殊情況下可以指定不同的點作為錨點。
- borderType 是邊界樣式，該值決定了以何種方式處理邊界。OpenCV 提供了多種填充邊界的方式，如用邊緣值填充、用 0 填充、用 255 填充、用特定值填充等。一般情況下不需要考慮該值的取值，直接採用預設值即可。

大部分的情況下，使用均值濾波函數時，對於錨點 anchor 和邊界樣式 borderType 直接採用其預設值即可。因此，函數 cv2.blur()的一般形式為

```
dst = cv2.blur( src, ksize,)
```

3. 程式範例

【例 **3.16**】針對雜訊影像，使用不同大小的卷積核心對其進行均值濾波，並顯示均值濾波的情況。

根據題目要求，調整設定函數 cv2.blur()中的 ksize 參數，分別將卷積核心設定為 3×3 大小和 11×11 大小，對比均值濾波的結果。所撰寫的程式為

```
import cv2
o=cv2.imread("lenaNoise.png")
r3=cv2.blur(o,(3,3))
r11=cv2.blur(o,(11,11))
cv2.imshow("original",o)
cv2.imshow("result3",r3)
cv2.imshow("result11",r11)
cv2.waitKey()
cv2.destroyAllWindows()
```

執行上述程式，可以得到如圖 3-31 所示的顯示原始影像(見圖 3-31(a))、使用 3×3 卷積核心進行均值濾波處理結果影像(見圖 3-31(b))、使用 11×11 卷積核心進行均值濾波處理結果影像(見圖 3-31(c))。

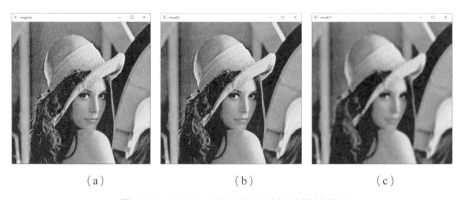

（a） （b） （c）

▲圖 3-31 不同大小卷積核心的均值濾波結果

從圖 3-31 中可以看出，使用 3×3 卷積核心進行濾波處理影像的失真不明顯，而使用 11×11 卷積核心進行濾波處理影像的失真情況較明顯。

　　卷積核心越大，參與均值運算的像素點越多，即當前像素點計算的是周圍更多點的像素點的像素值的均值。因此，卷積核心越大，去噪效果越好，花費的計算時間越長，影像失真越嚴重。在實際處理中，要在失真和去噪效果之間取得平衡，選取合適大小的卷積核心。

3.6.2 高斯濾波

　　在進行均值濾波時，其鄰域內每個像素的權重值是相等的。在高斯濾波中，會將鄰近中心像素點的權重值加大，遠離中心像素點的權重值減小，在此基礎上計算鄰域內各像素值不同權重的和。

1. 基本原理

　　在高斯濾波中，卷積核心中的值不再相等。一個 3×3 高斯濾波卷積核心範例如圖 3-32 所示。

1	2	1
2	8	2
1	2	1

▲ 圖 3-32　一個 3×3 高斯濾波卷積核心範例

　　高斯卷積範例如圖 3-33 所示，針對最左側的影像內第 4 行第 3 列的像素值為 226 的像素點進行高斯卷積，運算規則為將該點鄰域內的像素點按照不同的權重值計算均值。

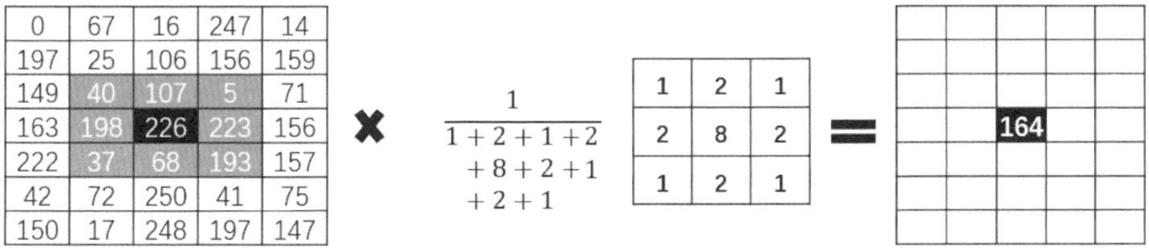

▲ 圖 3-33　高斯卷積範例

實際計算中使用的卷積核心如圖 3-34 所示。

0	67	16	247	14
197	25	106	156	159
149	40	107	5	71
163	198	226	223	156
222	37	68	193	157
42	72	250	41	75
150	17	248	197	147

✖

0.05	0.1	0.05
0.01	0.4	0.1
0.05	2	0.05

=

164

▲圖 3-34　實際計算中使用的卷積核心

使用圖 3-34 中的卷積核心，針對第 4 行第 3 列的像素值為 226 的像素點進行高斯濾波處理，計算方式為

$$新值=(40\times0.05+107\times0.1+5\times0.05)$$
$$+(198\times0.1+226\times0.4+223\times0.1)$$
$$+(37\times0.05+68\times0.1+193\times0.05)=164$$

在實際使用中，高斯濾波使用的可能是大小不同的卷積核心，如圖 3-35 所示的 3×3、5×5、7×7 大小的卷積核心。在高斯濾波中，卷積核心的寬度和高度可以不相同，但是它們必須都是奇數。

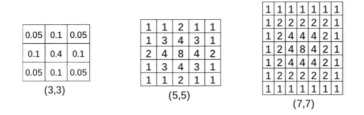

▲圖 3-35　不同大小的卷積核心

每一種尺寸的卷積核心都可以有多種不同形式的權重比。例如，5×5 的卷積核心可能是如圖 3-36 所示的兩種不同的權重比。

在不同的資料中，卷積核心有多種不同的表示法。它們可能如圖 3-35 所示寫在一個表格內，也可能如圖 3-36 所示寫在一個矩陣內。

$$\frac{1}{256}\begin{bmatrix} 1 & 4 & 6 & 4 & 1 \\ 4 & 16 & 24 & 16 & 4 \\ 6 & 24 & 36 & 24 & 6 \\ 4 & 16 & 24 & 16 & 4 \\ 1 & 4 & 6 & 4 & 1 \end{bmatrix} \qquad \frac{1}{159}\begin{bmatrix} 2 & 4 & 5 & 4 & 2 \\ 4 & 9 & 12 & 9 & 4 \\ 5 & 12 & 15 & 12 & 5 \\ 4 & 9 & 12 & 9 & 4 \\ 2 & 4 & 5 & 4 & 2 \end{bmatrix}$$

▲圖 3-36 同一尺寸的卷積核心可以有不同的權重比

在實際計算中，卷積核心是經歸一化處理的。經歸一化處理的卷積核心可以表示為如圖 3-35 左側的小數形式，也可以表示為如圖 3-36 所示的分數形式。注意，一些資料中舉出的卷積核心並沒有進行歸一化，這時的卷積核心可能表示為如圖 3-35 中間和右側所示的形式，採用這種形式表示卷積核心是為了說明問題，實際使用時往往會做歸一化處理。

2. 函數語法

OpenCV 實現高斯濾波的函數是 cv2.GaussianBlur()，該函數的語法格式是

```
dst = cv2.GaussianBlur( src, ksize, sigmaX, sigmaY, borderType )
```

其中：

- dst 是傳回值，表示進行高斯濾波後得到的處理結果。
- src 是需要處理的影像，即原始影像。它能夠有任意數量的通道，並能獨立處理各個通道。影像深度應該是 CV_8U、CV_16U、CV_16S、CV_32F 或者 CV_64F 中的一種。
- ksize 是濾波核心的大小。濾波核心大小是指在濾波處理過程中鄰域影像的高度和寬度。需要注意的是，濾波核心的大小必須是奇數。

sigmaX 是卷積核心在水平方向（X 軸方向）上的標準差，其控制的是權重比。圖 3-37 所示為不同的 sigmaX 決定的卷積核心，它們在水平方向上的標準差不同。

1	1	2	1	1
1	2	4	2	1
2	4	8	4	2
1	4	4	2	1
1	1	2	1	1

0	0	1	0	0
0	1	2	1	0
1	2	3	2	1
0	1	2	1	0
0	0	1	0	0

0	3	6	3	0
1	4	7	4	1
2	5	8	5	2
1	4	7	4	1
0	3	6	3	0

▲ 圖 3-37　不同的 sigmaX 決定的卷積核心

- sigmaY 是卷積核心在垂直方向（Y 軸方向）上的標準差。若將該值設定為 0，則只採用 sigmaX 的值；如果 sigmaX 和 sigmaY 都是 0，則透過 ksize.width 和 ksize.height 計算得到。其中：
  - sigmaX = 0.3 × [(ksize.width-1) × 0.5-1] + 0.8；
  - sigmaY = 0.3 × [(ksize.height-1) × 0.5-1] + 0.8。
- borderType 是邊界樣式，該值決定了以何種方式處理邊界。一般情況下，該值採用預設值即可。

在該函數中，sigmaY 和 borderType 是可選參數。sigmaX 是必選參數，但是可以將該參數設定為 0，讓函數自己去計算 sigmaX 的具體值。

一般來說，卷積核心大小固定時：

- sigma 值越大，權重值分佈越平緩。鄰域點的值對輸出值的影響越大，影像越模糊。此時，周圍值變化不大。在極端情況下，鄰域權重值都是 1。如圖 3-38 所示，sigma 值較大時，左圖中像素值 5 所在像素點使用 3×3 大小的值均為 1 的卷積核心計算均值，結果為 (185+187+201+166+5+136+76+126+203)/9=143，如右上方圖所示。
- sigma 值越小，權重值分佈越突變。鄰域點的值對輸出值的影響越小，影像變化越小。此時，周圍值變化較大。極端情況為中心點權重值是 1，周圍點權重值都是 0。如圖 3-38 所示，sigma 值較小時，左圖中像素值為 5 的像素點使用大小為 3×3 的中心點值均為 1 的卷積核心計算均值，結果為 (185×0+187×0+201×0+166×0+5×1+136×0+76×0+126×0+203×0)/9=5，如圖 3-38 右下方影像所示。

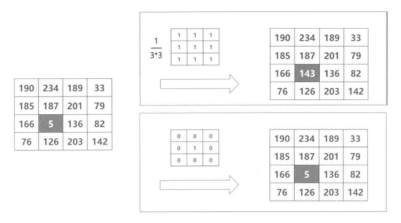

▲ 圖 3-38 不同的 sigmaX 值情況

　　官方文件建議顯性地指定 ksize、sigmaX 和 sigmaY 三個參數值，以免將來函數修改後造成的語法錯誤。當然，在實際處理中，可以顯性地指定 sigmaX 和 sigmaY 為預設值 0。因此，函數 cv2.GaussianBlur()的常用形式為

```
dst = cv2.GaussianBlur( src, ksize, 0, 0 )
```

3. 程式範例

　　【例 3.17】對雜訊影像進行高斯濾波，顯示濾波的結果。

　　根據題目要求，採用函數 cv2.GaussianBlur()實現高斯濾波，撰寫程式為

```
import cv2
o=cv2.imread("lenaNoise.png")
r1=cv2.GaussianBlur(o,(5,5),0,0)
r2=cv2.GaussianBlur(o,(5,5),0.1,0.1)
r3=cv2.GaussianBlur(o,(5,5),1,1)
cv2.imshow("original",o)
cv2.imshow("result1",r1)
cv2.imshow("result2",r2)
cv2.imshow("result3",r3)
```

```
cv2.waitKey()
cv2.destroyAllWindows()
```

執行上述程式，輸出結果如圖 3-39 所示，其中：

- 圖 3-39（a）是原始影像。
- 圖 3-39（b）是 r1 的顯示結果，其使用的 sigma 為預設值 0。此時，濾波效果明顯，白色雜訊有明顯衰弱。
- 圖 3-39（c）是 r2 的顯示結果，其使用的 sigmaX 和 sigmaY 都是 0.1，值較小。此時，影像平滑處理的效果較差，和原始影像沒有明顯差別。
- 圖 3-39（d）是 r3 的顯示結果，其使用的 sigmaX 和 sigmaY 都是 1，值較大。此時，去噪效果比較明顯，但是因為使用了更多鄰近點，影像模糊較嚴重。

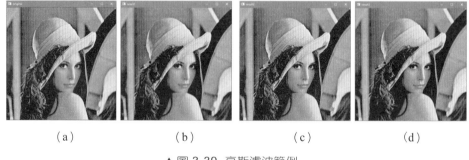

（a）　　　　　　（b）　　　　　　（c）　　　　　　（d）

▲ 圖 3-39 高斯濾波範例

為了節省篇幅，此處圖片顯示得較小，影像差異不明顯，請上機驗證該例題，以觀察更好的效果。

3.6.3 中值濾波

中值濾波與前面介紹的濾波方式不同，不再採用加權求均值的方式計算濾波結果，而是用鄰域內所有像素值的中間值來替代當前像素點的像素值。

1. 基本原理

中值濾波會取當前像素點及其周圍鄰近像素點（通常取奇數個像素點，類似於董事會設定奇數個成員，以免出現平局，方便判斷投票結果）的像素值，先將這些像素值排序，然後將位於中間位置的像素值作為當前像素點的像素值。

針對圖 3-40 中第 4 行第 4 列的像素點，計算它的中值濾波值。

55	58	22	55	22	60	168	162	232
123	17	66	33	77	68	14	74	67
47	22	97	95	94	25	14	5	76
68	66	93	**78**	90	171	82	78	65
69	99	66	91	101	200	192	59	74
98	88	88	45	36	119	47	28	5
88	158	3	88	69	211	234	192	120
77	148	25	45	77	173	226	146	213
42	125	135	58	44	51	79	66	3

▲ 圖 3-40　一幅影像的像素值

將其鄰域設定為 3×3 大小，對 3×3 鄰域內像素點的像素值進行排序（昇冪降冪均可），按昇冪排序後得到序列值為[66,78,90,91,93,94,95,97,101]。在該序列中，處於中心位置（也叫中心點或中值點）的值是"93"，用該值作為新像素值替換原來的像素值 78，處理結果如圖 3-41 所示。

55	58	22	55	22	60	168	162	232
123	17	66	33	77	68	14	74	67
47	22	97	95	94	25	14	5	76
68	66	93	**93**	90	171	82	78	65
69	99	66	91	101	200	192	59	74
98	88	88	45	36	119	47	28	5
88	158	3	88	69	211	234	192	120
77	148	25	45	77	173	226	146	213
42	125	135	58	44	51	79	66	3

▲ 圖 3-41　中值濾波處理結果

2. 函數語法

OpenCV 實現中值濾波的函數是 cv2.medianBlur()，語法格式如下：

```
dst = cv2.medianBlur( src, ksize)
```

其中：

- dst 是傳回值，表示進行中值濾波後得到的處理結果。
- src 是需要處理的影像，即原始影像，能夠有任意數量的通道，並能獨立處理各個通道。影像深度應該是 CV_8U、CV_16U、CV_16S、CV_32F 或 CV_64F 中的一種。
- ksize 是濾波核心的大小。濾波核心大小是指在濾波處理過程中鄰域影像的高度和寬度。需要注意，濾波核心的大小必須是比 1 大的奇數，如 3、5、7 等。

【注意】均值濾波函數 cv2.blur()和高斯濾波函數 cv2.GaussianBlur()中都存在 ksize 參數用於指定濾波核心大小，該參數是一個表示濾波核心寬度和高度的元組，如（3,3）。而在函數 cv2.medianBlur()中，參數 ksize 是一個整數值，同時表示濾波核心的寬度和高度，如數值"3"。

3. 程式範例

【例 3.18】針對雜訊影像，對其進行中值濾波，顯示濾波的結果。

根據題目要求，採用函數 cv2.medianBlur()實現中值濾波，撰寫程式如下：

```
import cv2
o=cv2.imread("lenaNoise.png")
r=cv2.medianBlur(o,3)
cv2.imshow("original",o)
cv2.imshow("result",r)
cv2.waitKey()
cv2.destroyAllWindows()
```

執行上述程式，輸出結果如圖 3-42 所示。圖 3-42 左圖是原始影像，右圖是中值濾波處理結果影像。

▲圖 3-42 中值濾波範例

從圖 3-42 中可以看出，由於沒有進行均值處理，中值濾波不存在均值濾波等濾波方式帶來的細節模糊問題。中值濾波處理使用鄰域像素點中間的像素值作為當前像素點的像素值。一般情況下雜訊的像素值是一個特殊值，因此雜訊成分很難被選作替代當前像素點的像素值，從而實現在不影響原有影像的情況下去除全部雜訊。但是由於需要進行排序等操作，中值濾波的運算量較大。

3.7 形態學

形態學，即數學形態學（Mathematical Morphology），是影像處理過程中一個非常重要的研究方向。形態學主要從影像內提取分量資訊，該分量資訊通常是影像理解時所使用的最本質的形狀特徵，對於表達和描繪影像的形狀具有重要意義。例如，在辨識手寫數字時，透過形態學運算能夠得到其骨架資訊，在具體辨識時僅針對其骨架進行運算即可。形態學處理在視覺檢測、文字辨識、醫學影像處理、影像壓縮編碼等領域有非常重要的應用。

3.7.1 腐蝕

　　腐蝕是最基本的形態學操作之一，能夠消除影像的邊界點，使影像沿著邊界向內收縮，也可以去除小於指定結構元的部分。

　　透過腐蝕來「收縮」或「細化」二值影像中的前景，從而實現去除雜訊、元素分割等功能。腐蝕範例如圖 3-43 所示，其中左圖是原始影像，右圖是對其腐蝕的處理結果。

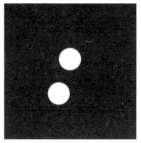

▲ 圖 3-43　腐蝕範例

　　在腐蝕過程中，通常使用一個結構元來一個一個像素地掃描要被腐蝕的影像，並根據結構元和被腐蝕影像的關係來確定腐蝕結果。

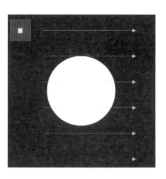

▲ 圖 3-44　結構元與被腐蝕影像示意圖

　　結構元與被腐蝕影像示意圖如圖 3-44 所示，整幅影像的背景色是黑色的，前景物件是一個白色的圓形，影像左上角的深色小方塊是遍歷影像使用的結構元。在腐蝕過程中，使用該結構元一個一個像素點地遍歷整幅影像，並根據結構元與被腐蝕影像的關係確定腐蝕結果影像中對應結構元中心點的像素點的像素值。

需要注意的是，腐蝕等形態學操作是一個一個像素點地來決定像素值的，每次判定的像素點都是腐蝕結果影像中與結構元中心點所對應的像素點。

圖 3-45 所示的兩幅影像表示結構元與前景物件的兩種不同位置關係。根據這兩種不同位置關係來決定腐蝕結果影像中結構元中心點對應像素點的像素值。

- 如果結構元完全處於前景物件中，如圖 3-45 上圖所示，就將結構元中心點對應的腐蝕結果影像中的像素點處理為前景色（白色，像素點的像素值為 1）。
- 如果結構元未完全處於前景物件中（可能部分在，也可能完全不在），如圖 3-45 下圖所示，就將結構元中心點對應的腐蝕結果影像中的像素點處理為背景色（黑色，像素點的像素值為 0）。

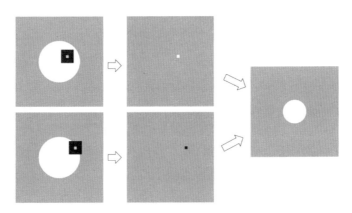

▲圖 3-45 結構元與前景色物件兩種不同位置關係示意圖

由圖 3-45 可知，腐蝕結果就是前景色的白色圓直徑變小。上述結構元也被稱為核心。

下面，以數值為例進行說明。如圖 3-46 所示，其中：

- 圖 3-46（a）表示待腐蝕影像 img。

- 圖 3-46（b）是核心 kernel。

- 圖 3-46（c）中的陰影部分是核心 kernel 在遍歷 img 時，完全位於前景物件內部時的 3 個全部可能位置，核心 kernel 的中心分別位於 img[2,1]、img[2,2]和 img[2,3]處。也就是説，當核心 kernel 處於任何其他位置時都不能完全位於前景物件中。

- 圖 3-46（d）是腐蝕結果 rst，即在核心 kernel 完全位於前景物件中時，將其中心點對應的 rst 中像素點的像素值置為 1；當核心 kernel 不完全位於前景物件中時，將其中心點對應的 rst 中像素點的像素值置為 0。

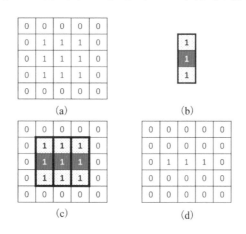

▲圖 3-46 腐蝕示意圖

OpenCV 使用函數 cv2.erode()實現腐蝕操作，其語法格式為

```
dst = cv2.erode( src, kernel[, anchor[, iterations[, borderType[,
            borderValue]]]] )
```

其中：

- dst 是腐蝕後輸出的目標影像，該影像和原始影像的類型和大小相同。

- src 是需要進行腐蝕的原始影像。影像的通道數可以是任意的，但是要求影像的深度必須是 CV_8U、CV_16U、CV_16S、CV_32F、CV_64F 中的一種。

■ kernel 代表腐蝕操作時採用的結構類型。它可以自訂生成，也可以透過函數 cv2.getStructuringElement()生成。

■ anchor 代表結構元中錨點的位置。該值預設為(-1,-1)，在核心的中心位置。

■ iterations 是腐蝕操作迭代的次數，該值預設為 1，即只進行一次腐蝕操作。

■ borderType 代表邊界樣式，一般採用預設值 BORDER_CONSTANT。

■ borderValue 是邊界值，一般採用預設值。C++ 提供了函數 morphologyDefault BorderValue()來傳回腐蝕操作和膨脹操作的魔力（magic）邊界值，Python 不支援該函數。

【例 3.19】使用函數 cv2.erode()完成影像腐蝕。修改函數 cv2.erode()的參數，觀察不同參數控制下的影像腐蝕效果。

根據題目要求，撰寫程式如下：

```
import cv2
import numpy as np
o=cv2.imread("erode.bmp",cv2.IMREAD_UNCHANGED)
kernel1 = np.ones((5,5),np.uint8)
erosion1 = cv2.erode(o,kernel1)
kernel2 = np.ones((9,9),np.uint8)
erosion2 = cv2.erode(o,kernel2,iterations = 5)
cv2.imshow("orriginal",o)
cv2.imshow("erosion1",erosion1)
cv2.imshow("erosion2",erosion2)
cv2.waitKey()
cv2.destroyAllWindows()
```

本例生成了如圖 3-47 所示的 5×5 的核心 kernel1 和 9×9 的核心 kernel2，分別對原始影像進行腐蝕。

1	1	1	1	1
1	1	1	1	1
1	1	**1**	1	1
1	1	1	1	1
1	1	1	1	1

1	1	1	1	1	1	1	1	1
1	1	1	1	1	1	1	1	1
1	1	1	1	1	1	1	1	1
1	1	1	1	1	1	1	1	1
1	1	1	1	**1**	1	1	1	1
1	1	1	1	1	1	1	1	1
1	1	1	1	1	1	1	1	1
1	1	1	1	1	1	1	1	1
1	1	1	1	1	1	1	1	1

▲ 圖 3-47　自訂核心

執行上述程式，輸出結果如圖 3-48 所示。圖 3-48 左圖是原始影像，中間圖是使用 5×5 的核心對左圖進行腐蝕的處理結果，右圖是使用 9×9 的核心對左圖進行腐蝕的處理結果。從圖 3-48 中可以看出，腐蝕操作具有腐蝕去噪功能，核心越大腐蝕效果越明顯。

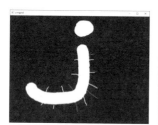

▲ 圖 3-48　腐蝕結果

3.7.2　膨脹

膨脹操作是形態學中的一種基本的操作。膨脹操作和腐蝕操作的作用是相反的，膨脹操作能對影像的邊界進行擴張。膨脹操作將與當前物件（前景）接觸到的背景點合併到當前物件內，從而實現將影像的邊界點向外擴張。如果影像內兩個物件的距離較近，那麼經膨脹操作後，兩個物件可能會連通在一起。膨脹操作有利於填補影像分割後影像內的空白處。二值影像膨脹效果如圖 3-49 所示。

同腐蝕過程一樣，膨脹過程也是使用一個結構元來一個一個像素點地掃描待膨脹影像，並根據結構元和待膨脹影像的位置關係來確定膨脹結果。

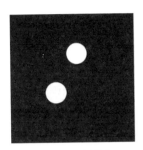 

（a）原始影像　　　　（b）結果影像

▲圖 3-49　二值影像膨脹效果

結構元與待膨脹影像示意圖如圖 3-50 所示，整幅影像的背景色是黑色，前景物件是一個白色的圓形；影像左上角的深色小方塊表示遍歷影像使用的結構元。在膨脹過程中，該結構元一個一個像素點地遍歷整幅影像，並根據結構元與待膨脹影像的位置關係確定膨脹結果影像中與結構元中心點對應像素點的像素值。

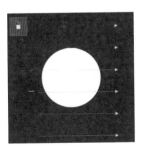

▲圖 3-50　結構元與待膨脹影像示意圖

圖 3-51 所示兩幅影像代表結構元與前景物件的兩種不同位置關係。根據這兩種不同位置關係來決定膨脹結果影像中結構元中心點對應的像素點的像素值。

- 如果結構元中任意一點處於前景物件中，就將膨脹結果影像中對應像素點處理為前景色。
- 如果結構元完全處於背景物件外，就將膨脹結果影像中對應像素點處理為背景色。

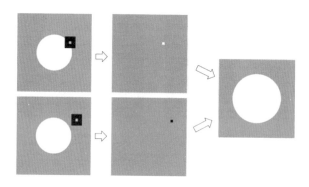

▲ 圖 3-51　結構元與前景物件的兩種不同位置關係示意圖

由圖 3-51 可知，膨脹結果就是前景物件的白色圓直徑變大。

下面，以數值為例進一步觀察膨脹效果。如圖 3-52 所示，其中：

- 圖 3-52（a）表示待膨脹影像 img。
- 圖 3-52（b）是核心 kernel。
- 圖 3-52（c）中的陰影部分是核心 kernel 在遍歷 img 時，核心 kernel 中心像素點位於 img[1,1]、img[3,3]時與前景物件存在重合像素點的兩種可能情況。實際上，共有 9 個與前景物件重合的可能位置。當核心 kernel 的中心點分別位於 img[1,1]、img[1,2]、img[1,3]、img[2,1]、img[2,2]、img[2,3]、img[3,1]、img[3,2]及 img[3,3]時，核心 kernel 內的像素點都存在與前景物件重合的像素點。
- 圖 3-52（d）是膨脹結果影像 rst。在核心 kernel 內，當任意一個像素點與前景物件重合時，其中心點對應的膨脹結果影像內的像素點的像素值為 1；當核心 kernel 與前景物件完全無重合時，其中心點對應的膨脹結果影像內的像素點值為 0。

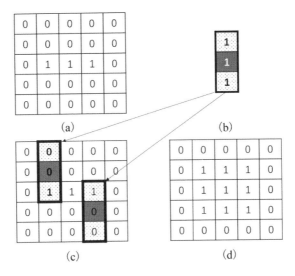

▲圖 3-52　膨脹示意圖

OpenCV 採用函數 cv2.dilate()實現對影像的膨脹操作，該函數的語法結構為

```
dst = cv2.dilate( src, kernel[, anchor[, iterations[, borderType[,
                  borderValue]]]])
```

其中：

- dst 代表膨脹後輸出的目標影像，該影像和原始影像類型和大小相同。
- src 代表需要進行膨脹操作的原始影像。影像的通道數可以是任意的，但是要求影像的深度必須是 CV_8U、CV_16U、CV_16S、CV_32F、CV_64F 中的一種。
- kernel 代表膨脹操作採用的結構類型，可以自訂生成，也可以透過函數 cv2.getStructuringElement()生成。

參數 anchor、iterations、borderType、borderValue 與函數 cv2.erode()內對應參數的含義一致。

【例 3.20】使用函數 cv2.dilate()完成影像膨脹操作。修改函數 cv2.dilate()的參數，觀察不同參數控制下的影像膨脹效果。

根據題目要求，撰寫程式如下：

```
import cv2
import numpy as np
o=cv2.imread("dilation.bmp",cv2.IMREAD_UNCHANGED)
kernel = np.ones((5,5),np.uint8)
dilation1 = cv2.dilate(o,kernel)
dilation2 = cv2.dilate(o,kernel,iterations = 9)
cv2.imshow("original",o)
cv2.imshow("dilation1",dilation1)
cv2.imshow("dilation2",dilation2)
cv2.waitKey()
cv2.destroyAllWindows()
```

本例使用敘述 kernel=np.ones((5,5),np.uint8)生成 5×5 的核心 kernel，從而對原始影像進行膨脹操作。第 1 次膨脹使用了預設的迭代次數（1 次）；第 2 次膨脹設定迭代次數 iterations = 9，進行了 9 次膨脹操作。

執行上述程式，輸出結果如圖 3-53 所示。圖 3-53 左圖是原始影像，中間圖是迭代次數為 1 次時的膨脹處理結果，右圖是迭代次數為 9 次時的膨脹處理結果。從圖 3-53 可以看出，膨脹操作讓原始影像實現了「生長」，迭代次數越多影像膨脹越明顯。

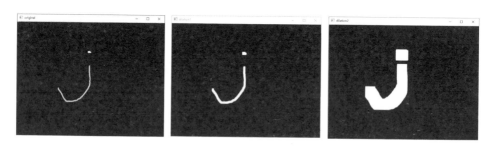

▲圖 3-53 對應的膨脹結果

3.7.3 通用形態學函數

腐蝕操作和膨脹操作是形態學運算的基礎，將腐蝕操作和膨脹操作進行組合，就可以實現開運算、閉運算、形態學梯度（Morphological

Gradient）運算、頂帽運算（禮帽運算）、黑帽運算、擊中擊不中等多種不同形式的運算。

OpenCV 提供了函數 cv2.morphologyEx()來實現上述形態學運算，其語法結構如下：

```
dst = cv2.morphologyEx( src, op, kernel[, anchor[, iterations[,
                        borderType[, borderValue]]]] )
```

其中：

- dst 代表經過形態學處理後輸出的目標影像，該影像和原始影像的類型和大小相同。
- src 代表待進行形態學操作的原始影像。影像的通道數可以是任意的，但是要求影像的深度必須是 CV_8U、CV_16U、CV_16S、CV_32F、CV_64F 中的一種。
- op 代表操作類型，如表 3-7 所示。各種形態學運算的操作規則均是將腐蝕操作和膨脹操作進行組合得到的。

表 3-7 op 類型

類　型	説　明	含　義	操　作
cv2.MORPH_ERODE	腐蝕	腐蝕	erode(src)
cv2.MORPH_DILATE	膨脹	膨脹	dilate(src)
cv2.MORPH_OPEN	開運算	先腐蝕後膨脹	dilate(erode(src))
cv2.MORPH_CLOSE	閉運算	先膨脹後腐蝕	erode(dilate(src))
cv2.MORPH_GRADIENT	形態學梯度運算	膨脹影像減腐蝕影像	dilate(src)-erode(src)
cv2.MORPH_TOPHAT	頂帽運算	原始影像減開運算所得影像	src-open(src)
cv2.MORPH_BLACKHAT	黑帽運算	閉運算所得影像減原始影像	close(src)-src

- 參數 kernel、anchor、iterations、borderType、borderValue 與函數 cv2.erode()內對應參數的含義一致。

形態學運算的主要含義及作用如下：

- 開運算操作先將影像腐蝕，再對腐蝕的結果進行膨脹，可以用於去噪、計數等。
- 閉運算是先膨脹、後腐蝕的操作，有助於關閉前景物體內部的小孔，或去除物體上的小黑點，還可以將不同的前景物件進行連接。
- 形態學梯度運算是用原始影像的膨脹影像減腐蝕影像的操作，該操作可以獲取原始影像中前景物件的邊緣。
- 頂帽運算是用原始影像減去其開運算影像的操作。頂帽運算能夠獲取影像的雜訊資訊，或者得到比原始影像的邊緣更亮的邊緣資訊。
- 黑帽運算是用閉運算影像減去原始影像的操作。黑帽運算能夠獲取影像內部的小孔，或前景色中的小黑點，或者得到比原始影像的邊緣更暗的邊緣部分。

第二部分
基礎案例篇

本部分基於傳統技術的電腦視覺經典案例進行了系統全面的介紹。

影像加密與解密

透過逐位元互斥運算可以實現影像的加密和解密。將原始影像與密鑰影像進行逐位元互斥可以實現加密；將加密後的影像與密鑰影像進行逐位元互斥可以實現解密。

加密解密模型如圖 4-1 所示，其中，密鑰影像是加密、解密雙方約定的任意影像（本例使用的是一幅城市風景圖）。解密後得到的影像與原始影像完全一致。

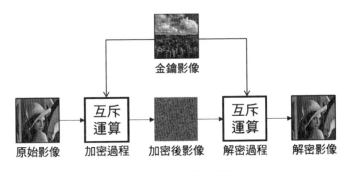

金鑰影像

原始影像　加密過程　加密後影像　解密過程　解密影像

▲ 圖 4-1　加密解密模型

本章將介紹使用互斥運算實現影像加密和解密，並在介紹影像整體解密的基礎上，分別使用遮罩、ROI 方式實現影像內關鍵部位的馬賽克和解馬賽克。

4.1 加密與解密原理

互斥運算的基本規則如表 4-1 所示，表中"xor"表示互斥運算。

表 4-1 互斥運算的基本規則

運算元 1	運算元 2	結　果	規　則
0	0	0	0 xor 0 = 0
0	1	1	0 xor 1 = 1
1	0	1	1 xor 0 = 1
1	1	0	1 xor 1 = 0

互斥運算規則可以描述為

- 運算數相同，結果為 0；運算數不同，結果為 1。
- 任何數（0 或 1）與數值 0 互斥，結果仍為自身。
- 任何數（0 或 1）與數值 1 互斥，結果變為另外一個數，即 0 變 1，1 變 0。
- 任何數（0 或 1）與自身互斥，結果為 0。

根據上述互斥運算規則，對資料 a、資料 b 進行互斥運算，可以得到數值 c：

```
a xor b=c
```

針對運算結果 c 進一步運算，可以得到：

```
c xor b = (a xor b) xor b = a xor(b xor b)= a xor 0 = a
c xor a = (a xor b) xor a = b xor(a xor a)= b xor 0 = b
```

上述互斥運算範例過程如表 4-2 所示。

表 4-2 互斥運算範例過程

a	b	c(a xor b)	c xor b (=a)	c xor a （=b)
0	0	0	0	0
0	1	1	0	1
1	0	1	1	0
1	1	0	1	1

由表 4-2 可知，當上述 a、b、c 具有如下關係時：

- a：明文，原始資料。
- b：密鑰。
- c：加密，透過 a xor b 實現。

可以對上述資料進行如下操作和理解：

- 加密過程：將明文 a 與密鑰 b 進行互斥，完成加密，得到加密 c。
- 解密過程：將加密 c 與密鑰 b 進行互斥，完成解密，得到明文 a。

位元運算是針對二進位位元進行的運算。逐位元互斥是指將兩個數值以二進位形式進行逐位元互斥運算。

利用逐位元互斥可以實現對像素點的加密。在影像處理中，需要處理的像素點的像素值通常為灰階值，其範圍通常為[0,255]。例如，某個像素點的像素值為 216（明文），將數值 178（該數值由加密者自由選定）作為密鑰，讓這兩個數的二進位形式進行逐位元互斥運算，即可完成加密，得到加密 106。當需要解密時，將加密 106 與密鑰 178 的二進位形式進行逐位元互斥運算，即可得到原始像素點的像素值 216（明文）。用 bit_xor()表示逐位元互斥，具體過程為

```
bit_xor(216,178)=106
bit_xor(106,178)=216
```

上述過程可透過如下兩個表格表示。

- 加密過程。

運　算	說　明	二進位數	十進位數
bit_xor	明文	1101 1000	216
	密鑰	1011 0010	178
運算結果	加密	0110 1010	106

■ 解密過程。

運 算	說 明	二 進 位 數	十 進 位 數
bit_xor	加密	0110 1010	106
	密鑰	1011 0010	178
運算結果	明文	1101 1000	216

加密解密流程示意圖如圖 4-2 所示。

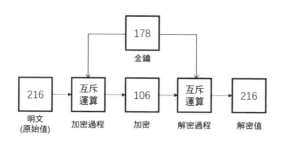

▲ 圖 4-2 加密解密流程示意圖

4.2 影像整體加密與解密

將原始影像與密鑰影像對應位置的像素點的像素值進行逐位元互斥運算即可得到加密後的影像,實現加密;將加密後的影像與密鑰影像對應位置的像素點的像素值進行逐位元互斥計算即可得到與原始影像一樣的解密影像,實現解密。這裡以原始影像 O 為例來說明影像的加密、解密過程,其流程圖如圖 4-3 所示。

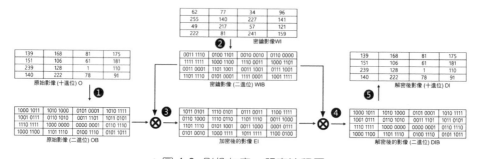

▲ 圖 4-3 影像加密、解密流程圖

1. 原始影像處理

如圖 4-3 中❶所示，將原始影像 O 各像素點的像素值由十進位數字處理為二進位數字，得到影像 OB。

2. 密鑰影像處理

如圖 4-3 中❷所示，將密鑰影像 WI 各像素點的像素值由十進位數字處理為二進位數字，得到影像 WIB，以便進行後續處理。

3. 加密過程

如圖 4-3 中❸所示，將影像 OB 與影像 WIB 進行逐位元互斥運算，得到加密後的影像 EI。

4. 解密過程

如圖 4-3 中❹所示，將影像 EI 與影像 WIB 進行逐位元互斥運算，得到解密後的二進位形式的影像 DIB。

5. 解密影像處理

如圖 4-3 中❺所示，將影像 DIB 中各像素點的像素值處理為十進位數字，得到解密後影像 DI。

從上述過程可以看出，解密後得到的影像 DI 與原始影像 O 是一致的。這說明上述加密、解密過程是正確的。

為了方便理解和觀察資料的運算，上述過程在進行逐位元運算時是將十進位數字轉換為二進位數字後再進行的。實際上，在使用 OpenCV 撰寫程式時，不需要進行進制的轉換。OpenCV 中的位元運算函數的參數可以是十進位形式的。因此，圖 4-3 所示流程可以簡化為圖 4-4 所示形式。圖 4-4 所示流程圖與圖 4-1 基本一致，區別在於圖 4-4 使用數字表示，而圖 4-1 使用影像表示。在圖 4-4 中：

- ■ ❶是加密過程，該過程將原始影像 O、密鑰影像 W 進行逐位元互斥處理實現加密，得到加密影像 E。
- ■ ❷是解密過程，該過程將加密影像 E 和密鑰影像 W 進行逐位元互斥處理實現解密，得到解密影像 D。

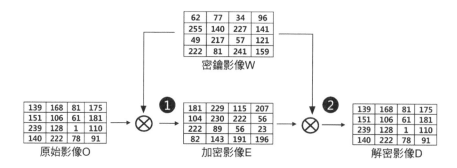

▲圖 4-4 影像加密、解密流程圖

【例 4.1】撰寫程式，透過逐位元互斥運算，實現影像加密和解密。

在具體實現中，甲乙雙方可以透過協商預先確定一幅密鑰影像 K，雙方各儲存一份備用。在此基礎上，甲乙雙方利用密鑰影像 K 可以進行影像的加密和解密處理。

例如，甲透過密鑰影像 K 與原始影像 O 進行逐位元互斥運算，得到加密影像 S。加密影像 S 是雜亂無章的，其他人無法解讀加密影像 S 內容。而乙可以將預先儲存的密鑰影像 K 與加密影像 S 進行逐位元互斥運算，實現加密影像 S 的解密，獲取原始影像 O。

在加密過程中，可以選擇一幅有意義的影像作為密鑰，也可以選擇一幅沒有意義的影像作為密鑰。本例使用隨機數隨機生成了一幅影像作為密鑰（影像內每個像素點的像素值都是隨機的）。

根據題目要求，撰寫程式如下：

```
import cv2
import numpy as np
```

```
lena=cv2.imread("lena.bmp",0)
r,c=lena.shape
key=np.random.randint(0,256,size=[r,c],dtype=np.uint8)
encryption=cv2.bitwise_xor(lena,key)
decryption=cv2.bitwise_xor(encryption,key)
cv2.imshow("lena",lena)
cv2.imshow("key",key)
cv2.imshow("encryption",encryption)
cv2.imshow("decryption",decryption)
cv2.waitKey()
cv2.destroyAllWindows()
```

本例中的各影像的關係如下。

■ 影像 lena 是明文（原始）影像，是需要加密的影像，從目前的目錄下讀取。

■ 影像 key 是密鑰影像，是加密和解密過程中使用的密鑰，是由亂數產生的。

■ 影像 encryption 是加密影像，是明文影像 lena 和密鑰影像 key 透過逐位元互斥運算得到的。

■ 影像 decryption 是解密影像，是加密影像 encryption 和密鑰影像 key 透過逐位元互斥運算得到的。

執行上述程式，輸出結果如圖 4-5 所示，其中：

■ 圖 4-5（a）是明文（原始）影像 lena。

■ 圖 4-5（b）是密鑰影像 key，看起來是雜亂無章的。

■ 圖 4-5（c）是加密得到的加密影像 encryption，是透過明文影像 lena 和密鑰影像 key 進行逐位元互斥運算得到的，看起來是雜亂無章的。雖然影像 encryption 和影像 key 都是雜亂無章的，但是它們是不一樣的。

■ 圖 4-5（d）是解密影像 decryption，是透過加密影像 encryption 與密鑰影像 key 進行逐位元互斥運算得到的。

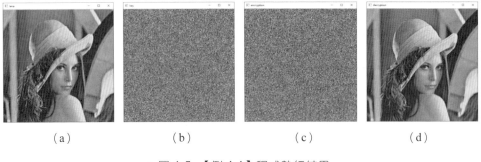

（a）　　　　　　（b）　　　　　　（c）　　　　　　（d）

▲圖 4-5　【例 4.1】程式執行結果

4.3　臉部馬賽克及解馬賽克

本節將分別透過遮罩方式、ROI 方式實現對臉部的馬賽克及解馬賽克。

4.3.1　遮罩方式實現

本節將介紹一個使用遮罩方式實現對臉部馬賽克、解馬賽克的範例。

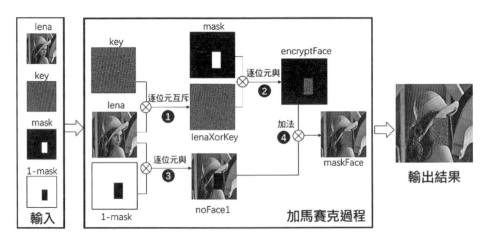

▲圖 4-6　臉部馬賽克流程圖

　　圖 4-6 展示了針對影像 lena 中的人臉進行臉部馬賽克的過程。圖 4-6 中的輸入物件主要包含如下四個：

- lena 是待進行臉部馬賽克的原始影像。
- key 是使用的密鑰影像。
- mask 是遮罩影像，用於提取臉部區域。
- 1-mask 是與 mask 相反的遮罩影像，用於提取除臉部外的區域。

　　臉部馬賽克過程具體實現如下：

- Step 1：逐位元互斥運算。原始影像 lena 和密鑰影像 key 進行逐位元互斥運算，得到影像 lena 的加密結果 lenaXorKey。
- Step 2：逐位元與運算。影像 lenaXorKey 和遮罩影像 mask 進行逐位元與運算，提取臉部馬賽克結果 encryptFace。其中，臉部區域是加密結果，其餘區域的像素值均為 0。
- Step 3：逐位元與運算。原始影像 lena 和遮罩影像 1-mask 進行逐位元與運算，提取 lena 影像中臉部像素值為 0 區域的影像 noFace1。
- Step 4：加法運算。影像 encryptFace 和影像 noFace1，進行加法運算，得到臉部馬賽克結果影像 maskFace。

　　臉部馬賽克結果影像 maskFace 即最終輸出結果。

　　圖 4-7 展示了針對原始影像 lena 臉部馬賽克影像的解馬賽克過程。圖 4-7 中的輸入物件主要包含如下四個：

- maskFace 是待進行臉部解馬賽克的原始影像。
- key 是使用的密鑰影像。
- mask 是遮罩影像，用於提取臉部區域。
- 1-mask 是與 mask 相反的遮罩影像，用於提取除臉部外的區域。

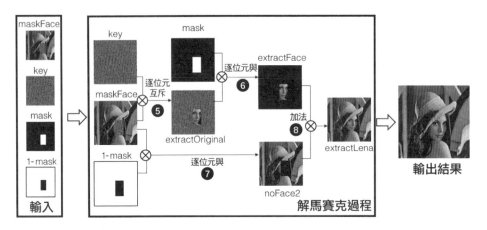

▲圖 4-7 臉部解馬賽克流程圖

臉部解馬賽克過程具體實現如下：

- Step 5：逐位元互斥運算。臉部馬賽克影像 maskFace 和密鑰影像 key 進行逐位元互斥運算，得到臉部為解馬賽克、其餘區域為亂碼的影像 extractOriginal。

- Step 6：逐位元與運算。影像 extractOriginal 與遮罩影像 mask 進行逐位元與運算，得到影像 extractFace，其中臉部是正常的，其餘區域的像素值均為 0。

- Step 7：逐位元與運算。臉部馬賽克影像 maskFace 和影像 1-mask 進行逐位元與運算，得到影像 noFace2。noFace2 影像中臉部區域的像素值都是 0，除臉部外的其他區域的像素值都是正常值。

- Step 8：加法運算。影像 extractFace 與影像 noFace2 進行加法運算，得到解馬賽克結果影像 extractLena。

上述臉部解馬賽克結果影像 extractLena 即最終輸出結果。

綜上所述，採用遮罩方式對人臉進行馬賽克、解馬賽克的完整流程圖如圖 4-8 所示。

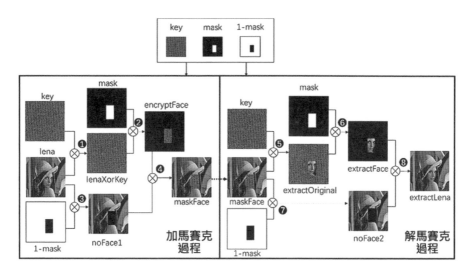

▲圖 4-8 臉部馬賽克、解馬賽克完整流程圖

【例 4.2】撰寫程式，使用遮罩對 lena 影像的臉部進行馬賽克、解馬賽克。

根據題目要求及上述分析，撰寫程式如下：

```
import cv2
import numpy as np
# 讀取原始載體影像
lena=cv2.imread("lena.bmp",0)
# 顯示原始影像
cv2.imshow("lena",lena)
# 讀取原始載體影像的 shape 值
r,c=lena.shape
mask=np.zeros((r,c),dtype=np.uint8)
mask[220:400,250:350]=1
# 獲取一個 key，該 key 是馬賽克、解馬賽克用的密鑰影像
key=np.random.randint(0,256,size=[r,c],dtype=np.uint8)
# ===========獲取馬賽克臉============
# Step 1:使用密鑰 key 對原始影像 lena 加密
lenaXorKey=cv2.bitwise_xor(lena,key)
# Step 2:獲取加密影像的臉部資訊 encryptFace
```

```
encryptFace=cv2.bitwise_and(lenaXorKey,mask*255)
# Step 3:將影像 lena 內的臉部區域的像素值設定為 0,得到影像 noFace1
noFace1=cv2.bitwise_and(lena,(1-mask)*255)
# Step 4:得到馬賽克的 lena 影像
maskFace=encryptFace+noFace1
cv2.imshow("maskFace",maskFace)
# ===========將馬賽克臉解馬賽克===========
# Step 5:將臉部馬賽克的 lena 影像與密鑰影像 key 進行互斥運算,得到臉部的原始資訊
extractOriginal=cv2.bitwise_xor(maskFace,key)
# Step 6:將解馬賽克的臉部資訊 extractOriginal 提取出來,得到影像
extractFace
extractFace=cv2.bitwise_and(extractOriginal,mask*255)
# Step 7:從臉部馬賽克的 lena 影像內提取沒有臉部資訊的 lena 影像,得到影像
noFace2
noFace2=cv2.bitwise_and(maskFace,(1-mask)*255)
# Step 8:得到解馬賽克影像 extractLena
extractLena=noFace2+extractFace
cv2.imshow("extractLena",extractLena)
cv2.waitKey()
cv2.destroyAllWindows()
```

執行上述程式,輸出結果如圖 4-9 所示,其中:

■ 圖 4-9(a)是原始影像 lena,本程式要對其臉部進行馬賽克。

■ 圖 4-9(b)是對影像 lena 的臉部進行馬賽克的結果影像 maskFace。

■ 圖 4-9(c)是最終得到的臉部解馬賽克影像 extractLena。

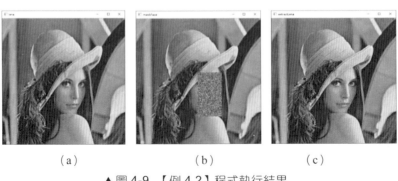

(a)　　　　　　　　(b)　　　　　　　　(c)

▲ 圖 4-9 【例 4.2】程式執行結果

4.3.2 ROI 方式實現

本節將介紹一個使用 ROI 方式實現的對臉部進行馬賽克、解馬賽克的範例。本例中的 ROI 就是人臉，因此主要針對人臉所在的區域進行操作。

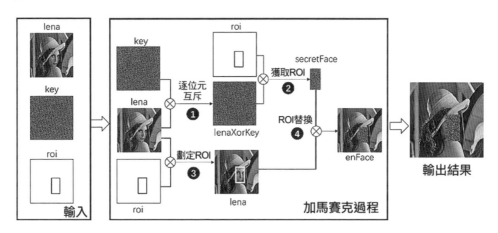

▲圖 4-10 臉部馬賽克流程圖

圖 4-10 展示了針對影像 lena 臉部馬賽克的流程。圖 4-10 中的輸入物件主要包含如下三個：

- lena 是待進行臉部馬賽克的原始影像。
- key 是使用的密鑰影像。
- roi 是包含人臉的區域，用於提取臉部區域。為了方便觀察，這裡將其展示為一幅影像。

需要注意的是，本節用 ROI 指「感興趣區域」，用 roi 指具體的一幅影像。

臉部馬賽克過程具體實現如下：

- Step 1：逐位元互斥運算。將原始影像 lena 和密鑰影像 key 進行逐位元互斥運算，得到影像 lena 的加密結果 lenaXorKey。

- Step 2：獲取 ROI。獲取加密臉所在區域（該區域是 ROI）。在影像 lenaXorKey 內，根據 roi 區域值將已馬賽克人臉區域提取出來，得到原始馬賽克人臉區域影像 secretFace。
- Step 3：劃定 ROI。劃定人臉所在區域。在原始影像 lena 內，根據 roi 區域值劃定（標注）人臉區域。需要注意，劃定一塊區域並不會使原始影像 lena 有任何改變。劃定人臉所在區域是為了進行後續操作。
- Step 4：ROI 替換。完成人臉區域替換。將原始影像 lena 中的人臉區域替換為影像 secretFace，得到影像 enFace。

　　上述過程得到的影像 enFace 即臉部馬賽克處理結果，將該結果作為人臉馬賽克的輸出結果。

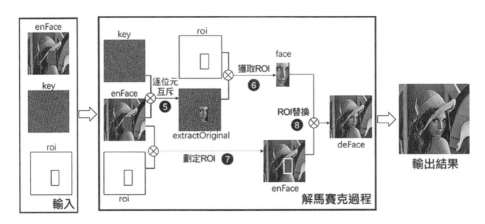

▲圖 4-11 臉部解馬賽克流程圖

　　圖 4-11 展示了針對影像 lena 臉部馬賽克影像的臉部解馬賽克流程圖。圖 4-11 中的輸入物件主要包含如下三個：

- enFace 是待進行臉部解馬賽克的影像。
- key 是使用的密鑰影像。
- roi 是包含人臉的區域，用於提取臉部區域。為了方便觀察，這裡將其展示為一幅影像。

臉部解馬賽克過程具體實現如下：

- Step 5：逐位元互斥運算。將臉部馬賽克影像 enFace 和密鑰影像 key 進行逐位元互斥運算，得到臉部為解馬賽克，其餘區域為亂碼的影像 extractOriginal。

- Step 6：獲取 ROI。在影像 extractOriginal 內，根據 ROI 區域值將解馬賽克好的人臉區域提取出來，得到解馬賽克人臉影像 face。

- Step 7：劃定 ROI。在影像 enFace 內，根據 roi 區域值劃定馬賽克的人臉區域。該操作不會對 enFace 有任何影響，只是將人臉所在區域標注出來，方便後續操作。

- Step 8：ROI 替換。將影像 enFace 中的人臉區域替換為影像 face，得到影像 deFace。

上述過程得到的影像 deFace 即臉部解馬賽克處理結果，將該結果作為人臉解馬賽克的輸出結果。

綜上所述，採用 ROI 方式對人臉進行馬賽克、解馬賽克的完整流程圖如圖 4-12 所示。

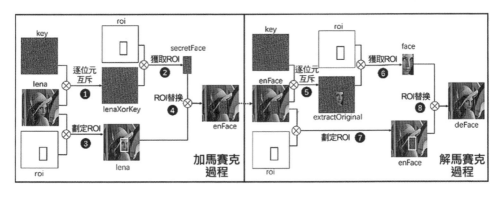

▲ 圖 4-12 馬賽克、解馬賽克完整流程

【例 4.3】撰寫程式，使用 ROI 方式對影像 lena 的臉部進行馬賽克、解馬賽克。

根據題目要求及上述分析，撰寫程式如下：

```
import cv2
import numpy as np
# 讀取原始影像
lena=cv2.imread("lena.bmp",0)
cv2.imshow("lena",lena)
# 讀取原始影像的 shape 值
r,c=lena.shape
# 設定 roi 區域值
roi=lena[220:400,250:350]
# 獲取一個 key，該 key 是馬賽克、解馬賽克使用的密鑰影像
key=np.random.randint(0,256,size=[r,c],dtype=np.uint8)
# ===========臉部馬賽克過程===========
# Step 1：使用密鑰影像 key 加密原始影像 lena（逐位元互斥運算）
lenaXorKey=cv2.bitwise_xor(lena,key)
# Step 2：獲取加密後影像的臉部區域（獲取 ROI）
secretFace=lenaXorKey[220:400,250:350]
cv2.imshow("secretFace",secretFace)
# Step 3：劃定 ROI，其實沒有實質性操作
# lena[220:400,250:350]
# Step 4：將原始影像 lena 的臉部區域替換為加密後的臉部區域 secretFace（ROI 替
換）
lena[220:400,250:350]=secretFace
enFace=lena   # lena 影像已經是處理結果，為了便於理解將其重新命名為 enFace
cv2.imshow("enFace",enFace)
# ===========臉部解馬賽克過程===========
# Step 5：將臉部馬賽克的影像 enFace 與密鑰影像 key 進行互斥運算，得到臉部的原始
資訊（逐位元互斥運算）
extractOriginal=cv2.bitwise_xor(enFace,key)
# Step 6：獲取解密後影像的臉部區域（獲取 ROI）
face=extractOriginal[220:400,250:350]
cv2.imshow("face",face)
# Step 7：劃定 ROI，其實沒有實質性操作
```

```
# enFace[220:400,250:350]
# Step 8:將影像 enFace 的臉部區域替換為解密的臉部區域 face（ROI 替換）
enFace[220:400,250:350]=face
deFace=enFace # enFace 已經是處理結果，為了便於理解使用將其重新命名為 deFace
cv2.imshow("deFace",deFace)
cv2.waitKey()
cv2.destroyAllWindows()
```

執行上述程式，輸出結果如圖 4-13 所示。為了便於觀看，將各個影像進行了不等比例的縮放，其中：

- 圖 4-13（a）是原始影像 lena，本程式要對其臉部進行馬賽克。
- 圖 4-13（b）是馬賽克人臉區域 secretFace。
- 圖 4-13（c）是馬賽克結果影像 enFace。
- 圖 4-13（d）是解馬賽克人臉區域 face。
- 圖 4-13（e）是解馬賽克結果影像 deFace。

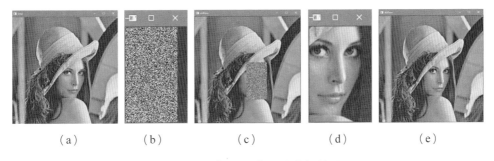

（a）　　　　（b）　　　　（c）　　　　（d）　　　　（e）

▲ 圖 4-13　【例 4.3】程式執行結果

數位浮水印

數位浮水印是一種將特定的數位訊號嵌入數位作品中，從而實現資訊隱藏、版權認證、完整性認證、數位簽章等功能的技術。

載體影像O　嵌入浮水印　含水印影像E　提取浮水印　刪除浮水印後的載體影像DO

《OpenCV輕鬆入門——面向Python》作者：李立宗 電子工業出版社

版權資訊影像C

《OpenCV輕鬆入門——面向Python》作者：李立宗 電子工業出版社

提取得到的版權資訊影像EC

▲圖 5-1　數位浮水印範例

圖 5-1 是利用數位浮水印在一幅影像內嵌入版權資訊的範例，其包含嵌入浮水印和提取浮水印兩個流程，具體如下：

- 嵌入浮水印過程：將版權資訊影像 C 嵌入載體影像 O，得到含浮水印影像 E。此時，含浮水印影像 E 與載體影像 O 在外觀上基本一致，人眼無法區分二者的差別。

- 提取浮水印過程：透過提取浮水印技術，在含浮水印影像 E 中分別提取出刪除浮水印後的載體影像 DO 和提取得到的版權資訊影像 EC。此時，刪除浮水印後的載體影像 DO 與原始載體影像 O 基本一致，提取得到的版權資訊影像 EC 與版權資訊影像 C 完全一致。

數位浮水印的功能具體如下：

- 若嵌入載體影像內的資訊是秘密資訊，則能夠實現資訊隱藏。
- 若嵌入載體影像內的資訊是版權資訊，則能夠實現版權認證。
- 若嵌入載體影像內的資訊是關於載體影像完整性的資訊，則能夠實現完整性認證。
- 若嵌入載體影像內的資訊是身份資訊，則能夠實現數位簽章。

在實踐中，可以根據需要在載體影像內嵌入不同的資訊以實現特定功能。

大部分的情況下，嵌入載體影像內的資訊也被稱為數位浮水印資訊。

載體影像、數位浮水印資訊可以是文字、影像、音訊、視訊等任意形式的數位資訊。一般化的數位浮水印流程如圖 5-2 所示。

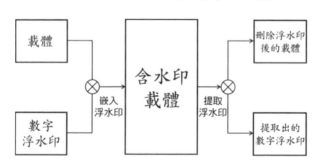

▲ 圖 5-2　一般化的數位浮水印流程

為了便於理解及更直觀地觀察效果，本章將討論載體影像是灰階影像、數位浮水印資訊是二值影像的情況。

為了確保載體影像在浮水印嵌入前後沒有可被肉眼觀察到差異，必須確保嵌入載體影像的浮水印對載體影像造成的影響較小。這就要求，數位浮水印資訊必須隱藏到載體中相對不重要的位置。

如圖 5-3 所示，分別將百位、十位、個位上的數值「加 1」，可分別讓原始值增加 100、增加 10、增加 1。其原因是，個位的位權是 10^0，十位的位權是 10^1，百位的位權是 10^2。所以，改變不同位對原始值的影響是不一樣的。簡單來説，在最低位元上改變一個值對原始值的影響是最小的。

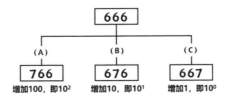

▲ 圖 5-3 改變數值範例

在電腦中，使用二進位形式儲存資料與十進位形式儲存資料一樣，最低位元的位權是最小的，如圖 5-4 所示。

二進位位元	7	6	5	4	3	2	1	0
位權	2^7	2^6	2^5	2^4	2^3	2^2	2^1	2^0

▲ 圖 5-4 二進位位權

透過以上分析可知，透過修改載體影像像素點的最低位元來完成數位浮水印資訊的嵌入，對載體影像的影響是最小的。

5.1 位元平面

提取灰階影像中所有像素點的二進位形式像素值中處於同一位元上的值，得到一幅二值影像，該影像被稱為灰階影像的一個位元平面，提取位元平面的過程被稱為位元平面分解。將一幅灰階影像內所有像素點上處於二進位位元內最低位上的值組合，可以組成一幅影像的「最低有效位元」位元平面。

在 8 位元點陣圖中，每個像素點的像素值都是使用 8 位元二進位數字來表示的，該二進位數字的取值範圍為[0,255]，可以將 8 位元點陣圖中的像素點的值表示為

$$\text{value} = a_7 \times 2^7 + a_6 \times 2^6 + a_5 \times 2^5 + a_4 \times 2^4 + a_3 \times 2^3 + a_2 \times 2^2 + a_1 \times 2^1 + a_0 \times 2^0$$

其中，a_i 的可能值為 0 或 1（i=0,1,…,7）。可以看出，各個 a_i 的權重值是不一樣的，a_7 的權重值最高，a_0 的權重值最低。這代表 a_7 的值對影像的影響最大，a_0 的值對影像的影響最小。換一個角度來說，影像與 a_7 具有較大的相似性，而影像與 a_0 的相似性不高。

透過提取灰階影像內所有像素點的像素值同一位元上的值，可以得到一幅新的影像，即位元平面。影像中所有像素值的 a_i 值組成的位元平面稱為第 i 個位元平面（第 i 層）。一幅 8 位元點陣圖可以分解為 8 個位元平面。

根據上述分析，像素值中各 a_i 的權重值是不一樣的：

- a_7 的權重值最高，對像素值的影響最大。從直觀上來看，該位元平面與原始影像最相似。
- a_0 的權重值最低，對像素值的影響最小。從直觀上來看，該位元平面與原始影像不太像，一般情況下該平面看起來是雜亂無章的。
- 高二進位位元上的值對影像影響較大，低二進位位元上的值對影像影響較小。在影像中，高層位元平面的值決定了影像的基本輪廓，低層位元平面的值對高層位元平面的值進行了修正，使得影像更豐富、更細膩。

下面，透過一個簡單案例來介紹位元平面分解的具體情況。例如，有灰階影像 O 的像素值如下。

209	197	163	193
125	247	160	112
161	137	243	203
39	82	154	127

對應二進位數字如下。

1101 0001	1100 0101	1010 0011	1100 0001
0111 1101	1111 0111	1010 0000	0111 0000
1010 0001	1000 1001	1111 0011	1100 1011
0010 0111	0101 0010	1001 1010	0111 1111

將所有像素點的 a_i 值進行組合,即可得到影像的 8 個位元平面,如圖 5-5 所示。

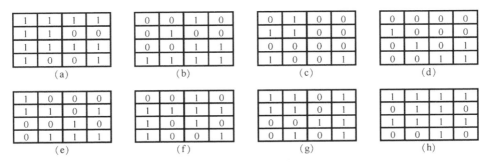

▲圖 5-5 位元平面分解

圖 5-5 中的各個位元平面的組成如下。

- 圖 5-5(a)是由影像 O 中每個像素值的 a_0 值(從右向左數第 0 個二進位位元,第 0 個位元,為了與下標統一,此處從 0 開始計數)組成的,我們稱之為第 0 個位元平面,也可以稱為第 0 層,也可以稱為「最低有效位元」位元平面。

- 圖 5-5(b)是由影像 O 中每個像素值的 a_1 值(從右向左數第 1 個位元)組成的,我們稱之為第 1 個位元平面(或第 1 層)。

- 圖 5-5(c)是由影像 O 中每個像素值的 a_2 值(從右向左數第 2 個位元)組成的,我們稱之為第 2 個位元平面(或第 2 層)。

- 圖 5-5(d)是由影像 O 中每個像素值的 a_3 值(從右向左數第 3 個位元)組成的,我們稱之為第 3 個位元平面(或第 3 層)。

- 圖 5-5（e）是由影像 O 中每個像素值的 a_4 值（從右向左數第 4 個位元）組成的，我們稱之為第 4 個位元平面（或第 4 層）。

- 圖 5-5（f）是由影像 O 中每個像素值的 a_5 值（從右向左數第 5 個位元）組成的，我們稱之為第 5 個位元平面（或第 5 層）。

- 圖 5-5（g）是由影像 O 中每個像素值的 a_6 值（從右向左數第 6 個位元）組成的，我們稱之為第 6 個位元平面（或第 6 層）。

- 圖 5-5（h）是由影像 O 中每個像素值的 a_7 值（從右向左數第 7 個位元）組成的，我們稱之為第 7 個位元平面（或第 7 層），也可以稱為「最高有效位元」位元平面。

　　針對 RGB 影像，如果將 R 通道、G 通道、B 通道中的每一個通道中對應的位元平面進行合併，即可組成該 RGB 影像。如果將一幅 RGB 影像 R 通道的第 3 個位元平面、G 通道的第 3 個位元平面、B 通道的第 3 個位元平面進行合併，那麼可以組成一幅新的 RGB 彩色影像。通常將該新組成的彩色影像稱為原始彩色影像的第 3 個位元平面。透過上述方式，可以完成彩色影像的位元平面分解。

　　借助逐位元與運算可以實現位元平面分解。下面以灰階影像為例，介紹位元平面分解的具體步驟。

1. 影像預處理

　　讀取原始影像 O，獲取原始影像 O 的寬度 M 和高度 N。

2. 建構提取矩陣

　　借助逐位元與運算來完成提取矩陣的建構。

　　在與運算中，當參加與運算的兩個邏輯值都是真時，結果才為真，其邏輯關係可以類比如圖 5-6 所示的串聯電路，只有在該串聯電路中的兩個開關都閉合時，燈才會亮。

▲圖 5-6 串聯電路

如表 5-1 所示,與運算的規則是「當一個數值與 1 逐位元與時,保留其自身值;當一個數值與 0 逐位元與時,將其處理為 0」。

表 5-1 與運算的規則

運算元 1	運算元 2	結　果	規　　則
0	0	0	and(0,0)=0
0	1	0	and(0,1)=0
1	0	0	and(1,0)=0
1	1	1	and(1,1)=1

逐位元與運算是將二進位數字逐位元進行與運算。

透過逐位元與運算能夠很方便地將一個數值指定位元上的數字提取出來。在表 5-2 中,分別使用不同的提取因數 F 來提取數值 N 中的特定位。可以發現,提取因數 F 哪位元上的值為 1,就可以提取數值 N 中哪位元上的數字。

表 5-2 逐位元與運算位元值提取範例

説明	第 7 位	第 6 位	第 5 位	第 4 位	第 3 位	第 2 位	第 1 位	第 0 位
數值 N (X 為 0 或 1)	*XXXX* *XXXX*	*XXXX* *XXXX*	*XXXX* *XXXX*	*XXXX* *XXXX*	*XXXX* *XXXX*	*XXXX* *XXXX*	*XXXX* *XXXX*	*XXXX* *XXXX*
提取因數 F	1000 0000	0100 0000	0010 0000	0001 0000	0000 1000	0000 0100	0000 0010	0000 0001
提取結果	*X*000 0000	0*X*00 0000	00*X*0 0000	000*X* 0000	0000 *X*000	0000 0*X*00	0000 00*X*0	0000 000*X*

根據上述分析結果,建立一個值均為 2^n 的 **Mat** 作為提取矩陣(陣列),用來與原始影像進行逐位元與運算,以提取第 n 個位元平面。

提取矩陣 **Mat** 內可能的值如表 5-3 所示。

表 5-3 提取矩陣 Mat 內可能的值

要提取的位元平面序號	Mat 值計算方法	Mat 內部值	Mat 值的二進位形式
0	2^0	1	0000 0001
1	2^1	2	0000 0010
2	2^2	4	0000 0100
3	2^3	8	0000 1000
4	2^4	16	0001 0000
5	2^5	32	0010 0000
6	2^6	64	0100 0000
7	2^7	128	1000 0000

3. 提取位元平面

將灰階影像與提取矩陣進行逐位元與運算，得到各個位元平面。

將像素值與一個值為 2^n 的數值進行逐位元與運算，能夠使像素值的第 n 位元保持不變，其餘各位均為 0。因此，透過像素值與特定值的逐位元與運算，能夠提取像素值的指定二進位位元的值。據此，將影像內的每一個像素值都與一個特定的二進位數字進行逐位元與運算，能夠提取影像的特定位元平面。

例如，有一個像素點的像素值為 219，要提取其二進位位元第 4 位元的值，即提取該像素值的第 4 位元資訊（序號從 0 開始）。此時，需要借助的提取因數是"2^4=16"，提取像素值範例如表 5-4 所示。

表 5-4 提取像素值範例

運算	類別	十進位形式	二進位形式
逐位元與	像素值	219	1101 1011
	借助的提取因數	2^4=16	0001 0000
結果		16	0001 0000

從表 5-3 可以看到，透過將像素值 219 與借助的提取因數 2^4 的二進位形式進行逐位元與運算，提取到了像素值 219 第 4 位元二進位位元上的二進位數字字"1"。這是因為在 2^4 的二進位形式中，只有第 4 位元二進位位元上的數字為 1，其餘各位的數字都是 0。在像素值 219 與提取因數 2^4 的二進位數字進行逐位元與運算時：

■ 像素值 219 第 4 位元二進位位元上的數字"1"與提取因數 2^4 第 4 位元二進位位元上的數字"1"進行與操作，像素值 219 第 4 位元二進位位元上的值（數字"1"）被保留。

■ 像素值 219 中其他二進位位元上的數字與提取因數 2^4 其他位元上的數字"0"進行逐位元與操作後都會變為 0。

在針對影像的位元平面提取中，影像 O 的像素值如下。

209	196	163	193
125	247	160	114
161	9	227	201
39	86	154	127

其對應的二進位形式標記為 RB，具體如下。

1101 0001	1100 0100	1010 0011	1100 0001
0111 1101	1111 0111	1010 0000	0111 0010
1010 0001	0000 1001	1110 0011	1100 1001
0010 0111	0101 0110	1001 1010	0111 1111

如果想提取第 3 個位元平面，就需要建立元素值均為 2^3 的陣列 BD，陣列 BD 中的值全部為 8（2^3），具體如下。

8	8	8	8
8	8	8	8
8	8	8	8
8	8	8	8

將陣列 BD 對應的二進位形式標記為 BT，具體如下。

0000 1000	0000 1000	0000 1000	0000 1000
0000 1000	0000 1000	0000 1000	0000 1000
0000 1000	0000 1000	0000 1000	0000 1000
0000 1000	0000 1000	0000 1000	0000 1000

將陣列 RB 與陣列 BT 進行逐位元與運算，得到陣列 RE，具體如下。

0000 0000	0000 0000	0000 0000	0000 0000
0000 1000	0000 0000	0000 0000	0000 0000
0000 0000	0000 1000	0000 0000	0000 1000
0000 0000	0000 0000	0000 1000	0000 1000

將陣列 RE 的值轉換為十進位形式，得到陣列 RD，具體如下。

0	0	0	0
8	0	0	0
0	8	0	8
0	0	8	8

【注意】提取位元平面也可以透過將二進位形式的像素值向右移動指定位，然後對 2 取餘得到。例如，提取第 n 個位元平面，可以將二進位形式的像素值向右移動 n 位，然後對 2 取餘。

4. 閾值處理

計算得到的位元平面是一個二值影像，如果直接顯示上述得到的位元平面，那麼可能是無法正常顯示的。這是因為當前預設顯示的影像是 8 位元點陣圖，而當其中的像素值較小時，顯示的影像近似為黑色。例如，在位元平面 RD 中，最大的像素值是 8，數值 8 在 256 個灰階級中處於較小值的位置，幾乎為純黑色。要想讓像素值 8 對應的像素點顯示為白色，必須將對應像素點的像素值處理為 255。

也就是說，每次提取位元平面後，若想讓二值影像的位元平面以黑白顏色顯示出來，則要對得到的二值影像的位元平面進行閾值處理，將其中大於 0 的值處理為 255。

例如，對得到的位元平面 RD 進行閾值處理，將其中的像素值 8 調整為 255，具體敘述為

```
mask=（RD>0）
RD[mask]=255
```

首先，使用"mask=（RD>0）"敘述對位元平面 RD 進行如下處理：

- 將位元平面 RD 中大於 0 的值處理為邏輯值真（True）。
- 將位元平面 RD 中小於或等於 0 的值處理為邏輯值假（False）。

按照上述處理原則得到的 mask 如下。

False	False	False	False
True	False	False	False
False	True	False	True
False	False	True	True

其次，使用"RD[mask]=255"敘述將 mask 中邏輯值為 True 的位置上的值替換為 255；mask 中邏輯為 False 的位置上的值替換為 0。在閾值調整後的位元平面 RD 中，原來像素值為 8 的像素點的像素值被替換為 255，具體如下。

0	0	0	0
255	0	0	0
0	255	0	255
0	0	255	255

當然，可以直接將上述兩個敘述簡化為"RD[RD>0]=255"。

需要說明的是，為了幫助大家更好地理解演算法原理，採用了逐步實現的方式對閾值進行處理。實際上，OpenCV 提供了專門用來實現閾值處理的函數 threshold，該函數可以實現多種不同形式的閾值處理。

上述閾值處理流程圖如圖 5-7 所示。

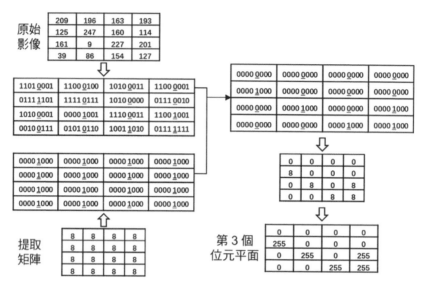

▲圖 5-7 閾值處理流程圖

5. 顯示影像

完成上述處理後,可以將位元平面顯示出來,直觀地觀察各個位元平面的具體情況。

【例 5.1】撰寫程式,觀察灰階影像的各個位元平面。

根據題目要求,撰寫程式如下:

```python
import cv2
import numpy as np
lena=cv2.imread("lena.bmp",0)
cv2.imshow("lena",lena)
r,c=lena.shape
x=np.zeros((r,c,8),dtype=np.uint8)
for i in range(8):
    x[:,:,i]=2**i
ri=np.zeros((r,c,8),dtype=np.uint8)     # ri 是 result image 的縮寫
for i in range(8):
    ri[:,:,i]=cv2.bitwise_and(lena,x[:,:,i])
    mask=ri[:,:,i]>0
    ri[mask]=255
```

```
    cv2.imshow(str(i),ri[:,:,i])
cv2.waitKey()
cv2.destroyAllWindows()
```

本例透過兩個迴圈提取了灰階影像的各個位元平面，具體説明如下。

- 使用"x=np.zeros((r,c,8),dtype=np.uint8)"敘述設定一個用於提取各個位元平面的提取矩陣。該矩陣大小為"r×c×8"，其中 r 是行高，c 是列寬，8 表示共有 8 個通道。r、c 的值來自要提取的影像的行高、列寬。提取矩陣 x 的 8 個通道分別用來提取灰階影像的 8 個位元平面。例如，x[:,:,0]用來提取灰階影像的第 0 個位元平面。
- 在第 1 個 for 迴圈中，使用"x[:,:,i]=2**i"敘述設定用於提取各個位元平面的提取矩陣的值。
- 在第 2 個 for 迴圈中，實現了各個位元平面的提取、閾值處理和顯示。

執行上述程式，輸出影像如圖 5-8 所示，其中：

- 圖 5-8（a）是原始影像 lena。
- 圖 5-8（b）是第 0 個位元平面。第 0 位元是 8 位元二進位數字的最低位元，因此第 0 個位元平面的權重值最低，對像素值的影響最小，與原始影像 lena 的相關度最低，顯示出來的是一幅雜亂無章的影像。該相關度最低的特點有利於很多實用功能的實現，如資訊的隱藏（數位浮水印）等。
- 圖 5-8（c）是第 1 個位元平面。
- 圖 5-8（d）是第 2 個位元平面。
- 圖 5-8（e）是第 3 個位元平面。
- 圖 5-8（f）是第 4 個位元平面。
- 圖 5-8（g）是第 5 個位元平面。
- 圖 5-8（h）是第 6 個位元平面。
- 圖 5-8（i）是第 7 個位元平面。第 7 位元是 8 位元二進位數字的最高位元，因此第 7 個位元平面的權重值最大，對像素值的影響最大，與

原始影像 lena 的相關度最高。第 7 個位元平面是與原始影像最接近的
二值影像，幾乎相當於原始影像的二值化效果。

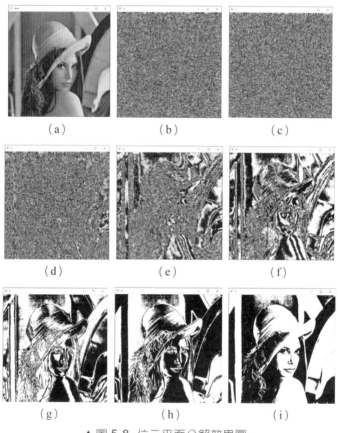

（a）　　　　　　　（b）　　　　　　　（c）

（d）　　　　　　　（e）　　　　　　　（f）

（g）　　　　　　　（h）　　　　　　　（i）

▲ 圖 5-8　位元平面分解效果圖

▌5.2　數位浮水印原理

本節將介紹透過在載體影像的最低有效位元上嵌入隱藏資訊實現數位
浮水印。

最低有效位元（Least Significant Bit，LSB），是指一個二進位數字
中的第 0 位元（最低位元）。最低有效位元資訊隱藏，是指將一個需要隱

藏的二值影像資訊嵌入載體影像（能夠隱藏其他影像的影像）的最低有效
位元，即將載體影像的最低有效位元平面（最低有效層）替換為當前需要
隱藏的二值影像，從而達到隱藏二值影像的目的。由於二值影像處於載體
影像的最低有效位元上，所以嵌入二值影像對於載體影像的影響非常小，
具有非常高的隱蔽性。

　　必要時直接將載體影像的最低有效位元平面提取出來，即可得到嵌入
的二值影像，達到提取被隱藏資訊的目的。

　　上述思路就是數位浮水印的基本原理，資訊隱藏基本流程圖如圖 5-9
所示。從位元平面角度考慮，數位浮水印的處理過程分為如下兩步：

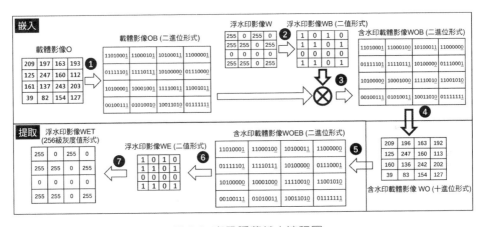

▲ 圖 5-9 資訊隱藏基本流程圖

- 嵌入過程：將載體影像的第 0 個位元平面替換為數位浮水印資訊（一
  幅二值影像）。
- 提取過程：將含數位浮水印資訊的載體影像的最低有效位元組成的第
  0 個位元平面提取出來，得到數位浮水印資訊。

1. 嵌入過程

　　嵌入過程是將數位浮水印資訊嵌入載體影像的過程。該過程將載體影
像的最低有效位元替換為數位浮水印資訊，得到包含數位浮水印資訊的載

體影像，基本步驟如下：

- Step 1：將載體影像 O 由十進位形式處理為二進位形式，得到二進位形式的載體影像 OB。
- Step 2：將浮水印影像 W 由十進位形式處理為二進位形式，得到二值形式的浮水印影像 WB。
- Step 3：將載體影像 OB 的最低有效位元替換為浮水印影像 WB，得到二進位形式的含浮水印載體影像 WOB。
- Step 4：將二進位形式的含浮水印載體影像 WOB 處理為十進位形式的含浮水印載體影像 WO。

嵌入浮水印影像前後載體影像像素值變化如表 5-5 所示。

表 5-5 嵌入浮水印影像前後載體影像像素值變化

載體影像最低有效位元初值	數位浮水印值	嵌入浮水印影像後載體影像最低有效位元像素值	變化情況
0	0	0	未變化
0	1	1	增加 1
1	0	0	減少 1
1	1	1	未變化

上述變化發生在載體影像的最低有效位元上，對載體影像像素值的影響最大是 1（增加 1 或減少 1）。載體影像的灰階級有 256 個，其值發生 1 個單位的變化相對較小，人眼不足以觀察到該變化。因此，數位浮水印資訊具有較高的隱蔽性。

2. 提取過程

提取過程是指將數位浮水印資訊從包含數位浮水印資訊的載體影像內提取出來的過程。提取數位浮水印資訊時，先將含數位浮水印資訊的載體影像的像素值轉換為二進位形式，然後從其最低有效位元提取出浮水印資訊。因此，可以透過提取含數位浮水印資訊的載體影像的最低有效位元平面的方式來得到數位浮水印資訊，具體步驟如下：

- Step 5：將含浮水印載體影像 WO 由十進位形式處理為二進位形式，
  得到二進位形式的含浮水印載體影像 WOEB。
- Step 6：將二進位形式的含浮水印載體影像 WOEB 中的最低有效位元
  提取出來，得到二值形式的浮水印影像 WE。
- Step 7：將二值形式的浮水印影像 WE 處理為 256 級灰階值形式，即
  將其中的 1 處理為 255，得到浮水印影像 WET。

透過上述分析可以發現，經過上述處理後，得到的浮水印影像 WET
與原始的浮水印影像 W 是一致的。

為了便於理解，這裡僅介紹了原始載體影像為灰階影像的情況，在實
際中可以根據需要在多個通道內嵌入相同的浮水印（提高穩固性，即使部
分浮水印遺失，也能提取出完整的數位浮水印資訊），或在各個不同的通
道內嵌入不同的浮水印（提高嵌入容量）。在彩色影像的多個通道內嵌入
浮水印的方法與在灰階影像內嵌入浮水印的方法相同。

對上述過程，可以進行多種形式的改進，例如：

- 將其他形式資訊（音訊、視訊等）的二進位形式嵌入載體影像內。
- 將要隱藏的資訊打亂後，再嵌入載體影像中，以提高安全性。
- 選取載體影像的一部分或者讓最低有效位元以外的其他位元參與到資
  訊隱藏中，以提高安全性。

5.3 實現方法

5.2 節介紹了資訊隱藏的基本原理。但是，在具體實現時，需要考慮
更多的細節資訊，本節將對實現的細節進行具體介紹。

圖 5-10 所示為數位浮水印實現的基本方法。

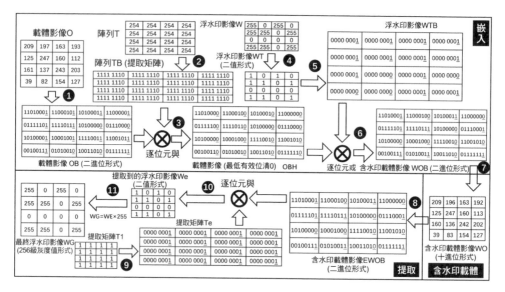

▲圖 5-10 數位浮水印實現的基本方法

1. 嵌入過程

嵌入過程完成的操作是將數位浮水印資訊嵌入載體影像內。如圖 5-10 所示，嵌入過程的主要步驟如下：

- Step 1：讀取載體影像 O，獲取其行數 M 和列數 N，並將其轉換為二進位形式的載體影像 OB。

- Step 2：建立一個 $M \times N$ 大小、元素值均為 254 的陣列 T（提取矩陣），用來提取載體影像的高 7 位元。將陣列 T 由十進位形式轉換為二進位形式的陣列 TB。

- Step 3：保留載體影像的高 7 位元，將最低有效位元清 0。將載體影像 OB 和陣列 TB 進行逐位元與運算，將載體影像的最低有效位元清 0，得到最低有效位元清 0 的載體影像 OBH。

將載體影像 OB 與元素值均為 254 的陣列 TB 進行逐位元與運算，相當於將載體影像內的每個像素值均與 254 進行逐位元與運算。這樣就實現了影像內所有像素的高 7 位元保留、最低有效位元清 0。具體來說，陣列

TB 中的值為 254，其對應的二進位數字為"1111 1110"，高 7 位元是 1，最低有效位元是 0。因此在與載體影像 OB 進行逐位元與運算時，載體影像的高 7 位元與數值 1 相與，結果保持不變；載體影像的最低有效位元與數值 0 相與，結果變為 0。

經過上述運算，載體影像 OBH 內高 7 位元的值保持不變，最低有效位元的數值變為 0。也就是説，Step 3 實現了將載體影像 OB 的最低有效位元清 0，獲得了最低有效位元清 0 的載體影像 OBH。

【注意】這裡為了進一步説明位元運算及其應用，用了相對比較複雜的位元運算方式來保留影像的高 7 位元。在實踐中，可以採用更簡單的方法實現最低有效位元清 0。例如：

① 先將像素值右移一位，再左移一位，即可將最低有效位元清 0，如 "1110 1101" 右移一位得到 "0111 0110"（最高位元補 0），再左移一位得到"1110 1100"。
② 判斷像素值的奇偶性，奇數減去 1，偶數保持不變，可以實現最低有效位元清 0。
③ 用像素值減去「像素值對 2 取餘數（取餘）」的結果，實現最低有效位元清 0。

- Step 4：浮水印影像二值化處理。將 256 個灰階級的浮水印影像 W 處理為二值形式的浮水印影像 WT。簡單來説就是將浮水印影像 W 中的數值 255 替換為數值 1。
- Step 5：浮水印影像二進位形式處理。將二值形式的浮水印影像 WT 處理為 8 位元二進位形式的浮水印影像 WTB。簡單來説就是將浮水印影像 WT 作為 8 位元二進位的最低位元，高 7 位元補 0。在得到的浮水印影像 WTB 中，僅最低有效位元上的值是數位浮水印有效資訊，其餘位元上的值都是為了參與後續運算補充的 0。
- Step 6：嵌入浮水印影像。將最低有效位元清 0 的載體影像 OBH 與 8

位元二進位浮水印影像 WTB 進行逐位元或運算,將數位浮水印資訊嵌入載體影像 OBH 內,得到二進位形式的含浮水印載體影像 WOB。

或運算的規則是,當參與或運算的兩個邏輯值中有一個為真時,結果就為真,其邏輯關係可以類比為如圖 5-11 所示的並聯電路,兩個開關中只要有任意一個開關閉合,燈就會亮。

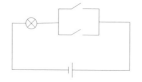

▲圖 5-11 並聯電路

表 5-6 對參與或運算的運算元的不同情況進行了說明,表中使用"or"表示或運算。

表 5-6 或運算規則

算 子 1	算 子 2	結 果	規 則
0	0	0	or(0,0)=0
0	1	1	or (0,1)=1
1	0	1	or (1,0)=1
1	1	1	or (1,1)=1

由表 5-6 可知:

① 數值 0 與數值 0 相或得到的結果是 0。

② 數值 1 與數值 0 相或得到的結果是 1。

也就是說,任何數值 X(0 或 1)與數值 0 進行或運算,其值保持不變。

逐位元或運算是將二進位數字逐位元進行或運算。根據「任何數值 X 與數值 0 進行或運算,其值保持不變」,將數位浮水印資訊嵌入最低有效位元為 0 的載體影像最低位元上。

例如,將最低有效位元清 0 的載體影像 OBH,與 8 位元二進位形式浮水印影像 WTB 進行逐位元或運算,得到含浮水印載體影像 WOB 的基本運算過程如下:

① 最低有效位元清 0 的載體影像 OBH 內的最低位元是 0，其與浮水印影像 WTB 最低位相或，結果值是浮水印影像 WTB 的最低有效位元。進一步來說，計算得到的含浮水印載體影像 WOB 的最低有效位元的值是浮水印影像 WTB 最低有效位元的值。

② 浮水印影像 WTB 的高 7 位元是 0，其與載體影像 OBH 進行逐位元或運算，結果值是載體影像 OBH 的高 7 位元的值。進一步來說，計算得到的含浮水印載體影像 WOB 的高 7 位元的值是載體影像 OBH 高 7 位元的值。

綜上所述，上述過程完成後得到的含浮水印載體影像 WOB 內，高 7 位元的值來自載體圖，最低有效位元的值來自浮水印影像。

因此，將數位浮水印資訊 WTB 與載體影像 OBH 進行逐位元或運算，實現將浮水印影像 WTB 嵌入原始載體影像 O，得到含浮水印載體影像 WOB。

【注意】這裡為了進一步說明位元運算的邏輯，幫助大家更好地了解位元運算，用了位元運算的方式來完成浮水印的嵌入。在實踐中，直接讓浮水印影像 WT 與最低有效位元清 0 的載體影像 OBH 進行加法運算，即可將浮水印影像 WT 嵌入原始載體影像 O 內。

■ Step 7：將含浮水印載體影像處理為十進位形式。將含浮水印的二進位載體影像 WOB 處理為十進位形式，得到十進位形式的含浮水印載體影像 WO。

2. 提取過程

提取過程將完成數位浮水印資訊的提取。如圖 5-10 所示，提取過程具體步驟如下。

■ Step 8：將含浮水印載體影像處理為二進位形式。將十進位形式的含浮水印載體影像 WO 處理為二進位形式，得到二進位形式的含浮水印載體影像 EWOB。

- Step 9：建構二進位形式的提取矩陣 Te。首先，建構一個與含浮水印載體影像尺寸大小相等的像素值均為 1 的提取矩陣 T1。其次，將 T1 轉換成 8 位元二進位形式得到提取矩陣 Te。

- Step 10：提取二值形式的浮水印影像 We。將含浮水印載體影像 EWOB 與提取矩陣 Te 進行逐位元與運算，得到浮水印影像 We。

  逐位元與運算有如下規則：

  ① 數值 1 與任何數值 X（0 或 1）相與，得到的結果都是 X 的值。

  ② 數值 0 與任何數值 X 相與，得到的結果都是數值 0。

  將含浮水印載體影像 EWOB 與提取矩陣 Te 進行逐位元與運算時：

  ① Te 的高 7 位元都是 0，與含浮水印載體影像 EWOB 的高 7 位元逐位元與，得到的結果為 0。

  ② Te 的最低有效位元是 1，與含浮水印載體影像 EWOB 的最低有效位元逐位元與，得到的結果是 EWOB 最低有效位元的值。

  因此，上述逐位元與運算可將含浮水印載體影像 EWOB 中的最低有效位元提取出來。

【注意】也可以透過判斷像素值奇偶性的方式提取最低有效位元。若像素值為奇數，則提取得到 1；若像素值為偶數，則提取得到 0。在具體操作時，可以直接將「像素值對 2 取餘數（取餘%）」的結果作為最低有效位元。

因此，可以透過讓含浮水印載體影像對 2 取餘的方式，獲取影像的最低有效位元位元平面。此時，提取的位元平面即數位浮水印資訊。

- Step 11：將二值形式的浮水印影像 We 處理為 256 級灰階值的灰階影像，得到最終浮水印影像 WG。簡單來説就是將二值形式的浮水印影像 We 中的數值 1 轉換為數值 255，得到最終浮水印影像 WG。

5.4 具體實現

上述過程涉及不同進制之間的轉換，略顯複雜。實際上，OpenCV 中的函數會把接收到的十進位數字當成二進位數字進行處理，並傳回十進位形式的結果。因此，在實踐中並不需要進行十進位數字和二進位數字之間的轉換，簡化後的流程圖如圖 5-12 所示。

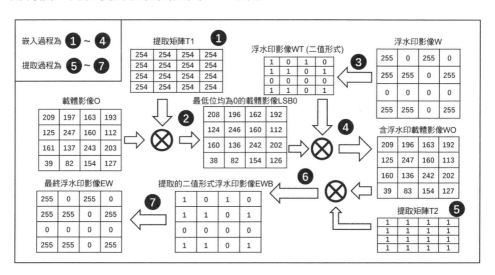

▲圖 5-12 簡化後的流程圖

下面分別對嵌入和提取兩個過程進行介紹。

1. 嵌入過程

- Step 1：建構提取矩陣 T1，其尺寸與載體影像 O 尺寸一致，其中的值均為 254。
- Step 2：將載體影像 O 與提取矩陣 T1 進行逐位元與運算，得到最低位元值均為 0 的載體影像 LSB0。
- Step 3：將浮水印影像 W 中的數值 255 調整為數值 1，得到二值形式的浮水印影像 WT。
- Step 4：透過將載體影像 LSB0 與浮水印影像 WT 進行逐位元或運算，

將浮水印影像 WT 嵌入 LSB0 的最低有效位元，得到含浮水印載體影像 WO。

2. 提取過程

- Step 5：建構提取矩陣 T2，其尺寸與含浮水印載體影像 WO 尺寸一致，其中的值均為 1。
- Step 6：將含浮水印載體影像 WO 與提取矩陣 T2 進行逐位元與運算，得到 WO 的最低有效位元，即二值形式的浮水印影像 EWB。
- Step 7：將二值形式的浮水印影像 EWB 中的數值 1 調整為數值 255，得到最終浮水印影像 EW。

【例 5.2】撰寫程式，模擬數位浮水印的嵌入和提取過程。

根據題目要求，撰寫程式如下：

```
import cv2
import numpy as np
# 讀取原始載體影像
lena=cv2.imread("image\lena.bmp",0)
# ===========嵌入過程===========
# Step 1：生成內部值都是 254 的陣列
r,c=lena.shape                          # 讀取原始載體影像的 shape 值
t1=np.ones((r,c),dtype=np.uint8)*254
# Step 2：獲取原始載體影像的高 7 位元，最低有效位元清 0
lsb0=cv2.bitwise_and(lena,t1)
# Step 3：浮水印資訊處理
w=cv2.imread("image\watermark.bmp",0)   # 讀取浮水印影像
# 將浮水印影像內的數值 255 處理為 1，以便嵌入
# 也可以使用 threshold 函數進行處理
wt=w.copy()
wt[w>0]=1
# Step 4：將浮水印影像 wt 嵌入 lsb0 內
wo=cv2.bitwise_or(lsb0,wt)
# ===========提取過程===========
# Step 5：生成內部值都是 1 的陣列
```

```
t2=np.ones((r,c),dtype=np.uint8)
# Step 6：從載體影像內提取浮水印影像
ewb=cv2.bitwise_and(wo,t2)
# Step 7：將浮水印影像內的數值 1 處理為數值 255，以便顯示
# 也可以利用 threshold 函數實現
ew=ewb
ew[ewb>0]=255
# ===========顯示===========
cv2.imshow("lena",lena)              # 原始影像
cv2.imshow("watermark",w)            # 原始浮水印影像
cv2.imshow("wo",wo)                  # 含浮水印載體
cv2.imshow("ew",ew)                  # 提取的浮水印影像
cv2.waitKey()
cv2.destroyAllWindows()
```

執行上述程式，結果如圖 5-13 所示，其中：

- 圖 5-13（a）是原始影像 lena。
- 圖 5-13（b）是原始浮水印影像 w。
- 圖 5-13（c）是在影像 lena 內嵌入浮水印影像 w 後得到的含浮水印載體影像 wo。
- 圖 5-13（d）是從含浮水印載體影像 wo 內提取的浮水印影像 ew。

（a）　　　　　（b）　　　　　（c）　　　　　（d）

▲圖 5-13 【例 5.2】程式執行結果(編按：本圖例為簡體中文介面)

從圖 5-13 可以發現，透過肉眼無法觀察出含浮水印載體影像和原始影像的不同，隱蔽性較高。由於該方法過於簡單，因此安全性並不高，在實踐中會透過更複雜的方式實現浮水印的嵌入。

▌ 5.5 視覺化浮水印

數位浮水印是一種不可見浮水印，人眼無法觀察到載體影像在嵌入浮水印前後的變化。

有時，我們希望在載體影像上嵌入一個可見的浮水印，此時可以透過ROI、加法運算等方式實現。

5.5.1 ROI

透過乘法運算可以將 ROI 提取出來。例如，在圖 5-14 中：

- 影像 A 是原始載體影像。
- 影像 B 使用非 0 值標注了 ROI；這裡的非 0 值可以是任意不是 0 的值，本圖中的值都是 255。需要說明的是，用來標注 ROI 的非 0 值之間不必相等。
- 影像 C 是將影像 B 中非 0 值轉換為 1 的結果。
- 影像 D 是影像 A 和影像 C 相乘的結果，即「影像 D=影像 A×影像 C」。

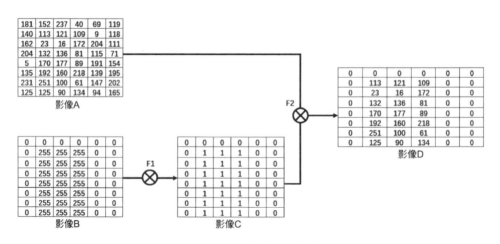

▲ 圖 5-14 ROI 提取示意圖

圖中的運算子含義如下：

- 運算 F1 表示將影像 B 中的非 0 值處理為 1，0 保持不變。
- 運算 F2 表示乘法，「影像 D=影像 A×影像 C」。

從圖 5-14 中可以看出，能夠使用影像 B 將影像 A 中的 ROI 提取出來。利用上述關係，可以建構如圖 5-15 所示的關係，其中：

- 影像 A 是原始載體影像。
- 影像 B 是數位浮水印影像。
- 影像 C 是將影像 B 內的像素值二值化的結果，即將影像 B 中所有非 0 值處理為 1，0 保持不變；需要注意的是，此時改變的是數位浮水印影像內白色區域的像素值，將其由 255 改為 1。
- 影像 D 是透過影像 A 和影像 C 相乘的結果，即「影像 D=影像 A×影像 C」。
- 影像 E 是影像 B 的反色圖影像，即「影像 E=255−影像 B」。
- 影像 F 是透過影像 D 和影像 E 相加得到的，即「影像 F=影像 D+影像 E」。

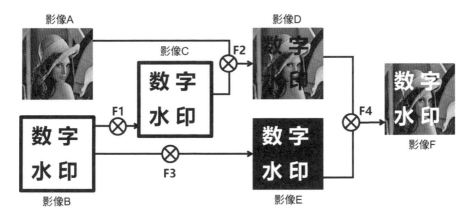

▲ 圖 5-15　使用 ROI 建構可視浮水印示意圖(編按：本圖例為簡體中文介面)

圖 5-15 中的運算子含義如下：

- 運算 F1 表示將影像 B 中的非 0 值處理為 1，0 保持不變。其含義與圖 5-14 中的運算 F1 相同。
- 運算 F2 表示乘法，其對應「影像 D=影像 A×影像 C」。
- 運算 F3 表示反色，其對應「影像 E=255-影像 B」。
- 運算 F4 表示加法，其對應「影像 F=影像 D+影像 E」。

【例 5.3】撰寫程式，使用 ROI 建構可視浮水印。

根據題目要來，撰寫程式如下：

```
import cv2
# 讀取原始載體影像 A
A=cv2.imread("image\lena.bmp",0)
# 讀取浮水印影像 B
B=cv2.imread("image\watermark.bmp",0)
# 將浮水印影像 B 內的 255 處理為 1 得到影像 C，也可以使用函數 threshold 處理
C=B.copy()
w=C[:,:]>0
C[w]=1
# 按照圖 5-15 中的關係完成計算
D=A*C
E=255-B
F=D+E
cv2.imshow("A",A)
cv2.imshow("B",B)
cv2.imshow("C",C*255)
cv2.imshow("D",D)
cv2.imshow("E",E)
cv2.imshow("F",F)
cv2.waitKey()
cv2.destroyAllWindows()
```

執行上述程式會得到如圖 5-15 所示的各個影像，這裡不再重複展示。

5.5.2 加法運算

現實生活中，在顯示資料時有如下兩種不同的處理方式：

- 取餘處理：這種處理方式也可以稱為「循環取餘數」。例如，牆上的掛鐘，只能夠顯示 1～12 點，對於 13 點，實際上顯示的是 1 點。
- 飽和處理：這種處理方式把越界的數值處理為最大值，又稱「截斷處理」。例如，當汽車儀表板能顯示的最高時速為 200km/h 的汽車車速達到了 300km/h 時，汽車儀表板顯示的車速為 200km/h。

實踐中，上述兩種方式都有廣泛應用。在影像處理過程中，也需要採用上述兩種不同的方式對影像的運算結果進行處理。

在實現加法運算時，OpenCV 提供了兩種不同的方法來實現對和的取餘處理和飽和處理。以 8 位元點陣圖為例，其最大值是 255，在影像進行加法運算時，可能存在的情況為

- 使用加法運算子 "+" 完成兩個數的加法運算，運算結果採用取餘處理方式處理。例如，「和 A=加數 1+加數 2」，得到的「和 A」採用取餘處理方式處理。也就是說，運算結果為原有和除 255 取餘數。
- 使用函數 cv2.add(加數 1,加數 2)完成加法運算，對得到的結果採用飽和處理方式處理。也就是說，當運算結果超過 255 時，將其處理為 255。

除上述加法運算外，OpenCV 還提供了影像加權和。加權和在計算兩幅影像的像素值之和時會考慮將每幅影像的權重值，用公式可以表示為

$$dst=saturate(src1 \times \alpha + src2 \times \beta + \gamma)$$

其中，saturate(·)表示取飽和值（所能表示範圍的最大值）。影像進行加權和計算時，要求 src1 和 src2 的大小、類型必須相同，但是對具體的類型和通道沒有特殊限制。它們可以是任意資料型態，也可以有任意數量的通道（灰階影像或彩色影像），只要二者相同即可。其中 α 和 β 是每幅影像的權重（係數）值；γ 是亮度調節值。

OpenCV 提供了函數 cv2.addWeighted()，用來實現影像的加權和（混合、融合），該函數的語法格式為

```
dst=cv2.addWeighted(src1, alpha, src2, beta, gamma)
```

其中，參數 alpha 和 beta 是 src1 和 src2 對應的係數，alpha 和 beta 的和可以等於 1，也可以不等於 1。該函數實現的功能是 dst = saturate(src1×alpha + src2×beta + gamma)。需要注意的是，參數 gamma 的值可以是 0，但是該參數是必選參數，不能省略。可以將上式理解為「結果影像=計算飽和值（影像 1×係數 1+影像 2×係數 2+亮度調節量）」。

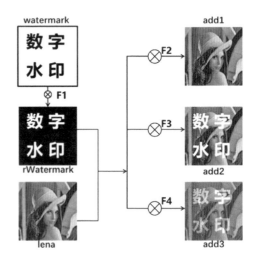

▲圖 5-16 加法運算

(編按：本圖例為簡體中文介面)

圖 5-16 分別使用上述三種方式建構了影像的浮水印，其中：

- 影像 watermark 是原始浮水印影像。
- 影像 rWatermark 是原始浮水印影像的反色影像（F1 運算表示反色運算）。
- 影像 lena 是原始載體影像，是需要增加浮水印的影像。
- 影像 add1 是使用加法運算子 "+"（對應圖 5-16 中的 F2 運算）得到的，其對應的關係為 add1=lena+rWatermark。在影像 rWatermark 中，黑色部分對應數值 0，白色部分對應數值 255。在影像 lena 中，任意一個像素點加上 0，其值不變；使用運算子 "+" 加上 255 後，需要再對 255 取餘，其結果仍舊保持不變，即存在關係 $N=\text{mod}(N+255,255)$，其中 mod(a,b) 表示將 a 對 b 取餘運算。所以，此時處理結果影像 add1 與原始載體影像 lena 一致，沒有受到加上浮水印影像的影響。

- 影像 add2 是使用函數 cv2.add(加數 1,加數 2)（對應圖 5-16 中的 F3 運算）得到的。當運算結果超過 255 時，將其處理為 255。在影像 rWatermark 中，黑色部分對應數值 0，白色部分對應數值 255。在影像 lena 中，任意一個像素點，加上 0，其值不變；加上 255，值超過 255，將其處理為飽和值 255（白色）。所以，處理結果影像 add2 中，與影像 rWatermark 中白色對應部分為白色，與影像 rWatermark 中黑色色對應部分為保持不變。

- 影像 add3 是使用函數 cv2.addWeighted()（對應圖 5-16 中的 F4 運算）得到的，反映的是影像 lena 和影像 rWatermark 的疊加結果。

【例 5.4】撰寫程式，模擬數位浮水印的嵌入和提取過程。

根據題目要求，撰寫程式如下：

```python
import cv2
# 讀取原始載體影像
lena=cv2.imread("image\lena.bmp",0)
# 讀取原始浮水印影像
watermark=cv2.imread("image\watermark.bmp",0)
# 原始浮水印影像反轉
rWatermark=255-watermark
# 使用加法運算子"+"進行運算
add1=lena+rWatermark
# add 加法運算
add2=cv2.add(lena,rWatermark)
# 加權和 cv2.addWeighted
add3=cv2.addWeighted(lena,0.6,rWatermark,0.3,55)
# 顯示
cv2.imshow("lena",lena)
cv2.imshow("watermark",watermark)
cv2.imshow("rWatermark",rWatermark)
cv2.imshow("add1",add1)
cv2.imshow("add2",add2)
cv2.imshow("add3",add3)
cv2.waitKey()
cv2.destroyAllWindows()
```

執行上述程式會得到如圖 5-16 所示的各個影像，這裡不再重複展示。

▍5.6 擴充學習

本節是對上述學習內容的補充説明。

5.6.1 算數運算實現數位浮水印

上文介紹的數位浮水印過程採用了位元運算的方式來實現，邏輯性較強，涵蓋了「位元平面」和「邏輯位元運算」兩個影像處理的關鍵基礎知識。在深入理解位元運算的基礎上，可以非常方便地透過算數運算實現數位浮水印。

本節採用算數運算實現數位浮水印，對應流程圖如圖 5-17 所示。

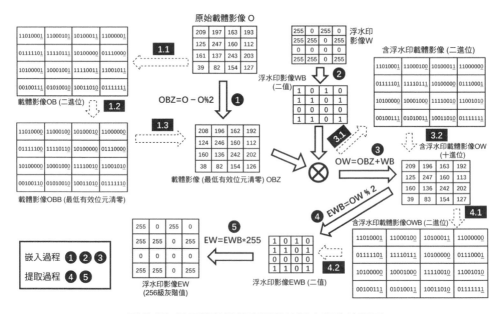

▲圖 5-17 採用算數運算實現數位浮水印的流程圖

1. 嵌入過程

Step 1：將原始載體影像 O 的最低有效位元清 0。該步驟可以直接採用 "OBZ=O-O%2" 實現，其邏輯是將每一個像素值減去像素值對 2 取餘的結果：

- 像素值如果是奇數，則其對 2 取餘是 1，將該像素值減去取餘值 1，像素值變為偶數，二進位的最低有效位元變為 0。
- 像素值如果是偶數，則其對 2 取餘是 0，將該像素值減去取餘值 0，像素值保持偶數不變，二進位的最低有效位元保持為 0。

　　從位元運算角度理解，Step 1 對應圖 5-17 中的步驟 1.1～步驟 1.3。其中，步驟 1.1 表示將原始載體影像 O 處理為二進位形式；步驟 1.2 表示將最低有效位元清 0；步驟 1.3 表示將二進位形式的載體影像 OBB 處理為十進位形式。這裡的步驟 1.1～步驟 1.3 是虛擬出來的，實際上是透過 Step 1 直接實現的。

Step 2：將浮水印影像 W 轉換為 0 和 1 的二值形式。該步驟可以直接透過 "WB= (W/255).astype(np.uint8)" 將浮水印影像 W 中的 255 處理為 1。需要注意的是，astype(np.uint8)函數用於將得到的小數處理為整數。

Step 3：完成浮水印的影像嵌入。該步驟可以直接採用"OW=OBZ+WB" 完成。此時，載體影像 OBZ 最低有效位元上的值是 0，與浮水印影像相加後，最低有效位元變為浮水印影像的值，具體為

- 浮水印影像像素值如果是 0，那麼在經加法運算"OW=OBZ+WB"後，載體影像 OBZ 的像素值不變，其最低有效位元仍是 0，相當於將數位浮水印資訊 0 嵌入。
- 浮水印影像像素值如果是 1，那麼在經加法運算"OW=OBZ+WB"後，載體影像 OBZ 的像素值加 1，其最低有效位元變為 1，相當於將數位浮水印資訊 1 嵌入。

　　從位元運算角度理解，Step 3 對應圖 5-17 中的步驟 3.1 和步驟 3.2 兩個步驟。步驟 3.1 表示將載體影像 OBB 的最低有效位元替換為浮水印影

像 WB 中的值；步驟 3.2 表示將步驟 3.1 得到的二進位形式的含浮水印載體影像轉換為十進位形式。這裡的步驟 3.1 和步驟 3.2 是虛擬出來的，實際上是透過步驟 3 直接實現的。

至此，浮水印影像嵌入完成。

2. 提取過程

Step 4：使用「對 2 取餘」的方式將數位浮水印資訊從包含浮水印的載體影像內提取出來，使用的公式為 "EWB=OW % 2"。其中，"%"表示取餘，即取餘數：

- 若含浮水印載體影像 OW 包含的數位浮水印資訊是 0，則說明含浮水印載體影像 OW 對應的最低有效位元是 0，對應的十進位數字是偶數，對 2 取餘的結果是 0，從而提取了數位浮水印資訊 0。

- 若含浮水印載體影像 OW 包含的數位浮水印資訊是 1，則說明含浮水印載體影像 OW 對應的最低有效位元是 1，對應的十進位數字是奇數，對 2 取餘的結果是 1，從而提取了數位浮水印資訊 1。

從位元運算角度理解，Step 4 對應圖 5-17 中的步驟 4.1 和步驟 4.2。步驟 4.1 將十進位形式的含浮水印載體影像 OW 處理為二進位形式；步驟 4.2 從最低有效位元上將數位浮水印資訊提取出來。這裡的步驟 4.1 和步驟 4.2 是虛擬出來的，實際上是透過步驟 4 直接實現的。

Step 5：將獲取的二值形式的浮水印影像 EWB 中的數值 1 轉換為 255 得到浮水印影像 EW，使用的公式為 "EW=EWB*255"。此時，得到的影像 EW 中存在像素值 0 和像素值 255，能夠正常顯示。

至此，數位浮水印資訊提取過程完成，最終提取的浮水印影像 EW 與原始浮水印影像 W 一致。

【注意】圖 5-17 中的虛線頭指示的內容是用於幫助讀者理解嵌入浮水印邏輯的，事實上並不存在於操作流程中。

【例 5.5】撰寫程式，使用 ROI 建構可視浮水印。

根據題目要求，撰寫程式如下：

```python
import cv2
import numpy as np
# 嵌入過程
def embed(O,W):
    # Step 1: 最低有效位元清 0
    OBZ=O-O%2
    # Step 2: 將浮水印影像處理為二值形式
    # 浮水印影像處理為 0/1 值 (需要注意，該方式不嚴謹)
    WB=(W/255).astype(np.uint8)
    # 更嚴謹的方式
    # W[W>127]=255
    # WB=W
    # Step 3: 嵌入浮水印影像
    OW=OBZ+WB
    # 顯示原始影像、浮水印影像、嵌入浮水印的影像
    cv2.imshow("Original",O)
    cv2.imshow("wateramrk",W)
    cv2.imshow("embed",OW)
    return OW

def extract(OW):
    # Step 4：獲取浮水印影像 OW 的最低有效位元，獲取數位浮水印資訊
    EWB=OW % 2
    # Step 5：將二值形式的浮水印影像的數值 1 乘以 255，得到 256 級灰階值影像
    # 將前景色由黑色 ( 對應數值 1 ) 變為白色 ( 對應數值 255 )
    EW=EWB*255
    # 顯示提取結果
    cv2.imshow("extractedWatermark",EW)

# 主程式
# 讀取原始載體影像 O
O=cv2.imread("image/lena.bmp",0)
# 讀取浮水印影像 W
```

```
W=cv2.imread("image/watermark.bmp",0)
# 嵌入浮水印影像
OW=embed(O,W)
extract(OW)
# 顯示控制、釋放視窗
cv2.waitKey()
cv2.destroyAllWindows()
```

執行上述程式會得到如圖 5-18 所示的各個影像，其中：

- 影像 5-18（a）是原始載體影像 O。
- 影像 5-18（b）是浮水印影像 W。
- 影像 5-18（c）是含浮水印載體影像 OW。
- 影像 5-18（d）是提取出來的浮水印影像 EW。

（a）　　　　　　（b）　　　　　　（c）　　　　　　（d）

▲ 圖 5-18 【例 5.5】程式執行結果(編按：本圖例為簡體中文介面)

【注意】理解位元運算有利於更直觀地理解使用算數運算完成數位浮水印演算法的過程。在實踐中，可以根據需要採用不同的方式解決問題。

5.6.2 藝術字

在實踐中，位元運算發揮著非常重要的作用，可以採用位元運算實現不同的目的，如影像加密、關鍵部位馬賽克、數位浮水印等。

使用逐位元或運算可以實現如圖 5-19 所示的藝術字。圖 5-19 右側影像中的字型背景來自左上角影像 lena。

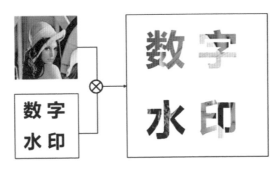

▲圖 5-19 藝術字(編按：本圖例為簡體中文介面)

實現藝術字的流程圖如圖 5-20 所示，其中：

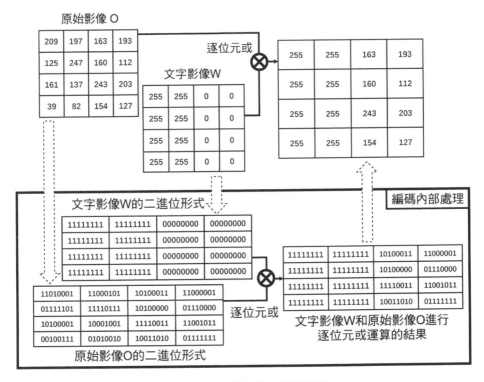

▲圖 5-20 實現藝術字的流程圖

- 原始影像 O 用於作為藝術字的背景。

- 文字影像 W 中存在兩種值。值 255 對應白色背景、值 0 對應黑色文字。

- 在進行逐位元與運算時存在如下兩種可能。

  - 原始影像 O 中的對應像素點與文字影像 W 中像素值為 255 的像素點進行逐位元或運算後都變為 255（白色）。

  - 原始影像 O 與文字影像 W 中像素值為 0 的像素點進行逐位元或運算後保持不變。

- 「編碼內部處理」部分顯示了逐位元或處理的邏輯。

【例 5.6】撰寫程式，模擬藝術字的實現效果。

根據題目要求，撰寫程式如下：

```
import cv2
# 讀取原始影像
lena=cv2.imread("image\lenacolor.png")
# 讀取文字影像
watermark=cv2.imread("image\watermark.bmp",1)
# 進行逐位元或運算
e=cv2.bitwise_or(lena,watermark)
# ===========顯示===========
cv2.imshow("lena",lena)
cv2.imshow("watermark",watermark)
cv2.imshow("bitwise_or",e)
# ===========釋放===========
cv2.waitKey()
cv2.destroyAllWindows()
```

執行上述程式會得到如圖 5-19 所示的各個影像，這裡不再重複展示。

物體計數

實踐中，經常需要對影像內的物件進行計數，如細胞計數等。本章將介紹透過查詢輪廓的方式實現對細胞的計數。

輪廓與邊緣的區別在於，邊緣是不連續的，檢測到的邊緣並不一定是一個整體；輪廓是連續的，是一個整體。由於輪廓是連續的，所以能夠透過計算輪廓數量的方式，實現影像內的物體計數。

需要注意的是，查詢輪廓的同時會找到影像內細小斑點等雜訊的輪廓。因此，在計數時，需要去除那些非常小的輪廓，只計算那些相對較大的輪廓。

6.1 理論基礎

本節將對物體計數過程中使用的理論基礎進行簡介。

6.1.1 如何計算影像的中心點

在處理影像時，經常需要在影像的中心點輸出一些說明性的文字資訊。

　　如何獲取影像的中心點呢？實踐中，往往透過影像的矩資訊獲取其中心點，下面從輪廓開始介紹如何獲取中心點。

　　需要強調的是，大多數文獻中都採用質心來表示中心點。質心，通常指「質量中心」，在影像密度均勻的情況下，質心與中心點是一樣的。本章處理的是二進位形式的二值影像，我們認為它的密度是均勻的。因此，為了與參考文獻一致，後續的表述採用了「質心」的説法。

　　輪廓是影像非常重要的一個特徵，利用輪廓能夠非常方便地獲取影像的面積、質心、方向等資訊。借助這些特徵和統計資訊，能夠方便地對影像進行辨識。

　　比較兩個輪廓最簡單的方法是比較二者的輪廓矩。輪廓矩代表了一個輪廓、一幅影像、一組點集的全域特徵。矩資訊包含了對應物件不同類型的幾何特徵，如大小、位置、角度、形狀等。矩資訊被廣泛地應用在模式辨識、影像辨識等方面。

　　下面，具體介紹什麼是影像矩，以及如何計算影像矩。

　　簡而言之，影像矩是一組統計參數，用於測量像素點所在位置及像素點強度分佈，其表示含義為

$$m_{p,q} = \sum_{i=1}^{N} I\left(x_i, y_i\right) x^p y^q$$

　　其中，$m_{p,q}$ 代表物件中所有像素點的像素值的總和，其中各像素點 x_i、y_i 的像素值都乘以因數 $x^p y^q$。

　　當 p、q 均為 0 時，因數 $x^p y^q$ 等於 1。因此，m_{00} 為

$$m_{00} = \sum_{i=1}^{N} I\left(x_i, y_i\right)$$

　　此時，m_{00} 表示影像上所有非 0 值的區域（其值為影像上所有非 0 像素值的和）。對於二進位形式的二值影像（影像中只有像素值 0 和像素值

1），相當於對所有像素值非 0 的像素點進行計數。此時，m_{00} 對應二值影像中像素值非 0 區域的面積（處理點集時），或者輪廓的長度（處理輪廓時）。對於灰階影像，m_{00} 對應像素強度值的總和。

當 p=1，q=0 時，因數 $x^p y^q$ 等於 x。因此，m_{10} 為

$$m_{10} = \sum_{i=1}^{N} I(x_i, y_i) x$$

此時，m_{10} 表示影像上所有非 0 的像素值乘以其 x 軸座標值的和。

當 p=0，q=1 時，因數 $x^p y^q$ 等於 y。因此，m_{01} 為

$$m_{01} = \sum_{i=1}^{N} I(x_i, y_i) y$$

此時，m_{01} 表示影像上所有非 0 的像素值乘以其 y 軸座標值的和。

因此，通常使用 m_{00}、m_{01}、m_{10} 來計算影像的質心 $(\bar{x}, \bar{y})$，具體如下：

$$(\bar{x}, \bar{y}) = \left(\frac{m_{10}}{m_{00}}, \frac{m_{01}}{m_{00}} \right)$$

實際上，上式計算的是物件的 x 軸座標平均值和 y 軸座標平均值。

上式過於抽象，下面透過一個例子來介紹如何計算質心。

圖 6-1 所示為一個大小為 4 像素×4 像素的二進位形式的二值影像，該影像由像素值 0（對應黑色）和像素值 1（對應白色）組成。

▲ 圖 6-1 影像範例

圖 6-1 對應的值如下：

- m_{00} 表示影像上所有非 0 像素值的和，即 m_{00} 表示圖 6-1 中數值 1 的個數。因此有

$$m_{00} = 8$$

- m_{10} 表示影像上所有非 0 的像素值乘以其 x 軸座標值的和。因此有

$$m_{10} = (1+1+1+1) \times 2 + (1+1+1+1) \times 3 = 20$$

- m_{01} 表示影像上所有非 0 的像素值乘以其 y 軸座標值的和。因此有

$$m_{10} = (1+1) \times 1 + (1+1) \times 2 + (1+1) \times 3 + (1+1) \times 4 = 20$$

計算圖 6-1 的質心：

$$(\overline{x}, \overline{y}) = \left(\frac{m_{10}}{m_{00}}, \frac{m_{01}}{m_{00}} \right) = \left(\frac{20}{8}, \frac{20}{8} \right) = (2.5, 2.5)$$

質心示意圖如圖 6-2 所示，可以看出，計算出來的質心處於影像的中心處。

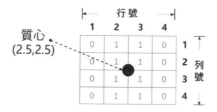

▲ 圖 6-2　質心示意圖

我們在處理影像時經常需要把各種形式的影像處理為二進位形式的二值影像，也就是影像中僅包含 0 和 1 兩個像素值。這是因為，二進位形式的二值影像能夠滿足特定條件下的計算需求，為處理影像帶來很大便利。

6.1.2 獲取影像的中心點

從上述計算可知，矩資訊的獲取是非常複雜的。OpenCV 提供了函數 cv2.moments()來獲取影像的矩特徵，使用該函數能夠非常方便地獲取影像的質心（中心點）。

大部分的情況下，將使用函數 cv2.moments()獲取的輪廓特徵稱為「輪廓矩」。輪廓矩描述了一個輪廓的重要特徵，透過輪廓矩可以方便地比較兩個輪廓。

函數 cv2.moments()的語法格式為

```
retval = cv2.moments( array[, binaryImage] )
```

其中有兩個參數：

- array：可以是點集，也可以是灰階影像或二值影像。當 array 是點集時，函數會把這些點集當成輪廓中的頂點，把整個點集作為一條輪廓，而非把它們看作獨立的點。
- binaryImage：當該參數為 True 時，array 內的所有非 0 值都被處理為 1。該參數僅在參數 array 為影像時有效。

函數 cv2.moments()的傳回值 retval 是矩特徵，主要包括如下 3 種。

（1）空間矩：
- 零階矩：m00。
- 一階矩：m10，m01。
- 二階矩：m20，m11，m02。
- 三階矩：m30，m21，m12，m03。

（2）中心矩：
- 二階中心矩：mu20，mu11，mu02。
- 三階中心矩：mu30，mu21，mu12，mu03。

（3）歸一化中心矩：

- 二階 Hu 矩：nu20，nu11，nu02。
- 三階 Hu 矩：nu30，nu21，nu12，nu03。

上述矩都是根據公式計算得到的，大多數矩比較抽象。但是很明顯，如果兩個輪廓的矩一致，那麼這兩個輪廓就是一致的。雖然大多數矩都是透過數學公式計算得到的抽象特徵，但是零階矩 m00 的含義比較直觀，即一個輪廓的面積。

函數 cv2.moments()傳回的特徵值能夠用來比較兩個輪廓是否相似。例如，有兩個輪廓，無論它們出現在影像的哪個位置，都可以透過函數 cv2.moments()的 m00 矩判斷其面積是否一致。

在位置發生變化時，雖然輪廓的面積、周長等特徵不變，但是更高階的特徵會隨著位置的變化而發生變化。在大多情況下，我們希望比較不同位置的兩個物件的一致性，因此引入了中心矩。很明顯，中心矩具有的平移不變性，使它能夠忽略兩個物件的位置關係，幫助我們比較不同位置上兩個物件的一致性。

除了考慮平移不變性，我們還會考慮經過縮放後大小不一致物件的一致性。也就是說，我們希望影像在縮放前後能夠擁有一個穩定的特徵值，即讓影像在縮放前後具有同樣的特徵值。顯然，中心矩不具有這個屬性。例如，兩個形狀一致、大小不一的物件的中心矩是有差異的。

歸一化中心矩透過除以物體總尺寸獲得縮放不變性。它透過計算提取物件的歸一化中心矩屬性值，該屬性值不僅具有平移不變性，還具有縮放不變性。

OpenCV 中的函數 cv2.moments()可同時計算空間矩、中心矩和歸一化中心距。

【例 6.1】在一個物件的質點繪製文字說明。

```
import cv2
o = cv2.imread('cat3.jpg',1)
cv2.imshow("original",o)
gray = cv2.cvtColor(o,cv2.COLOR_BGR2GRAY)
ret, binary = cv2.threshold(gray,127,255,cv2.THRESH_BINARY)
contours, hierarchy = cv2.findContours(binary, cv2.RETR_LIST,
                                       cv2.CHAIN_APPROX_SIMPLE)
x=cv2.drawContours(o,contours,0,(0,0,255),3)
m00=cv2.moments(contours[0])['m00']
m10=cv2.moments(contours[0])['m10']
m01=cv2.moments(contours[0])['m01']
cx=int(m10/m00)
cy=int(m01/m00)
cv2.putText(o, "cat", (cx, cy), cv2.FONT_HERSHEY_SIMPLEX,2, (0, 0,
255),3)
cv2.imshow("result",o)
cv2.waitKey()
cv2.destroyAllWindows()
```

　　上述程式使用函數 cv2.findContours() 來查詢影像內的所有輪廓，在該函數中：

- contours 是傳回的輪廓，hierarchy 是傳回的輪廓的層次資訊。
- 參數 binary 是需要查詢輪廓的影像，參數 cv2.RETR_LIST 表示輪廓的檢索模式（不建立等級關係），參數 cv2.CHAIN_APPROX_SIMPLE 表示採用簡略方式建構輪廓。

　　上述程式使用函數 drawContours() 繪製輪廓，在該函數中：

- 傳回值 x 是繪製的輪廓的影像。
- 參數 o 是原始影像；參數 contours 是輪廓集；參數 0 表示要繪製輪廓的索引，本例使用的範例圖片僅有一個前景物件。因此，其輪廓的索引為 0；參數 (0,0,255) 表示繪製輪廓使用的顏色，這裡是紅色；參數 3 表示線條的粗細。

上述程式使用 cv2.putText(o, "cat", (cx,cy), cv2.FONT_HERSHEY_ SIMPLEX,2, (0, 0, 255),3)實現文字的繪製，其中：

- 第 1 個參數 o 表示繪製容器。
- 第 2 個參數 cat 表示要繪製的文字內容。
- 第 3 個參數(cx,cy)表示繪製位置的座標。
- 第 4 個參數 cv2.FONT_HERSHEY_SIMPLEX，表示文字類型。
- 第 5 個參數 2 表示文字大小。
- 第 6 個參數(0,0,255)表示其 BGR 顏色值，這裡表示紅色。
- 第 7 個參數 3 表示文字的粗細。

執行上述程式，執行結果如圖 6-3 所示。圖 6-3 左圖是原始影像，圖 6-3 右圖中是原始影像的輪廓及在質點繪製的"cat"文字說明。

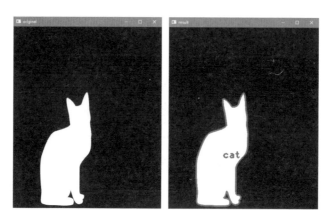

▲圖 6-3 【例 6.1】程式執行結果

6.1.3 按照面積篩選前景物件

在查詢影像輪廓時，會查詢影像內所有物件的輪廓。也就是說，不僅會查詢到影像內正常物件的輪廓，還會查詢到一些雜訊的輪廓。所以，在對影像內的物件進行計數時，並不需要對查詢到的所有輪廓進行計算，只需計算面積大於一定數值的輪廓個數。

函數 cv2.contourArea()用於計算輪廓面積，該函數的語法格式為

```
retval =cv2.contourArea(contour [, oriented] )
```

其中，傳回值 retval 是面積值。

該函數中有兩個參數：

- contour 是輪廓。
- oriented 是布林型值。當該參數為 True 時，傳回的值包含正負號，用來表示輪廓是順時鐘還是逆時鐘的。該參數的預設值是 False，表示傳回值 retval 是一個絕對值。

【例 6.2】使用函數 cv2.contourArea()計算各輪廓的面積。

根據題目要求，撰寫程式如下：

```
import cv2
o = cv2.imread('opencv.png')
cv2.imshow("original",o)
gray = cv2.cvtColor(o,cv2.COLOR_BGR2GRAY)
ret, binary = cv2.threshold(gray,127,255,cv2.THRESH_BINARY)
contours, hierarchy = cv2.findContours(binary,
                                       cv2.RETR_LIST,
                                       cv2.CHAIN_APPROX_SIMPLE)
n=len(contours)
for i in range(n):
    print("contours["+str(i)+"]面積=",cv2.contourArea(contours[i]))
    cv2.drawContours(o,contours,i,(0,0,255),3)
cv2.imshow("result",o)
cv2.waitKey()
cv2.destroyAllWindows()
```

本例透過函數 cv2.contourArea()計算各輪廓面積，這些輪廓不僅包含字母的輪廓，還包含圖中雜訊的輪廓。執行上述程式，會顯示各輪廓的面積值：

```
contours[0]面積= 112.0
contours[1]面積= 144.0
contours[2]面積= 44.0
contours[3]面積= 856.5
contours[4]面積= 4668.0
contours[5]面積= 118.0
contours[6]面積= 3171.0
contours[7]面積= 2136.0
contours[8]面積= 5283.5
contours[9]面積= 26265.5
contours[10]面積= 118.0
contours[11]面積= 35038.0
contours[12]面積= 90.0
contours[13]面積= 4274.5
contours[14]面積= 5130.0
contours[15]面積= 140.0
contours[16]面積= 119.0
```

與此同時，還會顯示如圖 6-4 所示的影像。圖 6-4 左圖是原始影像，圖 6-4 右圖是繪製了輪廓的影像。

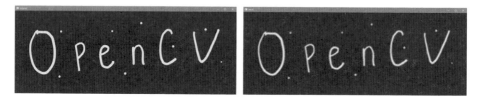

▲圖 6-4 執行【例 6.2】程式輸出的影像

【例 6.3】將影像內前景物件的輪廓顯示出來。

分析：如果直接顯示輪廓，那麼雜訊輪廓也將被顯示出來。從面積角度來看，前景物件一般相對較大，而雜訊一般相對較小。本例將篩選出面積大於特定值的輪廓，並顯示。

仍以【例 6.2】中的原始影像為例，將面積大於 1000 的前景文字的輪廓篩選出來顯示。

```
import cv2
o = cv2.imread('opencv.png')
cv2.imshow("original",o)
gray = cv2.cvtColor(o,cv2.COLOR_BGR2GRAY)
ret, binary = cv2.threshold(gray,127,255,cv2.THRESH_BINARY)
contours, hierarchy = cv2.findContours(binary,cv2.RETR_LIST,
                                        cv2.CHAIN_APPROX_SIMPLE)
area=[]
contoursOK=[]
for i in contours:
    if cv2.contourArea(i)>1000:
        contoursOK.append(i)
cv2.drawContours(o,contoursOK,-1,(0,0,255),8)
cv2.imshow("result",o)
cv2.waitKey()
cv2.destroyAllWindows()
```

本例操作流程如下：

- 建構 contoursOK，用於儲存符合要求的前景物件的輪廓。
- 透過 "if cv2.contourArea()>1000:" 敘述實現對面積的篩選，將符合條件的輪廓放置在 contoursOK 中。
- 使用函數 drawContours()將符合條件的輪廓顯示出來。

執行上述程式，輸出影像如圖 6-5 所示。從圖 6-5 可以看出，僅在符合條件的字元 "OpenCV" 上繪製了輪廓，圖中的小白點因為面積過小並沒有在其上繪製輪廓。

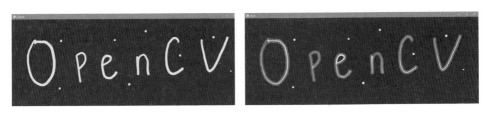

▲圖 6-5 【例 6.2】程式執行結果

【注意】本例中，針對面積進行篩選所使用的閾值採用的是經驗值 1000。實踐中，既可以將經驗值確定為閾值；也可以根據比例值或智慧演算法確定閾值。

▌ 6.2 核心程式

本節將對使用到的核心函數、zip 函數及閾值處理函數 threshold 進行簡單介紹。

6.2.1 核心函數

在進行形態學操作時，必須使用一個特定的核心（結構元）。該核心可以透過自訂生成，也可以透過函數 cv2.getStructuringElement()建構。函數 cv2.getStructuringElement()能夠建構並傳回一個用於形態學操作的指定大小和形狀的核心。該函數的語法格式為

```
retval = cv2.getStructuringElement( shape, ksize[, anchor])
```

該函數中的參數含義如下：

■ shape 表示形狀類型，其可能的取值如表 6-1 所示。

表 6-1 形狀類型

類　　型	説　　明
cv2.MORPH_RECT	矩形結構的核心，所有元素值都是 1
cv2.MORPH_CROSS	十字形結構的核心，對角線元素值為 1
cv2.MORPH_ELLIPSE	橢圓形結構的核心

■ ksize 表示核心的大小。
■ anchor 表示核心中的錨點位置。預設的值是(-1, -1)，是形狀的中心。只有十字形結構的核心與錨點位置緊密相關。在其他情況下，錨點位置僅用於形態學運算結果的調整。

　　除了使用該函數，使用者也可以自己建構任意二進位遮罩作為形態學操作中使用的核心。

【例 6.4】使用函數 cv2.getStructuringElement()生成不同結構的核心。

根據題目要求，撰寫程式如下：

```
import cv2
kernel1 = cv2.getStructuringElement(cv2.MORPH_RECT, (5,5))
kernel2 = cv2.getStructuringElement(cv2.MORPH_CROSS, (5,5))
kernel3 = cv2.getStructuringElement(cv2.MORPH_ELLIPSE, (5,5))
print("kernel1=\n",kernel1)
print("kernel2=\n",kernel2)
print("kernel3=\n",kernel3)
```

執行上述程式，輸出結果如下：

```
kernel1=
 [[1 1 1 1 1]
 [1 1 1 1 1]
 [1 1 1 1 1]
 [1 1 1 1 1]
 [1 1 1 1 1]]
kernel2=
 [[0 0 1 0 0]
 [0 0 1 0 0]
 [1 1 1 1 1]
 [0 0 1 0 0]
 [0 0 1 0 0]]
kernel3=
 [[0 0 1 0 0]
 [1 1 1 1 1]
 [1 1 1 1 1]
 [1 1 1 1 1]
 [0 0 1 0 0]]
```

【例 6.5】撰寫程式，觀察不同結構的核心對形態學操作的影響。

根據題目要求，撰寫程式如下：

```
import cv2
o=cv2.imread("kernel.bmp",cv2.IMREAD_UNCHANGED)
kernel1 = cv2.getStructuringElement(cv2.MORPH_RECT, (59,59))
kernel2 = cv2.getStructuringElement(cv2.MORPH_CROSS, (59,59))
kernel3 = cv2.getStructuringElement(cv2.MORPH_ELLIPSE, (59,59))
dst1 = cv2.dilate(o,kernel1)
dst2 = cv2.dilate(o,kernel2)
dst3 = cv2.dilate(o,kernel3)
cv2.imshow("orriginal",o)
cv2.imshow("dst1",dst1)
cv2.imshow("dst2",dst2)
cv2.imshow("dst3",dst3)
cv2.waitKey()
cv2.destroyAllWindows()
```

執行上述程式，輸出結果如圖 6-6 所示，其中：

- 圖 6-6（a）是原始影像 o。
- 圖 6-6（b）是使用矩形結構的核心對原始影像進行膨脹操作的結果 dst1。
- 圖 6-6（c）是使用十字形結構的核心對原始影像進行膨脹操作的結果 dst2。
- 圖 6-6（d）是使用橢圓形結構的核心對原始影像進行膨脹操作的結果 dst3。

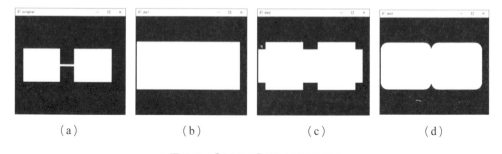

（a）　　　　　　　（b）　　　　　　　（c）　　　　　　　（d）

▲ 圖 6-6 【例 6.5】程式執行結果

由【例 6.5】可知，要根據不同的情況採用不同結構的核心，以保證最大限度地與原始影像相關。

6.2.2 zip 函數

有時，在迴圈中需要同時遍歷多個不同的迭代物件，如同時遍歷兩個不同的元組。對於這種情況，可以使用 zip 函數將多個迭代物件組合，然後實現遍歷。

【例 6.6】使用 zip 函數遍歷多個迭代物件。

根據題目要求，撰寫程式如下：

```
a=("劉能","廣坤","趙四","一水","小萌")
b=("Python","OpenCV","電腦視覺","機器學習","深度學習")
for n,i,j in zip(range(len(a)),a,b):
    print(n,i,j)
```

執行上述程式，輸出結果為

```
0 劉能 Python
1 廣坤 OpenCV
2 趙四 電腦視覺
3 一水 機器學習
4 小萌 深度學習
```

6.2.3 閾值處理函數 threshold

簡單來說，閾值處理就是根據某一特定的閾值，將灰階影像劃分為只有黑、白兩種顏色的二值影像。大部分的情況下，閾值選定為 127，將大於 127 的像素值調整為 255（白色）；將小於或等於 127 的像素值調整為 0（黑色）。

可以自己撰寫函數完成閾值處理，也可以直接使用 OpenCV 中的函數 threshold 完成閾值處理，該函數的語法格式為

```
retval,dst = cv2.threshold( src,thresh,maxval,type )
```

其中:

- retval 為傳回的閾值。
- dst 為閾值分割結果影像,與原始影像的大小和類型相同。
- src 為待進行閾值分割的影像,可以是多通道的,也可以是 8 位元或 32 位元浮點數數值。
- thresh 為設定的閾值。
- maxval 為設定的最大值。
- type 為閾值分割的類型。

函數 threshold 提供了多種不同的閾值分割方式,可以根據參數 type 設定使用的方式。通常將 type 參數設為"cv2.THRESH_BINARY",表示將影像中所有大於參數 thresh 的像素值調整為參數 maxval。例如:

```
t,rst=cv2.threshold(img,127,255,cv2.THRESH_BINARY)
```

表示將影像 img 中所有大於 127 的像素值調整為 255(白色),其餘(小於或等於 127)的像素值調整為 0(黑色),並將結果影像傳回給 dst;同時,將使用的閾值 127 傳回給 t。

【例 6.7】使用函數 threshold 將影像二值化。

根據題目要求,撰寫程式如下:

```
import cv2
img=cv2.imread("lena.bmp")
t,rst=cv2.threshold(img,127,255,cv2.THRESH_BINARY)
cv2.imshow("img",img)
cv2.imshow("rst",rst)
cv2.waitKey()
cv2.destroyAllWindows()
```

執行上述程式，輸出結果如圖 6-7 所示。圖 6-7 左圖是原始影像；圖 6-7 右圖是以 127 為閾值，255 為最大值得到的二值化結果。

▲圖 6-7 【例 6.7】程式執行結果

6.3 程式設計

述例題處理的影像都是非常「完美」的，能夠非常方便地從中分離出前景和背景。實踐中的影像往往是比較複雜的，如果想分離出前景和背景，需要進行大量的前置處理工作。前置處理在影像處理過程中發揮著非常關鍵的作用，常用的前置處理包括色彩空間轉換、形態學處理（腐蝕、膨脹等）、濾波處理、閾值處理等。

- 色彩空間轉換：會選擇在特定色彩空間內進行影像處理。最常用的轉換是將彩色影像轉換為灰階影像。
- 閾值處理：將彩色影像或灰階影像處理為二值影像。
- 形態學處理：形態學處理的基本操作是腐蝕、膨脹。腐蝕操作不僅能去除雜訊，還能將連接在一起的不同影像分離。膨脹操作在一定程度上能夠使腐蝕後的影像恢復為原始形狀、原始大小。
- 濾波處理：濾波處理主要是為了去除影像內的雜訊，如細小的斑點等。

上述前置處理過程的順序可以根據需要進行調整。

　　在前置處理的基礎上，可以進行計數，並將計數結果顯示在原始影像上，對應流程圖如圖 6-8 所示。

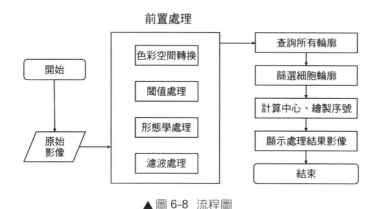

▲圖 6-8　流程圖

6.4　實現程式

【例 6.7】對一幅影像內的細胞進行計數。

　　根據題目要求，撰寫程式如下：

```
# ==================匯入函數庫==================
import cv2
# ==================讀取原始影像==================
img=cv2.imread('count.jpg',1)
# ==================影像前置處理==================
gray = cv2.cvtColor(img,cv2.COLOR_BGR2GRAY)        # 色彩空間轉換:彩色影像
→灰階影像
ret, binary = cv2.threshold(gray, 150, 255, cv2.THRESH_BINARY_INV)
# 閾值處理
kernel=cv2.getStructuringElement(cv2.MORPH_ELLIPSE,(5,5))# 核心
erosion=cv2.erode(binary,kernel,iterations=4)            # 腐蝕操作
dilation=cv2.dilate(erosion,kernel,iterations=3)         # 膨脹操作
gaussian = cv2.GaussianBlur(dilation,(3,3),0)            # 高斯濾波
# ==================查詢所有輪廓==================
```

```
contours,hirearchy=cv2.findContours(gaussian, cv2.RETR_TREE,
 cv2.CHAIN_APPROX_SIMPLE)                                  # 找出輪廓
# =============篩選出符合要求的輪廓============
contoursOK=[]                                         # 放置符合要求的輪廓
for i in contours:
    if cv2.contourArea(i)>30:                 # 篩選出面積大於 30 的輪廓
        contoursOK.append(i)
# =============繪製出符合要求的輪廓============
draw=cv2.drawContours(img,contoursOK,-1,(0,255,0),1)       # 繪製輪廓
# ==========計算每一個細胞的質心，並繪製數字序號=============
for i,j in zip(contoursOK,range(len(contoursOK))):
    M = cv2.moments(i)
    cX=int(M["m10"]/M["m00"])
    cY=int(M["m01"]/M["m00"])
    cv2.putText(draw, str(j), (cX, cY), cv2.FONT_HERSHEY_PLAIN,1.5,
(0, 0, 255), 2) # 在質心描繪數字
# ============顯示圖片=================
cv2.imshow("draw",draw)
cv2.imshow("gaussian",gaussian)
# ===========釋放視窗=================
cv2.waitKey()
cv2.destroyAllWindows()
```

執行上述程式，輸出結果如圖 6-7 所示。圖 6-9 左圖是前置處理的結果，圖 6-9 右圖是顯示文字結果。

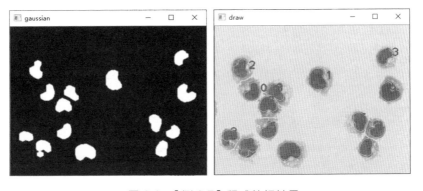

▲圖 6-9 【例 6.7】程式執行結果

　　本例影像中的細胞間基本不存在交叉，處理起來相對簡單。當細胞之間存在交叉時，只透過形態學處理並不能有效地將細胞分隔開。此時，可以使用分水嶺演算法使其有效分隔開。

缺陷檢測

工業產品的形狀缺陷不僅影響產品的美觀，還影響產品的性能。例如，應該是圓形的藥品，若被加工成不規則圓形不僅看起來不美觀，而且會因為劑量的改變而影響藥效。因此，在工業生產中人們對形狀缺陷非常重視。

使用視覺演算法進行缺陷檢測可以解決人工作業帶來的判斷誤差、效率低等問題。本章將使用輪廓檢測的方式來實現缺陷檢測。

▌ 7.1 理論基礎

本節將對缺陷檢測中使用的相關理論進行簡單介紹。

7.1.1 開運算

開運算進行的操作是先將影像腐蝕，再對腐蝕結果進行膨脹。開運算可以用於去噪、計數等。圖 7-1 透過先腐蝕後膨脹的開運算操作實現了去噪，其中：

- 圖 7-1 左圖是原始影像。
- 圖 7-1 中間圖是對原始影像進行腐蝕的結果。

■ 圖 7-1 右圖是對腐蝕後的影像（中間圖）進行膨脹的結果，即對原始影像進行開運算的處理結果。

▲圖 7-1 實現去噪的開運算範例

由圖 7-1 可知，原始影像在經過腐蝕、膨脹後實現了去噪。除此之外，開運算還可以用於計數。例如，在對圖 7-2 左圖中的方塊進行計數前，可以利用開運算將連接在一起的不同區域劃分開：

■ 圖 7-2 左圖是原始影像，圖中有兩個方塊。但是，由於兩個方塊連在了一起，從演算法上較難直接計算圖中方塊的數量。

■ 圖 7-2 中間圖是對原始影像進行腐蝕的結果。

■ 圖 7-2 右圖是對腐蝕後的影像進行膨脹的結果，即對原始影像進行開運算的處理結果。此時，兩個方塊在保持原有大小的情況下分開了。方塊分開後，可方便地利用演算法算得方塊的數量為 2。

▲圖 7-2 實現計數的開運算範例

透過將函數 cv2.morphologyEx() 中的操作類型參數 op 設定為 "cv2.MORPH_OPEN"，可以實現開運算，其語法結構如下：

```
opening = cv2.morphologyEx(img, cv2.MORPH_OPEN, kernel)
```

【例 7.1】使用函數 cv2.morphologyEx() 實現開運算。

根據題目要求,撰寫程式如下:

```
import cv2
import numpy as np
img1=cv2.imread("opening.bmp")
img2=cv2.imread("opening2.bmp")
k=np.ones((10,10),np.uint8)
r1=cv2.morphologyEx(img1,cv2.MORPH_OPEN,k)
r2=cv2.morphologyEx(img2,cv2.MORPH_OPEN,k)
cv2.imshow("img1",img1)
cv2.imshow("result1",r1)
cv2.imshow("img2",img2)
cv2.imshow("result2",r2)
cv2.waitKey()
cv2.destroyAllWindows()
```

本例分別針對兩幅不同的影像進行了開運算。

執行上述程式,結果如圖 7-3 所示,其中:

- 圖 7-3(a)是原始影像 img1。
- 圖 7-3(b)是原始影像 img1 經過開運算得到的影像 r1。
- 圖 7-3(c)是原始影像 img2。
- 圖 7-3(d)是原始影像 img2 經過開運算得到的影像 r2。

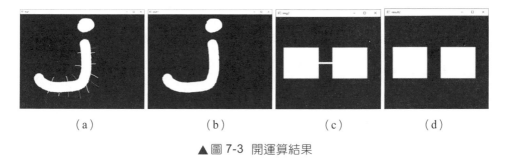

（a）   （b）   （c）   （d）

▲ 圖 7-3 開運算結果

7.1.2 距離變換函數 distanceTransform

若影像內的子圖沒有連接在一起,則可以直接使用形態學的腐蝕操作確定前景物件;若影像內的子圖連接在一起,則很難確定前景物件。此時,借助距離變換函數 distanceTransform 可以方便地將前景物件提取出來。

距離變換函數 distanceTransform 可計算二值影像內任意點到最近背景點的距離。一般情況下,該函數計算的是影像內像素值非 0 的像素點到最近的像素值為 0 的像素點的距離,即計算二值影像中所有像素點距離其最近的像素值為 0 的像素點的距離。如果該像素點本身的像素值為 0,則這個距離為 0。

距離變換函數 distanceTransform 的計算結果反映了各個像素點與背景(像素值為 0 的像素點)的距離關係。大部分的情況下:

- 前景物件的質心(中心)距離像素值為 0 的像素點較遠,會得到一個較大的值。
- 前景物件的邊緣距離像素值為 0 的像素點較近,會得到一個較小的值。

如果對上述計算結果進行閾值處理,就可以得到影像內子圖的質心、骨架等資訊。距離變換函數 distanceTransform 不僅能計算物件的質心,還能細化輪廓、獲取影像前景物件等。

距離變換函數 distanceTransform 的語法格式為

```
dst=cv2.distanceTransform(src, distanceType, maskSize[, dstType])
```

其中:

- src 是 8 位元單通道的二值影像。
- distanceType 為距離類型參數,其具體值和含義如表 7-1 所示。

表 7-1 distanceType 參數的值及含義

參 數 值	含 義
cv2.DIST_USER	使用者自訂距離
cv2.DIST_L1	distance = |x1−x2| + |y1−y2|
cv2.DIST_L2	簡單歐幾里德距離（歐氏距離）
cv2.DIST_C	distance = max(|x1−x2|,|y1−y2|)
cv2.DIST_L12	L1-L2 metric: distance = $2(\sqrt{1+x^{*}x/2} - 1))$
cv2.DIST_FAIR	distance = $c^2(\|x\|/c-\log(1+\|x\|/c))$，c = 1.3998
cv2.DIST_WELSCH	distance = $c^2/2(1-\exp(-(x/c)^2))$，c = 2.9846
cv2.DIST_HUBER	distance = $\|x\|<c$? $x^2/2$: $c(\|x\|-c/2)$，c = 1.345

■ maskSize 為遮罩尺寸，其可能的值如表 7-2 所示。需要注意的是，當 distanceType = cv2.DIST_L1 或 cv2.DIST_C 時，maskSize 強制為 3（因為設定為 3 和設定為 5 或更大值沒有什麼區別）。

表 7-2 maskSize 的值

參 數 值	對應整數值
cv2.DIST_MASK_3	3
cv2.DIST_MASK_5	5
cv2.DIST_MASK_PRECISE	—

■ dstType 為目標影像的類型，預設值為 CV_32F。
■ dst 表示計算得到的目標影像，可以是 8 位元或 32 位元浮點數，尺寸和 src 相同，單通道。

【例 7.2】使用距離變換函數 distanceTransform 計算一幅影像的確定前景，並觀察效果。

分析：如果一些像素點距離背景點足夠遠，那麼就認為這些點是前景點。據此，先找出圖中各個像素點距離（最近）背景點的距離，然後將這些距離中較大值對應的像素點判定為前景點。

具體實現時，使用距離變換函數 distanceTransform 完成距離的計算，使用閾值分割函數 threshold 根據距離將所有像素點劃分為前景點、背景點。

需要注意的是，在使用距離變換函數 distanceTransform 前，需要先對影像進行開運算，以去除影像內的雜訊。

綜上所述，主要步驟如下：

- Step 1：影像前置處理（利用開運算去噪）。
- Step 2：使用函數 distanceTransform 完成距離的計算。
- Step 3：使用函數 threshold 分割影像，獲取確定前景。判斷依據是，將距離背景大於一定長度（如最遠距離的 70%）的像素點判定為前景點。
- Step 4：顯示處理結果。

根據題目要求及分析，撰寫程式如下：

```python
import cv2
import numpy as np
# =============Step 1：影像前置處理====================
img = cv2.imread('coins.jpg')
gray = cv2.cvtColor(img,cv2.COLOR_BGR2GRAY)
ret, thresh =
cv2.threshold(gray,0,255,cv2.THRESH_BINARY_INV+cv2.THRESH_OTSU)
kernel = np.ones((3,3),np.uint8)
opening = cv2.morphologyEx(thresh,cv2.MORPH_OPEN,kernel, iterations
= 2)
# ========Step 2：使用函數 distanceTransform 完成距離的計算=============
dist_transform = cv2.distanceTransform(opening,cv2.DIST_L2,5)
# ========Step 3：使用函數 threshold 分割影像，獲取確定前景==============
ret, fore =
cv2.threshold(dist_transform,0.7*dist_transform.max(),255,0)
# ======================Step 4：顯示處理結果====================
cv2.imshow('img',img)
```

```
cv2.imshow('fore',fore)
cv2.waitKey()
cv2.destroyAllWindows()
```

執行上述程式，輸出結果如圖 7-4 所示，其中：

- 圖 7-4 左圖是原始影像。
- 圖 7-4 中間圖的是距離變換函數 distanceTransform 計算得到的距離影像。
- 圖 7-4 右圖是對距離影像進行閾值處理後的結果影像。

從圖 7-4 可以看到，右圖比較準確地顯示出左圖內的確定前景。這裡的確定前景通常是指前景物件的質心。之所以認為這些像素點是確定前景，是因為它們距離背景點的距離足夠遠，都是距離足夠大的固定閾值（0.7*dist_transform.max()）的像素點。

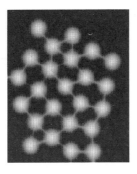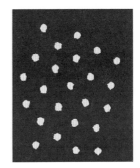

▲圖 7-4 【例 7.2】程式執行結果

7.1.3 最小包圍圓形

在計算輪廓時，可能並不需要確定實際的輪廓，只需要得到一個輪廓的近似多邊形。OpenCV 提供了多種計算輪廓近似多邊形的方法。

函數 minEnclosingCircle 透過迭代演算法建構一個物件面積最小的包圍圓形。該函數的語法格式為

```
center, radius = cv2.minEnclosingCircle( points )
```

其中：

- 傳回值 center 是最小包圍圓形的中心。
- 傳回值 radius 是最小包圍圓形的半徑。
- 參數 points 是輪廓。

【例 7.3】使用函數 minEnclosingCircle 建構影像的最小包圍圓形。

根據題目的要求，撰寫程式如下：

```
import cv2
o = cv2.imread('cc.bmp')
cv2.imshow("original",o)
gray = cv2.cvtColor(o,cv2.COLOR_BGR2GRAY)
ret, binary = cv2.threshold(gray,127,255,cv2.THRESH_BINARY)
contours, hierarchy = cv2.findContours(binary,
                                       cv2.RETR_LIST,
                                       cv2.CHAIN_APPROX_SIMPLE)
(x,y),radius = cv2.minEnclosingCircle(contours[0])
center = (int(x),int(y))
radius = int(radius)
cv2.circle(o,center,radius,(255,255,255),2)
cv2.imshow("result",o)
cv2.waitKey()
cv2.destroyAllWindows()
```

本例呼叫了函數 findContours，該函數用來查詢影像內的輪廓，其中參數 binary 表示要查詢輪廓的影像，參數 cv2.RETR_LIST 表示輪廓的提取方式（儲存到串列 LIST 中），參數 cv2.CHAIN_APPROX_SIMPLE 表示輪廓近似表達方法（採用簡化的方式表示輪廓），傳回值 contours 表示傳回的一組輪廓資訊，傳回值 hierarchy 表示輪廓的拓撲結構資訊。

函數 findContours 傳回影像內所有輪廓。本例選用的影像內僅僅有一個物件，所以只有一個輪廓，其索引為 0，表示為 contours[0]。

函數 circle 用於繪製圓形，其參數分別對應表示繪圖載體（容器）、圓心、半徑、顏色、邊緣粗細。

執行上述程式，輸出如圖 7-5 所示的影像，其中：

- 圖 7-5 左圖是原始影像 o。
- 圖 7-5 右圖是含有最小包圍圓形的影像。

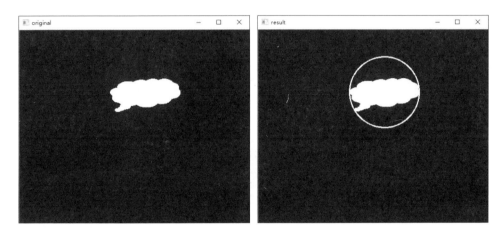

▲ 圖 7-5　【例 7.3】程式執行結果

除最小包圍圓形外，還有很多輪廓擬合方式。

7.1.4　篩選標準

輪廓與原始物件高度擬合，包含的資訊非常豐富。

透過一個物件的最小包圍圓形與其輪廓面積的比值，能夠將不規則的圓形篩選出來，從而實現缺陷檢測，其示意圖如圖 7-6 所示。

原始影像	最小包圍圓形(A)	輪廓(B)	面積比值: A : B	檢測結果
			1 : 1	正常
			1 : 0.7	缺陷

▲圖 7-6 某物件最小包圍圓形與其輪廓面積的比值示意圖

除此以外，還有很多輪廓特徵值可用來實現特徵提取。

7.2 程式設計

缺陷檢測主要包含如下步驟：

- 前置處理：該步驟主要是為了方便進行後續處理，主要包含：色彩空間轉換處理、閾值處理、形態學處理（開運算）。
- 使用距離交換函數 distanceTransform 確定距離：該步驟使用距離變換函數 distanceTransform 確定每一個像素點距離最近背景點的距離。
- 透過閾值確定前景：將距離背景點大於一定長度的像素點判定為前景點。
- 去噪處理：對確定的前景點進行再次處理，去除影像內的雜訊資訊。本步驟透過開運算完成。
- 提取輪廓：使用輪廓提取函數提取上述處理結果影像內的輪廓。
- 缺陷檢測：本步驟是程式的核心步驟，主要步驟如下。
  - 計算面積：分別計算外接圓面積 A 和輪廓面積 B。
  - 面積比較：計算 B:A 的比值，並根據比值進行判斷。若比值大於閾值 T，則說明輪廓與外接圓較一致，認為當前物件是圓形的；否則，認為當前物件是殘缺的，是次品。
- 顯示結果：顯示最終處理結果。

上述步驟中的計算距離、開運算去噪等操作都是為了應對原始影像內可能存在的物件之間的彼此覆蓋（物件連接在一起）、背景存在雜訊等複雜情況。當影像內物件比較簡單時，無須進行上述步驟，可以直接提取輪廓計算結果。

缺陷檢測程式的完整流程圖如圖 7-7 所示。

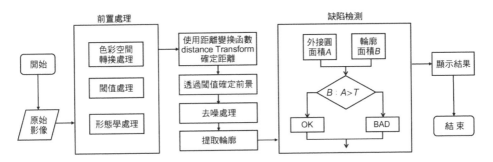

▲ 圖 7-7 缺陷檢測程式的完整流程圖

7.3 實現程式

根據前述分析，撰寫程式，實現缺陷檢測。

【例 7.4】主程式。

```
# ===========Step 0：匯入使用的函數庫=================
import cv2
import numpy as np
# ===========Step 1：讀取原始影像=================
img = cv2.imread('pill.jpg')
cv2.imshow("original",img)
# ===========Step 2：前置處理=================
gray = cv2.cvtColor(img,cv2.COLOR_BGR2GRAY)
ret, thresh =
cv2.threshold(gray,0,255,cv2.THRESH_BINARY+cv2.THRESH_OTSU)
cv2.imshow('thresh',thresh)
```

```
kernel=cv2.getStructuringElement(cv2.MORPH_CROSS,(3,3))# 核心
opening1 = cv2.morphologyEx(thresh,cv2.MORPH_OPEN,kernel, iterations
= 1)
cv2.imshow('opening1',opening1)
# ===========Step 3：使用距離變換函數 distanceTransform 確定前景
================
dist_transform = cv2.distanceTransform(opening1,cv2.DIST_L2,3)
ret, fore =
cv2.threshold(dist_transform,0.3*dist_transform.max(),255,0)
cv2.imshow('fore',fore)
# ===========Step 4：去噪處理================
kernel = np.ones((3,3),np.uint8)
opening2 = cv2.morphologyEx(fore, cv2.MORPH_OPEN, kernel)
cv2.imshow('opening2',opening2)
# ===========Step 5：提取輪廓================
opening2 = np.array(opening2,np.uint8)
contours, hierarchy =
    cv2.findContours(opening2,cv2.RETR_TREE,cv2.CHAIN_APPROX_SIMPLE)
# ===========Step 6：缺陷檢測================
count=0
font=cv2.FONT_HERSHEY_COMPLEX
for cnt in contours:
    (x,y),radius = cv2.minEnclosingCircle(cnt)
    center = (int(x),int(y))
    radius = int(radius)
    circle_img = cv2.circle(opening2,center,radius,(255,255,255),1)
    area = cv2.contourArea(cnt)
    area_circle=3.14*radius*radius
    if area/area_circle >=0.5:
        img=cv2.putText(img,'OK',center,font,1,(255,255,255),2)
    else:
        img=cv2.putText(img,'BAD',center,font,1,(255,255,255),2)
    count+=1
img=cv2.putText(img,('sum='+str(count)),(20,30),font,1,(255,255,255)
)
# ===========Step 7：顯示處理結果================
```

```
cv2.imshow('result',img)
cv2.waitKey()
cv2.destroyAllWindows()
```

執行上述程式，輸出結果如圖 7-8 所示，其中：

- 圖 7-8（a）為原始影像，是需要進行檢測的影像 img。
- 圖 7-8（b）為針對原始影像進行閾值處理得到的二值影像 thresh。
- 圖 7-8（c）為針對二值影像 thresh 進行開運算得到的去噪後的影像 opening1。
- 圖 7-8（d）是針對影像 opening1 使用距離變換函數 distanceTransform 得到的確定前景 fore。
- 圖 7-8（e）是使用開運算對影像 fore 進行去噪處理得到的影像 opening2。
- 圖 7-8（f）是最終處理結果，在左上角顯示了計數的個數。最終處理結果，將連在一起的藥片進行了區分，並在正常的圓形圖形上標注了 "OK"，在殘缺的半圓形圖形上標注了 "BAD"。其中，明顯小於正常圓形的圓形物件被處理為雜訊，沒有標注資訊。

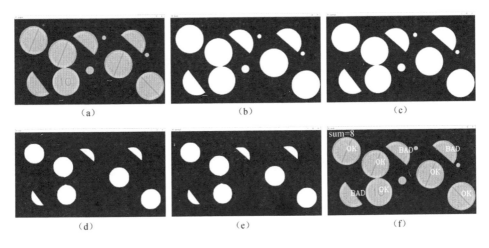

▲ 圖 7-8 【例 7.4】程式執行結果

手勢辨識

手勢辨識的範圍很廣泛，在不同場景下，有不同類型的手勢需要辨識，例如：

- 辨識手勢所表示的數值。
- 辨識手勢在特定遊戲中的含義，如「石頭、剪刀、布」等。
- 辨識手勢在遊戲中表示的動作，如前進、跳躍、後退等。
- 辨識特定手勢的含義，如表示"OK"的手勢、表示勝利的手勢等。

本章將主要討論手勢在表示 0～5 六個數值時的辨識問題。在辨識時，將手勢圖中凹陷區域（稱為凸缺陷）的個數作為辨識的重要依據。手勢表示數值的示意圖如圖 8-1 所示。由圖 8-1 可知：

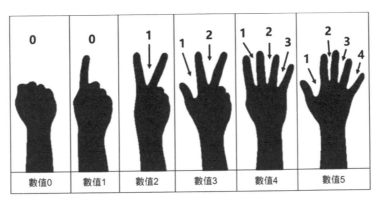

▲ 圖 8-1 手勢表示數值的示意圖

- 表示數值 0 和數值 1 的手勢具有 0 個凸缺陷（不存在凸缺陷）。
- 表示數值 2 的手勢具有 1 個凸缺陷。
- 表示數值 3 的手勢具有 2 個凸缺陷。
- 表示數值 4 的手勢具有 3 個凸缺陷。
- 表示數值 5 的手勢具有 4 個凸缺陷。

從上述分析可以看出，在對表示數值的手勢進行辨識時，直接計算其中的凸缺陷個數即可辨識數值 2 到數值 5。

但是，在凸缺陷個數為 0 時，無法透過辨識凸缺陷個數辨識手勢表示的數值，需要進一步處理。此時，需要應用到 Convex Hull 的概念。

另外，在處理凸缺陷時，我們僅考慮了比較明顯的區域。實際上，在透過演算法獲取凸缺陷的同時，會獲取到很多細小的凸缺陷，因此還需要將這些細小的凸缺陷遮罩。

綜上所述，本章將在介紹 Convex Hull、凸缺陷的基礎上進行手勢辨識的介紹。

8.1 理論基礎

Convex Hull 和凸缺陷在影像處理中具有非常重要的意義，被廣泛地用於影像辨識等領域。

8.1.1 獲取 Convex Hull

逼近多邊形是輪廓的高度近似，但是有時候，我們希望使用一個多邊形的 Convex Hull 來簡化它。Convex Hull 和逼近多邊形很像，只不過 Convex Hull 是物體最外層的凸多邊形。Convex Hull 指的是完全包含原有輪廓，並且僅由輪廓上的點組成的多邊形。Convex Hull 的每一處都是凸的，即連接 Convex Hull 內任意兩點的直線都在 Convex Hull 內部。在

Convex Hull 內，任意連續三個點組成的面向內部的角的角度都小於
180°。

Convex Hull 示意圖如圖 8-2 所示，圖中最外層的多邊形是機械手的
Convex Hull，透過它可以處理手勢辨識等問題。

▲圖 8-2　Convex Hull 示意圖

OpenCV 提供的函數 cv2.convexHull()用於獲取輪廓的 Convex Hull，
其語法格式為

```
hull = cv2.convexHull( points[, clockwise[, returnPoints]] )
```

其中，傳回值 hull 為 Convex Hull 角點。

該函數中的參數如下：

- points 表示輪廓。
- clockwise 為布林型值；在該值為 True 時，Convex Hull 角點按順時鐘
  方向排列；在該值為 False 時，Convex Hull 角點按逆時鐘方向排列。
- returnPoints 為布林型值，預設值是 True，此時，函數傳回 Convex
  Hull 角點的座標值；當該參數為 False 時，函數傳回輪廓中 Convex
  Hull 角點的索引。

【例 8.1】設計程式，觀察函數 cv2.convexHull()內的參數 returnPoints
的使用情況。

根據題目的要求，撰寫程式如下：

```
import cv2
o = cv2.imread('contours.bmp')
gray = cv2.cvtColor(o,cv2.COLOR_BGR2GRAY)
ret, binary = cv2.threshold(gray,127,255,cv2.THRESH_BINARY)
contours, hierarchy = cv2.findContours(binary,
                                       cv2.RETR_TREE,
                                       cv2.CHAIN_APPROX_SIMPLE)
hull = cv2.convexHull(contours[0])      # 傳回座標值
print("returnPoints 為預設值 True 時傳回值 hull 的值：\n",hull)
hull2 = cv2.convexHull(contours[0], returnPoints=False) # 傳回索引
print("returnPoints 為 False 時傳回值 hull 的值：\n",hull2)
```

執行上述程式，輸出結果如下：

```
returnPoints 為預設值 True 時傳回值 hull 的值：
[[[195 383]]
 [[ 79 383]]
 [[ 79 270]]
 [[195 270]]]
returnPoints 為 False 時傳回值 hull 的值：
 [[3]
 [2]
 [1]
 [0]]
```

從【例 8.1】程式執行結果可以看出，函數 cv2.convexHull()內的參數 returnPoints 的使用情況如下：

- 為預設值 True 時，函數傳回 Convex Hull 角點的座標值，本例中傳回了 4 個輪廓的座標值。
- 為 False 時，函數傳回輪廓中 Convex Hull 角點的索引，本例中傳回了 4 個輪廓的索引。

【例 8.2】使用函數 cv2.convexHull()獲取輪廓的 Convex Hull。

根據題目的要求，撰寫程式如下：

```
import cv2
# -------------讀取並繪製原始影像------------------
o = cv2.imread('hand.bmp')
cv2.imshow("original",o)
# -------------提取輪廓------------------
gray = cv2.cvtColor(o,cv2.COLOR_BGR2GRAY)
ret, binary = cv2.threshold(gray,127,255,cv2.THRESH_BINARY)
contours, hierarchy = cv2.findContours(binary,cv2.RETR_LIST,
                                    cv2.CHAIN_APPROX_SIMPLE)
# -----------尋找 Convex Hull，獲取 Convex Hull 的角點----------------
hull = cv2.convexHull(contours[0])
# -------------繪製 Convex Hull------------------
cv2.polylines(o, [hull], True, (0, 255, 0), 2)
# -------------顯示 Convex Hull------------------
cv2.imshow("result",o)
cv2.waitKey()
cv2.destroyAllWindows()
```

執行上述程式，輸出結果如圖 8-3 所示，其中：

- 圖 8-3 左圖是原始影像 o。
- 圖 8-3 右圖是包含獲取的 Convex Hull 的影像。

▲圖 8-3 【例 8.2】程式執行結果

8.1.2 凸缺陷

Convex Hull 與輪廓之間的部分稱為凸缺陷。凸缺陷示意圖如圖 8-4 所示，圖中的白色四角星是前景，顯然，其邊緣就是其輪廓，連接四個頂點組成的四邊形是其 Convex Hull。

在圖 8-4 中存在四個凸缺陷，這四個凸缺陷都是由 Convex Hull 與輪廓之間的部分組成的。

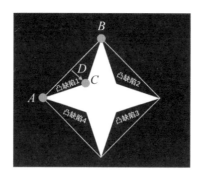

▲圖 8-4　凸缺陷示意圖

機械手凸缺陷範例如圖 8-5 中，圖中最外層的多邊形為機械手的 Convex Hull，在機械手邊緣與 Convex Hull 之間的部分即凸缺陷，凸缺陷可用來處理手勢辨識等問題。

▲圖 8-5　機械手凸缺陷範例

大部分的情況下，使用如下四個特徵值來表示凸缺陷：

■ 起點：該特徵值用於說明當前凸缺陷的起點位置。需要注意的是，起點值用輪廓索引表示。也就是說，起點一定是輪廓中的一個點，並且用其在輪廓中的序號來表示。例如，圖 8-4 中的點 A 是凸缺陷 1 的起點。

■ 終點：該特徵值用於說明當前凸缺陷的終點位置。該值也是使用輪廓索引表示的。例如，圖 8-4 中的點 B 是凸缺陷 1 的終點。

■ 輪廓上距離 Convex Hull 最遠的點。例如，圖 8-4 中的點 C 是凸缺陷 1 中的輪廓上距離 Convex Hull 最遠的點。

■ 最遠點到 Convex Hull 的近似距離。例如，圖 8-4 中的距離 D 是凸缺陷 1 中的最遠點到 Convex Hull 的近似距離。

OpenCV 提供了函數 cv2.convexityDefects()用來獲取凸缺陷，其語法格式如下：

```
convexityDefects = cv2.convexityDefects( contour, convexhull )
```

其中，傳回值 convexityDefects 為凸缺陷點集。它是一個陣列，每行包含的值是[起點,終點,輪廓上距離 Convex Hull 最遠的點,最遠點到 Convex Hull 的近似距離]。

需要說明的是，傳回結果中[起點,終點,輪廓上距離 Convex Hull 最遠的點,最遠點到 Convex Hull 的近似距離]的前三個值是輪廓點的索引，所以需要從輪廓點集中找它們。

上述函數的參數如下：

■ contour 是輪廓。

■ convexhull 是 Convex Hull。

值得注意的是，用函數 cv2.convexityDefects()計算凸缺陷時，要使用 Convex Hull 作為參數。在查詢該 Convex Hull 時，函數 cv2.convexHull() 所使用的參數 returnPoints 的值必須是 False。

　　為了更直觀地觀察凸缺陷點集，嘗試將凸缺陷點集在一幅圖內顯示出來。實現方式為，將起點和終點用一條線連接，在最遠點處繪製一個小數點。下面透過一個例子來展示上述操作。

【例 8.3】使用函數 cv2.convexityDefects()計算凸缺陷。

根據題目的要求，撰寫程式如下：

```python
import cv2
# ----------------原始影像------------------------
img = cv2.imread('hand.bmp')
cv2.imshow('original',img)
# ----------------建構輪廓------------------------
gray = cv2.cvtColor(img,cv2.COLOR_BGR2GRAY)
ret, binary = cv2.threshold(gray, 127, 255,0)
contours, hierarchy = cv2.findContours(binary,
                                       cv2.RETR_TREE,
                                       cv2.CHAIN_APPROX_SIMPLE)
# ----------------Convex Hull------------------------
cnt = contours[0]
hull = cv2.convexHull(cnt,returnPoints = False)
defects = cv2.convexityDefects(cnt,hull)
print("defects=\n",defects)
# ----------------建構凸缺陷------------------------
for i in range(defects.shape[0]):
    s,e,f,d = defects[i,0]
    start = tuple(cnt[s][0])
    end = tuple(cnt[e][0])
    far = tuple(cnt[f][0])
    cv2.line(img,start,end,[0,0,255],2)
    cv2.circle(img,far,5,[255,0,0],-1)
# ----------------顯示結果，釋放影像------------------------
cv2.imshow('result',img)
cv2.waitKey(0)
cv2.destroyAllWindows()
```

執行上述程式，輸出結果如下：

```
defects=
 [[[  305   311   306    114]]

 [[  311   385   342 13666]]

 [[  385   389   386    395]]

 [[  389   489   435 20327]]

 [[    0   102    51 21878]]

 [[  103   184   150 13876]]

 [[  185   233   220  4168]]

 [[  233   238   235    256]]

 [[  238   240   239    247]]

 [[  240   294   255  2715]]

 [[  294   302   295    281]]

 [[  302   304   303    217]]]
```

與此同時，還會輸出如圖 8-6 所示的影像，其中：

- 圖 8-6 左圖為原始影像 img。
- 圖 8-6 右圖中標注了凸缺陷。標注方式為，將凸缺陷的起點和終點用直線連接，在輪廓上距離 Convex Hull 最遠點處繪製小數點。可以看出，除了在機械手各個手指的指縫間有凸缺陷，在無名指、小拇指及手的最下端也有非常小的凸缺陷。

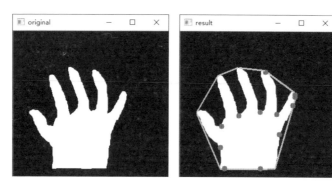

▲圖 8-6 【例 8.3】程式執行輸出影像

　　凸缺陷具有重要實踐意義，在實踐中發揮著非常重要的作用。例如，利用凸缺陷檢測各種物體是否存在殘缺，如藥片是否完整、瓶口是否缺損等。

　　顯然，在實踐中，不是所有凸缺陷都是有意義的，比如，面積過小的凸缺陷可能沒有實際意義。

　　例如，在檢測藥片是否完整時，面積過小的凸缺陷可能是雜訊，也可能是非常微小的殘缺。無論上述哪種情況，藥片的品質都是合格的，只有在存在較大凸缺陷時，才認為藥片是不完整的。

　　針對手勢進行凸缺陷檢測，可以實現手勢辨識。此時，僅計算指縫間的凸缺陷個數，根據該值辨識手勢表示的數值。例如，在圖 8-1 中：

- 有 4 個凸缺陷時，手勢表示數值 5。
- 有 3 個凸缺陷時，手勢表示數值 4。
- 有 2 個凸缺陷時，手勢表示數值 3。
- 有 1 個凸缺陷時，手勢表示數值 2。
- 有 0 個凸缺陷時，手勢可能表示數值 1，也可能表示數值 0。

　　此時，需要將除指縫外的其他凸缺陷處理為雜訊，具體可以採用如下方式：

- 若凸缺陷面積相對較小,則將其處理為雜訊。
- 若凸缺陷最遠點與起點、終點組成的角度大於 90°,則將其處理為雜訊。因為,人指縫間的角度通常是小於 90°的。
- 若一個凸缺陷最遠點到 Convex Hull 的近似距離小,則將其處理為雜訊。

當然,也可以組合使用上述處理方式以取得更好的效果。

由於表示數值 0 和數值 1 的手勢的凸缺陷都是 0 個,因此要引入新的特徵進行辨識,如縱橫比等。

8.1.3 凸缺陷占 Convex Hull 面積比

當有 0 個凸缺陷時,手勢既可能表示數值 1,也可能表示數值 0。因此,不能根據凸缺陷的個數判定此時的手勢到底表示的是數值 0 還是數值 1,需要尋找二者的其他區別。

觀察圖 8-7 可知,二者在以下方面存在如下差別:

- 表示數值 0 的手勢的 Convex Hull 與其輪廓基本一致。
- 表示數值 1 的手勢的 Convex Hull 大於其輪廓值。表示數值 1 的手勢的輪廓與 Convex Hull 間存在相對較大的凸缺陷,凸缺陷面積占比在 10%以上。需要注意的是,10%是個大概值,不是固定值,具體數值因人而異。不同人的手指長度不一樣,因此該值有一定波動範圍。

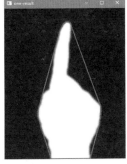

▲ 圖 8-7 表示數值 0 與數值 1 的手勢

根據以上分析，可以簡單理解如下：

- Convex Hull 面積 = 凸缺陷面積 + 輪廓面積。
- 針對表示數值 0 的手勢：輪廓/Convex Hull 面積 > 0.9 （二者基本一致）。
- 針對表示數值 1 的手勢：輪廓/Convex Hull 面積 ≤ 0.9 （Convex Hull 較大，占比超過 0.1）。

利用上述特徵區別可以進行表示數值 0 的手勢和表示數值 1 的手勢的辨識。

【例 8.4】撰寫程式，利用表示數值 0 的手勢和表示數值 1 的手勢的凸缺陷面積差異，對二者進行辨識。

根據題目的要求，撰寫程式如下：

```
import cv2
# 手勢辨識函數
def reg(x):
    # ================找出輪廓===============
    # 查詢所有輪廓
    x=cv2.cvtColor(x,cv2.COLOR_BGR2GRAY)
    contours,h =
cv2.findContours(x,cv2.RETR_TREE,cv2.CHAIN_APPROX_SIMPLE)
    # 從所有輪廓中找到最大的輪廓，並將其作為手勢輪廓
    cnt = max(contours,key=lambda x:cv2.contourArea(x))
    areacnt = cv2.contourArea(cnt)          # 獲取輪廓面積
    # ==========獲取輪廓的 Convex Hull============
    hull = cv2.convexHull(cnt)              # 獲取輪廓的 Convex Hull，用
於計算面積，傳回座標值
    areahull = cv2.contourArea(hull)        # 獲取 Convex Hull 的面積
    # ========獲取輪廓面積、Convex Hull 面積，並計算二者的比值==========
    arearatio = areacnt/areahull
    # 大部分的情況下，表示數值 0 的手勢的輪廓和 Convex Hull 大致相等，該值大於
0.9
    # 表示數值 1 的手勢的輪廓比 Convex Hull 小，該值小於或等於 0.9
```

```
    # 需要注意，輪廓面積/Convex Hull 面積所得值不是特定值，實際因人而異
    # 該值存在一定的差異
    if arearatio>0.9: # 若輪廓面積/Convex Hull 面積>0.9，二者面積近似，則
將該手勢辨識為表示數值 0
            result='fist:0'
    else:
            # 否則，輪廓面積/Convex Hull 面積≤0.9，凸缺陷較大，將該手勢辨識
為表示數值 1
            result='finger:1'
    return result
# 讀取兩幅影像辨識
x = cv2.imread('zero.jpg')
y = cv2.imread('one.jpg')
# 分別辨識 x 和 y
xtext=reg(x)
ytext=reg(y)
# 輸出辨識結果
org=(0,80)
font = cv2.FONT_HERSHEY_SIMPLEX
fontScale=2
color=(0,0,255)
thickness=3
cv2.putText(x,xtext,org,font,fontScale,color,thickness)
cv2.putText(y,ytext,org,font,fontScale,color,thickness)
# 顯示辨識結果
cv2.imshow('zero',x)
cv2.imshow('one',y)
cv2.waitKey()
cv2.destroyAllWindows()
```

執行上述程式，輸出結果如圖 8-8 所示。

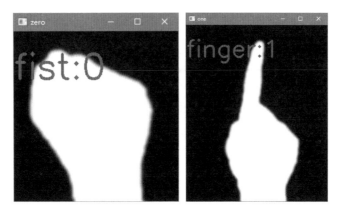

▲圖 8-8 【例 8.4】程式執行結果

　　由圖 8-8 可知，程式能夠準確地辨識出表示數值 0（fist:0）和表示數值 1（finger:1）手勢的影像。

8.2 辨識過程

　　本節將對手勢辨識流程及實現程式進行介紹。

8.2.1 辨識流程

　　手勢辨識基本流程圖如圖 8-9 所示。

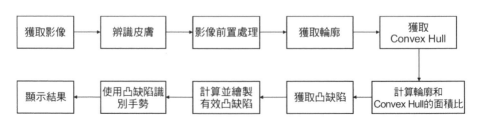

▲圖 8-9 手勢辨識基本流程圖

　　下面，對各個步驟進行程式介紹。

■ Step 1：獲取影像。

本步驟的主要任務是讀取攝影機、劃定辨識區域。劃定辨識區域的目的在於僅辨識特定區域內的手勢，簡化辨識過程。該部分對應程式如下：

```
# ==============讀取攝影機及前置處理============
ret,frame = cap.read()                          # 讀取攝影機影像
# print(frame.shape)                            # 獲取視窗大小
frame = cv2.flip(frame,1)                        # 繞著 y 軸方向翻轉影像
# ==============設定一個固定區域作為辨識區域============
roi = frame[10:210,400:600]                       # 將右上角設定為固定辨識區域
cv2.rectangle(frame,(400,10),(600,210),(0,0,255),0)  # 將選定的區域標
記出來
```

■ Step 2：辨識皮膚。

本步驟的主要任務是色彩空間轉換、在新的色彩空間內根據顏色範圍值辨識出皮膚所在區域。

色彩空間轉換的目的在於將影像從 BGR 色彩空間轉換到 HSV 色彩空間，以進行皮膚檢測。透過皮膚顏色的範圍值確定手勢所在區域。更加詳細的內容請參考 3.5.3 節，具體如下：

```
# ==========在 HSV 色彩空間內檢測出皮膚==============
    hsv = cv2.cvtColor(roi,cv2.COLOR_BGR2HSV)          # 色彩空間轉換
    lower_skin = np.array([0,28,70],dtype=np.uint8)  # 設定範圍，下限
    upper_skin = np.array([20, 255, 255],dtype=np.uint8)# 設定範圍，上限
    mask = cv2.inRange(hsv,lower_skin,upper_skin)      # 確定手勢所在區域
```

■ Step 3：影像前置處理。

影像前置處理主要是為了去除影像內的雜訊，以便後續處理。這裡的影像前置處理包含膨脹操作和高斯濾波，具體程式如下：

```
    kernel = np.ones((2,2),np.uint8)                  # 建構一個核心
    mask = cv2.dilate(mask,kernel,iterations=4)        # 膨脹操作
    mask = cv2.GaussianBlur(mask,(5,5),100)            # 高斯濾波
```

■ Step 4：獲取輪廓。

本步驟的主要任務在於獲取影像的輪廓資訊，並獲取其面積，具體程式如下：

```
# =================找出輪廓===============
# 查詢所有輪廓
contours,h =
cv2.findContours(mask,cv2.RETR_TREE,cv2.CHAIN_APPROX_SIMPLE)
# 從所有輪廓中找到最大的輪廓，並將其作為手勢的輪廓
cnt = max(contours,key=lambda x:cv2.contourArea(x))
areacnt = cv2.contourArea(cnt)        # 獲取輪廓面積
```

■ Step 5：獲取 Convex Hull。

本步驟的主要任務是獲取輪廓的 Convex Hull 資訊，並獲取其面積，具體程式如下：

```
# ==========獲取輪廓的 Convex Hull============
hull = cv2.convexHull(cnt)            # 獲取輪廓的 Convex Hull，用於
計算面積，傳回座標值
# hull = cv2.convexHull(cnt,returnPoints=False)
areahull = cv2.contourArea(hull)      # 獲取 Convex Hull 的面積
```

本步驟獲取了 Convex Hull 的面積，在後續步驟中用輪廓面積與 Convex Hull 面積的比值來辨識表示數值 0 的手勢和表示數值 1 的手勢。

■ Step 6：計算輪廓和 Convex Hull 的面積比。

本步驟的主要任務是計算輪廓和 Convex Hull 的面積比，具體程式如下：

```
arearatio = areacnt/ areahull
```

本步驟獲取了輪廓與 Convex Hull 的面積比，根據該值與閾值（通常為 0.9）的關係，辨識表示數值 0 的手勢和表示數值 1 的手勢。

■ Step 7：獲取凸缺陷。

本步驟的主要任務是獲取手勢的凸缺陷，具體程式如下：

```
# ==========獲取凸缺陷============
hull = cv2.convexHull(cnt,returnPoints=False) # 使用索引，
returnPoints=False
defects = cv2.convexityDefects(cnt,hull)        # 獲取凸缺陷
```

本步驟透過函數 cv2.convexHull、cv2.convexityDefects 獲取凸缺陷。

- Step 8：計算並繪製有效凸缺陷。

本步驟的主要任務是計算有效凸缺陷的個數，並繪製 Convex Hull、
凸缺陷的最遠點，具體程式如下：

```
# ==========凸缺陷處理=================
n=0 # 定義凹凸點個數初值為 0
# ------------遍歷凸缺陷，判斷是否為手指間的凸缺陷--------------
for i in range(defects.shape[0]):
    s,e,f,d, = defects[i,0]
    start = tuple(cnt[s][0])
    end = tuple(cnt[e][0])
    far = tuple(cnt[f][0])
    a = math.sqrt((end[0]-start[0])**2+(end[1]-start[1])**2)
    b = math.sqrt((far[0] - start[0]) ** 2 + (far[1] - start[1])
** 2)
    c = math.sqrt((end[0]-far[0])**2+(end[1]-far[1])**2)
    # --------計算手指之間的角度----------------
    angle = math.acos((b**2 + c**2 -a**2)/(2*b*c))*57
    # ----------繪製手指間的 Convex Hull 最遠點------------
    # 角度介於 20°～90°的認為是不同手指組成的凸缺陷
    if angle<=90 and d>20:
        n+=1
        cv2.circle(roi,far,3,[255,0,0],-1)    # 用藍色繪製最遠點
    # ---------繪製手勢的 Convex Hull--------------
    cv2.line(roi,start,end,[0,255,0],2)
```

本步驟根據凸缺陷中的距離和角度排除了雜訊的影響。

- Step 9：使用凸缺陷辨識手勢。

本步驟的主要任務是根據凸缺陷的個數、凸缺陷與 Convex Hull 的面積比進行手勢辨識，具體程式如下：

```
    # ===========透過凸缺陷個數及凸缺陷和 Convex Hull 的面積比判斷辨識結果
================
    if n==0:                    # 0 個凸缺陷，手勢可能表示數值 0，也可能表示數值 1
        if arearatio>0.9:    # 輪廓面積/Convex Hull 面積>0.9，判定為拳頭，
辨識手勢為數值 0
            result='0'
        else:
            result='1'         # 輪廓面積/Convex Hull 面積≤0.9，說明存在很大
的凸缺陷，辨識手勢為數值 1
    elif n==1:                   # 1 個凸缺陷，對應 2 根手指，辨識手勢為數值 2
        result='2'
    elif n==2:                   # 2 個凸缺陷，對應 3 根手指，辨識手勢為數值 3
        result='3'
    elif n==3:                   # 3 個凸缺陷，對應 4 根手指，辨識手勢為數值 4
        result='4'
    elif n==4:                   # 4 個凸缺陷，對應 5 根手指，辨識手勢為數值 5
        result='5'
```

本步驟先對凸缺陷的個數進行判斷，然後根據凸缺陷的個數判定當前手勢的形狀。有一個特例是，當凸缺陷的個數為 0 時，需要再對輪廓與 Convex Hull 面積比進行判斷，才能決定具體手勢。

■ Step 10：顯示結果。

本步驟的主要任務是將辨識結果顯示出來，具體程式如下：

```
    # ===========設定與顯示辨識結果相關的參數================
    org=(400,80)
    font = cv2.FONT_HERSHEY_SIMPLEX
    fontScale=2
    color=(0,0,255)
    thickness=3
    result="None"
    # ==============顯示辨識結果====================
```

```
cv2.putText(frame,result,org,font,fontScale,color,thickness)
cv2.imshow('frame',frame)
k = cv2.waitKey(25)& 0xff
if k == 27:        # 按下"Esc"鍵退出
    break
```

8.2.2 實現程式

【例 8.5】辨識表示數值的手勢。

根據上述過程，撰寫程式如下：

```
import cv2
import numpy as np
import math
cap = cv2.VideoCapture(0, cv2.CAP_DSHOW)
# =============主程式====================
while(cap.isOpened()):
    ret,frame = cap.read()          # 讀取攝影機影像
    # print(frame.shape)            # 獲取視窗大小
    frame = cv2.flip(frame,1)       # 繞著 y 軸方向翻轉影像
    # ==============設定一個固定區域作為辨識區域=============
    roi = frame[10:210,400:600]     # 將右上角設定為固定辨識區域
    cv2.rectangle(frame,(400,10),(600,210),(0,0,255),0)  # 將選定的區
域標記出來
    # ==========在 hsv 色彩空間內檢測出皮膚===============
    hsv = cv2.cvtColor(roi,cv2.COLOR_BGR2HSV)            # 色彩空間轉換
    lower_skin = np.array([0,28,70],dtype=np.uint8)      # 設定範圍,下限
    upper_skin = np.array([20, 255, 255],dtype=np.uint8) # 設定範圍,
上限
    mask = cv2.inRange(hsv,lower_skin,upper_skin)        # 確定手勢所在區域
    # ==========前置處理===============
    kernel = np.ones((2,2),np.uint8)                    # 建構一個核心
    mask = cv2.dilate(mask,kernel,iterations=4)         # 膨脹操作
    mask = cv2.GaussianBlur(mask,(5,5),100)             # 高斯濾波
    # ===============找出輪廓===============
    # 查詢所有輪廓
```

```
    contours,h =
cv2.findContours(mask,cv2.RETR_TREE,cv2.CHAIN_APPROX_SIMPLE)
    # 從所有輪廓中找到最大的輪廓，並將其作為手勢的輪廓
    cnt = max(contours,key=lambda x:cv2.contourArea(x))
    areacnt = cv2.contourArea(cnt)         # 獲取輪廓面積
    # ==========獲取輪廓的 Convex Hull============
    hull = cv2.convexHull(cnt)     # 獲取輪廓的 Convex Hull，用於計算面
積，傳回座標值
    # hull = cv2.convexHull(cnt,returnPoints=False)
    areahull = cv2.contourArea(hull)        # 獲取 Convex Hull 的面積
    # ==========獲取輪廓面積、Convex Hull 的面積比============
    arearatio = areacnt/areahull
    # 輪廓面積/Convex Hull 面積 ：
    # 大於 0.9，表示二者面積幾乎一致，是手勢 0
    # 否則，說明凸缺陷較大，是手勢 1.
    # ==========獲取凸缺陷============
    hull = cv2.convexHull(cnt,returnPoints=False)   # 使用索引，
returnPoints=False
    defects = cv2.convexityDefects(cnt,hull)         # 獲取凸缺陷
    # ==========凸缺陷處理===============
    n=0 # 定義凹凸點個數初值為 0
    # ------------遍歷凸缺陷，判斷是否為手指間的凸缺陷------------
    for i in range(defects.shape[0]):
        s,e,f,d, = defects[i,0]
        start = tuple(cnt[s][0])
        end = tuple(cnt[e][0])
        far = tuple(cnt[f][0])
        a = math.sqrt((end[0]-start[0])**2+(end[1]-start[1])**2)
        b = math.sqrt((far[0] - start[0]) ** 2 + (far[1] - start[1])
** 2)
        c = math.sqrt((end[0]-far[0])**2+(end[1]-far[1])**2)
        # --------計算手指之間的角度----------------
        angle = math.acos((b**2 + c**2 -a**2)/(2*b*c))*57
        # ----------繪製手指間的 Convex Hull 最遠點------------
        # 角度介於 20°～90°的認為是不同手指組成的凸缺陷
        if angle<=90 and d>20:
```

```
            n+=1
            cv2.circle(roi,far,3,[255,0,0],-1)    # 用藍色繪製最遠點
        # ----------繪製手勢的 Convex Hull-------------
        cv2.line(roi,start,end,[0,255,0],2)
    # ==========透過凸缺陷個數及凸缺陷和 Convex Hull 的面積比判斷辨識結果
================
    if n==0:        # 0 個凸缺陷，手勢可能表示數值 0，也可能表示數值 1
        if arearatio>0.9:    # 輪廓面積/Convex Hull 面積>0.9，判定為拳
頭，辨識手勢為數值 0
            result='0'
        else:
            result='1'   # 輪廓面積/Convex Hull 面積≤0.9,說明存在很大的凸
缺陷，辨識手勢為數值 1
    elif n==1:          # 1 個凸缺陷，對應 2 根手指，辨識手勢為數值 2
        result='2'
    elif n==2:          # 2 個凸缺陷，對應 3 根手指，辨識手勢為數值 3
        result='3'
    elif n==3:          # 3 個凸缺陷，對應 4 根手指，辨識手勢為數值 4
        result='4'
    elif n==4:          # 4 個凸缺陷，對應 5 根手指，辨識手勢為數值 5
        result='5'
    # ===========設定與顯示辨識結果相關的參數================
    org=(400,80)
    font = cv2.FONT_HERSHEY_SIMPLEX
    fontScale=2
    color=(0,0,255)
    thickness=3
    # ===============顯示辨識結果=========================
    cv2.putText(frame,result,org,font,fontScale,color,thickness)
    cv2.imshow('frame',frame)
    k = cv2.waitKey(25)& 0xff
    if k == 27:        # 按下"Esc"鍵退出
        break
cv2.destroyAllWindows()
cap.release()
```

執行上述程式，即可辨識指定區域內的手勢。

8.3 擴充學習：剪刀、石頭、布的辨識

「石頭、剪刀、布」是一種猜拳遊戲，受到全世界人們的喜愛。該遊戲如此流行，主要是因為它並非是純靠運氣的遊戲，而是一種靠策略和智慧取勝的博弈。

本節將介紹透過形狀匹配辨識石頭、剪刀、布手勢。手勢辨識範例如圖 8-10 所示，在辨識手勢時，將待辨識手勢與已知形狀的手勢模型的相似度匹配值作為判斷依據，待辨識手勢與哪個手勢模型最相似就將結果辨識為哪個手勢模型對應的手勢。

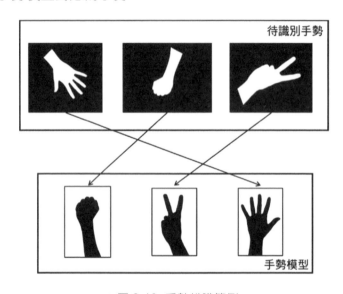

▲ 圖 8-10 手勢辨識範例

這裡，需要引入形狀匹配的概念。形狀匹配用來計算兩個物件的形狀間的匹配值，大部分的情況下，兩個物件越相似，其形狀匹配值越小。

8.3.1 形狀匹配

OpenCV 提供了函數 cv2.matchShapes()用來對兩個物件的 Hu 矩進行

比較。這兩個物件可以是輪廓，也可以是灰階影像。

函數 cv2.matchShapes()的語法格式為

```
retval = cv2.matchShapes( contour1, contour2, method, parameter )
```

其中，retval 是傳回值。

該函數有如下 4 個參數。

- contour1：第 1 個輪廓或者灰階影像。
- contour2：第 2 個輪廓或者灰階影像。
- method：比較兩個物件的 Hu 矩的方法，具體如表 8-1 所示。

表 8-1 method 的值及其具體含義

方 法 名 稱	計 算 方 法
cv2.CONTOURS_MATCH_I1	$\displaystyle\sum_{i=1,\cdots,7}\left\lvert \frac{1}{m_i^A} - \frac{1}{m_i^B}\right\rvert$
cv2.CONTOURS_MATCH_I2	$\displaystyle\sum_{i=1,\cdots,7}\left\lvert m_i^A - m_i^B\right\rvert$
cv2.CONTOURS_MATCH_I3	$\displaystyle\max_{i=1,\cdots,7}\frac{\left\lvert m_i^A - m_i^B\right\rvert}{\left\lvert m_i^A\right\rvert}$

在表 8-1 中，A 表示物件 1，B 表示物件 2，其中：

$$m_i^A = \text{sign}\left(h_i^A\right)\lg h_i^A$$

$$m_i^B = \text{sign}\left(h_i^B\right)\lg h_i^B$$

其中，h_i^A 和 h_i^B 分別是物件 A 和物件 B 的 Hu 矩。

- parameter：應用於 method 的特定參數，該參數為擴充參數，截至 OpenCV 4.5.3-pre 版本，暫不支援該參數，因此將該值設定為 0。

【例 8.6】使用函數 cv2.matchShapes()計算 3 幅不同影像的匹配度。

根據題目要求，撰寫程式如下：

```
import cv2
o1 = cv2.imread('cs1.bmp')
o2 = cv2.imread('cs2.bmp')
o3 = cv2.imread('cc.bmp')
gray1 = cv2.cvtColor(o1,cv2.COLOR_BGR2GRAY)
gray2 = cv2.cvtColor(o2,cv2.COLOR_BGR2GRAY)
gray3 = cv2.cvtColor(o3,cv2.COLOR_BGR2GRAY)
ret, binary1 = cv2.threshold(gray1,127,255,cv2.THRESH_BINARY)
ret, binary2 = cv2.threshold(gray2,127,255,cv2.THRESH_BINARY)
ret, binary3 = cv2.threshold(gray3,127,255,cv2.THRESH_BINARY)
contours1, hierarchy = cv2.findContours(binary1,cv2.RETR_LIST,
                       cv2.CHAIN_APPROX_SIMPLE)
contours2, hierarchy = cv2.findContours(binary2,cv2.RETR_LIST,
                       cv2.CHAIN_APPROX_SIMPLE)
contours3, hierarchy = cv2.findContours(binary3,cv2.RETR_LIST,
                       cv2.CHAIN_APPROX_SIMPLE)
cnt1 = contours1[0]
cnt2 = contours2[0]
cnt3 = contours3[0]
ret0 = cv2.matchShapes(cnt1,cnt1,1,0.0)
ret1 = cv2.matchShapes(cnt1,cnt2,1,0.0)
ret2 = cv2.matchShapes(cnt1,cnt3,1,0.0)
print("o1.shape=",o1.shape)
print("o2.shape=",o2.shape)
print("o3.shape=",o3.shape)
print("相同影像(cnt1,cnt1)的matchShape=",ret0)
print("相似影像(cnt1,cnt2)的matchShape=",ret1)
print("不相似影像(cnt1,cnt3)的matchShape=",ret2)
cv2.imshow("original1",o1)
cv2.imshow("original2",o2)
cv2.imshow("original3",o3)
cv2.waitKey()
cv2.destroyAllWindows()
```

執行上述程式，輸出如圖 8-11 所示三幅原始影像，其中：

■ 圖 8-11 左圖是影像 o1。

- 圖 8-11 中間的是影像 o2。
- 圖 8-11 右圖是影像 o3。

▲圖 8-11 【例 8.6】程式輸出影像

同時，上述程式還會輸出如下執行結果：

```
o1.shape= (472, 472, 3)
o2.shape= (450, 300, 3)
o3.shape= (275, 300, 3)
相同影像(cnt1,cnt1)的 matchShape= 0.0
相似影像(cnt1,cnt2)的 matchShape= 0.0029017627247301114
不相似影像(cnt1,cnt3)的 matchShape= 0.8283119580686752
```

從以上結果可以看出：

- 同一幅影像的 Hu 矩是不變的，二者差值為 0。例如，影像 o1 中的物件（手）和自身距離計算的結果為 0。
- 對原始影像與對原始影像進行平移、旋轉和縮放後得到的影像應用函數 cv2.matchShapes()後，得到的傳回值較小。例如，影像 o2 中的物件是透過對影像 o1 中的物件進行縮放、旋轉和平移得到的，對二者應用函數 cv2.matchShapes()後，傳回值較小，約為 0.003。
- 不相似影像經函數 cv2.matchShapes()計算後得到的傳回值較大。例如，影像 o1 中的物件和影像 o3 中的物件的差別較大，對二者應用 cv2.matchShapes()函數後，傳回值較大，約為 0.83。

需要注意的是，函數 cv2.matchShapes()使用的參數，既可以是輪廓，也可以是灰階影像自身。使用輪廓作為函數 cv2.matchShapes()的參數時，僅從原始影像中選取了部分輪廓參與匹配；而使用灰階影像作為函數 cv2.matchShapes()的參數時，函數使用了更多特徵參與匹配。所以，使用輪廓作為參數與使用原始影像作為參數，會得到不一樣的結果。例如，將上述程式修改為使用灰階影像自身作為參數：

```
ret0 = cv2.matchShapes(gray1,gray1,1,0.0)
ret1 = cv2.matchShapes(gray1,gray2,1,0.0)
ret2 = cv2.matchShapes(gray1,gray3,1,0.0)
```

此時，傳回值為：

```
相同影像的 matchShape= 0.0
相似影像的 matchShape= 9.051413879634929e-06
不相似影像的 matchShape= 0.013325879896063264
```

需要注意的是，相似影像的 matchShape 值是以科學計數法形式顯示的，該值非常小。

【注意】除使用形狀匹配外，還可以透過 Hu 矩來判斷兩個物件的一致性。但是 Hu 矩不如函數 cv2.matchShapes()直觀。

8.3.2 實現程式

【例 8.7】使用函數 cv2.matchShapes()辨識手勢。

根據題目要求，撰寫程式如下：

```
import cv2
def reg(x):
    o1 = cv2.imread('paper.jpg',1)
    o2 = cv2.imread('rock.jpg',1)
    o3 = cv2.imread('scissors.jpg',1)
    gray1 = cv2.cvtColor(o1,cv2.COLOR_BGR2GRAY)
    gray2 = cv2.cvtColor(o2,cv2.COLOR_BGR2GRAY)
    gray3 = cv2.cvtColor(o3,cv2.COLOR_BGR2GRAY)
    xgray = cv2.cvtColor(x,cv2.COLOR_BGR2GRAY)
```

```
    ret, binary1 = cv2.threshold(gray1,127,255,cv2.THRESH_BINARY)
    ret, binary2 = cv2.threshold(gray2,127,255,cv2.THRESH_BINARY)
    ret, binary3 = cv2.threshold(gray3,127,255,cv2.THRESH_BINARY)
    xret, xbinary = cv2.threshold(xgray,127,255,cv2.THRESH_BINARY)
    contours1, hierarchy = cv2.findContours(binary1,cv2.RETR_LIST,
                        cv2.CHAIN_APPROX_SIMPLE)
    contours2, hierarchy = cv2.findContours(binary2,cv2.RETR_LIST,
                        cv2.CHAIN_APPROX_SIMPLE)
    contours3, hierarchy = cv2.findContours(binary3,cv2.RETR_LIST,
                        cv2.CHAIN_APPROX_SIMPLE)
    xcontours, hierarchy = cv2.findContours(xbinary,cv2.RETR_LIST,
                        cv2.CHAIN_APPROX_SIMPLE)
    cnt1 = contours1[0]
    cnt2 = contours2[0]
    cnt3 = contours3[0]
    x = xcontours[0]
    ret=[]
    ret.append(cv2.matchShapes(x,cnt1,1,0.0))
    ret.append(cv2.matchShapes(x,cnt2,1,0.0))
    ret.append(cv2.matchShapes(x,cnt3,1,0.0))
    max_index = ret.index(min(ret))   # 計算最大值索引
    if max_index==0:
        r="paper"
    elif max_index==1:
        r="rock"
    else:
        r="sessiors"
    return r

t1=cv2.imread('test1.jpg',1)
t2=cv2.imread('test2.jpg',1)
t3=cv2.imread('test3.jpg',1)
# print(reg(t1))
# print(reg(t2))
# print(reg(t3))
# ==========顯示處理結果==================
```

```
org=(0,60)
font = cv2.FONT_HERSHEY_SIMPLEX
fontScale=2
color=(255,255,255)
thickness=3
cv2.putText(t1,reg(t1),org,font,fontScale,color,thickness)
cv2.putText(t2,reg(t2),org,font,fontScale,color,thickness)
cv2.putText(t3,reg(t3),org,font,fontScale,color,thickness)
cv2.imshow('test1',t1)
cv2.imshow('test2',t2)
cv2.imshow('test3',t3)
cv2.waitKey()
cv2.destroyAllWindows()
```

執行上述程式，輸出結果如圖 8-12 所示。從圖 8-12 可以看出，每種手勢都被準確地辨識出來了。

▲ 圖 8-12 【例 8.7】程式執行結果

答題卡辨識

隨著資訊化的發展，電腦閱卷已經成為一種常規操作。在大型考試中，客觀題基本不再需要人工閱卷。

答題卡辨識的基本實現原理如圖 9-1 所示，其主要包含以下步驟。

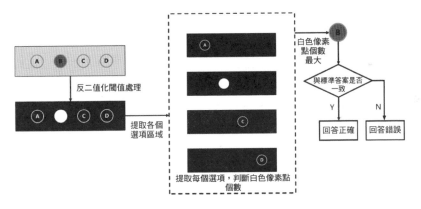

▲ 圖 9-1 答題卡辨識的基本實現原理

（1）進行反二值化閾值處理，將後續操作中要使用的選項處理為前景（白色），將答題卡上其他不需要進行後續處理的位置處理為背景（黑色）。

（2）將每個選項提取出來，並計算各選項的白色像素點個數。

（3）篩選出白色像素點個數最大的選項，將該選項作為考生作答選項。

（4）將考試作答選項與標準答案進行比較，舉出評閱結果。

除此之外，在實現答題卡辨識過程中還有非常多的細節問題需要處理，本章將對該過程可能涉及的細節問題進行具體討論。

9.1 單道題目的辨識

為了方便理解，先討論單道題目的情況。

9.1.1 基本流程及原理

單道題目的答題卡辨識基本原理與圖 9-1 相同，將上述步驟分解，得到如圖 9-2 所示的實現步驟。

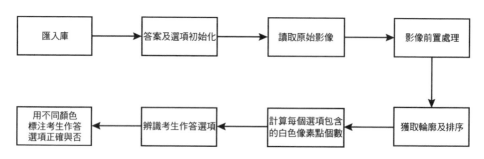

▲圖 9-2 實現步驟

下面對具體步驟進行詳細介紹。

1）Step 1：匯入函數庫

將需要使用的函數庫匯入，主要敘述如下：

```
import numpy as np
import cv2
```

2）Step 2：答案及選項初始化

為了方便處理，將各個選項放入一個字典內儲存，讓不同的選項對應不同的索引。例如，「選項 A」對應索引 0，「選項 B」對應索引 1，依此類推。

本題目的標準答案為「選項 C」。

根據上述內容，撰寫敘述如下：

```
# 將選項放入字典內
ANSWER_KEY = {0: "A", 1: "B", 2: "C", 3: "D"}
# 標準答案
ANSWER = "C"
```

3）Step 3：讀取原始影像

將選項影像讀取到系統內，對應敘述為

```
img = cv2.imread('xiaogang.jpg')
```

4）Step 4：影像前置處理

影像前置處理主要包含色彩空間轉換、高斯濾波、閾值變換三個步驟。

色彩空間轉換將影像從 BGR 色彩空間轉換到灰階空間，以便進行後續計算。在對色彩不敏感的情況下，將彩色影像轉換為灰階影像是常規操作，這樣可以減少計算量。而且，很多函數也要求處理物件為灰階影像，在使用對應函數前，必須將彩色影像轉換為灰階影像。

高斯濾波是透過對影像進行濾波處理，來去除影像內雜訊的影響的。

閾值變換使用的是反二值化閾值處理，將影像內較暗的部分（如鉛筆填塗的答案、選項標記等）處理為白色，將影像內相對較亮的部分（如白色等）處理為黑色。之所以這樣處理是因為，通常用白色表示前景，前景是需要處理的物件；用黑色表示背景，背景是不需要額外處理的部分。

具體程式如下：

```
# 轉換為灰階影像
gray=cv2.cvtColor(img,cv2.COLOR_BGR2GRAY)
# 高斯濾波
gaussian_bulr = cv2.GaussianBlur(gray, (5, 5), 0)
```

```
# 閾值變換，將所有選項處理為前景（白色）
ret,thresh = cv2.threshold(gray, 0, 255,cv2.THRESH_BINARY_INV |
cv2.THRESH_OTSU)
```

5）Step 5：獲取輪廓及排序

獲取輪廓是影像處理的關鍵，借助輪廓能夠確定每個選項的位置、選項是否被選中等。

需要注意的是，使用 findContours 函數獲取的輪廓的排列是沒有規律的。因此需要將獲取的各選項的輪廓按照從左到右出現的順序排序。將輪廓從左到右排列後：

- 索引為 0 的輪廓是選項 A 的輪廓。
- 索引為 1 的輪廓是選項 B 的輪廓。
- 索引為 2 的輪廓是選項 C 的輪廓。
- 索引為 3 的輪廓是選項 D 的輪廓。

該部分的具體程式如下：

```
# 獲取輪廓
cnts, hierarchy = cv2.findContours(thresh.copy(), cv2.RETR_EXTERNAL,
                                   cv2.CHAIN_APPROX_SIMPLE)
# 將輪廓從左到右排列，以便後續處理
boundingBoxes = [cv2.boundingRect(c) for c in cnts]
(cnts, boundingBoxes) = zip(*sorted(zip(cnts, boundingBoxes),
                                    key=lambda b: b[1][0],
reverse=False))
```

6）Step 6：計算每個選項包含的白色像素點個數

本步驟主要完成任務如下。

任務 1：提取每一個選項。

任務 2：計算每一個選項內的白色像素點個數。

對於任務 1，使用逐位元與運算的遮罩方式完成，示意圖如圖 9-3 所示，根據「任意數值與自身進行逐位元與運算，結果仍舊是自身值」及遮罩指定計算區域的特點：

- 如圖 9-3 左圖所示，將影像與自身進行逐位元與運算時，得到的仍舊是影像自身。
- 如圖 9-3 右圖所示，在指定了遮罩後，影像與自身相與所得的結果影像中與遮罩對應部分保留原值；其餘部分均為黑色。

例如，針對影像 i 使用影像 m 作為遮罩，進行逐位元與運算：

```
x = cv2.bitwise_and(i, i, mask=m)
```

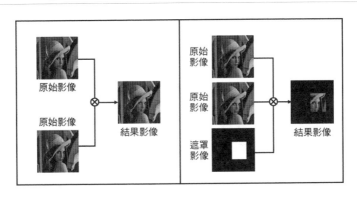

▲圖 9-3 逐位元與運算的遮罩方式示意圖

得到的結果影像 x 是影像 i 中被遮罩影像 m 中像素值非 0 區域指定的部分。具體來說：

- 在結果影像 x 中，與遮罩影像 m 中像素值非 0 區域對應位置的像素值來自影像 i。
- 在結果影像 x 中，與遮罩影像 m 中像素值為 0 區域對應位置的像素值為 0。

針對影像 i，利用遮罩影像 m 提取遮罩對應的選項 D，提取選項範例示意圖如圖 9-4 所示。

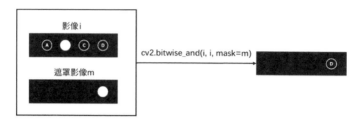

▲圖 9-4 提取選項範例示意圖

具體來說，在圖 9-4 右側的結果影像中：

■ 與遮罩影像 m 中像素值非 0 區域（白色區域）對應位置的像素值來自影像 i。

■ 與遮罩影像 m 中像素值為 0 區域（黑色區域）對應位置的像素值為 0（黑色）。

下文介紹如何建構每一個選項的遮罩影像。在圖 9-4 中的遮罩影像 m，來自選項 D 的實心輪廓，可以透過函數 drawContours 得到。具體分成如下兩步：

■ 首先，建構一個與原始影像 i 等尺寸的灰階影像，影像內像素值均為 0（純黑色）。

■ 其次，將影像 i 中選項 D 的輪廓以實心形式繪製出來。

綜上所敘，使用該方式，依次將各個選項提取出來，並計算每個選項包含的白色像素點個數，程式如下：

```
# ==========建構串列，用來儲存每個選項包含的白色像素點個數及序號===========
options=[]
# 自左向右，遍歷每一個選項的輪廓
for (j, c) in enumerate(cnts):
    # 建構一個與原始影像大小一致的灰階影像，用來儲存各個選項
    mask = np.zeros(gray.shape, dtype="uint8")
    # 獲取單一選項
    # 透過迴圈，將每一個選項單獨放入一個 mask 中
    cv2.drawContours(mask, [c], -1, 255, -1)
```

```
# 獲取 thresh 中 mask 指定部分，每次迴圈，mask 對應不同選項
cv2.imshow("s1",mask)
cv2.imwrite("s1.jpg",mask)
cv2.imshow("thresh",thresh)
cv2.imwrite("thresh.jpg",thresh)
mask = cv2.bitwise_and(thresh, thresh, mask=mask)
cv2.imshow("s2",mask)
cv2.imwrite("s2.jpg",mask)
# cv2.imshow("mask"+str(j),mask)
# cv2.imwrite("mask"+str(j)+".jpg",mask)
# 計算每一個選項的包含的白色像素點個數
# 考生作答選項包含的白色像素點較多，非考生作答選項包含的白色像素點較少
total = cv2.countNonZero(mask)
# 將選項包含的白色像素點個數、選項序號放入串列 options 內
options.append((total,j))
# print(options)   # 在迴圈中列印儲存的各選項包含的白色像素點個數及序號
```

7）Step 7：辨識考生作答選項

白色像素點個數最多的選項即考生作答選項。如圖 9-5 所示，選項 B 是考生使用鉛筆填塗的選項，其白色像素點個數最多。

▲圖 9-5 作答選項範例

根據輪廓內白色像素點的個數將輪廓按照降冪排列，排在最前面的輪廓就是考生作答選項。根據上述思路，撰寫程式如下：

```
# 將所有選項按照輪廓內白色像素點的個數降冪排序
options=sorted(options,key=lambda x: x[0],reverse=True)
# 獲取包含白色像素點最多的選項索引（序號）
choice_num=options[0][1]
# 根據索引確定選項
choice= ANSWER_KEY.get(choice_num)
print("該生的選項：",choice)
```

8）Step 8：輸出結果

用不同顏色標注考生作答選項正確與否，並列印輸出結果。

根據考生作答選項是否與標準答案一致設定要繪製的顏色，具體如下：

- 考生作答選項與標準答案一致，將考生填塗選項的輪廓設定為綠色。
- 考生作答選項與標準答案不一致，將考生填塗選項的輪廓設定為紅色。

按照上述規則，在考生作答選項上繪製輪廓，並列印輸出文字提示，具體程式如下：

```
# 設定標注的顏色類型
if choice == ANSWER:
    color = (0, 255, 0)     # 回答正確，用綠色表示
    msg="回答正確"
else:
    color = (0, 0, 255)     # 回答錯誤，用紅色表示
    msg="回答錯誤"
#   在選項位置上標注顏色
cv2.drawContours(img, cnts[choice_num], -1, color, 2)
cv2.imshow("result",img)
# 列印辨識結果
print(msg)
```

9.1.2 實現程式

【例 9.1】單道題目辨識的實現程式。

```
# ================匯入函數庫====================
import numpy as np
import cv2
# ================答案及選項初始化====================
# 將選項放入字典內
ANSWER_KEY = {0: "A", 1: "B", 2: "C", 3: "D"}
```

```
# 標準答案
ANSWER = "C"
# ================讀取原始影像======================
img = cv2.imread('xiaogang.jpg')
cv2.imshow("original",img)
# ================影像前置處理=====================
# 轉換為灰階影像
gray=cv2.cvtColor(img,cv2.COLOR_BGR2GRAY)
# 高斯濾波
gaussian_bulr = cv2.GaussianBlur(gray, (5, 5), 0)
# 閾值變換，將所有選項處理為前景（白色）
ret,thresh = cv2.threshold(gray, 0, 255,
                            cv2.THRESH_BINARY_INV | cv2.THRESH_OTSU)
# cv2.imshow("thresh",thresh)
# cv2.imwrite("thresh.jpg",thresh)
# =================獲取輪廓及排序=====================
# 獲取輪廓
cnts, hierarchy = cv2.findContours(thresh.copy(),
                            cv2.RETR_EXTERNAL,
cv2.CHAIN_APPROX_SIMPLE)
# 將輪廓從左到右排列，以便後續處理
boundingBoxes = [cv2.boundingRect(c) for c in cnts]
(cnts, boundingBoxes) = zip(*sorted(zip(cnts, boundingBoxes),
                            key=lambda b: b[1][0], reverse=False))
# =========建構串列，用來儲存每個選項包含的白色像素點個數及序號==========
options=[]
# 自左向右，遍歷每一個選項的輪廓
for (j, c) in enumerate(cnts):
    # 建構一個與原始影像大小一致的灰階影像，用來儲存各個選項
    mask = np.zeros(gray.shape, dtype="uint8")
    # 獲取單一選項
    # 透過迴圈，將每一個選項單獨放入一個 mask 中
    cv2.drawContours(mask, [c], -1, 255, -1)
    # 獲取 thresh 中 mask 指定部分，每次迴圈，mask 對應不同選項
    cv2.imshow("s1",mask)
    cv2.imwrite("s1.jpg",mask)
```

```
    cv2.imshow("thresh",thresh)
    cv2.imwrite("thresh.jpg",thresh)
    mask = cv2.bitwise_and(thresh, thresh, mask=mask)
    cv2.imshow("s2",mask)
    cv2.imwrite("s2.jpg",mask)
    # cv2.imshow("mask"+str(j),mask)
    # cv2.imwrite("mask"+str(j)+".jpg",mask)
    # 計算每一個選項的包含的白色像素點個數
    # 考生作答選項包含的白色像素點較多，非考生作答選項包含的白色像素點較少
    total = cv2.countNonZero(mask)
    # 將選項包含的白色像素點個數、選項序號放入串列 options 內
    options.append((total,j))
    # print(options)  # 在迴圈中列印儲存的包含的白色像素點個數及序號
# ===============辨識考生作答選項====================
# 將所有選項按照輪廓內包含白色像素點的個數降冪排序
options=sorted(options,key=lambda x: x[0],reverse=True)
# 獲取包含白色像素點最多的選項索引（序號）
choice_num=options[0][1]
# 根據索引確定選項
choice= ANSWER_KEY.get(choice_num)
print("該生的選項：",choice)
# ================根據考生作答選項正確與否，用不同顏色標注考生選項
=============
# 設定標注的顏色類型
if choice == ANSWER:
    color = (0, 255, 0)    # 回答正確，用綠色表示
    msg="回答正確"
else:
    color = (0, 0, 255)    # 回答錯誤，用紅色表示
    msg="回答錯誤"
#   在選項位置上標注顏色
cv2.drawContours(img, cnts[choice_num], -1, color, 2)
cv2.imshow("result",img)
# 列印辨識結果
print(msg)
cv2.waitKey(0)
```

```
cv2.destroyAllWindows()
```

執行上述程式，將根據考生作答情況列印出對應提示資訊，同時會在答題卡上提示，具體情況如下：

- 當考生作答選項與標準答案一致時，在填塗的答案處繪製綠色邊框。
- 當考生作答選項與標準答案不一致時，在填塗的答案處繪製紅色邊框。

因為黑白印刷無法顯示彩色影像，請讀者上機驗證上述程式。

9.2 整張答題卡辨識原理

整張答題卡辨識的核心步驟就是單道題目的辨識，在單道題目辨識的基礎上增加確定單道題目位置的功能即可實現整張答題卡的辨識。

整張答題卡辨識流程圖如圖 9-6 所示。

▲圖 9-6 整張答題卡辨識流程圖

下面對圖 9-6 中的各個步驟逐一進行分析與說明。

9.2.1 影像前置處理

影像前置處理主要完成讀取影像、色彩空間轉換、高斯濾波、Canny 邊緣檢測、獲取輪廓等。

色彩空間轉換將影像從 RGB 色彩空間轉換到灰階空間，以便後續處理。

高斯濾波主要用於對影像進行去噪處理。為了得到更好的去噪效果，可以根據需要加入形態學（如腐蝕、膨脹等）操作。

Canny 邊緣檢測是為了獲取 Canny 邊緣，以便更好地完成後續獲取影像輪廓的操作。

獲取輪廓，是指將影像內的所有輪廓提取出來。函數 findContours 可以根據參數查詢影像內特定的輪廓。例如，透過參數 cv2.RETR_EXTERNAL 可以實現僅查詢所有外輪廓，具體敘述為

```
cts, hierarchy = cv2.findContours(edged.copy(), cv2.RETR_EXTERNAL,
                              cv2.CHAIN_APPROX_SIMPLE)
```

整張答題卡在影像內擁有一個整體的外輪廓，因此可以使用上述方式將其查詢出來。但影像內包含的雜訊資訊的輪廓也會被檢索到。

本步驟是初始化，僅檢索外輪廓，為後續操作做準備。

【例 9.2】針對影像進行前置處理。

```
import cv2
img = cv2.imread('b.jpg')
cv2.imshow("orginal",img)
gray=cv2.cvtColor(img,cv2.COLOR_BGR2GRAY)
cv2.imshow("gray",gray)
gaussian = cv2.GaussianBlur(gray, (5, 5), 0)
cv2.imshow("gaussian",gaussian)
edged=cv2.Canny(gaussian,50,200)
cv2.imshow("edged",edged)
cts, hierarchy = cv2.findContours(edged.copy(), cv2.RETR_EXTERNAL,
                              cv2.CHAIN_APPROX_SIMPLE)
cv2.drawContours(img, cts, -1, (0,0,255), 3)
cv2.imshow("img",img)
cv2.waitKey()
cv2.destroyAllWindows()
```

執行上述程式，會顯示如圖 9-7 所示執行結果。

- 圖 9-7（a）是原始影像 img。
- 圖 9-7（b）是原始影像進行灰階化處理後得到灰階影像 gray。原始影像有 B、G、R 三個通道，灰階影像 gray 只有一個通道。
- 圖 9-7（c）是經高斯濾波後的影像 gaussian。
- 圖 9-7（d）是邊緣檢測得到的影像 edged。
- 圖 9-7（e）是輪廓檢測結果。除整張答題卡的外輪廓外，還檢索到了一些細小雜訊的外輪廓。

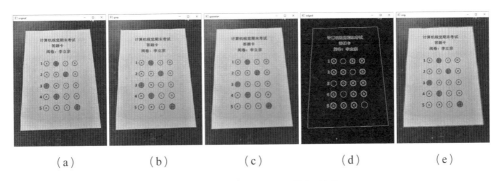

（a）　　　　　（b）　　　　　（c）　　　　　（d）　　　　　（e）

▲圖 9-7　【例 9.2】程式執行結果

9.2.2　答題卡處理

　　將答題卡鋪滿整個頁面（傾斜校正、刪除無效邊緣），將選項處理為白色，背景處理為黑色。

　　答題卡的處理，需要解決如下幾個核心問題。

- 問題 1：如何從許多輪廓中找到答題卡的輪廓？
- 問題 2：如何對答題卡進行傾斜校正、裁剪掉掃描的邊緣？
- 問題 3：如何實現前景、背景的有效處理？
- 問題 4：如何找到答題卡內所有選項？

　　下面對上述問題一個一個進行分析。

1）問題 1：如何從許多輪廓中找到答題卡的輪廓

在將答題卡鋪滿整個頁面前，最重要的步驟是判定哪個輪廓是答題卡的輪廓。也就是說，需要先找到答題卡，再對其處理。

大部分的情況下，將函數 findContours 的 method 參數值設定為 cv2.CHAIN_APPROX_SIMPLE，當它辨識到矩形時，就會使用 4 個頂點來儲存其輪廓資訊。因此，可以透過判定輪廓是否用 4 個頂點表示，來判定輪廓是不是矩形。

也就是說，一個輪廓如果是用 4 個頂點表示的，那麼它就是一個矩形；如果不是用 4 個頂點表示的，那麼它就不是一個矩形。

這個方法簡單易行，但是在掃描答題卡時，可能會發生失真，使得原本是矩形的答題卡變成梯形。此時，簡單地透過輪廓的頂點個數判斷物件是否是答題卡就無效了。

不過，在採用逼近多邊形擬合輪廓時，可以使用 4 個頂點擬合梯形。因此，透過逼近多邊形的頂點個數可以判定一個輪廓是否是梯形：若一個輪廓的逼近多邊形是 4 個頂點，則該輪廓是梯形；否則，該輪廓不是梯形。

【例 9.3】 本例中，分別展示了矩形、梯形的輪廓、逼近多邊形的頂點個數。

```
#   測試 1，如果輪廓是梯形，那麼輸出的輪廓頂點個數是多個(本例選用的圖片有 418 個頂點)
#   測試 2，如果輪廓是矩形，那麼輸出的輪廓頂點個數是 4
#   計算逼近多邊形後
#   測試 1，如果輪廓是梯形，那麼輸出的輪廓點個數是 4
#   測試 2，如果輪廓是矩形，那麼輸出的輪廓點個數是 4
#   輸出邊緣和結構資訊
import cv2
o1 = cv2.imread('xtest.jpg')
cv2.imshow("original1",o1)
```

```
o2 = cv2.imread('xtest2.jpg')
cv2.imshow("original2",o2)
cv2.waitKey()
cv2.destroyAllWindows()
def cstNum(x):
    gray = cv2.cvtColor(x,cv2.COLOR_BGR2GRAY)
    ret, binary = cv2.threshold(gray,127,255,cv2.THRESH_BINARY)
    csts, hierarchy = cv2.findContours(binary,
                                       cv2.RETR_EXTERNAL,
                                       cv2.CHAIN_APPROX_SIMPLE)
    print("輪廓具有的頂點的個數：",len(csts[0]))
    peri=0.01*cv2.arcLength(csts[0],True)
    # 獲取多邊形的所有頂點，如果是 4 個頂點，就代表輪廓是矩形
    approx=cv2.approxPolyDP(csts[0],peri,True)
    # 列印頂點個數
    print("逼近多邊形的頂點個數：",len(approx))
print("首先，觀察一下梯形：")
cstNum(o1)
print("接下來，觀察一下矩形：")
cstNum(o2)
```

執行上述程式，輸出如圖 9-8 所示的影像，左側圖是一個梯形，右側圖是一個矩形。同時輸出以下執行結果：

```
首先，觀察一下梯形：
輪廓具有的頂點的個數： 418
逼近多邊形的頂點個數： 4
接下來，觀察一下矩形：
輪廓具有的頂點的個數： 4
逼近多邊形的頂點個數： 4
```

▲圖 9-8 【例 9.3】程式執行結果

從上述程式輸出結果可以看出，梯形的輪廓具有非常多個頂點，但是其逼近多邊形只有 4 個頂點。掃描後的答題卡通常是一個梯形，據此可以判斷在許多輪廓中哪個輪廓對應的是答題卡。

除此之外，還有一個方法是在找到的許多輪廓中，面積最大的輪廓可能是答題卡。因此，可以將面積最大的輪廓對應的物件判定為答題卡。

2）問題 2：如何對答題卡進行傾斜校正、裁剪掉掃描的邊緣

大部分的情況下，透過掃描等方式得到的答題卡可能存在較大的黑邊及較大程度的傾斜，需要對其進行校正。該操作通常透過透視變換實現。

透視變換可以將矩形映射為任意四邊形，在 OpenCV 中可透過函數 warpPerspective 實現，該函數的語法是

```
dst = cv2.warpPerspective(src, M, dsize)
```

其中：

- dst 表示透視處理後的輸出影像。
- src 表示要透視的影像。
- M 表示一個 3×3 的變換矩陣。
- dsize 表示輸出影像的尺寸。

由此可知，函數 warpPerspective 透過變換矩陣將原始影像 src 轉換為目標影像 dst。因此，在透過透視變換對影像進行傾斜校正時，需要建構一個變換矩陣。

OpenCV 提供的函數 getPerspectiveTransform 能夠建構從原始影像到目標影像（矩陣）之間的變換矩陣 M，其語法格式如下：

```
M = cv2.getPerspectiveTransform(src, dst)
```

其中，src 是原始影像的四個頂點，dst 是目標影像的四個頂點。

綜上所述，使用透視變換將掃描得到的不規則四邊形的答題卡映射為矩形的具體步驟如下。

第一步：找到原始影像（待校正的不規則四邊形）的四個頂點 src 及目標影像（規則形）的四個頂點 dst。

第二步：根據 src 和 dst，使用函數 getPerspectiveTransform 建構原始影像到目標影像的變換矩陣。

第三步：根據變換矩陣，使用函數 warpPerspective 實現從原始影像到目標影像的變換，完成傾斜校正。

需要注意的一個關鍵問題是，用於建構變換矩陣使用的原始影像的四個頂點和目標影像的四個頂點的位置必須是匹配的。也就是說，要將左上、右上、左下、右下四個頂點按照相同的順序排列。

透過輪廓查詢，確定輪廓的逼近多邊形，找到答題卡（待校正的不規則四邊形）的四個頂點。由於並不知道這四個頂點分別是左上、右上、左下、右下四個頂點中的哪個頂點，因此需要在函數內先確定好這四個頂點分別對應左上、右上、左下、右下四個頂點中的哪個頂點。然後將這四個頂點和目標影像的四個頂點，按照一致的排列方式傳遞給函數 getPerspectiveTransform 獲取變換矩陣。最後根據變換矩陣，使用函數 warpPerspective 完成傾斜校正。

　　本章根據逼近多邊形中各個點的座標，進一步確定了每一個頂點分別對應左上、右上、左下、右下四個頂點中的哪個頂點。

【例 9.4】對答題卡進行傾斜校正與裁邊處理。

```python
import cv2
import numpy as np
from scipy.spatial import distance as dist     # 用於計算距離
# 自訂透視函數
# Step 1：參數 pts 是要進行傾斜校正的輪廓的逼近多邊形（本例中的答題卡）的四個頂
點
def myWarpPerspective(image, pts):
    # 確定四個頂點分別對應左上、右上、右下、左下四個頂點中的哪個頂點
    # Step 1.1：根據 x 軸座標值對四個頂點進行排序
    xSorted = pts[np.argsort(pts[:, 0]), :]
    # Step 1.2：將四個頂點劃分為左側兩個、右側兩個
    left = xSorted[:2, :]
    right = xSorted[2:, :]
    # Step 1.3：在左側尋找左上頂點、左下頂點
    # 根據 y 軸座標值排序
    left = left[np.argsort(left[:, 1]), :]
    # 排在前面的是左上角頂點（tl:top-left）、排在後面的是左下角頂點
(bl:bottom-left)
    (tl, bl) = left
    # Step 1.4：根據右側兩個頂點與左上角頂點的距離判斷右側兩個頂點的位置
    # 計算右側兩個頂點距離左上角頂點的距離
    D = dist.cdist(tl[np.newaxis], right, "euclidean")[0]
    # 形狀大致如下
    #    左上角頂點(tl)                 右上角頂點(tr)
    #                                   頁面中心
    #    左下角頂點(bl)                 右下角頂點(br)
    # 右側兩個頂點中，距離左上角頂點遠的點是右下角頂點(br)，近的點是右上角頂點
(tr)
    # br:bottom-right/tr:top-right
    (br, tr) = right[np.argsort(D)[::-1], :]
    # Step 1.5：確定 pts 的四個頂點分別屬於左上、左下、右上、右下頂點中的哪個
    # src 是根據左上、左下、右上、右下頂點對 pts 的四個頂點進行排序的結果
```

```
    src = np.array([tl, tr, br, bl], dtype="float32")
    # ========以下 5 行是測試敘述，顯示計算的頂點是否正確================
    # srcx = np.array([tl, tr, br, bl], dtype="int32")
    # print("看看各個頂點在哪：\n",src)        # 測試敘述，查看頂點
    # test=image.copy()                        # 複製 image 影像，處理用
    # cv2.polylines(test,[srcx],True,(255,0,0),8)  # 在 test 內繪製得到
的點
    # cv2.imshow("image",test)                 # 顯示繪製線條結果
    # ========Step 2：根據 pts 的四個頂點，計算校正後影像的寬度和高度
==============
    # 校正後影像的大小計算比較隨意，根據需要選用合適值即可
    # 這裡選用較長的寬度和高度作為最終寬度和高度
    # 計算方式：由於影像是傾斜的，所以將算得的 x 軸方向、y 軸方向的差值的平方根
作為實際長度
    # 具體圖示如下，因為印刷原因可能對不齊，請在原始程式檔案中進一步看具體情況
    #              (tl[0],tl[1])
    #              |\
    #              | \    heightB = np.sqrt(((tl[0] - bl[0]) ** 2)
    #              |  \          + ((tl[1] - bl[1]) ** 2))
    #              |   \
    #              ----- (bl[0],bl[1])
    widthA = np.sqrt(((br[0] - bl[0]) ** 2) + ((br[1] - bl[1]) **
2))
    widthB = np.sqrt(((tr[0] - tl[0]) ** 2) + ((tr[1] - tl[1]) **
2))
    maxWidth = max(int(widthA), int(widthB))
    # 根據（左上,左下）和（右上,右下）的最大值，獲取高度
    heightA = np.sqrt(((tr[0] - br[0]) ** 2) + ((tr[1] - br[1]) **
2))
    heightB = np.sqrt(((tl[0] - bl[0]) ** 2) + ((tl[1] - bl[1]) **
2))
    maxHeight = max(int(heightA), int(heightB))
    # 根據寬度、高度，建構新影像 dst 對應的四個頂點
    dst = np.array([
        [0, 0],
        [maxWidth - 1, 0],
```

```
            [maxWidth - 1, maxHeight - 1],
            [0, maxHeight - 1]], dtype="float32")
    # print("看看目標如何：\n",dst)    # 測試敘述
    # 建構從 src 到 dst 的變換矩陣
    M = cv2.getPerspectiveTransform(src, dst)
    # 完成從 src 到 dst 的透視變換
    warped = cv2.warpPerspective(image, M, (maxWidth, maxHeight))
    # 傳回透視變換的結果
    return warped
# 主程式
img = cv2.imread('b.jpg')
# cv2.imshow("orgin",img)
gray=cv2.cvtColor(img,cv2.COLOR_BGR2GRAY)
# cv2.imshow("gray",gray)
gaussian_bulr = cv2.GaussianBlur(gray, (5, 5), 0)
# cv2.imshow("gaussian",gaussian_bulr)
edged=cv2.Canny(gaussian_bulr,50,200)
# cv2.imshow("edged",edged)
cts, hierarchy = cv2.findContours(edged.copy(), cv2.RETR_EXTERNAL,
cv2.CHAIN_APPROX_SIMPLE)
# cv2.drawContours(img, cts, -1, (0,0,255), 3)
list=sorted(cts,key=cv2.contourArea,reverse=True)
print("尋找輪廓的個數：",len(cts))
cv2.imshow("draw_contours",img)
rightSum = 0
# 可能只能找到一個輪廓，該輪廓就是答題卡的輪廓
# 由於雜訊等影響，也可能找到很多輪廓
# 使用 for 迴圈，遍歷每一個輪廓，找到答題卡的輪廓
# 對答題卡進行傾斜校正處理
for c in list:
    peri=0.01*cv2.arcLength(c,True)
    approx=cv2.approxPolyDP(c,peri,True)
    print("頂點個數：",len(approx))
    # 四個頂點的輪廓是矩形（或者是掃描造成的矩形失真為梯形）
    if len(approx)==4:
        # 對外輪廓進行傾斜校正，將其建構成一個矩形
```

```
    # 處理後，只保留答題卡部分，答題卡外面的邊界被刪除
    # 原始影像的傾斜校正用於後續標注
    # print(approx)
    # print(approx.reshape(4,2))
    paper = myWarpPerspective(img, approx.reshape(4, 2))
cv2.imshow("paper", paper)
cv2.waitKey()
cv2.destroyAllWindows()
```

　　執行上述程式輸出結果如圖 9-9 所示。從圖 9-9 中可以看到，該程式在對左側影像進行了傾斜校正、裁邊後獲得了右側的處理結果。

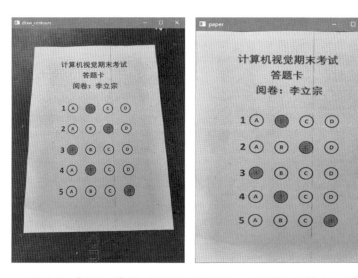

▲ 圖 9-9 【例 9.4】程式執行結果(編按：本圖例為簡體中文介面)

　　在實際對答題卡進行辨識時，要得到兩個傾斜校正結果，分別如下：

■ 原始影像的傾斜校正結果影像 A，用於顯示最終結果，包括最終正確率、考生作答選項的標識（在考生選擇正確的選項上用綠色輪廓包圍，在考生選擇錯誤的選項上用紅色輪廓包圍）等要以彩色形式顯示。影像 A 只有在色彩空間中才能正常顯示彩色輔助資訊。

■ 原始影像對應的灰階影像傾斜校正結果影像 B，用於後續計算。後續

的輪廓計算等操作都基於灰階影像的。

3）問題 3：如何實現前景、背景的有效處理

為了取得更好的辨識效果，將影像內色彩較暗的部分（如 A、B、C、D 選項，填塗的答案等）處理為白色（作為前景），將顏色較亮的部分（答題卡上沒有任何文字標記的部分、普通背景等）處理為黑色（作為背景）。

採用反二值化閾值處理可以實現上述功能。反二值化閾值處理將影像中大於閾值的像素點處理為黑色，小於閾值的像素點處理為白色。將函數 threshold 的參數設定為"cv2.THRESH_BINARY_INV | cv2.THRESH_OTSU"，可以獲取影像的反二值化閾值處理結果。

例如，針對影像 paper 進行反二值化閾值處理，可以得到其反二值化閾值處理結果影像 thresh：

```
ret,thresh = cv2.threshold(paper, 0, 255,cv2.THRESH_BINARY_INV |
                                          cv2.THRESH_OTSU)
```

【例 9.5】對答題卡進行反二值化閾值處理。

```
import cv2
paper=cv2.imread("paper.jpg",0)
cv2.imshow("paper",paper)
ret,thresh = cv2.threshold(paper, 0, 255,cv2.THRESH_BINARY_INV |
                                          cv2.THRESH_OTSU)
cv2.imshow("thresh", thresh)
# cv2.imwrite("thresh.jpg",thresh)
cv2.waitKey()
cv2.destroyAllWindows()
```

執行上述程式，輸出結果如圖 9-10 所示，左圖是原始影像 paper，右圖是反二值化閾值處理結果 thresh。

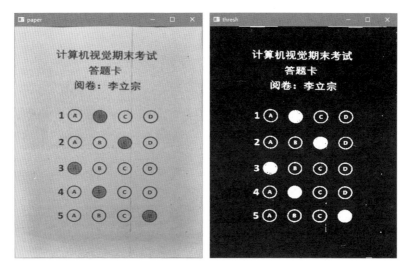

▲圖 9-10 【例 9.5】程式執行結果(編按：本圖例為簡體中文介面)

4）問題 4：如何找到答題卡內所有選項

利用函數 findContours 可以找到影像內的所有輪廓，因此可利用該函數找到答題卡內的所有選項。

例如，透過如下敘述可以找到答題卡 thresh 內的所有選項：

```
cnts, hierarchy = cv2.findContours(thresh, cv2.RETR_EXTERNAL,
                                   cv2.CHAIN_APPROX_SIMPLE)
```

需要注意的是，上述處理不僅會找到答題卡內的所有選項輪廓，還會找到大量其他輪廓，如文字描述資訊的輪廓等。

【例 9.6】找到答題卡內所有輪廓。

```
import cv2
thresh=cv2.imread("thresh.bmp",0)
cv2.imshow("thresh", thresh)
cnts, hierarchy = cv2.findContours(thresh.copy(),
                cv2.RETR_EXTERNAL, cv2.CHAIN_APPROX_SIMPLE)
print("共找到各種輪廓",len(cnts),"個")
threshColor=cv2.cvtColor(thresh,cv2.COLOR_GRAY2BGR)
```

```
cv2.drawContours(threshColor, cnts, -1, (0,0,255), 3)
cv2.imshow("result",threshColor)
cv2.waitKey()
cv2.destroyAllWindows()
```

執行上述程式，輸出如圖 9-11 所示的影像。由圖 9-11 可知，不僅找到了所有選項的輪廓，還找到了大量雜訊輪廓。因此在後續的操作中需要將雜訊輪廓遮罩掉。

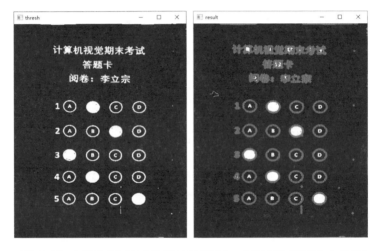

▲ 圖 9-11 【例 9.6】程式執行結果(編按：本圖例為簡體中文介面)

與此同時，執行上述程式還會輸出如下資訊：

```
共找到各種輪廓 67 個
```

具體的輪廓個數與影像的去噪效果等有關，是所有選項的輪廓個數與雜訊輪廓個數之和。

本例獲取的是校正後的答題卡內的輪廓。也就是說，本例中的影像 thresh 是執行【例 9.5】程式輸出結果影像 thresh，如圖 9-10 中右圖所示。

本例中找到的輪廓不僅包含所有選項，還包含各種說明文字等其他輪廓。因此需要進一步篩選，將各選項的輪廓篩選出來。

9.2.3 篩選出所有選項

上述步驟找到了答題卡內所有輪廓，這些輪廓既包含所有選項的輪廓，又包含說明文字等（雜訊）資訊的輪廓。需要將各選項輪廓篩選出來，具體的篩選原則如下：

- 輪廓要足夠大，不能太小，具體量化為長度大於 25 像素、寬度大於 25 像素。
- 輪廓要接近於圓形，不能太扁，具體量化為縱橫比介於[0.6, 1.3]。

將所有輪廓依次按照上述條件進行篩選，滿足上述條件的輪廓判定為選項；否則，判定為雜訊（說明文字等其他資訊的輪廓）。

【例 9.7】找到答題卡內的所有選項輪廓。

```
import cv2
thresh=cv2.imread("thresh.bmp",-1)
cv2.imshow("thresh_original", thresh)
# ===========查詢所有輪廓====================
cnts, hierarchy = cv2.findContours(thresh.copy(), cv2.RETR_EXTERNAL,
cv2.CHAIN_APPROX_SIMPLE)
print("共找到各種輪廓",len(cnts),"個")
# ===========篩選出選項的輪廓====================
options = []
for ci in cnts:
    # 獲取輪廓的矩形包圍框
    x, y, w, h = cv2.boundingRect(ci)
    # 計算縱橫比
    ar = w / float(h)
    # 將滿足長度、寬度大於 25 像素且縱橫比介於[0.6,1.3]的輪廓加入 options
    if w >= 25 and h >= 25 and ar >= 0.6 and ar <= 1.3:
        options.append(ci)
# 需要注意的是，此時獲得了很多選項的輪廓，但是它們在 options 中是無規則存放的
print("共找到選項",len(options),"個")
# ==========將找到的所有選項輪廓繪製出來===============
color = (0, 0, 255)   # 紅色
```

```
# 為了顯示彩色影像，將原始影像轉換至色彩空間
thresh=cv2.cvtColor(thresh,cv2.COLOR_GRAY2BGR)
# 繪製每個選項的輪廓
cv2.drawContours(thresh, options, -1, color, 5)
cv2.imshow("thresh_result", thresh)
cv2.waitKey()
cv2.destroyAllWindows()
```

執行上述程式，結果如圖 9-12 所示。從圖 9-12 中可以看出，準確地找到了所有選項的輪廓。

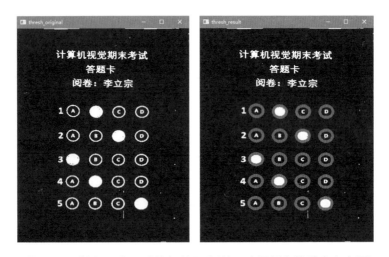

▲ 圖 9-12 【例 9.7】程式執行結果(編按：本圖例為簡體中文介面)

9.2.4 將選項按照題目分組

在預設情況下，所有輪廓是無序排列的，因此無法直接使用序號將其劃分到不同的題目上。若將所有選項輪廓按照從上到下的順序排列，則可以獲得如圖 9-13 所示的排序規律。由於第 1 道題目的四個選項一定在第 2 道題目的四個選項的上方，所以第 1 道題目的四個選項的序號一定是{0、1、2、3}這四個值，但是具體哪個選項對應哪個值還不確定。同理，第 2 道題目的四個選項一定在第 3 道題目的上方，所以第 2 道題目的四個選項

的序號一定是{4、5、6、7}這四個值，依此類推。排序結果示意圖如圖
9-13 所示。

所有選項	可能索引 (每行資料排列與順序無關)
Ⓐ Ⓑ Ⓒ Ⓓ	{0、1、2、3}
Ⓐ Ⓑ Ⓒ Ⓓ	{4、5、6、7}
Ⓐ Ⓑ Ⓒ Ⓓ	{8、9、10、11}
Ⓐ Ⓑ Ⓒ Ⓓ	{12、13、14、15}
Ⓐ Ⓑ Ⓒ Ⓓ	{16、17、18、19}

▲ 圖 9-13 排序結果示意圖

【例 9.8】確定選項的大致序號，確保每一道題選項的序號在下一道
題選項的序號的前面。

```
import cv2
thresh=cv2.imread("thresh.bmp",-1)
# cv2.imshow("thresh_original", thresh)
# ===========查詢所有的輪廓====================
cnts, hierarchy = cv2.findContours(thresh.copy(), cv2.RETR_EXTERNAL,
                            cv2.CHAIN_APPROX_SIMPLE)
print("共找到各種輪廓",len(cnts),"個")
# ===========建構載體====================
# thresh：在該影像內顯示選項無序時的序號
# thresh 是灰階影像，將其轉換至色彩空間是為了能夠顯示彩色序號
thresh=cv2.cvtColor(thresh,cv2.COLOR_GRAY2BGR)
# result：在該影像內顯示選項序號調整後的序號
result=thresh.copy()
# ===========篩選出選項的輪廓====================
options = []      # 用於儲存篩選出的選項
```

```
font = cv2.FONT_HERSHEY_SIMPLEX
for (i,ci) in enumerate(cnts):
    # 獲取輪廓的矩形包圍框
    x, y, w, h = cv2.boundingRect(ci)
    # 計算縱橫比
    ar = w / float(h)
    # 將滿足長度、寬度大於 25 像素且縱橫比介於[0.6,1.3]的輪廓加入 options
    if w >= 25 and h >= 25 and ar >= 0.6 and ar <= 1.3:
        options.append(ci)
        # 繪製序號
        cv2.putText(thresh, str(i), (x-1,y-5), font, 0.5, (0, 0,
255),2)
# 需要注意的是，此時獲得了很多選項的輪廓，它們在 options 中是無規則存放的
# print("共找到選項",len(options),"個")
# 繪製每個選項的輪廓
# cv2.drawContours(thresh, options, -1, color, 5)
# ===========顯示選項無序時的影像====================
cv2.imshow("thresh", thresh)
# ============將輪廓按照從上到下的順序排列===========
boundingBoxes = [cv2.boundingRect(c) for c in options]
(options, boundingBoxes) = zip(*sorted(zip(options, boundingBoxes),
                        key=lambda b: b[1][1], reverse=False))

# ===========按照序號，顯示排序後的輪廓==========
for (i,ci) in enumerate(options):
    x, y, w, h = cv2.boundingRect(ci)
    cv2.putText(result, str(i), (x-1,y-5), font, 0.5, (0, 0, 255),2)
cv2.imshow("result", result)
cv2.waitKey()
cv2.destroyAllWindows()
```

執行上述程式，輸出結果如圖 9-14 所示。從圖 9-14 中可以看出：

■ 在排序前，所有選項的輪廓序號是無序的。

■ 排序後各選項的輪廓序號有了一定規律：每一道題的 4 個選項序號一定比它下面題目的序號小。

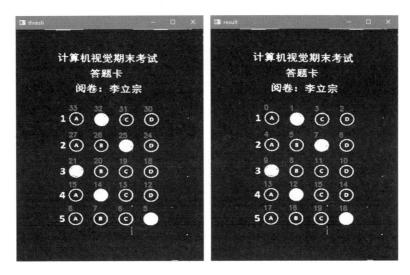

▲圖 9-14 【例 9.8】程式執行結果（編按：本圖例為簡體中文介面）

簡而言之，排序後將輪廓按照位置關係從上到下排列，該操作能夠把每道題的 4 個選項放在鄰近的位置上，並且保證每道題的 4 個選項的序號都在下道題的前面。

按照此操作，採用 for 敘述，在步進值為 4 的情況下，遍歷所有選項，每次提取的 4 個選項正好是同一個題目的 4 個選項。

具體來說，一共有 5 道題，每道題都有 A、B、C、D 四個選項，答題卡內共計有 20 個選項。每次提取 4 個選項：

- 第 1 次提取索引為 0、1、2、3 的輪廓，這些輪廓恰好是第 1 道題的 4 個選項。
- 第 2 次提取索引為 4、5、6、7 的輪廓，這些輪廓恰好是第 2 道題的 4 個選項。
- 第 3 次提取索引為 8、9、10、11 的輪廓，這些輪廓恰好是第 3 道題的 4 個選項。
- 第 4 次提取索引為 12、13、14、15 的輪廓，這些輪廓恰好是第 4 道題的 4 個選項。

■ 第 5 次提取索引為 16、17、18、19 的輪廓，這些輪廓恰好是第 5 道題
  的 4 個選項。

按照上述提取過程，可以把答題卡內每道題目的 4 個選項限定在特定
的位置範圍內。

在此基礎上，還需要將每道題目的 4 個選項按照從左到右的順序排
列，確保每道題目各選項遵循如下規則：

■ A 選項序號為 0。
■ B 選項序號為 1。
■ C 選項序號為 2。
■ D 選項序號為 3。

在具體實現中，根據各選項的座標值，實現各選項按從左到右順序排
列。

【例 9.9】提取各個題目的 4 個選項。

```
import cv2
import numpy as np
thresh=cv2.imread("thresh.bmp",-1)
# cv2.imshow("thresh_original", thresh)
# ===========查詢所有的輪廓====================
cnts, hierarchy = cv2.findContours(thresh.copy(), cv2.RETR_EXTERNAL,
cv2.CHAIN_APPROX_SIMPLE)
print("共找到各種輪廓",len(cnts),"個")
# ===========建構載體====================
# thresh：在該影像內顯示選項無序時的序號
# thresh 是灰階影像，將其轉換至色彩空間是為了能夠顯示彩色序號
thresh=cv2.cvtColor(thresh,cv2.COLOR_GRAY2BGR)
# ===========篩選出選項的輪廓====================
options = []       # 用於儲存篩選出的選項
font = cv2.FONT_HERSHEY_SIMPLEX
for (i,ci) in enumerate(cnts):
    # 獲取輪廓的矩形包圍框
```

```
    x, y, w, h = cv2.boundingRect(ci)
    # 計算縱橫比
    ar = w / float(h)
    # 將滿足長度、寬度大於 25 像素且縱橫比介於[0.6,1.3]的輪廓加入 options
    if w >= 25 and h >= 25 and ar >= 0.6 and ar <= 1.3:
        options.append(ci)
        # 繪製序號
        cv2.putText(thresh, str(i), (x-1,y-5), font, 0.5, (0, 0,
255),2)
# 需要注意的是，此時獲得了很多選項的輪廓，它們在 options 中是無規則存放的
# print("共找到選項",len(options),"個")
# 繪製每個選項的輪廓
# cv2.drawContours(thresh, options, -1, color, 5)
# ===========顯示選項無序時的影像====================
cv2.imshow("thresh", thresh)
# ===========將輪廓按照位置關係從上到下的順序排序===========
boundingBoxes = [cv2.boundingRect(c) for c in options]
(options, boundingBoxes) = zip(*sorted(zip(options, boundingBoxes),
                             key=lambda x: x[1][1], reverse=False))
# ===========將每道題目的 4 個選項篩選出來===========
for (tn, i) in enumerate(np.arange(0, len(options), 4)):
    # 需要注意的是，取出的 4 個輪廓，對應某道題目的 4 個選項
    # 這 4 個選項的存放是無序的
    # 將輪廓按照座標值實現自左向右順次存放
    # 將選項 A、選項 B、選項 C、選項 D 按照座標值順次存放
    boundingBoxes = [cv2.boundingRect(c) for c in options[i:i + 4]]
    (cnts, boundingBoxes) = zip(*sorted(zip(options[i:i + 4],
boundingBoxes),
                             key=lambda x: x[1][0], reverse=False))
    # 建構影像 image 用來顯示每道題目的 4 個選項
    image = np.zeros(thresh.shape, dtype="uint8")
    # 針對每個選項單獨處理
    for (n,ni) in enumerate(cnts):
        x, y, w, h = cv2.boundingRect(ni)
        cv2.drawContours(image, [ni], -1, (255, 255, 255), -1)
```

```
        cv2.putText(image, str(n), (x-1,y-5), font, 1, (0, 0,
255),2)
    # 顯示每道題目的 4 個選項及對應序號
    cv2.imshow("result"+str(tn), image)
cv2.waitKey()
cv2.destroyAllWindows()
```

執行上述程式，輸出結果如圖 9-15 所示。從圖 9-15 中可以看出，圖
9-15（a）是在提取的各個選項上繪製的原始序號，圖 9-15（b）～圖 9-15
（f）是提取的各個不同題目的 4 個選項按序號進行從左到右排序的結
果。

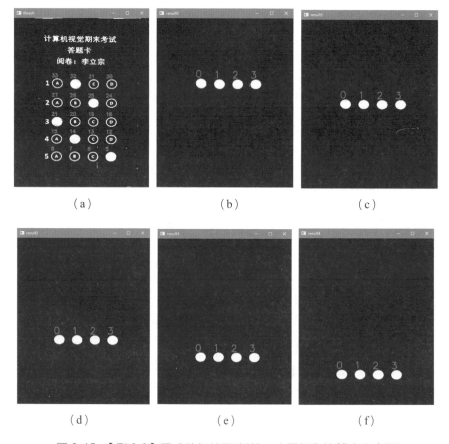

▲ 圖 9-15 【例 9.9】程式執行結果(編按：本圖例為簡體中文介面)

9.2.5 處理每一道題目的選項

處理每一道題目的選項是核心步驟,該步驟的處理演算法已在 9.1 節進行了詳細介紹。

整張影像涉及提取答題卡、逐次提取每道題的 4 個選項、逐次提取每道題的各個選項等步驟,針對此使用了多個迴圈的嵌套結構。

9.2.6 顯示結果

顯示結果時,在答題卡內主要顯示兩部分內容。

- 列印輔助文字說明:具體包含題目總數、答對題目的數目、得分。
- 視覺化輸出:針對選項答對與否進行標注,具體為如果考生填塗的答案正確,那麼在其填塗的正確答案處標注綠色輪廓;如果考生填塗的答案錯誤,那麼在其填塗的錯誤答案處標注紅色輪廓。

9.3 整張答題卡辨識程式

透過上述分析可知,在解決問題時,需要先確定整體方向和步驟。對於本例,我們將解決問題劃分為如下六步。

Step 1:影像前置處理。

Step 2:答題卡處理。

Step 3:篩選出所有選項。

Step 4:將選項按照題目分組。

Step 5:處理每一道題目的選項。

Step 6:顯示結果。

將問題劃分為具體步驟,一方面可以讓思路更清晰,另外一方面能夠讓我們在處理問題時專注於當前步驟的操作。

在劃分好步驟後，在每一個步驟內，只需專注於解決本步驟要解決的具體問題即可。

【例 9.10】整張答題卡辨識實現程式。

```
import cv2
import numpy as np
from scipy.spatial import distance as dist
# 自訂函數，實現透視變換（傾斜校正）
# Step 1：參數 pts 是要進行傾斜校正的輪廓的逼近多邊形（本例中的答題卡）的 4 個頂點
def myWarpPerspective(image, pts):
    # 確定 4 個頂點分別對應左上、右上、右下、左下 4 個頂點中的哪個頂點
    # Step 1.1：根據 x 軸座標值對 4 個頂點進行排序
    xSorted = pts[np.argsort(pts[:, 0]), :]
    # Step 1.2：將 4 個頂點劃分為左側兩個、右側兩個
    left = xSorted[:2, :]
    right = xSorted[2:, :]
    # Step 1.3：在左側尋找左上頂點、左下頂點
    # 根據 y 軸座標值排序
    left = left[np.argsort(left[:, 1]), :]
    # 排在前面的是左上角頂點（tl:top-left）、排在後面的是左下角頂點
(bl:bottom-left)
    (tl, bl) = left
    # Step 1.4：根據右側兩個頂點與左上角頂點的距離判斷右側兩個頂點的位置
    # 計算右側兩個頂點距離左上角頂點的距離
    D = dist.cdist(tl[np.newaxis], right, "euclidean")[0]
    # 形狀大致如下
    #   左上角頂點(tl)          右上角頂點(tr)
    #                          頁面中心
    #   左下角頂點(bl)          右下角頂點(br)
    # 右側兩個頂點中，距離左上角頂點遠的點是右下角頂點(br)，近的點是右上角頂點
(tr)
    # br:bottom-right/tr:top-right
    (br, tr) = right[np.argsort(D)[::-1], :]
    # Step 1.5：確定 pts 的 4 個頂點分別屬於左上、左下、右上、右下頂點中的哪個
    # src 是根據左上、左下、右上、右下頂點對 pts 的 4 個頂點進行排序的結果
```

```
    src = np.array([tl, tr, br, bl], dtype="float32")
    # =======以下 5 行是測試敘述,顯示計算的頂點是否正確================
    # srcx = np.array([tl, tr, br, bl], dtype="int32")
    # print("看看各個頂點在哪:\n",src)       # 測試敘述,查看頂點
    # test=image.copy()                        # 複製 image 影像,處理用
    # cv2.polylines(test,[srcx],True,(255,0,0),8) # 在 test 內繪製得到
的點
    # cv2.imshow("image",test)                       # 顯示繪製線條結果
    # ======Step 2:根據 pts 的 4 個頂點,計算校正後影像的寬度和高度========
    # 校正後影像的大小計算比較隨意,根據需要選用合適值即可
    # 這裡選用較長的寬度和高度作為最終寬度和高度
    # 計算方式:由於影像是傾斜的,所以計算得到的 x 軸方向、y 軸方向的差值的平方
根作為實際長度
    # 具體圖示如下,因為印刷原因可能對不齊,請在原始程式碼檔案中進一步看具體情
況
    #              (tl[0],tl[1])
    #              | \
    #              |  \     heightB = np.sqrt(((tl[0] - bl[0]) ** 2)
    #              |   \                + ((tl[1] - bl[1]) ** 2))
    #              |    \
    #              ----- (bl[0],bl[1])
    widthA = np.sqrt(((br[0] - bl[0]) ** 2) + ((br[1] - bl[1]) **
2))
    widthB = np.sqrt(((tr[0] - tl[0]) ** 2) + ((tr[1] - tl[1]) **
2))
    maxWidth = max(int(widthA), int(widthB))
    # 根據(左上,左下)和(右上,右下)的最大值,獲取高度
    heightA = np.sqrt(((tr[0] - br[0]) ** 2) + ((tr[1] - br[1]) **
2))
    heightB = np.sqrt(((tl[0] - bl[0]) ** 2) + ((tl[1] - bl[1]) **
2))
    maxHeight = max(int(heightA), int(heightB))
    # 根據寬度、高度,建構新影像 dst 對應的 4 個頂點
    dst = np.array([
        [0, 0],
        [maxWidth - 1, 0],
```

```
        [maxWidth - 1, maxHeight - 1],
        [0, maxHeight - 1]], dtype="float32")
    # print("看看目標如何：\n",dst)    # 測試敘述
    # 建構從 src 到 dst 的變換矩陣
    M = cv2.getPerspectiveTransform(src, dst)
    # 完成從 src 到 dst 的透視轉換
    warped = cv2.warpPerspective(image, M, (maxWidth, maxHeight))
    # 傳回透視變換的結果
    return warped
# 標準答案
ANSWER = {0: 1, 1: 2, 2: 0, 3: 2, 4: 3}
# 答案用到的字典
answerDICT = {0: "A", 1: "B", 2: "C", 3: "D"}
# 讀取原始影像（考卷）
img = cv2.imread('b.jpg')
# cv2.imshow("orgin",img)
# 影像前置處理：色彩空間變換
gray=cv2.cvtColor(img,cv2.COLOR_BGR2GRAY)
# cv2.imshow("gray",gray)
# 影像前置處理：高斯濾波
gaussian_bulr = cv2.GaussianBlur(gray, (5, 5), 0)
# cv2.imshow("gaussian",gaussian_bulr)
# 影像前置處理：邊緣檢測
edged=cv2.Canny(gaussian_bulr,50,200)
# cv2.imshow("edged",edged)
# 查詢輪廓
cts, hierarchy = cv2.findContours(edged.copy(),
                cv2.RETR_EXTERNAL,cv2.CHAIN_APPROX_SIMPLE)
# cv2.drawContours(img, cts, -1, (0,0,255), 3)
# 輪廓排序
list=sorted(cts,key=cv2.contourArea,reverse=True)
print("尋找輪廓的個數：",len(cts))
# cv2.imshow("draw_contours",img)
rightSum = 0
# 可能只能找到一個輪廓，該輪廓就是答題卡的輪廓
# 由於雜訊等影響，也可能找到很多輪廓
```

```
# 使用 for 迴圈，遍歷每一個輪廓，找到答題卡的輪廓
# 對答題瞳卡進行傾斜校正處理
for c in list:
    peri=0.01*cv2.arcLength(c,True)
    approx=cv2.approxPolyDP(c,peri,True)
    print("頂點個數：",len(approx))
    # 4 個頂點的輪廓是矩形（或者是掃描造成的矩形失真為梯形）
    if len(approx)==4:
        # 對外輪廓進行傾斜校正，將其建構成一個矩形
        # 處理後，只保留答題卡部分，答題卡外面的邊界被刪除
        # 原始影像的傾斜校正用於後續標注
        paper = myWarpPerspective(img, approx.reshape(4, 2))
        # cv2.imshow("imgpaper", paper)
        # 對原始影像的灰階影像進行傾斜校正，用於後續計算
        paperGray = myWarpPerspective(gray, approx.reshape(4, 2))
        # 注意，paperGray 與 paper 在外觀上無差異
        # 但是 paper 是色彩空間影像，可以在上面繪製彩色標注資訊
        # paperGray 是灰階空間影像
        # cv2.imshow("paper", paper)
        # cv2.imshow("paperGray", paperGray)
        # cv2.imwrite("paperGray.jpg",paperGray)
        # 反二值化閾值處理，將選項處理為白色，將答題卡整體背景處理黑色
        ret,thresh = cv2.threshold(paperGray, 0, 255,
                    cv2.THRESH_BINARY_INV | cv2.THRESH_OTSU)
        # cv2.imshow("thresh", thresh)
        # cv2.imwrite("thresh.jpg",thresh)
        # 在答題卡內尋找所有輪廓，此時會找到所有輪廓
        # 既包含各個選項的輪廓，又包含答題卡內的說明文字等資訊的輪廓
        cnts, hierarchy = cv2.findContours(thresh.copy(),
                    cv2.RETR_EXTERNAL,
cv2.CHAIN_APPROX_SIMPLE)
        # print("找到輪廓個數：",len(cnts))
        # 用 options 來儲存每一個選項（填塗和末填的選項都放進去）
        options = []
        # 遍歷每一個輪廓 cnts，將選項放入 options
        # 依據條件
```

```
        # 條件 1：輪廓如果寬度、高度都大於 25 像素
        # 條件 2：縱橫比介於 [0.6,1.3]
        # 若輪廓同時滿足上述兩個條件，則判定其為選項；否則，判定其為雜訊（說明
文字等其他資訊）
        for ci in cnts:
            # 獲取輪廓的矩形包圍框
            x, y, w, h = cv2.boundingRect(ci)
            # 計算縱橫比
            ar = w / float(h)
            # 滿足長度、寬度大於 25 像素，縱橫比介於 [0.6,1.3]，加入 options
            if w >= 25 and h >= 25 and ar >= 0.6 and ar <= 1.3:
                options.append(ci)
        # print(len(options))   # 查看得到多少個選項的輪廓
        # 獲得了很多選項的輪廓，但是它們在 options 中是無規則存放的
        # 將輪廓逐位元置關係自上向下存放
        boundingBoxes = [cv2.boundingRect(c) for c in options]
        (options, boundingBoxes) = zip(*sorted(zip(options,
boundingBoxes),
                        key=lambda b: b[1][1], reverse=False))
        # 輪廓在 options 內是自上向下存放的
        # 因此，在 options 內索引為 0、1、2、3 的輪廓是第 1 題的選項輪廓
        # 索引為 4、5、6、7 的輪廓是第 2 道題的選項輪廓，依此類推
        # 簡而言之，options 內輪廓以步進值為 4 劃分，分別對應著不同題目的 4 個
輪廓
        # 從 options 內每次取出 4 個輪廓，分別處理各個題目的各個選項輪廓
        # 使用 for 迴圈，從 options 內每次取出 4 個輪廓，處理每一道題的 4 個選項
的輪廓
        # for 迴圈使用 tn 表示題目序號 topic number，i 表示輪廓序號（從 0 開
始，步進值為 4）
        for (tn, i) in enumerate(np.arange(0, len(options), 4)):
            # 需要注意的是，取出的 4 個輪廓對應某一道題的 4 個選項
            # 這 4 個選項的存放是無序的
            # 將輪廓按照座標值實現自左向右順次存放
            # 將選項 A、選項 B、選項 C、選項 D 按照座標值順次存放
        boundingBoxes = [cv2.boundingRect(c) for c in options[i:i
+ 4]]
```

```
        (cnts, boundingBoxes) = zip(*sorted(zip(options[i:i + 4],
        boundingBoxes),
                        key=lambda b: b[1][0], reverse=False))
        # 建構串列 ioptions，用來儲存當前題目的每個選項(像素值非 0 的輪廓
的個數，序號)
        ioptions=[]
        # 使用 for 迴圈，提取出 4 個輪廓的每一個輪廓 c（contour）及其序號
ci(contours index)
        for (ci, c) in enumerate(cnts):
            # 建構一個和答題卡同尺寸的遮罩 mask，灰階影像，黑色（像素值均
為 0）
            mask = np.zeros(paperGray.shape, dtype="uint8")
            # 在 mask 內，繪製當前遍歷的選項輪廓
            cv2.drawContours(mask, [c], -1, 255, -1)
            # 使用逐位元與運算的遮罩模式，提取當前遍歷的選項
            mask = cv2.bitwise_and(thresh, thresh, mask=mask)
            # cv2.imshow("c" + str(i)+","+str(ci), mask)
            # 計算當前遍歷選項內像素值非 0 的輪廓個數
            total = cv2.countNonZero(mask)
            # 將選項像素值非 0 的輪廓的個數、選項序號放入串列 options 內
            ioptions.append((total,ci))
        # 將每道題的 4 個選項按照像素值非 0 的輪廓的個數降冪排序
        ioptions=sorted(ioptions,key=lambda x: x[0],
reverse=True)
        # 獲取包含最多白色像素點的選項索引（序號）
        choiceNum=ioptions[0][1]
        # 根據索引確定選項
        choice=answerDICT.get(choiceNum)
        # print("該生的選項：",choice)
        # 設定標注的顏色類型
        if ANSWER.get(tn) == choiceNum:
            # 正確時，顏色為綠色
            color = (0, 255, 0)
            # 答對數量加 1
            rightSum +=1
        else:
```

```
              # 錯誤時，顏色為紅色
              color = (0, 0, 255)
          cv2.drawContours(paper, cnts[choiceNum], -1, color, 2)
      # cv2.imshow("result", paper)
      s1 = "total: " + str(len(ANSWER)) + ""
      s2 = "right: " + str(rightSum)
      s3 = "score: " + str(rightSum*1.0/len(ANSWER)*100)+""
      font = cv2.FONT_HERSHEY_SIMPLEX
      cv2.putText(paper, s1 + "   " + s2+"   "+s3, (10, 30),
                         font, 0.5, (0, 0, 255), 2)
      cv2.imshow("score", paper)
      # 找到第一個具有 4 個頂點的輪廓就是答題卡，用 break 敘述跳出迴圈
      break
cv2.waitKey(0)
cv2.destroyAllWindows()
```

執行上述程式，輸出結果如圖 9-16 所示。

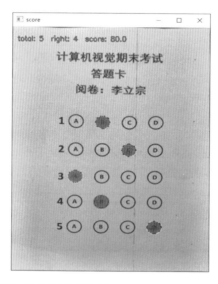

▲圖 9-16　【例 9.10】程式執行結果(編按：本圖例為簡體中文介面)

隱身術

擁有隱身能力是人類的一個夢想，隨著電腦視覺的發展，實現隱身變得可行。本章將討論隱身術的基本原理，其原理示意圖如圖 10-1 所示。圖 10-1 中各影像具體為

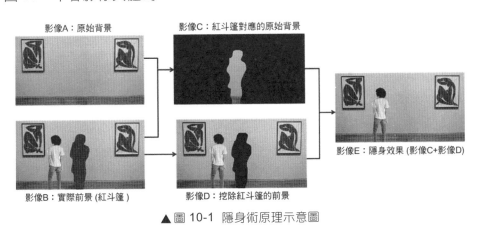

▲ 圖 10-1 隱身術原理示意圖

- 影像 A：原始背景。該影像擷取自某個特定時刻，是希望被偽裝成的背景。
- 影像 B：實際前景（紅斗篷）。此時，前景中有兩個人，其中左邊的人，正常著裝，右邊的人身穿作為偽裝的紅斗篷。
- 影像 C：紅斗篷對應的原始背景。該影像是從影像 A 中提取的，是影像 A 中對應影像 B 中紅斗篷位置的影像，是用來替換紅斗篷位置的影像。

- 影像 D：挖除紅斗篷的前景。該影像是影像 B 挖除紅斗篷位置的影像的影像。
- 影像 E：隱身效果。該影像是透過影像 C +影像 D 得到的。

　　由圖 10-1 可知，可以在特定背景、特定偽裝色的前提下實現隱身術。

10.1 影像的隱身術

　　為了便於理解，先以圖片為例對隱身術的基本原理和具體實現進行簡要說明。

10.1.1 基本原理與實現

　　隱身術原理圖如圖 10-2 所示，在透過原始背景（影像 A）獲取紅斗篷對應的原始背景（影像 C），透過實際前景（影像 B）獲取挖除紅斗篷的前景（影像 D）時，需要借助遮罩影像。

　　下面對圖 10-2 中的各個影像及使用的運算進行簡單介紹。

1. 遮罩 mask1

　　如圖 10-2 所示，遮罩 mask1 來自影像 B，是影像 B 中紅斗篷所在區域。為了獲取影像 B 中的紅斗篷所在區域，可以將影像 B 轉換到 HSV 色彩空間中，從而更方便地辨識出紅色區域。

　　在 OpenCV 的 HSV 色彩空間中，紅色分量包含如下兩個區間：

- HSV 的值從[0,100,100]到[10,255,255]。
- HSV 的值從[160,100,100]到[179,255,255]。

　　在影像 B 中指定上述紅色分量區間，即可獲得紅斗篷所在區域。

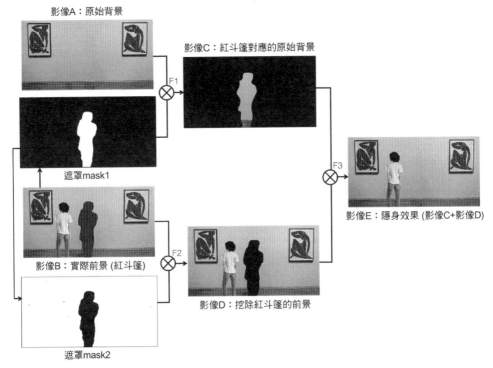

影像A：原始背景

影像C：紅斗篷對應的原始背景

遮罩mask1

影像B：實際前景 (紅斗篷)

遮罩mask2

影像D：挖除紅斗篷的前景

影像E：隱身效果 (影像C+影像D)

▲圖 10-2 隱身術原理圖

【例 10.1】從實際前景影像 B 中獲取遮罩 mask1。

根據題目要求及分析，撰寫程式如下：

```
# ===============匯入函數庫==================
import cv2
import numpy as np
# =============讀取前景影像、背景影像==============
B=cv2.imread("fore.jpg")
cv2.imshow('B',B)
# ============獲取遮罩影像 mask1==================
# 轉換到 HSV 色彩空間，以便辨識紅色區域
hsv = cv2.cvtColor(B, cv2.COLOR_BGR2HSV)
# 紅色區間 1
redLower = np.array([0,100,100])
redUpper = np.array([10,255,255])
```

```
maskA = cv2.inRange(hsv,redLower,redUpper)
# 紅色區間 2
redLower = np.array([160,100,100])
redUpper = np.array([179,255,255])
maskB = cv2.inRange(hsv,redLower,redUpper)
# 紅色整體區間 = 紅色區間 1+紅色區間 2
mask1 = maskA+maskB
# =============顯示影像 mask1==================
cv2.imshow('mask1',mask1)
cv2.waitKey()
cv2.destroyAllWindows()
```

執行上述程式，輸出結果如圖 10-3 所示。圖 10-3 左圖是實際前景（影像 B），圖 10-3 右圖是實際前景 B 中根據 HSV 色彩空間中的紅色分量值獲取的遮罩 mask1。

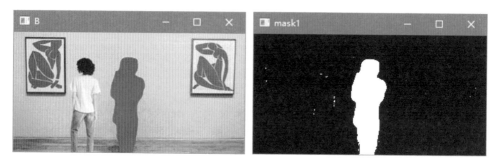

▲圖 10-3 【例 10.1】程式執行結果

2. 遮罩 mask2

如圖 10-2 所示，遮罩 mask2 來自遮罩 mask1，是透過對遮罩 mask1 進行反色得到的。使遮罩 mask1 反色，可以透過多種方式實現，例如：

- 逐位元反轉。
- 255-mask1
- 反二值化閾值處理。

下面，分別對這三種方法進行介紹。

1）方式 A：逐位元反轉

透過逐位元反轉將像素值逐位元反轉，即逐位元將像素值對應的二進位數字中的 0 處理為 1，1 處理為 0。在遮罩 mask1 中，像素值僅有兩種可能，0（對應黑色）和 255（對應白色）。

對數值 0（對應二進位數字為 0000 0000）逐位元反轉，會得到二進位數字 1111 1111，該數對應的十進數為 255。也就是説，數值 0（黑色）在逐位元反轉後會得到數值 255（白色）。

對數值 255（對應二進位數字為 1111 1111）逐位元反轉，會得到二進位數字 0000 0000，該數對應的十進位數字為 0。也就是説，數值 255（白色）在逐位元反轉後會得到數值 0（黑色）。

透過上述分析可知，透過逐位元反轉能夠實現遮罩 mask1 反色。

2）255-mask1

用數值 255 與遮罩 mask1 進行減法運算，相當於用一個與遮罩 mask1 等大小的、像素值均為 255 的影像減遮罩 mask1，此時得到的是遮罩 mask1 的反色影像。

在遮罩 mask1 中，像素值僅有兩種可能，即 0（對應黑色）和 255（對應白色）。當遮罩 mask1 中的像素值為 0（黑色）時，得到的結果為 "255-0=255"，對應白色；當遮罩 mask1 中的像素值為 255（白色）時，得到的結果為"255-255=0"，對應黑色。

圖 10-4 演示了用 255 減去一個影像的像素值效果及顏色效果。

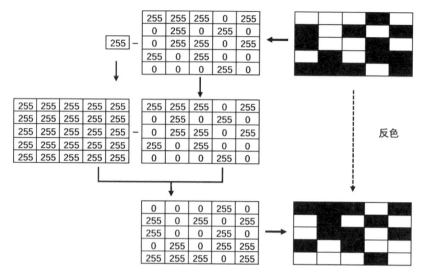

▲圖 10-4 用 255 減去一個影像的像素值效果及顏色效果

3）反二值化閾值處理

透過使用 threshold 函數進行反二值化閾值處理，可以將一個僅有黑白兩種顏色的影像反色，具體敘述為

```
t,mask2c = cv2.threshold(mask1,127,255,cv2.THRESH_BINARY_INV)
```

上述敘述使用了參數為 cv2.THRESH_BINARY_INV（反二值化閾值）的 threshold 函數，其處理過程為

- 若像素值大於 127（閾值），則將其處理為 0。
- 若像素值小於或等於 127（閾值），則將其處理為 255。

因此，上述敘述可以實現遮罩 mask1 反色。

【例 10.2】使用不同方式對遮罩 mask1 進行反色處理。

```
# ===============匯入函數庫、讀取影像==================
import cv2
mask1=cv2.imread("mask1.bmp",0)
# ===============獲取 mask1 的反色影像==================
mask2a = cv2.bitwise_not(mask1)    # 逐位元反轉
```

```
mask2b = 255-mask1                    # 255-mask1
# 反二值化閾值處理
t,mask2c = cv2.threshold(mask1,127,255,cv2.THRESH_BINARY_INV)
# ==============顯示影像==================
cv2.imshow('mask1',mask1)
cv2.imshow('mask2a',mask2a)
cv2.imshow('mask2b',mask2b)
cv2.imshow('mask2c',mask2c)
cv2.waitKey()
cv2.destroyAllWindows()
```

執行上述程式，輸出結果如圖 10-5 所示。圖 10-5 左圖是遮罩 mask1，圖 10-5 右側三幅影像是使用不同方式得到反色結果。

▲ 圖 10-5 【例 10.2】程式執行結果

3. 運算 F1

如圖 10-2 所示，運算 F1 是以影像 mask1 為遮罩，將原始背景（影像 A）與自身進行逐位元與運算得到的紅斗篷區域對應的原始背景（影像 C）的運算。

逐位元與運算的邏輯如表 10-1 所示。從表 10-1 中可以看出，無論數值 1 還是數值 0 在與自身相與時結果都保持不變。

表 10-1 逐位元與運算的邏輯

算 子 1	算 子 2	結 果	規 則
0	0	0	and(0,0)=0
0	1	0	and(0,1)=0
1	0	0	and(1,0)=0
1	1	1	and(1,1)=1

由於任何數值與自身相與對應的都是兩個相同的二進位數字相與，因此結果都保持不變。例如，某十進位數字 X，其對應的二進位數字為 $b_7b_6b_5b_4\ b_3b_2b_1b_0$，與自身進行逐位元與運算後，得到的二進位數字仍是 $b_7b_6b_5b_4\ b_3b_2b_1b_0$，對應的十進位數字仍是 X，如表 10-2 所示。

表 10-2 與自身進行逐位元與運算範例

說　明	二進位數字	十進位數字
二進位數字	$b_7b_6b_5b_4\ b_3b_2b_1b_0$	X
二進位數字	$b_7b_6b_5b_4\ b_3b_2b_1b_0$	X
逐位元與運算結果	$b_7b_6b_5b_4\ b_3b_2b_1b_0$	X

舉例來說，十進位數字 126，其對應的二進位數字為 0111 1110，與自身逐位元相與後得到的二進位數字仍是 0111 1110，對應的十進位數字仍是 126。

逐位元與運算允許指定遮罩。在具體運算時，僅將遮罩指定的部分保留，將其餘部分處理為 0。在運算結果中：

- 與遮罩中非 0 像素值對應部分來自原始影像。
- 與遮罩中 0 像素值（黑色）對應部分處理為 0（黑色）。

【例 10.3】在逐位元與運算中使用遮罩，獲取原始背景影像的指定部分。

```
# ===============匯入函數庫、讀取影像==================
import cv2
A=cv2.imread("back.jpg")
mask1=cv2.imread("mask1.bmp",0)
# ==============遮罩控制的逐位元與運算==================
C = cv2.bitwise_and(A,A,mask=mask1)
# ==============顯示影像==================
cv2.imshow('A',A)
cv2.imshow('mask1',mask1)
cv2.imshow('C',C)
```

```
cv2.waitKey()
cv2.destroyAllWindows()
```

執行上述程式，輸出結果如圖 10-6 所示。圖 10-6 最左側的影像是原始背景（影像 A），中間的影像是遮罩影像 mask1，最右側的影像是處理結果紅斗篷區域對應的原始背景（影像 C）。

▲圖 10-6 【例 10.3】程式執行結果

4. 運算 F2

如圖 10-2 所示，運算 F2 是以影像 mask2 為遮罩，將實際前景（影像 B）與自身進行逐位元與運算得到挖除紅斗篷區域的前景（影像 D）的運算。

需要注意的是，逐位元與運算保留的是遮罩指定的白色區域。因此，透過運算 F2 能夠得到挖除紅斗篷區域的前景（影像 D）。

【例 10.4】在逐位元與運算中使用遮罩，獲取實際前景影像的指定部分。

```
# ===============匯入函數庫、讀取影像==================
import cv2
B=cv2.imread("fore.jpg")
mask2=cv2.imread("mask2.bmp",0)
# ==============遮罩控制的逐位元與運算==================
D = cv2.bitwise_and(B,B,mask=mask2)
# ==============顯示影像==================
cv2.imshow('B',B)
cv2.imshow('mask2',mask2)
cv2.imshow('D',D)
```

```
cv2.waitKey()
cv2.destroyAllWindows()
```

執行上述程式，輸出結果如圖 10-7 所示。圖 10-7 最左側的影像是實際前景（影像 B），中間的影像是遮罩影像 mask2，最右側的影像是處理結果挖除紅斗篷區域的前景（影像 D）。

▲圖 10-7 【例 10.4】程式執行結果

5. 運算 F3

如圖 10-2 所示，運算 F3 是加法運算。數學上的加法運算比較簡單，但是在影像進行加法運算時要考慮數值表示範圍、運算需求等多種因素。

一般來說，8 位元點陣圖表示的像素值範圍為 0000 0000～1111 1111，也就是十進位數字的 0～255。因此，8 位元點陣圖能表示的最大像素值是 255。

在 8 位元點陣圖中進行像素處理時，若像素值超過了 255，則稱之為數值越界。針對數值越界，有兩種處理方式。

- 飽和處理：這種處理方式把越界的數值處理為最大值。例如，汽車儀表板能顯示的最高時速是 200km，當汽車時速達到 300km 時，汽車儀表板顯示的車速為 200km/h。
- 取餘處理：這種處理方式又稱為循環取餘數。例如，牆上的時鐘，只能顯示 1～12 點。13 點實際顯示的是 1 點。

在影像處理過程中，可以根據實際需求場景，從上述兩種處理方式中選擇一種來完成運算。

除此以外，影像在進行加法運算時可能還需要對兩幅影像進行不同比例的融合。

整體來說，影像的加法運算主要包含以下三種不同的方法：

- 運算子"+"。
- add 函數。
- 加權和函數 addWeighted。

下面分別對上述三種方法進行介紹。

1）運算子 "+"

在使用運算子 "+" 對影像 a（像素值為 a）和影像 b（像素值為 b）進行求和運算時，遵循以下規則：

$$a+b = \begin{cases} a+b & a+b \leqslant 255 \\ \mathrm{mod}\,(a+b,\,256) & a+b \leqslant 255 \end{cases}$$

其中，mod()是取餘運算，mod($a+b$, 256)表示使($a+b$)的值除以 256 後取餘數。

根據上述規則，在兩個像素值進行加法運算時有如下兩種情況：

- 若兩幅影像對應像素值的和小於或等於 255，則直接相加得到運算結果。例如，像素值 28 和像素值 36 相加，最終計算結果為 64。
- 若兩幅影像對應像素值的和大於 255，則將運算結果對 256 取餘。例如，255+58=313，313 大於 255，則(255+58)% 256 = 57，最終計算結果為 57。

上述公式也可以簡化為 $(a+b) = \mathrm{mod}\,(a+b, 256)$，在運算時無論相加的和是否大於 255，都對數值 256 取餘。

【例 10.5】使用隨機陣列模擬灰階影像，觀察使用運算子 "+" 對像素值求和的結果。

分析：資料型態 np.uint8 表示的資料範圍是[0,255]。將陣列的數數值型別定義為 dtype=np.uint8，可以保證陣列值的範圍為[0,255]。

根據題目要求及分析，撰寫程式如下：

```
import numpy as np
img1=np.random.randint(0,256,size=[3,3],dtype=np.uint8)
img2=np.random.randint(0,256,size=[3,3],dtype=np.uint8)
print("img1=\n",img1)
print("img2=\n",img2)
print("img1+img2=\n",img1+img2)
```

執行上述程式，得到如下結果：

```
img1=
 [[178  83  29]
 [202 200 158]
 [ 27 177 162]]
img2=
 [[ 26  48  57]
 [ 52 153   8]
 [ 10 232   7]]
img1+img2=
 [[204 131  86]
 [254  97 166]
 [ 37 153 169]]
```

從上述程式執行結果可知，使用運算子 "+" 計算兩個 256 級灰階影像內的像素值的和時，運算結果會對 256 取餘。

需要注意的是，本例中的加法要進行取餘是由陣列的類型 dtype=np.uint8 規定的。np.uint8 類型的數值範圍是[0,255]。

2）函數 add

函數 add 可以用來計算影像像素值相加的和，語法格式為

```
計算結果=cv2.add(像素值a,像素值b)
```

使用函數 add 對像素值 a 和像素值 b 進行求和運算時，若求得的和超過當前影像像素值所能表示的範圍，則使用所能表示範圍的最大值作為計算結果。該最大值一般被稱為影像的像素飽和值，所以使用函數 add 求和一般被稱為飽和值求和（又稱飽和求和、飽和運算、飽和求和運算等）。

例如，8 位元點陣圖的飽和值為 255，因此在對 8 位元點陣圖的像素值求和時，遵循以下規則：

$$a+b=\begin{cases}a+b & a+b\leqslant 255 \\ 255 & a+b>255\end{cases}$$

根據上述規則，在對 8 位元點陣圖中的兩個像素點進行加法運算時有如下兩種情況：

- 若兩個像素值的和小於或等於 255，則直接相加得到運算結果。例如，像素值 28 和像素值 36 相加，最終計算結果為 64。
- 若兩個像素值的和大於 255，則將運算結果處理為飽和值 255。例如，255+58=313，313 大於 255，最終計算結果為 255。

需要注意的是，函數 add 中的參數可能有如下三種形式。

- 計算結果=cv2.add(影像 1,影像 2)，兩個參數都是影像。此時，參與運算的影像大小和類型必須保持一致。
- 計算結果=cv2.add(數值 N,影像 I)，第一個參數是數值，第二個參數是影像。該運算將數值 N 加到影像 I 的每一個像素點的像素值上。或者理解為，在進行該運算時，先建構一個和影像 I 等尺寸的影像 NI，其中像素值都是數值 N，然後計算 cv2.add(影像 NI,影像 I)的結果。此時，將超過影像飽和值的數值處理為飽和值（最大值）。

■ 計算結果=cv2.add(影像 I,數值 N)，第一個參數是影像，第二個參數是數值。這種形式與「計算結果=cv2.add(數值 N,影像 I)」的計算方式相似。該運算將數值 N 加到影像 I 的每一個像素點的像素值上。或者理解為先建構一個和影像 I 等尺寸的影像 NI，其中像素值都是數值 N，然後計算 cv2.add(影像 I, 影像 NI)的結果。此時，將超過影像飽和值的數值處理為飽和值（最大值）。

【例 10.6】使用隨機陣列模擬灰階影像，觀察函數 add 對像素值求和的結果。

根據題目要求，撰寫程式如下：

```
import numpy as np
import cv2
img1=np.random.randint(0,256,size=[3,3],dtype=np.uint8)
img2=np.random.randint(0,256,size=[3,3],dtype=np.uint8)
print("img1=\n",img1)
print("img2=\n",img2)
img3=cv2.add(img1,img2)
print("cv2.add(img1,img2)=\n",img3)
```

執行上述程式，得到如下計算結果：

```
img1=
 [[136 212   1]
 [ 47 234  85]
 [197 107 169]]
img2=
 [[109 212  62]
 [ 19 218 245]
 [ 19 103 137]]
cv2.add(img1,img2)=
 [[245 255  63]
 [ 66 255 255]
 [216 210 255]]
```

從上述程式執行結果可知,使用函數 add 求和時,如果兩個像素值的和大於 255,那麼將運算結果處理為飽和值 255。

【例 10.7】分別使用運算子"+"和函數 add 計算兩幅灰階影像的像素值之和,觀察處理結果。

根據題目要求,撰寫程式如下:

```
import cv2
a=cv2.imread("lena.bmp",0)
b=a
result1=a+b
result2=cv2.add(a,b)
cv2.imshow("original",a)
cv2.imshow("result1",result1)
cv2.imshow("result2",result2)
cv2.waitKey()
cv2.destroyAllWindows()
```

上述程式先讀取了影像 lena 並將其標記為變數 a;然後使用敘述 "b=a"將影像 lena 複製到變數 b 內;最後分別使用運用符"+"和函數 add 計算 a 和 b 之和。

執行上述程式,輸出如圖 10-8 所示,其中:

▲圖 10-8 【例 10.7】程式執行結果

- 圖 10-8 左圖是原始影像 lena。
- 圖 10-8 中間的圖是使用運算子"+"將影像 lena 自身相加的結果。
- 圖 10-8 右圖是使用函數 add 將影像 lena 自身相加的結果。

　　從圖 10-8 可以看出：

- 使用運算子 "+" 計算影像像素值之和時，和大於 255 的像素值進行了取餘處理，取餘後大於 255 的像素值變得更小了，因此本來應該更亮的像素點變得更暗了，所得影像看起來不自然。
- 使用函數 add 計算影像像素值之和時，和大於 255 的像素值被處理為飽和值 255。影像像素值相加後影像的像素值增大了，影像整體變亮。

3）加權和

　　OpenCV 提供了函數 addWeighted，該函數可用來實現影像的加權和（混合、融合），對應語法格式為

```
dst=cv2.addWeighted(src1, alpha, src2, beta, gamma)
```

　　其中，參數 alpha 和 beta 是 src1 和 src2 對應的係數，它們的和可以等於 1，也可以不等於 1。該函數實現的功能是 dst = saturate(src1 × alpha + src2 × beta + gamma)。其中，saturate(·)表示取飽和值（所能表示範圍的最大值），alpha 表示 src1 的權重值，beta 表示 src2 的權重值，gamma 表示給影像整體增加的亮度值。上述語法格式可以視為「結果影像=計算飽和值（影像 1×係數 1+影像 2×係數 2+亮度調節量）」。

　　需要注意的是，函數 addWeighted 中的參數 gamma 的值可以是 0，但是該參數是必選參數，不能省略。

　　【例 10.8】使用陣列演示函數 addWeighted 的使用。

　　根據題目要求，撰寫程式如下：

```
1. import cv2
2. import numpy as np
3. img1=np.random.randint(0,256,(3,4),dtype=np.uint8)
```

```
4. img2=np.random.randint(0,256,(3,4),dtype=np.uint8)
5. img3=np.zeros((3,4),dtype=np.uint8)
6. gamma=3
7. img3=cv2.addWeighted(img1,2,img2,1,gamma)
print(img3)
```

對於上述程式有

- 第 3 行生成一個 3×4 大小的二維陣列，元素值在[0,255]內，對應灰階影像 img1。
- 第 4 行生成一個 3×4 大小的二維陣列，元素值在[0,255]內，對應灰階影像 img2。
- 第 5 行生成一個 3×4 大小的二維陣列，元素值都為 0，資料型態為 np.uint8，即該陣列能夠表示的最大值是 255。
- 第 6 行將亮度調節參數 gamma 的值設定為 3。
- 第 7 行計算"img1×2+img2×1+3"的飽和值。若上述運算式的和小於 255，則保留；若上述運算式的和大於或等於 255，則將其處理為 255。

執行上述程式，得到如下結果：

```
img1=
[[ 51    4 252   74]
 [192  27  31   81]
 [108   4 156 246]]
img2=
[[ 54 176 200   73]
 [ 27  37 211 186]
 [ 84  32 106  93]]
img3=
[[159 187 255 224]
 [255  94 255 255]
 [255  43 255 255]]
```

【例 10.9】使用函數 addWeighted 對兩幅影像進行加權混合，觀察處理結果。

根據題目要求，撰寫程式如下：

```
import cv2
a=cv2.imread("boat.bmp")
b=cv2.imread("lena.bmp")
result=cv2.addWeighted(a,0.6,b,0.4,0)
cv2.imshow("boat",a)
cv2.imshow("lena",b)
cv2.imshow("result",result)
cv2.waitKey()
cv2.destroyAllWindows()
```

上述程式使用 addWeighted 函數對影像 boat 和影像 lena 分別按照 0.6 和 0.4 的權重值進行混合。

執行上述程式，得到如圖 10-9 所示的結果，其中：

■ 圖 10-9 左圖是原始影像 boat。
■ 圖 10-9 中間的圖是原始影像 lena。
■ 圖 10-9 右圖是影像 boat 和影像 lena 加權混合後的結果影像。

▲圖 10-9 【例 10.9】程式執行結果

【例 10.10】使用不同的方法，對圖 10-2 中的影像 C 和影像 D 進行加法運算。

根據題目要求，撰寫程式如下：

```
import cv2
c=cv2.imread("c.bmp")
d=cv2.imread("d.bmp")
# print(c)    # 觀察影像 C
e1=c+d
e2=cv2.add(c,d)
e3=cv2.addWeighted(c,1,d,1,0)
cv2.imshow("c",c)
cv2.imshow("d",d)
cv2.imshow("e1",e1)
cv2.imshow("e2",e2)
cv2.imshow("e3",e3)
print("d")
cv2.waitKey()
cv2.destroyAllWindows()
```

執行上述程式，輸出結果如圖 10-10 所示。在圖 10-10 中，最左側影像是影像 C，左數第 2 幅影像是影像 D，右側 3 幅影像是使用不同方式實現的影像 C 和影像 D 進行加法運算的結果。

▲圖 10-10 【例 10.10】程式執行結果

10.1.2 實現程式

根據上述基本原理，將各個步驟組合到一起，即可實現針對影像的隱身技術。

【例 10.11】隱身術的實現程式。

```python
# ===============匯入函數庫===================
import cv2
import numpy as np
# =============讀取前景影像、背景影像==============
A=cv2.imread("back.jpg")
cv2.imshow('A',A)
B=cv2.imread("fore.jpg")
cv2.imshow('B',B)
# =============獲取遮罩影像 mask1/mask2==================
# 轉換到 HSV 色彩空間，以便辨識紅色區域
hsv = cv2.cvtColor(B, cv2.COLOR_BGR2HSV)
# 紅色區間 1
lower_red = np.array([0,120,70])
upper_red = np.array([10,255,255])
mask1 = cv2.inRange(hsv,lower_red,upper_red)
# 紅色區間 2
lower_red = np.array([170,120,70])
upper_red = np.array([180,255,255])
mask2 = cv2.inRange(hsv,lower_red,upper_red)
# 遮罩 mask1，紅色整體區間 = 紅色區間 1+紅色區間 2
mask1 = mask1+mask2
cv2.imshow('mask1',mask1)
# 遮罩 mask2，對 mask1 逐位元反轉, 獲取 mask1 的反色影像
mask2 = cv2.bitwise_not(mask1)
cv2.imshow('mask2',mask2)
# ==============影像 C：背景中與前景紅斗篷區域對應位置影像
==============
C = cv2.bitwise_and(A,A,mask=mask1)
cv2.imshow('C',C)
# ==============影像 D：挖除紅斗篷區域的前景=================
# 提取影像 B 中遮罩 mask2 指定的區域
D = cv2.bitwise_and(B,B,mask=mask2)
cv2.imshow('D',D)
# ==============影像 E：影像 C+影像 D===============
E=C+D
```

```
cv2.imshow('E',E)
cv2.waitKey()
cv2.destroyAllWindows()
```

執行上述程式，輸出結果如圖 10-11 所示。在圖 10-11 中：

- 影像 A 是原始背景。
- 影像 B 是實際前景，其中右側的人披著紅斗篷。
- 影像 C 是從影像 B 中提取出來的遮罩 mask1。
- 影像 D 是依賴於影像 C 從影像 A 中提取的，該影像是用來替代影像 B 中的紅斗篷區域的影像。
- 影像 E 是透過使影像 C 反色得到的。
- 影像 F 是依賴於影像 E 從影像 B 中提取的刪除了紅斗篷區域的前景。
- 影像 G 是影像 D 和影像 F 相加的結果，即最終的隱身結果

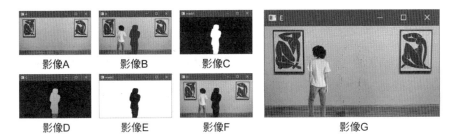

▲圖 10-11 【例 10.11】程式執行結果

10.1.3 問題及最佳化方向

【例 10.11】實現了一個最小化的流程。

MVP（Minimum Viable Product）方式，即最簡化的可行產品，也就是用最低的成本和代價快速驗證和迭代一個演算法。該方式用最快的方式以最小的精力完成「開發－度量－改進」的回饋閉環。

無論學習還是工作，使用現有的資源，以最低的成本最快的速度行動起來是最關鍵的。

　　當然這樣做出來的產品一定是不完美的，可能會有很多缺陷，不過沒關係，我們可以慢慢改進。

　　這往往比一開始就嘗試製作一個改變世界的產品更容易獲得成功。

　　例如，【例 10.11】採用該思路實現了一個針對影像的隱身效果，仔細觀察最後的隱身效果圖可以發現原有紅斗篷區域周圍存在紅色邊緣。據此可以判斷出，這個位置是有問題的，可能被處理過了。基於此可以慢慢改進、最佳化【例 10.11】程式。

　　在具體實踐中，往往需要透過大量的細節工作，才能確保工作具有實踐意義和價值。針對【例 10.11】，透過對遮罩進行膨脹，可以刪除比紅斗篷區域更大的前景區域，從而實現去除最終影像中紅色邊緣的目的。

10.2 視訊隱身術

　　上文針對影像實現隱身術是為了讓讀者更好地理解問題的思路。與影像隱身術相比，視訊隱身術並沒有特別之處。實現視訊隱身效果時，只需先打開攝影機抓取背景資訊，再進入即時擷取模式即可。

　　【例 10.12】實現攝影機的隱身術。

```
import cv2
import numpy as np
# 初始化
cap = cv2.VideoCapture(0)
# 獲取背景資訊
ret,back = cap.read()
# 即時擷取
while(cap.isOpened()):
# 即時擷取攝影標頭資訊
ret, fore = cap.read()
# 沒有捕捉到任何資訊，中斷
```

```
if not ret:
    break
# 即時顯示擷取到的攝影機視訊資訊
cv2.imshow('fore',fore)
# 色彩空間轉換，由 BGR 色彩空間至 HSV 色彩空間
hsv = cv2.cvtColor(fore, cv2.COLOR_BGR2HSV)
# 紅色區間 1
redLower = np.array([0,120,70])
redUpper = np.array([10,255,255])
# 紅色在 HSV 色彩空間內的範圍 1
maska = cv2.inRange(hsv,redLower,redUpper)
# cv2.imshow('mask1',mask1)
# 紅色區間 2
redLower = np.array([170,120,70])
redUpper = np.array([180,255,255])
# 紅色在 HSV 色彩空間內的範圍 2
maskb = cv2.inRange(hsv,redLower,redUpper)
# cv2.imshow('mask2',mask2)
# 紅色整體區間 = 紅色區間 1+紅色區間 2
mask1 = maska+maskb
# cv2.imshow('mask12',mask1)
# 膨脹
mask1 = cv2.dilate(mask1,np.ones((3,3),np.uint8),iterations = 1)
# cv2.imshow('maskdilate',mask1)
# 逐位元反轉
mask2 = cv2.bitwise_not(mask1)
# cv2.imshow('maskNot',mask2)
# 提取 back 中 mask1 指定的範圍
result1 = cv2.bitwise_and(back,back,mask=mask1)
# cv2.imshow('res1',res1)
# 提取 fore 中 mask2 指定的範圍
result2 = cv2.bitwise_and(fore,fore,mask=mask2)
# cv2.imshow('res2',res2)
# 將 res1 和 res2 相加
```

```
result =  result1 + result2
# 顯示最終結果
cv2.imshow('result',result)
k = cv2.waitKey(10)
if k == 27:
     break
cv2.destroyAllWindows()
```

執行上述程式，借助紅色物體即可實現隱身效果，請大家上機驗證。

以圖搜圖

以圖搜圖是搜尋引擎和購物網站的必備功能。以圖搜圖範例如圖 11-1 所示，左圖是一張裙子的照片，右圖是某購物網站基於左圖實現的圖搜以圖功能的效果圖。

▲ 圖 11-1 以圖搜圖範例(編按：本圖例為簡體中文介面)

除此以外，基於以圖搜圖的應用還有很多。例如，將不認識的植物的照片輸入辨識植物的 App 後，即可找到該植物的辨識結果。

本章將簡介一種基於感知雜湊演算法（Perceptual Hash Algorithm）的以圖搜圖。

雜湊值是資料的指紋，是資料的獨一無二的特徵值。任何微小的差異都會導致兩個資料的雜湊值完全不同。

與傳統雜湊值的不同之處在於，感知雜湊值可以對不同資料對應的雜湊值進行比較，進而可以判斷兩個資料之間的相似性。也就是說，借助感知雜湊能夠實現對資料的比較。

一般來說，相似的影像即使在尺度、縱橫比不同及顏色（對比度、亮度等）存在微小差異的情況下，仍然會具有相似的感知雜湊值。這個屬性為使用感知雜湊值進行影像檢索提供了理論基礎。

概念比較抽象，可以透過圖 11-2 了解以圖搜圖的基本流程。

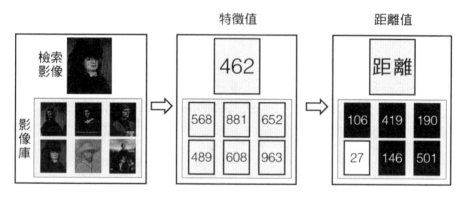

▲ 圖 11-2　以圖搜圖基本流程示意圖

由圖 11-2 可知，以圖搜圖的基本流程是先提取所有影像的特徵值（感知雜湊值），然後比較檢索影像和影像庫中所有影像的特徵值，和檢索影像差值最小的影像庫中的影像就是檢索結果。針對圖 11-2 中的利用檢索影像尋找相似影像，影像庫第 2 行第 1 幅影像的特徵值 489 與檢索影像的特徵值 462 的差為 27，是所有的差值中最小的，因此該影像就是檢索結果。

從上述分析可以看出，檢索的關鍵點在於找到特徵值，並計算距離。這涉及的影像處理領域中的三個關鍵問題如下。

- 提取哪些特徵：影像有很多特徵，要找到有用的特徵，這是關鍵一步。
- 如何量化特徵：簡單來說就是用數字來表示特徵，讓特徵變為可計算的。
- 如何計算距離：有很多種不同的計算距離的方式，從中選擇一種合適的即可，本章將使用漢明距離來衡量距離。

11.1 原理與實現

本節將對以圖搜圖的基本原理及實現進行簡單介紹。

11.1.1 演算法原理

採用感知雜湊演算法實現以圖搜圖，主要包含以下過程。

1. 減小尺寸

將影像減小至 8 像素×8 像素大小，總計 64 像素。

減小尺寸的作用在於去除影像內的高頻和細節資訊，僅保留影像中最重要的結構、亮度等資訊。尺寸減小後的影像看起來是非常模糊的。

該步驟不需要考慮縱橫比等問題，無論原始影像如何，一律處理為 8 像素×8 像素大小。這樣的處理，能夠讓演算法適用於各種尺度的影像。

需要注意的是，該方法雖然簡單，但是在學習深度學習方法後會發現，該方法與深度學習方法提取影像特徵的基本思路是一致的。當然，本章的特徵提取相對比較粗糙，而深度學習方法提取的特徵更具有抽象性。

2. 簡化色彩

將影像從色彩空間轉換到灰階空間。

　　例如，在 RGB 色彩空間中，每個像素點對應三個像素值（分別是 R、G、B），此時影像中的 64 個像素點共包含 64×3 個像素值。在將影像轉換至灰階空間後，每個像素點僅有一個像素值，此時影像中的 64 個像素點共包含 64 個像素值。

3. 計算像素點均值

　　計算影像中 64 個像素點的均值 M。

4. 建構感知雜湊位資訊

　　依次將每個像素點的像素值與均值 M 進行比較。像素值大於或等於均值 M 的像素點記為 1；否則，記為 0。

5. 建構一維感知雜湊值表

　　將上一步得到的 64 個 1 或 0 組合在一起，得到當前影像的一維感知雜湊值表。

　　需要說明的是，64 個像素值的組合順序並不重要，但需針對所有影像採用相同的順序組合。大部分的情況下，採用從左到右從上到下的順序拼接所有特徵值。

　　經過上述處理得到的感知雜湊值可以看作影像的指紋。在影像被縮放或縱橫比發生變化時，它的感知雜湊值不會改變。大部分的情況下，調整影像的亮度或對比度，甚至改變影像的顏色都不會顯著改變感知雜湊值。

　　重要的是，這種提取感知雜湊值的方法的速度非常快。

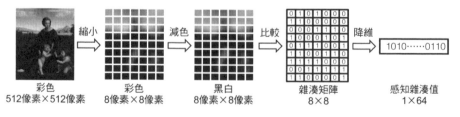

▲ 圖 11-3　感知雜湊值提取過程示意圖

綜上所述，感知雜湊值提取過程示意圖如圖 11-3 所示。

按照上述方式分別提取檢索影像和影像庫內影像的感知雜湊值。

依次將檢索影像的感知雜湊值與影像庫內影像的感知雜湊值進行比較，距離最小的影像就是檢索結果。

比較時，可以採用漢明距離來衡量不同影像之間的距離。具體為，將兩幅影像的感知雜湊值不同的位元個數作為二者的距離。距離為 0，表示二者可能是非常相似的影像（或同一幅影像的變形）；距離較小，表示二者之間可能有一些不同，但它們十分相似；距離較大，表示二者的差距較大；距離非常大，表示二者可能是完全不同的兩幅影像。

為了便於理解，以 4 位元感知雜湊值為例說明距離的計算。

- 檢索影像 S，其感知雜湊值為"1011"。
- 影像庫內影像 DA，其感知雜湊值為"1010"。該值與檢索影像的感知雜湊值"1011"相比，僅第 4 位元上的值不同，因此二者的距離為 1。
- 影像庫內影像 DB，其感知雜湊值為"1011"。該值與檢索影像的感知雜湊值"1011"完全相同，因此二者距離為 0。
- 影像庫內影像 DC，其感知雜湊值為"0010"。該值與檢索影像的感知雜湊值"1011"相比，第 1 位元、第 4 位元上的值均不同，因此二者的距離為 2。

11.1.2 感知雜湊值計算方法

本節將按照感知雜湊值的計算步驟，簡單介紹如何計算感知雜湊值。

1. 減小尺寸

OpenCV 提供了函數 resize，該函數可實現影像的縮放，具體形式為

```
dst = cv2.resize( src, dsize )
```

【例 11.1】將一副影像縮小為 8 像素×8 像素大小。

```
import cv2
img=cv2.imread("lena.bmp")
size=(8,8)
rst=cv2.resize(img,size)
print("img.shape=",img.shape)
print("rst.shape=",rst.shape)
```

執行上述程式，輸出結果為

```
img.shape= (512, 512, 3)
rst.shape= (8, 8, 3)
```

由程式執行結果可知，原始影像 img 的大小為 512 像素×512 像素，使用函數 resize 處理後變為 8 像素×8 像素。其中 3 表示兩幅影像都是彩色影像都具有 3 個通道，分別是 B 通道、G 通道、R 通道。

2. 簡化色彩

OpenCV 提供了函數 cvtColor，該函數可實現影像色彩空間的轉換，具體形式為

```
dst = cv2. cvtColor ( src, 類型 )
```

當類型參數為 cv2.COLOR_BGR2GRAY 時，可以將影像從 BGR 色彩空間轉換到灰階空間。

【例 11.2】將一幅彩色影像轉換到灰階空間。

```
import cv2
img=cv2.imread("rst.bmp")
rst=cv2.cvtColor(img,cv2.COLOR_BGR2GRAY)
print("img.shape=",img.shape)
print("rst.shape=",rst.shape)
```

執行上述程式，輸出結果為

```
img.shape= (8, 8, 3)
rst.shape= (8, 8)
```

　　由程式執行結果可知，原始影像 img 是彩色影像，具有 3 個通道，分別是 B 通道、G 通道、R 通道。而處理後的影像 rst 是灰階影像，僅有一個通道，大小為 8 像素×8 像素。

3. 計算像素點均值

　　使用 NumPy 的 Mean 函數能夠很方便地計算均值。

　　【例 11.3】計算一幅影像內所有像素點的均值。

```
import numpy as np
import cv2
img=cv2.imread("rst88.bmp",-1)
print("img=\n",img)
m=np.mean(img)
print("平均值：",m)
```

　　執行上述程式，輸出結果為

```
img=
 [[171 104 131 126 126 160 139  99]
 [147 105 119 153 208 153 147  57]
 [151  99 107 162 175 194  40 159]
 [144 101 124  53 175  43  55 158]
 [136 112 127  79 137  56 156 174]
 [150  41 213  77 108  73 145 207]
 [106  47 117  69 152 134 132  97]
 [ 91  58 129  89 136 204  48  77]]
平均值： 121.28125
```

4. 建構感知雜湊位資訊

　　將影像與一個特定值比較，能夠得到邏輯值（False 或 True）。使用 astype(int)能夠將邏輯值轉換為整數值，即將 False 轉換為 0，True 轉換為 1。

【**例 11.4**】根據影像內像素點像素值與均值的關係建構特徵矩陣。如果像素點的像素值大於均值，則得到 1；如果像素點的像素值小於或等於均值，得到 0。

```
import numpy as np
import cv2
img=cv2.imread("rst88.bmp",-1)
print("img=\n",img)
m=np.mean(img)
print("平均值：",m)
r=img>m
print("特徵值:\n",r.astype(int))
```

執行上述程式，輸出結果為

```
img=
 [[171 104 131 126 126 160 139  99]
 [147 105 119 153 208 153 147  57]
 [151  99 107 162 175 194  40 159]
 [144 101 124  53 175  43  55 158]
 [136 112 127  79 137  56 156 174]
 [150  41 213  77 108  73 145 207]
 [106  47 117  69 152 134 132  97]
 [ 91  58 129  89 136 204  48  77]]
平均值： 121.28125
特徵值:
 [[1 0 1 1 1 1 1 0]
 [1 0 0 1 1 1 1 0]
 [1 0 0 1 1 1 0 1]
 [1 0 1 0 1 0 0 1]
 [1 0 1 0 1 0 1 1]
 [1 0 1 0 0 0 1 1]
 [0 0 0 0 1 1 1 0]
 [0 0 1 0 1 1 0 0]]
```

可以直接使用該二維陣列計算距離，為了便於理解也可以將該二維陣列轉換為一維陣列。

5. 建構一維感知雜湊值表

將上一步得到的二維陣列轉換為一維陣列，得到一維感知雜湊值表。

Python 中實現陣列降維的方式有多種，主要有

- 函數 reshape(-1)。
- 函數 ravel。
- 函數 flatten。

【例 11.5】使用不同的方式將二維陣列處理為一維陣列。

```python
import numpy as np
import cv2
img=cv2.imread("rst88.bmp",-1)
m=np.mean(img)
r=(img>m).astype(int)
print("特徵值:\n",r)
r1=r.reshape(-1)
r2=r.ravel()
r3=r.flatten()
print("r1=\n",r1)
print("r2=\n",r2)
print("r3=\n",r3)
```

執行上述程式，輸出結果為

```
特徵值:
 [[1 0 1 1 1 1 1 0]
 [1 0 0 1 1 1 1 0]
 [1 0 0 1 1 1 0 1]
 [1 0 1 0 1 0 0 1]
 [1 0 1 0 1 0 1 1]
 [1 0 1 0 0 0 1 1]
 [0 0 0 0 1 1 1 0]
 [0 0 1 0 1 1 0 0]]
r1=
```

```
 [1 0 1 1 1 1 1 0 1 0 0 1 1 1 1 0 1 0 0 1 1 1 0 1 1 0 1 0 1 0 0 1 1
0 1 0 1 0 1 1 1 0 1 0 0 0 1 1 0 0 0 0 1 1 1 0 0 0 1 0 1 1 0 0]
r2=
 [1 0 1 1 1 1 1 0 1 0 0 1 1 1 1 0 1 0 0 1 1 1 0 1 1 0 1 0 1 0 0 1 1
0 1 0 1 0 1 1 1 0 1 0 0 0 1 1 0 0 0 0 1 1 1 0 0 0 1 0 1 1 0 0]
r3=
 [1 0 1 1 1 1 1 0 1 0 0 1 1 1 1 0 1 0 0 1 1 1 0 1 1 0 1 0 1 0 0 1 1
0 1 0 1 0 1 1 1 0 1 0 0 0 1 1 0 0 0 0 1 1 1 0 0 0 1 0 1 1 0 0]
```

　　從程式執行結果可以看出，可以透過不同的方式實現陣列降維。需要注意的是，函數 ravel 和函數 flatten 雖然都能實現陣列降維，但是二者有所差別，具體如下。

■ 函數 ravel：將原始資料轉換為一維陣列，傳回的是視圖（View），對該視圖進行修改會對原始陣列造成影響。

■ 函數 flatten：將原始資料轉換為一維陣列，傳回的是副本（Copy，拷貝，又稱複製品），對副本進行修改不會對原始陣列影響造成。

　　【例 11.6】設計程式，觀察函數 ravel 和函數 flatten 的區別。

```python
import numpy as np
# 測試函數ravel
a=np.array([1,2,3,4])    # 為了更直觀地顯現區別，選用一維陣列
ar=a.ravel()
ar[1]=666
print("a=",a)
print("ar=",ar)
# 測試函數flatten
b=np.array([1,2,3,4])
bf=a.flatten()
bf[1]=666
print("b=",b)
print("bf=",bf)
```

　　執行上述程式，輸出結果為

```
a= [  1 666   3   4]
```

```
ar= [   1 666    3    4]
b= [1 2 3 4]
bf= [   1 666    3    4]
```

從程式執行結果可以看出，函數 ravel 傳回的是視圖，運算前後陣列的值是同步更新的；函數 flatten 傳回的是副本，運算前後的陣列是獨立的，它們的值不會同步更新。

11.1.3 感知雜湊值計算函數

在檢索影像時，需要提取檢索影像的感知雜湊值，也要提取影像庫內所有影像的感知雜湊值。為了更方便地進行提取，將提取感知雜湊值的過程封裝為函數。

【例 11.7】建構函數，實現感知雜湊值的計算。

```
import cv2
import numpy as np
# ==============建構提取感知雜湊值函數==============
def getHash(I):
    size=(8,8)
    I=cv2.resize(I,size)
    I=cv2.cvtColor(I,cv2.COLOR_BGR2GRAY)
    m=np.mean(I)
    r=(I>m).astype(int)
    x=r.flatten()
    return x
# ==============測試感知雜湊值提取函數==============
o=cv2.imread("lena.bmp")
h=getHash(o)
print("lena.bmp 的感知雜湊值為：\n",h)
```

執行上述程式，輸出結果為

```
lena.bmp 的感知雜湊值為：
 [1 0 1 1 1 1 1 0 1 0 0 1 1 1 1 0 1 0 0 1 1 1 0 1 1 0 1 0 1 0 1 0 0 1 1
 0 1 0 1 0 1 1 1 0 1 0 0 0 1 1 0 0 0 0 1 1 1 0 0 0 1 0 1 1 0 0]
```

11.1.4 計算距離

比較感知雜湊值時，可以採用漢明距離來衡量二者的距離，具體為將兩個感知雜湊值位元值不同的位元個數作為二者的距離。假設感知雜湊值 test 為"1011"：

- 感知雜湊值 x1 值為"1010"，test1 與 x1 只有第 4 位元上的值不同，因此二者的距離為 1。
- 感知雜湊值 x2 值為"1011"，test1 與 x2 完全相同，因此二者距離為 0。
- 感知雜湊值 x3 值為"0010"，test1 與 x3 第 1 位元、第 4 位元上的值均不同，因此二者的距離為 2。

可以借助 OpenCV 中的逐位元互斥運算函數 cv2.bitwise_xor() 來計算兩個感知雜湊值之間的距離。

在進行逐位元互斥運算時，若運算數相同則傳回 0，若運算數不同則傳回 1。

逐位元互斥運算是將兩個數值按二進位逐位元進行互斥運算。逐位元互斥運算函數 cv2.bitwise_xor() 的語法格式為

```
dst = cv2.bitwise_xor( src1, src2 )
```

該函數逐位元對 src1 和 src2 進行互斥運算，並將結果傳回。將上述運算結果逐位元相加求和，得到的值就是兩個感知雜湊值的漢明距離。例如：

- cv2.bitwise_xor("1011", "1010") 的傳回值為"0001"，將"0001"逐位元相加求和"0+0+0+1=1"。因此，"1011"和"1010"的距離為 1。
- cv2.bitwise_xor("1011", "1011") 的傳回值為"0000"，對"0000"逐位元相加求和"0+0+0+0=0"。因此，"1011"和"1011"的距離為 0。
- cv2.bitwise_xor("1011", "0010") 的傳回值為"1001"，對"1001"逐位元求和"1+0+0+1=2"。因此，"1011"和"0010"的距離為 2。

【例 11.8】建構函數，計算雜湊值距離。

```
import numpy as np
import cv2
# =========建構計算漢明距離函數=========
def hamming(h1, h2):
    r=cv2.bitwise_xor(h1,h2)
    h=np.sum(r)
    return h
# =========使用函數計算距離=========
test=np.array([0,1,1,1])
x1=np.array([0,1,1,1])
x2=np.array([1,1,1,1])
x3=np.array([1,0,0,0])
t1=hamming(test,x1)
t2=hamming(test,x2)
t3=hamming(test,x3)
print("test(0111)和x1(0111)的距離：",t1)
print("test(0111)和x2(1111)的距離：",t2)
print("test(0111)和x3(1000)的距離：",t3)
```

執行上述程式，輸出結果為

```
test(0111)和x1(0111)的距離： 0
test(0111)和x2(1111)的距離： 1
test(0111)和x3(1000)的距離： 4
```

11.1.5 計算影像庫內所有影像的雜湊值

Glob 函數庫能夠幫助我們高效率地讀取檔案，本節將借助 Glob 函數庫讀取指定資料夾下面的所有影像檔。

【例 11.9】建構函數，計算指定資料夾下面所有影像的感知雜湊值。

```
import glob
import cv2
import numpy as np
```

```
# ==========建構提取感知雜湊值函數==========
def getHash(I):
    size=(8,8)
    I=cv2.resize(I,size)
    I=cv2.cvtColor(I,cv2.COLOR_BGR2GRAY)
    m=np.mean(I)
    r=(I>m).astype(int)
    x=r.flatten()
    return x
# ==========計算指定資料夾下所有影像的感知雜湊值==========
images = []
EXTS = 'jpg', 'jpeg', 'JPG', 'JPEG', 'gif', 'GIF', 'png',
'PNG','BMP'
for ext in EXTS:
    images.extend(glob.glob('image/*.%s' % ext))
seq = []
for f in images:
    I=cv2.imread(f)
    seq.append((f, getHash(I)))
print(seq)
```

執行上述程式，程式輸出結果為

```
[('image\\b.jpg', array([0, 0, 0, 0, 0, 0, 0, 0, 0, 1, 1, 1, 1, 1,
1, 0, 0, 1, 1, 1, 1, 1,         1, 0, 0, 1, 1, 1, 0, 0, 1, 0, 0, 1, 1,
1, 1, 1, 1, 0, 0, 1, 1, 1, 1, 0, 1, 0, 0, 1, 1, 1, 1, 1, 1, 0, 0, 0,
0, 0, 0, 0, 0, 0])), ('image\\building2.jpg', array([0, 0, 0, 0, 0,
0, 0, 0, 0, 0, 0, 0, 0, 0, 0, 0, 1, 1, 0, 0, 0, 0,         0, 0, 1, 1,
0, 1, 1, 0, 0, 0, 1, 0, 0, 1, 1, 1, 0, 0, 1, 0, 1,1, 1, 1, 0, 0,
0, 1, 1, 1, 1, 0, 0, 0, 1, 0, 1, 1, 1, 0, 0])), ('image\\car2.jpg',
array([0, 0, 0, 0, 0, 0, 0, 0, 0, 0, 0, 0, 0, 0, 0, 0, 0, 0, 0, 1,
1, 1, 0, 0, 0, 1, 1, 1, 1, 0, 0, 0, 1, 1, 1, 1, 0, 0, 0, 0, 0, 0,
0,         1, 0, 0, 1, 0, 0, 0, 0, 0, 1, 1, 1, 1, 1, 1, 1, 1, 1, 0,
0])),
......   (中間省略部分影像的名稱及其感知雜湊值)
('image\\boat.bmp', array([1, 1, 1, 1, 1, 1, 1, 1, 1, 1, 1, 1, 1, 1,
```

```
1, 1, 1, 1, 1, 1, 1, 1, 1, 1, 1, 1, 1, 0, 1, 1, 1, 1, 0, 1, 0, 1,
1, 1, 0, 0, 0, 0, 1,        0, 0, 0, 1, 0, 0, 0, 0, 0, 0, 0, 1, 1,
1, 1, 1, 1, 1, 1]]), ('image\\lena.bmp', array([1, 0, 1, 1, 1, 1, 1,
0, 1, 0, 0, 1, 1, 1, 0, 1, 0, 0, 1, 1,0, 1, 1, 0, 1, 0, 1, 0,
0, 1, 1, 0, 1, 0, 1, 0, 1, 1, 1, 0, 1, 0, 0, 0, 1, 1, 0, 0, 0, 0, 1,
1, 1, 0, 0, 0, 1, 0, 1, 1, 0, 0]]), ('image\\watermark.bmp',
array([1, 1, 1, 1, 1, 1, 1, 1, 1, 0, 0, 1, 1, 1, 1, 1, 1, 0, 1, 1,
1, 1,1, 1, 1, 1, 1, 1, 1, 1, 1, 1, 1, 1, 1, 1, 1, 1, 1, 1, 1, 0, 0,
1, 0, 0, 1, 1, 1, 0, 1, 1, 0, 0, 1, 1, 1, 1, 1, 1, 1, 1, 1, 1]])]
```

　　從程式執行結果可以看出，執行上述程式獲得了資料夾 images 下每幅影像的名稱及對應的感知雜湊值。

11.1.6　結果顯示

　　本節將使用 matplotlib.pyplot 模組用來繪製影像，該模組提供了一個類似於 MATLAB 繪圖方式的框架，使用該模組中的函數可以方便地繪製圖形。

1. subplot 函數

　　模組 matplotlib.pyplot 提供了 subplot 函數，該函數可向當前視窗內增加一個子視窗物件，語法格式為

```
matplotlib.pyplot.subplot(nrows, ncols, index)
```

　　其中：

- nrows 表示行數。
- ncols 表示列數。
- index 表示視窗序號。

　　例如，subplot(2, 3, 4)表示在當前兩行三列視窗的第 4 個位置，增加 1 個子視窗，如圖 11-4 所示。

子視窗1	子視窗2	子視窗3
子視窗4	子視窗5	子視窗6

▲圖 11-4 增加子視窗示意圖

需要注意的是，視窗是按照行方向排序的，而且序號從"1"開始而非從"0"開始。如果所有參數都小於 10，那麼可以省略彼此之間的逗點，直接寫三個數字，如上述 subplot(2, 3, 4)可以表示為 subplot(234)。

2. imshow 函數

模組 matplotlib.pyplot 提供了 imshow 函數，該函數可用來顯示影像，語法格式為

```
matplotlib.pyplot.imshow(X, cmap=None)
```

其中：

- X 為影像資訊，可以是各種形式的數值。
- cmap 表示色彩空間。該值是可選項，預設值為 null，預設使用 RGB 色彩空間。

需要注意的是，OpenCV 中的影像的預設色彩空間是 BGR 模式的，而函數 imshow 的預設色彩空間是 RGB 模式的。因此，通常在實現影像前先將影像處理為 RGB 模式。

【例 11.10】撰寫程式，使用 matplotlib.pyplot 模組顯示影像。

```
import cv2
import matplotlib.pyplot as plt
# 讀取影像
o1=cv2.imread("image/fruit.jpg")
o2=cv2.imread("image/sunset.jpg")
```

```
o3=cv2.imread("image/tomato.jpg")
# 繪製結果
plt.figure("result")
plt.subplot(131),plt.imshow(cv2.cvtColor(o1,cv2.COLOR_BGR2RGB)),plt.
axis("off")
plt.subplot(132),plt.imshow(cv2.cvtColor(o2,cv2.COLOR_BGR2RGB)),plt.
axis("off")
plt.subplot(133),plt.imshow(cv2.cvtColor(o3,cv2.COLOR_BGR2RGB)),plt.
axis("off")
plt.show()
```

執行上述程式，輸出結果如圖 11-5 所示。

▲圖 11-5 【例 11.10】程式執行結果

11.2 實現程式

上一節介紹了實現以圖搜圖功能的細節問題，整合上述解決方案即可得到完整的以圖搜圖程式。

【例 11.11】撰寫程式，實現以圖搜圖。

```
import glob
import cv2
import numpy as np
import matplotlib.pyplot as plt
# =========建構提取感知雜湊值函數=========
```

```
def getHash(I):
    size=(8,8)
    I=cv2.resize(I,size)
    I=cv2.cvtColor(I,cv2.COLOR_BGR2GRAY)
    m=np.mean(I)
    r=(I>m).astype(int)
    x=r.flatten()
    return x
# =========建構計算漢明距離函數=========
def hamming(h1, h2):
    r=cv2.bitwise_xor(h1,h2)
    h=np.sum(r)
    return h
# =========計算檢索影像的感知雜湊值=========
o=cv2.imread("apple.jpg")
h=getHash(o)
print("檢索影像的感知雜湊值為：\n",h)
# =========計算指定資料夾下的所有影像感知雜湊值=========
images = []
EXTS = 'jpg', 'jpeg', 'gif', 'png', 'bmp'
for ext in EXTS:
    images.extend(glob.glob('image/*.%s' % ext))
seq = []
for f in images:
    I=cv2.imread(f)
    seq.append((f, getHash(I)))
# print(seq)
# =========以圖搜圖核心：找出最相似影像=========
# 計算檢索影像與影像庫內所有影像的距離，將最小距離對應的影像作為檢索結果
distance=[]
for x in seq:
    distance.append((hamming(h,x[1]),x[0]))    # 每次增加（距離值，影像
名稱）
# print(distance)            # 測試敘述：查看距離是多少
s=sorted(distance)           # 排序，把距離最小的影像排在最前面
# print(s)                   # 測試敘述：查看影像庫內各個影像的距離
```

```
r1=cv2.imread(str(s[0][1]))
r2=cv2.imread(str(s[1][1]))
r3=cv2.imread(str(s[2][1]))
# =========繪製結果=========
plt.figure("result")
plt.subplot(141),plt.imshow(cv2.cvtColor(o,cv2.COLOR_BGR2RGB)),plt.a
xis("off")
plt.subplot(142),plt.imshow(cv2.cvtColor(r1,cv2.COLOR_BGR2RGB)),plt.
axis("off")
plt.subplot(143),plt.imshow(cv2.cvtColor(r2,cv2.COLOR_BGR2RGB)),plt.
axis("off")
plt.subplot(144),plt.imshow(cv2.cvtColor(r3,cv2.COLOR_BGR2RGB)),plt.
axis("off")
plt.show()
```

　　搜索影像和影像庫如圖 11-6 所示，左圖是搜索影像，右圖是影像庫。

▲ 圖 11-6　搜索影像和影像庫（編按：本圖例為簡體中文介面）

　　執行上述程式，結果如圖 11-7 所示。圖 11-7 中最左側影像是檢索影像，其餘影像是從影像庫內找到的與檢索影像最相似的三幅影像。

▲圖 11-7 【例 11.11】程式執行結果

■ 11.3 擴充學習

　　本章實現了一個以圖搜圖的簡單案例，對應程式僅有 40 行左右。感知雜湊值演算法的優點是簡單易行、運算速度快，不受圖片縮放大小的影響；缺點是穩固性不強，檢索誤差相對較大。它的典型應用場景是，根據影像的縮圖找到原始影像。

　　實踐中，往往採用改進後的感知雜湊值演算法，因為改進後的感知雜湊值演算法能夠辨識圖片的變形等變化。有關其改進可以在參考網址 3 查看 Neal Krawetz 博士的相關介紹。

手寫數字辨識

　　我兒子在小時候很喜歡玩橘子，某天我們沒有橘子。沒有喜愛的玩具，他很傷心。給他一個橘子當然是最好的選擇，不過對於一歲多的孩子來說，現買有點來不及了。

　　遠水解不了近渴，怎麼辦呢？

　　我只能到水果堆裡面再去仔細找找，看看有沒有外形像橘子的水果。萬幸，居然找到一個橘子。我兒子拿到橘子後，幼小的心靈獲得了撫慰。

　　不久後，家裡又找不到橘子了。這次沒有上次那麼走運，水果堆裡真的沒有橘子了。不過，我從水果堆裡挑了一個最像橘子的柳丁。他拿到像橘子的柳丁後，幼小的心靈獲得了撫慰。

　　小朋友在辨識水果時是憑藉儲存在大腦中的橘子形象去判斷辨識的。我們可以視為，人類的大腦中存在很多不同的水果的範本。當看到一個水果時，會在大腦中搜索這個水果和哪個範本最相似，並將它判定為該範本表示的水果。

　　手寫數字辨識可以採用同樣的原理來實現。先為每個數字定義一個範本，然後將當前要辨識的包含手寫數字的影像與所有範本進行比較，包含手寫數字的影像和哪個範本最相似，就將待辨識數字辨識為該範本對應的數字。

從上面的例子可以看出，我兒子兩次把水果對應到了橘子的範本上，其中一次是正確的，另一次是錯誤的。這是因為在他大腦中的各種水果的範本比較簡單，不能極佳地完成正確的對應。此時，他大腦中的範本可能還不夠具體，如範本中只有顏色資訊，形狀、手感等資訊並不在範本中。所以，他看到一個橙色的柳丁就認為是橘子。當然，隨著年齡增長，他大腦中的範本會越來越複雜，關於橘子的範本會包含形狀、手感、顏色、口感等資訊。

手寫數字辨識與這種情況類似，當範本包含更多特徵資訊時，辨識率將大幅提高。為了讓範本包含的特徵更豐富，我們採用一種簡單的處理方式：增加範本的數量。也就是說，為每個數字設定更多範本以提高辨識率。設定更多範本和設定一個非常複雜的範本（具有很多屬性）類似。

例如，在圖 12-1 中，左圖是待辨識的數位影像，右圖中的每列是不同數字的範本，其中，左側待辨識影像與右側範本集中第 7 列第 5 行的影像最相似，該影像是數字 6 的範本，因此左側待辨識影像被辨識為數字 6。

▲ 圖 12-1　手寫數字辨識範例

可以看出，一個數字包含的範本越多，可以辨識的數字形態越多。當然，和人類一樣，電腦也會犯錯，也會辨識錯誤。但是，我們可以透過增加範本數量，來提高其辨識率。

整體來說，本章有如下兩個任務：

任務 1：了解範本匹配及其使用方法。我們已經知道，在影像處理過程中量化是一個關鍵步驟。簡單來説，衡量兩個物件的匹配度時，需要使用量化指標，也就是要用一個數值來衡量兩幅影像之間的相似度。OpenCV 提供了範本匹配函數，呼叫該函數即可計算出兩幅影像間的匹配度。

任務 2：為第 13 章的車牌辨識打好基礎。相比手寫數字辨識，車牌辨識要先定位車牌，再將車牌分割為一個個單獨的字元，最後再完成辨識。

▌ 12.1 基本原理

使用範本匹配的方式實現手寫數字辨識，其基本實現原理如圖 12-2 所示。

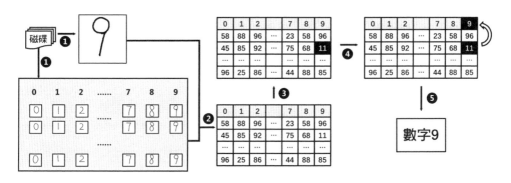

▲ 圖 12-2 基本實現原理

使用範本匹配的方式實現手寫數字辨識，主要包含流程如下。

Step 1：資料準備。讀取待辨識影像和範本庫。

Step 2：計算匹配值。計算待辨識影像與所有範本的匹配值。需要注意的是，匹配值的計算有多種不同的方法。有時，匹配值越大表示二者越匹配;有時,匹配值越小表示二者越匹配。通常,也將該匹配值稱為距離值。

　　Step 3:獲取最佳匹配值及對應範本。獲取所有匹配值中的最佳匹配值(該匹配值可能是所有匹配值中的最大值,也可能是所有匹配值中的最小值),並找到對應的範本。

　　Step 4:獲取最佳匹配範本對應的數字。將最佳匹配範本對應的數字作為辨識結果。

　　Step 5:輸出辨識結果。

　　綜上所述,使用範本匹配的方式實現手寫數字辨識的流程圖如圖 12-3 所示。

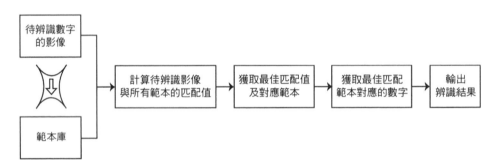

▲圖 12-3　使用範本匹配的方式實現手寫數字辨識的流程圖

▌ 12.2 實現細節

　　下文針對上述過程進行簡單介紹。

1. 資料準備

　　資料準備工作主要是讀取待辨識影像和範本庫,核心程式如下:

```
# 讀取待辨識影像
o=cv2.imread("image/test2/3.bmp",0)
```

```
# images 用於儲存範本
images = []
# 遍歷指定目錄下的所有子目錄及範本影像
for i in range(10):
    images.extend(glob.glob('image/'+str(i)+'/*.*'))
```

上述程式中，images 儲存了所有範本影像的路徑。程式在遍歷時，按照從數字 0 到數字 9 的順序依次遍歷。因此，遍歷完成後，images 內依次儲存了數字 0 到數字 9 的所有範本。

每個數字共有 10 個範本，images 的索引與範本圖的路徑名稱之間的關係如表 12-1 所示。

表 12-1　images 的索引與範本圖的路徑名稱之間的關係

索　　引	索引與特徵圖的關係
0～9（相當於 00～09）	依次儲存著數字"0"的 10 個範本影像的路徑名稱
10～19	依次儲存著數字"1"的 10 個範本影像的路徑名稱
20～29	依次儲存著數字"2"的 10 個範本影像的路徑名稱
30～39	依次儲存著數字"3"的 10 個範本影像的路徑名稱
40～49	依次儲存著數字"4"的 10 個範本影像的路徑名稱
50～59	依次儲存著數字"5"的 10 個範本影像的路徑名稱
60～69	依次儲存著數字"6"的 10 個範本影像的路徑名稱
70～79	依次儲存著數字"7"的 10 個範本影像的路徑名稱
80～89	依次儲存著數字"8"的 10 個範本影像的路徑名稱
90～99	依次儲存著數字"9"的 10 個範本影像的路徑名稱

images 中依次儲存的是數字 0～9 的共計 100 個範本影像的路徑名稱，其中索引對應各範本影像的編號。例如，images[mn]表示，數字 m 的第 n 個範本影像的路徑名稱。

2. 計算匹配值

在 OpenCV 內，範本匹配是使用函數 cv2.matchTemplate()實現的，該函數的語法格式為

```
匹配值 = cv2.matchTemplate(原始影像, 範本影像, cv2.TM_CCOEFF )
```

在參數 cv2.TM_CCOEFF 的控制下，原始影像和範本影像越匹配傳回的匹配值越大；原始影像和範本影像越不匹配，傳回的匹配值越小。

建構一個函數，用來計算匹配值，程式如下：

```
def computeDistance(template,image):
    # 讀取範本影像
    templateImage=cv2.imread(template)
    # 範本影像色彩空間轉換，BGR→灰階
    templateImage = cv2.cvtColor(templateImage, cv2.COLOR_BGR2GRAY)
    # 範本影像閾值處理，灰階→二值
    ret, templateImage = cv2.threshold(templateImage, 0, 255,
cv2.THRESH_OTSU)
    # 獲取待辨識影像的尺寸
    height, width = image.shape
    # 將範本影像調整為待辨識影像尺寸
    templateImage = cv2.resize(templateImage, (width, height))
    # 計算範本影像、待辨識影像的範本匹配值
    result = cv2.matchTemplate(image, templateImage, cv2.TM_CCOEFF)
    # 將計算結果傳回
    return result[0][0]
```

該函數中，參數 template 是檔案名稱，參數 image 是待檢測影像。

3. 獲取最佳匹配值及對應模板

本章透過將函數 cv2.matchTemplate()的參數設定為 cv2.TM_CCOEFF 來計算匹配值，因此最大的匹配值就是最佳匹配值。

建構一個串列 matchValue 用來儲存待辨識影像與 images 中每個範本的匹配值，其中依次儲存的是待辨識影像與數字 0～9 的 100 個範本影像的匹配值。串列 matchValue 中的索引對應各範本影像的編號。例如，matchValue[mn]表示待辨識影像與數字 m 的第 n 個範本影像的匹配。

串列 matchValue 中的最大值的索引即最佳匹配範本的索引。

具體程式如下：

```
# 串列 matchValue 用於儲存所有匹配值
matchValue = []
# 從 images 中一個一個提取範本，並計算其與待辨識影像 o 的匹配值
for xi in images:
    d = getMatchValue(xi,o)
    matchValue.append(d)
# print(distance)           # 測試敘述：查看各個匹配值
# 獲取最佳匹配值
bestValue=max(matchValue)
# 獲取最佳匹配值對應範本編號
i = matchValue.index(bestValue)
# print(i)                    # 測試敘述：查看匹配的範本編號
```

4. 獲取最佳匹配模板對應的數字

找到最佳匹配範本對應的數字，將該數字作為辨識結果。

範本索引整除 10 得到的值正好是該範本影像對應的數字值。例如，matchValue[34]對應著數字 3 的第 4 個範本影像的匹配值。簡單來說，索引為 34 的範本，對應著數字 3。索引 34 整除 10，int(34/10) = 3，3 正好是範本對應的數字。

確定了範本影像索引、辨識值之間的關係，就可以透過計算索引來達到數字辨識的目的了。

具體程式如下：

```
# 計算辨識結果
number=int(i/10)
```

5. 輸出辨識結果

將辨識的數字輸出，程式如下：

```
print("辨識結果:數字",number)
```

12.3 實現程式

12.2 節介紹了手寫數字辨識的細節資訊，將上述內容整合，即可實現完整的手寫數字辨識。

【例 12.1】使用範本實現手寫數字辨識。

```
import glob
import cv2
# ==============準備資料==============
# 讀取待辨識影像
o=cv2.imread("image/test2/3.bmp",0)
# images 用於儲存範本
images = []
# 遍歷指定目錄下的所有子目錄及範本影像
for i in range(10):
    images.extend(glob.glob('image/'+str(i)+'/*.*'))
# ==============建構計算匹配值函數==============
def getMatchValue(template,image):
    # 讀取範本影像
    templateImage=cv2.imread(template)
    # 範本影像色彩空間轉換，BGR→灰階
    templateImage = cv2.cvtColor(templateImage, cv2.COLOR_BGR2GRAY)
    # 範本影像閾值處理，灰階→二值
    ret, templateImage = cv2.threshold(templateImage, 0, 255,
cv2.THRESH_OTSU)
    # 獲取待辨識影像的尺寸
    height, width = image.shape
    # 將範本影像調整為待辨識影像尺寸
    templateImage = cv2.resize(templateImage, (width, height))
    # 計算範本影像、待辨識影像的範本匹配值
    result = cv2.matchTemplate(image, templateImage, cv2.TM_CCOEFF)
    # 將計算結果傳回
    return result[0][0]
```

```
# =============計算最佳匹配值及範本序號=============
# 串列 matchValue 用於儲存所有匹配值
matchValue = []
# 從 images 中一個一個提取範本，並計算其與待辨識影像 o 的匹配值
for xi in images:
    d = getMatchValue(xi,o)
    matchValue.append(d)
# print(distance)     # 測試敘述：查看各個匹配值
# 獲取最佳匹配值
bestValue=max(matchValue)
# 獲取最佳匹配值對應範本編號
i = matchValue.index(bestValue)
# print(i)            # 測試敘述：查看匹配的範本編號
# =============計算辨識結果=============
# 計算辨識結果
number=int(i/10)
# =============顯示辨識結果=============
print("辨識結果:數字",number)
```

大家可以使用不同的測試影像測試上述程式，觀察執行結果。

12.4 擴充閱讀

　　為了介紹範本匹配的方法，本章實現了一個僅有 20 餘行程式的基於範本匹配的手寫數字辨識程式。實踐中，準確率、即時性等要求都較高，本章程式距離實踐要求還有很大差距。

　　本節將對手寫數字辨識可以改進的方向及範本匹配的基礎知識進行簡單介紹。

　　範本匹配的實現方法及思想在數位影像處理過程中具有比較重要的價值，是很多數位影像處理課程必備的基礎知識之一。手寫數字辨識是影像處理領域中最經典的案例之一，是很多教學的必備實踐案例。

本章介紹了應用範本匹配的方式實現手寫數字辨識。該方法簡單易行，但是還有很多值得改進的地方。實踐中可以使用不同的方式對手寫數字辨識進行實現，如下是幾種可選用的方式。

（1）基於機器學習（KNN）的手寫數字辨識。

【例 12.1】中僅僅找到一個最佳匹配範本，並將該結果作為辨識結果，這種情況可能存在誤差。如圖 12-4 所示，頂部的待辨識數字（數字5）雖然和第 2 行最左側的數字 6 最接近，但是，和它接近的 7 個數字中有 6 個是 5。很顯然，在這種情況下將待辨識數字辨識為 5 的可靠性更高。這與董事會的集體決策往往比某一個人做出的決策更科學的道理類似。因此，引入了 K 近鄰演算法解決手寫數字辨識。簡單來說就是，判斷和待辨識數字接近的 K 個範本中哪個數字的範本數量最多就將哪個數字作為辨識結果。

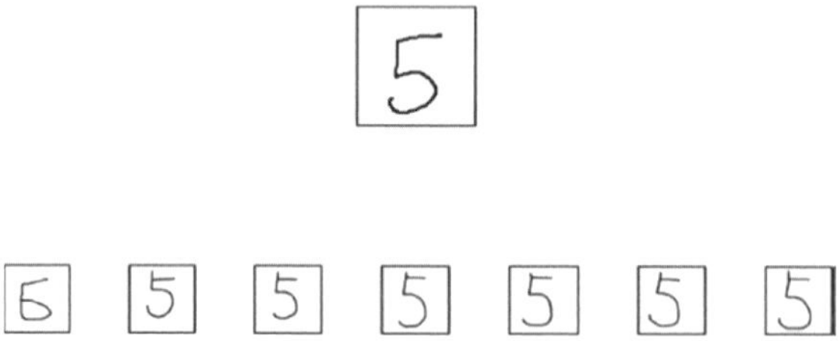

▲圖 12-4 範例

在了解了 K 近鄰演算法的基礎上，第 16 章將使用 OpenCV 提供的KNN 模組來完成手寫數字辨識的實現。同時，為了提高演算法的準確度，我們使用了更多的範本。

（2）基於個性化特徵的手寫數字辨識。

本章使用 OpenCV 提供的函數 cv2.matchTemplate()直接進行匹配度的計算。實踐中可以先分別提取每個數字的個性化特徵，然後將數字依次與各個數字的個性化特徵進行比對。符合哪個特徵，就將其辨識為哪個特徵對應的數字。第 18 章將選用方向梯度長條圖（Histogram of Oriented Gradient，HOG）對影像進行量化作為 SVM 分類的資料指標。

（3）基於深度學習的手寫數字辨識。

基於深度學習可以更高效率地實現手寫數字辨識。例如，透過呼叫 TensorFlow 可以非常方便地實現高效的手寫數字辨識的方法。

第 13 章將介紹使用範本匹配的方法實現車牌辨識。在採用範本匹配的方法辨識時，車牌辨識與手寫數字辨識的基本原理是一致的。但是在車牌辨識中要解決的問題更多。本章的待辨識的手寫數字是單獨的一個數字，每個待辨識數字的範本數量都是固定的，這個前提條件讓辨識變得很容易。而在車牌辨識中，首先要解決的是車牌的定位，然後要將車牌分割為一個一個待識別符號。如果每個字元的範本數量不一致，那麼在辨識時就不能透過簡單的對應關係實現範本和對應字元的匹配，需要考慮新的匹配方式。第 13 章介紹的車牌辨識，可以視為對手寫數字辨識的改進或最佳化。

車牌辨識

車牌是車輛重要的身份證明,它在車輛使用過程中發揮著重要作用。由於車牌辨識涉及目標定位、影像裁剪劃分、字元辨識等許多比較關鍵的基礎知識,因此車牌辨識是影像處理學習過程中的經典案例。

車牌辨識基本原理如圖 13-1 所示。車牌辨識主要包含以下三個流程:

- 提取車牌:將車牌從複雜的背景中提取出來。
- 拆分字元:將車牌拆分為一個個獨立的字元。
- 識別符號:辨識從車牌上提取的字元。

▲ 圖 13-1 車牌辨識基本原理

本章將設計一個精簡的基於範本匹配的車牌辨識系統。該系統雖然只有 100 行程式,但是包含了車牌辨識的基本步驟,希望讀者透過學習該系統,能夠更深刻地理解相關基礎知識。

13.1 基本原理

車牌辨識過程主要包含三個模組：提取車牌、分割車牌、辨識車牌。下文分別對這三個模組進行簡單介紹。

13.1.1 提取車牌

提取車牌是指將車牌從複雜的環境當中提取出來，需要完成一系列的濾波（去噪）、色彩空間轉換等操作，具體如圖 13-2 所示。

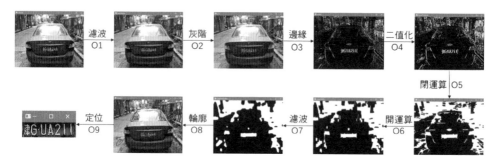

▲圖 13-2 提取車牌流程圖

下面對上述操作進行簡單説明：

- 濾波 O1：該操作的目的是去除影像內的雜訊資訊，可以使用函數 GaussianBlur 完成。
- 灰階 O2：該操作將影像由彩色影像處理為灰階影像，以便進行後續操作。該操作可以使用函數 cvtColor 完成。
- 邊緣 O3：提取影像邊緣，重點提取車牌及其中字元的邊緣，可以使用函數 Sobel 完成。
- 二值化 O4：對影像進行閾值處理，將其處理為二值影像，可以使用函數 threshold 完成。
- 閉運算 O5：該操作旨在將車牌內分散的各個字元連接在一起，讓車牌組成一個整體，可以使用形態學函數 morphologyEx 配合參數

cv2.MORPH_CLOSE 完成。

- 開運算 O6：開運算是先腐蝕後膨脹的操作，該操作旨在去除影像內的雜訊，可以使用形態學函數 morphologyEx 配合參數 cv2.MORPH_OPEN 完成。

- 濾波 O7：該操作用來去除影像內的雜訊，可以使用函數 medianBlur 完成。

- 輪廓 O8：該操作用來查詢影像內的所有輪廓，可以使用函數 findContours 完成。

- 定位 O9：該操作透過篩選影像內所有輪廓得到車牌。透過一個一個遍歷輪廓，將其中長寬比大於 3 的輪廓確定為車牌。

【例 13.1】提取影像內的車牌資訊。

```python
# ==================匯入函數庫==================
import cv2
# ==============讀取原始影像==============
image = cv2.imread("gua.jpg")                  # 讀取原始影像
rawImage=image.copy()                          # 複製原始影像
cv2.imshow("original",image)                   # 測試敘述，查看原始影像
# ==========濾波處理 O1（去噪）==========
image = cv2.GaussianBlur(image, (3, 3), 0)
cv2.imshow("GaussianBlur",image)               # 測試敘述，查看濾波結果
# =========灰階變換 O2（色彩空間轉換，BGR→GRAY）=========
image = cv2.cvtColor(image, cv2.COLOR_BGR2GRAY)
cv2.imshow("gray",image)                       # 測試敘述，查看灰階影像
# ==============邊緣檢測 O3（Sobel 運算元）==============
SobelX = cv2.Sobel(image, cv2.CV_16S, 1, 0)
absX = cv2.convertScaleAbs(SobelX)             # 映射到[0,255]區間內
image = absX
cv2.imshow("soblex",image)    # 測試敘述，影像邊緣
# ==============二值化 O4（閾值處理）==============
ret, image = cv2.threshold(image, 0, 255, cv2.THRESH_OTSU)
cv2.imshow("imageThreshold",image)    # 測試敘述，查看處理結果
```

```
# ========閉運算 05：先膨脹後腐蝕，車牌各個字元是分散的，讓車牌組成一個整體
========
kernelX = cv2.getStructuringElement(cv2.MORPH_RECT, (17, 5))
image = cv2.morphologyEx(image, cv2.MORPH_CLOSE, kernelX)
cv2.imshow("imageCLOSE",image)      # 測試敘述，查看處理結果
# ============開運算 06：先腐蝕後膨脹，去除雜訊============
kernelY = cv2.getStructuringElement(cv2.MORPH_RECT, (1, 19))
image = cv2.morphologyEx(image, cv2.MORPH_OPEN, kernelY)
cv2.imshow("imageOPEN",image)
# ===============濾波 07：中值濾波，去除雜訊===============
image = cv2.medianBlur(image, 15)
cv2.imshow("imagemedianBlur",image)        # 測試敘述，查看處理結果
# ===============輪廓 08================
contours, w1 = cv2.findContours(image, cv2.RETR_TREE,
                                     cv2.CHAIN_APPROX_SIMPLE)
# 測試敘述，查看輪廓
image = cv2.drawContours(rawImage.copy(), contours, -1, (0, 0, 255),
3)
cv2.imshow('imagecc', image)
# =========定位 09：一個一個遍歷輪廓，將長寬比大於 3 的輪廓確定為車牌
=========
for item in contours:
    rect = cv2.boundingRect(item)
    x = rect[0]
    y = rect[1]
    weight = rect[2]
    height = rect[3]
    if weight > (height * 3):
        plate = rawImage[y:y + height, x:x + weight]
# ==============顯示提取車牌==============
cv2.imshow('plate',plate)   # 測試敘述：查看提取車牌
cv2.waitKey()
cv2.destroyAllWindows()
```

執行上述程式，將依次顯示圖 13-2 中的各個影像。

上述程式主要實現了從影像中提取車牌的功能，可以將上述程式封裝為一個函數。在 13.2 節可以看到將上述操作封裝為函數的形式。

13.1.2 分割車牌

分割車牌是指將車牌中的各字元提取出來，以便進行後續辨識。大部分的情況下，需要先對影像進行前置處理（主要是進行去噪、二值化、膨脹等操作）以便提取每個字元的輪廓。接下來，尋找車牌內的所有輪廓，將其中高寬比符合字元特徵的輪廓判定為字元，具體流程圖如圖 13-3 所示。

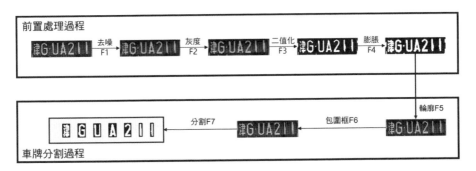

▲ 圖 13-3 分割車牌流程圖

下面，對分割車牌的各個流程進行具體介紹：

- 去噪 F1：該操作的目的是去除影像內的雜訊，可以使用函數 GaussianBlur 完成。
- 灰階 F2：該操作將影像由彩色影像處理為灰階影像，以便進行後續操作，可以使用函數 cvtColor 完成。
- 二值化 F3：對影像進行閾值處理，將其處理為二值影像，以便進行後續操作，可以使用函數 threshold 完成。
- 膨脹 F4：大部分的情況下，字元的各個筆劃之間是分離的，透過膨脹操作可以讓各字元形成一個整體。膨脹操作可透過函數 dilate 實現。

- 輪廓 F5：該操作用來查詢影像內的所有輪廓，可以使用函數 findContours 完成。此時找到的輪廓非常多，既包含每個字元的輪廓，又包含雜訊的輪廓。下一步工作是將字元的輪廓篩選出來。
- 包圍框 F6：該操作讓每個輪廓都被包圍框包圍，可以透過函數 boundingRect 完成。使用包圍框替代輪廓的目的是，透過包圍框的高寬比及寬度值，可以很方便地判定一個包圍框包含的是雜訊還是字元。
- 分割 F7：一個一個遍歷包圍框，將其中長寬比在指定範圍內、寬度大於特定值的包圍框判定為字元。該操作可透過迴圈敘述內建判斷條件實現。

【例 13.2】分割車牌內的各個字元。

```python
import cv2
# =====讀取車牌=====
image=cv2.imread("gg.bmp")
o=image.copy()    # 複製原始影像，用於繪製輪廓
cv2.imshow("original",image)
# ============影像前置處理============
# -------去噪 F1-------
image = cv2.GaussianBlur(image, (3, 3), 0)
cv2.imshow("GaussianBlur",image)
# -------灰階 F2-------
grayImage = cv2.cvtColor(image, cv2.COLOR_RGB2GRAY)
cv2.imshow("gray",grayImage)
# -------二值化 F3-------
ret, image = cv2.threshold(grayImage, 0, 255, cv2.THRESH_OTSU)
cv2.imshow("threshold",image)
# ------膨脹 F4：讓一個字組成一個整體（大多數字不是一個整體，是分散的）------
kernel = cv2.getStructuringElement(cv2.MORPH_RECT, (2, 2))
image = cv2.dilate(image, kernel)
cv2.imshow("dilate",image)
# ============拆分車牌，使車牌內各個字元分離============
# -------輪廓 F5：各個字元的輪廓及雜訊輪廓-------
```

```
contours, hierarchy = cv2.findContours(image, cv2.RETR_EXTERNAL,
                                        cv2.CHAIN_APPROX_SIMPLE)
x = cv2.drawContours(o.copy(), contours, -1, (0, 0, 255), 1)
cv2.imshow("contours",x)
print("共找到輪廓個數：",len(contours))    # 測試敘述：查看找到多少個輪廓
# --------------包圍框 F6：遍歷所有輪廓，尋找最小包圍框-------------
chars = []
for item in contours:
    rect = cv2.boundingRect(item)
    x,y,w,h = cv2.boundingRect(item)
    chars.append(rect)
    cv2.rectangle(o,(x,y),(x+w,y+h),(0,0,255),1)
cv2.imshow("contours2",o)
# --------------將包圍框按照 x 軸座標值排序（自左向右排列）-------------
chars = sorted(chars,key=lambda s:s[0],reverse=False)
# --------分割 F7--------
# 一個一個遍歷包圍框，包圍框高寬比為 1.5～8，寬度大於 3 的輪廓，判定為字元
plateChars = []
for word in chars:
    if (word[3] > (word[2] * 1.5)) and (word[3] < (word[2] * 8))
                                        and (word[2] > 3):
        plateChar = image[word[1]:word[1] + word[3], word[0]:word[0]
+ word[2]]
        plateChars.append(plateChar)
# --------------測試敘述：查看各個字元-------------
for i,im in enumerate(plateChars):
    cv2.imshow("char"+str(i),im)
cv2.waitKey()
cv2.destroyAllWindows()
```

執行上述程式，將依次顯示圖 13-3 中的各個影像。

上述程式主要實現了從車牌中提取各個字元的功能。根據其實現，可以將上述程式封裝為前置處理函數（車牌前置處理）、字元分割函數（完成分割）。在 13.2 節可以看到將上述操作封裝為函數的形式。

13.1.3 辨識車牌

本案例透過範本匹配的方法進行字元辨識，匹配原理示意圖如圖 13-4 所示。每個字元依次在範本集中尋找與自己最相似的範本，並將最相似的範本對應的字元辨識為當前字元。

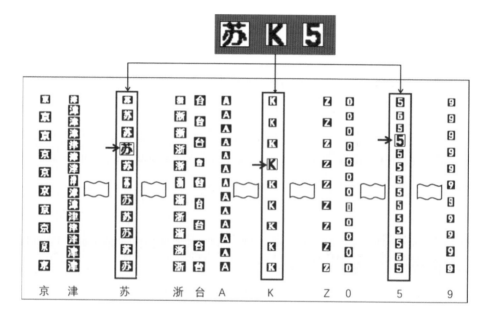

▲ 圖 13-4 匹配原理示意圖

必須使用量化指標衡量相似度。簡單來說，必須用一個數值來衡量兩幅影像之間的相似程度。在 OpenCV 中可使用函數 matchTemplate 來衡量兩幅影像之間的相似度。本案例使用 matchTemplate 函數來計算匹配值。

因此，字元辨識轉換成了如下兩個問題：

- 使用函數 matchTemplate 依次衡量待識別符號與範本集中每一個字元的匹配值。
- 將最匹配的範本對應的字元確定為辨識結果。

透過如下三個函數解決上述兩個問題。

- 函數 1：讀取範本影像。範本影像較多，因此建構一個函數來讀取範本影像，以便後續計算其與待辨識影像間的匹配值。
- 函數 2：計算匹配值。該函數用來計算兩幅影像之間的匹配值，主要借助 OpenCV 中的函數 matchTemplate 完成。
- 函數 3：識別符號。該函數用來識別符號。

下面一個一個介紹上述函數。

1）函數 1：讀取範本影像

首先，建構一個字典用於儲存包含所有數字、字母、部分省份簡稱在內的字元集；然後，使用 Glob 函數庫獲取所有範本的檔案名稱，具體如下：

```
# ===============使用字典表示範本、部分省份簡稱===============
templateDict =
{0:'0',1:'1',2:'2',3:'3',4:'4',5:'5',6:'6',7:'7',8:'8',9:'9',
          10:'A',11:'B',12:'C',13:'D',14:'E',15:'F',16:'G',17:'H',
          18:'J',19:'K',20:'L',21:'M',22:'N',23:'P',24:'Q',25:'R',
          26:'S',27:'T',28:'U',29:'V',30:'W',31:'X',32:'Y',33:'Z',
          34:'京',35:'津',36:'冀',37:'晉',38:'蒙',39:'遼',40:'吉',
          41:'黑',42:'滬',43:'蘇',44:'浙',45:'皖',46:'閩',47:'贛',
          48:'魯',49:'豫',50:'鄂',51:'湘',52:'粵',53:'桂',54:'瓊',
          55:'渝',56:'川',57:'貴',58:'雲',59:'藏',60:'陝',61:'甘',
          62:'青',63:'寧',64:'新', 65:'港',66:'澳'}
# ================獲取所有字元的路徑資訊================
def getcharacters():
    c=[]
    for i in range(0,67):
        words=[]
        words.extend(glob.glob('template/'+templateDict.get(i)+
'/*.*'))
        c.append(words)
    return c
```

該函數能夠獲取目前的目錄下 template 資料夾內各個字元對應的全部範本的檔案名稱。

2）函數 2：計算匹配值

將匹配度進行量化，即使用一個數值來表示兩幅影像的相似程度。在 OpenCV 內可使用函數 matchTemplate 計算兩幅影像的匹配值。該函數的語法格式為

```
匹配值 = cv2.matchTemplate(原始影像, 範本影像, cv2.TM_CCOEFF )
```

在參數 cv2.TM_CCOEFF 的控制下，原始影像和範本影像越匹配傳回的匹配值越大；二者越不匹配傳回的匹配值越小。

建構函數 getMatchValue，以計算匹配值。其中，參數 template 是檔案名稱，參數 image 是待檢測的影像，具體如下：

```
def getMatchValue(template,image):
    # 讀取範本影像
    # templateImage=cv2.imread(template)  # cv2 讀取中文檔案名稱不友善
    templateImage=cv2.imdecode(np.fromfile(template,dtype=
np.uint8),1)
    # 範本影像色彩空間轉換，BGR→灰階
    templateImage = cv2.cvtColor(templateImage, cv2.COLOR_BGR2GRAY)
    # 範本影像閾值處理，灰階→二值
    ret, templateImage = cv2.threshold(templateImage, 0, 255,
cv2.THRESH_OTSU)
    # 獲取待辨識影像的尺寸
    height, width = image.shape
    # 將範本影像尺寸調整為待辨識影像尺寸
    templateImage = cv2.resize(templateImage, (width, height))
    # 計算範本影像、待辨識影像的範本匹配值
    result = cv2.matchTemplate(image, templateImage, cv2.TM_CCOEFF)
    # 將計算結果傳回
    return result[0][0]
```

3）函數 3：識別符號

由於每個字元的範本數量未必是一致的，即有的字元有較多的範本，有的字元有較少的範本，不同的範本數量為計算帶來了不便，因此採用分層的方式實現範本匹配。範本匹配示意圖如圖 13-5 所示。

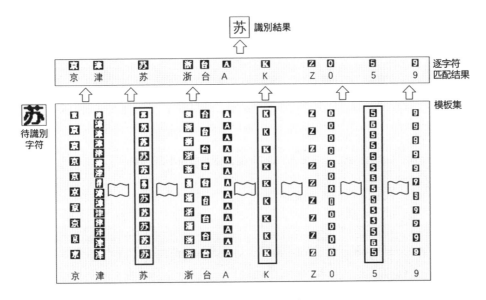

▲圖 13-5 範本匹配示意圖

先針對範本內的每個字元計算出一個與待識別符號最匹配的範本；然後在逐字元匹配結果中找出最佳匹配範本，從而確定最終辨識結果。

具體來説，需要使用 3 層迴圈關係：

■ 最外層迴圈：一個一個遍歷提取的各個字元。

■ 中間層迴圈：遍歷所有辨識符號（字元集中的每個字元）。

■ 最內層迴圈：遍歷每一個辨識符號的所有範本。

識別符號的流程圖如圖 13-6 所示。

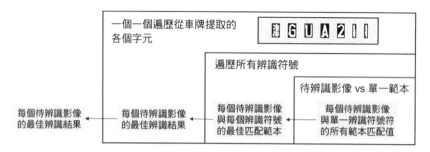

▲圖 13-6 識別符號的流程圖

將上述過程建構一個函數,具體如下:

```
def matchChars(plates,chars):
    results=[]
    for plateChar in plates:  # 一個一個遍歷待識別符號
        best_score = []
        for words in chars:
            score = []
            for word in words:
                result = getMatchValue(word,plateChar)
                score.append(result)
            best_score.append(max(score))
        i = best_score.index(max(best_score))
        r = templateDict[i]
        results.append(r)
    return results
```

13.2 實現程式

整合 13.1 節中的各個模組即可得到車牌辨識的整體程式。

【例 13.3】車牌辨識整體程式。

```
# =========================匯入函數庫=========================
import cv2
# from matplotlib import pyplot as plt
```

```
import numpy as np
import glob
# ====================提取車牌函數====================
def getPlate(image):
    rawImage=image.copy()
    # 去噪處理
    image = cv2.GaussianBlur(image, (3, 3), 0)
    # 色彩空間轉換（RGB→GRAY）
    image = cv2.cvtColor(image, cv2.COLOR_BGR2GRAY)
    # Sobel 運算元（X 軸方向邊緣梯度）
    Sobel_x = cv2.Sobel(image, cv2.CV_16S, 1, 0)
    absX = cv2.convertScaleAbs(Sobel_x)    # 映射到[0,255]區間內
    image = absX
    # 閾值處理
    ret, image = cv2.threshold(image, 0, 255, cv2.THRESH_OTSU)
    # 閉運算：先膨脹後腐蝕，車牌各個字元是分散的，讓車牌組成一個整體
    kernelX = cv2.getStructuringElement(cv2.MORPH_RECT, (17, 5))
    image = cv2.morphologyEx(image, cv2.MORPH_CLOSE, kernelX)
    # 開運算：先腐蝕後膨脹，去除雜訊
    kernelY = cv2.getStructuringElement(cv2.MORPH_RECT, (1, 19))
    image = cv2.morphologyEx(image, cv2.MORPH_OPEN, kernelY)
    # 中值濾波：去除雜訊
    image = cv2.medianBlur(image, 15)
    # 查詢輪廓
    contours, w1 = cv2.findContours(image, cv2.RETR_TREE,
                                    cv2.CHAIN_APPROX_SIMPLE)
    # 測試敘述，查看處理結果
    # image = cv2.drawContours(rawImage.copy(), contours, -1, (0, 0,
255), 3)
    # cv2.imshow('imagecc', image)
    # 一個一個遍歷輪廓，將長寬比大於 3 的輪廓確定為車牌
    for item in contours:
        rect = cv2.boundingRect(item)
        x = rect[0]
        y = rect[1]
        weight = rect[2]
```

```
            height = rect[3]
            if weight > (height * 3):
                plate = rawImage[y:y + height, x:x + weight]
    return plate
# ================影像前置處理函數，影像去噪等處理====================
def preprocessor(image):
    # 影像去噪和灰階處理
    image = cv2.GaussianBlur(image, (3, 3), 0)
    # 色彩空間轉換
    gray_image = cv2.cvtColor(image, cv2.COLOR_RGB2GRAY)
    # 二值化
    ret, image = cv2.threshold(gray_image, 0, 255, cv2.THRESH_OTSU)
    # 膨脹處理，讓一個字組成一個整體（大多數字不是一個整體，是分散的）
    kernel = cv2.getStructuringElement(cv2.MORPH_RECT, (2, 2))
    image = cv2.dilate(image, kernel)
    return image
# ==========拆分車牌函數，使車牌內各個字元分離==========
def splitPlate(image):
    # 查詢輪廓，各個字元的輪廓
    contours, hierarchy = cv2.findContours(image,
                                cv2.RETR_EXTERNAL,
cv2.CHAIN_APPROX_SIMPLE)
    words = []
    # 遍歷所有輪廓
    for item in contours:
        rect = cv2.boundingRect(item)
        words.append(rect)
    # print(len(contours))   # 測試敘述：查看找到多少個輪廓
    # -----測試敘述：查看輪廓效果-----
    # imageColor=cv2.cvtColor(image,cv2.COLOR_GRAY2BGR)
    # x = cv2.drawContours(imageColor, contours, -1, (0, 0, 255), 1)
    # cv2.imshow("contours",x)
    # -----測試敘述：查看輪廓效果-----
    # 按照x軸座標值排序（自左向右排列）
    words = sorted(words,key=lambda s:s[0],reverse=False)
    # 用word存放左上角起始點及長寬值
```

```
    plateChars = []
    for word in words:
        # 篩選字元的輪廓(高寬比為 1.5～8,寬度大於 3)
        if (word[3] > (word[2] * 1.5)) and (word[3] < (word[2] * 8))
            and (word[2] > 3):
            plateChar = image[word[1]:word[1] + word[3],
                word[0]:word[0] + word[2]]
            plateChars.append(plateChar)
    # 測試敘述:查看各個字元
    # for i,im in enumerate(plateChars):
    #     cv2.imshow("char"+str(i),im)
    return plateChars
# ================使用字典表示範本、部分省份簡稱,================
templateDict =
{0:'0',1:'1',2:'2',3:'3',4:'4',5:'5',6:'6',7:'7',8:'8',9:'9',
        10:'A',11:'B',12:'C',13:'D',14:'E',15:'F',16:'G',17:'H',
        18:'J',19:'K',20:'L',21:'M',22:'N',23:'P',24:'Q',25:'R',
        26:'S',27:'T',28:'U',29:'V',30:'W',31:'X',32:'Y',33:'Z',
        34:'京',35:'津',36:'冀',37:'晉',38:'蒙',39:'遼',40:'吉',
        41:'黑',42:'滬',43:'蘇',44:'浙',45:'皖',46:'閩',47:'贛',
        48:'魯',49:'豫',50:'鄂',51:'湘',52:'粵',53:'桂',54:'瓊',
        55:'渝',56:'川',57:'貴',58:'雲',59:'藏',60:'陝',61:'甘',
        62:'青',63:'寧',64:'新',65:'港',66:'澳',67:'台'}
# ================獲取所有範本影像的檔案名稱================
def getcharacters():
    c=[]
    for i in range(0,67):
        words=[]
        words.extend(glob.glob('template/'+templateDict.get(i)+
'/*.*'))
        c.append(words)
    return c
# ============計算匹配值函數============
def getMatchValue(template,image):
    # 讀取範本影像
    # templateImage=cv2.imread(template)    # cv2 讀取中文檔案名稱不友善
```

```
    templateImage=cv2.imdecode(np.fromfile(template,dtype=np.
uint8),1)
    # 範本影像色彩空間轉換，BGR→灰階
    templateImage = cv2.cvtColor(templateImage, cv2.COLOR_BGR2GRAY)
    # 範本影像閾值處理，灰階→二值
    ret, templateImage = cv2.threshold(templateImage, 0, 255,
cv2.THRESH_OTSU)
    # 獲取待辨識影像的尺寸
    height, width = image.shape
    # 將範本影像尺寸調整為待辨識影像尺寸
    templateImage = cv2.resize(templateImage, (width, height))
    # 計算範本影像、待辨識影像的範本匹配值
    result = cv2.matchTemplate(image, templateImage, cv2.TM_CCOEFF)
    # 將計算結果傳回
    return result[0][0]
# ==========對車牌內字元進行辨識==========
# plates 是待辨識字元集
# 也就是從車牌影像"GUA211"中分離出來的每一個字元的影像 "G" "U" "A" "2" "1"
"1"
# chars 是所有字元的範本集
def matchChars(plates,chars):
    results=[]                          # 儲存所有辨識結果
    # 最外層迴圈：一個一個遍歷提取的各個字元
    # 例如，一個一個遍歷從車牌影像"GUA211"中分離出來的每一個字元的影像
    # 如 "G" "U" "A" "2" "1" "1"
    # plateChar 分別儲存 "G" "U" "A" "2" "1" "1"
    for plateChar in plates:            # 一個一個遍歷待識別符號
      # bestMatch 儲存的是待識別符號與每個辨識符號的所有範本中最匹配的範本
        # 例如，字元集中與待辨識影像"G"與最匹配的範本
        bestMatch = []                  # 最佳匹配範本
        # 中間層迴圈：遍歷所有辨識符號
        # words 對應的是每一個字元（如字元 A）的所有範本
        for words in chars:        # 遍歷字元。chars：所有範本，words：某
個字元的所有範本
```

```
            # match 儲存的是每個辨識符號的所有匹配值
            # 例如，待辨識影像"G"與字元"7"的所有範本的匹配值
            match = []              # 每個字元的匹配值
            # 最內層迴圈：遍歷每一個辨識符號的所有範本
            for word in words:      # 遍歷範本。words：某個字元所有範本，
word 單一範本
                result = getMatchValue(word,plateChar)
                match.append(result)
            bestMatch.append(max(match))    # 將每個字元範本的最佳匹配範
本加入 bestMatch
        i = bestMatch.index(max(bestMatch))      # i 是最佳匹配的字元範本
的索引
        r = templateDict[i]       # r 是單一待識別符號的辨識結果
        results.append(r)         # 將每一個分割字元的辨識結果加入 results
    return results                # 傳回所有辨識結果
# ===============主程式===============
image = cv2.imread("gua.jpg")              # 讀取原始影像
cv2.imshow("original",image)               # 顯示原始影像
image=getPlate(image)                      # 獲取車牌
cv2.imshow('plate', image)                 # 測試敘述：查看車牌定位情況
image=preprocessor(image)                  # 前置處理
# cv2.imshow("imagePre",image)             # 測試敘述，查看前置處理結果
plateChars=splitPlate(image)               # 分割車牌，將每個字元獨立出來
for i,im in enumerate(plateChars):         # 一個一個遍歷字元
    cv2.imshow("plateChars"+str(i),im)     # 顯示分割的字元
chars=getcharacters()                      # 獲取所有範本檔案（檔案名稱）
results=matchChars(plateChars, chars)      # 使用範本 chars 一個一個辨識字
元集 plates
results="".join(results)                   # 將串列轉換為字串
print("辨識結果為：",results)              # 輸出辨識結果
cv2.waitKey(0)                             # 顯示暫停
cv2.destroyAllWindows()                    # 釋放視窗
```

▌ 13.3 下一步學習

本章介紹了車牌辨識的基本流程，本節將進行一個簡單的複習與展望。

本案例在進行字元辨識時，將每一個待識別符號與整個字元集進行了匹配值計算。實際上，在車牌中第一個字元是省份簡稱，只需要與中文字集進行匹配值計算即可；第二個字元是字母，只需要與字母集進行匹配值計算即可。因此，在具體實現時，可以對辨識進行最佳化，以降低運算量，提高辨識率。

本案例使用範本匹配的方法實現了車牌辨識。除此以外，大家還可以嘗試使用協力廠商套件（如 tesseract-ocr 等）、深度學習等方式來實現車牌辨識。

指紋辨識

　　指紋辨識，簡單來說就是判斷一枚未知的指紋屬於一組已知指紋裡面的哪個人的指紋。這個辨識過程與我們在村口辨識遠處走來的人類似，首先，要抓住主要特徵，二者的主要特徵要一致；其次，二者要有足夠多的主要特徵一致。滿足了這兩個條件就能判斷一枚指紋是否與某個人的指紋一致了。

　　影像處理過程中非常關鍵的一個步驟就是特徵提取。特徵提取需要解決的問題有如下兩個：

- 選擇有用的特徵。該過程要選擇核心的關鍵特徵，該特徵要能表現當前影像的個性。
- 將特徵量化。特徵是抽象的，是電腦無法理解的，要把特徵轉換成數值的形式，以便透過計算完成影像的辨識、匹配等。

　　影像的個性化特徵，是指能夠表現影像自身特點的、易於區別於其他影像的特徵。個性化特徵既可以是本類別影像的專有特徵，也可以是影像的通用特徵。例如，在進行指紋辨識時，可以採用兩種不同的方式提取個性化特徵：

- 提取指紋的專有特徵，如脊線的方向、分叉點、頂點等。這些特徵是針對指紋影像設計的。

■ 提取影像中的關鍵點特徵。關鍵點特徵並不是每類別影像專有的特徵。例如，一些角點、反趨點等形態或方向特徵，提取指紋影像中這些關鍵點特徵的方式與提取其他類型影像的關鍵點特徵的方式沒有區別。在處理其他類型的影像時，可以採用提取指紋影像關鍵點特徵的方式將這些關鍵點特徵提取出來，並在辨識、比較等場景中使用。

　本章將介紹如下兩部分內容：

■ 指紋特徵提取及辨識方法。本部分主要介紹了如何有針對性地提取指紋特徵，並根據這些特徵進行指紋辨識。本部分僅介紹了指紋辨識的基本原理和方法，並沒有具體實現指紋辨識。

■ 基於 SIFT 的指紋辨識方法及具體實現。需要注意的是，SIFT 提取的特徵並不是專門針對指紋的，它提取的是影像內的尺度不變特徵。也就是說，除指紋影像外，SIFT 還適用於其他類型的影像辨識。本章在提取 SIFT 特徵的基礎上實現了基於 SIFT 的指紋辨識。

14.1 指紋辨識基本原理

在指紋辨識過程中，非常關鍵的一個步驟是對指紋特徵的處理。

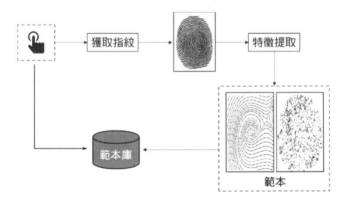

▲ 圖 14-1　輸入指紋特徵的過程

大部分的情況下，要先提取已知指紋的特徵，並將其儲存在範本庫中，以便在後續進行指紋辨識時與待辨識指紋特徵進行比對。輸入指紋特徵的過程如圖 14-1 所示。

辨識指紋時，可能存在如下兩種情況。

- 一對一驗證。此時，主要驗證當前指紋是否和已知指紋一致，如利用指紋解鎖手機。該過程示意圖如圖 14-2 左圖所示。
- 一對多辨識。此時，主要辨識當前指紋和指紋庫許多指紋中的哪個指紋基本一致，如單位的打卡系統。該過程示意圖如圖 14-2 右圖所示。

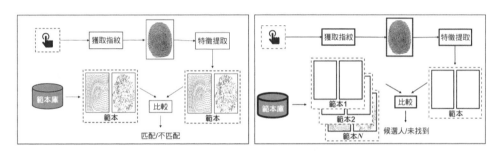

▲ 圖 14-2 指紋辨識過程示意圖

14.2 指紋辨識演算法概述

基於指紋特徵的指紋辨識方法是一種非常傳統的方法。該方法主要關注指紋自身的個性化特徵，希望透過計算指紋個性化特徵差異實現指紋辨識。本節將主要介紹指紋的個性化特徵表示、提取及基於指紋特徵的指紋辨識方法。

14.2.1 描述關鍵點特徵

指紋影像中起決定作用的點通常稱為關鍵點（Key Point）或者細節點（Minutia）。

　　描述關鍵點特徵是指將指紋影像的關鍵點的特徵提取出來並量化。指紋影像中具有多種不同類型的特徵點。在大部分的情況下，只需要關注分叉點和終點。

　　如圖 14-3 所示，關鍵點通常包含類型（分叉點、終點）、角度、座標等資訊。因此，通常使用(x,y,type,θ)來表述一個關鍵點的特徵，其中：

- (x,y)是關鍵點所在位置的座標。
- type 是關鍵點的類型，可能是終點、分叉。
- θ 是關鍵點的角度。

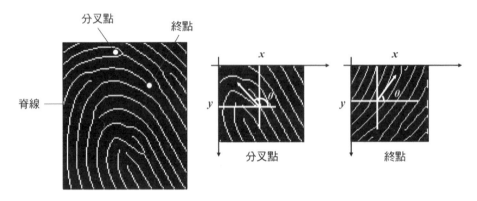

▲圖 14-3　關鍵點特徵描述

14.2.2　特徵提取

　　輸入的指紋資訊通常具有較高雜訊，不適合直接提取特徵。因此，在提取特徵前，需要先對其進行增強、細化等前置處理，在前置處理的基礎上找出其關鍵點及類型，並進一步判斷關鍵點的方向，從而得到關鍵點特徵的描述資訊(x,y,type,θ)，如圖 14-4 所示。

　　(x,y,type,θ)中的座標資訊就是關鍵點位置資訊，在找到關鍵點後可以直接確定。本節將主要介紹關鍵點類型的確定和關鍵點角度的確定。

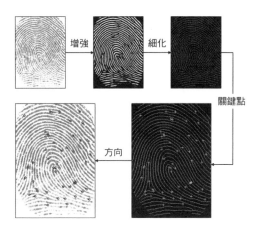

▲ 圖 14-4 提取關鍵點特徵

1. 關鍵點類型的確定

大部分的情況下,使用相交數(Crossing Number)判斷關鍵點的類型。每一個像素點 P,都有 8 個鄰近像素點,在這些鄰近像素點中,像素點從白變黑的個數被定義為相交數。相交數示意圖如圖 14-5 所示。

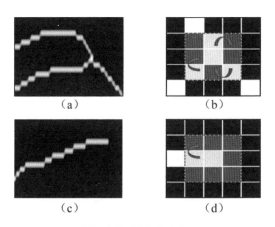

（a）　　　　　　　　　（b）

（c）　　　　　　　　　（d）

▲ 圖 14-5 相交數示意圖

- 圖 14-5(a)是分叉點。
- 圖 14-5(b)是以圖 14-5(a)中分叉點(關鍵點)為中心的像素點示意圖,中心點周圍像素點由白變黑的個數為 3,其相交數為 3。

- 圖 14-5（c）是終點。
- 圖 14-5（d）是以圖 14-5（c）中終點（關鍵點）為中心的像素點示意
  圖，中心點周圍像素點由白變黑的個數為 1，其相交數為 1。

2. 關鍵點角度的確定

針對不同類型的關鍵點採用不同的方式確定其角度。

分叉點具有三條邊（三個分叉），每條邊與和水平方向都有一個夾
角，分別為 θ_1、θ_2、θ_3。通常將最近的兩條邊的夾角平均值作為該分叉點
的角度。分叉點角度示意圖如圖 14-6 所示，分叉點的角度 θ 為右上方兩
條邊角度 θ_1 和 θ_2 的平均值。

原始影像 　　　 邊1角度 　　　 邊2角度 　　　 邊3角度 　　　 分叉點角度

▲圖 14-6　分叉點角度示意圖

計算終點的角度時，沿著脊線尋找距離當前終點 20 個像素處的像素
點，該像素點與終點連線與水平方向的夾角被標注為當前終點的角度，如
圖 14-7 所示。

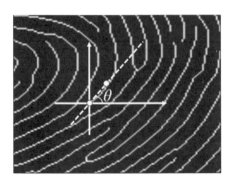

▲圖 14-7　終點角度示意圖

標準化檔案 ISO/IEC 19794-2 對指紋的關鍵點（Finger Minutiae Data）進行了細緻的約定，可以參考該檔案獲取更多細節資訊。

14.2.3 MCC 匹配方法

獲得上述細節資訊後，可以對指紋關鍵點特徵進行進一步編碼，以進行比較判斷，從而實現指紋的驗證、辨識功能。

2010 年，義大利博洛尼亞大學的 Raffaele Cappelli 等人提出了 MCC（Minutia Cylinder-Code，細節點柱形編碼），該編碼旨在更有效地完成指紋辨識過程中的關鍵點特徵表示和匹配。

MCC 是一種基於 3D 資料結構（稱為圓柱體）的表示法，該圓柱體由關鍵點的位置和方向建構。也可以説，MCC 儲存了關鍵點的距離、方向資訊，並對此進行了重構，保證了關鍵點具有旋轉、平移不變性。

MCC 根據當前關鍵點建構了一個特定半徑、特定高度的圓柱體，如圖 14-8 所示，其中：

- A 是封閉的圓柱體，該圓柱體是虛擬的，為了方便理解而存在。圓柱體的高度為 2π，半徑為 R。
- B 是封閉圓柱體的離散化，該圓柱體是實際生成的，由若干個小長方體（獨立單元）組成，其高度為 2π，半徑為 R。每一個小長方體在圓柱體內的座標值為 (i,j,k)，i、j、k 分別對應 x 軸、y 軸、z 軸座標值。小長方體根據自身的座標值 (i,j,k) 能夠映射到原始指紋影像的特定區域，並根據該區域中特定關鍵點的方向、座標值等資訊獲取一個能量值。
- C 是離散化後的圓柱體 B 內部的一個獨立單元（小長方體），該單元擁有與圓柱體相關的長度值、寬度值、高度值；這些值與該單元能夠獲取的能量值的大小相關。

- D 是封閉圓柱體 B 的座標系的 i 軸（x 軸）方向指向，與當前關鍵點方向一致。
- E 是當前關鍵點的方向。

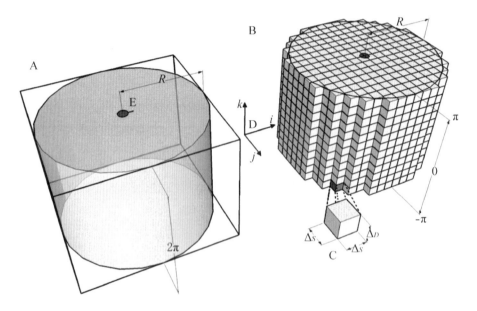

▲ 圖 14-8　MCC 結構

（資料來源：CAPPELLI R，FERRARA M，MALTONI D. Minutia Cylinder-Code：A New Representation and Matching Technique for Fingerprint Recognition[J]. IEEE Transactions on Pattern Analysis & Machine Intelligence，2010，32（12）：2128。）

完成上述操作後，將圓柱體的每一層展開，得到如圖 14-9 所示的一組影像。圖 14-9 涉及如下兩個概念：

- 平面個數。圓柱體在高度上被劃分為多少層，就可以得到多少個平面。例如，把圓柱體劃分為 6 層，即可得到 6 個平面。簡而言之，每一幅影像對應的是圓柱體中某一層的能量圖。
- 每個平面內像素點個數。每一幅影像中像素點的個數就是每一層擁有的小長方體（獨立單元）的個數。當前每一個像素點的像素值就是它對應的一個小長方體的能量值。

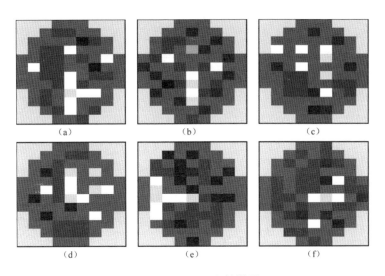

(a) (b) (c)

(d) (e) (f)

▲ 圖 14-9   MCC 特徵圖

　　至此，每個關鍵點的特徵值由(x,y,θ)轉換成了一個複雜的特徵值。該值包含了當前關鍵點的特徵，也包含了當前關鍵點重要的鄰域關鍵點特徵。

　　上述提取的特徵更具有獨特性。例如，身高不能作為辨識一個人的特徵，因為身高相同的人有很多，但是如果把一組相關的人的身高組合起來，如自身身高、父親身高、母親身高、小學一年級老師身高……高中同桌身高，那麼該特徵將具有獨一無二性，能作為辨識一個人的特徵。

　　上述特徵資訊量很大，計算起來比較複雜，我們希望採用更簡單的方式進行計算，處理思路很簡單，即閾值處理。

　　閾值處理能夠將複雜的計算轉換為更簡單的互斥等邏輯運算。當然，這個過程可能存在一定計算誤差，但是能夠極大地提高運算效率。

　　這裡涉及的基礎知識是閾值分割、互斥運算。

■　閾值分割的基本邏輯是當像素點的像素值大於特定的閾值時，將其處理為 1；否則，將其處理為 0；在 OpenCV 中可以透過函數 threshold 實現閾值處理。

- 互斥運算的基本邏輯是若參與運算的兩個數值不相等，則結果為 1；否則，結果為 0。在 OpenCV 中，可以透過函數 bitwise_xor 實現逐位元互斥運算。

  在表 14-1 中，有 A、B 兩組不同的像素點。

  在範例 1 中：

- A 組的像素點的像素值為 200，顏色較淺，接近白色。
- B 組的像素點的像素值為 50，顏色較深，接近黑色。
- 直觀感受上，A 組與 B 組差異較大。
- 對 A、B 組像素點的像素值進行減法運算：200-50=150，像素值差異較大，據此判斷兩個像素點顏色差別較大的結論。
- 對 A、B 組像素點的像素值進行閾值處理，將 128 作為閾值，因此：
  - A 組內像素點的像素值為 200，得到閾值處理結果為 1。
  - B 組內像素點的像素值為 50，得到閾值處理結果為 0。

  對閾值處理結果進行互斥運算，二者不相同得到結果為 1，據此判斷兩個像素點的顏色相差較大。

  透過範例 1 可知，可以將複雜的數學減法運算轉換為互斥運算（僅有一位元的位元運算），這樣能夠大幅提高運算效率。

  相同的處理方法，在範例 2、範例 3 中都獲得了正確的結論。但是，在範例 4 中獲得了錯誤的結論。範例 4 的處理流程為

- A 組的像素點的像素值為 140，是一個中等深度的灰色。
- B 組的像素點的像素值為 120，是一個中等深度的灰色。
- 直觀感受上，A 組與 B 組差異不大。
- 對 A、B 組像素點的像素值進行減法運算：140-120=20，像素值差異較小，據此判斷兩個像素點顏色差別較小。
- 進行閾值處理，將 128 作為閾值，因此：

- A 組的像素點的像素值為 140，得到二值化結果為 1；
- B 組的像素點的像素值為 120，得到二值化結果為 0。
- 對閾值處理結果進行互斥運算，二者不相同得到結果為 1，據此判斷兩個像素點顏色相差較大。

表 14-1　閾值處理簡化計算

對比組	範例 1			範例 2			範例 3			範例 4		
	像素點顏色	像素值（減法）	閾值處理（互斥）	像素點顏色	像素值（減法）	閾值處理（互斥）	像素點顏色	像素值（減法）	閾值處理（互斥）	像素點顏色	像素值（減法）	閾值處理（互斥）
A 組		200	1		120	0		220	1		140	1
B 組		50	0		100	0		200	1		120	0
差異	感覺明顯	150	1	感覺不明顯	20	0	感覺不明顯	20	0	感覺不明顯	20	1
		差異大	有差別	差異小		無差別		差異小	無差別		差異小	有差別

　　大部分的情況下，對於上述誤差，我們可以忽略。如果對精度要求較高，可以透過針對閾值的最佳化來實現更為準確的閾值處理，如 OTSU 處理（在 OpenCV 的函數 threshold 中使用參數 cv2.THRESH_ OTSU 可以實現該功能）、自我調整閾值處理（OpenCV 提供了函數 adaptiveThreshold 實現該功能）等。簡單來說，透過最佳化可以讓鄰近的像素值，得到相同的處理結果。例如，像素值 140、像素值 120 在進行閾值處理時，都會被處理為 1，對二者進行互斥運算，得到的結果為 0，這意味著二者沒有差別。

　　因此，為了更方便地使用位元運算（互斥）實現差異計算，往往需要對灰階影像（像素點的值為[0,255]）進行閾值處理，得到對應的二值影像。圖 14-10 是針對圖 14-9 得到的二值化影像，影像僅包含兩個值，數值 0（純黑色）和數值 1（純白色）。

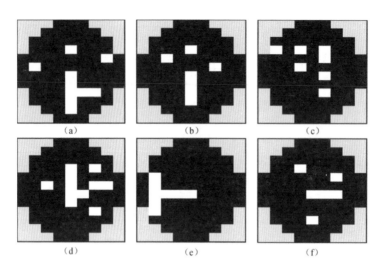

(a)　　　　　　　(b)　　　　　　　(c)

(d)　　　　　　　(e)　　　　　　　(f)

▲圖 14-10　　閾值處理結果

完成上述特徵編碼後，即可透過對編碼進行互斥運算來確定不同指紋影像之間的差異，從而實現對指紋影像的辨識。

MCC 是非常有影響力非常好用的特徵。在實踐中，可以直接用該演算法提取指紋特徵，也可以根據需要提取更有特色的特徵。

從該特徵的提取過程可以看到，在獲取特徵值時要盡可能讓特徵值具有如下特點。

- 包含更多資訊：不僅要包含當前關鍵點的特徵，還要盡可能包含周圍更多關鍵點的特徵。這樣的特徵資訊量大，更能表現影像自身特點。或者說，這樣的特徵包含了影像內許多關鍵點的特徵。
- 具有穩固性：特徵在旋轉、縮放、模糊等操作前後能夠保持一致性，如 SIFT 特徵。

14.2.4　參考資料

基於指紋特徵的指紋辨識一直以來都受到學術界和工業界的高度關注。Cappelli 在 WSB 2021（Winter School on Biometrics 2021）上做了主題為「使用 OpenCV 和 Python 進行指紋辨識」的講演，介紹了指紋辨識的最新研究成果，並使用 OpenCV 和 Python 進行了實現。在香港浸會大學的 WSB 2021 內容頁上可以下載該演講的演講稿 *Hands on Fingerprint Recognition with OpenCV and Python* 及原始程式碼（ipynb 格式）（參考網址 4）。

為了方便學習，筆者將其重構為 py 格式附在本章配套資源的根目錄下，檔案名稱為 FingerprintRecognition.py。

▌ 14.3 尺度不變特徵變換

14.2 節介紹了指紋辨識的基本演算法，更注重提取指紋影像的個性化特徵，如脊線、終點、分叉點等。本節將對尺度不變特徵變換（Scale Invariant Feature Transform，SIFT）進行介紹。SIFT 特徵是一種與影像的大小和旋轉無關的關鍵點特徵，該特徵不僅僅適用於指紋影像，還適用於其他影像。

對於人類來說，辨識遠處部分被遮蔽的圖案是非常容易的一件事情。但是對於電腦來說，理解影像就沒有那麼容易了。遠處的影像與近處的影像相比，至少存在如下兩方面差異：

- 遠處影像的尺寸更小；近處影像的尺寸更大。
- 遠處影像的細節較模糊；近處影像的細節豐富（清晰度高）。

如果一個演算法能夠像人類一樣能夠辨識不同大小、不同遠近、部分被遮蔽的影像，那麼這個演算法將具有較高的實用性。

無論在深度學習出現之前，還是在深度學習出現之後，提取影像特徵在數位影像處理領域中一直是非常關鍵的任務。只不過深度學習與傳統影像處理方式提取特徵的方式不一樣而已。我們一直在努力尋找特徵提取方法，希望找到的特徵具備如下兩個特性：

- 獨特性：特徵必須能夠與所代表的物件形成一對一的關係。該特徵能夠代表其所表示的物件，或者說該特徵具有唯一性。
- 穩固性：特徵要能夠在影像發生各種變化（如旋轉、尺寸縮放、清晰度變化）時，保持不變性。也就是說，無論影像發生了旋轉、縮放，還是清晰度發生了變化，甚至部分被遮蔽，特徵都能夠保持不變。

指紋辨識的關鍵步驟是找到合適的特徵，將特徵量化，透過比較量化結果，實現指紋辨識。因此，如何提取具有代表性（獨特性）、抗干擾（穩固性）的關鍵特徵尤其關鍵。

將關鍵特徵提取出來並進行量化能夠完成對應的判斷辨識。例如，判斷甲乙二人誰長得高，只需要將二人的身高進行量化並對比即可實現。如果比較甲乙二人的胖瘦，那麼只比較二人的體重是不夠的，還需要考慮二人的身高。此時，就需要同時提取身高和體重特徵，並進行對應計算才能得到衡量胖瘦的特徵值（標準）。

比較兩人的身高、胖瘦看起來很簡單，但是如果在非常嚴苛的條件下，如選拔運動員，就需要考慮更多因素。例如，針對身高、體重要考慮淨身高、淨體重。也就是說，一個人無論是穿著高跟鞋，還是平底鞋，能夠提取到同樣的身高值；無論飯前還是飯後，是不是剛剛喝了很多水，口袋裡有沒有裝東西，都能夠提取到一個相對比較科學的、穩定的、具有代表性的體重值。

同理，指紋辨識要提取出指紋內具有代表性的穩定的特徵。這些特徵要具有代表性，能夠將當前指紋與其他指紋區分開。同樣，這些特徵要非常穩定，即使指紋影像的大小、方向發生了改變，甚至受到光線、雜訊影響，特徵也不會發生改變。

學者們研究出了非常多提取影像特徵點的方式，如 Harris 角點檢測、SIFT 特徵點檢測、SURF（Speeded Up Robust Features）特徵點檢測、ORB（ORiented Brief）特徵點檢測等，其中 SIFT 是比較典型的一種。

1999 年，不列顛哥倫比亞大學的 Lowe 發表的 Object Recognition from Local Scale-Invariant Features 提出了 SIFT 演算法。2004 年，Lowe 在 Distinctive Image Features from Scale-Invariant Keypoints 一文中對 SIFT 進行了更系統的闡釋，並透過實驗得出這種辨識方法可以有效地辨識雜訊、遮蔽物件，同時實現近乎即時辨識的結論。

SIFT 特徵的關鍵特性是與影像的大小和旋轉無關，同時對於光線、雜訊等不敏感（具有較好的穩固性）。

SIFT 演算法描述的特徵能夠很方便地被提取出來，同時具有極強的獨特性（顯著性），即使在巨量的資料中也很容易被辨識，不易發生誤認。同時 SIFT 演算法可以透過對局部特徵的辨識完成整體影像的確認，該特點對於辨識局部被遮蔽的物體非常有效。上述優點使得 SIFT 演算法適用於在簡單的硬體裝置下實現指紋辨識。

在不同文獻中，SIFT 可能指代與尺度不變特徵變換相關的概念，如：

- 尺度不變特徵變換過程，這是原始文獻中舉出的基本概念。
- 尺度不變特徵變換得到的特徵值。
- 尺度不變特徵變換過程及使用該過程獲取的特徵值進行匹配、辨識的過程。
- 基於尺度不變特徵變換進行影像辨識、檢索等演算法。

本書 SIFT 只指代第一種情況，其他情況使用了不同的表述方式。

SIFT 主要包含如下三個步驟。

Step 1：尺度空間變換。該步驟使影像在尺寸大小、清晰度上發生變換，旨在找到變換前後穩定存在的特徵。

Step 2：關鍵點定位。該步驟旨在找到局域範圍內的極大值、極小值，並將這些極值點作為關鍵點。

Step 3：透過方向描述關鍵點。該步驟首先找到影像的方向，然後透過該方向確定每一個關鍵點鄰域內像素點的方向，並將該方向集合作為當前關鍵點的特徵值。

下面分別對上述三個步驟及顯示關鍵點（視覺化關鍵點）進行簡單說明。

14.3.1 尺度空間變換

考慮尺度空間主要是為了確保提取到影像在經過尺寸大小變化、清晰度變化後仍舊存在的特徵值。因此，從兩個角度來理解尺度空間：一個角度是尺寸大小變化，另一個角度是清晰度變化。

針對影像尺寸的改變可以建構一個金字塔結構，如圖 14-11 所示。金字塔底層（第 0 層）是原始影像，將該影像不斷縮小（向下採樣），即可建構一個金字塔結構。可以採用圖 14-11 中右側所示兩種方式逐步縮小影像的尺寸：

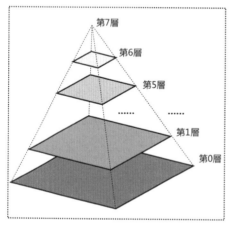
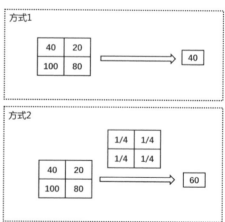

▲ 圖 14-11 金字塔結構

■ 方式 1：直接拋棄影像中的偶數行、偶數列，只保留影像中的奇數行、奇數列。圖 14-11 中直接拋棄了偶數行 "100/80"、偶數列

"20/80"，只保留了左上角的奇數行奇數列（第 1 行第 1 列）的值 40。

■ 方式 2：將每一個像素點處理為周圍像素點像素值的均值，然後拋棄其中的偶數行、偶數列，只保留奇數行、奇數列。例如，針對每個像素點，計算其右下方範圍內 4 個鄰域像素點像素值的均值。此時，左上角像素點的新值為 $(40+20+100+80) \times 1/4 = 60$。其他各像素點按照此方式計算新值。最後，拋棄偶數行和偶數列，將左上角新值 60 作為影像尺寸縮小後的結果。

採用方式 2 計算金字塔時，可以使用不同的均值計算方式。例如，上述過程在計算均值時，計算的是當前像素點右下方 4 個鄰域像素點的均值，且每個像素點的權重值都是一樣的，都是 1/4。除此以外，還可以劃定不同的鄰域範圍，指定鄰域像素點不同的權重值。

如圖 14-12 所示，每個像素點取其周圍 3×3 範圍內共計 9 個像素點的加權均值。指定距離較近的像素點較大的權重值，距離較遠的像素點較小的權重值。此時使用的權重值矩陣被稱為高斯核心（核心、卷積核心）。

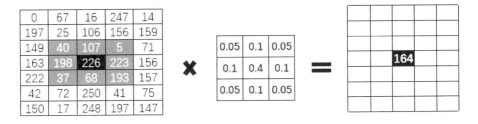

▲圖 14-12　高斯均值

【例 14.1】使用 OpenCV 獲取影像的金字塔影像。

OpenCV 提供了函數 pyrDown，該函數可實現影像高斯金字塔操作中的向下採樣，語法形式為

```
目標影像 = cv2.pyrDown( 原始影像 )
```

根據題目要求，撰寫程式如下：

```
import cv2
o=cv2.imread("lena.bmp",cv2.IMREAD_GRAYSCALE)
r1=cv2.pyrDown(o)
r2=cv2.pyrDown(r1)
r3=cv2.pyrDown(r2)
print("o.shape=",o.shape)
print("r1.shape=",r1.shape)
print("r2.shape=",r2.shape)
print("r3.shape=",r3.shape)
cv2.imshow("original",o)
cv2.imshow("r1",r1)
cv2.imshow("r2",r2)
cv2.imshow("r3",r3)
cv2.waitKey()
cv2.destroyAllWindows()
```

本例使用函數 pyrDown 進行了三次向下採樣，使用函數 print 輸出了每次採樣結果影像的大小，使用函數 imshow 顯示了原始影像和經過三次向下採樣後得到的結果影像。

上述程式執行，顯示結果如下：

```
o.shape= (512, 512)
r1.shape= (256, 256)
r2.shape= (128, 128)
r3.shape= (64, 64)
```

從上述程式執行結果可知，經過向下採樣後，影像的行和列的數量會變為原始影像的二分之一，影像大小變為原始影像的四分之一。

執行上述程式還會輸出如圖 14-13 所示的經過等比例縮放得到的各個輸出影像。

影像 r1

影像 o   影像 r2   影像 r3

▲圖 14-13 【例 14.1】程式輸出力影像

採用不同加權均值建構的金字塔被稱為高斯金字塔。此時建構的金字塔僅僅表現了尺寸差異，沒有表現清晰度的不同。

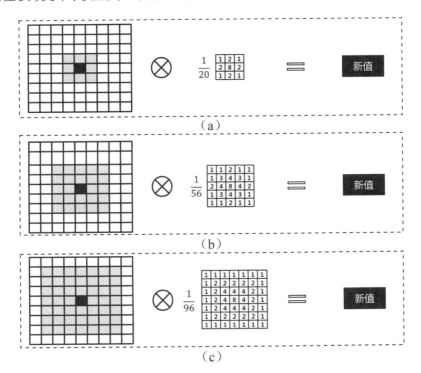

▲圖 14-14 建構不同清晰度影像範例

透過計算不同鄰近像素點的像素值，能夠得到清晰度不同的影像。例如，在圖 14-14 中，計算黑色中心點不同鄰域內像素點像素值的均值，具體為

- 在圖 14-14（a）中，計算 3×3 像素點鄰域，共 9 個像素點像素值的加權均值。
- 在圖 14-14（b）中，計算 5×5 像素點鄰域，共 25 個像素點像素值的加權均值。
- 在圖 14-14（c）中，計算 7×7 像素點鄰域，共 49 個像素點像素值的加權均值。

在上述過程中，圖 14-14（a）計算的是較小範圍內的像素點像素值的均值，其與原始影像相比失真不明顯；圖 14-14（c）計算的是較大範圍內的像素點像素值的均值，其與原始影像相比失真較明顯。圖 14-14（a）中的新值僅包含了原始影像 9 個像素點的資訊；而圖 14-14（c）中的新值包含了原始影像 49 個像素點的資訊，資訊量更高。

【例 14.2】使用不同的核心對影像進行高斯處理，觀察得到的影像的差異。

在 OpenCV 中實現高斯濾波的函數是 GaussianBlur，該函數的語法格式是

```
dst = cv2.GaussianBlur( src, ksize, sigmaX, sigmaY )
```

其中：
- dst 是傳回值，表示進行高斯濾波後得到的處理結果。
- src 是需要處理的影像，即原始影像。
- ksize 是濾波核心的大小。濾波核心大小是指在高斯濾波處理過程中其鄰域影像的高度和寬度。需要注意，濾波核心大小必須是奇數。
- sigmaX 是核心在水平方向上（X 軸方向）的標準差，其控制的是權重比。圖 14-15 所示為不同的 sigmaX 決定的核心，它們在水平方向上的標準差不同。

1	1	2	1	1
1	2	4	2	1
2	4	8	4	2
1	4	4	2	1
1	1	2	1	1

0	0	1	0	0
0	1	2	1	0
1	2	3	2	1
0	1	2	1	0
0	0	1	0	0

0	3	6	3	0
1	4	7	4	1
2	5	8	5	2
1	4	7	4	1
0	3	6	3	0

▲圖 14-15 不同的 sigmaX 決定的核心

- sigmaY 是核心在垂直方向上（Y 軸方向）的標準差。若將該值設定為 0，則只採用 sigmaX 的值；若 sigmaX 和 sigmaY 都是 0，則透過 ksize.width 和 ksize.height 計算得到。其中：
  - sigmaX = 0.3×[(ksize.width-1)×0.5-1] + 0.8
  - sigmaY = 0.3×[(ksize.height-1)×0.5-1] + 0.8

一般來說，在核心大小固定時：

- sigma 值越大，權重值分佈越平緩。鄰域像素點的像素值對輸出值的影響越大，影像越模糊。
- sigma 值越小，權重值分佈越突變。鄰域像素點的像素值對輸出值的影響越小，影像變化越小。

在實際處理時，可以顯性地指定 sigmaX 和 sigmaY 為預設值 0。因此，函數 GaussianBlur 的常用形式為

```
dst = cv2.GaussianBlur( src, ksize, 0, 0 )
```

根據題目要求，採用不同的確定現高斯濾波，撰寫程式為

```
import cv2
o=cv2.imread("lena.bmp")
r1=cv2.GaussianBlur(o,(3,3),0,0)
r2=cv2.GaussianBlur(o,(13,13),0,0)
r3=cv2.GaussianBlur(o,(21,21),0,0)
cv2.imshow("original",o)
cv2.imshow("result1",r1)
cv2.imshow("result2",r2)
```

```
cv2.imshow("result3",r3)
cv2.waitKey()
cv2.destroyAllWindows()
```

執行上述程式後，輸出如圖 14-16 所示，其中：

- 影像 o 是原始影像。
- 影像 r1 是使用 3×3 大小的核心處理得到的結果。影像 r1 中的每個像素點的像素值都是影像 o 中該像素點周圍 9 個像素點像素值的加權均值，影像有一定的模糊，但人眼基本無法察覺。
- 影像 r2 是使用 13×13 大小的核心處理得到的結果。影像 r2 中的每個像素點的像素值都是影像 o 中該像素點周圍 13×13 個像素點像素值的加權均值，影像有一定的模糊，人眼可以感覺到。
- 影像 r3 是使用 21×21 大小的核心處理得到的結果。影像 r3 中的每個像素點的像素值都是影像 o 中該像素點周圍 21×21 個像素點像素值的加權均值，影像模糊相當嚴重，人眼可以明顯感覺到。

影像 o

影像 r1

影像 r2

影像 r3

▲圖 14-16　【例 14.2】程式執行結果

因此,在每一層的基礎影像上,使用不同的核心,可以建構一組清晰度不同尺寸相同的影像。金字塔影像示意圖如圖 14-17 所示。

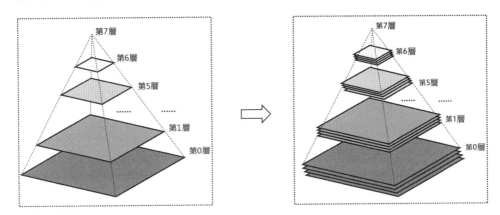

▲ 圖 14-17 金字塔影像示意圖

很明顯,經過上述操作後,可獲得影像尺寸變換清晰度變換的結果。

- 從金字塔的不同層來看,獲取了同一幅影像的不同尺寸的影像。較小尺寸的影像是由較大尺寸影像得到的。由於採用的是高斯變換,較小尺寸影像的每個像素點包含較大尺寸影像中較多像素點的資訊。

- 從金字塔的同一層來看,各影像的尺寸大小相同。這些尺寸相同的影像是在基礎影像上,使用不同大小的核心建構的。簡單來說,它們代表著不同清晰度的影像。比較模糊的影像是使用較大的確定現的。但是,模糊影像中每一個像素點的像素值都是基礎影像中較多像素點的像素值的加權均值。因此,模糊影像中的每個像素點都包含基礎影像中大量的資訊。

在上述基礎上進一步組合特徵,以提取更具穩定性的特徵。綜合考慮特徵有效性和計算效率,直接對高斯金字塔每一層內等尺寸的相鄰的兩幅影像進行減法運算,得到高斯金字塔差值影像集合,如圖 14-18 所示。

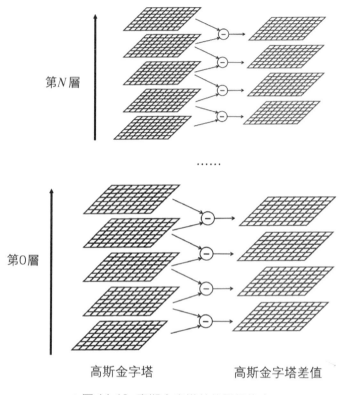

第N層

第0層

高斯金字塔　　　　　　　高斯金字塔差值

▲ 圖 14-18　高斯金字塔差值影像集合

　　通常將高斯金字塔差值組成的金字塔稱為差分高斯金字塔。該金字塔包含經過尺寸大小變化和清晰度變換後得到的影像特徵。通常將尺寸變換和清晰度變換稱為尺度變換。影像經過尺度變換後仍舊能夠提取的特徵是相對比較穩定的特徵。例如，一個人走路時腰板挺得直直的，無論在大影像中還是在小影像中，無論在高清晰度的影像中還是在低清晰度的影像中，這一特徵都是穩定存在的。經過上述尺度變換提取的特徵點就是一種與尺寸變化、清晰度變化均無關的特徵點。

　　綜上所述，尺度空間變換流程如圖 14-19 所示。

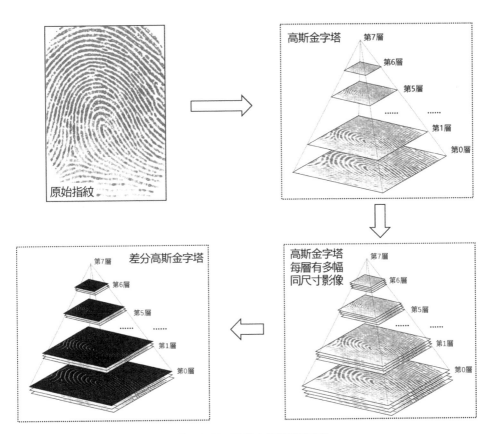

▲ 圖 14-19 尺度空間變換流程

14.3.2 關鍵點定位

　　關鍵點是比較有特色且穩定的點。在差分金字塔中，將極值點挑選出來作為關鍵點。

　　將差分高斯影像中每一個像素點與其鄰域像素點進行比較，如果該像素點的像素值比所有鄰域像素點的像素值都大，或者都小，就認為當前像素點是一個極值點，即關鍵點。

　　大部分的情況下，選擇一個像素點周圍的 26 個像素點作為其鄰域像素點，具體為

- 當前影像內該像素點 3×3 鄰域範圍內的 8 個像素點（不含自身）。
- 當前影像上一層與該像素點對應位置的周圍 3×3 鄰域範圍內的 9 個像素點。
- 當前影像下一層與該像素點對應位置的周圍 3×3 鄰域範圍內的 9 個像素點。

在圖 14-20 中，中間層標注三角形的像素點的鄰域範圍為其周圍 3×3 鄰域範圍內的 8 個像素點、上一層對應位置周圍 3×3 鄰域範圍內的 9 個像素點、其下層對應位置周圍 3×3 鄰域範圍內的 9 個像素點，共 26 個像素點。

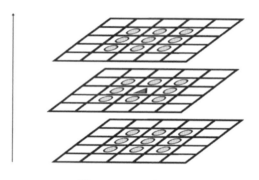

▲ 圖 14-20 鄰域範圍示意圖

將上述得到的極值點作為關鍵點的理論依據是，差分高斯金字塔是透過對高斯金字塔進行簡單的減法運算得到的，而差分高斯與高斯拉普拉斯非常接近，高斯拉普拉斯的極大值點和極小值點是一種非常穩定的特徵點。

14.3.3 透過方向描述關鍵點

圖 14-21 所示為一幅由許多人組成的影像，該影像描繪是許多人站在一個廣場上。如果想根據朝向來描述某一個人（將朝向作為一個人的特徵），那麼可以採用如下步驟。

（1）Step 1：確定座標系。

（2）Step 2：透過某人的朝向描述該人。

▲圖 14-21　一幅由許多人組成的影像

上述描述方法存在如下兩個問題：

- 影像旋轉後，待描述的座標會改變。例如，設定了直角座標系，在影像旋轉前後，朝向 45°方向的人是不同的人。我們希望在影像旋轉前後，透過同樣的角度來描述同一個人。

- 以角度為依據會找到許多結果。例如，朝向 45°方向的人有許多。因此，單純將朝向作為描述值，無法做到唯一性。例如，單獨一個的體重值無法作為這個人的辨識特徵，原因是很多人的體重是相同的。

為了解決上述問題，進行如下兩個最佳化設計：

- 根據影像自身特徵確定一個方向，將該方向作為影像的方向。影像內所有人的朝向都以該方向為參考方向。此時，無論影像如何旋轉，影像內所有人的朝向與影像的相對方向都是保持不變的。如何確定影像的方向呢？影像內哪個朝向的人最多，就將哪個方向確定為影像的方向。

■ 單一人的朝向肯定是容易重複的，如影像中可能同時有多個人朝向同一個方向。但是，一個人及其周圍若干個人的朝向往往具有獨特性。將一個人及其旁邊若干個人的朝向作為一個人的方向特徵，該特徵在圖中往往是唯一的，因此透過該特徵能夠極佳地描述一個人。也就是說，在使用自身的方向描述一個人時，描述符號為"45"（表示 45°朝向）；最佳化後使用一個人自身及其周圍多個人的朝向來描述一個人，描述符號為"45/90/135/180/90/45/90/45/90"（不同的值表示其自身及周圍人的方向）。很明顯，最佳化設計後的描述符號能夠很好且唯一地代表一個人。

受上述思路啟發，可以透過方向來描述影像中的關鍵點，具體步驟如下。

（1）Step 1：確定當前影像的方向。

（2）Step 2：根據影像方向確定關鍵點及其週邊若干個像素點的方向，將該方向集合作為當前關鍵點的特徵值。

具體實現時，主要包含三個步驟，具體如下。

（1）Step 1：確定影像的角度。該角度是影像內所有像素點的參考角度。

（2）Step 2：確定像素點相對角度。根據影像的角度及像素點自身角度，計算每個像素點的相對角度。

（3）Step 3：生成描述符號。根據關鍵點鄰域內所有像素點的相對角度，生成當前關鍵點的描述符號。

下面一個一個對上述步驟進行簡單介紹。

（1）Step 1： 確定影像的角度。

先把平面（360°）劃分為 36 個區間，也就是 10°為一個區間；然後判斷當前影像內所有像素點的方向，落在哪個區間內的像素點數最多，就將哪個區間的代表值（最大值、最小值、中間值等有代表性的值）作為影像的方向。

例如，在圖 14-22 中：

- 左側圖是一幅影像的各個像素點的角度值。
- 中間圖是每一個像素點的調整值。調整方式是，將原值調整為所屬區間的代表值。例如，圖 14-22 左圖中左上角頂點的值為 229（表示該像素點的方向是 229°），落在[220,229]區間內（角度介於 220°～229°），所以將其調整為區間的代表值 220（方向調整為 220°）。
- 右側圖是影像方向，來自中間圖的眾數。哪個角度值最多，就將影像的方向調整為哪個角度值。中間圖中 40 出現的次數最多，因此得到的結果為 40，即影像的角度是 40°。

229	31	246	15	339	170	258	211	145	49	140	31	209	66	164	213
38	229	217	346	137	144	75	43	42	152	298	206	344	210	13	46
222	352	60	59	155	53	125	314	326	94	71	288	125	207	92	283
167	217	166	331	236	127	38	242	106	241	45	285	85	317	44	
253	166	86	82	53	321	316	232	131	290	323	135	240	46	28	135
197	172	227	184	252	31	297	261	262	333	113	332	14	190	105	104
253	320	237	209	129	65	203	30	305	338	299	265	235	6	176	317
108	135	191	283	23	44	351	306	304	94	306	182	266	245	152	286
263	199	207	334	41	48	209	309	70	72	198	284	164	79	201	108
125	292	290	89	303	161	346	203	169	304	70	115	2	283	229	25
196	201	211	266	328	260	349	110	21	322	12	294	3	322	105	93
106	29	116	144	77	208	272	329	33	123	112	256	63	160	326	74
117	333	229	6	327	165	17	64	158	65	86	261	201	214	93	271
162	137	34	255	89	214	120	329	331	314	169	9	335	289	160	185
45	335	169	249	42	288	234	159	48	205	118	190	134	67	107	14
38	1	191	285	76	307	154	104	148	222	324	41	131	194	152	102

220	30	240	10	330	170	250	210	140	40	140	30	200	60	160	210
30	220	210	340	130	140	70	40	40	150	290	200	340	210	10	40
220	350	60	50	150	50	120	310	320	90	70	280	120	200	90	280
160	210	160	330	230	120	30	240	320	100	240	40	280	80	310	40
250	160	80	80	50	320	310	230	130	290	320	130	240	40	20	130
190	170	220	180	250	30	290	260	260	330	110	330	10	190	100	100
250	320	230	200	120	60	200	30	300	330	290	260	230	0	170	310
100	130	190	280	20	40	350	300	300	90	300	180	260	240	150	280
260	190	200	330	40	40	200	300	70	70	190	280	160	70	200	100
120	290	290	80	300	160	340	200	160	300	70	110	0	280	220	20
190	200	210	260	320	260	340	110	20	320	10	290	0	320	100	90
100	20	110	140	70	200	270	320	30	120	110	250	60	160	320	70
110	330	220	0	320	160	10	60	150	60	80	260	200	210	90	270
160	130	30	250	80	210	120	320	330	310	160	0	330	280	160	180
40	330	160	240	40	280	230	150	40	200	110	190	130	60	100	10
30	0	190	280	70	300	150	100	140	220	320	40	130	190	150	100

40

▲圖 14-22　確定影像角度

（2）Step 2：確定像素點相對角度。

為了保證影像內像素點的角度在影像旋轉前後保持不變，將相對角度作為像素點的角度。也就是説，像素點的角度是指該像素點相對於影像的角度。

需要説明的是，上述過程算得的角度值都是以水平方向為 x 軸作為參考的。

用像素點角度減去影像角度即可得到相對角度。例如，在圖 14-23 中，某像素點的角度為 θ_1，影像的角度（方向）為 θ_2，則該像素點的相對角度（相對影像的方向）θ_3 為 $\theta_1-\theta_2$。

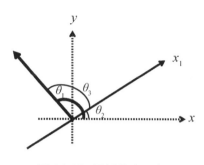

▲圖 14-23 相對角度示意圖

　　透過以上分析可知，在計算一個像素點相對於影像的相對角度時，使用其方向（角度值）減去影像的方向（角度值）即可。例如，在圖 14-24 中，左側圖是像素點的原始方向（角度值），影像的方向（角度值）為 40，右側圖是計算結果。計算方式是使用像素點原有角度值減去影像角度值。

166	175	176	88	232	323	89	4
72	164	62	151	325	218	12	324
62	22	245	9	308	79	41	78
56	46	160	193	58	186	174	297
278	324	198	94	20	218	43	185
37	210	179	59	295	54	216	33
3	193	202	107	2	242	154	68
74	108	165	287	220	256	104	61

−40 ⟹

126	135	136	48	192	283	49	324
32	124	22	111	285	178	332	284
22	342	205	329	268	39	1	38
16	6	120	153	18	146	134	257
238	284	158	54	340	178	3	145
357	170	139	19	255	14	176	353
323	153	162	67	322	202	114	28
34	68	125	247	180	216	64	21

▲圖 14-24 角度值調整示意圖

　　需要注意的是，如果一個像素點的角度值小於影像角度值，那麼將得到負值。為了避免出現負值，可以透過取餘（取餘數）運算的方式保證得到一個正值，具體為

像素點相對角度 = 取模(像素點原有角度−影像角度＋360, 360)

（3）Step 3：生成描述符號。

　　大部分的情況下，將當前關鍵點指定鄰域內的所有像素點的方向作為特徵值。

　　為了便於說明，將當前關鍵點鄰域內 16×16 個像素點作為鄰域，並將其劃分為 4×4 大小的小單元。計算每個小單元內的方向統計值，並將該值作為當前關鍵點的特徵值。

　　計算方向時，將 360° 內所有的角度映射到距離其最近的 45 的整數倍角度上。也就是說，所有像素點都映射到角度集合 {0,45,90,135, 180,225,270,315} 內。

　　例如，圖 14-25 中：

- 左側圖是像素點的相對角度值。
- 中間圖是映射到 45 的整數倍角度的角度值。例如，左上角頂點的"90"是左側圖中的"77"的映射結果。
- 右側圖是獲取的特徵值，圖 14-25 僅顯示了左上角小單元的特徵值，其他小單元的特徵值計算方式與此相同。每個小單元內的特徵值共有 8 組，每一組值分別表示方向和該方向的個數，如"(0,1)"表示 0° 方向上有 1 個值。當前關鍵點鄰域內 16×16 個像素點，劃分為 4×4 大小的小單元（每個小單元內有 16 個像素點），共得到 16 個小單元，每個小單元內有 8 個特徵值，可以得到 16×8 = 128 個特徵值。鄰域的大小、單元的大小可以根據需要適當調整。

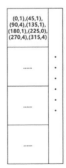

▲ 圖 14-25　生成描述符號範例

　　每個小單元內的特徵值,都是(角度,個數)的形式。其中,角度值是按照 {0,45,90,135, 180,225,270,315} 的順序排列的。因此,可以只保留對應角度的個數。如圖 14-26 所示,左側是部分特徵值,右側是特徵值對應的調整後只有角度個數的特徵值。

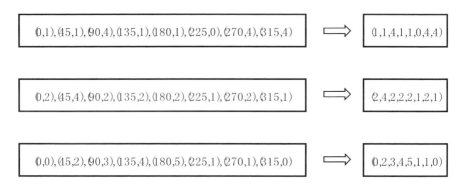

▲圖 14-26　特徵值調整

　　從上述過程可以看出,一個關鍵點使用了 128 個特徵來描述,其中:

- 尺度空間變換保證了影像在尺寸變換和清晰度變換前後特徵的穩定性。
- 相對角度保證了影像在旋轉前後特徵的穩定性。
- 128 個特徵值使得不同關鍵點具有相同特徵的機率極低,保證了該特徵的唯一性。

　　綜上所述,SIFT 特徵生成的基本流程如圖 14-27 所示。

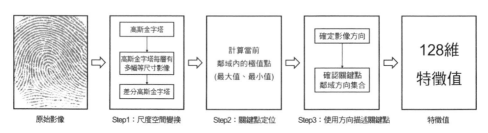

▲圖 14-27　SIFT 特徵生成的基本流程

14.3.4 顯示關鍵點

顯示關鍵點的基本流程如下。

- Step 1：實例化 SIFT 特徵。
- Step 2：找出影像中的關鍵點，並計算關鍵點對應的 SIFT 特徵向量。
- Step 3：列印、視覺化關鍵點。

下面對各個步驟使用的函數進行簡單介紹。

（1）Step 1：實例化 SIFT 特徵。

OpenCV 中的函數 SIFT_create 可實現實例化。

SIFT 的相關功能在 OpenCV 的貢獻套件內，使用 SIFT 需要透過 pip 在 Anaconda Prompt（或 Windows 命令列提示視窗）內安裝貢獻套件，具體為

```
pip install opencv-contrib-python
```

SIFT 的專利權於 2020 年 3 月 6 日到期，因此在之前的一段時間內，OpenCV 不包含 SIFT 的相關功能。

（2）Step 2：找出影像中的關鍵點，並計算關鍵點對應的 SIFT 特徵向量。

OpenCV 中的函數 detectAndCompute 可完成檢測和計算關鍵點的功能，其語法格式為

```
關鍵點，關鍵點描述符號=cv2.detectAndCompute(影像，遮罩)
```

大部分的情況下，對遮罩沒有要求。因此，其語法格式一般為

```
關鍵點，關鍵點描述符號=cv2.detectAndCompute(影像，None)
```

其中，傳回值「關鍵點描述符號」為 128 維向量組成的串列；「關鍵點」為關鍵點串列，每個元素為一個關鍵點（KeyPoint），其包含資訊如下：

- pt：關鍵點的座標。
- size：描述關鍵點的區域。
- angle：角度，表示關鍵點的方向。
- response：回應程度，代表該關鍵點特徵的獨特性，越高越好。
- octave：表示從金字塔哪一層提取的資料。
- class_id：當要對影像進行分類時，可以透過該參數對每個關鍵點進行區分，未設定時為-1。

（3）Step 3：列印、視覺化關鍵點。

列印關鍵點時直接使用 print 敘述即可。

視覺化關鍵點時，在 OpenCV 中使用函數 drawKeypoints 實現關鍵點繪製，其語法格式為

```
cv2.drawKeypoints(原始影像,關鍵點,輸出影像)
```

【例 14.3】顯示一幅指紋影像的關鍵點。

```
import numpy as np
import cv2
#=========讀取、顯示指紋影像=========
fp= cv2.imread("fingerprint.png")
cv2.imshow("fingerprint",fp)
#=========SIFT=========
sift = cv2.SIFT_create()      #需要安裝 OpenCV 貢獻套件"opencv-contrib-
python"
kp, des = sift.detectAndCompute(fp, None)
#=========繪製關鍵點=========
cv2.drawKeypoints(fp,kp,fp)
#=========顯示關鍵點資訊、描述符號=========
print("關鍵點個數：",len(kp))                    #顯示 kp 的長度
print("前五個關鍵點：",kp[:5])                   #顯示前 5 筆資料
print("第一個關鍵點的座標：",kp[0].pt)
print("第一個關鍵點的區域：",kp[0].size)
print("第一個關鍵點的角度：",kp[0].angle)
```

```
print("第一個關鍵點的回應：",kp[0].response)
print("第一個關鍵點的層數：",kp[0].octave)
print("第一個關鍵點的類id：",kp[0].class_id)
print("描述符號形狀：",np.shape(des))                    #顯示 des 的形狀
print("第一個描述符號：",des[0])                         #顯示 des[0]的值
#=========視覺化關鍵點=========
cv2.imshow("points",fp)
cv2.waitKey()
cv2.destroyAllWindows()
```

執行上述程式，顯示如下結果：

```
關鍵點個數： 2625
前五個關鍵點： [<KeyPoint 000001DE619F2750>, <KeyPoint
000001DE62A5E060>, <KeyPoint 000001DE62A5EC90>, <KeyPoint
000001DE62A5E990>, <KeyPoint 000001DE62A5E270>]
第一個關鍵點的座標： (2.5989086627960205, 218.04470825195312)
第一個關鍵點的區域： 2.456223249435425
第一個關鍵點的角度： 13.59039306640625
第一個關鍵點的回應： 0.04513704031705856
第一個關鍵點的層數： 5964543
第一個關鍵點的類id： -1
描述符號形狀： (2625, 128)
第一個描述符號：[  0.   0.   0.   2.  45.   4.   0.   0.  50.   5.
  0.   4. 154.  52.   5.  33. 154.  16.   0.   0.   9.   5.   3. 128.
 43.   3.   0.   9. 120.  18.   1.  16.   0.   0.   0.   0.  13.   1.
  0.   0.  66.  17.   0.   3. 154.  47.   1.   9. 154.  79.   0.   2.
 20.   8.   1.  30.  59.  11.   0.   1.  75.  55.   7.   5.   0.   0.
  0.   0.   1.   0.   0.   0.  27.   1.   0.   0.  53.  90.  23.  41.
154.   6.   0.   9.  26.  18. 154.  45.   2.   6.  41.  32.
 14.   3.  19.   0.   0.   0.   0.   0.   0.   0.  11.   1.   0.
  0.   1.  14.  19.  15. 138.  15.   0.   1.   4.   6.  13.  55.  19.
  3.   2.  23.  70.  24.   6.   5.]
```

同時，輸出如圖 14-28 所示的影像。圖 14-28 中左圖是原始指紋影像，右圖是標注的關鍵點。

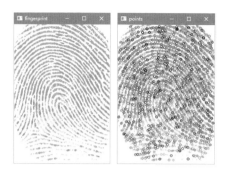

▲圖 14-28 【例 14.3】程式輸出影像

14.4 基於 SIFT 的指紋辨識

本節將在距離計算方法、特徵匹配方式的基礎上，介紹使用 SIFT 特徵完成指紋辨識的基本思路，並對其進行了實現。

14.4.1 距離計算

在兩幅影像間尋找匹配點時，通常採用歐氏距離作為相似性度量標準，歐氏距離越小，二者越匹配。歐氏距離計算的是不同物件的各個特徵差值平方和的二次方。對於圖 14-29，待辨識物件 D 的特徵值為(3,5)，範本集中範本 A 的特徵值為(4,4)，範本 B 的特徵值為(8,0)。待辨識物件 D 與範本 A 的歐式距離為 $\sqrt{2}$，與範本 B 的歐式距離為 $\sqrt{50}$。據此可判斷物件 D 與範本 A 的距離近，物件 D 與範本 B 的距離遠。

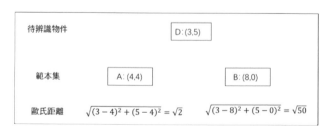

▲圖 14-29 歐氏距離範例

14.4.2 特徵匹配

使用 SIFT 進行特徵匹配的基本流程如圖 14-30 所示。

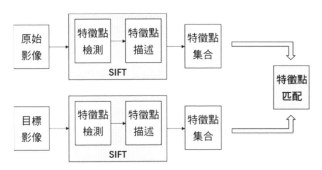

▲圖 14-30 使用 SIFT 進行特徵匹配的基本流程

在進行特徵匹配時，取第一幅影像中的一個關鍵點 A，透過一個一個遍歷第二幅影像內的關鍵點，找到第二幅圖中距離關鍵點 A 最近的兩個點，記為關鍵點 X 和關鍵點 Y。

上述一個一個遍歷的方式透過依次計算所有特徵點找到最佳匹配的兩個值。由於該過程沒有使用任何技巧，因此又稱為暴力匹配。

此時，假設關鍵點 A 與找到的兩個關鍵點 X、Y 的歐氏距離分別 d_1、d_2，且 $d_1<d_2$。

- 歐氏距離(關鍵點 A，關鍵點 X)=d_1。
- 歐氏距離(關鍵點 A，關鍵點 Y)=d_2。

根據這兩個距離的比值 d_1/d_2，判斷特徵 A 和特徵點 X 是否匹配，具體為

- $d_1<d_2$，比值較大：由於 $d_1<d_2$，比值較大，說明比值接近於 1。此時 d_1 和 d_2 的值接近，說明兩個歐氏距離相差較小，認為沒有找到匹配點。在另一副影像中找到兩個與當前點相似的點的機率太低了，因此這種情況通常是由雜訊引起的。也就說，當前的關鍵點 A 和關鍵點 X

及關鍵點 Y 都是不匹配的。或者說，雖然關鍵點 A 和關鍵點 X、關鍵點 Y 的歐氏距離接近，但實際上距離二者是一樣的遠。一般情況下，如果比值大於 0.8，則認為沒有找到匹配點。這樣的處理方式會去除 90% 的錯誤匹配，僅會漏掉 5% 的正確匹配。

- $d_1 < d_2$，比值較小：此時，d_1 的值遠遠小於 d_2 的值，說明兩個距離相差較大，認為找到了匹配點。在這種情況下，關鍵點 A 在第二幅影像中與關鍵點 X 的距離較小，與排名第二的關鍵點距離較大。這意味著，關鍵點 A 只與關鍵點 X 的距離小，且與其他所有點的距離都非常大。此時，認為關鍵點 A 找到了關鍵點 X 作為其匹配點。從另外一個角度來看，關鍵點 A 距離關鍵點 X 相對較近，且距離其他所有點都相對較遠，因此認為找到了匹配點。

特徵匹配的基本步驟如下。

（1）Step 1：選擇匹配方式。

暴力匹配和 FLANN 匹配是 OpenCV 二維特徵點匹配中常用的兩種方法，分別對應的方法為 BFMatcher 和 FlannBasedMatcher。

- BFMatcher 表示暴力破解（Brute-Force Descriptor Matcher），它嘗試所有可能的匹配，找到最佳匹配。使用函數 BFMatcher 可以建構暴力破解匹配器，語法格式為

```
匹配器 = cv2.BFMatcher()
```

- FlannBasedMatcher 中 FLANN 的含義是"Fast Library for Approximate Nearest Neighbors"。函數 FlannBasedMatcher 建構的匹配器是一種近似匹配方式。因此，在匹配大型訓練集合時，函數 FlannBasedMatcher 建構的匹配器可能比函數 BFMatcher 建構的匹配器更快，語法格式為

```
匹配器=cv2.FlannBasedMatcher(參數)
```

其中，參數是兩個字典，用來說明建構匹配的結構等資訊。例如：

```
indexParams=dict(algorithm=FLANN_INDEX_KDTREE,trees=5)
searchParams= dict(checks=50)
flann=cv2.FlannBasedMatcher(indexParams,searchParams)
```

（2）Step 2：針對每一個描述符號，發現另一幅影像內與其最匹配的兩個描述符號。

OpenCV 中的函數 knnMatch 能夠計算當前描述符號在另一個描述符號集中的 K 近鄰個（距離最近的 *k* 個）描述符號，語法格式為

```
匹配情況 = bf.knnMatch( 特徵描述符號集合 A , 特徵描述符號集合 B , k)
```

其中，參數 k 是最匹配的描述符號的個數，大部分的情況下，讓 k=2。也就是説，針對特徵描述符號集合 A 中的每一個特徵，都在特徵描述符號集合 B 中找到了兩個與之最匹配的特徵符號。

（3）Step 3：選出匹配的特徵描述符號。

大部分的情況下，若兩個最匹配的特徵描述符號的比值小於 0.8，則認為找到了匹配點：

```
good = [[m] for m, n in matches if m.distance < 0.8 * n.distance]
```

（4）Step 4：繪製匹配點。

OpenCV 中的函數 drawMatchesKnn 能夠繪製匹配點，語法格式為

```
結果影像 = cv2.drawMatchesKnn(影像 a, a 關鍵點集, 影像 b, b 關鍵點集, 匹配
點, 映射集)
```

其中，映射集表示從影像 a 到影像 b 的映射關係，直接設定為 None 即可。此時，繪製的是所有關鍵點，若希望只繪製匹配的關鍵點，則加參數"flags=2"，表示僅繪製匹配的關鍵點，具體如下：

```
result = cv2.drawMatchesKnn(a, kpa, b, kpb, good, None, flags=2)
```

【例 14.4】使用暴力匹配方式，繪製兩幅影像的匹配點。

根據題目要求及分析，撰寫程式如下：

```
import cv2
def mySift(a, b):
    sift = cv2.SIFT_create()
    kpa, desa = sift.detectAndCompute(a, None)
    kpb, desb = sift.detectAndCompute(b, None)
    bf = cv2.BFMatcher()
    matches = bf.knnMatch(desa, desb, k=2)
    good = [[m] for m, n in matches if m.distance < 0.8 *
n.distance]
    result = cv2.drawMatchesKnn(a, kpa, b, kpb, good, None, flags=2)
    return result
if __name__ == "__main__":
    a= cv2.imread("a.png")
    b= cv2.imread("b.png")
    c = cv2.rotate(b,0)
    m1 = mySift(a, b)
    m2 = mySift(a,c)
    m3 = mySift(b,c)
    cv2.imshow("a-b",m1)
    cv2.imshow("a-c",m2)
    cv2.imshow("b-c",m3)
    cv2.waitKey()
    cv2.destroyAllWindows()
```

執行上述程式，輸出結果如圖 14-31 所示，其中：

- 圖 14-31（a）是從同一根手指的不同部位擷取的兩枚指紋的匹配結果。

- 圖 14-31（b）中的左側指紋來自圖 14-31（a）左圖，右側指紋是圖 14-31（a）右圖所示指紋經旋轉後得到的。圖 14-31（b）中黑色區域是由於並排放置的兩幅影像大小不一致填補的部分。

- 圖 14-31（c）為不同方向的同一枚指紋的匹配結果。圖 14-31（c）中的黑色區域是由於並排放置的兩幅影像大小不一致填補的部分。

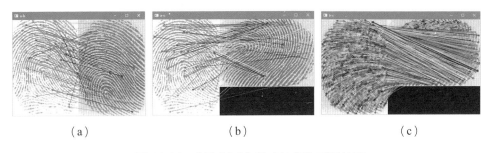

（a）　　　　　　（b）　　　　　　（c）

▲圖 14-31 【例 14.4】程式執行的匹配結果

從上述結果可以看出，旋轉對匹配結果影響不大，或者說 SIFT 提取的特徵能夠抵抗旋轉。

透過更改"good = [[m] for m, n in matches if m.distance < 0.8 * n.distance]"敘述中的比值大小，可以控制匹配的關鍵點的數量，分別將上述敘述更改為

```
good = [[m] for m, n in matches if m.distance < 0.1 * n.distance]
good = [[m] for m, n in matches if m.distance < 0.9 * n.distance]
```

觀察匹配結果的變化。

【例 14.5】使用 FLANN 匹配方式，繪製兩幅影像的匹配點。

根據題目要求及分析，撰寫程式如下：

```
import cv2
def mySift(a,b):
    sift=cv2.SIFT_create()
    kp1, des1 = sift.detectAndCompute(a,None)
    kp2, des2 = sift.detectAndCompute(b,None)
    FLANN_INDEX_KDTREE=0
    indexParams=dict(algorithm=FLANN_INDEX_KDTREE,trees=5)
    searchParams= dict(checks=50)
    flann=cv2.FlannBasedMatcher(indexParams,searchParams)
    matches=flann.knnMatch(des1,des2,k=2)
    good = [[m] for m, n in matches if m.distance < 0.6 *
n.distance]
```

```
    resultimage = cv2.drawMatchesKnn(a, kp1, b, kp2, good, None,
flags=2)
    return resultimage
if __name__ == "__main__":
    a = cv2.imread('gua1.jpg')
    b = cv2.imread('gua2.jpg')
    c = cv2.rotate(b,0)
    m1 = mySift(a, b)
    m2 = mySift(a,c)
    m3 = mySift(b,c)
    cv2.imshow("a-b",m1)
    cv2.imshow("a-c",m2)
    cv2.imshow("b-c",m3)
    cv2.waitKey()
    cv2.destroyAllWindows()
```

執行上述程式，輸出結果如圖 14-32 所示，圖中黑色區域是由於並排放置的兩幅影像大小不一致填補的部分。

- 圖 14-32（a）是同一輛汽車，在不同時間、不同地點、不同光線下的匹配結果。
- 圖 14-32（b）中左側汽車來自圖 14-32（a）中左側汽車，右側汽車是圖 14-32（a）中左側汽車經旋轉後得到的。
- 圖 14-32（c）為同一幅汽車影像旋轉前後的匹配結果。

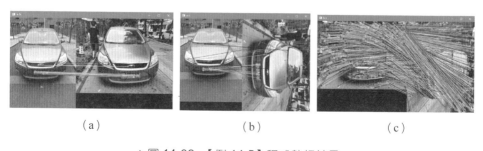

(a)　　　　　　　　　　(b)　　　　　　　　　　(c)

▲圖 14-32 【例 14.5】程式執行結果

14.4.3 演算法及實現程式

　　我的朋友小紅長得非常像明星 L，所以大家也叫她「小 L」。大學時我們不在同一所學校，她給我寄過來一張照片，照片上的人神似小紅。可是，照片上的人比我認識的小紅瘦很多。小紅讓我猜照片上的人是不是她。此時，猜測照片上的人是或者不是小紅是一張照片對應一個人的一對一的驗證過程。

　　過了一段時間，小紅又給我寄過來一張照片。她告訴我，在和明星 L 參加節目時獲得了一張 L 送給她的照片（數位相機還不普及的時代），並讓我分辨照片上的人是她還是明星 L。此時，猜測照片上的人是小紅還是明星 L 是一張照片對應多個人的一對多的辨識過程。

　　驗證過程和辨識過程不完全相同：

- 驗證時，將當前照片和特定的人進行比較，看是否足夠相似。
- 辨識時，把一張照片與許多人進行比較，與哪個最相似就判定當前照片上的人是誰。

　　分辨照片的過程和指紋辨識過程非常相似。通常所指的指紋辨識既包括辨識，又包括驗證。

　　按照分辨照片上的人是誰的思路，針對指紋辨識有

- 驗證時，將待辨識指紋與指紋庫中的某個指紋進行匹配。若匹配點足夠多，則認證透過；否則，認證失敗。
- 辨識時，將待辨識指紋與指紋庫的多個指紋進行匹配。將與匹配點足夠多且最多的指紋作為辨識結果；如果待辨識指紋與所有指紋的匹配點都不夠多，那麼就認為沒有匹配指紋。

　　【例 14.6】撰寫一個指紋驗證程式。

```
import cv2
# ==============驗證函數==============
```

```
def verification(src, model):
    img1 = cv2.imread(src)
    img2 = cv2.imread(model)
    sift = cv2.SIFT_create()
    kp1, des1 = sift.detectAndCompute(img1, None)
    kp2, des2 = sift.detectAndCompute(img2, None)
    FLANN_INDEX_KDTREE = 0
    index_params = dict(algorithm=FLANN_INDEX_KDTREE, trees=5)
    search_params = dict(checks=50)
    flann = cv2.FlannBasedMatcher(index_params, search_params)
    matches = flann.knnMatch(des1, des2, k=2)
    ok = []
    for m, n in matches:
        if m.distance < 0.8 * n.distance:
            ok.append(m)
    num = len(ok)
    # print(num)
    if  num >= 500:
        result= "認證透過"
    else:
        result= "認證失敗"
    return result


# =============主函數=============
if __name__ == "__main__":
    src1=r"verification\src1.bmp"
    src2=r"verification\src2.bmp"
    model=r"verification\model.bmp"
    result1=verification(src1,model)
    result2=verification(src2,model)
    print("src1 驗證結果為：",result1)
    print("src2 驗證結果為：",result2)
```

執行上述程式，顯示如下結果：

```
src1 驗證結果為： 認證透過
src2 驗證結果為： 認證失敗
```

同時，顯示如圖 14-33 所示的影像，圖中左圖是指紋影像 src1，中間圖是指紋影像 src2，右圖是範本指紋影像 model。

▲圖 14-33　【例 14.6】程式輸出影像

【例 14.7】撰寫一個指紋辨識程式。

```python
import os
import cv2
# ==============計算兩個指紋間匹配點的個數==============
def getNum(src, model):
    img1 = cv2.imread(src)
    img2 = cv2.imread(model)
    sift = cv2.SIFT_create()
    kp1, des1 = sift.detectAndCompute(img1, None)
    kp2, des2 = sift.detectAndCompute(img2, None)
    FLANN_INDEX_KDTREE = 0
    index_params = dict(algorithm=FLANN_INDEX_KDTREE, trees=5)
    search_params = dict(checks=50)
    flann = cv2.FlannBasedMatcher(index_params, search_params)
    matches = flann.knnMatch(des1, des2, k=2)
    ok = []
    for m, n in matches:
        if m.distance < 0.8 * n.distance:
            ok.append(m)
    num = len(ok)
    return num
# ===========獲取指紋編號===========
def getID(src, database):
```

```
    max = 0
    for file in os.listdir(database):
        model = os.path.join(database, file)
        num = getNum(src, model)
        print("檔案名稱:",file,"距離:",num)
        if  max < num:
            max = num
            name = file
    ID=name[:1]
    if  max < 100:
        ID= 9999
    return ID
# =========根據指紋編號，獲取對應姓名=========
def getName(ID):
    nameID={0:'孫悟空',1:'豬八戒',2:'紅孩兒',3:'劉能',4:'趙四',5:'傑克',
            6:'傑克森',7:'tonny',8:'大柱子',9:'翠花',9999:"沒找到"}
    name=nameID.get(int(ID))
    return name
# =============主函數=============
if __name__ == "__main__":
    src=r"identification/src.bmp"
    database=r"identification/database"
    ID=getID(src,database)
    name=getName(ID)
    print("辨識結果為：",name)
```

執行上述程式，輸出結果如下：

```
檔案名稱: 0.bmp 距離: 84
檔案名稱: 1.bmp 距離: 98
檔案名稱: 2.bmp 距離: 99
檔案名稱: 3.bmp 距離: 111
檔案名稱: 4.bmp 距離: 96
檔案名稱: 5.bmp 距離: 115
檔案名稱: 6.bmp 距離: 85
檔案名稱: 7.bmp 距離: 907
檔案名稱: 8.bmp 距離: 117
檔案名稱: 9.bmp 距離: 104
辨識結果為: tonny
```

第三部分
機器學習篇

本部分介紹了機器學習的基本概念，並在此基礎上介紹了多個基於機器學習的電腦視覺案例。

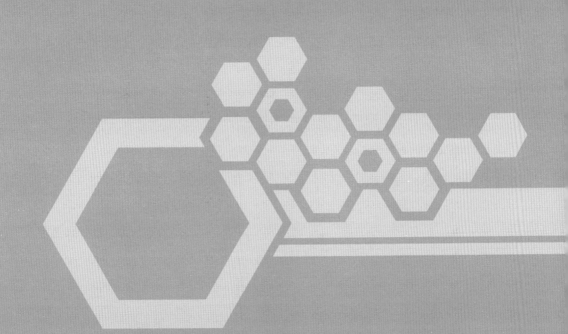

機器學習導讀

機器學習（Machine Learning，ML），是指讓機器透過自主學習完成任務。機器學習的目標就是透過找到若干資料的規律來完成任務。

機器學習的應用遍及人工智慧的各個領域，如網路搜索、垃圾郵件過濾、廣告投放、推薦系統、信用評價、詐騙檢測、風險鑒別、金融交易、醫療診斷等。

本章將介紹機器學習的基本概念和機器學習常用的套件、實現案例等。

▋ 15.1 機器學習是什麼

機器學習的核心就是從資料中發現模式與規律，根據資料完成任務、尋找答案。沒有資料機器就無法學習，資料是機器學習的核心和關鍵。

我們在使用傳統方式解決某個問題時，特別是希望發現某個規律時，通常會綜合考量各種因素。解決問題的方式通常有兩種：一種方式是不斷地試錯，先嘗試方法 A，若方法 A 不太好，則繼續嘗試方法 B；若方法 B 還可以但還不太完善，則不斷對其進行最佳化；最後得到解決問題的合適方案。另一種方式是根據經驗直接解決問題，即人類根據自己的經驗和實踐不斷地尋找解決問題的方案。

　　人類在發展過程中在不斷嘗試發現事物之間的聯繫、內部隱藏的規律。自由落體運動模型示意圖如圖 15-1 所示，牛頓因蘋果產生了萬有引力的靈感，人們根據萬有引力定律建構了自由落體運動模型，根據自由落體運動模型，可以計算出任意運動距離對應的運動時間，以及任意運動時間對應的運動距離。

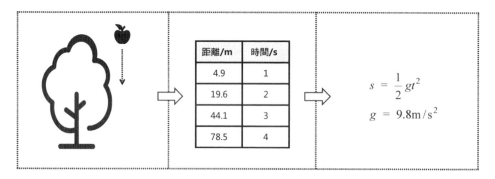

▲ 圖 15-1　自由落體運動模型示意圖

　　上述過程是以資料為基礎的，我們透過這些資料發現了本來存在的但是一直沒有被發現的規律。機器學習也是透過資料來發現邏輯與規律，建構事物之間的聯繫的。

　　機器學習建構了一個資料的輸入與輸出之間的「公式」。當向它輸入資料時，它能夠直接透過「公式」舉出輸出。

　　機器是一個黑盒，其內部使用的「公式」是我們構想出來的。通常來說，機器學習中使用的機器是利用一系列參數控制的各種操作。

　　機器學習的一個重要特徵是，儘量避免人的參與，嘗試直接從資料中發現規律和解決問題的方案。

　　例如，在辨識手寫數字時，不論傳統方式，還是機器學習，都需要先提取出手寫數字的特徵，然後針對特徵進行處理。例如：

■　傳統方式：通常使用歐氏距離等對特徵資料進行計算，從而辨識數字。

- 機器學習：使用機器學習的分類器，如 KNN（K 近鄰）、SVM（支援向量機）等演算法完成對數字（特徵）的分類、辨識。

　　在機器學習中，機器根據已知資料複習規律。與從頭開始尋找解決方案來比，這種方式更加高效。

　　如圖 15-2 所示，不同解決問題階段人類參與的程度不盡相同。

- 傳統方法。此時，還沒有現成的提取特徵方法，需要我們絞盡腦汁去尋找提取特徵的方法；找到特徵後，我們要分析特徵，以找到問題的答案。
- 過渡階段。我們已經掌握了大量的、科學的、標準化的特徵提取方法（SIFT 等），這些方法都可以直接拿來使用，非常方便而且高效。但是，在找到特徵後，仍需要我們想辦法分析特徵，以尋找答案。
- 機器學習。提取特徵的方法已經相對成熟，我們可以直接使用現成的演算法來提取特徵。得到特徵後，不再需要絞盡腦汁想特徵如何處理，而是直接採用現成的演算法（KNN、SVM 等）把特徵作為抽象的數值對其進行分析，從而得到答案。

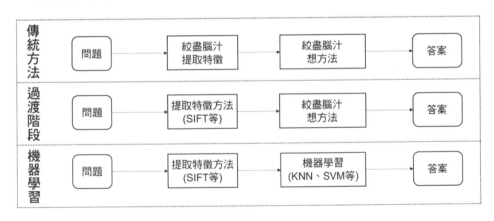

▲ 圖 15-2 不同解決問題階段採用的方法

15.2 機器學習基礎概念

本節將主要介紹機器學習的類型、資料集的劃分、模型的擬合等內容。

15.2.1 機器學習的類型

大部分的情況下，一個事物有很多種不同的分類標準。例如，馬鈴薯可以按照產地劃分，也可以按照顏色劃分。機器學習也有多種不同的分類標注，如有無監督、可否即時增量學習、實現方式、演算法類似性等。

按照有無監督可將機器學習劃分為以下四種：

■ 有監督學習：有資料，資料有含義。從資料及其含義中尋找答案。
■ 無監督學習：僅有資料，資料無實質意義。從純資料中尋找答案。
■ 半監督學習：部分資料有含義，部分資料無含義。從資料中尋找答案。
■ 強化學習：模仿人類解決問題的思路，不斷嘗試，尋找最優解。

下面分別對上述四種方式進行簡單介紹。

1. 有監督學習

有監督學習是指用來學習的資料有明確的含義。機器根據資料及其含義進行學習，從而找到問題的解決方案。

例如，在圖 15-3 中，資料是抽象出來的指紋特徵，含義是該資料對應的人。一般情況下，把資料稱為「特徵值」，把資料的含義稱為「標籤」。針對圖 15-3 希望透過學習已知資料集，找到輸入特徵值對應的標籤。上述過程是有監督學習的一種典型應用——分類，將未知資料劃分到某個特定類別內。

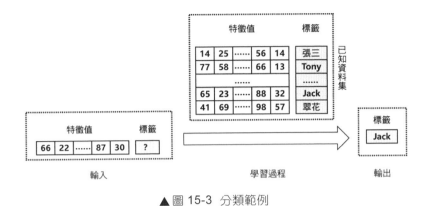

▲ 圖 15-3 分類範例

　　有監督學習的另外一種典型應用是回歸。回歸是指計算一個輸入對應的數值形式的輸出。例如，在圖 15-4 中，根據馬鈴薯的重量計算馬鈴薯的總價，二者的關係是 $y = 2x$。當然，資料與輸出之間的對應關係也可以是用來模擬鑽石及其價格的多次方形式的更複雜的曲線。

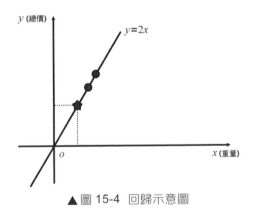

▲ 圖 15-4 回歸示意圖

　　需要注意的是，回歸得到的是一個數值，透過對該數值進行分類能夠將回歸值變為分類值。也就是說，計算分類可以透過先計算其回歸值，再對回歸值進行分類實現。

　　例如，計算當天購買 2kg 馬鈴薯的總價是否超出預算是一個分類題目，結果為 {超出預算;未超出預算}。處理時，先使用回歸模型（$y = 2x$）計算馬鈴薯總價，然後針對總價進行如下處理：

- 總價小於 5 元：未超出預算。
- 總價大於或等於 5 元：超出預算。

經過上述處理後，即可得到我們想要的答案。

比較重要的監督學習有 K 近鄰演算法、線性回歸、邏輯回歸、SVM、決策樹和隨機森林、神經網路。

2. 無監督學習

無監督學習是指沒有監督的學習。簡單地說，在無監督學習中只有資料，資料沒有明確含義，或者說資料沒有對應的標籤。無監督學習就是需要對抽象的資料進行學習，並從中找到規律。

一般來說，無監督學習有兩種應用：一種是分類，另一種是異常檢測。

處理數字的最簡單方式就是分類。分組範例如圖 15-5 所示，按照數值的大小，將數值劃分到不同的組內。分組後不同組有不同含義。

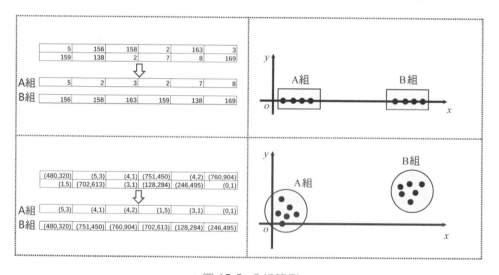

▲圖 15-5　分組範例

不過需要注意的是，在機器學習中通常不直接對資料進行分組，而是對原始資料進行一定的處理後，再進行分組。或者説，原始資料是無法直接分組的，將資料映射到一個新的空間後，才可以對資料進行分組，如圖 15-6 所示。

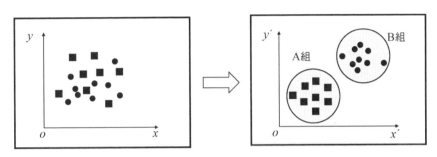

▲ 圖 15-6　映射分組示意圖

分類能夠幫助我們簡化問題。例如，可以將年齡劃分為少年、青年、中年、老年四組，分組後的資料與介於[0,100]的許多原始資料相比少了很多。在處理人物誌等場合，通常採用該方法。

分類能夠幫助我們完成資料壓縮。例如，灰階影像需要 256 個灰階級，對應像素值為[0,255]，電腦需要用 8 個二進位位元表示一個像素。若對影像品質要求不高，則可以根據需要將像素點劃分為純黑和純白兩組，分別用 0 和 1 表示，這樣只用一個二進位位元就能表示一個像素點的顏色。採用這種方式，資料的壓縮比為 8:1。

分類有利於視覺化。例如，圖 15-6 中的資料原本是混在一起的，分類後我們更容易觀察到資料的分佈及關係等。

無監督學習在異常檢測方面的應用有信用卡異常監測、缺陷檢測、異常資料處理等。如圖 15-7 所示，機器學習掌握了正常資料（圓形資料）的特徵，在遇到新的五角星資料時，它會準確地將資料 A 處理為異常，將資料 B 處理為正常。

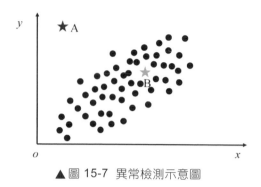

▲圖 15-7 異常檢測示意圖

比較重要的無監督學習有 K 均值聚類、視覺化和降維、主成分分析（PCA）、單分類支援向量機（One-class SVM）、連結規則學習。

3. 半監督學習

有監督學習中所有用來訓練的資料都是有標籤的；無監督學習中所有用來訓練的資料都是沒有標籤的。有時，有條件給部分訓練資料打上標籤，這種部分訓練資料有標籤的學習方式就是半監督學習。

如圖 15-8 所示，圖中空心圓是沒有標籤的訓練資料，三角形、矩形是有標籤的訓練資料。雖然五角星距離矩形更近，距離三角形更遠，但借助空心圓能夠將五角星劃分到三角形所屬分類。

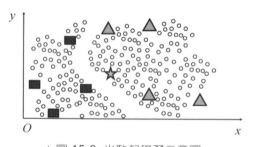

▲圖 15-8 半監督學習示意圖

很多網站提供了辨識明星臉的功能，該功能的基本原理是先將所有沒有任何標籤的照片按照不同的人進行分類，不同人的照片對應不同的組，該分類過程是一個無監督學習過程；然後鼓勵使用者在照片上標注人物姓名，此時就可以得到一部分照片對應的標籤，這些標籤能夠幫助我們辨識其所在組照片中所有照片所對應的人物。

不同監督形式示意圖如圖 15-9 所示。

- 圖 15-9（a）中的樣本沒有標籤是無監督學習。
- 圖 15-9（b）中的樣本都有標籤是有監督學習。
- 圖 15-9（c）中的樣本有的有標籤，有的沒有標籤，是半監督學習。

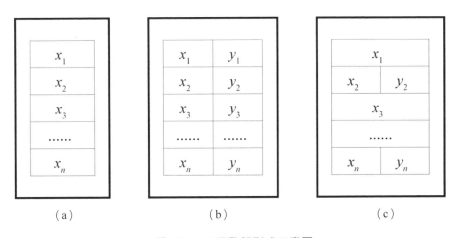

（a） （b） （c）

▲ 圖 15-9 不同監督形式示意圖

4. 強化學習

強化學習又稱增強學習，它在解決問題時不斷地實踐，在實踐中探索嘗試，然後複習出較好的策略。將上述過程抽象出來就是強化學習。該過程和傳統方法中人類的做法是一致的，只不過這個過程是由機器完成。

強化學習追求的是解決方案的一系列操作序列。如果一個動作存在於一個好的操作序列中，那麼就認為該操作是好的操作。機器學習透過評估一個策略的優劣並從既往的好的操作序列中學習，來產生一個好的策略。

例如，在圍棋中，單一動作本身並不重要，正確的佈局、整體的動作序列才是關鍵。如果一個落子是一個好的策略的一部分，那麼它就是好的。2017 年 5 月，在圍棋峰會上，阿爾法圍棋（AlphaGo）與排名世界第一的世界圍棋冠軍柯潔對戰，並以 3:0 的總比分獲勝。阿爾法圍棋透過分析數百萬場比賽，以及自己與自己比賽，來了解獲勝策略。

強化學習有一個廣泛應用是定址。例如，機器人在某一特定時刻朝著多個方向中的一個方向運動，經過多次嘗試，該機器人會找到一個正確的動作序列，該動作序列確保能夠從初始位置到達目標位置，並且不會碰撞障礙物。機器人可以觀察環境，選擇並執行對應的動作，從而獲得回饋。如果該動作是正向的，那麼將會獲得獎勵；如果該動作是負面的，那麼將會獲得懲罰。根據該回饋，機器人學習到什麼是好的策略，並隨著時間演進獲得最大的獎勵。圖 15-10 所示為一個定址機器人的回饋策略，選擇向左走後距離目標更近，獲得獎勵；選擇向右走後距離目標更遠，受到懲罰。

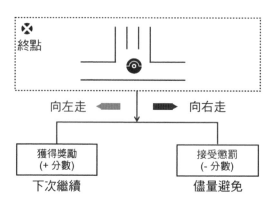

▲ 圖 15-10 定址機器人的回饋策略

需要強調的是，通常要等到本輪工作完成後，才能知道最後定址的優劣。如果將最短路徑作為定址的獎勵，那麼一次路徑選擇顯然不能立即得到最終獎勵。一般情況下，一次路徑選擇只能得到一個當前的正回饋（距離目標更近了），不代表該選擇一定在最優路線內。例如，圖 15-11 顯示了圖 15-10 的全景圖。定址機器人選擇向左雖然距離目標更近了，但是馬上會遇到障礙物，因此向左並不是最優路徑選擇。簡單來說，定址機器人只有進行多次嘗試，才能複習出最好的路徑。這和下象棋時丟車保帥的策略是一致的。當前一個表面看起來可能並不優的選擇，實際上對應著一個最優的結果。

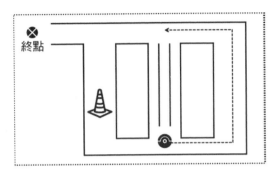

▲圖 15-11　圖 15-10 的全景圖

15.2.2　泛化能力

上高中時，很多同學每天要做大量的練習題，以期透過這種方式在學測中取得高分。大家都希望從大量的練習題中找到高考題的答題規律。部分同學透過做大量練習題，提高了解答高考題的能力，我們稱這部分同學的學習過程具備泛化能力。泛化能力是指透過對既有知識，掌握的解決新問題的能力。

機器學習的泛化能力是指機器透過對測試資料的學習，掌握的解決新資料問題的能力。例如，機器在透過學習完成手寫數字辨識時就需要具備泛化能力，因為每個人的手寫數字是不一樣的。在圖 15-12 所示數字集中，每個數字都是具有特色的，因此該數字集能夠讓機器更好地學到每個數字的特點，更好地完成辨識，具有更好的泛化能力。圖 15-12 下方的數字是從圖 15-12 上方選擇的部分數字，這樣的數字對於機器的學習過程是非常有幫助的，同時對於數字辨識過程也是一個挑戰。

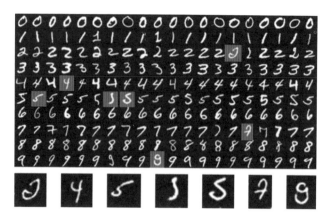

▲ 圖 15-12 數字集

　　資料是機器學習的核心，必須要有大量的資料作為支撐。機器只有透過對大量資料進行學習，才能讓具備泛化能力。

　　泛化的基礎是重複的、大量的、科學的訓練和練習。

15.2.3 資料集的劃分

　　馬上就要學測了，張老師出了 100 道題讓同學們鞏固基礎知識，並希望測試一下基礎知識鞏固的效果。很顯然，不能把 100 道題全部給同學們練習後再並從中取出幾道題進行測試。因為這樣做，測試題都是大家見過的，測試結果沒有意義。比較好的方法是將 100 道題中的一部分題（如 80 道）用於練習，另一部分題（剩下 20 道）用於測試。

　　張老師習慣在考試前告訴同學們一些答題技巧、解題方法等注意事項，希望這些注意事項能夠幫助同學們答題。這些方法管不管用呢？張老師決定再做一次測試。於是，張老師把 70 道題用於平時練習，20 道題用於第一次測試，10 道題用於第二次測試。

　　上述習題劃分如圖 15-13 所示。

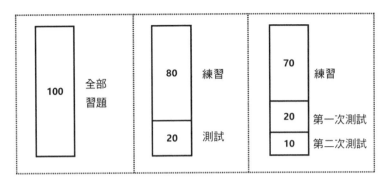

▲圖 15-13 練習題劃分

　　很多電腦內使用的演算法是人們借用的在實踐中廣泛應用的規律，機器學習也一樣。機器學習使用已知資料時，通常將資料集劃分為訓練資料、測試資料、驗證資料三部分，其基本含義分別為如下。

- 訓練資料：又稱訓練集，是訓練模型時使用的資料。
- 測試資料：又稱測試集，是學得的模型在實際使用中用到的資料。
- 驗證資料：又稱驗證集，是在評估與選擇模型時使用的資料。

　　模型評估與選擇主要是進一步確定演算法使用的參數，在機器學習中有兩類，分別是

- 演算法參數：又稱超參數，該參數是模型的外部設定，如 K 近鄰演算法中使用的 K 值。該參數由人工確定，常說的「調參」是指對演算法參數進行調整。
- 模型參數：模型使用的參數，如神經網路中的權重值，該參數是透過學習過程習得的。

　　驗證資料不是必需的，大部分的情況下，機器學習過程可能只有訓練過程和測試過程。下文以只有訓練過程和測試過程的機器學習過程為例介紹如何更有效地利用資料。

　　將整體資料劃分為不同部分的方法稱為留存法。在這種方法中，訓練過程使用大部分資料，測試過程使用小部分資料。這會導致誤差僅在很少

一部分資料上表現出來。比較理想的情況是，訓練過程、測試過程都能夠使用所有資料。

可以透過交叉驗證的方式達到使用所有資料的效果。該方法把所有資料劃分為 k 個互斥的子集，讓每個子集儘量保持資料分佈的一致性。每次使用 k-1 個子集進行訓練，剩餘的子集進行測試。重複上述過程，確保訓練過程和測試過程都能夠使用所有資料。k 常用的取值為 5、10、20 等。

例如，在圖 15-14 中，原始資料集被劃分為五個子集，標記為 A～E。第一輪交叉驗證中，在 A～D 子集上進行訓練、在 E 子集上進行測試。在第二輪交叉驗證中，在 A 子集、B 子集、C 子集、E 子集上進行訓練，在 D 子集上進行測試。依次類推，完成五輪交叉驗證。與在單一模型上進行測試相比，交叉驗證能夠提供更準確的結果。

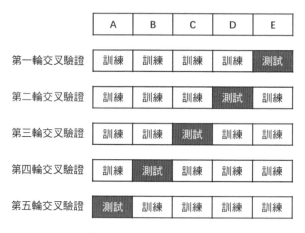

▲ 圖 15-14　交叉驗證示意圖

15.2.4　模型的擬合

擬合是指用訓練資料建構一個運算式，該運算式的曲線與訓練資料及測試資料的分佈基本一致。在機器學習中，擬合是指根據已知資料建構一個模型，該模型能夠預測測試資料。

　　在具體實現時，可能會產生欠擬合和過擬合。圖 15-15 顯示了擬合的不同情況，圖中的實心小數點是訓練資料，空心小數點是測試資料（未知資料）。

- 圖 15-15 左圖：對應一個二次函數（ $y = a(x-b)^2 + c$ ），是擬合良好狀態，運算式對應的曲線與訓練資料分佈大致一致，能夠用來預測未知資料。

- 圖 15-15 中間圖：對應一個一次函數（ $y = kx + b$ ），是欠擬合狀態，運算式對應的曲線只能與訓練資料中的部分資料的分佈一致。這說明，在學習時沒有完整地把握訓練資料的規律；此時，曲線不能擬合訓練資料的大致分佈，更不能用來計算未知資料。

- 圖 15-15 右圖：對應一個高次函數（ $y = ax^9 + bx^8 + cx^7 + dx^6 + ex^5 + fx^4 + gx^3 + hx^2 + ix + j$ ），是過擬合狀態，運算式對應的曲線精準地與所有訓練資料分佈一致，導致泛化性能下降。此時，曲線能高度精準地擬合訓練集，但對測試集的預測能力較差。

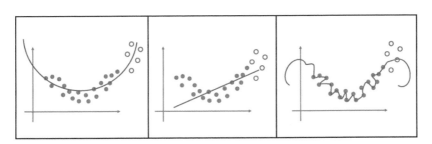

▲ 圖 15-15 擬合的不同情況

　　例如，甲、乙、丙都透過一段演唱會的錄音來學習歌手 L 的歌。再唱一首 L 的新歌時，他們的表現不太一樣。

- 甲：唱風很像 L，是擬合良好狀態。
- 乙：唱風只有一點像 L，是欠擬合狀態。
- 丙：像 L 在開演唱會，不僅有歌聲，還夾雜著聽眾的喝彩、尖叫，是過擬合狀態。

15.2.5 性能度量

在機器學習建構模型後需要對模型的泛化能力進行度量,這就是性能度量。大部分性能度量只能針對某一個特定類型的任務,如分類、回歸。在實際應用中,應該採用能夠代表產生錯誤代價的性能指標來進行性能度量。

下面,以二分類問題為例來說明性能度量。

考慮一個分類任務:一個分類器用來觀察腫瘤並判斷腫瘤是惡性的還是良性的。在對該分類器進行性能度量時最容易想到的標準是準確率或者預測正確的比例,但是該標準無法度量惡性腫瘤被預測為良性腫瘤、良性腫瘤被預測為惡性腫瘤的資料。大部分的情況下,誤差的代價是相似的,很顯然,將惡性腫瘤預測為良性腫瘤比將良性腫瘤預測為惡性腫瘤的代價更大。

對於上述二分類問題,可以將其真實的標籤與預測的標籤劃分為四種不同情況,其分類矩陣如表 15-1 所示,透過該分類矩陣可以度量每種可能的預測結果。

表 15-1　分類矩陣

實際情況	預測結果	
	陽　性	陰　性
陽性	真陽性 TP (True Positive)	假陰性 FN (False Negative)
陰性	假陽性 FP (False Positive)	真陰性 TN (True Negative)

根據上述定義,準確率 ACC 為

$$ACC = \frac{TP + TN}{TP + TN + FP + FN}$$

查準率 P (預測為惡性腫瘤實際也為惡性腫瘤的比例,又稱精準率)

為

$$P = \frac{\text{TP}}{\text{TP} + \text{FP}}$$

查全率 R（真正的惡性腫瘤被發現的比例，又稱召回率）為

$$R = \frac{\text{TP}}{\text{TP} + \text{FN}}$$

從準確率的定義可以看到，高準確率的分類器並不一定可靠，因為它也許並不能預測到大部分惡性腫瘤。例如，在一組測試資料中，如果大部分腫瘤都是良性的，即使該分類器未預測出一個惡性腫瘤，它也擁有較高的準確率。更具體來說，某組測試資料有 10 萬個樣本，其中 9.999 萬個樣本是良性的，即使該分類器將所有的樣本都預測為良性，其準確率仍是 99.99%（9.99/10）。

在實踐中，也許一個低準確率、高查全率的分類器更具實用價值。

上述是針對二分類問題的性能衡量。在實踐中可以將多種不同的性能度量指標分別應用於分類與回歸任務的度量中。

15.2.6 偏差與方差

用來估算學習演算法的泛化性能的方式有很多，但是人們更希望了解造成性能差異的因素是什麼。偏差-方差分解是解釋性能差異的一個重要工具。

分別對方差和偏差進行定義：

- 方差：使用相同規模的不同訓練資料產生的差別。
- 偏差：期望輸出與真實標籤之間的差別。

偏差與方差對結果的影響如圖 15-16 所示。為了取得良好的學習效果，不僅要使偏差小，即能夠高度擬合資料；還要使方差小，即在面對不同的資料時產生的差異小。

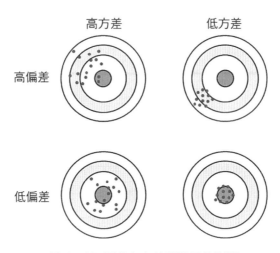

▲圖 15-16 偏差與方差對結果的影響

　　上述要求看似容易達到，實際上偏差與方差存在衝突，即存在偏差－方差困境。泛化誤差與方差、偏差關係如圖 15-17 所示，在學習時，若使用的資料集過小，則訓練不充分，學習器的擬合能力不夠強，訓練資料的擾動不足以使學習器學到知識，此時偏差決定了泛化程度；隨著訓練的加深，學習器的擬合能力加強，訓練資料的擾動被學習器學到，方差在泛化能力中起決定作用；當訓練程度充足後，學習器的能力已經足夠強，訓練資料的輕微擾動就會導致學習器學到新的知識，從而發生過擬合。

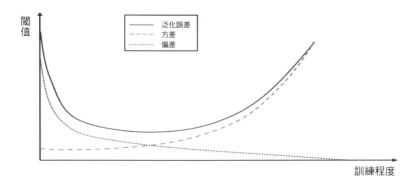

▲圖 15-17 泛化誤差與方差、偏差關係

15.3 OpenCV 中的機器學習模組

OpenCV 提供的常用的機器學習方法如圖 15-18 所示。本節將對這些方法的理論基礎進行簡單的介紹。

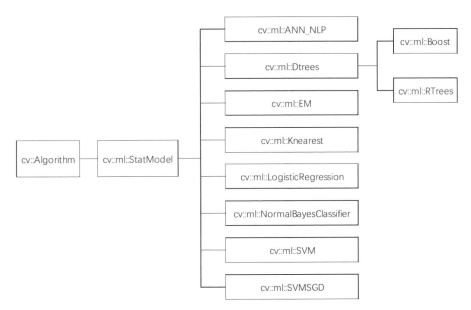

▲圖 15-18 OpenCV 提供的常用的機器學習方法

15.3.1 類神經網路

在一些大型的演出中,經常會有方陣表演。大多方陣表演是讓參與者每個人手持一塊彩色方板,在特定的安排下,擺出各種圖案或文字。圖 15-19 所示為方陣表演拼出的奧運五環標識。

方陣表演的特點如下。

- 量變引起質變:每個人做的動作主要是移動位置、舉起或放下方板,但是一個人無論如何努力,都無法建構出整體效果,必須全體參與者共同努力,才能建構出整體效果。

▲圖 15-19　方陣表演拼出的奧運五環標識

- 個體影響力：每一個人作為一個獨立的個體都深度參與了方陣表演，都對表演結果有著影響。但是，方陣越大，人數越多，個人對整體效果的影響越小。

- 初始化及組織方式：在組織方陣前會有一個大概的輪廓，在具體彩排時會進一步對參與者的位置、舉/放方板時間進行適當調整，以達到更好的效果。

- 協作性：訓練時，教練員要根據整體效果控制每個個體的行動，每個個體都要受到身邊其他人的影響，但是個體只需要關注自身的動作、位置等，無法從周圍個體獲得參考資訊。或者説，周圍人對個體而言可能沒有任何參考價值。

- 參數控制：訓練結束後，每個個體記住各自的移動位置、舉/放方板時間等相關參數就可以了，不需要額外關注其他人的操作。

- 極端情況：每個個體只記住了自己的參數，但可能並不了解自己在做什麼，但並不影響其作為整體的一部分實現的最終效果。

　　類神經網路就是採用上述思路建構的。它由許多不同的神經元組成，每一個神經元從事的工作都非常簡單，但是所有神經元在特定參數的控制下能夠實現特定的超複雜（任何）任務。

　　神經元的結構示意圖如圖 15-20 所示，每個神經元有若干個輸入，每個輸入對應不同的權重值。神經元根據輸入情況，按照預先給定的函數計算出一個合適的輸出。也就是説，神經元的工作很簡單，類似於方陣中的一個個體，只需聽從指揮就好。從這個角度理解，單一神經元沒有智慧。

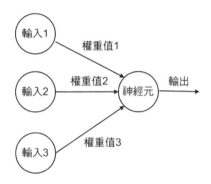

▲圖 15-20 神經元的結構示意圖

　　單一神經元沒有智慧，只是進行簡單的計算。若干個神經元組合在一起，量變引起質變，就能夠模擬出複雜的函數。這是類神經網路的基本原理。

　　若干個神經元組成一個類神經網路。類神經網路結構示意圖如圖 15-21 所示，一個基礎的神經網路包含輸入層、中間層（又稱隱藏層）、輸出層。

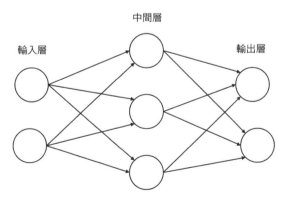

▲圖 15-21 類神經網路結構示意圖

15.3.2 決策樹

決策樹是常用的一種機器學習方法，其符合分而治之的理念。很多早期的專家系統是依賴決策樹實現的。例如，某知名品牌電腦的電話專家系統就是透過不斷地與客戶互動，讓使用者透過電話按鍵對一系列問題做出選擇，並根據使用者的選擇指導使用者操作電腦進而完美地解決問題的。具體步驟為，電腦上有一塊故障檢測面板，上面有四個指示燈，每次互動專家系統會要求使用者透過按下電話按鍵來報告哪些燈閃爍，並根據使用者的回饋提供操作指導。重複上述過程，直到問題得到完美解決或者轉到人工系統。

在使用機器解決問題時，同樣可以採用一系列「決策」的方式完成。圖 15-22 所示為判斷一隻動物的種類的決策樹，該決策樹透過許多決策最終確定一隻動物的種類。

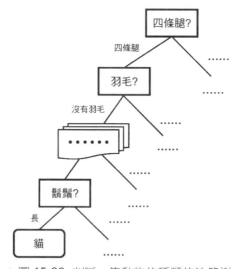

▲圖 15-22 判斷一隻動物的種類的決策樹

決策樹的終點是我們希望得到的決策結果。決策樹由大量的選擇組成，每個選擇都是針對某個屬性的判斷，其結果或者引出下一個選擇，或者是最終決策。新的選擇面對的樣本在上一個選擇所限定的範圍內。例如，圖 15-22 在判斷為四條腿後判斷羽毛，這時僅需考慮四條腿動物是否有羽毛。

　　大部分的情況下，一棵決策樹是由一個根節點、若干個選擇節點（內部節點、中間節點）和若干個葉子節點（終點）組成的。葉子節點是決策的結果，其他節點對應的是一個選擇測試。根節點包含全部樣本集，其他節點是根據上一層的選擇節點得到的對應樣本子集。從根節點到每個葉子節點都是由一系列的選擇組成的。決策樹透過學習建構了一棵對未知資料具有預測能力、準確度高（泛化能力強）的樹結構。

　　決策樹中一個關鍵的策略是如何確定屬性的順序。例如，先使用「羽毛」劃分資料，還是先使用「鬍鬚」劃分資料？決策樹採用資訊熵的增益來確定屬性的順序。下面簡介資訊增益的基礎知識。

　　香農提出使用熵來度量資訊量。熵度量的是一筆資訊的不確定性，即該筆資訊是由訊號來源發出的所有可能資訊中的一筆的機率。資訊越有規律，包含的資訊量越大，對應機率越低，對應熵值越低；資訊越混亂（均衡分佈），對應機率越高，對應熵值越大。例如，在圖 15-23 中，圖 15-23（a）中是有序排列的點組成的"OPENCV"，它的熵小；圖 15-23（b）中的點是混亂（分佈相對均衡）的，它的熵大。

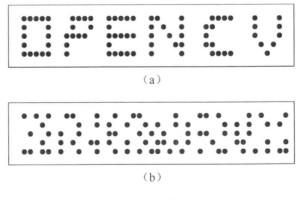

（a）

（b）

▲圖 15-23　例圖

　　決策樹借助資訊熵表示節點純度，並據此選擇劃分屬性。決策樹使用屬性把一個樣本集劃分為若干個子集。例如，使用顏色可以將馬鈴薯劃分為白色、黃色、紫色等不同子集。我們希望分支節點包含的樣本盡可能屬於同一類，即節點的純度越高越好。資訊熵是衡量樣本集的純度一種指標，其值越小，對應樣本集的純度越高。

　　如果將樣本集的資訊熵標注為 D，使用屬性劃分後各個子集的資訊熵之和標注為 AD，那麼差值 D-AD 被稱為資訊增益。可以看出，資訊增益越大，與 D 相比 AD 的值越小，也就是說子集的純度越高。實踐中，使用正樣本的占比來衡量資訊增益值。因此，可以根據資訊增益，選擇決策樹的劃分屬性。例如，ID3 決策樹學習演算法將資訊增益作為依據來確定劃分屬性。

　　這裡有一個問題，如果資訊熵從 100 減至 90，則資訊增益為 100-90=10；而資訊熵從 10 減少到 5，則資訊增益為 5。我們看到，前者資訊增益雖然大，但資訊熵只有 10%的變化；後者資訊增益雖然小，但資訊熵有 50%的變化。因此，使用增益率作為選擇決策的劃分屬性更適用於可取數目較少的屬性。例如，C4.5 決策樹演算法採用增益率作為依據來確定劃分屬性。

　　另外，基尼係數也可用來衡量樣本集的純度。基尼係數反映了從資料集中隨機取出兩個樣本，其類別標記不一致的機率。顯然，基尼系數值越低，資料集的純度越高。例如，CART 決策樹採用基尼係數作為確定劃分屬性。

　　決策樹使用剪枝避免過擬合。在建構決策樹的過程中，決策樹會逐漸長得枝繁葉茂，這時會把測試資料的特徵學習得過好，以至於會把測試資料的個別特徵作為所有資料的特徵，從而導致過擬合。大部分的情況下，採用剪枝去掉一些分支以達到降低過擬合的目的。剪枝的基本策略是預剪枝和後剪枝，二者分別對應訓練前後的剪枝過程。

　　下面分別介紹與決策樹相關的 Boosting 演算法和隨機森林演算法。

1. Boosting 演算法

　　整合學習又稱多分類器系統、基於委員會的學習,透過建構並結合多個學習器來完成學習任務。整合學習結構示意圖如圖 15-24 所示。整合中的個體學習器可以是同類型的,如都是類神經網路的,或者都是決策樹的,此時整合是「同質」的,其中的個體學習器又稱基學習器,也可以是不同類型的,如同時包含神經網路和決策樹,此時整合是「異質」的,其中的個體學習器又稱元件學習器。

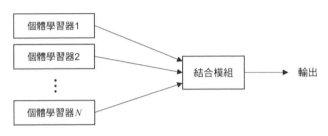

▲圖 15-24 整合學習結構示意圖

　　整合學習透過對相當數量的個體學習器進行組合,獲得比單一學習器顯著優越的泛化性能。大部分的情況下,個體學習器是弱學習器,是略優於隨機猜測的學習器。

　　Boosting 是將一組弱學習器組合成強學習器的演算法,該演算法的基本流程如下。

■ Step 1:使用初始訓練資料訓練一個個體學習器 1。
■ Step 2:將個體學習器 1 預測錯的樣本比例加大,訓練個體學習器 2。
■ Step 3:重複上述過程,直到最後一個個體學習器 N。
■ Step 4:將 N 個個體學習器加權組合組成集合。

　　Boosting 演算法中最具代表性的是自提升適應(Adaptive Boosting,Adaboost)演算法。Adaboost 演算法解決了 Boosting 演算法在實際執行時遇到的一些困難,可以作為一種從一系列弱分類器建構一個強分類器的通用方法。

2. 隨機森林演算法

訓練資料的劃分對演算法的性能有直接影響。如果將訓練資料直接劃分為 N 份，讓整合中的每個個體學習器學習，那麼每個個體學習器所面對的訓練資料不相同，因此它們的模型也不同。這相當於建構了一個一盤散沙的軍隊，大家各司其職，每個人的戰鬥力都很強，但是由於缺乏協作，未必有打勝仗的能力。

針對此情況，Bagging 演算法是一種解決方案，該演算法採用相互有交叉的訓練子集訓練模型。

相互有交叉的訓練子集是透過有放回的採樣方式進行採樣獲得的。例如，有一組訓練資料裡面有 n 個樣本，如果想從中取出存在交叉（重複）的包含 n 個樣本的採樣資料，那麼可以透過有放回地取 n 次實現。操作時，每次取出 1 個樣本，記住該樣本的數值後再將其放回，以使該樣本在下次採樣時仍有可能被選中，依次類推，取 n 次完成採樣。透過上述方式，保證最終取到的 n 個樣本是可能包含重複樣本的採樣資料。或者説，初始樣本集中的樣本有的在最終樣本集中會出現多次，有的並沒有出現。

採用上述方式，採樣出 N 組包含 n 個測試樣本的採樣資料，然後基於每組採樣資料訓練出一個個體學習器，最後將這些個體學習器加權組合，組成整合。

上述是 Bagging 演算法的基本流程。該過程與直接劃分樣本集相比，採用了有交叉樣本集。也就是説，不同的個體學習器面對的訓練資料既有個性化的值，又有共通性化的值。進一步説，不同的個體學習器具備協作作戰的能力。

使用時，Bagging 演算法針對分類任務採用簡單投票法，針對回歸任務採用簡單平均法。

隨機森林（Random Forest）演算法的思想最早是由 Ho 在 1995 年第一次提出的，後來 Breiman 和他的博士生 Cutler 進一步豐富了該演算法後將其命名為「隨機森林演算法」，並用 Random Forest 註冊了商標。
OpenCV 使用 Random Trees 表述「隨機森林」。

隨機森林演算法是 Bagging 演算法的一種變換形式。隨機森林演算法
在以決策樹作為個體學習器建構 Bagging 整合的基礎上，在決策樹的過程
中引入了隨機屬性選擇。簡單來說，傳統的決策樹在選擇劃分屬性時是在
所有的屬性集中選擇一個最優的；而隨機森林演算法每次選擇劃分屬性
時，先從屬性集中選擇一個子集（所有集合的一部分），然後從該子集中
選擇一個最優的。

隨機森林演算法的實現思路簡單方便且計算量小，在實踐中具有超乎
想像的強大性能，被譽為「代表整合學習技術水準的方法」。隨機森林演
算法不僅在樣本選擇時採用了隨機方式（Bagging 演算法使用的方法），
而且在選擇屬性時也使用了隨機方式，這使得最終模型的泛化性能透過個
體學習器的差異增加獲得了進一步提升。

15.3.3 EM 模組

通常將期望最大化演算法稱為 EM（Expectation Maximization）演算
法。該演算法可以在不需要任何人工操作和先驗經驗的基礎上建構所需模
型，吳軍在《數學之美》一書中將其稱為「上帝的演算法」。

首先介紹如何實現自收斂聚類。在圖 15-25 中：

- 圖 15-25（a）是初始狀態，盒子內有若干個大小不等的小球。
- 圖 15-25（b）將圖 15-25（a）中的小球隨機地裝到三個不同的盒子
  內，並計算每個盒子中所有小球直徑的均值。
- 圖 15-25（c）是根據圖 15-25（b）所算得的小球直徑均值將每一個小
  球放入與其直徑最接近的盒子內的結果。

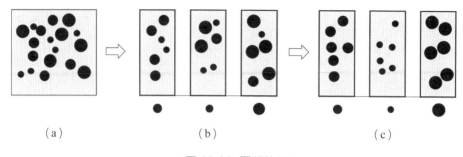

▲圖 15-25 聚類範例

從上述過程可以看出，在聚類的過程中需要做的是計算組內均值，然後按照均值完成分類，並不斷地重複該過程完成最終分類。

EM 演算法的一個核心問題是如何收斂，即在什麼情況下認為分類達到了滿意結果，可以停止繼續分類。

人類在處理問題時可以採用感性的定性原則，但是機器必須採用理性的量化方法。也就是說，機器處理問題必須是透過對數值的分析與處理實現的。對應到當前分類上就是需要將分類的指標變成一個可以量化的結果。

這裡，將組內每一個小球的直徑與當前組內小球直徑的均值的距離標記為 d，將組間的小球直徑的距離標記為 D。目標是讓組間小球直徑的距離 D 盡可能大，組內小球直徑的距離 d 盡可能小，即讓 D 和 $-d$ 盡可能地大。

在實踐中，會有多個大小不等的觀測點，讓機器不斷地迭代學習一個模型。具體來說，分為兩步：

- Step 1：計算各個觀測點的資料。該步驟稱為期望值計算過程（Expectation），即 E 過程。
- Step 2：重新計算模型參數，以最大化期望值。針對圖 15-25 而言就是最大化 D 和 $-d$，該步驟被稱為最大化過程（Maximization），即 M 過程。

15.3.4 K 近鄰模組

物以類聚，人以群分。K 近鄰演算法應用的就是這個原理。

例如，某創業公司根據工作年限和專案經驗，將員工劃分為 S 級和 M 級。小明入職後想知道自己會被定位到哪個等級，對此有如下三種情況：

- 他詢問了和自己情況最接近的一個同事（ K=1 ），該同事的等級為 S 級，因此他感覺自己會被確定為 S 級。
- 他詢問了和自己情況最接近的 3 個同事（ K=3 ），其中兩個是 M 級，一個是 S 級，因此他感覺自己會被確定為 M 級。
- 他詢問了和自己情況最接近的 5 個同事（ K=5 ），其中兩個是 M 級，三個是 S 級，因此他感覺自己會被確定為 S 級。

針對此情況有如圖 15-26 所示 K 近鄰演算法範例示意圖。

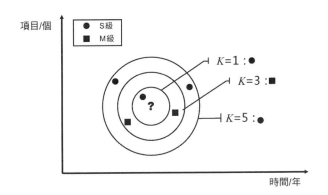

▲ 圖 15-26 K 近鄰演算法範例示意圖

上述就是 K 近鄰演算法的基本思想，分類結果在一定程度上取決於 K 值。一般來說：

- 小的 K 值：偏差大，方差大，容易過擬合。在極端情況下，K=1 時，選取的是離待分類物件最近的樣本，這個樣本如果是雜訊，那麼機器就學到了雜訊。例如，小明只問了一個人就判斷自己會被確定為這個人的等級。如果這個人的等級是個特例，那麼小明的判斷就是錯誤的。

- 大的 K 值：高偏差，方差小，欠擬合。在極端情況下，$K=N$（N 為訓練資料的個數），無論輸入資料是什麼，機器都將簡單地預測其屬於在訓練資料中最多的類，相當於沒學習。例如，小明入職的公司共 100 人，其中，60 個人是 S 級，40 個人是 M 級。小明問了所有人的情況，判斷出 S 級人多，並據此認為自己會被確定為 S 級。

- 好的 K 值：能較好地完成任務。

距離是 K 近鄰演算法中非常關鍵的參數，在計算距離時，通常需要考慮很多因素。下面簡單介紹兩點距離計算的基礎知識。

1. 歸一化

對於簡單的情況，直接計算與特徵值的距離（差距）即可。例如，在某影視劇中，已經透過技術手段獲知犯罪嫌犯的身高為 186 cm，受害人身高為 172 cm。而甲、乙二人都宣稱自己是受害人，此時可以透過測量二人身高判斷誰是真正的受害人：

- 甲身高為 185cm，與犯罪嫌犯身高的距離為 186-185=1cm，與受害人身高的距離為 185-172=7cm。甲的身高與犯罪嫌犯的身高更接近，因此確認甲為犯罪嫌犯。

- 乙身高為 173cm，與犯罪嫌犯身高的距離為 186-173=13cm，與受害人身高的距離為 173-172=1cm。乙的身高與受害人的身高更接近，因此確認乙為受害人。

上面的例子是非常簡單的特例。在實際場景中，可能需要透過更多參數進行判斷。例如，在某影視劇中，員警透過技術手段獲知嫌犯的身高為 180 cm，缺一根手指；受害人身高為 173cm，十指健全。此時，前來投案的甲、乙二人都宣稱自己是受害人。

　　當有多個參數時，一般將這些參陣列成串列（陣列、元組）進行綜合判斷。本例將(身高,手指數量)作為特徵，因此，犯罪嫌犯的特徵值為(180, 9)，受害人的特徵值為(173, 10)。

　　此時可以對二人進行以下判斷：

- 甲身高為 175 cm，缺一根手指，甲的特徵值為(175, 9)。
- 甲與犯罪嫌犯特徵值的距離為(180-175) + (9-9) = 5。
- 甲與受害人特徵值的距離為(175-173) + (10-9) = 3。

　　甲的特徵值與受害人更接近，斷定甲為受害人。

- 乙身高為 178 cm，十指健全，乙的特徵值為(178, 10)。
- 乙與嫌犯特徵值的距離為(180-178) + (10-9) = 3。
- 乙與受害人特徵值的距離為(178-173) + (10-10) = 5。

　　乙與犯罪嫌犯的特徵值更接近，斷定乙為犯罪嫌犯。

　　顯然上述結果是錯誤的。因為身高、手指數量的權重值不同，所以在計算參數與特徵值的距離時要充分考慮不同參數之間的權重值。大部分的情況下，由於各個參數的量綱不一致等，需要對參數進行處理，讓所有參數的權重值相等。

　　一般情況下，對參數進行歸一化處理即可。在進行歸一化時，一般使用特徵值除以所有特徵值中的最大值（或最大值與最小值的差等）。對於上述案例，身高除以最高身高值 180，手指數量除以 10（10 根手指）以獲取新的特徵值，計算方式為

歸一化特徵 =（身高/最高身高 180，手指數量/10）

　　經過歸一化後：

- 犯罪嫌犯的特徵值為(180/180, 9/10) = (1, 0.9)。
- 受害人的特徵值為(173/180, 10/10) = (0.96, 1)。

此時，可以根據歸一化後的特徵值對甲、乙二人進行判斷：

- 甲的特徵值為(175/180, 9/10)=(0.97, 0.9)。
- 甲與犯罪嫌犯特徵值的距離為(1-0.97) + (0.9-0.9) = 0.03。
- 甲與受害人特徵值的距離為(0.97-0.96) + (1-0.9) = 0.11。

甲與犯罪嫌犯的特徵值更接近，斷定甲為犯罪嫌犯。

- 乙的特徵值為(178/180, 10/10)=(0.99, 1)。
- 乙與犯罪嫌犯的特徵值距離為(1-0.99) + (1-0.9) = 0.11。
- 乙與受害人的特徵值距離為(0.99-0.96) + (1-1) = 0.03。

乙與受害人的特徵值更接近，斷定乙為受害人。

當然，歸一化僅是多種資料前置處理中常用的一種方式。除此以外，還可以根據需要採用其他不同的方式對資料進行前置處理。例如，可以針對不同的特徵採用加權處理，讓不同的特徵具有不同的權重值，從而表現不同特徵的不同重要性。

2. 距离計算

在最簡單的情況下，計算距離使用的方式是將特徵值中對應的元素相減後求和。例如，有(身高,體重)形式的特徵值 A(185, 75)和特徵值 B(175, 86)，判斷特徵值 C(170, 80)與特徵值 A 和特徵值 B 的距離：

- 特徵值 C 與特徵值 A 的距離為(185-170) + (75-80) = 15+(-5) =10。
- 特徵值 C 與特徵值 B 的距離為(175-170) + (86-80) = 5+6 = 11。

透過計算，特徵值 C 與特徵值 A 的距離更近，所以將特徵值 C 歸為特徵值 A 所屬的分類。

顯然，上述判斷是錯誤的，因為在計算特徵值 C 與特徵值 A 距離的過程中出現了負數。為了避免這種正負相抵的情況，通常會計算絕對值的和：

- 特徵值 C 與特徵值 A 的距離為 |185-170|+|75-80| = 15+5 = 20。
- 特徵值 C 與特徵值 B 的距離為 |175-170|+|86-80| = 5+6 = 11。

透過計算，特徵值 C 與特徵值 B 的距離更近，因此將特徵值 C 歸為特徵值 B 所屬的分類。這種用絕對值之和表示的距離稱為曼哈頓距離。

還可以引入計算平方和的方式。此時的計算方法是

- 特徵值 C 與特徵值 A 的距離為 $(185-170)^2+(75-80)^2$。
- 特徵值 C 與特徵值 B 的距離為 $(175-170)^2+(86-80)^2$。

更普遍的形式是計算平方和的平方根，這種距離就是被廣泛使用的歐氏距離，其計算方法是

- 特徵值 C 與特徵值 A 的距離為 $\sqrt{(185-170)^2+(75-80)^2}$。

- 特徵值 C 與特徵值 B 的距離為 $\sqrt{(175-170)^2+(86-80)^2}$。

有學者認為因為在前電腦時代算力不足，計算曼哈頓距離不方便（絕對值不如平方根好算），所以歐式距離被普遍應用。在實踐中，計算距離的方式有多種，我們可以根據實際需要選用合適的距離演算法。

15.3.5　logistic 回歸

Logistic Regression 通常被翻譯為邏輯回歸，周志華教授在《機器學習》一書將其翻譯為「對數機率回歸」，稱之為「對數機率回歸」是因為在這種模型中用到了「比率（比例、除法）」和「對數」運算。

為了更好地理解 logistic 回歸，需要先對線性回歸有一定了解。線性回歸就是建構一個能夠準確地預測未知值的函數。

線性回歸示意圖如圖 15-27 所示：

- 圖 15-27（a）是已知條件：3kg，6 元；4kg，8 元。

- 圖 15-27（b）是根據圖 15-27（a）確定的線性回歸模型：y=2x（2 元 /kg，y=2x+0）。
- 圖 15-27（c）是根據重量預測價格；根據價格預測金額。
  - 對於 A 點，已知重量為 2kg，判斷其總價為 $y=2×2=4$ 元。
  - 對於 B 點，已知總價 10 元，判斷對應的重量：$10=2×x$（$y=2x$），推導出 $x=5$kg。

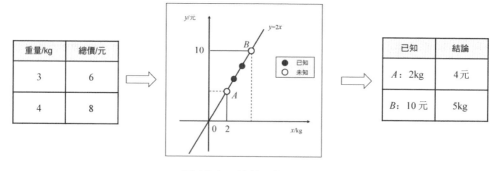

▲圖 15-27 線性回歸示意圖

　　綜上所示，線性回歸輸出的是一個實數。在進行二元分類時，希望輸出結果為{0,1}。也就是說，希望得到的值要麼是 0，要麼是 1。因此把線性回歸函數 $y=kx+b$ 映射為一個只有{0,1}的值。

　　值範圍轉換示意圖如圖 15-28 所示：

- 圖 15-28（a）是原始線性回歸函數 y=kx+b 的曲線。顯然，其輸出值 y 是一個實數。我們希望把該實數 y 映射到{0,1}上（這裡的 0 和 1 是集合中的兩個元素，集合中僅僅有 0 和 1 兩個值）。
- 圖 15-28（b）是一個步階函數的曲線。當 $x<0$ 時，$y=0$；當 $x≥0$ 時，$y=1$。這個函數的曲線是突然跳躍的，不是線性回歸函數曲線那樣連續的，所以不適合用來替代線性回歸函數 $y=kx+b$。
- 圖 15-28（c）是 sigmoid 函數的曲線。它既能極佳地類比線路性回歸函數 $y=kx+b$，又具有較好的連續性。

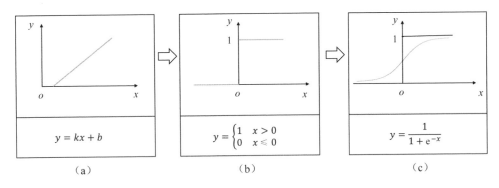

▲圖 15-28 值範圍轉換示意圖

值範圍調整示意圖如圖 15-29 所示，將 $y=kx+b$ 代入 sigmoid 函數內，會得到分佈在(0,1)範圍內的值，從而根據其大小，將其調整為 0 或 1。

$$y = kx + b \quad \xrightarrow{\quad y = \dfrac{1}{1+\mathrm{e}^{-x}} \quad} \quad y = \dfrac{1}{1+\mathrm{e}^{-(kx+b)}} \quad \xrightarrow{\quad r = \begin{cases} 1 & y > 0.5 \\ 0 & y \leqslant 0.5 \end{cases} \quad} \quad 結果值 r$$

| y 範圍：實數 | | y 範圍：介於 (0,1) | | r 範圍：0或1 |

▲圖 15-29 值範圍調整示意圖

經過上述變換後，即可透過確定 k 和 b 的值得到一個模型，從而獲得預測值 y。

下面介紹為什麼 logistic 回歸又稱「對數機率回歸」。

等式變換範例如圖 15-30 所示，雙箭頭右邊是雙箭頭左邊經等式變換得到的，或者說雙箭頭兩側的等式是等價的。

$$y = \frac{1}{1+\mathrm{e}^{-(kx+b)}} \qquad \Longleftrightarrow \qquad \ln\frac{y}{1-y} = kx+b$$

▲圖 15-30 等式變換範例

在圖 15-30 中：y 是分類結果，取值範圍為(0,1)，含義為是 0 或 1 的可能性。換一種說法，如果將 y 看作樣本 x 為正例的可能性，那麼 $1-y$ 就

是樣本 x 為反例的可能性，而 $y/(1-y)$ 反映的是樣本 x 作為正例的相對可能性，稱為 odds，被翻譯為「機率」。對上述「機率」取對數，得到 $\ln(y/(1-y))$。上述操作連起來是 log odds，又稱為 logit。

Logistic Regression 又稱 Logit Regression，故被譯為「對數機率回歸」，簡稱「對率回歸」。

15.3.6 貝氏分類器

需要注意的是，OpenCV 中實現的貝氏分類器是常態貝氏分類器（Normal Bayes Classifier），不是通常所說的單純貝氏分類器（Naive Bayes Classifier）。常態貝氏分類器假設變數的特徵是正態分佈的，單純貝氏分類器在此基礎上進一步要求變數的特徵之間要相互獨立。因此常態貝氏分類器的應用範圍更廣泛。

人們常根據經驗擬定行動計畫，並根據實際情況進行調整。機器學習同樣是根據經驗、連結性、可能性等進行學習以獲得模型，進而解決問題的。不同之處在於，機器學習要透過量化把看到的現象抽象為數字。量化有助於更好地理解並計算問題。機率是對不確定性進行量化的結果。

貝氏（英國數學家）在解決「逆機率」問題時提出了貝氏方法。在此之前，人們習慣計算正向機率。例如，為了觀測硬幣在投擲後正/反面向上的機率分別是多少，蒲豐、費勒、羅曼、皮爾遜、羅曼洛夫斯基等許多數學家專門投擲多次硬幣以觀察結果。又如，盒子裡面有 80 個白球，20 個黑球，隨機取一個球，球是白色的機率是 80%。正向機率是頻率統計結果。貝氏想解決的問題是，在事先並不知道布袋中黑球和白球比例的情況下隨機取出一個球，根據該球顏色對布袋內黑白球的比例進行預測，這是逆向機率。

貝氏方法與傳統方法有很大不同，它認為機率是對事件發生可能性的一個估計並逐步最佳化的結果。在具體計算時，先根據經驗設定一個基礎機率，若對事件一無所知則隨意設定一個基礎機率。然後在出現新資訊時，根據新資訊對基礎機率進行修正。隨著新資訊的增多，基礎機率會被修正得越來越接近實際值。

貝氏方法涉及的重要概念有先驗機率、似然估計、後驗機率，具體如下。

- 先驗機率是對事件發生做出的主觀判斷值。
- 似然估計是根據已知的樣本結果資訊，反推最有可能導致這些樣本結果出現的模型參數值，簡單理解就是條件機率，是在某個事件發生的情況下另一個事件發生的機率。例如，在已經陰天的情況下，下雨的機率。
- 後驗機率是對先驗機率和似然估計進行計算後得到的值。每次修正後得到的後驗機率是下一輪計算的先驗機率。

朋友遞給我一個裝著白球和黑球的不透明的盒子，讓我使用貝氏方法計算盒子中白球的占比 P。此時，已知資訊有限，所以先根據經驗猜測 P 值為 0.5（先驗機率）。接下來，從盒子中拿出一個球，根據這個球的顏色得到一個標準似然估計，對 P 值進行修訂，得到一個新的 P 值（後驗機率）。重複拿球出來，根據每次拿出的球修正 P 值，P 值越來越可靠。其原理與科學研究中透過不斷實踐得到一個相對可靠的結果類似。

上文從通俗的角度介紹了貝氏定理，下文介紹其核心內容。

貝氏公式如下所示：

$$P(A|B) = \frac{P(B|A)P(A)}{P(B)}$$

Peter Norvig 透過一個例子介紹了貝氏定理的應用，具體網址見參考網址 5。

在使用搜尋引擎時，如果不小心輸錯了某個單字，搜尋引擎會舉出提示。例如，當我們嘗試在搜尋引擎內搜索「人工智農」時，搜尋引擎會提示是不是想找「人工智慧」。但是，有時會存在一些問題，如對於「權立」，是更正為「權利」，還是更正為「權力」，或是「全力」呢？使用貝氏可以解決這個問題。

對上述問題進行形式化表述：給定一個錯誤的輸入詞語 w（如「權立」），在所有可能的拼字中（如權力、權利、全力）找到其對應的詞語 c（如全力、權利、權力中的一個），使得對於 w 的條件機率最大，可以表示為

$$\text{argmax}_{c \in \text{ candidates}} P(c \mid w)$$

根據貝氏定理，計算上述結果為

$$\text{argmax}_{c \in \text{candidates}} P(c|w) = \text{argmax}_{c \in \text{candidates}} \frac{P(w|c)P(c)}{P(w)}$$

式中，$P(w)$表示錯輸單字出現的機率，其值是固定不變的，對於算式結果並沒有影響。所以將其排除後，算式為

$$\text{argmax}_{c \in \text{candidates}} P(c|w) \cong \text{argmax}_{c \in \text{candidates}} P(w|c)P(c)$$

上式主要包含如下四部分：

- 選擇機制：argmax 即將機率最高結果的作為除錯結果。
- 候選模型：$c \in \text{candidates}$，即當前輸入對應的候選集，如輸入「權立」時，對應的候選值為「權利、全力、權力」等。
- 語言模型：$P(c)$，c 表示一個詞語出現的可能性。若「權力」一詞在中文中出現的機率是 0.5%，則有 $P(\text{權力})=0.005$。
- 錯誤模型：$P(w|c)$，將 w 誤輸為 c 的機率。例如，$P(\text{權立}|\text{權力})$表示將「權力」誤輸為「權立」的機率，該值相對較高；而 $P(\text{勝利}|\text{權力})$表示將「權力」誤輸為「勝利」的機率，該值非常低。

一個顯而易見的問題：為什麼要把一個簡單的運算式 $P(c|w)$變換成包含兩個模型的算式呢？這是因為運算式 $P(c|w)$雖然簡單，但是其計算是複

雜的,所以採用「分而治之」的方法將一個複雜的大問題拆分為兩個小問題,分別是 $P(w|c)$ 和 $P(c)$。此時,$P(w|c)$ 和 $P(c)$ 的計算比 $P(c|w)$ 的計算簡單得多。

例如,誤輸 $w=$ 權立,其對應的候選集為 $c \in$ candidates{權利,權力,全力}。到底哪一個 $P(c|w)$ 具的機率更大呢?候選集中的三種情況有可能。所以,將上述問題 $P(c|w)$ 轉換為 $P(w|c)$ 和 $P(c)$:

- $P(w|c)$ 考慮在將($c \in$ {權力,權利,全力})誤輸為 w(權立)的條件下,每個候選項 c 的可能性,需要分別計算 $P($權立|權力$)$、$P($權立|權利$)$、$P($權立|全力$)$ 的機率。當然,這些值可以根據歷史統計(經驗等)得出。

- $P(c)$ 考慮每一個 $c \in$ {權力,權利,全力}出現的機率,需要計算 $P($權力$)$、$P($權利$)$、$P($全力$)$ 的值。這些值相當於這些詞彙在文章中出現的機率,可以根據歷史統計(經驗等)得出。

至此,一個複雜的問題變成了兩個簡單的問題。

假設:

- $P($權立|權力$)=5$,$P($權立|權利$)=6$,$P($權立|全力$)=3$。
- $P($權力$)=8$,$P($權利$)=10$,$P($全力$)=12$。

則可以算得

- $P($權立|權力$)P($權力$) =5\times8=40$。
- $P($權立|權利$) P($權利$)=6\times10=60$。
- $P($權立|全力$) P($全力$)=3\times12=36$。

上述值中,$P($權立|權利$) P($權利$)$ 的值最大。所以將「權利」作為誤輸為「權立」時的修正結果。

綜上所述，貝氏的計算流程如下：

- 首先，計算先驗機率。
- 其次，計算標準似然估計（條件機率）。
- 再次，針對待預測樣本，計算其對於每個類別的後驗機率。
- 最後，將機率值最大的類別確定為待預測樣本的預測類別。

貝氏原理神奇的地方在於，開始階段並不需要客觀的估計，只要根據經驗隨便猜一個基礎值即可。這對於機器學習非常關鍵，因為在面對很多問題時，我們可能並不知道某事件發生的真實機率。例如，某類新聞事件發生後，次日股市暴跌的機率是多少？統計當然是一個不錯的方法，但是使用貝氏分類器可以讓機器學習幫我們預測更為可靠的答案。

Yuille 等在 *Vision as Bayesian inference: analysis by synthesis* 一文中提出了貝氏分類器在影像辨識領域應用的案例。貝氏分類器在識別符號時，先篩選出該字元的候選集（建議字元），然後針對候選集中的每一個建議字元計算機率，機率最大的字元即辨識結果，如圖 15-31 所示。

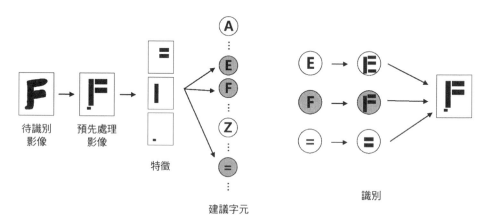

▲圖 15-31 字元辨識示意圖

（資料來源：KERSTEN Y D. Vision as Bayesian inference：analysis by synthesis[J]. Trends in Cognitive Sciences，2006，10（17）：301—308。）

15.3.7　支援向量機

支援向量機（Support Vector Machine，SVM）是一種二分類模型，目標是尋找一個標準（稱為超平面）對樣本資料進行分割，分割原則是確保分類最佳化（類別之間的間隔最大）。SVM 在分類時，先把無法線性分割的資料映射到高維空間，然後在高維空間找到分類最優的線性分類器。

圖 15-32 中用於劃分不同類別的直線就是分類器。在建構分類器時，非常重要的一項工作就是找到最優分類器。例如，圖 15-32 中的三個分類器，哪一個更好呢？從直觀上，我們可以發現圖 15-32（b）所示分類器和圖 15-32（d）所示分類器都偏向某一類別（與某一類別的間距更小），而圖 15-32（c）所示分類器實現了均分。圖 15-32（c）所示分類器儘量讓兩類別離自己一樣遠，為每個類別都預留了等量的擴充空間，當有新的靠近邊界的點進來時，能夠更合理地將其按照位置劃分到對應的類別內。

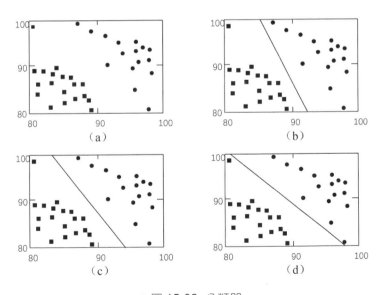

▲ 圖 15-32　分類器

　　以上述劃分為例,介紹如何找到 SVM。在已有資料中,找到離分類器最近的點,確保它們離分類器盡可能地遠。例如,圖 15-33 左下角影像中的分類器符合上述要求。

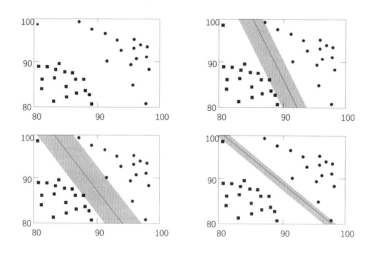

▲圖 15-33　分類器距離示意圖

　　支援向量示意圖如圖 15-34 所示,離分類器最近的點叫作支援向量(Support Vector)。離分類器最近的點到分類器的距離和(兩個異類支援向量到分類器的距離和)稱為間隔(Margin)。我們希望間隔盡可能地大,間隔越大,分類器對資料的處理越準確。支援向量決定了分類器所在的位置。

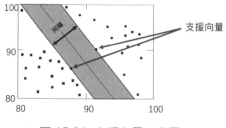

▲圖 15-34　支援向量示意圖

　　SVM 是由支援向量和機器組成的。

- 支援向量是指離分類器最近的點，這些點位於最大間隔上。大部分的情況下，分類僅依靠這些點完成，與其他點無關。
- 機器是指分類器。

也就是說，SVM 是一種基於關鍵點的分類演算法。

上述案例中的資料非常簡單，可以使用一條直線（線性分類器）輕易地劃分。實踐中的大多數問題是非常複雜的，不可能像上述案例那樣簡單地完成劃分。一般情況下，SVM 可以將不那麼容易分類的資料透過函數映射變為可分類的資料。

函數可以讓本來不好劃分的資料區分開。例如，在座標空間中的奇數和偶數是分散分佈的，是無法用直線劃分開的。但是，使用函數 f(除 2 取餘數)可以實現劃分：

- 偶數：經過函數 f(除 2 取餘數)計算，得到數值 0。
- 奇數：經過函數 f(除 2 取餘數)計算，得到數值 1。

由此可知，結果中的數值 0 對應的原始資料是偶數，結果中的數值 1 對應的原始數值是奇數。對於結果資料 0 和 1 在座標系中 x 軸的 0.5 個單位處畫一條垂線，即可輕鬆實現劃分。

如圖 15-35 所示，在分類時，透過函數 f 的映射，左圖中本來不能用線性分類器分類的資料變為右圖中可用線性分類器分類的資料。

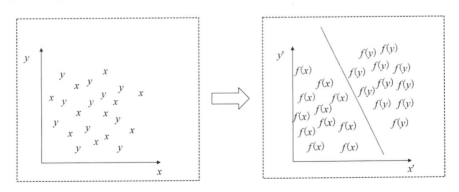

▲ 圖 15-35 函數映射示意圖

當然，在實際操作中，可能將資料由低維空間向高維空間轉換。SVM 在處理資料時，如果在低維空間內無法完成分類，就會自動將資料映射到高維空間，使其變為（線性）可分的。也就是說，SVM 可以處理任何維度的資料。在不同維度下，SVM 都會盡可能尋找類似於二維空間中的直線（線性分類器）。例如，在二維空間中，SVM 會尋找一條能夠劃分當前資料的直線；在三維空間中，SVM 會尋找一個能夠劃分當前資料的平面（Plane）；在更高維空間中，SVM 會嘗試尋找一個能夠劃分當前資料的超平面（Hyperplane）。

一般情況下，把可以被一條直線（在更一般的情況下為一個超平面）分割的資料稱為線性可分資料，所以超平面是線性分類器。

也許大家會擔心，資料由低維空間轉換到高維空間後運算量會呈幾何級增加。實際上，SVM 能夠透過卷積核心有效地降低計算複雜度。

15.3.8 隨機梯度下降 SVM 分類器

隨機梯度下降 SVM 分類器（Stochastic Gradient Descent SVM Classifier）提供了一個快速且易用的實現 SVM 的方法。上文已經介紹了 SVM，本節將主要介紹隨機梯度下降（Stochastic Gradient Descent，SGD）。

齋藤康毅在《深度學習入門》一書中透過探險家的故事形象地說明了 SGD 演算法。

有一個性格古怪的探險家，他最大的樂趣就是在一個陌生的坡上蒙上眼睛尋找附近最低的窪地。地點是陌生的、探險家的眼睛是被蒙上的，此時探險家的眼睛雖然看不到，但是可以透過腳來感知地面的傾斜度，從而判斷當前所在位置的坡度。如果每次都朝著當前所在位置坡度最大的方向前進，那麼最終就能夠找到附近最低的窪地。

探險家使用的就是 SGD 原理。

　　如圖 15-36 所示，$f(x,y)=x^2+y^2$ 的梯度呈現為有向向量（長度不等的箭頭）。圖 15-36 中的所有箭頭指向函數 $f(x,y)$ 的最小值(0,0)，即函數的最小值。距離最小值最低處越遠，箭頭越長，對應的函數值越大。

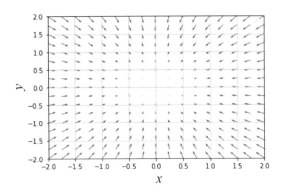

▲圖 15-36　梯度示意圖

　　需要說明的是，最大值是全域範圍內的最大值，是所有數值中最大的值；極大值是局部的最大值，是某個範圍的最大值，因此極大值有可能小於其他範圍內的極小值。與此類似，最小值是全域範圍內的最小值，是所有數值中最小的值；極小值是局部的最小值，是某個範圍內的最小值，因此極小值有可能大於其他範圍內的極大值。

　　雖然圖 15-36 中的所有箭頭都會指向最小值處，但是這僅僅是一個特例。實際上，梯度指向的是函數值降低的方向，進一步說，梯度指向的是函數值降低最快的方向。也就是說，梯度指向的是局部的低窪處。梯度的這個特點是由其嚴格的數學定義推導得到的。

　　梯度指向的是局部的低窪處，這決定了梯度是各點處函數值降低最快的方向，但是無法保證梯度的方向就是函數的最小值方向（全域的低窪處），或者說是應該前進的方向。進一步說，在複雜的函數中，梯度方向往往並不是函數最小值的真正方向，僅僅指向其鄰域內的一個極小值。雖然梯度的方向並不一定指向最小值，但是沿著梯度的方向能夠最大限度降低函數的值。因此，往往將梯度作為求解函數極值點的線索。

　　機器學習的重要任務就是找到最優參數。一般情況下，可能需要取得一個參數的最值點（最大值、最小值，如神經網路中的損失函數最小值等）。但是我們所面臨的函數是非常複雜的，其參數空間很龐雜，無法透過簡單計算獲取最值點，這時可以透過計算梯度的方式求解最值。透過梯度求解最值的方式被稱為梯度法。

　　梯度法是一個迭代過程，基本流程如下：

- 首先在當前位置沿著梯度方向前進一段距離。
- 然後在新位置重新計算梯度值，繼續沿著梯度方向前進。
- 重複上述過程，不斷沿著梯度前進，直到收斂（梯度值不再變化）。

　　一般情況下，用梯度下降法（Gradient Descent Method）計算最小值，用梯度上升法（Gradient Ascent Method）計算最大值。

　　傳統上，每次在更新參數時需要計算所有樣本的參數。透過對整個資料集的所有樣本的計算來求解梯度的方向。這種計算方法稱為批次梯度下降法（Batch Gradient Descent，BGD）。這種方式相對可靠性高，但是在資料量很大時運算量很大。

　　針對運算量大的缺點，人們提出了 SGD 法，該方法每次迭代時僅使用一個（或者一小部分）樣本來對參數進行更新。SGD 法雖然不是每次迭代得到的損失函數都向著全域最優方向，但是它的整體趨勢是朝向最優解的，並最終得到最優解。因為採用的樣本數更少，每次的運算量要小很多，所以相比於使用所有樣本計算梯度，SGD 法的計算速度更快。如圖 15-37 所示，圖 15-37（a）是使用傳統方法求最優解的方向；圖 15-37（b）是使用 SGD 法求最優解的方向。

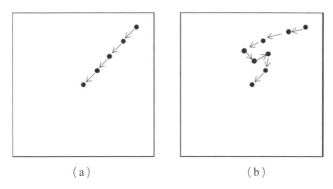

（a）　　　　　　　　　（b）

▲圖 15-37　傳統方法與 SGD 法求最優解方向示意圖

15.4 OpenCV 機器學習模組的使用

OpenCV 中機器學習模組的使用主要包含如下三個步驟：

- Step 1：模型初始化。
- Step 2：訓練模型。
- Step 3：使用模型處理問題。

15.4.1 使用 KNN 模組分類

如圖 15-38 所示，按照在 OpenCV 中使用機器學習模組的三個步驟使用 KNN 模組即可。

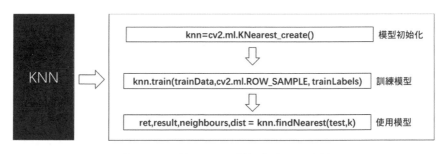

▲圖 15-38　使用 KNN 模組的流程示意圖

下面介紹下每步使用的函數。

（1）Step 1：模型初始化。

該步驟使用的敘述為

```
knn=cv2.ml.KNearest_create()        # 生成空模型
```

（2）Step 2：訓練模型。

該步驟使用訓練資料（原始特徵值）、訓練資料的回應值（訓練資料的標籤、分類資訊）、資料的形狀（行、列）完成訓練，生成可以使用的模型。

使用的敘述為

```
knn.train(trainData,cv2.ml.ROW_SAMPLE, trainLabels)
```

其中：

■ trainData 是訓練資料的特徵值。

■ cv2.ml.ROW_SAMPLE 是資料型態，當前值表示資料是行形式的，也可以是列形式的（cv2.ml.COL_SAMPLE）。

■ trainLabels 是訓練資料特徵值對應的標籤。

（3）Step 3：使用模型。

該步驟使用訓練好的模型完成任務。將要處理物件的特徵值和 K 值作為參數，傳遞給訓練好的模型，使用函數 findNearest 得出計算結果。

使用的敘述為

```
ret,result,neighbours,dist = knn.findNearest(test,k)
```

其中：

■ ret 是浮點數的傳回結果值。

■ result 是 numpy.ndarray 型的 K 近鄰演算法的運算結果（若將某影像辨識為數值 3，則透過 result 傳回標籤為 3 的 numpy.ndarray 形式的值 "[[3.]]"）。

- neighbours 是 K 個鄰居的標籤。
- dists 是到 K 個鄰居的距離。
- test 是需要處理物件的特徵值（如待辨識影像的特徵值）。
- k 是 K 近鄰演算法中的 K 值大小。如果想使用最近鄰演算法，使 $k=1$ 即可。

綜上所述，使用 KNN 模組完成分類的基本步驟如下：

- 模型初始化：knn=cv2.ml.KNearest_create()。
- 訓練模型：knn.train(trainData,cv2.ml.ROW_SAMPLE, trainLabels)。
- 使用模型：ret,result,neighbours,dist = knn.findNearest(test,k)。

【例 15.1】使用 KNN 模組完成資料分類預測。

如圖 15-39 所示，假設有兩組數對，一組數對在(0,10)範圍內，標籤為"0"；另外一組數對在(90,100)範圍內，標籤為"1"。使用 KNN 模組預測數對（31,28）在 $K=3$ 時的標籤。

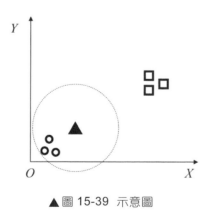

▲圖 15-39 示意圖

由圖 15-39 很容易判斷出未知標籤為"0"。下面根據題目要求，撰寫程式透過 KNN 模組進行判斷。

```
# ==============匯入函數庫==============
import cv2
import numpy as np
# ==============生成模擬資料及標籤==============
trainData = np.array([[5,6] ,[9,8],[3,8],[99,94],[89,91],
[92,96]]).astype(np.float32)
tdLable = np.array([[0],[0],[0],[1],[1],[1]]).astype(np.float32)
test=np.array([[31,28]]).astype(np.float32)
# ==============使用 KNN 演算法==============
knn = cv2.ml.KNearest_create()
knn.train(trainData, cv2.ml.ROW_SAMPLE, tdLable)
ret, results, neighbours, dist = knn.findNearest(test,3)
# ==============顯示結果==============
print("當前數可以判定為類型：", results[0][0].astype(int))
print("距離當前點最近的 3 個鄰居是：", neighbours)
print("3 個最近鄰居的距離: ", dist)
```

執行上述程式，輸出結果為

```
當前數可以判定為類型： 0
距離當前點最近的 3 個鄰居是： [[0. 0. 0.]]
3 個最近鄰居的距離: [[ 884. 1160. 1184.]]
```

從上述程式結果可以看出，KNN 模組預測的結果與透過圖 15-39 判斷的結果一致。

本例使用的是純數值。實踐中，要做的就是把抽象的問題處理為數值。例如，將不同直徑、質量的鑽石劃分為甲級、乙級，需要把鑽石的直徑、質量作為訓練資料，把等級作為訓練資料的標籤，從而使用 KNN 模組或 SVM 模組對未知資料進行類別劃分。

15.4.2 使用 SVM 模組分類

如圖 15-40 所示，按照在 OpenCV 中使用機器學習模組的三步使用 SVM 模組即可。

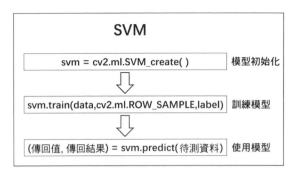

▲圖 15-40 使用 SVM 模組的流程示意圖

下面對圖 15-40 中的步驟進行簡單介紹。

（1）Step 1：模型初始化。

在使用 SVM 模組時，需要先使用函數 cv2.ml.SVM_create()生成用於後續訓練的空分類器模型。該函數的語法格式為

```
svm = cv2.ml.SVM_create( )
```

（2）Step 2：訓練分類器。

獲取空分類器 svm 後，針對該模型使用 svm.train()函數對訓練資料進行訓練，其語法格式為

```
訓練結果= svm.train(訓練資料,訓練資料排列形式,訓練資料的標籤)
```

其中，各參數含義如下：

- 訓練資料：用於訓練的資料，用來訓練分類器。
- 訓練資料排列形式：訓練資料的排列形式有按行排列（cv2.ml.ROW_SAMPLE，每一筆訓練資料占一行）和按列排列（cv2.ml.COL_SAMPLE，每一筆訓練資料占一列）兩種形式，根據資料的實際排列情況選擇對應的參數即可。
- 訓練資料的標籤：訓練資料對應的標籤。
- 訓練結果：訓練結果的傳回值。

　　例如，用於訓練的資料為 data，其對應的標籤為 label，每一筆資料按行排列，對分類器模型 svm 進行訓練，使用的敘述為

```
傳回值 = svm.train(data,cv2.ml.ROW_SAMPLE,label)
```

　　（3）Step 3：使用模型。

　　完成對分類器的訓練後，使用 svm.predict()函數即可使用訓練好的分類器模型對待分類的資料進行分類，其語法格式為

```
(傳回值,傳回結果) = svm.predict(待分類資料)
```

　　以上是 SVM 模組的基本使用方法。在實際使用中，可能會根據需要對其中的參數進行調整。OpenCV 支援對多個參數的自訂，例如，可以透過 setType()函數設定類別，透過 setKernel()函數設定卷積核心類型，透過 setC()函數設定 SVM 的參數 C（懲罰係數，即對誤差的寬容度，預設值為 0），透過 setGamma()函數設定卷積核心的係數。

　　【例 15.2】使用 SVM 模組完成鑽石分類預測。

　　根據鑽石的質量和直徑將其劃分為甲、乙兩個等級，如圖 15-41 左側表格所示。現有一枚鑽石的指標為（12,18），希望利用 SVM 模組確定其等級，如圖 15-41 右側圖形所示。

(質量, 直徑)	等級
(6,3)	乙
(4,5)	乙
(9,8)	乙
(12,12)	甲
(15,13)	甲
(18,17)	甲

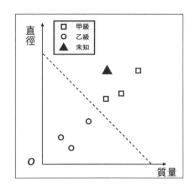

▲圖 15-41　鑽石資料

觀察圖 15-41 很容易判斷出未知標籤為「甲」。下面根據題目要求，撰寫程式使用 SVM 模組進行判斷。

```
# ==============匯入函數庫==============
import cv2
import numpy as np
# =============生成模擬資料及標籤=============
data =
np.array([[6,3] ,[4,5],[9,8],[12,12],[15,13],[18,17]]).astype(np.flo
at32)
label = np.array([[0],[0],[0],[1],[1],[1]]).astype(np.int32)
test=np.array([[12,18]]).astype(np.float32)
# ==============SVM 分類器==============
svm = cv2.ml.SVM_create()
svm.train(data,cv2.ml.ROW_SAMPLE,label)
(p1,p2) = svm.predict(test)
# ===========顯示分類結果===========
rv = p2[0][0].astype(np.int32)
if rv==0  :
    print("當前鑽石等級：乙級")
else:
    print("當前鑽石等級：甲級")
```

執行上述程式，輸出如下：

```
當前鑽石等級：甲級
```

上述程式輸出結果與由圖 15-41 判斷結果一致，較好地實現了預測。

本章使用 OpenCV 的機器學習模組進行了簡單的分類操作，主要目的是幫助讀者了解如何使用 OpenCV 中的機器學習模組。後續章節將使用 OpenCV 中的機器學習模組完成數字辨識等數位影像處理任務。

KNN 實現字元辨識

本章將使用 OpenCV 內的 KNN 模組實現字元辨識的案例。

本章將先實現一個針對手寫數字的辨識的案例。該辨識案例選用 OpenCV 內附帶的一個包含 5000 個手寫數字的影像作為原始資料。將原始資料劃分為訓練資料、測試資料後，使用 KNN 模組對該組資料進行訓練、測試。結果顯示，使用 KNN 模組可以在該組資料上獲得 91.76%的準確率。透過更改參數，可以獲得更高的準確率。

然後實現一個針對各種不同字型的英文字元進行辨識的案例。該案例採用一組現成的字元特徵資料，該組資料儲存的是從 20000 個字元中提取的標籤（字元）及對應的屬性值。對該組資料使用 KNN 模組進行訓練、測試，並獲得 93.06%的準確率。

希望讀者能夠使用自己的資料集進行訓練、測試，以進一步掌握 KNN 模組的使用方法，提高實踐能力。

▌16.1 手寫數字辨識

目標是撰寫一個使用 KNN 模組實現手寫數字辨識的應用程式。為此，需要準備一些訓練資料和測試資料。OpenCV 附帶一幅包含 5000 個手寫數字的影像 digits。該影像中每個手寫數字有 5 行、100 列，共計 500 個（5×100）。其中，每個手寫數字的影像大小是 20 像素×20 像素。圖 16-1 所示為從影像 digits 左上角截取的一部分。

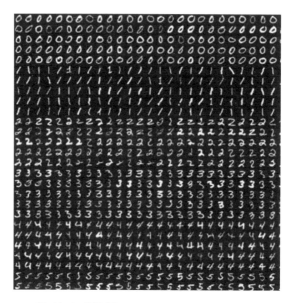

▲ 圖 16-1 從影像 digits 左上角截取的一部分

　　將影像 digits 劃分為訓練資料和測試資料兩部分，使用訓練資料訓練 KNN 模型，使用測試資料測試 KNN 模型的準確率。需要注意的是，KNN 模型對於資料集的格式有要求，所以需要將訓練資料和測試資料處理為符合要求的形式。

　　劃分資料集是使用 KNN 模型前的前置處理過程，具體步驟如圖 16-2 所示。

- Step 1：初始化。該步驟從磁碟讀取影像檔，並將影像檔由彩色影像處理為灰階影像。
- Step 2：拆分數字。該操作針對的是影像 digits，將影像中的每個數字拆分為一個個獨立的影像，得到大小為 20 像素×20 像素的單一數位影像。

- Step 3：拆分資料集。將所有資料劃分為兩部分，一部分為訓練資料，另一部分為測試資料。具體為將每個數字在影像左側的 250 個樣本作為訓練資料，在影像右側的 250 個樣本作為測試資料。

- Step 4：塑形。將大小為 20 像素×20 像素的影像重塑為 1 像素×400 像素大小；也就是說，將每個 20 像素×20 像素大小的單一數字的影像展平為一行。值得注意的是，這裡直接使用每個數位影像的像素值作為其特徵值。

- Step 5：貼標籤。為每個手寫數字貼上對應的標籤。該標籤是其實際對應的數字值。

- Step 6：KNN。使用 KNN 模型完成辨識。

- Step 7：驗證。計算辨識結果的準確率。

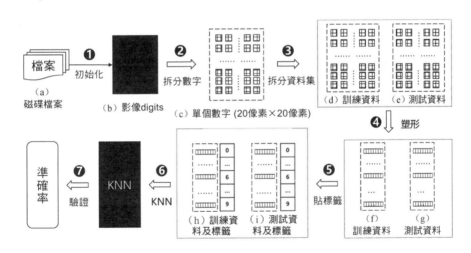

▲ 圖 16-2　前置處理

【例 16.1】使用 KNN 模組實現手寫數字辨識。

```
import numpy as np
import cv2
# 【Step 1：前置處理】讀取檔案，色彩空間轉換
img = cv2.imread('digits.png')
# 灰階轉換：BGR 色彩空間→灰階色彩空間
```

```
gray = cv2.cvtColor(img,cv2.COLOR_BGR2GRAY)
# 【Step 2：拆分數字】
# 將原始影像拆分成獨立的數字，每個數字大小為 20 像素×20 像素，共計 5000 個
cells = [np.hsplit(row,100) for row in np.vsplit(gray,50)]
# 裝進 array，形狀(50,100,20,20)，50 行，100 列，每個影像為 20 像素×20 像素大
小
x = np.array(cells)
# 【Step 3：拆分資料集】
# 將資料集劃分為訓練資料和測試資料，各占一半
train = x[:,:50]
test = x[:,50:100]
# 【Step 4：塑形】
# 資料調整，將每個數字的尺寸由 20 像素×20 像素調整為 1 像素×400 像素（一行 400 個
像素點）
train =train.reshape(-1,400).astype(np.float32) # Size = (2500,400)
test = test.reshape(-1,400).astype(np.float32) # Size = (2500,400)
print(train.shape)
# 【Step 5：貼標籤】
# 分別為訓練資料、測試資料分配標籤（影像對應的實際值）
k = np.arange(10)
train_labels = np.repeat(k,250)[:,np.newaxis]
test_labels = np.repeat(k,250)[:,np.newaxis]
# 【Step 6：KNN】
# 核心程式：模型初始化、訓練模型、使用模型
knn = cv2.ml.KNearest_create()
knn.train(train, cv2.ml.ROW_SAMPLE, train_labels)
ret,result,neighbours,dist = knn.findNearest(test,k=5)
# 【Step 7：驗證】
# 透過測試資料驗證準確率
matches = result==test_labels
correct = np.count_nonzero(matches)
accuracy = correct*100.0/result.size
print( "當前使用 KNN 辨識手寫數字的準確率為:",accuracy )
```

執行上述程式，程式輸出為：

```
當前使用 KNN 辨識手寫數字的準確率為： 91.76
```

本例中的模型的準確率為 91.76%，這個辨識率效果還不錯。可以嘗試使用自己的資料集分別建構訓練資料和測試資料，驗證 KNN 模組辨識效果。

16.2 英文字母辨識

本節將介紹使用 KNN 模組預測英文字母影像對應的字母。

KNN 模組工作流程示意圖如圖 16-3 所示，其通常包含如下兩步：

- Step 1：訓練過程，完成訓練模型的工作。
- Step 2：測試過程，完成使用模型的工作。

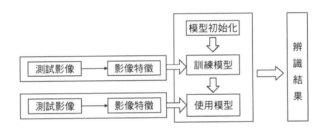

▲ 圖 16-3　KNN 模組工作流程示意圖

在使用 OpenCV 的 KNN 模組時，不能直接把影像傳遞給 KNN 模組，必須將影像處理為滿足格式要求的資料形式。傳遞給 KNN 模組的測試資料或者訓練資料，可以是行形式的（cv2.ml.ROW_SAMPLE），也可以是列形式的（cv2.ml.COL_SAMPLE）。

傳遞給 KNN 模組的參數必須表現如下兩點：

- 充分表現原始影像的特徵，並具備標籤。
- 符合 KNN 模組對資料的要求。

例如，圖 16-4 顯示了在處理影像時，使用 KNN 模組工作的一般方式。圖 16-4 各部分含義為

- F1 是特徵提取運算,負責從影像內提取影像的特徵及標籤。
- F2 表示輸入訓練資料,用於將訓練資料傳遞給 KNN 模組。
- F3 表示輸入測試資料,用於將測試資料傳遞給 KNN 模組。
- KNN 是 K 近鄰模組。

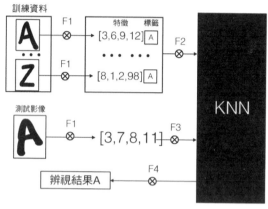

▲ 圖 16-4 辨識流程

　　一般情況下,在將影像傳遞給 KNN 模組前,必須透過特徵提取的方式,將其轉換為數值。本節的重點在於如何使用 KNN 模組實現字元辨識,因此採用一個已經提取好特徵的資料集。圖 16-5 所示為本案例使用的 Letter Recognition 資料集的部分資料。

```
T,2,8,3,5,1,8,13,0,6,6,10,8,0,8,0,8
I,5,12,3,7,2,10,5,5,4,13,3,9,2,8,4,10
D,4,11,6,8,6,10,6,2,6,10,3,7,3,7,3,9
N,7,11,6,6,3,5,9,4,6,4,4,10,6,10,2,8
G,2,1,3,1,1,8,6,6,6,6,5,9,1,7,5,10
S,4,11,5,8,3,8,8,6,9,5,6,6,0,8,9,7
B,4,2,5,4,4,8,7,6,6,7,6,6,2,8,7,10
A,1,1,3,2,1,8,2,2,2,8,2,8,1,6,2,7
J,2,2,4,4,2,10,6,2,6,12,4,8,1,6,1,7
M,11,15,13,9,7,13,2,6,2,12,1,9,8,1,1,8
X,3,9,5,7,4,8,7,3,8,5,6,8,2,8,6,7
O,6,13,4,7,4,6,7,6,3,10,7,9,5,9,5,8
G,4,9,6,7,6,7,8,6,2,6,5,11,4,8,7,8
M,6,9,8,6,9,7,8,6,5,7,5,8,8,9,8,6
R,5,9,5,7,6,6,11,7,3,7,3,9,2,7,5,11
F,6,9,5,4,3,10,6,3,5,10,5,7,3,9,6,9
...... ......
```

▲ 圖 16-5 Letter Recognition 資料集的部分資料

Letter Recognition 資料集中每一行包含 17 個字元，第一個字元是對應字元影像的標籤，其餘 16 個字元是對應字元影像的特徵值。各個字元的含義如表 16-1 所示。

表 16-1 各個字元含義

位數	含　義	位數	含　義
1	標籤，26 個大寫字母（A～Z）	10	包圍字元的框中像素值在 y 軸方向的方差
2	包圍字元的框的水平位置	11	x/y 相關性（針對第 7 位元、第 8 位元）
3	包圍字元的框的垂直位置	12	x 軸方向的方差與 y 軸方向的方差的相關性
4	包圍字元的框的寬度	13	y 軸方向的方差與 x 軸方向的方差的相關性
5	包圍字元的框的高度	14	從左到右的平均邊緣計數
6	字元包含像素總數	15	y 軸方向邊緣和
7	包圍字元的框中像素值在 x 軸方向的均值	16	從下到上的平均邊緣計數
8	包圍字元的框中像素值在 y 軸方向的均值	17	x 軸方向邊緣和
9	包圍字元的框中像素值在 x 軸方向的方差	—	—

表 16-1 中的特徵值是字元的重要屬性，如第 14 位元上的特徵值衡量「從左到右的平均邊緣計數」，能夠衡量"W"、"M"與"T"、"I"的區別。

【說明】：本節使用的字元資料集來自參考網址 6，該資料集的說明見參考網址 7 及 FREY，Letter Recognition Using Holland-Style Adaptive Classifiers。

【例 16.2】使用 KNN 模組辨識不同樣式的字元。

根據題目要求，撰寫程式如下：

```
import cv2
import numpy as np
# 匯入資料集並將第 1 位元上的字元轉換為數字
data= np.loadtxt('letter-recognition.data', dtype= 'float32',
delimiter = ',', converters= {0: lambda ch: ord(ch)-ord('A')})
# 將資料集平均劃分為訓練資料和測試資料兩部分
train, test = np.vsplit(data,2)
# 將訓練資料、測試資料內的標籤和特徵劃分開
responses, trainData = np.hsplit(train,[1])
labels, testData = np.hsplit(test,[1])
# 使用 KNN 模組
knn = cv2.ml.KNearest_create()
knn.train(trainData, cv2.ml.ROW_SAMPLE, responses)
ret, result, neighbours, dist = knn.findNearest(testData, k=5)
# 輸出結果
correct = np.count_nonzero(result == labels)
accuracy = correct*100.0/10000
print( "辨識的準確率為:",accuracy )
```

執行上述程式，程式輸出為：

```
辨識的準確率為：93.06
```

讀者可以使用本例中訓練好的模型測試其他來源的字元，看看效果怎麼樣。

求解數獨影像

數獨又稱九宮格是非常流行的一種益智遊戲，廣受人們的喜愛。如圖 17-1 所示，數獨的目標是根據 9×9 盤面上的已知數字，推理出其餘空格的數字，使每一行、每一列和每一個粗線宮格（3×3）包含 1～9 所有整數。

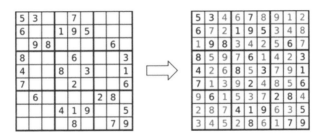

▲圖 17-1 數獨示意圖

本章的重點在於對一張待求解的數獨影像求解，並將求解結果列印在該影像上，主要過程如下：

Step 1：定位數獨影像內的數字。

Step 2：辨識數獨影像內的數字。

Step 3：求解影像對應的數獨初始狀態。

Step 4：將數獨求解結果顯示在原始影像內。

本章將詳細介紹上述處理過程的實現方法，並進行具體實現。

17.1 基本過程

數獨影像的求解過程如圖 17-2 所示：

- 圖 17-2（a）是原始數獨影像。
- 圖 17-2（b）中的每一個儲存格都被輪廓包圍了，該輪廓用於後續尋找數字輪廓。
- 圖 17-2（c）中的每一個數字都被矩形包圍框包圍，等待被辨識。
- 圖 17-2（d）是對圖 17-2（c）中的數字進行辨識的結果。
- 圖 17-2（e）是在求解圖 17-2（d）對應的結果後，將結果繪製在原始影像內的最終結果。

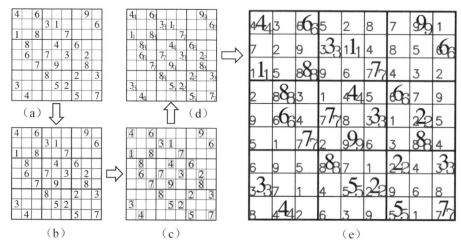

▲ 圖 17-2 數獨影像的求解過程

從操作角度來看，數獨影像的求解過程主要包含如下流程：

- 獲取輪廓及定位數字：該步對應圖 17-2（a）到圖 17-2（b）和圖 17-2（b）到圖 17-2（c）的過程。
- 建構 KNN 模型：該模型用於後續字型影像的辨識。
- 字元辨識：該步使用 KNN 模型完成數字辨識，對應圖 17-2（c）到圖 17-2（d）過程。

- 數獨求解：該步完成數獨的求解功能，對應圖 17-2（d）到圖 17-2（e）的部分功能（求解功能）。
- 結果顯示：該步將數獨求解結果繪製在原始影像，對應圖 17-2（d）到圖 17-2（e）的部分功能（顯示功能）。

下文先介紹各步驟的具體實現，最後將上述各步驟的實現在 17.7 節完整呈現。

17.2　定位數獨影像內的儲存格

定位主要會運用輪廓中與結構相關的基礎知識。OpenCV 提供了函數 findContours，該函數可用來查詢輪廓，其語法格式為

```
contours, hierarchy = cv2.findContours( image, mode, method)
```

其中，傳回值為

- contours：傳回的輪廓。
- hierarchy：影像的拓撲資訊（輪廓層次），反映了輪廓的結構關係，如一個輪廓在另一個輪廓的內部，外部輪廓被稱為父輪廓，內部輪廓被稱為子輪廓。每個輪廓的層次關係透過 4 個元素來說明，其形式為

```
[Next，Previous，First_Child，Parent]
```

各元素的含義為

- Next：後一個輪廓的索引。
- Previous：前一個輪廓的索引。
- First_Child：第 1 個子輪廓的索引。
- Parent：父輪廓的索引。

在上述各個參數對應的關係為空時，即沒有對應的關係時，將該參數對應的值設為"-1"。

其中，參數為

■ image：原始影像。

■ method：輪廓的近似方法。

■ mode：輪廓檢索模式。決定了輪廓的提取方式。在 mode=cv2.RETR_TREE 時，表示要建立一個等級樹結構的輪廓。輪廓範例如圖 17-3 所示：

● 圖 17-3（a）是原始影像。

● 圖 17-3（b）是圖 17-3（a）標注了序號的輪廓示意圖，共檢測到 7 個輪廓，字型較小的數字是輪廓序號，為 0〜6。輪廓 0 是外邊框的輪廓，輪廓 1、輪廓 3、輪廓 5、輪廓 6 是每個小方塊的輪廓，輪廓 2、輪廓 3 是手寫數字 1 和數字 2 的輪廓。

● 圖 17-3（c）是輪廓彼此間的樹狀關係。

● 圖 17-3（d）顯示的是所有輪廓的 hierarchy 值。

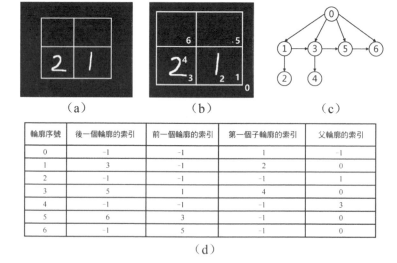

（a）　　　　　（b）　　　　　（c）

輪廓序號	後一個輪廓的索引	前一個輪廓的索引	第一個子輪廓的索引	父輪廓的索引
0	-1	-1	1	-1
1	3	-1	2	0
2	-1	-1	-1	1
3	5	1	4	0
4	-1	-1	-1	3
5	6	3	-1	0
6	-1	5	-1	0

（d）

▲ 圖 17-3　輪廓範例

由圖 17-3 可知，在 mode=cv2.RETR_TREE 時，根據輪廓彼此之間的關係，建構了一個等級樹結構的輪廓。例如，輪廓 0 是輪廓 1、輪廓 3、輪廓 5、輪廓 6 的父輪廓，輪廓 2 是輪廓 1 的子輪廓，輪廓 4 是輪廓 3 的子輪廓。輪廓 3 的前一個輪廓是輪廓 1，後一個輪廓是輪廓 5。每個小方塊的輪廓都是整體大方塊輪廓的子輪廓，每個數字的輪廓都是其所在儲存格輪廓的子輪廓。

圖 17-3（b）中各個輪廓的具體關係如圖 17-3（c）所示，每個輪廓的 hierarchy 值描述如圖 17-3（d）所示。例如，圖 17-3（b）中的輪廓 3，對應的 hierarchy 值為"[5,1,4,0]"，這表示：輪廓 3 的後一個輪廓是輪廓 5；輪廓 3 的前一個輪廓是輪廓 1；輪廓 3 的第一個子輪廓（此處也僅有一個）是輪廓 4；輪廓 3 的父輪廓是輪廓 0。

若在 hierarchy 值中出現-1，則表示對應的輪廓不存在。例如，圖 17-3（b）中的輪廓 0 的下一個輪廓對應的值為-1，表示沒有父輪廓。

需要注意的是，在 cv2.RETR_TREE 形式的輪廓中，所有輪廓的結構儲存在 hierarchy 中。由於其自身結構所有值都儲存在 hierarchy[0]中，因此圖 17-3（b）中的輪廓 3 的結構儲存在 hierarchy[0][3]中。

下面介紹數獨影像內輪廓的關係。圖 17-4 最外面的整體外邊框就是輪廓 0。該輪廓包含 81 個小儲存格，這些小單元都是輪廓 0 的子輪廓。每一個數字的輪廓都是其所在小儲存格的子輪廓。或者說，數字輪廓的父輪廓是其所在小儲存格，每一個小儲存格的父輪廓都是輪廓 0，即輪廓 0 是數字輪廓的父輪廓的父輪廓。

4		6					9	
			3	1				6
1		8			7			
	8			4		6		
	6		7		3		2	
		7		9			8	
			8			2		3
3				5	2			
	4					5		7

▲圖 17-4 數獨影像

下面，透過結構關係定位 81 個小儲存格及所有數字的輪廓。

1. 定位小單元格

　　81 個小儲存格的共同特徵是，父輪廓是最外層輪廓（輪廓 0）。因此，hierarchy 的[Next，Previous，First_Child，Parent]中，其索引為 3 的 Parent（父輪廓的索引）的屬性值均為 0（對應最外層的最大輪廓），具體滿足關係為

$$hierarchy[0][i][3] == 0$$

　　其中：

- hierarchy[0]儲存所有輪廓。
- 變數 i 對應輪廓的序號（索引）。
- 數值 3 表示[Next，Previous，First_Child，Parent]中的第 3 個（從 0 開始索引）Parent（父節點）。
- hierarchy[0][i][3]表示第 3 個輪廓的父輪廓索引。
- hierarchy[0][i][3] == 0，表示該當前輪廓的父輪廓是輪廓 0。數獨影像內的 81 個小儲存格對應輪廓的父輪廓是輪廓 0。

　　明確了上述關係，就可以利用該關係找到數獨影像的 81 個小儲存格。

2. 定位數字輪廓

　　一個顯而易見的事實是，所有數字都在一個小儲存格內。

　　改變上述描述的邏輯順序，以便進行程式設計。上述表述可以重新表述為所有數字所在儲存格內均包含數字，即所有數字輪廓的父輪廓（所在儲存格）均包含子輪廓。上述邏輯用雙重否定形式表述為包含數字的小儲存格不是沒有子輪廓。在程式中，使用該雙重否定判定小儲存格是否包含子輪廓，從而篩選出包含數字的小儲存格，進而定位小儲存格中的數字。

　　簡單來說就是，如果一個小儲存格包括子輪廓（小儲存格內有數字），那麼其對應的[Next，Previous，First_Child，Parent]中，索引為 2 的 First_Child（第 1 個子輪廓的索引）的值不應該等於−1。

　　具體來説，在儲存所有小儲存格的 hierarchy 值的變數 boxHierarchy 中，如果某個輪廓對應的[Next，Previous，First_Child，Parent]中，索引 為 2 的 First_Child（第 1 個子輪廓的索引）的值不等於-1（-1 表示不存 在子輪廓），那麼對應的儲存格中包含數字。若第 j 個小單元的輪廓內包 含數字，則滿足如下關係：

boxHierarchy[j][2] != -1

　　其中，索引為 2 對應 [Next，Previous，First_Child，Parent] 中 First_Child（第 1 個子輪廓的索引）項的索引，-1 表示沒有第 1 個子輪 廓。邏輯"boxHierarchy[j][2] != -1"在輪廓 j 具有子輪廓時成立。也就是其 對應的小儲存格內有數字時成立。

　　進一步來説，boxHierarchy 中儲存著數獨影像中 81 個小儲存格的輪 廓，boxHierarchy[j] 表示第 j 個小儲存格的輪廓，boxHierarchy[j][2] 表示 81 個小儲存格中的第 j 個小儲存格的輪廓中，索引為 2 的 First_Child 項 的值。該值不等於-1，説明其不是沒有子輪廓，而是有子輪廓。小儲存格 的輪廓有子輪廓，説明其中包含數字。

　　根據上述邏輯，定位包含數字的小儲存格，進而定位數字。

　　【例 17.1】查詢數獨影像內所有輪廓、小儲存格、數字。

```
def location(img):
    gray = cv2.cvtColor(img,cv2.COLOR_BGR2GRAY)        # 灰階化
    ret,thresh = cv2.threshold(gray,200,255,1)         # 閾值處理
    kernel = cv2.getStructuringElement(cv2.MORPH_CROSS,(5, 5))
    # 核心結構
    dilated = cv2.dilate(thresh,kernel)                # 膨脹
    # 獲取輪廓
    mode = cv2.RETR_TREE                               # 輪廓檢測模式
    method = cv2.CHAIN_APPROX_SIMPLE                   # 輪廓近似方法
    contours, hierarchy = cv2.findContours(dilated,mode,method)
    # 提取輪廓
    #  ----------- 提取小儲存格（9×9=81 個）-----------
```

```
        boxHierarchy = []                    # 小儲存格的 hierarchy 資訊
        imgBox=img.copy()                    # 用於顯示每一個儲存格的輪廓
        for i in range(len(hierarchy[0])):   # 針對外輪廓
            if hierarchy[0][i][3] == 0:      # 判斷：父輪廓是外輪廓的物件（小
儲存格）
                boxHierarchy.append(hierarchy[0][i])
                                             # 將 hierarchy 放入 boxHierarchy
                imgBox=cv2.drawContours(imgBox.copy(),contours,i,
(0,0,255))                                   # 繪製輪廓
        cv2.imshow("boxes", imgBox)          # 顯示每一個小儲存格的輪廓，測試用
        # ------------- 提取數字邊框（定位數字） -------------
        numberBoxes=[]                       # 所有數字的輪廓
        imgNum=img.copy()                    # 用於顯示數字輪廓
        for j in range(len(boxHierarchy)):
            if boxHierarchy[j][2] != -1:     # 符合條件的是包含數字的小儲存格
                numberBox=contours[boxHierarchy[j][2]]   # 小儲存格內的數字
輪廓
                numberBoxes.append(numberBox)
                x,y,w,h = cv2.boundingRect(numberBox)    # 矩形包圍框
                # 繪製矩形邊框
                imgNum = cv2.rectangle(imgNum.copy(),
(x-1,y-1),(x+w+1,y+h+1),(0,0,255),2)
        cv2.imshow("imgNum", imgNum)         # 數字輪廓
        return contours , numberBoxes        # 傳回所有輪廓、數字輪廓
# =================主程式=================
original = cv2.imread('x.jpg')
cv2.imshow("original",original)
contours , numberBoxes = location(original)
cv2.waitKey()
cv2.destroyAllWindows()
```

執行上述程式，輸出如圖 17-5 所示。

■ 圖 17-5（a）是原始影像。

■ 圖 17-5（b）顯示了所有小單元的輪廓。

■ 圖 17-5（c）顯示了所有數字的輪廓。

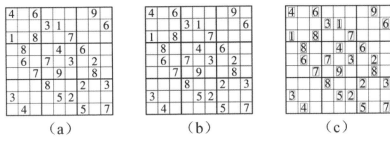

▲圖 17-5 【例 17.1】程式執行結果

　　location 函數的傳回值 contours 和 numberBoxes 分別是所有輪廓和數字輪廓，用於後續識別符號。必要時還可以根據需要將程式執行結果列印出來，以便進一步觀察。

17.3 建構 KNN 模型

　　本節將建構一個用於辨識數獨影像內數字的 KNN 模型。將建構模型放在一個函數內，其基本步驟如圖 17-6 所示，具體如下。

- Step 1：前置處理。該過程處理的是磁碟上用於訓練的原始影像。這些影像是大小各異的，首先對影像進行色彩空間轉換、調整大小、閾值分割等前置處理，以便提取特徵，並使其符合 KNN 模型的資料要求。規範化後影像大小為 15 像素×20 像素；然後透過迴圈將磁碟上經過前置處理的所有影像組合在一起。具體為，採用 glob 函數庫獲取每一個影像樣本檔案的路徑，採用嵌套迴圈的方式將前置處理後的影像放入串列內；每個數字（1～9）單獨組成一行，共 9 行，每個數字 10 個樣本，共 10 列。此時，串列大小為 9×10×15×20（行×列×單幅影像大小）。
- Step 2：拆分資料集。選取每個數字的前 8 個樣本作為訓練資料，後兩個樣本作為測試資料。
- Step 3：塑形。將影像調整為一行，作為其特徵值。此時，一個數位

影像的大小由 15 像素×20 像素調整為 1 像素×300 像素。也就是將一個
15 像素×20 像素的數位影像展平為一行。

■ Step 4：貼標籤。給每一個數字的特徵貼上標籤。標籤是其代表的實
際值。

■ Step 5：KNN。建構模型的三個主要步驟為模型初始化、訓練模型、
測試模型。

■ Step 6：驗證。計算 KNN 模型的準確率。

■ Step 7：傳回。傳回訓練好的 KNN 模型。

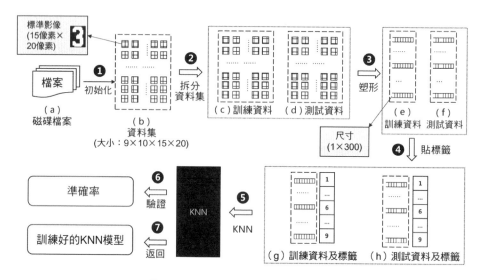

▲ 圖 17-6　建構 KNN 模型的基本步驟

在讀取樣本時，採用的雙重迴圈的方式儲存所有樣本，如圖 17-7 所
示，具體為

■ 內迴圈：一個一個獲取某個特定的數字的樣本影像 image，將其放入
該數字對應的串列 num 內；每個內迴圈建構一個特定數字的串列
num。

■ 外迴圈：迴圈 9 次，依次將數字 1～9 中的每個數字 num 作為一個元
素（一行）放入 data 中。

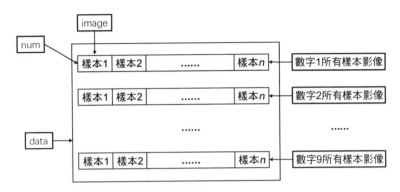

【例 17.2】建構一個 KNN 模型。

```
import cv2
import glob
import numpy as np
# ==============函數：訓練模型================
def getModel():
    # Step 1:前置處理
    # 主要工作：讀取影像、前置處理（色彩空間轉換、調整大小、閾值處理）、處理為
array
    cols=15                  # 控制影像調整後的列數
    rows=20                  # 控制影像調整後的行數
    s=cols*rows              # 控制影像調整後的尺寸
    data=[]                  # 儲存所有數字的所有影像
    for i in range(1,10):
        iTen=glob.glob('template/'+str(i)+'/*.*')    # 某特定數字的所有
影像的檔案名稱
        num=[]               # 臨時串列，每次迴圈用來儲存某一個數字的所有影像
        for number in iTen:              # 一個一個提取檔案名稱
            image=cv2.imread(number)     # 一個一個讀取檔案，放入 image
            # 前置處理：色彩空間轉換
            image=cv2.cvtColor(image,cv2.COLOR_BGR2GRAY)
            # 前置處理：調整大小
            image=cv2.resize(image,(cols,rows))
            # ------------前置處理：閾值處理-------------
```

```
              ata=cv2.ADAPTIVE_THRESH_GAUSSIAN_C          # 自我調整方法
adaptiveMethod
              tb=cv2.THRESH_BINARY              # threshType 閾值處理方式
              image = cv2.adaptiveThreshold(image,255,ata,tb,11,2)
              num.append(image)                # 把當前影像放入 num
         data.append(num)                   # 把單一數字的所有影像放入 data
    data=np.array(data)
    # Step 2：拆分資料集——拆分為訓練資料和測試資料
    train = data[:,:8]
    test = data[:,8:]
    # Step 3：塑形
    # 資料調整，將每個數字的尺寸由 15 像素×20 像素調整為 1 像素×300 像素（一行
300 個像素點）
    train = train.reshape(-1,s).astype(np.float32)
    test = test.reshape(-1,s).astype(np.float32)
    # Step 4：貼標籤
    # 分別為訓練資料、測試資料分配標籤（影像對應的實際值）
    k = np.arange(1,10)
    train_labels = np.repeat(k,8)[:,np.newaxis]
    test_labels = np.repeat(k,2)[:,np.newaxis]
    # Step 5：KNN
    # 核心程式：初始化、訓練、預測
    knn = cv2.ml.KNearest_create()
    knn.train(train, cv2.ml.ROW_SAMPLE, train_labels)
    ret,result,neighbours,dist = knn.findNearest(test,k=5)
    # Step 6：驗證——透過測試資料驗證模型準確率
    matches = (result.astype(np.int32)==test_labels)
    correct = np.count_nonzero(matches)
    accuracy = correct*100.0/result.size
    print( "當前使用 KNN 辨識手寫數字的準確率為:",accuracy )
    # Step 7:傳回
    return knn
# =================主程式===================
knn=getModel()
```

執行程式，顯示結果如下：

當前使用 KNN 辨識手寫數字的準確率為：100

注意不要被這個 100%的準確率迷惑了。雖然這個模型的準確率為滿分，但是不足以說明該 KNN 模型具有比較高的辨識能力。主要原因如下：

（1）本例中的訓練資料和資料集相似度太高。這些訓練資料是筆者使用 Python 對常用印刷字型處理後得到的。常用印刷字型與手寫字型的不同之處在於，常用印刷字型之間雖然有差別，但是差別並不大，彼此之間很相似；而手寫數字之間的差別是很大的。所以，本例建構的 KNN 模型有相對較高的準確率，這只能說明該模型在辨識常用印刷體方面有了一點點能力而已。如果使用該模型去辨識手寫數字，那麼準確率將會降低。

（2）本例的訓練資料和測試資料太少。資料量較小時，建構的模型是欠佳的。例如，機器學會了辨識張三的字。如果李四寫的字與張三寫的字差別較大，那麼機器就不具備辨識李四寫的字的能力。想辨識更多人的字，只有學習足夠多人的字型，才能具有較好的辨識能力。

雖然該模型有上述缺點，但是由於數獨影像內的數字是相對比較常用的字型，所以用該模型來辨識數獨影像內的數字是沒有問題的。

▌ 17.4　辨識數獨影像內的數字

辨識數字的過程就是使用 KNN 模組的過程。使用 KNN 模組時，把待辨識的資料直接傳遞給訓練好的 KNN 模型即可。使用 KNN 模組辨識數獨影像內數字的流程如圖 17-8 所示。

■ 前置處理 F1：主要完成灰階變化、閾值處理。閾值處理的主要目的是實現反色，將數位影像由白底黑字變換為與訓練樣本一致的黑底白字。

- 提取 F2：從數獨影像內提取出單一數字的影像。
- 規範化 F3：完成影像的大小調整，將其處理為 15 像素×20 像素。
- 重塑 F4：將影像展開為一維形式，即由 15 像素×20 像素大小調整為 1 像素×300 像素大小，以符合 KNN 的格式要求，與訓練樣本保持一致。
- 辨識 F5：將待辨識數字的資料傳遞給 KNN 模組。
- 辨識輸出 F6：使用 KNN 模組將辨識結果輸出，並列印在數獨影像上。

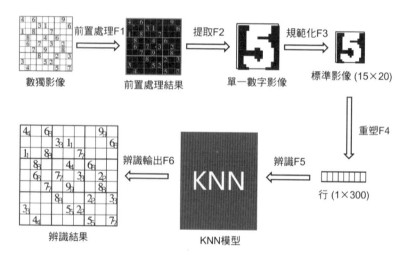

▲ 圖 17-8　使用 KNN 模組辨識數獨影像內數字的流程

上文描述的是單一數位影像的辨識處理，遍歷數獨影像內的所有數字，即可完成數獨影像內的數字的辨識。

【例 17.3】辨識數獨影像內的數字，並將其顯示在數獨影像上。

需要說明的是，本例程式需要用到【例 17.1】中建構的函數 location、【例 17.2】中建構的函數 getModel。為節省篇幅，下文僅僅列出了函數名稱，不再羅列函數具體實現。另外，本書所附的原始程式碼【例 17.3】中包含全部原始程式碼。

```
import cv2
import glob
import numpy as np
# =======函數：獲取所有輪廓、數字的輪廓資訊======
def location(img):
    # 實現過程此處省略，請參加【例 17.1】中具體實現
# ==============函數：訓練模型==============
def getModel():
    # 實現過程此處省略，請參加【例 17.2】中具體實現
# ================函數：辨識數獨影像內的印刷體數字==================
def recognize(img,knn,contours,numberBoxes):
    gray = cv2.cvtColor(img,cv2.COLOR_BGR2GRAY)        # 灰階化
    # -----------閾值處理-----------
    am=cv2.ADAPTIVE_THRESH_GAUSSIAN_C  # 自我調整方法 adaptiveMethod
    tt=cv2.THRESH_BINARY_INV           # threshType 閾值處理方式
    thresh = cv2.adaptiveThreshold(gray,255,am,tt,11,2)
    cols=15                    # 控制影像調整後的列數
    rows=20                    # 控制影像調整後的行數
    s=cols*rows                # 控制影像調整的尺寸
    # ------計算每個數字所占小儲存格大小------
    height,width = img.shape[:2]
    box_h = height/9
    box_w = width/9
    # 初始化數獨陣列
    soduko = np.zeros((9, 9),np.int32)
    # ======辨識原始數獨影像內的數字，並據此建構對應的陣列======
    for nb in numberBoxes:
        x,y,w,h = cv2.boundingRect(nb)     # 獲取數字的矩形包圍框
        #  對提取的數字進行處理
        numberBox = thresh[y:y+h, x:x+w]
        # 尺寸調整，統一調整為 15 像素×20 像素
        resized=cv2.resize(numberBox,(cols,rows))
        # 展開成一行，1 像素×300 像素，以符合 KNN 格式要求
        sample = resized.reshape((1,s)).astype(np.float32)
        # KNN 模組辨識
```

```
        retval, results, neigh_resp, dists = knn.findNearest(sample,
k=5)
        # 獲取辨識結果
        number = int(results[0][0])
        # 在原始數獨影像上顯示辨識數字
        cv2.putText(img,str(number),(x+w-6,y+h-15), 3, 1,
                                    (255, 0, 0), 2, cv2.LINE_AA)
        # 將數字儲存在陣列 soduko 中
        soduko[int(y/box_h)][int(x/box_w)] = number
    print("影像所對應的數獨：")
    print(soduko)                          # 列印辨識完已有數字的數獨影像
    cv2.imshow("recognize", img)           # 顯示辨識結果
    return soduko
# ==================主程式==================
original = cv2.imread('xt.jpg')
cv2.imshow("original",original)
contours,numberBoxes=location(original)
knn=getModel()
soduko=recognize(original,knn,contours,numberBoxes)
cv2.waitKey()
cv2.destroyAllWindows()
```

執行上述程式，輸出如圖 17-9 所示。

- 圖 17-9（a）是原始影像。
- 圖 17-9（b）顯示了所有小單元的輪廓。
- 圖 17-9（c）顯示了所有數字的輪廓；
- 圖 17-9（d）是辨識數字結果。

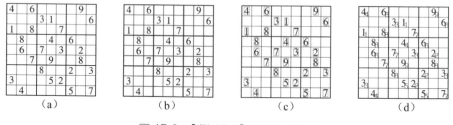

（a）　　　　　　（b）　　　　　　（c）　　　　　　（d）

▲圖 17-9 【例 17.3】程式執行結果

17.5 求解數獨

本節將採用協力廠商函數庫 py-sudoku 求解數獨。

首先需要在命令列提示視窗安裝 py-sudoku，具體為

```
pip install py-sudoku
```

如果不方便透過線上方式安裝，可以在本書設定的資源內獲取該安裝檔案（路徑：code\17 求解數獨影像\數獨協力廠商函數庫\檔案名稱）後再進行離線安裝。

py-sudoku 提供了初始化、求解、顯示數獨等多種方法，具體如下。

1. 初始化

函數 Sudoku 可以將待求解數獨初始化為指定行、列個 3×3 的子單元，其語法格式為

```
Sudoku(m, n, board)
```

其中，m 表示包含 3×3 子單元的行數，n 表示包含 3×3 子單元的列數，board 表示用於初始化的待求解數獨串列。

2. 求解

函數 solve 用來求解未知數獨，直接呼叫該函數即可傳回數獨求解結果，其語法格式為

```
數獨求解結果 = 待求解數獨.solve()
```

3. 顯示

呼叫函數 show 可以顯示數獨，其語法格式為

```
數獨.show()
```

4. 獲取求解結果的串列形式

需要注意的是，在 py-sudoku 中數獨是以便於顯示的特殊形式存在的。如果想要獲取其資料串列形式，可以呼叫 board 獲得，其語法格式為

```
result = solution.board
```

其中，solution 是 py-sudoku 內部的數獨形式，傳回值 result 是串列形式的數獨。

【例 17.4】求解數獨。

```
def solveSudoku(puzzle):
    from sudoku import Sudoku
    puzzle = Sudoku(3, 3, board=puzzle)        # 初始化
    puzzle.show()                              # 顯示
    solution = puzzle.solve()                  # 求解
    print("求解結果：")
    solution.show()                            # 顯示
    result = solution.board                    # 獲取串列形式
    return result                              # 傳回
# =================主程式=================
puzzle=[[4, 0, 6, 0, 0, 0, 0, 9, 0],
 [0, 0, 0, 3, 1, 0, 0, 0, 6],
 [1, 0, 8, 0, 0, 7, 0, 0, 0],
 [0, 8, 0, 0, 4, 0, 6, 0, 0],
 [0, 6, 0, 7, 0, 3, 0, 2, 0],
 [0, 0, 7, 0, 9, 0, 0, 8, 0],
 [0, 0, 0, 8, 0, 0, 2, 0, 3],
 [3, 0, 0, 0, 5, 2, 0, 0, 0],
 [0, 4, 0, 0, 0, 0, 5, 0, 7]]
result=solveSudoku(puzzle)
print(result)
```

執行上述程式，將顯示如圖 17-10 所示的影像，其中左圖是待求解數獨，右圖是求解結果。

▲圖 17-10 【例 17.4】程式執行輸出影像

執行上述程式還會輸出如下串列形式數獨,該形式是為了方便將其顯示在數獨影像上。

```
[[4, 3, 6, 5, 2, 8, 7, 9, 1], [7, 2, 9, 3, 1, 4, 8, 5, 6], [1, 5, 8,
9, 6, 7, 4, 3, 2], [2, 8, 3, 1, 4, 5, 6, 7, 9], [9, 6, 4, 7, 8, 3,
1, 2, 5], [5, 1, 7, 2, 9, 6, 3, 8, 4], [6, 9, 5, 8, 7, 1, 2, 4, 3],
[3, 7, 1, 4, 5, 2, 9, 6, 8], [8, 4, 2, 6, 3, 9, 5, 1, 7]]
```

▌17.6 繪製數獨求解結果

在繪製數獨時直接判斷每個儲存格所在位置,然後在儲存格附近繪製數獨中對應的數值即可。

需要注意的是,此時不再需要透過獲取每個儲存格的輪廓來確定其位置,直接透過簡單的數學計算即可得到每個儲存格的大致位置。

(1)計算每個儲存格的大致寬度、高度。儲存格高度=影像高度/9,儲存格寬度=影像寬度/9。

(2)根據當前序號,確定儲存格大致位置。儲存格位置(x,y)大致為 x=橫向序號×儲存格寬度;y=縱向序號×儲存格高度。

在上述大致位置根據影像具體情況進行微調,以確定最終輸出數字的位置。

【例 17.5】在待求解數獨影像內輸出數獨求解值。

```
import cv2
# ================函數：在影像內顯示================
def show(img,soduko):
    height,width = img.shape[:2]          # 影像高度、寬度
    box_h = height/9                      # 每個數字盒體的高度
    box_w = width/9                       # 每個數字盒體的寬度
    color=(0,0,255)                       # 顏色
    fontFace=cv2.FONT_HERSHEY_SIMPLEX     # 字型
    thickness=3                           # 字型粗細
    # ---------把辨識結果繪製在原始數獨影像上---------
    for i in range(9):
        for j in range(9):
            x = int(i*box_w)
            y = int(j*box_h)+40
            s = str(soduko[j][i])
            cv2.putText(img,s,(x,y),fontFace, 1, color,thickness)
    # ---------顯示繪製結果---------
    cv2.imshow("soduko", img)
    cv2.waitKey(0)
    cv2.destroyAllWindows()
# ================主程式================
original = cv2.imread('xt.jpg')
cv2.imshow("original",original)
sudoku=[[4, 3, 6, 5, 2, 8, 7, 9, 1], [7, 2, 9, 3, 1, 4, 8, 5, 6],
        [1, 5, 8, 9, 6, 7, 4, 3, 2], [2, 8, 3, 1, 4, 5, 6, 7, 9],
        [9, 6, 4, 7, 8, 3, 1, 2, 5], [5, 1, 7, 2, 9, 6, 3, 8, 4],
        [6, 9, 5, 8, 7, 1, 2, 4, 3], [3, 7, 1, 4, 5, 2, 9, 6, 8],
        [8, 4, 2, 6, 3, 9, 5, 1, 7]]
show(original,sudoku)
```

執行上述程式，結果如圖 17-11 所示，左圖是待求解數獨影像，右圖是在其上繪製數獨求解值的結果。

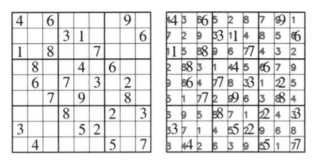

▲圖 17-11 【例 17.5】程式執行結果

17.7 實現程式

將上述過程整合到一起，就能得到完整的數獨影像求解程式。

【例 17.6】求解數獨影像。

```python
import cv2
import glob
import numpy as np
# =======函數：獲取所有輪廓、數字的輪廓資訊=======
def location(img):
    gray = cv2.cvtColor(img,cv2.COLOR_BGR2GRAY)          # 灰階化
    ret,thresh = cv2.threshold(gray,200,255,1)           # 閾值處理
    kernel = cv2.getStructuringElement(cv2.MORPH_CROSS,(5, 5))
    # 核心結構
    dilated = cv2.dilate(thresh,kernel)                  # 膨脹
    # 獲取輪廓
    mode = cv2.RETR_TREE                                 # 輪廓檢測模式
    method = cv2.CHAIN_APPROX_SIMPLE                     # 輪廓近似方法
    contours, hierarchy = cv2.findContours(dilated,mode,method)
    # 提取輪廓
    #   ----------- 提取小儲存格（9×9=81 個） -----------
    boxHierarchy = []                       # 小儲存格的 hierarchy 資訊
    imgBox=img.copy()                       # 用於顯示每一個儲存格的輪廓
    for i in range(len(hierarchy[0])):      # 針對外輪廓
```

```
        if hierarchy[0][i][3] == 0:          # 判斷：父輪廓是外輪廓的物件
（小儲存格）
            boxHierarchy.append(hierarchy[0][i]) # 將 hierarchy 放入
boxHierarchy
            imgBox=cv2.drawContours(imgBox.copy(),contours,i,
(0,0,255))                                    # 繪製輪廓
    cv2.imshow("boxes", imgBox)        # 顯示每一個小儲存格的輪廓，測試用
    #  ------------- 提取數字邊框（定位數字）-------------
    numberBoxes=[]                            # 所有數字的輪廓
    imgNum=img.copy()                         # 用於顯示數字輪廓
    for j in range(len(boxHierarchy)):
        if boxHierarchy[j][2] != -1:    # 符合條件的是包含數字的小儲存格
            numberBox=contours[boxHierarchy[j][2]]    # 小儲存格內的數
字輪廓
            numberBoxes.append(numberBox)             # 每個數字輪廓加
入 numberBoxes 中
            x,y,w,h = cv2.boundingRect(numberBox)    # 矩形包圍框
            # 繪製矩形邊框
            imgNum = cv2.rectangle(imgNum.copy(),
                   (x-1,y-1),(x+w+1,y+h+1),(0,0,255),2)
    cv2.imshow("imgNum", imgNum)                  # 數字輪廓
    return contours,numberBoxes                   # 傳回所有輪廓、數字輪廓
# ===============函數：訓練模型===============
def getModel():
    cols=15                    # 控制調整影像後的列數
    rows=20                    # 控制調整影像後的行數
    s=cols*rows                # 控制調整影像後的尺寸
    data=[]                    # 儲存所有數字的所有影像
    for i in range(1,10):
        iTen=glob.glob('template/'+str(i)+'/*.*')    # 某特定數字的所有
影像的檔案名稱
        num=[]                 # 臨時串列，每次迴圈用來儲存某一個數字的所有影像
        for number in iTen:                # 一個一個提取檔案名稱
            image=cv2.imread(number)       # 一個一個讀取檔案，放入 image
            image=cv2.cvtColor(image,cv2.COLOR_BGR2GRAY)
            image=cv2.resize(image,(cols,rows))
```

```
                # ------------閾值處理------------
            am=cv2.ADAPTIVE_THRESH_GAUSSIAN_C      # 自我調整方法
adaptiveMethod
            tt=cv2.THRESH_BINARY            # threshType 閾值處理方式
            image = cv2.adaptiveThreshold(image,255,am,tt,11,2)
            num.append(image)      # 把當前影像放入 num
        data.append(num)              # 把單一數字的所有影像放入 data
    data=np.array(data)
    # 資料調整，將每個數字的尺寸由 15 像素×20 像素調整為 1 像素×300 像素（一行
300 個像素點）
    train = data[:,:8].reshape(-1,s).astype(np.float32)
    test = data[:,8:].reshape(-1,s).astype(np.float32)
    # 分別為訓練資料、測試資料分配標籤（影像對應的實際值）
    k = np.arange(1,10)
    train_labels = np.repeat(k,8)[:,np.newaxis]
    test_labels = np.repeat(k,2)[:,np.newaxis]
    # 核心程式：初始化、訓練、預測
    knn = cv2.ml.KNearest_create()
    knn.train(train, cv2.ml.ROW_SAMPLE, train_labels)
    ret,result,neighbours,dist = knn.findNearest(test,k=5)
    # 透過測試資料驗證模型準確率
    matches = (result.astype(np.int32)==test_labels)
    correct = np.count_nonzero(matches)
    accuracy = correct*100.0/result.size
    print( "當前使用 KNN 辨識手寫數字的準確率為:",accuracy )
    return knn
# ==================函數：辨識數獨影像內的印刷體數字==================
def recognize(img,knn,contours,numberBoxes):
    gray = cv2.cvtColor(img,cv2.COLOR_BGR2GRAY)            # 灰階化
    # ------------閾值處理------------
    am=cv2.ADAPTIVE_THRESH_GAUSSIAN_C    # 自我調整方法 adaptiveMethod
    tt=cv2.THRESH_BINARY_INV              # threshType 閾值處理方式
    thresh = cv2.adaptiveThreshold(gray,255,am,tt,11,2)
    cols=15                              # 控制影像調整後的列數
    rows=20                              # 控制影像調整後的行數
    s=cols*rows                          # 控制影像調整後的尺寸
```

```
    # ----計算每個數字所占小單元大小----
    height,width = img.shape[:2]
    box_h = height/9
    box_w = width/9
    # 初始化數獨陣列
    puzzle = np.zeros((9, 9),np.int32)
    # ======辨識原始數獨影像內的數字，並據此建構對應的陣列======
    for nb in numberBoxes:
        x,y,w,h = cv2.boundingRect(nb)    # 獲取數字的矩形包圍框
        # 對提取的數字進行處理
        numberBox = thresh[y:y+h, x:x+w]
        # 尺寸調整，統一調整為 15 像素×20 像素
        resized=cv2.resize(numberBox,(cols,rows))
        # 展開成一行，1 像素×300 像素，以符合 KNN 格式要求
        sample = resized.reshape((1,s)).astype(np.float32)
        # KNN 模組辨識
        retval, results, neigh_resp, dists = knn.findNearest(sample,
k=5)    # 獲取辨識結果
        number = int(results[0][0])
        # 在原始數獨影像上顯示辨識數字
        cv2.putText(img,str(number),(x+w-6,y+h-15), 3, 1,
(255, 0, 0), 2, cv2.LINE_AA)
        # 將數字儲存在陣列 soduko 中
        puzzle[int(y/box_h)][int(x/box_w)] = number
    print("影像所對應的數獨：")
    print(puzzle)                          # 列印辨識完已有數字的數獨影像
    cv2.imshow("recognize", img)           # 顯示辨識結果
    return puzzle.tolist()
# =====================函數：求解數獨=====================
def solveSudoku(puzzle):
    from sudoku import Sudoku
    puzzle = Sudoku(3, 3, board=puzzle)
    solution = puzzle.solve()
    print("求解結果：")
    solution.show()
    result = solution.board
```

```
    return result
# ==================函數：在影像內顯示==================
def show(img,soduko):
    height,width = img.shape[:2]                # 影像高度、寬度
    box_h = height/9                            # 每個數字盒體的高度
    box_w = width/9                             # 每個數字盒體的寬度
    color=(0,0,255)                             # 顏色
    fontFace=cv2.FONT_HERSHEY_SIMPLEX           # 字型
    thickness=3                                 # 字型粗細
    # ---------把辨識結果繪製在原始數獨影像上---------
    for i in range(9):
        for j in range(9):
            x = int(i*box_w)
            y = int(j*box_h)+40
            s = str(soduko[j][i])
            cv2.putText(img,s,(x,y),fontFace, 1, color,thickness)
    # ---------顯示繪製結果---------
    cv2.imshow("soduko", img)
    cv2.waitKey(0)
    cv2.destroyAllWindows()
# ==================主程式==================
original = cv2.imread('xt.jpg')
cv2.imshow("original",original)
contours,numberBoxes=location(original)
knn = getModel()
puzzle = recognize(original,knn,contours,numberBoxes)
sudoku = solveSudoku(puzzle)
show(original,sudoku)
```

　　執行上述程式，會顯示如圖 17-2 所示的影像，這些影像具體展示了數獨影像求解過程中所使用的原始影像、中間處理過程影像、最終處理結果。還會輸出建構的 KNN 模型在使用測試資料進行測試時的準確率。

17.8 擴充學習

本章介紹了求解數獨影像的基本流程，讀者可以從以下兩方面進行改進。

（1）使用更多的訓練資料，提高模型數字辨識率。本章使用的訓練資料較少，每個數字僅有 8 個樣本，大家可以進一步豐富樣本集，提高模型辨識率。

（2）本章案例使用的影像比較規範。實踐中，透過掃描或拍攝獲取的影像可能存在傾斜、模糊等情況。當選取此類型的影像時，嘗試對其進行傾斜校正、去噪等前置處理後再進行辨識。

SVM 數字辨識

人工智慧的一個目標就是讓電腦理解影像，無論是自動駕駛，還是其他智慧應用，其中一個關鍵問題就是讓電腦能夠從影像中得到有效資訊。讓電腦理解影像是電腦視覺的主要研究內容之一。目前，人類正在不懈地朝著這個目標邁進。

影像內數字的辨識，是指辨識影像內印刷或手寫數字，是電腦視覺的一個基礎問題。數字辨識被很多機器學習、人工智慧教學作為入門案例，相當於在學習程式時所寫的第一個程式"Hello World"。

數字辨識可以採用多種不同的方法實現。本章將建構一個 SVM 分類器來實現手寫數字辨識。

人與電腦的一個重要區別在於對於抽象知識的理解能力。人善於處理抽象的影像，從而得到更高層次的資訊，而電腦善於更快速、更準確地處理量化資訊。因此，當前階段人工智慧的一個主要目標還是將抽象資訊轉換為量化資訊，以便讓電腦實現智慧。本章的一個重要內容是提取影像的方向梯度長條圖特徵。

18.1 基本流程

SVM 數字辨識基本流程如圖 18-1 所示。

- Step 1：前置處理。該過程在讀取影像後，透過對影像進行色彩空間轉換（從色彩空間轉換至灰階空間）、大小調整（所有影像大小統一為 20 像素×20 像素），將所有樣本影像（訓練影像和測試影像）處理為等大小的灰階影像。
- Step 2：傾斜校正。將傾斜的數字校正。
- Step 3：HOG 特徵提取。提取影像的方向梯度長條圖（Histogram of Oriented Gradient, HOG）特徵。此時，每個數字得到 64 個特徵值。

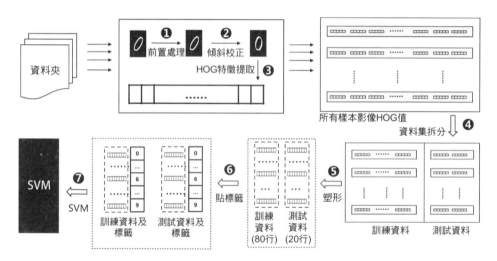

▲ 圖 18-1 SVM 數字辨識基本流程

Step 1～Step 3 透過迴圈的方式讀取資料夾內的每一個影像檔，得到圖 18-1 中所有樣本影像 HOG 值。

- Step 4：資料集拆分。將全部樣本劃分為訓練資料、測試資料。
- Step 5：塑形。將 Step 3 中提取的特徵值處理為 1 像素×64 像素大小。
- Step 6：貼標籤。為所有資料樣本貼上對應標籤。

- Step 7：SVM。建構 SVM 分類器，辨識數字。

下文詳細介紹上述過程中的核心步驟。

18.2 傾斜校正

需要辨識的數字可能涉及印刷、顯示、掃描、拍攝等多個環節，這就導致提取出來的數字會存在傾斜等情況。因此，在提取特徵前需要對影像進行傾斜校正，如圖 18-2 所示。

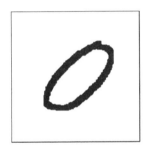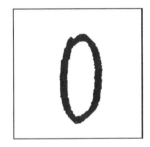

▲ 圖 18-2 傾斜校正示意圖

傾斜校正需要使用與矩和仿射相關的基礎知識。

1. moments 函數

OpenCV 提供了函數 moments，該函數可獲取影像的 moments 特徵。通常將使用函數 moments 獲取的輪廓特徵稱為輪廓矩。輪廓矩通常描述了影像的形狀特徵，並提供了大量與影像幾何特徵相關的資訊，如大小、位置、方向及形狀等。輪廓矩的這種描述特徵的能力被廣泛地應用在與影像處理的相關場景中。

函數 moments 的語法格式為

```
retval = cv2.moments( array[, binaryImage] )
```

其中，兩個參數的含義分別如下。

- array：可以是點集，也可以是灰階影像或者二值影像。當 array 是點集時，函數會把這些點集當作輪廓的頂點，把整個點集作為一條輪廓，而非將它們看作獨立的點。

- binaryImage：該參數為 True 時，array 內所有的非 0 值都被處理為 1。該參數僅在參數 array 為影像時有效。

函數 moments 的傳回值 retval 是矩特徵，主要包括如下形式。

（1）空間矩。
- 零階矩：m00。
- 一階矩：m10, m01。
- 二階矩：m20, m11, m02。
- 三階矩：m30, m21, m12, m03。

（2）中心矩。
- 二階中心矩：mu20, mu11, mu02。
- 三階中心矩：mu30, mu21, mu12, mu03。

（3）歸一化中心矩。
- 二階 Hu 矩：nu20, nu11, nu02。
- 三階 Hu 矩：nu30, nu21, nu12, nu03。

使用影像矩可以輕鬆地實現灰階影像的傾斜校正。OpenCV 提取的矩便於計算質心、面積、黑色背景的簡單影像的傾斜度等類似的資訊。例如，兩個中心矩的比率 mu11/mu02 舉出了偏度的度量。由此算得的偏度可用於抗影像傾斜的仿射變換。

2. warpAffine 函數

OpenCV 中的仿射函數為 warpAffine，其透過一個變換矩陣（映射矩陣）**M** 實現仿射變換，具體為

$$dst(x, y) = src(M_{11}x + M_{12}y + M_{13}, M_{21}x + M_{22}y + M_{23})$$

如圖 18-3 所示，可以透過一個變換矩陣將原始影像 O 變換為仿射影像 R。

仿射影像R = 變換矩陣M × 原始影像O

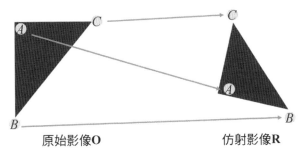

▲圖 18-3 仿射變換示意圖

因此，可以採用函數 warpAffine 實現對影像的旋轉，該函數的語法格式如下：

```
dst = cv2.warpAffine( src, M, dsize[, flags] )
```

其中：

- dst 表示仿射後的輸出影像，該影像的類型和原始影像的類型相同。
- src 表示待進行仿射的原始影像。
- M 表示一個 2×3 的變換矩陣。使用不同的變換矩陣可以實現不同的仿射變換。
- dsize 表示輸出影像的尺寸。
- flags 表示插值方法，預設為 INTER_LINEAR。當該值為 WARP_INVERSE_MAP 時，表示 M 是逆變換類型，即實現從目標影像 dst 到原始影像 src 的逆變換。

透過變換矩陣將原始影像 src 變換為目標影像 dst。因此，進行何種形式的仿射變換完全取決於變換矩陣。

在進行傾斜校正時，一般採用的變換矩陣形式為

```
M= [[1, skew, -0.5*s*skew], [0, 1, 0]]
```

其中，skew= mu11/mu02。

【例 18.1】實現對影像的傾斜校正。

```
# ============匯入函數庫================
import cv2
import numpy as np
# ============傾斜校正函數================
def deskew(img):
    m = cv2.moments(img)
    if abs(m['mu02']) < 1e-2:
        return img.copy()
    skew = m['mu11']/m['mu02']
    s=img.shape[0]
    M = np.float32([[1, skew, -0.5*s*skew], [0, 1, 0]])
    affine_flags = cv2.WARP_INVERSE_MAP|cv2.INTER_LINEAR
    size=img.shape[::-1]
    img = cv2.warpAffine(img,M,size,flags=affine_flags)
    return img
# ============主程式================
img=cv2.imread("rotatex.png",0)
cv2.imshow("original",img)
img=deskew(img)
cv2.imshow("result",img)
cv2.imwrite("re.bmp",img)
cv2.waitKey()
cv2.destroyAllWindows()
```

執行上述程式，輸出結果如圖 18-4 所示，左圖是原始影像，右圖是傾斜校正效果。

▲ 圖 18-4 【例 18.1】程式執行結果

18.3 HOG 特徵提取

對於人類來說，影像本身是直觀、好理解的，與之相對，從影像中提取出來的抽象特徵及對應的數字是枯燥、難於理解的，但是對於電腦來說，影像是抽象的，而數字是更直觀、更好理解的。所以，在使用電腦解決問題時，往往需要將影像的特徵等有效資訊轉換為數值。在使用 SVM 系統時，同樣需要提取影像特徵，並將這些特徵處理為數值，以將其作為 SVM 系統中函數的參數使用。

將抽象的特徵轉換為數值的過程稱為特徵量化。其中一個關鍵的問題是，選擇哪些特徵（屬性、要素）進行量化。例如，區分一對父子，其中兒子是小學生，此時使用身高作為特徵，直接量化身高得到身高屬性值，可以明確地區分出誰是父親（身高值較大）誰是兒子（身高值較小）。如果待區分的一對父子中的兒子已經成年，那麼使用身高作為特徵量化就無法完成任務了。此時，可以量化年齡，透過年齡值能夠準確地區分誰是父親（年齡值較大者）誰是兒子（年齡值較小者）。由此可知，在區分父子時，年齡特徵比身高特徵更具有通用性。

要想準確地辨識數字，需要準確地從影像中提取出最能代表數字的特徵（屬性），並對其進行合理、有效的量化。這裡選用 HOG 對影像進行量化，將量化結果作為 SVM 分類的資料指標。

如圖 18-5 所示，HOG 特徵提取使得影像資訊變為 64 個特徵值。

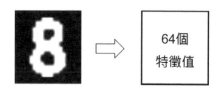

▲圖 18-5 HOG 特徵提取示意圖

HOG 特徵值提取的具體流程如下。

（1）Step 1：計算在 X 軸和 Y 軸方向上的 Sobel 導數。
借助函數 Sobel 來完成這項工作，具體為：

```
gx = cv2.Sobel(img, cv2.CV_32F, 1, 0)
gy = cv2.Sobel(img, cv2.CV_32F, 0, 1)
```

（2）Step 2：計算梯度的幅度和方向。
使用函數 cartToPolar 完成梯度幅度和梯度方向的計算，具體為

```
mag, ang = cv2.cartToPolar(gx, gy)
```

（3）Step 3：將梯度的方向量化為 16 個等級，即將其原有值映射到 [0,15] 區間內。

透過數學運算的方式，可以實現將區間 [0,b] 內的一個數值 x 轉換為區間 [0,d] 內的整數 y，具體為

$$y = 取整 (d \times (x / b))$$

原始資料方向的範圍是 [0,2π]，轉換後的資料 bins 的範圍是 [0,15]，所以對應的公式為

$$bins = 向下取整 (16 \times (ang / 2\pi))$$

具體實現程式為

```
binN = 16
bins = np.int32(binN*ang/(2*np.pi))
```

（4）Step 4：將影像劃分為 4 個大小相等的子區塊。

每個手寫數字的大小是 20 像素×20 像素，以 10 像素×10 像素大小為單位劃分影像，影像被分為 4 個子區塊，如圖 18-6 所示。

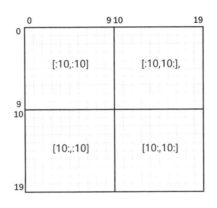

▲圖 18-6　子區塊劃分

需要注意的是，在 Python 中引用[0,9]範圍時使用的是[:10]而非[:9]。劃分子區塊敘述如下：

```
    bin_cells = bins[:10,:10], bins[10:,:10], bins[:10,10:],
bins[10:,10:]
    mag_cells = mag[:10,:10], mag[10:,:10], mag[:10,10:],
mag[10:,10:]
```

（5）Step 5：計算每個子區塊內以幅度為權重值的方向長條圖。

本步驟涉及長條圖、權重長條圖、長條圖的像素級數等基礎知識。

在圖 18-7 中，有一陣列為 a=[0,1,1,1,2,2,3,5]，其對應的長條圖陣列為 x1=[1,3,2,1,0,1]。

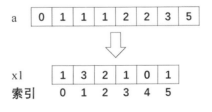

▲圖 18-7　計算長條圖

陣列 x1 中的每個數值表示該數值對應索引在陣列 a 中出現的次數。例如,在陣列 x1 中:

- 索引 0 對應的數值 1,表示在陣列 a 中 0 出現 1 次。
- 索引 1 對應的數值 3,表示在陣列 a 中 1 出現 3 次。
- 索引 2 對應的數值 2,表示在陣列 a 中 2 出現 2 次。
- 索引 3 對應的數值 1,表示在陣列 a 中 3 出現 1 次。
- 索引 4 對應的數值 0,表示在陣列 a 中 4 出現 0 次。
- 索引 5 對應的數值 1,表示在陣列 a 中 5 出現 1 次。

在 Python 中,可以透過函數 bincount 實現上述運算,具體為

```
import numpy as np
a=[0,1,1,1,2,2,3,5]
x1=np.bincount(a)
print(x1)
```

在灰階長條圖中,有的灰階級權重值較大,有的灰階級權重值較小。例如,有的灰階級出現 1 次可以計算為 3 次;有的灰階級雖然出現了但計算為 0 次。

例如,在圖 18-8 中,以陣列 b 為權重值,計算資料 a 中每個元素出現的次數,此時得到的結果為以陣列 b 為權重值的陣列 a 的長條圖。具體來說,陣列 x2 中各個值的來源如下:

- 索引 0 對應的數值 3:在陣列 a 中,0 出現 1 次,其在陣列 b 中的權重值為 3,結果為 3。
- 索引 1 對應的數值 0:在陣列 a 中,1 出現 3 次,但是每個 1 在陣列 b 中的權重值都是 0,結果為 0+0+0=0。
- 索引 2 對應的數值 7:在陣列 a 中,2 出現 2 次,要單獨考慮每次出現時,其在陣列 b 中對應的權重值。第 1 次出現的 2 的權重值為 4;第 2 次出現的 2 的權重值為 3;結果為 4+3=7。

- 索引 3 對應的數值 2：在陣列 a 中，3 出現 1 次，其在陣列 b 中的權重值為 2，結果為 2。
- 索引 4 對應的數值 0：在陣列 a 中，4 出現 0 次，沒有對應的權重值，結果為 0。
- 索引 5 對應的數值 5：在陣列 a 中，5 出現 1 次，其在陣列 b 中的權重值為 5，結果為 5。

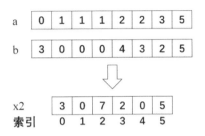

▲ 圖 18-8　以陣列 b 為權重的陣列 a 的長條圖 x2

上述操作可以透過函數 bincount 實現。將函數 bincout 中第 1 個參數設定為要計算長條圖的陣列 a，第 2 個參數設定為權重值陣列 b，就可以得到以陣列 b 為權重值的陣列 a 的長條圖，具體如下：

```
import numpy as np
a=[0,1,1,1,2,2,3,5]
b=[0,0,1,1,1,0,1,5]
x2=np.bincount(a,b)
print(x2)
```

上述操作已經基本滿足一般要求了。但是，上述操作存在一個問題，它僅僅會以陣列 a 中出現的「最大值+1」作為長條圖（陣列 x2）的規模。例如，上述例題中，陣列 a 中出現的最大值是 5，所以其長條圖陣列 x2 中最大的索引是 5。也就是說，陣列 x2 的規模是"5+1=6"（加 1 是給 0 留了位置），其中有 6 個元素，分別為 0、1、2、3、4、5。

實踐中，長條圖的規模往往是固定的。例如本例題需要的規模是 16（Step 3 中將梯度的方向量化為 16 個整數值，分別為 0～15），但是很有可能需要計算的長條圖資料中的最大值並不是 16。例如，上述例題中，使用陣列 b 為權重值來計算陣列 a 的長條圖，陣列 a 的最大值是 5，所以得到長條圖陣列 x2 的規模是 6（5+1）。此時，如果想將陣列 x2 的規模設定為 16，需要單獨指定 x2 的大小。一般情況下，直接擴充長條圖陣列 x2 的大小規模即可，擴充後的陣列（可以標記為 x3）如圖 18-9 最下方的陣列 x3 所示。在擴充後的陣列 x3 中，新擴充的索引 6 至索引 15 都沒有在陣列 a 中出現過，所以這些索引所對應的新擴充的值都是 0。

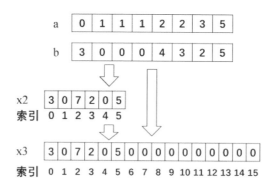

▲ 圖 18-9　擴充長條圖陣列

有時，程式中的運算（如函數運算等）對參與運算的資料規模（大小）有特定要求。要求參與運算的資料必須具有指定大小，否則可能無法完成運算，或者能參與運算但呈現錯誤結果。對長條圖進行擴充的目的是保證長條圖陣列具有指定大小，以便後續使用該長條圖陣列參與運算。避免因為長條圖大小不滿足運算要求，無法參與後續運算或者出錯等異常情況。擴充長條圖改變的是長條圖的尺寸，並不會改變其原有值。

函數 bincount 的第 3 個參數用於指定長條圖陣列的規模。例如，如下程式將長條圖陣列 x3 的規模設定為 16，得到的陣列如圖 18-9 最下方的陣列所示。

```
import numpy as np
a=[0,1,1,1,2,2,3,5]
b=[3,0,0,0,4,3,2,5]
```

```
x3=np.bincount(a,b,16)
print(x3)
```

綜上所述，實現計算每個子區塊內以幅度為權重值的方向長條圖的程式為

```
hists = [np.bincount(b.ravel(), m.ravel(), binN) for b,
                              m in zip(bin_cells, mag_cells)]
```

其中，函數 zip 用可迭代的物件作為參數，將物件中對應的元素打包成一個個元組，然後傳回由這些元組組成的串列。例如，如下程式使用函數 zip 將(x,y)內對應的元素打包成一個個元組，並列印了由這些元組組成的串列：

```
x = [1,2,3]
y = [4,5,6]
for a,b in zip(x,y):
    print(a,b)
```

執行上述程式輸出結果為

```
1 4
2 5
3 6
```

（6）Step 6：將 4 個子區塊得到的方向長條圖連接，獲取 4×16=64 個值的特徵向量。

具體程式為

```
hist = np.hstack(hists)        # 具有 64 個向量值
```

（7）Step 7：將該 64 個向量值作為影像的特徵向量。

使用 return 敘述將獲取的值傳回：

```
return hist
```

綜上所述，提取 HOG 特徵的函數 hog 的完整程式如下：

```
def hog(img):
    gx = cv2.Sobel(img, cv2.CV_32F, 1, 0)
    gy = cv2.Sobel(img, cv2.CV_32F, 0, 1)
    mag, ang = cv2.cartToPolar(gx, gy)
    bins = np.int32(16*ang/(2*np.pi))
    bin_cells = bins[:10,:10], bins[10:,:10], bins[:10,10:],
bins[10:,10:]
    mag_cells = mag[:10,:10], mag[10:,:10], mag[:10,10:],
mag[10:,10:]
    hists = [np.bincount(b.ravel(), m.ravel(),16) for b,
                                m in zip(bin_cells, mag_cells)]
    hist = np.hstack(hists)
    return hist
```

上述過程就是將一幅對於電腦來說非常抽象的影像轉換成數值形式的過程。

【例 18.2】提取影像的 HOG 特徵值。

```
# ============匯入函數庫============
import cv2
import numpy as np
# ============hog 函數============
def hog(img):
    gx = cv2.Sobel(img, cv2.CV_32F, 1, 0)
    gy = cv2.Sobel(img, cv2.CV_32F, 0, 1)
    mag, ang = cv2.cartToPolar(gx, gy)
    bins = np.int32(16*ang/(2*np.pi))
    bin_cells = bins[:10,:10], bins[10:,:10], bins[:10,10:],
bins[10:,10:]
    mag_cells = mag[:10,:10], mag[10:,:10], mag[:10,10:],
mag[10:,10:]
    hists = [np.bincount(b.ravel(), m.ravel(),16) for b,
                                m in zip(bin_cells, mag_cells)]
    hist = np.hstack(hists)
```

```
    return hist
# ============主程式============
img=cv2.imread("number2.bmp",0)
cv2.imshow("original",img)
img=hog(img)
print(img)
cv2.waitKey()
cv2.destroyAllWindows()
```

執行上述程式，輸出如圖 18-10 所示原始影像及上述影像對應的 64 個特徵值。

▲圖 18-10 【18.2】程式執行結果

```
[ 5692.76159668 17427.0168457        0.            0.
   806.38079834       0.           360.62445068       0.
  1020.           3966.86907959  2280.78930664  1612.76159668
  3652.76159668  1140.39465332  4746.63928223  1612.76159668
  8539.14239502 10273.04876709       0.            0.
  6712.76159668       0.           360.62445068   806.38079834
   510.           9736.8605957        0.            0.
     0.              0.           1501.019104     806.38079834
     0.              0.              0.            0.
     0.           1140.39465332  5945.55517578  2419.14239502
  5479.14239502  7027.42858887       0.            0.
     0.              0.              0.            0.
     0.              0.              0.            0.
   806.38079834  1140.39465332  3304.14141846   806.38079834
  2846.38079834  3304.14141846       0.            0.
     0.              0.              0.            0.         ]
```

▋ 18.4 資料處理

資料處理過程實現將該數字樣本影像從磁碟讀出，將其拆分為訓練資料和測試資料兩部分，並貼上各自對應的標籤，具體流程如圖 18-11 所示。

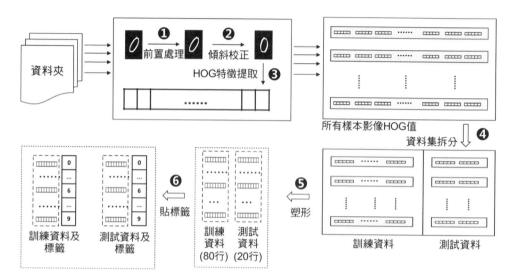

▲ 圖 18-11 資料處理流程圖

本節將建構一個函數 getData，將上述步驟整合在一起。下文將對該函數涉及的關鍵點進行說明。

1. 資料儲存形式

資料儲存是指將磁碟中的「資料夾」內的所有影像讀取到電腦中進行儲存。當然，每次讀取影像後，先針對影像進行圖 18-11 中的❶～❸的處理，得到所有樣本影像 HOG 值，再對其進行儲存。

為了說明採用迴圈讀取檔案的基本邏輯，以從磁碟直接讀取影像為例說明在讀取檔案時使用的嵌套迴圈結構。

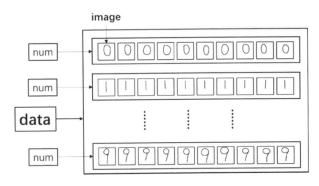

▲圖 18-12 資料儲存形式

圖 18-12 展示的是資料之間的邏輯關係。資料最終儲存在一個 np.array 中。其中，每個數字的所有樣本佔據一行，數字 0～9 共計 10 行。透過一個嵌套迴圈將所有影像加載到資料集 data 中組成一個二維形式的 array，其中每個元素是一幅影像。實現方式如下：

■ 將每個獨立的影像放入 image。

■ 內迴圈：每次迴圈將同一個數字的一幅 image 放入 num。一輪內迴圈建構一個 num。

■ 外迴圈：每次迴圈將透過內迴圈獲取的某個數字的 num 放入 data。透過多次迴圈，將每輪的 num 放入 data。

上文為了方便説明，使用的是各個手寫數字的影像。實際上，讀到 data 中的資料都是 HOG 值。

下面對資料處理流程中的各個步驟進行簡單説明。

2. 資料處理流程

資料處理流程圖如圖 18-11 所示，具體如下。

■ Step 1：前置處理。將影像從磁碟讀出後，對影像進行色彩空間處理並調整影像大小。大部分的情況下，要將影像由色彩空間轉換至灰階空間。如果影像還有其他格式不一致，那麼要將其調整一致。例如，資料集中部分影像是白底黑字的，部分影像是黑底白字的，也需要進行統一。調整樣本影像大小不僅是為了後續提取屬性的一致性，還為了避免程式出錯。如果影像大小不一致，在透過串列讀取後轉換為 array 時，就可能發生意外錯誤。例如，串列 a=[1,2]，b=[3,4,5]，此時可以將串列 a 和串列 b 組合為串列 c=[[1,2],[3,4,5]]，沒有任何問題。但是，在將串列 c 轉換為 np.array 時，因為串列 c 中元素的維度並不一致（一個是 2，另一個是 3），所以可能發生意外（也可能只發出警告）。因此，讀取影像後要先將影像大小調整一致，以便後續操作。

- Step 2：傾斜校正。使用函數 deskew 對待測試影像進行傾斜校正處理。
- Step 3：HOG 特徵提取。使用函數 hog 提取待測試影像的特徵值。
- Step 4：資料集拆分。將資料集拆分為訓練資料和測試資料。
- Step 5：塑形。將資料調整為 64 列，以便後續進行 SVM 處理。
- Step 6：貼標籤。為所有資料樣本貼標籤。標籤是其代表的實際數字值。

【例 18.3】獲取所有數字的樣本影像，將其拆分為訓練資料及測試資料，並貼上對應的標籤。

```python
# ============匯入函數庫============
import cv2
import numpy as np
import glob
# ============傾斜校正函數============
def deskew(img):
    m = cv2.moments(img)
    if abs(m['mu02']) < 1e-2:
        return img.copy()
    skew = m['mu11']/m['mu02']
    s=20
    M = np.float32([[1, skew, -0.5*s*skew], [0, 1, 0]])
    affine_flags = cv2.WARP_INVERSE_MAP|cv2.INTER_LINEAR
```

```
    size=(20,20)    # 每幅數位影像的尺寸
    img = cv2.warpAffine(img,M,size,flags=affine_flags)
    return img
# ============hog 函數============
def hog(img):
    gx = cv2.Sobel(img, cv2.CV_32F, 1, 0)
    gy = cv2.Sobel(img, cv2.CV_32F, 0, 1)
    mag, ang = cv2.cartToPolar(gx, gy)
    bins = np.int32(16*ang/(2*np.pi))
    bin_cells = bins[:10,:10], bins[10:,:10], bins[:10,10:],
bins[10:,10:]
    mag_cells = mag[:10,:10], mag[10:,:10], mag[:10,10:],
mag[10:,10:]
    hists = [np.bincount(b.ravel(), m.ravel(),16) for b,
                                                    m in
zip(bin_cells, mag_cells)]
    hist = np.hstack(hists)
    return hist
# ============getData 函數，獲取訓練資料、測試資料及對應標籤============
def getData():
    data=[]                      # 儲存所有數字的所有影像
    for i in range(0,10):
        iTen=glob.glob('data/'+str(i)+'/*.*')    # 所有影像的檔案名稱
        num=[]                   # 臨時串列，每次迴圈用來儲存某一個數字的所有影像
        for number in iTen:  # 一個一個提取檔案名稱
            # Step 1:前置處理（讀取影像，色彩空間轉換、調整大小）
            image=cv2.imread(number)     # 一個一個讀取檔案，放入 image
            image=cv2.cvtColor(image,cv2.COLOR_BGR2GRAY) # 彩色→灰色
            # x=255-x               # 必要時需要做反色處理：前景背景切換
            image=cv2.resize(image,(20,20))   # 調整大小
            # Step 2：傾斜校正
            image=deskew(image)        # 傾斜校正
            # Step 3：獲取 HOG 特徵值
            hogValue=hog(image)        # 獲取 HOG 特徵值
            num.append(hogValue)       # 把當前影像的 HOG 特徵值放入 num
        # 把單一數字的所有 hogvalue 放入 data，每個數字所有 HOG 特徵值占一行
```

```
        data.append(num)
    x=np.array(data)
    # Step 4：資料集拆分
    trainData=np.float32(x[:,:8])
    testData=np.float32(x[:,8:])
    # Step 5：塑形，調整為 64 列
    trainData=trainData.reshape(-1,64)    # 訓練影像調整為 64 列
    testData=testData.reshape(-1,64)       # 測試影像調整為 64 列
    # Step 6：貼標籤
    trainLabels = np.repeat(np.arange(10),8)[:,np.newaxis]    # 訓練影
像貼標籤
    TestLabels = np.repeat(np.arange(10),2)[:,np.newaxis]
  # 測試影像貼標籤
    return   trainData,trainLabels,testData,TestLabels
# ============主程式============
trainData,trainLabels,testData,TestLabels=getData()
print("trainData 形狀：",trainData.shape)
print("trainLabels 形狀：",trainLabels.shape)
print("testData 形狀：",testData.shape)
print("TestLabels 形狀：",TestLabels.shape)
```

執行上述程式，輸出的各個樣本集的維度資訊如下：

```
trainData 形狀： (80, 64)
trainLabels 形狀： (80, 1)
testData 形狀： (20, 64)
TestLabels 形狀： (20, 1)
```

18.5 建構及使用 SVM 分類器

相比前面的資料處理，使用 SVM 顯得很簡單。直接將上述處理好的
資料作為參數傳遞給 SVM 系統，呼叫 SVM 相關函數進行訓練、測試即
可。SVM 過程包含模型初始化、訓練模型、使用模型三個步驟，SVM 分
類器的建構與使用示意圖如圖 18-13 所示。

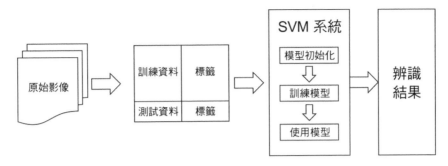

▲圖 18-13 SVM 分類器的建構與使用示意圖

　　在使用 SVM 分類器時，可以對對應參數進行更有針對性的設定。例如，透過 setKernel、setType、setC、setGamma 修改其對應的參數值。這裡主要設定 SVM 卷積核心的類型。卷積核心對訓練資料進行映射，以提高其與線性可分離資料集的相似性。這裡選擇線性類型表示不進行映射，具體為

```
svm.setKernel(cv2.ml.SVM_LINEAR)
```

【例 18.4】建構並使用 SVM 分類器。

```
# ============匯入函數庫============
import cv2
import numpy as np
import glob
# ============傾斜校正函數============
def deskew(img):
    # 為節省篇幅，此處略，詳見【例 18.1】內函式定義
# ============hog 函數============
def hog(img):
    # 為節省篇幅，此處略，詳見【例 18.2】內函式定義
# ============getData 函數，獲取訓練資料、測試資料及對應標籤============
def getData():
    # 為節省篇幅，此處略，詳見【例 18.3】內函式定義
# ============SVM 函數，建構 SVM 模型，使用 SVM 模型============
def SVM(trainData,trainLabels,testData,TestLabels):
    # ----------建構 svm 模型----------
```

```
    svm = cv2.ml.SVM_create()              # 初始化
    svm.setKernel(cv2.ml.SVM_LINEAR)       # 設定卷積核心類型
    svm.train(trainData, cv2.ml.ROW_SAMPLE, trainLabels)#訓練 SVM 模型
    # ----------使用 SVM 模型----------
    result = svm.predict(testData)[1]      # 獲取辨識標籤
    mask = result==TestLabels              # 比較辨識結果是否等於實際標籤
    correct = np.count_nonzero(mask)       # 計算非 0 值（相等）的個數
    accuracy = correct*100.0/result.size   # 計算準確率（相等個數/全部）
    return accuracy
# ============主程式============
trainData,trainLabels,testData,TestLabels=getData()
accuracy=SVM(trainData,trainLabels,testData,TestLabels)
print("辨識準確率為：",accuracy)
```

執行上述程式，輸出辨識準確率如下：

```
辨識準確率為： 100.0
```

18.6 實現程式

整合上述內容，即可得到完整程式。

【例 18.5】使用 SVM 分類器實現數字辨識。

```
# ============匯入函數庫============
import cv2
import numpy as np
import glob
# ============傾斜校正函數============
def deskew(img):
    m = cv2.moments(img)
    if abs(m['mu02']) < 1e-2:
        return img.copy()
    skew = m['mu11']/m['mu02']
    s=20
```

```
    M = np.float32([[1, skew, -0.5*s*skew], [0, 1, 0]])
    affine_flags = cv2.WARP_INVERSE_MAP|cv2.INTER_LINEAR
    size=(20,20)    # 每幅數位影像的尺寸
    img = cv2.warpAffine(img,M,size,flags=affine_flags)
    return img
# ============hog 函數============
def hog(img):
    gx = cv2.Sobel(img, cv2.CV_32F, 1, 0)
    gy = cv2.Sobel(img, cv2.CV_32F, 0, 1)
    mag, ang = cv2.cartToPolar(gx, gy)
    bins = np.int32(16*ang/(2*np.pi))
    bin_cells = bins[:10,:10], bins[10:,:10], bins[:10,10:],
bins[10:,10:]
    mag_cells = mag[:10,:10], mag[10:,:10], mag[:10,10:],
mag[10:,10:]
    hists = [np.bincount(b.ravel(), m.ravel(),16) for b,
                        m in zip(bin_cells, mag_cells)]
    hist = np.hstack(hists)
    return hist
# ============getData 函數，獲取訓練資料、測試資料及對應標籤============
def getData():
    data=[]                                    # 儲存所有數字的所有影像
    for i in range(0,10):
        iTen=glob.glob('data/'+str(i)+'/*.*')   # 所有影像的檔案名稱
        num=[]                  # 臨時串列，每次迴圈儲存某一個數字的所有影像
        for number in iTen:    # 一個一個提取檔案名稱
            # Step 1:前置處理（讀取影像，色彩空間轉換、調整大小）
            image=cv2.imread(number)      # 一個一個讀取檔案，放入 image
            image=cv2.cvtColor(image,cv2.COLOR_BGR2GRAY)   # 色彩空間
→灰色空間
            # x=255-x               # 必要時需要做反色處理：前景背景切換
            image=cv2.resize(image,(20,20))       # 調整大小
            # Step 2:傾斜校正
            image=deskew(image)                   # 傾斜校正
            # Step 3：獲取 HOG 特徵值
            hogValue=hog(image)           # 獲取 HOG 特徵值
```

```
            num.append(hogValue)            # 把當前影像的 HOG 特徵值放入 num
        # 把單一數字的所有 hogvalue 放入 data，每個數字所有 HOG 特徵值占一行
        data.append(num)
    x=np.array(data)
    # Step 4：資料集拆分（訓練資料、測試資料）
    trainData=np.float32(x[:,:8])
    testData=np.float32(x[:,8:])
    # Step 5：塑形，調整為 64 列
    trainData=trainData.reshape(-1,64)      # 訓練影像調整為 64 列
    testData=testData.reshape(-1,64)        # 測試影像調整為 64 列
    # Step 6：貼標籤
    trainLabels = np.repeat(np.arange(10),8)[:,np.newaxis] # 訓練影像
貼標籤
    TestLabels = np.repeat(np.arange(10),2)[:,np.newaxis]   # 測試影像
貼標籤
    return  trainData,trainLabels,testData,TestLabels
# ============SVM 函數，建構 SVM 模型、使用 SVM 模型============
def SVM(trainData,trainLabels,testData,TestLabels):
    # ----------建構 SVM 模型----------
    svm = cv2.ml.SVM_create()                        # 初始化
    svm.setKernel(cv2.ml.SVM_LINEAR)                 # 設定卷積核心類型
    svm.train(trainData, cv2.ml.ROW_SAMPLE, trainLabels)# 訓練 SVM 模型
    # ----------使用 SVM 模型----------
    result = svm.predict(testData)[1]        # 獲取辨識標籤
    mask = result==TestLabels                # 比較辨識結果是否等於實際標籤
    correct = np.count_nonzero(mask)         # 計算非 0 值（相等）的個數
    accuracy = correct*100.0/result.size     # 計算準確率（相等個數/全部）
    return accuracy
# ============主程式============
trainData,trainLabels,testData,TestLabels=getData()
accuracy=SVM(trainData,trainLabels,testData,TestLabels)
print("辨識準確率為：",accuracy)
```

執行上述程式，輸出辨識準確率如下：

```
辨識準確率為： 100.0
```

上述程式獲得了 100%的準確率，結果很樂觀。由於本例選取的樣本集較小、數字彼此之間較類似，因此該辨識系統還不具備實用性。讀者可以採用更多的訓練資料，透過調整參數，讓程式具有更好的實用性。

18.7 參考學習

官網上提供了另外一種解決方案，該方案將 OpenCV 附帶的一幅包含 5000 個手寫數字的影像拆解為一個個獨立的數字後作為訓練資料和測試資料，驗證使用 SVM 辨識數字的準確率。測試結果顯示，其準確率約為 94%。官網中該案例的具體網址見參考網址 8。

第 19 章同樣使用了 HOG 特徵，與本章不同的是，第 19 章沒有去一步步獲取 HOG 特徵值，而是直接採用 OpenCV 附帶的 HOGDescriptor 函數，借助 SVM 完成分類。

行人檢測

　　行人檢測是物件辨識的一個分支。物件辨識的任務是從影像中辨識出預先定義類型目標，並確定每個目標的位置。用來檢測行人的物件辨識系統被稱為行人檢測系統。

　　行人檢測主要用來判斷輸入圖片（或視訊）內是否包含行人。若檢測到行人，則舉出其具體的位置資訊。該位置資訊是智慧視訊監控、人體行為分析、智慧駕駛、智慧型機器人等應用的關鍵基礎。由於行人可能處於移動狀態，也可能處於靜止狀態，且外觀容易受到體型、姿態、衣著、拍攝角度、遮擋等多種因素的影響，因此行人檢測在電腦視覺領域內成為研究熱點與困難。

　　一種比較常用的行人檢測方式是統計學習方法，即根據大量樣本建構行人檢測分類器。提取的特徵主要有目標的灰階、邊緣、紋理、顏色、梯度等資訊。分類器主要包括類神經網路、SVM、Adaboost 及卷積神經網路等。

　　2005 年，法國國家資訊與自動化研究所（INRIA）的 Dalal 在 CVPR（Computer Vision & Pattern Recognition）發表了題為《基於 HOG 的行人檢測演算法》（*Histograms of Oriented Gradients for Human Detection*）的論文。該論文提出使用影像的方向特徵進行行人檢測，先將影像分塊，提取每一個子區塊內的方向特徵，然後將所有子區塊的特徵連接起來得到影像的整體特徵，最後根據影像的整體特徵實現行人檢測。該論文對行人檢測研究產生了重要影響，累計被引用 13338 次（截至 2021 年 8 月 21 日）。

OpenCV 採用的行人檢測演算法是基於 Dalal 的論文實現的，我們可以直接呼叫行人檢測器實現行人檢測。本章將介紹如何在 OpenCV 內引用行人檢測器完成行人檢測，並對其中的關鍵參數進行說明。

19.1 方向梯度長條圖特徵

方向梯度長條圖（Histogram of Oriented Gradient，HOG）特徵是影像非常重要的特徵。第 18 章中的程式提取了 HOG 特徵值，本節將以理論介紹為主，具體對 HOG 特徵值提取的基本流程進行介紹。

（1）Step 1：計算梯度影像。

使用如圖 19-1 所示的 Sobel 運算元可以計算 x 軸方向的梯度 g_x 和 y 軸方向的梯度 g_y。

▲圖 19-1 Sobel 運算元

根據梯度 g_x 和 g_y 可以計算當前點的梯度的大小（幅度）和方向，其公式為

$$g = \sqrt{g_x^2 + g_y^2}$$

$$\theta = \arctan \frac{g_y}{g_x}$$

經過上述步驟，可以得到影像的水平梯度、垂直梯度、梯度大小、梯度方向，範例如圖 19-2 所示：

- 圖 19-2（a）是原始影像。
- 圖 19-2（b）是 x 軸方向的梯度 g_x。
- 圖 19-2（c）是 y 軸方向的梯度 g_y。
- 圖 19-2（d）是梯度的大小。
- 圖 19-2（e）是梯度的方向（不同顏色表示不同方向）。

（b）　　　（c）

（a）　　　（d）　　　（e）

▲圖 19-2 影像的方向梯度範例

從圖 19-2 中可以進一步觀察到，x 軸方向的梯度 g_x 反映了影像在水平方向上的變化，y 軸方向的梯度 g_y 反映了影像在垂直方向上的變化。梯度大小表示影像發生變化的幅度，梯度方向表示梯度的實際方向。梯度的大小和方向包含了辨識影像的關鍵資訊。

（2）Step 2：計算子區塊梯度。

將影像劃分為 $n×n$ 大小的互不相交的子區塊，分別計算每一子區塊的梯度大小和方向。為了方便觀察，將 n 設定為 4，結果如圖 19-3 所示。

透過梯度計算，得到梯度的大小和方向，如圖 19-3（b）所示。當然，可以把梯度的大小和方向理解為圖 19-3（c）和圖 19-3（d）單獨儲存的形式。其中，圖 19-3（c）是梯度的方向，圖 19-3（d）是梯度的大小。

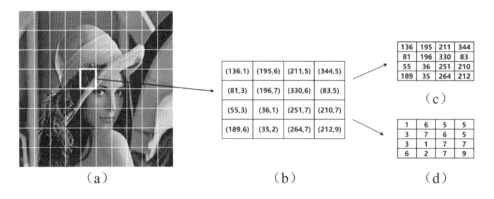

▲ 圖 19-3　劃分子區塊計算梯度

（3）Step 3：計算梯度長條圖。

　　根據梯度大小和方向（用角度表示）建構長條圖的過程示意圖如圖 19-4 所示，其中每一步都是根據梯度大小（影像 B）和梯度方向（影像 A）建構梯度長條圖（影像 C）的。

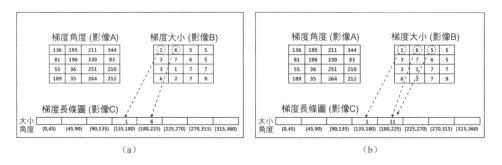

▲ 圖 19-4　根據梯度大小和方向建構長條圖的過程示意圖

- 圖 19-4（a）：對於影像 B 左上角的數值 1，在影像 A 中找到其對應的角度 136，該值在影像 C 中的[135,180)範圍內，故將數值 1 放入[135,180)對應的儲存格內。

- 圖 19-4（a）：對於影像 B 中首行第 2 個數值 6，在影像 A 中找到其對應的角度 195，該值在影像 C 中的[180,225)範圍內，故將數值 6 放入[180,225)對應的儲存格內。

- 圖 19-4（b）：在圖 19-4（a）的基礎上操作，對於影像 B 中首行第 3 個數值 5，在影像 A 中找到其對應的角度 211，該值在影像 C 中的 [180,225)範圍內，故將數值 5 放入[180,225)對應的儲存格內。因為，[180,225)對應的儲存格內已經有數值 6，因此要加上原有數值 6，得到目前的儲存格新值 11。

（4）Step 4：歸一化。

我們希望影像的特徵能夠盡可能地保持獨立，不受協力廠商條件的影響。

光源對影像的像素點有很大影響。明亮影像的像素值更高，暗淡影像的像素值更低。在採樣時，物體很容易受到光源的影響。因此，希望盡可能地擺脫光源對影像的影響。

例如，有一幅影像內部只有三個像素點，對應像素值分別為 [10,50,90]。像素值乘以 2 讓影像變亮，則會得到 [20,100,180]。很明顯，像素值改變前後各像素點之間的比例關係是不變的。這種現象對應於人眼視覺效果呈現的是影像形狀沒有改變，只是亮度發生了變化。但是，在計算梯度值時，梯度值發生了變換。例如：

- 針對影像[10,50,90]中的中間像素點"50"，使用圖 19-1 左圖的(-1,0,1) 運算元計算其 x 軸方向的簡易梯度值為右側像素點像素值減去左側像素點像素值，即 90-10=80。
- 針對影像[20,100,180]中的中間像素點"100"，使用圖 19-1 左圖的(-1,0,1)運算元計算其 x 軸方向的簡易梯度值為右側像素點像素值減去左側像素點像素值，即 180-20=160。

由此可知，影像在變亮後形狀雖然沒有改變，但是梯度值發生了明顯改變。

歸一化可以保證影像不受光源的影響，理論依據為一個資料集中的所有元素在等比例變化前後，任意一個數值與當前資料集的平方和的平方根之比保持不變。例如,像素值 a、像素值 b、像素值 c 在變換為原來的 k 倍前後,與這三個像素值的平方和的平方根之比不會發生改變,具體如下:

$$\frac{a}{\sqrt{a^2+b^2+c^2}} = \frac{ka}{\sqrt{(ka)^2+(kb)^2+(kc)^2}}$$

$$\frac{b}{\sqrt{a^2+b^2+c^2}} = \frac{kb}{\sqrt{(ka)^2+(kb)^2+(kc)^2}}$$

$$\frac{c}{\sqrt{a^2+b^2+c^2}} = \frac{kc}{\sqrt{(ka)^2+(kb)^2+(kc)^2}}$$

例如,在[10,50,90]中每一個元素與資料集的 $\sqrt{10^2+50^2+90^2}$ 之比為

$$\left[\frac{10}{\sqrt{10^2+50^2+90^2}}, \frac{50}{\sqrt{10^2+50^2+90^2}}, \frac{90}{\sqrt{10^2+50^2+90^2}}\right]$$

將 [10,50,90] 所有元素乘以 2 得到 [20,100,180] (可以轉換為 [10×2,50×2,90×2]) ,每一個元素與資料集平方和的平方根 ($\sqrt{(20)^2+(100)^2+(180)^2} = \sqrt{(2\times10)^2+(2\times50)^2+(2\times90)^2} = 2\sqrt{10^2+50^2+90^2}$) 之比為

$$\left[\frac{10\times2}{2\sqrt{10^2+50^2+90^2}}, \frac{50\times2}{2\sqrt{10^2+50^2+90^2}}, \frac{90\times2}{2\sqrt{10^2+50^2+90^2}}\right] =$$

$$\left[\frac{10}{\sqrt{10^2+50^2+90^2}}, \frac{50}{\sqrt{10^2+50^2+90^2}}, \frac{90}{\sqrt{10^2+50^2+90^2}}\right]$$

由此可知,在影像的像素值變換前後,影像內每個像素值與資料集平方和的平方根之比是不變的。也就是說,資料集中數值與資料集平方和的平方根之比具有穩定性,可作為資料集的不變特徵。

進一步來說,由於影像中的像素值與所有像素值平方和的平方根之比是影像的穩定特徵(不受光源影響),所以將該值作為影像的歸一化結果,參與後續的處理。

需要說明的是，OpenCV 在實現 HOG 特徵提取時，對影像的分塊、方向的劃分等都設定了預設值。為了便於理解，本節並沒有採用 OpenCV 的預設值，而是採用了更直觀的數值。

▌ 19.2 基礎實現

本節將介紹使用 OpenCV 附帶的行人檢測器實現行人檢測。

19.2.1 基本流程

在 OpenCV 中直接呼叫行人檢測器即可完成行人檢測，具體過程如下：

- 呼叫 hog=cv2.HOGDescriptor()，初始化 HOG 描述符號。
- 呼叫 setVMDetector，將 SVM 設定為預訓練的行人檢測器。該檢測器透過 cv2.HOGDescriptor_getDefaultPeopleDetector()函數載入。
- 使用 detectMultiScale 函數檢測影像中的行人，傳回值為行人對應的矩形框和矩形框的權重值。在該函數中待檢測影像是必選參數，除此之外，還有若干個很重要的可選參數，19.3 節將對這些可選參數進行介紹。

19.2.2 實現程式

本節使用 OpenCV 附帶的行人檢測器實現行人檢測。

【例 19.1】行人檢測。

```
import cv2
image = cv2.imread("back.jpg")
hog = cv2.HOGDescriptor()                # 初始化 HOG 描述符號
# 設定 SVM 為一個預先訓練好的行人檢測器
hog.setSVMDetector(cv2.HOGDescriptor_getDefaultPeopleDetector())
```

```
# 呼叫函數 detectMultiScale 檢測行人對應的矩形框
(rects, weights) = hog.detectMultiScale(image)
# 遍歷每一個矩形框，將其繪製在影像上
for (x, y, w, h) in rects:
    cv2.rectangle(image, (x, y), (x + w, y + h), (0, 0, 255), 2)
cv2.imshow("image", image)                 # 顯示檢測結果
cv2.waitKey(0)
cv2.destroyAllWindows()
```

執行上述程式，輸出如圖 19-5 所示的影像。

▲ 圖 19-5 【例 19.1】程式執行結果

從本例的執行結果可以看出，當前辨識效果還不錯。但是，在面對複雜情況時，該程式的辨識效果將差很多，還需要進一步的最佳化。

19.3 函數 detectMultiScale 參數及最佳化

OpenCV 為了提高附帶的行人檢測器的辨識準確率提供了非常多的參數。函數 detectMultiScale 的語法格式如下：

```
(rects , weights)= detectMultiScale(image [, winStride [, padding [,
scale[, useMeanshiftGrouping]]]])
```

其中：

- rects 表示檢測到的行人對應的矩形框。
- weights 表示矩形框的權重值。
- image 表示待檢測行人的輸入影像。
- winStride 表示 HOG 檢測視窗移動步進值。
- padding 表示邊緣擴充的像素個數。
- scale 表示建構金字塔結構影像時使用的縮放因數，預設值為 1.05。
- useMeanshiftGrouping 表示是否消除重疊的檢測結果。

19.3.1 參數 winStride

OpenCV 在實現 HOG 特徵提取時，建構了多層視窗結構，以確保提取到有效特徵。本節將以抽象後的視窗為例，介紹 winStride 的具體含義。

傳統方法將影像劃分為互不相交的小單元後，一個一個儲存格提取特徵，如 19.2 節程式所示。但是，直接採用互不相交的儲存格提取特徵可能導致影像內的部分特徵無法被提取到。圖 19-6 中存在數字 0（中間的黑色矩形框），如果將圖 19-6 所示的影像劃分為互不相交的 4×4 大小的小單元（每個單元內有 4×4 個像素點），那麼在任何一個小單元內都找不到數字 0。這是因為，中間的四個單元都只能找到數字 0 的一部分，其他小單元無法檢測到數字 0 的任何部分。

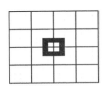

▲ 圖 19-6 數字 0

解決上述問題的方式是將圖 19-6 所示的影像劃分為相交的儲存格。對應的實現方式為使劃分的小單元從左上角開始向右側滑動，滑動到最右端後再次水平滑動到最左端，再向下滑動一個單位，然後繼續向右水平滑動,如此往復,自左至右,自上至下,完成整幅影像的遍歷,示意圖如圖 19-7 所示。

　　與劃分為互不相交的方式相比,採用視窗移動的方式能夠覆蓋更多區域,也就能夠辨識出更多物件。例如,透過滑動視窗可以檢測到圖 19-6 中的數字 0。

　　每次向右移動的像素點個數和向下移動的像素點個數稱為 winStride,可以將其譯為步幅或步進值。圖 19-7 中的 WinStride 的值為 (2,2),也就說在行方向移動時每次向右移動 2 個像素點,在列方向移動時每次向下移動 2 個像素點。

▲圖 19-7 winStride 滑動示意圖

　　透過上述分析可知:

- WinStride 值越小,覆蓋的物件越多,能夠找到的物件越多,但是運算效率會降低。
- WinStride 值越大,覆蓋的物件越少,能夠找到的物件越少,但是運算效率會提高,具有更好的即時性。

　　通常,需要在即時性和提取精度之間取得平衡。一般,將 WinStride 設定為(4,4)會有比較好的效果。

【例 19.2】觀察不同的 winStride 值的使用情況。

```
import cv2
import time
def detect(image,winStride):
    imagex=image.copy()              # 函數內部複製一個副本，讓每個函數執行在
不同的影像上
    hog = cv2.HOGDescriptor()        # 初始化 HOG 描述符號
    # 設定 SVM 為一個預先訓練好的行人檢測器
    hog.setSVMDetector(cv2.HOGDescriptor_getDefaultPeopleDetector())
    # 呼叫函數 detectMultiScale，檢測行人對應的矩形框
    time_start = time.time()         # 記錄開始時間
    # 獲取行人對應的矩形框及對應的權重值
    (rects, weights) =
hog.detectMultiScale(imagex,winStride=winStride)
    time_end = time.time()           # 記錄結束時間
    # 繪製每一個矩形框
    for (x, y, w, h) in rects:
        cv2.rectangle(imagex, (x, y), (x + w, y + h), (0, 0, 255), 2)
    print("size:",winStride,",time:",time_end-time_start)
    name=str(winStride[0]) + "," + str(winStride[0])
    cv2.imshow(name, imagex)         # 顯示原始效果
    # cv2.imwrite( str(time.time())+".bmp" ,imagex)     # 儲存
image = cv2.imread("back.jpg")
detect(image,(4,4))
detect(image,(12,12))
detect(image,(24,24))
cv2.waitKey(0)
cv2.destroyAllWindows()
```

執行上述程式，輸出如圖 19-8 所示的影像。

- 圖 19-8（a）使用的 winStride 值為(4,4)，步進值較小，能夠找到更多
  行人，但是也找到了雜訊，發生了誤判。

- 圖 19-8（b）使用的 winStride 值為(12,12)，步進值較為合理，恰好找
  到兩個行人。

- 圖 19-8（c）使用的 winStride 值為(24,24)，步進值較大，漏掉了行人。

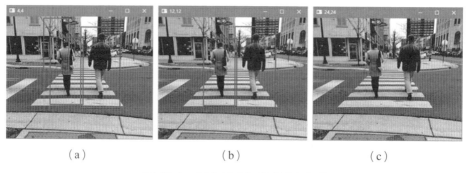

（a）　　　　　　　（b）　　　　　　　（c）

▲圖 19-8 【例 19.2】程式輸出影像

同時，程式輸出如下結果：

```
size: (4, 4) ,time: 0.08495187759399414
size: (12, 12) ,time: 0.0589666636657714844
size: (24, 24) ,time: 0.03597903251647949
```

從程式輸出結果可以看出，當步進值較小時，遍歷的區域更多，花費的時間更長。

19.3.2 參數 padding

參數 padding 表示邊緣擴充的像素個數，用來控制擴邊的大小，效果示意圖如圖 19-9 所示：

- 左圖是原始影像。
- 右圖是擴邊結果，在原始影像的每一側都增加了一定數量的像素點。

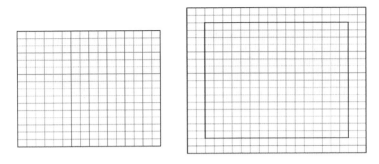

▲ 圖 19-9 擴邊效果示意圖

　　透過擴邊能夠將檢測視窗放置在影像外部，從而檢測到影像內接近邊緣的行人。例如，在圖 19-10 中：

■ 影像 19-10（a）是擴邊前的情形，只有一個視窗能夠檢測到的左上角的黑點。

■ 影像 19-10（b）是擴邊後的情形，左上角的黑點能夠被 4 個視窗檢測到。透過縮小步進值，可以被更多的視窗檢測到。

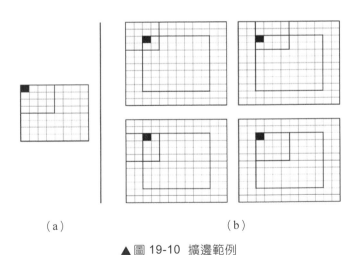

（a）　　　　　　　　　　（b）

▲ 圖 19-10 擴邊範例

　　如果將被兩個視窗檢測到作為是否被檢測到的閾值，那麼圖 19-10（a）中的黑點無法被檢測到，圖 19-10（b）中的黑點可以被檢測到。

　　實踐中經常利用擴邊來達到不同的目的。函數 detectMultiScale 使用參數 padding 是為了檢測到影像邊緣位置的行人。參數 padding 的值通常被設定為(8, 8)，(16, 16)，(24, 24)，(32, 32)等。

　　【例 19.3】觀察參數 padding 不同值的檢測效果。

```
import cv2
import time
def detect(image,padding):
    imagex=image.copy()    # 函數內部複製一個副本，讓每個函數執行在不同的影
像上
    hog = cv2.HOGDescriptor()    # 初始化 HOG 描述符號
    # 設定 SVM 為一個預先訓練好的行人檢測器
    hog.setSVMDetector(cv2.HOGDescriptor_getDefaultPeopleDetector())
    # 呼叫函數 detectMultiScale，檢測行人對應的矩形框
    time_start = time.time()    # 記錄開始時間
    # 獲取行人對應的矩形框及對應的權重值
    (rects, weights) = hog.detectMultiScale(imagex,
                       winStride=(16,16),padding=padding)
    time_end = time.time()    # 記錄結束時間
    # 繪製每一個矩形框
    for (x, y, w, h) in rects:
        cv2.rectangle(imagex, (x, y), (x + w, y + h), (0, 0, 255),
2)
    print("Padding size:",padding,",time:",time_end-time_start)
    name=str(padding[0]) + "," + str(padding[0])
    cv2.imshow(name, imagex)    # 顯示原始效果
image = cv2.imread("backPadding2.jpg")
detect(image,(0,0))
detect(image,(8,8))
cv2.waitKey(0)
cv2.destroyAllWindows()
```

　　執行上述程式，輸出如圖 19-11 所示的影像。

■　左圖使用的是 padding=(0,0)，未檢測到行人。

- 右圖使用的是 padding=(8,8)，檢測到了一個行人。

▲圖 19-11【例 19.3】程式輸出影像

同時，程式輸出如下結果：

```
Padding size: (0, 0) ,time: 0.05596780776977539
Padding size: (8, 8) ,time: 0.11493301391601562
```

由程式輸出結果可以看出，在擴邊後可檢測到靠近影像邊緣的行人，但是運算量加大，耗時更長。

19.3.3 參數 scale

參數 scale 是檢測過程建構金字塔結構影像使用的比例值。

金字塔結構影像可以幫助我們更好地提取到影像不同尺度（包括大小和清晰度）下的特徵。例如，我們不僅僅能夠在近處辨識行人；在很遠處，即使只看到一個物件的大致輪廓，也能夠判斷出這個物件是不是一個人，這是因為辨識的是一個物件在縮小、模糊後仍具有的有效特徵。金字塔結構影像就是這個原理，它使用高斯濾波縮小影像，確保得到的小尺度影像仍包含影像的本質特徵。影像自身及不斷縮小的小尺度影像組成了一個金字塔結構影像，如圖 19-12 所示，第 0 層是原始影像，其餘各層是透過不斷縮小尺寸得到的一系列影像。

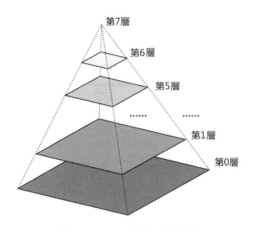

▲圖 19-12 金字塔結構影像

當原始數值是 16 時，根據不同的公比建構序列：

■　公比為 4：得到序列[16,4,1]，包含 3 個值。

■　公比為 2：得到序列[16,8,4,2,1]，包含 5 個值。

由此可知，公比大小直接影響等比數列（到 1 為止）內的元素的個數。

scale 參數的值控制的是在建構金字塔結構影像時使用的公比，如圖 19-13 所示：

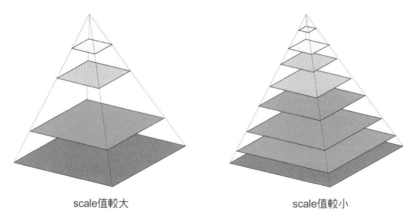

scale值較大　　　　　　　　　　　　　scale值較小

▲圖 19-13　scale 值影響

- scale 值越大，對應的影像越少（對應的金字塔結構層數越少），找到辨識物件的機率越低。
- scale 值越小，對應的影像越多（對應的金字塔結構層數越多），在不同層中找到辨識物件的機率越高。

   scale 的預設值為 1.05。

   【例 19.4】觀察不同 scale 參數值的檢測效果。

```
import cv2
import time
def detect(image,scale):
    imagex=image.copy()              # 函數內部複製一個副本，讓每個函數執行在
不同的影像上
    hog = cv2.HOGDescriptor()        # 初始化 HOG 描述符號
    # 設定 SVM 為一個預先訓練好的行人檢測器
    hog.setSVMDetector(cv2.HOGDescriptor_getDefaultPeopleDetector())
    # 呼叫函數 detectMultiScale 檢測行人對應的矩形框
    time_start = time.time()         # 記錄開始時間
    # 獲取行人對應的矩形框及對應的權重值
    (rects, weights) = hog.detectMultiScale(imagex,scale=scale)
    time_end = time.time()           # 記錄結束時間
    # 繪製每一個矩形框
    for (x, y, w, h) in rects:
        cv2.rectangle(imagex, (x, y), (x + w, y + h), (0, 0, 255), 2)
    print("sacle size:",scale,",time:",time_end-time_start)
    name=str(scale)
    cv2.imshow(name, imagex)         # 顯示原始效果
image = cv2.imread("back.jpg")
detect(image,1.05)
detect(image,1.5)
cv2.waitKey(0)
cv2.destroyAllWindows()
```

   執行上述程式，輸出如圖 19-14 所示的影像：

- 圖 19-14（a）使用的 scale 值為 1.01，找到了行人，也找到了雜訊。

- 圖 19-14（b）使用的 scale 值為 1.05，恰好找到了行人。
- 圖 19-14（c）使用的 scale 值為 1.3，找到了部分行人，發生了漏檢。

 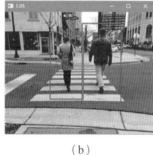 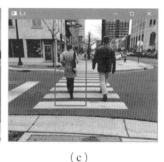

（a） （b） （c）

▲ 圖 19-14 【例 19.4】程式輸出影像

同時，程式輸出如下結果：

```
sacle size: 1.01 ,time: 0.07795453071594238
sacle size: 1.05 ,time: 0.03597903251647949
sacle size: 1.3 ,time: 0.010995149612426758
```

從程式輸出結果可以看出，使用小的 scale 值能夠更好地檢測到影像內的行人目標，但是耗時較長；使用較大的 scale 值，速度較快，即時性好，但是可能會發生漏檢。因此，需要在二者之間取得平衡。大部分的情況下，scale 值的設定範圍為[1.01, 1.5]。

19.3.4 參數 useMeanshiftGrouping

參數 useMeanshiftGrouping 用來控制是否消除重疊的檢測結果。

消除重疊的檢測結果範例如圖 19-15 所示：

- 左圖是原始影像。
- 中間圖是行人檢測結果，可以看到針對每個物件檢測出了很多目標。這顯然不是理想的結果，我們希望一個物件僅被檢測到一次。
- 右圖是消除重疊的檢測結果後的結果，每個行人僅被檢測到一次。

▲圖 19-15 消除重疊的檢測結果範例

參數 useMeanshiftGrouping 是布林類型的,其值為 False 或 True,用來決定是否消除重疊的檢測結果。該值的預設值為 False,表示不消除重疊的檢測結果。

函數 detectMultiScale 採用 meanShift(均值漂移)演算法實現消除重疊的檢測結果。大部分的情況下,meanShift 演算法旨在找到資料空間中密度最大的點。

如圖 19-16 所示,meanShift 演算法基本流程如下:

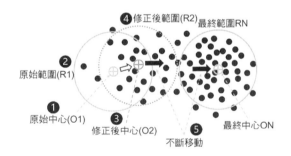

▲圖 19-16 meanShift 演算法示意圖

- Step 1:隨機在一組資料中選擇一個位置作為中心點(原始中心 O1)。
- Step 2:根據該中心(O1)劃定一個區域(原始範圍 R1)。
- Step 3:計算 Step 2 中劃定的區域(原始範圍 R1)的質心(可根據需要選取重心、向量中心等值),得到修正後中心 O2。
- Step 4:以 O2 為中心劃定修正範圍 R2。

■ Step 5：重複上述步驟，不斷地計算新中心—新範圍—新中心，直到找到的新中心點與當前中心一致。將最後的中心作為最終查詢結果。

meanShift 演算法的理論依據在於，中心不再移動表示當前中心點就是整體的中心點，即找到了最終的中心點。

當很多矩形框重疊時，可以透過 useMeanshiftGrouping 函數去除重疊的矩形框。

OpenCV 還提供了 meanShift、CamShift 兩個與 meanShift 演算法相關的函數。OpenCV 官網上提供了使用上述函數實現追蹤運動目標的案例的程式，網址為參考網址 9。

【例 19.5】觀察重疊邊界處理結果。

```
import cv2
import time
def detect(image,useMeanshiftGrouping):
    imagex=image.copy()            # 函數內部複製一個副本，讓每個函數執行在
不同的影像上
    hog = cv2.HOGDescriptor()       # 初始化 HOG 描述符號
    # 設定 SVM 為一個預先訓練好的行人檢測器
    hog.setSVMDetector(cv2.HOGDescriptor_getDefaultPeopleDetector())
    # 呼叫函數 detectMultiScale 檢測行人對應的矩形框
    time_start = time.time()        # 記錄開始時間
    # 獲取行人對應的矩形框及對應的權重值
    (rects, weights) = hog.detectMultiScale(imagex,
                          scale=1.01,
                          useMeanshiftGrouping=useMeanshiftGrouping)
    time_end = time.time()          # 記錄結束時間
    # 繪製每一個矩形框
    for (x, y, w, h) in rects:
        cv2.rectangle(imagex, (x, y), (x + w, y + h), (0, 0, 255), 2)
    print("useMeanshiftGrouping:",useMeanshiftGrouping,",time:",
                          time_end-time_start)
    name=str(useMeanshiftGrouping)
```

```
    cv2.imshow(name, imagex)        # 顯示原始效果
image = cv2.imread("back.jpg")
detect(image,False)
detect(image,True)
cv2.waitKey(0)
cv2.destroyAllWindows()
```

　　執行上述程式，輸出如圖 19-17 所示的影像，左圖是沒有採用消除重疊的效果，右圖是採用了消除重疊的效果。

▲圖 19-17 【例 19.5】程式輸出影像

　　除此之外，還可以透過非極大值抑制的方式去除重疊邊界。非極大值抑制的基本思路是在一組高度相關的相交矩形中只保留一個最關鍵的矩形。

　　假設集合 A 中有一組矩形，想對其以非極大值抑制的方式進行去重疊處理，流程圖如圖 19-18 所示，具體步驟如下：

■ Step 1：根據某個規則（如權重值，還可以是面積、位置等），從集合 A 中找到最關鍵的矩形 f，將其放入最終集合 B 中。此時，集合 B 中包含 f。

- Step 2：計算集合 *A* 中與矩形 f 的重疊面積超過閾值（百分比，如 50%）的所有矩形，如矩形 k、矩形 b、矩形 e 等；從集合 *A* 中刪除矩形 f、矩形 k、矩形 b、矩形 e。此時，集合 *A* 中包含矩形 a、矩形 c、矩形 d、矩形 g、矩形 h、矩形 i、矩形 j、矩形 l。

- Step 3：從當前集合 *A* 中選擇最關鍵的矩形 j，將矩形 j 放入集合 *B* 中。此時，集合 *B* 中包含矩形 f、矩形 j。

- Step 4：計算集合 *A* 中與矩形 j 的重疊面積超過閾值（百分比，如 50%）的所有矩形，如矩形 a、矩形 d、矩形 l 等；從集合 *A* 中刪除矩形 j、矩形 a、矩形 d、矩形 l。此時，集合 *A* 中包含矩形 c、矩形 g、矩形 h、矩形 i。

- Step 5：從當前集合 *A* 中選擇最關鍵的矩形 c，將矩形 c 放入集合 *B* 中。此時，集合 *B* 中包含矩形 f、矩形 g、矩形 c。

- Step 6：計算集合 *A* 中與矩形 c 的重疊面積超過閾值（百分比，如 50%）的所有矩形，如矩形 g、矩形 h、矩形 i 等；從集合 *A* 中刪除矩形 c、矩形 g、矩形 h、矩形 i。此時，集合 *A* 為空。演算法停止。

　　實際上，上述演算法是不斷地重複上述 Step 1～Step 2，直到集合 *A* 為空為止，最終得到的集合 *B* 即最終結果。

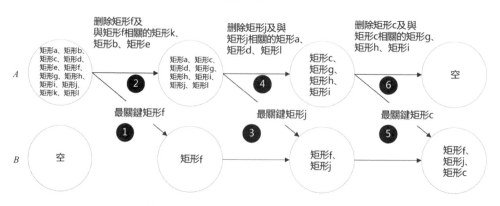

▲圖 19-18 非極大值抑制方式範例流程圖

本書所附的原始程式碼中包含了筆者撰寫的採用非極大值抑制方式的去除重疊效果程式（包含詳盡的註釋），檔案在本章原始程式碼下，名稱為 detect.py。

19.4 完整程式

將上述內容整合即可得到行人檢測的完整程式。

【例 19.6】行人檢測。

```
import cv2
def detect(image,winStride,padding,scale,useMeanshiftGrouping):
    hog = cv2.HOGDescriptor()     # 初始化 HOG 描述符號
    # 設定 SVM 為一個預先訓練好的行人檢測器
    hog.setSVMDetector(cv2.HOGDescriptor_getDefaultPeopleDetector())
    # 獲取行人對應的矩形框及對應的權重值
    (rects, weights) = hog.detectMultiScale(image,
                        winStride = winStride,
                        padding = padding,
                        scale = scale,
                        useMeanshiftGrouping=useMeanshiftGrouping)
    # 繪製每一個矩形框
    for (x, y, w, h) in rects:
        cv2.rectangle(image, (x, y), (x + w, y + h), (0, 0, 255), 2)
    cv2.imshow("result", image)     # 顯示原始效果
image = cv2.imread("back.jpg")
winStride = (8,8)
padding = (2,2)
scale = 1.03
useMeanshiftGrouping=True
detect(image,winStride,padding,scale,useMeanshiftGrouping)
cv2.waitKey(0)
cv2.destroyAllWindows()
```

執行上述程式，輸出如圖 19-19 所示的影像。

▲圖 19-19 【例 19.6】程式執行結果

19.5 參考學習

本章簡介了 HOG 特徵的提取方法，但是並沒有從頭去撰寫程式提取 HOG 特徵，而是透過 HOGDescriptor 函數完成了分類。第 18 章撰寫了提取 HOG 特徵的程式，大家可以透過相關內容進一步加深對 HOG 的理解。

另外，大家可以透過本書所附的原始程式碼 detect.py（在本章目錄下）進一步學習採用非極大值抑制方式去除重疊效果。

K 均值聚類實現藝術畫

　　張伯伯在鎮上賣菜，他的菜都是精心種植的，新鮮又便宜，鎮上的人都喜歡去他的攤位買菜。張伯伯在鎮上賣了幾十年的菜，張伯伯年紀越來越大，鎮子的規模越來越大，大家去他那裡買菜的距離越來越遠。於是，他決定讓自己的四個兒子每個人在鎮上選一個地點賣菜。

　　第一天，四兄弟隨機在鎮子東、南、西、北四個方向各選了一個位置。鎮上的居民知道後，都選擇距離自己最近的攤位去買菜。四兄弟一邊賣菜一邊問大家都住在哪裡，判斷大家來買菜的路程。

　　第二天，四兄弟把攤位調整到了距離前一天來自己攤位買菜的人家的相對中間的位置，希望更多的人能夠在更近的距離買菜。鎮上居民根據四兄弟的廣播知道四兄弟調整了位置，於是都選擇距離自己最近的一個攤位去買菜（部分人選擇的攤位與第一天選擇的攤位有差異）。四兄弟還是像第一天一樣一邊賣菜一邊問大家住在哪裡，從而判斷大家來買菜的路程。

　　第三天，四兄弟又把攤位調整到距離前一天來自己攤位買菜的人家的中間位置。大家知道後，還是選擇就近的攤位去買菜。四兄弟與前兩天一樣記住大家的路程，方便明天繼續調整菜攤位置。

　　有一天，四兄弟發現計算出來的新位置和前一天的位置是一致的，已經在距離來自己攤位買菜的人家的最中間位置上了。從此以後四兄弟就一直在這個固定的位置賣菜了。

上述就是 K 均值聚類（Kmeans）的基本概念，其中，K 表示分組的個數，本例中 K=4，如果張伯伯有兩個兒子，則 K=2。

K 均值聚類無須過多的外部資料和干預就能自動將資料劃分為 K 個分組，並能夠獲取各個分組的中心位置。

OpenCV 提供了直接實現 K 均值聚類的函數 kmeans，本章將透過該函數讓一幅影像呈現出藝術畫效果。

20.1 理論基礎

K 均值聚類的特點在於不需要過多外界干預，直接根據資料自身的特點完成分類。本節將先介紹 K 均值聚類的案例，再介紹 K 均值聚類的基本步驟。

20.1.1 案例

本節將透過兩個案例來介紹如何實現 K 均值聚類。

首先介紹一維資料的 K 均值聚類是如何實現的。

假設，有 6 粒豆子混在一起，要求在不知道這些豆子類別的情況下，將它們按照直徑〔以 mm（毫米）為單位〕大小劃分為兩組（兩類）。經過測量，這些豆子的直徑分別為 1mm、2mm、3mm、10mm、20mm、30mm，以各自直徑為 6 粒豆子的編號。下面以豆子的直徑為標記進行分類操作。

K 均值聚類透過多輪迴圈完成分類，具體如圖 20-1 所示。

■ 初始：在所有豆子裡面隨機挑選兩粒豆子（如豆子 1 和豆子 2），並將其直徑作為分組依據。將其他豆子按照與這兩粒豆子的直徑距離劃分為兩組。豆子直徑與哪一個分組依據接近，就將其劃分到對應的組內。對於本例，除了豆子 1 和豆子 2，其餘所有豆子的直徑都更接近豆子 2 的直徑，所以將所有其他豆子都劃分到豆子 2 所在分組。劃分結果：第 1 組{1}，第 2 組{2,3,10,20,30}。

- 第 1 輪：先計算上一輪劃分好的兩組豆子的直徑均值 D，並將該值作為新分組依據。接下來，計算其餘所有豆子距離分組依據直徑均值 D 的距離，將每粒豆子劃分到與其距離較小的分組依據值所在組。例如，初始分組後，第 1 組{1}均值為 1，第 2 組{2,3,10,20,30}均值為 13。豆子 1、豆子 2、豆子 3 距離第 1 組均值 1 更近，劃分到均值 1 所在組；豆子 10、豆子 20、豆子 30，距離第 2 組均值 13 更近，劃分到均值 13 所在組。劃分結果：第 1 組{1,2,3}，第 2 組{10,20,30}。

- 第 2 輪：重複上一輪操作，根據均值劃分新組。第 1 輪分組後，第 1 組{1,2,3}均值為 2，第 2 組{10,20,30}均值為 20。豆子 1、豆子 2、豆子 3、豆子 10 距離第 1 組均值 2 更近，劃分到均值 2 所在組；豆子 20、豆子 30 距離第 2 組均值 20 更近，劃分到均值 20 所在組。劃分結果：第 1 組{1,2,3,10}，第 2 組{20,30}。

- 第 3 輪：重複上一輪操作，根據均值劃分新組。此時，第 1 組{1,2,3,10}均值為 4，第 2 組{20,30}均值為 25。豆子 1、豆子 2、豆子 3、豆子 10 距離第 1 組均值 4 更近，劃分到均值 4 所在組；豆子 20、豆子 30 距離第 2 組均值 25 更近，劃分到均值 25 所在組。劃分結果：第 1 組{1,2,3,10}，第 2 組{20,30}。本輪分組與上一輪分組一樣，認為獲得了穩定的分組，分組結束。

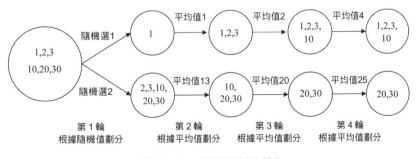

▲ 圖 20-1 一維資料劃分範例

　　從上述步驟可以看到，K 均值聚類不需要過多外界干預。初始隨機選取兩個值作為分組依據；然後重複執行根據均值劃分新組；直到在分組穩定得到最終分組。

　　接下來介紹二維資料的分組方法 K 均值聚類是如何實現的。

　　圖 20-2 中有一組二維資料（X 軸、Y 軸都有值），分組過程如下。

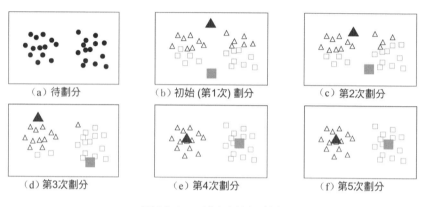

（a）待劃分　　　　（b）初始 (第1次) 劃分　　　　（c）第2次劃分

（d）第3次劃分　　　　（e）第4次劃分　　　　（f）第5次劃分

▲圖 20-2　二維資料劃分範例

- 初始（第 1 次）劃分：隨機選取兩個點（本例選取的兩個點並不在原始資料中，也可以隨機選擇原始資料中的兩個點）作為初始中心點。計算每個已知點與這兩個中心點的距離，與哪個中心點近就劃分到哪個中心點對應的組內。圖 20-2（a）中顯示的是各個點按照新的中心點劃分後的結果。圖 20-2（b）～圖 20-2（f）與此相同，顯示的均是根據圖中的新中心點劃分的各個點。

- 第 2 次劃分：計算上一次劃分好的分組的中心點（均值點），將新中心點作為分組依據。計算其餘所有點與新中心點的距離，根據距離遠近，將對應點劃分到不同的中心點對應的組。

- 第 3 次劃分：重複上一次劃分過程，計算上一次劃分好的分組的中心點（均值點），據此劃分新分組。若分組穩定，不再變化，則停止劃分；否則，繼續劃分。此時，分組有變化，繼續劃分。

- 第 4 次劃分：重複上一次劃分過程，計算上一次劃分好的分組的中心點（均值點），據此劃分新分組。若分組穩定，不再變化，則停止劃分；否則，繼續劃分。此時，分組有變化，繼續劃分。

- 第 5 次劃分：重複上一次劃分過程，計算上一次劃分好的分組的中心點（均值點），據此劃分新分組。若分組穩定，不再變化，則停止劃分；否則，繼續劃分。此時，分組無變化，劃分結束，當前劃分結果即最終分組結果。

　　從上述過程可以看出，二維資料的 K 均值聚類與一維資料的 K 均值聚類類似，都是在初始情況下隨機指定兩個值作為分組依據，然後不斷地完成「新中心點→新分組→新中心點」的循環操作，直到分組穩定。最後，將穩定的分組結果作為最終分組結果。

　　為了方便說明，本書進行的是二分組，也就是把所有資料劃分為兩組。實際上，K 均值聚類可以實現任意個分組。K 均值聚類中的 K 表示分組個數。

20.1.2　K 均值聚類的基本步驟

　　K 均值聚類是一種將輸入資料劃分為 K 個簇的簡單聚類演算法，該演算法不斷提取當前分類的中心點（又稱質心或重心），並最終在分類穩定時完成聚類。從本質上說，K 均值聚類是一種迭代演算法。

　　K 均值聚類演算法的基本步驟如下：

　　Step 1：隨機選取 K 個點作為分類的中心點。

　　Step 2：將每個資料點放到距離它最近的中心點所在的類中。

　　Step 3：重新計算各個分類的資料點的平均值，將該平均值作為新的分類中心點。

　　Step 4：重複 Step 2 和 Step 3，直到分類穩定。

在進行 Step 1 操作時，可以隨機選取 *K* 個點作為分類的中心點，也可以隨機生成 *K* 個並不存在於原始資料中的資料點作為分類中心點。

Step 3 中提到了「距離最近」，這說明要進行某種形式的距離計算。在具體實現時，可以根據需要採用不同的計算方法。當然，不同的計算方法會對演算法性能產生一定影響。

20.2 K 均值聚類別模組

OpenCV 提供了函數 kmeans 來實現 K 均值聚類，該函數的語法格式為

```
retval, bestLabels, centers=cv2.kmeans(data, K, bestLabels,
                                       criteria, attempts, flags)
```

其中，傳回值的含義為

- retval：距離值（又稱密度值或緊密度），傳回每個點到對應中心點距離的平方和。
- bestLabels：各個資料點的最終分類標籤（索引）。
- centers：每個分類的中心點資料。

其中，各個參數的含義為

- data：輸入的待處理資料集合，應該是 np.float32 類型，每個特徵放在單獨的一列中。
- K：要分出的簇的個數，即分類的數目，最常見的是 K=2，表示二分類。
- bestLabels：計算之後各個資料點的最終分類標籤（索引）。實際呼叫時，將參數 bestLabels 的值設定為 None 即可。
- criteria：演算法迭代的終止條件。當達到最大循環次數或者指定的精度閾值時，停止迭代。該參數由三個子參陣列成，分別為 type、

max_iter 和 eps。

- type：終止的類型，可以是三種情況，分別如下。
  - ➤ cv2.TERM_CRITERIA_EPS：精度滿足 eps 時，停止迭代。
  - ➤ cv2.TERM_CRITERIA_MAX_ITER：迭代次數超過閾值 max_iter 時，停止迭代。
  - ➤ cv2.TERM_CRITERIA_EPS + cv2.TERM_CRITERIA_MAX_ITER：滿足上述兩個條件中的任意一個時，停止迭代。
- max_iter 表示最大迭代次數。
- eps 表示精確度的閾值。

- attempts：在具體實現時，為了獲得最佳分類效果，可能需要使用不同的初始分類值進行多次嘗試。指定 attempts 的值可以讓演算法使用不同的初值進行多次（attempts 次）嘗試。

- flags：表示選擇初始中心點的方法，主要有以下 3 種。
  - cv2.KMEANS_RANDOM_CENTERS：隨機選取中心點。
  - cv2.KMEANS_PP_CENTERS：基於中心化演算法選取中心點。
  - cv2.KMEANS_USE_INITIAL_LABELS：使用使用者輸入的資料作為第一次分類中心點；如果演算法需要嘗試多次（當 attempts 值大於 1 時），那麼後續嘗試都使用隨機值或者半隨機值作為第一次分類中心點。

【例 20.1】使用 K 均值聚類別模組對一組隨機數進行分類。

根據題目要求，使用隨機數建構一組二維資料，並使用函數 kmeans 對它們進行分類，主要步驟如下。

（1）資料準備。

首先，準備用於分類的模擬資料，具體實現敘述如下：

```
X = np.random.randint(0,100,(50,2))
X = np.float32(X)
```

（2）使用 K 均值聚類別模組。

設定好參數後直接呼叫函數 kmeans 即可使用 K 均值聚類別模組，具體實現敘述如下：

```
criteria = (cv2.TERM_CRITERIA_EPS + cv2.TERM_CRITERIA_MAX_ITER, 10,
1.0)
ret,label,center=cv2.kmeans(X,2,None,criteria,10,cv2.KMEANS_RANDOM_C
ENTERS)
```

（3）列印的實現。

將函數 kmeans 得到的距離、標籤、分類中心點列印，具體實現敘述如下：

```
print("距離：",ret)
print("標籤：",np.reshape(label,-1))
print("分類中心點：\n",center)
```

（4）視覺化的實現。

根據 K 均值聚類的分類結果將分類資料視覺化。

Step 1：提取分類資料。

根據函數 kmeans 傳回的標籤（"0"和"1"），從原始資料集 MI 中分別提取出兩組資料：

- 將標籤 0 對應的數值提取出來命名為 A。
- 將標籤 1 對應的數值提取出來命名為 B。

具體實現敘述如下：

```
A = MI[label.ravel()==0]
B = MI[label.ravel()==1]
```

Step 2：繪製分類結果資料。

使用函數 scatter 可以繪製散點圖，該函數的基本格式為

```
plt. scatter(x,y,c,marker)
```

其中：

- x 和 y 表示資料來源，是需要顯示的資料。
- c 表示繪製圖形的顏色。例如，"b"表示藍色，"g"表示綠色，"r"表示紅色。
- marker 表示繪製圖形的樣式。例如，"o"表示小數點，"s"表示小正方形。

繪製分類資料使用的敘述為

```
plt.scatter(XM[:,0],XM[:,1],c = 'g', marker = 's')
plt.scatter(YM[:,0],YM[:,1],c = 'r', marker = 'o')
```

Step 3：繪製每類資料的中心點。

繪製每類資料的中心點的敘述為

```
plt.scatter(center[0,0],center[0,1],s = 200,c = 'b', marker = 's')
plt.scatter(center[1,0],center[1,1],s = 200,c = 'b', marker = 'o')
```

（5）完整實現。

根據題目要求及分析，撰寫程式如下：

```
import numpy as np
import cv2
import matplotlib.pyplot as plt
# ===============資料準備===============
X = np.random.randint(0,100,(50,2))
X = np.float32(X)
# =============使用 K 均值聚類別模組=============
criteria = (cv2.TERM_CRITERIA_EPS + cv2.TERM_CRITERIA_MAX_ITER, 10,
1.0)
ret,label,center=cv2.kmeans(X,2,None,criteria,10,cv2.KMEANS_RANDOM_C
ENTERS)
# =============列印的實現=============
print("距離：",ret)
print("標籤：",np.reshape(label,-1))
```

```
print("分類中心點：\n",center)
# =============視覺化的實現=============
# 根據函數 kmeans 傳回的標籤，將資料分為 A 和 B 兩類
A = X[label.ravel()==0]
B = X[label.ravel()==1]
# 繪製分類資料
plt.scatter(A[:,0],A[:,1],c = 'g', marker = 's')
plt.scatter(B[:,0],B[:,1],c = 'r', marker = 'o')
# 繪製分類資料的中心點
plt.scatter(center[0,0],center[0,1],s = 200,c = 'b', marker = 's')
plt.scatter(center[1,0],center[1,1],s = 200,c = 'b', marker = 'o')
plt.show()
```

（6）輸出結果。

執行上述程式，輸出結果為

```
距離： 45091.0166759491
標籤： [1 1 1 0 0 1 1 0 1 0 0 0 0 1 1 1 1 0 0 1 0 0 0 1 0 1 0 0 0 0 1
1 1 0 0 0 0 0 0 0 0 1 1 1 0 0 0 1 0 0]
分類中心點：
 [[69.86667  39.800003]
 [17.1      56.05     ]]
```

由於輸入的資料來源是隨機數，所以程式每次執行輸出的結果不完全一致。

（7）視覺化展示。

執行【例 20.1】完整實現部分程式輸出結果如圖 20-3 所示。

在圖 20-3 中，左側小小數點是標籤為"1"的資料 B 的散點圖；右側小方塊是標籤為"0"的資料 A 的散點圖；左側稍大的小數點是標籤為"1"的資料組的中心點；右側稍大的方塊是標籤為"0"的資料組的中心點。

需要說明的是，由於使用的是隨機資料，所以每次執行程式輸出的分組可能會有所不同。

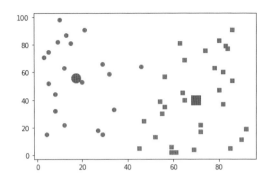

▲圖 20-3 執行【例 20.1】完整實現部分程式輸出結果

（8）說明。

需要說明的是，在現實中，有些資料之間可能具有一定的相關性，如質量和半徑。實踐中，在使用特徵前，往往需要對特徵進行相關性驗證。對於具有較高相關性的一組特徵，從中選擇具有代表性的特徵參與分類即可。例如，當質量、半徑相關性較高時，選擇其中的一個特徵用於分類即可。當然，必要時也可以透過計算具有較高相關性的特徵得到新的特徵（如密度等），並將新特徵作為分類使用的特徵。

20.3 藝術畫

透過上文的介紹可知，K 均值聚類可以將一組資料劃分為不同的組。根據 K 均值聚類的這個特點，可以先把一幅影像內像素點的像素值劃分為不同的組，然後使用不同組的中心點像素值替代各自組內的每一個像素值。處理後，影像內所有像素點的像素值將被處理為各組像素點的中心點像素值。若將 K 設定為 2，則影像所有像素點的像素值將由兩個組的像素點的中心點像素值組成。例如，在圖 20-4 中，左側影像中像素點像素值的等級非常豐富；右側影像是經過 K 均值聚類處理（$K=2$）後得到，所有像素點的像素值由兩種值組成。圖 20-4 右側影像背景像素點的像素值是圖 20-4 左側影像背景像素點的像素值的均值，前景像素點的像素值是圖

20-4 左側影像前景像素點的像素值（貓的像素點的像素值）的均值。因此可知，看到 K 均值聚類處理可以應用於綠幕處理等場景。

▲圖 20-4 K 均值聚類處理像素點

若將 K 設定為 3，則會把影像像素點的像素值劃分為 3 組，每一組會有一個中心值（均值）。在將影像中所有像素點的像素值設定為本組中心值後，整幅影像的像素點將由 3 種像素值組成。也就是説，K 值決定了影像是由 K 種像素值的像素點組成的。

在應用上述 K 均值聚類方法處理影像時，K 值越小，影像內像素點像素值的種類越少。因此，使用 K 均值聚類能夠實現影像壓縮。

除此以外，若將影像處理為僅由較少的幾種不同的像素值的像素點組成的，則得到的影像會呈現一定藝術效果。

【例 20.2】應用 K 均值聚類實現藝術畫。

應用 K 均值聚類處理影像像素值可將影像像素值映射到分組的中心值。在 K=2 時，影像內的 256 個灰階級將被劃分為兩類。然後用這兩類像素點的中心點像素值，替代其對應類中的像素點的所有像素值。

圖 20-5 左圖是原始影像的像素值，其範圍是[0,255]。先將圖 20-5 左圖中的像素值劃分為兩類，其中心值分別是 88 和 155。然後將圖 20-5 左圖中的像素值分別替換為各自所在類的中心點值。轉換完成後的結果如圖 20-5 右圖所示。當前考慮的是灰階影像，在處理 RGB 彩色影像時，分別按照上述方式處理三個通道即可得到藝術畫效果。

18	215	34	44	56	222
61	40	143	198	27	168
171	194	229	63	113	195
126	23	137	46	52	236
201	117	153	216	48	62
5	135	183	116	66	193

88	155	88	88	88	155
88	88	155	155	88	155
155	155	155	88	88	155
88	88	155	88	88	155
155	88	155	155	88	88
88	155	155	88	88	155

▲圖 20-5 像素值二值化

根據分析，使用 K 均值聚類實現藝術畫的主要步驟如下。

（1）影像前置處理。

讀取影像，並將影像轉換為函數 kmeans 可以處理的形式。

讀取影像，如果影像是三個通道的 RGB 影像，則需要將影像的 RGB 值處理為一個具有三列的特徵值。具體實現時，用函數 reshape 完成對影像特徵值結構的調整。為了滿足函數 kmeans 的要求，還需要將影像的資料型態轉換為 np.float32。

上述過程的實現敘述為

```
img = cv2.imread('lenacolor.png')
data = img.reshape((-1,3))
data = np.float32(data)
```

（2）使用 K 均值聚類別模組。

將參數 criteria 的值設定為(cv2.TERM_CRITERIA_EPS + cv2.TERM_CRITERIA_ MAX_ITER, 10, 1.0)，讓函數 kmeans 在達到一定精度或者達到一定迭代次數時，停止迭代。

設定參數 K 的值為 2，將所有像素點的像素值劃分為兩類。

上述過程的實現敘述為

```
criteria = (cv2.TERM_CRITERIA_EPS + cv2.TERM_CRITERIA_MAX_ITER, 10,
1.0)
K =2
ret,label,center=cv2.kmeans(data,K,None,criteria,10,
                            cv2.KMEANS_RANDOM_CENTERS)
```

（3）列印的實現。

將函數 kmeans 得到的距離、標籤、分類中心點列印，具體實現敘述如下：

```
print("距離：",ret)
print("標籤：\n",label)
print("分類中心點：\n",center)
```

（4）替換像素值並展示結果。

將像素點的像素值替換為當前分類的中心點的像素值，以單通道影像為例。

可以透過引用陣列 B 的索引，將陣列 A 內的值統一替換為分類陣列 B 中的值，實現陣列 A 的二值化。

例如，想將陣列 A=[3,6,1,6,9,0]中的數值，劃分為分類陣列 B=[2,8] 內的兩個值。即將陣列 A 內的數值分為兩類：將其中小於 5 的值替換為數值 2（0 類，對應 B[0]）；大於或等於 5 的值替換為數值 8（1 類，對應 B[1]），實現步驟如圖 20-6 所示。

- Step 1：分類。將陣列 A 中的數值分類，並替換為分類標籤。若陣列 A 中的原始值小於 5，則將該值替換為標籤 0；若陣列 A 中的原始值大於或等於 5，則將該值替換為標籤 1。透過上述過程，得到陣列 A1。大部分的情況下，分類工作已經在 K 均值聚類別模組完成，該步驟只需要貼上已知標籤即可。

- Step 2：映射。將陣列 A1 中的標籤值映射為分類陣列 B 的索引形式，即將陣列 A1 中的標籤 0 映射為 B[0]；將陣列 A1 中的標籤 1 映射為 B[1]。透過上述映射得到陣列 A2。

- Step 3：取值。將陣列 A2 中分類陣列 B 的索引形式替換為其對應的陣列 B 中的值，得到二值化陣列 A3。

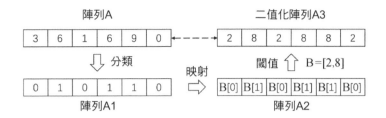

▲圖 20-6 數值二值化範例

按照上述思路，即可實現二維陣列的二值化操作，如圖 20-7 所示。

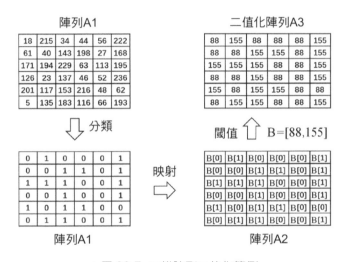

▲圖 20-7 二維陣列二值化範例

根據上述思路，利用 K 均值聚類得到的中心點將原始影像對應為二值形式並顯示，具體為

```
center = np.uint8(center)            # 將 center 處理為正數
res1 = center[label.flatten()]       # 完成陣列的映射
res2 = res1.reshape((img.shape))     # 將結果重構為原始影像尺寸
cv2.imshow("original",img)
cv2.imshow("result",res2)
cv2.waitKey()
cv2.destroyAllWindows()
```

（5）完整實現。

根據上述分析，撰寫程式如下：

```
# ==================匯入函數庫==================
import numpy as np
import cv2
# ==================影像前置處理==================
img = cv2.imread('lenacolor.png')
data = img.reshape((-1,3))
data = np.float32(data)
# ================使用 K 均值聚類別模組================
criteria = (cv2.TERM_CRITERIA_EPS + cv2.TERM_CRITERIA_MAX_ITER, 10,
1.0)
K =2
ret,label,center=cv2.kmeans(data,K,None,criteria,10,
                            cv2.KMEANS_RANDOM_CENTERS)
# ==================列印的實現==================
print("距離：",ret)
print("標籤：\n",label)
print("分類中心點：\n",center)
# ===============像素值替換及結果展示===============
center = np.uint8(center)                # 將 center 處理為正數
res1 = center[label.flatten()]           # 完成陣列的映射工作
res2 = res1.reshape((img.shape))         # 將結果重構為原始影像尺寸
cv2.imshow("original",img)
cv2.imshow("result",res2)
cv2.waitKey()
cv2.destroyAllWindows()
```

（6）輸出結果。

執行上述程式，輸出結果為

```
距離： 1787302547.4860768
標籤：
 [[1]
 [1]
```

```
 [1]
 ...
 [0]
 [0]
 [1]]
分類中心點:
[[161.35118   180.87248   170.61745 ]
 [ 54.730656  78.18008    53.063248]]
```

（7）視覺化展示。

執行【例 20.2】中完整實現部分程式，輸出如圖 20-8 所示的影像，左圖是原始影像，右圖處理後的影像。

▲圖 20-8 【例 20.2】中完整實現部分程式執行輸出影像

調整程式中的 K 值即可改變影像的灰階等級。若 $K=8$，則可以讓影像顯示 8 個灰階級。

第四部分
深度學習篇

本部分在介紹深度學習、卷積神經網路等基礎知識的基礎上，介紹了 DNN 模組的使用方法，並結合影像分類、物件辨識、語義分割、實例分割、風格遷移、姿勢辨識等案例對 DNN 模組的使用進行了具體介紹。

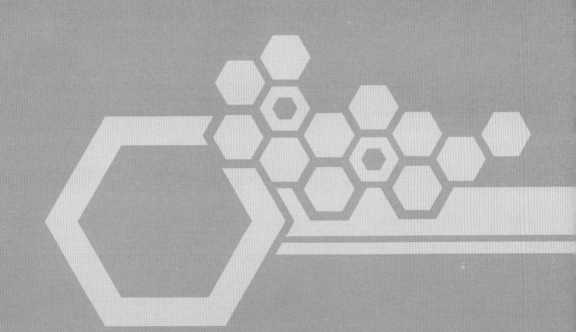

深度學習導讀

深度學習是目前最前端、最熱門的技術之一。下面從「分」、「合」兩個角度去理解深度學習。

「分」是指讓電腦透過建構非常簡單的單元來學習複雜的概念,從而具備完成複雜任務的能力。深度學習透過層次化的方式來理解複雜問題,且每層的實現都非常簡單。層次化的方式讓電腦透過建構簡單的單元(神經元、卷積層、池化層等)來學習複雜的概念從而獲取經驗,並根據這些經驗解決未知問題。大部分的情況下,層次化的結構包含很多不同的層,不同的層用來解決不同的問題。這些層,讓整個模型看起來很有「深度」。因此,我們把這種方式成為「深度學習」。

需要注意的是,分指的是劃分求解問題的步驟,但整個問題是不劃分為子問題的,這就是「合」的角度。

合是指在看待問題時,把問題看作一個整體。傳統方式求解問題採用的是「分而治之」的方式,會將複雜問題劃分成多個小問題來求解。儘管每個小問題都可以得到最優解,但是拼接所有小問題的最優解得到的並不一定是整個問題的最優解。為此,深度學習提出了一種「不分解問題」的方式。簡單來說,深度學習採用的是「點對點」的解決問題方式。直接把整個問題交給深度學習系統,不再對問題進行劃分,深度學習直接輸出結果。

▌ 21.1 從感知機到類神經網路

感知機是神經網路的基礎，類神經網路是深度學習的基礎。本節將介紹類神經網路是如何從感知機實現的。

21.1.1 感知機

簡單來說，感知機模擬的是人類的神經元，可以將它稱為「類神經元」。感知機接收多個訊號作為輸入，透過運算，得到一個輸出結果。圖 21-1 所示為一個簡單的感知機結構圖，其中 x_1 和 x_2 是輸入訊號，y 是輸出結果，w_1 和 w_2 是權重值。圖 21-1 中的每一個圓都是一個神經元，輸入訊號 x_1 和 x_2 在被送往右側神經元前會與各自的權重值相乘。右側神經元會綜合考慮所有送過來的訊號，根據這些訊號決定自身是處於「靜默」狀態，還是處於「啟動」狀態。

- 處於「靜默」狀態：沒有任何輸出操作，理解為輸出 0。
- 處於「啟動」狀態：輸出 1。

將輸送來的訊號加權和與某一個固定值相比較，據此判定神經元是處於「靜默」狀態，還是處於「啟動」狀態，這個固定值通常被稱為閾值，可以用符號 θ 表示。當所有輸送來的訊號加權和大於閾值時，神經元被啟動。

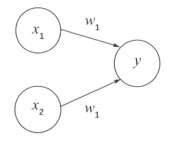

▲圖 21-1　一個簡單的感知機結構圖

將上述內容使用如下公式表述：

$$y = \begin{cases} 0 & x_1w_1 + x_2w_2 \leq \theta \\ 1 & x_1w_1 + x_2w2 > \theta \end{cases}$$ （21-1）

透過控制輸入訊號在感知機中的權重值控制其重要性，權重值越大該輸入訊號越重要。

例如，某單位應徵分為筆試、面試兩部分。其中，筆試成績滿分為 95 分，占比為 40%；面試成績滿分為 95 分；占比為 60%；附加分 5 分（附加分是修正值，所有人都會得到滿分 5 分）。應聘人員如果總成績不低於 95 分，則予以錄取。由於附加分是每個人都會加上的，所以認為其輸入訊號是 1，權重值是 b（恒值 5）。圖 21-2 所示為應聘考核神經元。

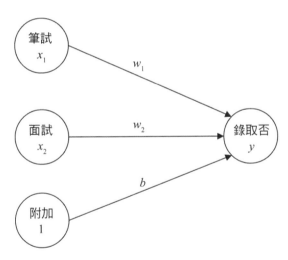

▲ 圖 21-2 應聘考核神經元

使用 0 表示「未錄取」，使用 1 表示「錄取」，則上述關係對應公式為

$$y = \begin{cases} 0 & x_1w_1 + x_2w_2 + b \leq 95 \\ 1 & x_1w_1 + x_2w_2 + b > 95 \end{cases}$$ （21-2）

21.1.2 啟動函數

簡化應聘使用的式（21-2）：

$$y = f(x_1 w_1 + x_2 w_2 + b) \qquad (21\text{-}3)$$

$$f(x) = \begin{cases} 0 & x \leqslant 95 \\ 1 & x > 95 \end{cases} \qquad (21\text{-}4)$$

對式（21-3）進行進一步轉換，可以得到：

$$a = x_1 w_1 + x_2 w_2 + b \qquad (21\text{-}5)$$

$$y = f(a) \qquad (21\text{-}6)$$

這裡把所有輸入訊號記為 a，然後用函數 f 將其轉換為輸出訊號 y，即透過引入函數 f 連接輸入訊號 a 和輸出訊號 y。圖 21-2 對應的函數關係如圖 21-3 所示，函數 f 的作用是將輸入訊號 a 轉換為輸出訊號 y。

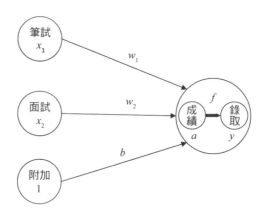

▲ 圖 21-3 圖 21-2 對應的函數關係

上文使用的函數 f 就是啟動函數。啟動函數將所有輸入訊號加權和轉換為輸出訊號，作用是決定如何啟動輸入訊號的加權和，可能存在如下兩種情況：

- 啟動：輸出 1。
- 不啟動：輸出 0。

根據上述情況,啟動函數可抽象為如圖 21-4 所示形式,圖中 a 是輸入訊號的加權和,f 是啟動函數,y 是輸出訊號。

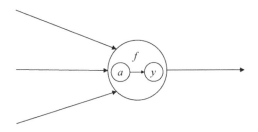

▲圖 21-4 啟動函數示意圖

根據式(21-4)可知,啟動函數是一個步階函數,將其一般化後,啟動函數曲線如圖 21-5 所示。

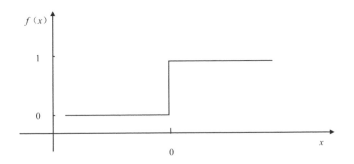

▲圖 21-5 啟動函數曲線

步階函數是最簡單、最基礎的啟動函數,它存在很多不足之處。例如,任何大於 0 的值,得到的傳回值都是 1。針對上文的應聘例題而言,最終成績無論是 98 分還是 100 分,傳回的結果都是 1(錄取)。實際上,最終應聘成績不同對應不同的優秀程度。針對其他情況,最終結果值可能對應不同的機率等。在很多情況下,並不希望簡單地用 0 和 1 表示結果,而是希望用一個 0~1 的連續值表示不同的情況,如用 0.18、0.48、0.99 分別表示錄取機率。對此,步階函數就無能為力了,需要使用其他類型的函數來完成這個功能。21.4 節將介紹不同的步階函數。

21.1.3 類神經網路

我們舉出一些例子：

- 在大型方陣表演中每個隊員做的動作都很簡單。
- 早期的電腦是由電子管組成的，每一個零件都很簡單。
- 用多個積木可以建構出各種複雜結構的物件，如房子、汽車等。
- 所有的程式都是由 26 個英文字母及基本的符號排列組合而成的。
- 所有的系統，無論生活中的組織，還是電腦中的硬體系統、軟體系統，都是由非常普通的個體組成的。

從上述例子可以看出，量變可以引起質變。基於此使用多個啟動函數能夠建構出複雜的網路，這個網路被稱為類神經網路。換一個角度，將許多簡單的啟動函數進行疊加，能夠逼近（模擬）任何複雜函數。

類神經網路是由大量的神經元組成的，能夠處理特定任務。類神經網路結構示意圖如圖 21-6 所示，其由 3 層組成，各層含義如下：

- 輸入層，即第一層。
- 中間層，學習演算法必須依賴中間層來產生最終的求解結果，但是訓練資料並沒有告訴中間層應該做什麼，因此中間層又稱隱藏層。
- 輸出層，即最後一層。

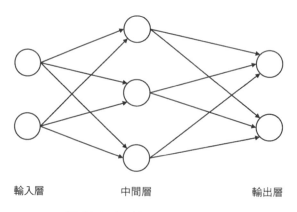

輸入層　　　　　　中間層　　　　　　輸出層

▲ 圖 21-6 類神經網路結構示意圖

值得注意的是，在感知機中，權重值是根據經驗設定的。而在類神經網路中是透過對已知資料的觀察（學習）來獲取符合要求的輸入與輸出的權重值的，即類神經網路透過學習獲取權重值。

21.1.4　完成分類

根據待解決問題的不同，把問題劃分為分類問題和回歸問題。

- 分類問題：確定輸入所屬分類是定性問題，結果是分類值，如判斷一個人是男性還是女性。
- 回歸問題：確定輸入對應的輸出值是定量問題，結果是連續值，如判斷一個人的年齡。

類神經網路既可以解決分類問題又可以解決回歸問題。但是解決不同的問題，輸出層採用的啟動函數是不一樣的。大部分的情況下，解決回歸問題採用恒等函數，解決分類問題採用 softmax 函數。

恒等函數不改變原有資料的值，直接將其輸出，如圖 21-7 所示。

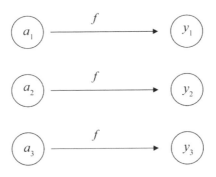

▲圖 21-7　恒等函數示意圖

使用 softmax 函數解決分類問題的思路是透過回歸方式實現分類。具體來說，softmax 函數採用疊加方式實現，其輸出值個數等於標籤的類別數。例如，圖 21-8 中具有四種輸入特徵，三種輸出的類別，包含 12 個權重值，對應的具體關係為

$$y_1 = x_1 w_{11} + x_2 w_{21} + x_3 w_{31} + x_4 w_{41} + b_1$$

$$y_2 = x_1 w_{12} + x_2 w_{22} + x_3 w_{32} + x_4 w_{42} + b_2$$

$$y_3 = x_1 w_{13} + x_2 w_{23} + x_3 w_{33} + x_4 w_{43} + b_3$$

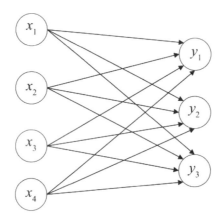

▲圖 21-8 softmax 函數示意圖

使用 softmax 函數得到的是離散的預測輸出，一種簡單的處理方式是將所有輸出值中的最大值作為預測值輸出。例如，y_1、y_2、y_3 分別為 0.5、2、666，由於 y_3 的值最大，因此預測類別為 y_3，假設 y_1、y_2、y_3 分別代表車、人、狗，則預測結果為狗。

但是，直接使用上述輸出值存在如下兩個問題：

- 輸出值不夠直觀。例如，某次輸出值為"0.5、2、666"，最大值 666 對應的 y_3 為辨識結果；另外一次的輸出值為"0.02、0.11、0.5"，最大值 0.5 對應的 y_3 為辨識結果。同樣的值在不同的輸出中可能是最大值也可能是最小值，意義不明確。
- 輸入的標籤是離散值（如車的標籤是 1、人的標籤是 2、狗的標籤是 3），輸出值與離散值之間的不對應關係使得誤差不好衡量。

為了解決上述問題，通常採用歸一化方式將所有輸出值映射到[0,1]範圍內，採用的公式為

$$y_k = \frac{\exp(x_k)}{\sum_{i=1}^{n} \exp(x_i)}$$

如果有如下三個輸出：

$$y_1 = \frac{e^{x_1}}{\sum_{i=1}^{3} e^{x_i}} \qquad y_2 = \frac{e^{x_2}}{\sum_{i=1}^{3} e^{x_i}} \qquad y_3 = \frac{e^{x_3}}{\sum_{i=1}^{3} e^{x_i}}$$

則

$$y_1 + y_2 + y_3 = \frac{e^{x_1}}{\sum_{i=1}^{3} e^{x_i}} + \frac{e^{x_2}}{\sum_{i=1}^{3} e^{x_i}} + \frac{e^{x_3}}{\sum_{i=1}^{3} e^{x_i}} = \frac{e^{x_3} + e^{x_2} + e^{x_3}}{e^{x_1} + e^{x_2} + e^{x_3}} = 1$$

也就是說，softmax 函數的輸出總和為 1，可以將 softmax 函數的輸出解釋為機率。例如，在經過上述處理後，如果 y_1、y_2、y_3 的輸出分別為 0.025、0.175、0.8，那麼說明對應機率分別為 2.5%、17.5%、80%。此時，可以說 y_3 的機率最高，因此分類結果為 y_3；也可以表述為「有 80% 的機率是 y_3，有 17.5%的機率是 y_2，有 2.5%的機率是 y_1」。

21.2 類神經網路如何學習

上文應徵的例子透過感知機來預測是否能被錄取。在使用感知機時，明確了權重值和偏差值。例如，筆試成績占比為 40%、面試成績占比為 60%、偏差值為 5（附加分 5 分）。與感知機相比，類神經網路的優勢在於，能夠根據既往員工的已知筆試成績、面試成績及現實表現，建構一個面試者是否能被錄取的模型，該模型能夠自動確定筆試成績權重值、面試成績權重值、附加分權重值。

類神經網路從資料中學習，建構最終的網路模型。大部分的情況下，透過迭代方式修改權重值和偏差值來訓練網路，直到網路的輸出和期望值之間的誤差小於特定的閾值。

　　反向傳播是典型的學習演算法，它將梯度下降演算法作為核心學習機制。反向傳播演算法先隨機給定一個權重值，然後透過計算每次的輸出和期望值之間的誤差不斷修正權重值。也就是說，反向傳播演算法從輸出向輸入傳播誤差，並且逐漸地、精細地調整網路的權重值，以讓誤差最小。學習過程的一個週期被稱為一個 epoch[1]，一個 epoch 中的所有訓練資料均被使用過一次。例如，有 20000 筆訓練資料，使用每次學習 200 筆資料（mini-batch 方法）的方式進行學習，學習 100 次將所有資料都使用了一次，也就是完成了一個 epoch。在實踐中，需要關注的一個指標是「參數的更新次數」，因此需要從參數更新次數的角度理解 epoch。此時，epoch 被表述為「學習過程中所有訓練資料均被使用過一次的更新次數」。上例中，一個 epoch 中，學習了 100 次，也就是完成了 100 次參數更新的過程，因此在上例中 100 次是一個 epoch。

　　反向傳播演算法的基本流程如圖 21-9 所示。

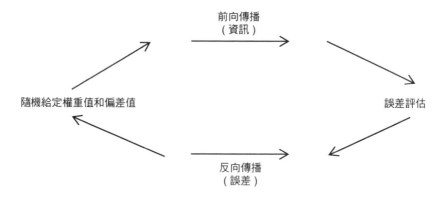

▲圖 21-9　反向傳播演算法的基本流程

---

[1]　理論上一個 epoch 中的所有資料均被使用一次。實際上每次學習過程中的訓練資料都是隨機選擇的，所以在一個 epoch 中可能的情況是有的資料被使用多次，有的資料並沒有被使用過。

- Step 1：初始化。隨機給定權重值和偏差值。
- Step 2：前向傳播。該過程也被稱為正向傳播、前向回饋、前饋運算等。輸入資訊透過神經元啟動函數和權重值，傳遞到中間層、輸出層。
- Step 3：誤差評估。評估誤差是否小於限定的最小值（閾值），或者迭代的次數是否已經達到指定的最大次數（閾值）。若滿足上述二者之一，則結束訓練；否則，繼續迭代。
- Step 4：反向傳播。誤差在網路中反向傳遞。
- Step 5：更新權重值和偏差值。以降低誤差為目標，使用梯度演算法對權重值和偏差值做出調整。

▌ 21.3 深度學習是什麼

本節將介紹深度學習的基本含義。

21.3.1 深度的含義

類神經網路的長度稱為模型的深度，因此基於類神經網路的學習被稱為「深度學習」。深度學習與相關概念的文氏圖如圖 21-10 所示。

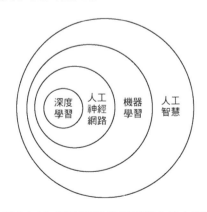

▲ 圖 21-10 深度學習與相關概念的文氏圖

　　深度學習是疊加了層的 DNN。在普通類神經網路的基礎上，透過疊加層可以建構 DNN。那麼相比普通的類神經網路，疊加多少層才算是 DNN 呢？一般情況下，最簡單的 DNN 最少包含兩個中間層，其結構示意圖如圖 21-11 所示。

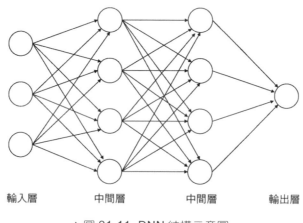

輸入層　　　　　中間層　　　　　中間層　　　　　輸出層

▲圖 21-11 DNN 結構示意圖

　　關於「深度學習」的通俗的理解是，在學習過程中學習得更深刻能夠獲取更高層次的特徵。例如，在獲取影像內狗的特徵時，傳統方法只能獲取一些淺層的特徵，如尺度、角度（SIFT、HOG）等；而深度學習可以獲取更高層次的特徵資訊（相對更抽象或相對更直觀的兩極特徵），如狗的外貌細節特徵、外貌整體特徵等。

　　DNN 具備模擬任意函數的能力，具備模擬極其複雜的決策的能力。

21.3.2 表示學習

　　在用深度學習解決問題之前，總是先提取物件的特徵集，然後對特徵集進行處理，從而得到問題的解。特徵是解決問題的基礎，沒有特徵就沒有辦法得到問題的解決方案。因此，產生了一個重要的研究分支——特徵工程。特徵工程一方面要解決如何選取有效的特徵，另一方面要對得到的複雜特徵進行前置處理，以使這些特徵能夠更方便地被使用。

在深度學習之前,人們針對影像的特徵提取進行了大量研究,取得了豐富的成果,如比較典型的 SIFT 特徵、HOG 特徵等。很遺憾,這些特徵都有很大的局限性,有的擅長提取邊緣資訊、有的擅長提取方向資訊。實踐中需要花費大量的精力確定如何從這些特徵中挑選出有效的特徵。

即使如此,對於某些情況還是無能為力。例如,想要找出照片中的狗,雖然人類一眼就能辨識出狗,但是準確地用像素值及關係來描述狗還是比較困難的。而且,這些特徵還會隨著光線、遮擋關係等發生變化。因此提取的特徵未必有效,這極大地影響了辨識的效果。手動為一個複雜的任務設計並提取特徵需要耗費大量的時間和精力,有的甚至需要研究團隊不懈地奮鬥幾十年。

因此,人們嘗試自動地從影像內提取出特徵,而非絞盡腦汁地去手動提取。讓特徵自動地被提取出來便是「表示學習」。表示學習所學到的表示往往比手動提取的特徵具有更好的表現,而且能夠很快地移植到新任務上使用。表示學習往往只需要很短時間,就能夠自動地完成特徵提取。對於簡單的任務,可能幾分鐘就搞定了;對於複雜的任務,也不過花費幾個星期到幾個月的時間。

深度學習是表示學習的一種典型方式。深度學習將資料的原始輸入作為演算法輸入,透過對原始輸入進行特徵處理(特徵學習、特徵抽象等)完成模型建構,從而得到問題的解決方案。深度學習除了模型建構,還包含特徵相關的表示學習部分,所有這些部分都是透過多個層次的模組完成的,這也是稱其為深度學習的原因。

深度學習的典型代表是類神經網路演算法,最有名的類神經網路演算法是卷積神經網路(Convolution Neural Network,CNN)。

本節相關概念的文氏圖如圖 21-12 所示。

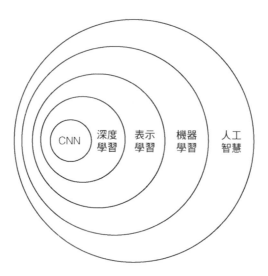

▲ 圖 21-12　本節相關概念的文氏圖

21.3.3 點對點

點對點（End-to-End）是深度學習最重要的特徵之一。

在機器學習階段之前，人們完全透過手動方式設計程式，工作效率較低，沒有完整可靠、高可移植的演算法。一般情況下，要解決一個新問題，需要從頭開始，成熟的經驗很少能被高效率地重複使用。

機器學習階段，透過資料學習經驗模型，完成特徵映射，從而解決問題。因此，在機器學習階段直接把手動提取的特徵提供給機器，機器就能根據這些特徵建構模型。在面對新問題時，使用對應模型就可以自動解決問題。

深度學習也是機器學習，但是它與其他機器學習的重要差別之一是不需要手動取特徵。其他機器學習的首要任務是特徵提取，需要先手動提取輸入物件的特徵，然後透過特徵映射解決問題。手動提取特徵的效率特別低，且提取到有效特徵的難度特別大，獲得的特徵未必具有通用性。深度學習使用的是自動提取特徵。

簡單來說,在深度學習中,交給深度學習系統的是「原始輸入」,得到的是「答案」。學習過程中不再需要人為干預特徵,即可自動地獲取有效的高層次特徵。

過去採用的是「分而治之」的方式解決問題。把一個大問題劃分為若干個小問題,一個一個突破,最終解決整個問題。而深度學習採用的是一體化方式,把整個問題作為輸入直接傳遞給深度學習系統即可獲得最終結果,此過程不需要人為干預。

圖 21-13 所示為各種不同解決問題方式的流程圖,圖中黑色塊表示不需要人為干預、由系統自動完成的模組。

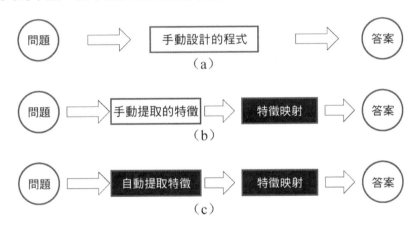

▲圖 21-13 各種解決問題的方式

21.3.4 深度學習視覺化

深度學習透過簡單的啟動函數建構多層網路來解決複雜問題。隨著類神經網路層數的不斷堆疊,最終得到的特徵逐漸地從泛化特徵(如邊、角、輪廓等)過渡為高層語義特徵(如車等)。

在圖 21-14 中,第 1 中間層獲得了邊資訊,第 2 中間層獲得了更複雜的角、輪廓資訊,第 3 中間層獲得了高層次的特徵,如人、狗、車等高級語義特徵。

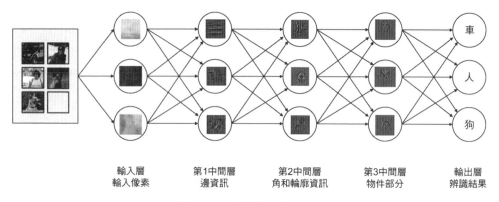

| 輸入層 | 第1中間層 | 第2中間層 | 第3中間層 | 輸出層 |
| 輸入像素 | 邊資訊 | 角和輪廓資訊 | 物件部分 | 辨識結果 |

▲ 圖 21-14　各層的視覺化結果

　　參考網址 10 提供了一個線上的 CNN 解譯器。透過該解譯器，可以清晰地觀察到每一層的視覺化效果，還能觀察到每一層中每一個物件是透過怎樣的計算得到的。

21.4　啟動函數的分類

　　21.1.2 節介紹了將步階函數作為啟動函數。本節首先要明確的是，類神經網路中所使用的函數基本都是非線性函數。圖 21-15 左圖是線性函數曲線，右圖是非線性函數曲線。

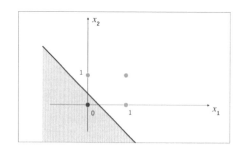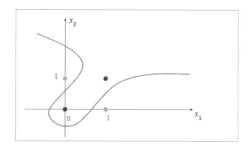

▲ 圖 21-15　線性函數曲線與非線性函數曲線

　　線性函數無論經過多少輪的堆疊，得到的結果仍舊是線性的。只有非線性函數，經過堆疊才可以模擬出各種複雜的函數。

　　例如，線性函數 $f(x)=ax$：

- 根據 $f(x)=ax$，可以得到 $y=f(f(ax))$。
- 進一步代入 $f(x)=ax$，得到 $y=f(a(ax))$。
- 進一步代入 $f(x)=ax$，得到 $y=a(a(ax))$，該函數仍是線性的。

　　所以啟動函數採用的都是非線性函數，最基礎的非線性函數就是步階函數。但是，步階函數的優點及缺點都在於「步階」，得到的值不是 0 就是 1，沒有辦法展示更詳細的資料，而我們往往希望得到更多的細節資訊。例如，雖然都是及格（對應 1），但是更希望透過一個具體的數值對同樣是及格的結果進行度量，如 0.98、0.68。基於此，引入了 sigmoid 函數。

21.4.1 sigmoid 函數

　　sigmoid 函數又稱 logistic 函數，其形式為

$$f(x) = \frac{1}{1 + e^x}$$

　　如圖 21-16 所示，圖中實線是 sigmoid 函數曲線、虛線是步階函數曲線。從圖 21-16 中可以看到，步階函數的輸出在輸入為 0 時，發生劇烈變化；而 sigmoid 函數是一條相對比較平滑的曲線，輸出隨著輸入發生連續變化。sigmoid 函數的平滑性對於深度學習具有重大意義。

　　步階函數只能輸出 0 和 1，而 sigmoid 函數能夠傳回介於(0,1)的實數值，因此 sigmoid 函數的傳回值相比 0 和 1 具有更豐富的含義。例如，0 和 1 僅能表示「不錄取」「錄取」兩種情況；而 0 到 1 之間的連續值能夠表示不同的錄取可能性，如 0.5、0.9 等。

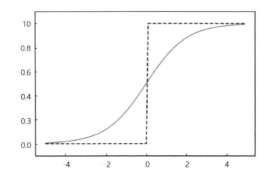

▲圖 21-16　步階函數曲線與 sigmoid 函數曲線

　　sigmoid 函數所有輸出都是大於 0 的，不是關於(0,0)點對稱的，不太適合作為啟動函數使用，因此引入了 tanh 函數。

21.4.2　tanh 函數

　　tanh 函數又稱雙曲正切函數，輸出值範圍是(-1,1)，形式為

$$f(x) = \frac{2}{1+e^{-2x}} - 1$$

tanh 函數曲線如圖 21-17 所示。

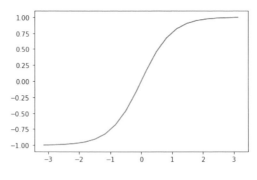

▲圖 21-17　tanh 函數曲線

　　與 sigmoid 函數相比，tanh 函數以(0,0)為中心，解決了 sigmoid 函數存在的問題，但是 tanh 函數存在如下問題：

- 對於大於 3 等較大的值，對應的輸出值幾乎都是 1。
- 對於小於-3 等較小的值，對應的輸出值幾乎都是-1。

　　上述問題，會帶來「飽和效應」，導致在反向傳播過程中誤差無法傳遞，進而導致網路無法完成正常的訓練操作。基於此，引入了 ReLU 函數。

21.4.3 ReLU 函數

　　為了避免飽和效應，Nair 等人在類神經網路中引入了 ReLU（Rectified Linear Unit，修正線性單元）函數。該函數在輸入大於 0 時，直接將輸入作為輸出；在輸入小於或等於 0 時，輸出 0，其形式為

$$f(x) = \begin{cases} x & x > 0 \\ 0 & x \leqslant 0 \end{cases}$$

上式也可以表示為 $f(x) = \max(0, x)$，ReLU 曲線如圖 21-18 所示。

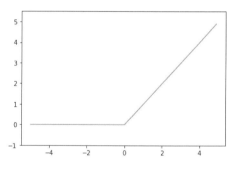

▲ 圖 21-18 ReLU 曲線

　　ReLU 函數在 $x>0$ 部分完全消除了 tanh 函數存在的飽和效應。而且，ReLU 函數的計算量更小，計算更方便。

　　但是，ReLU 函數在 $x<0$ 時，輸出值始終為 0，對應梯度值一直為 0。因此，無法對負數做出有效回饋，無法完成對網路的訓練，這種現象被稱為「死區現象」。為了解決這個問題，引入了 Leaky ReLU 函數。

21.4.4 Leaky ReLU 函數

為了緩解死區現象，將 $x<0$ 部分乘以一個非常小的數值，得到 Leaky ReLU，具體形式為

$$f(x) = \begin{cases} x & x \geq 0 \\ \alpha x & x < 0 \end{cases}$$

如圖 21-19 所示，左側是 ReLU 函數對應圖形，右側是 Leaky ReLU 函數對應圖形。

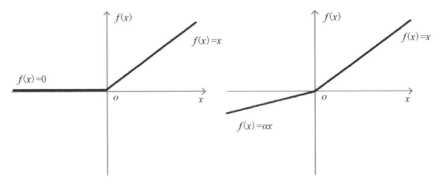

▲ 圖 21-19 ReLU 函數對應圖形與 Leaky ReLU 函數對應圖形

Leaky ReLU 函數雖然緩解了死區現象，但是其中 α 值較難設定，α 值的微小變動就會對網路造成較大影響。對此，提出了兩種解決方案：一種解決方案是透過網路學習設定 α 值；另一種解決方案是將 α 值設定為一個隨機值。

21.4.5 ELU 函數

ELU（Exponential Linear Unit，指數化線性單元）函數是除 Leaky ReLU 函數外的另一種 ReLU 函數最佳化方案，其公式為

$$f(x) = \begin{cases} x & x \geq 0 \\ \alpha\left(e^x - 1\right) & x < 0 \end{cases}$$

實踐中，上式中的 α 值通常為 1，ELU 函數對應圖形如圖 21-20 所示。

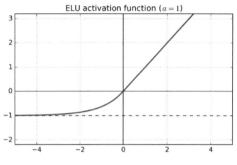

▲圖 21-20 ELU 函數對應圖形

ELU 函數不僅具備 ReLU 的優點，還解決了 ReLU 函數的死區現象。但是，該函數的指數運算的效率較低。

21.5 損失函數

本節將介紹損失函數的相關基礎知識。

21.5.1 為什麼要用損失值

損失函數是為了更好地量化問題而使用的一種衡量資料的方式。

例如，某部電影很好看，部分觀眾的觀後感如下：

- 好、非常好。
- 很棒、太棒了。
- 百年內無可超越。
- 一部經典的電影、光芒四射。

透過這些影評可以知道這部電影很好。同時另一部電影的影評也很好。此時怎麼判斷哪部電影更好呢？一個很好的解決方案就是把問題由

「定性」轉換為「定量」，即為電影評分，把對電影的評價由抽象的好/壞轉變為具體的分數。透過評分很容易判斷一部電影的受歡迎程度。

但是，如何設計評分非常關鍵，設計不佳的評分無法表現電影間的差異，意義不大。例如，在圖 21-21 中：

- 第 1 次辨識結果中，5 個數字中有 4 個辨識正確，準確率為 80%。
- 對第 1 次的辨識進行改進後進行第 2 次辨識。此時，辨識結果與第 1 次辨識的準確率一致，仍是 80%。
- 繼續改進並進行第 3 次辨識。此時，準確率仍是 80%。

在每次辨識後都進行了改進，但改進後的準確率一直是 80%，每次改進的結果並沒有得以表現。因此，並不知道每次改進是否對最終的結果有影響。造成這種情況的原因是將準確率作為衡量標準存在問題，因為準確率不能衡量出每次改進後的變化差異值。

實際值	4	3	0	5	8	
第1次辨識結果	4	9	0	5	8	準確率：80%
第2次辨識結果	4	9	0	5	8	準確率：80%
第3次辨識結果	4	9	0	5	8	準確率：80%

▲ 圖 21-21 辨識舉例

圖 21-22 所示為標籤、實際值及多次辨識結果。將每次辨識時數字 4 對應的機率值與實際值之間的差值作為衡量計算結果的優劣標準，則有

- 第 1 次辨識時，標籤 4 對應的辨識機率為 0.7 與實際值 1 之間相差 1−0.7=0.3。
- 針對上述辨識進行改進，在第 2 次辨識時標籤 4 對應的辨識機率為 0.8 與實際值 1 之間相差 1−0.8=0.2，改進有效。

■ 針對上述辨識繼續改進，在第 3 次辨識時標籤 4 對應的辨識機率為 0.9 與實際值 1 之間相差 1-0.9=0.1，改進有效。

透過上述流程可以看出，雖然第 1 次、第 2 次、第 3 次的辨識結果是一致（都是準確的，準確率為 100%），但是辨識的精度是不斷地提升的。

透過使用有效的評估值，能夠更好地獲取模型的改進程度的相關資訊。

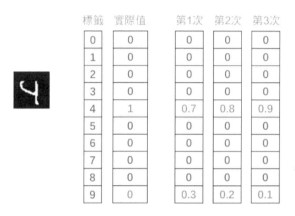

▲圖 21-22　標籤、實際值及多次辨識結果

21.5.2　損失值如何起作用

上一節介紹了借助損失值能夠更清晰地了解系統的改進情況。下文透過一個簡單的範例說明損失值如何起作用。

某單位組織應聘考核，為了更好地衡量筆試成績、面試成績與最終表現之間的關係，該單位人力資源部門拿出了歷年入職員工應聘時的筆試成績、面試成績及年終考核成績。希望能夠在「筆試成績、面試成績、附加分」與「年終考核成績」之間建構一個合理的模型，具體的模型如下：

$$y = x_1 w_1 + x_2 w_2 + b$$

上述模型中需要確定的是筆試成績權重值、面試成績權重值及附加值 b 的具體值。上述模型示意圖如圖 21-23 所示。

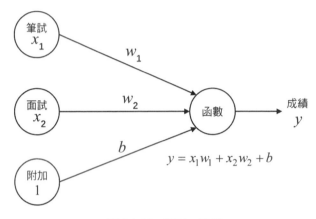

▲圖 21-23 模型示意圖

首先，可以根據經驗（或隨機）設定初始權重值。例如，筆試成績、面試成績對年終考核成績影響差不多，可以均設定為 0.5。年終考核成績與筆試成績、面試成績相比均有 10 分左右的提升，因此可將附加值設定為 10。初始模型可能如下：

$$y = x_1 \times 0.5 + x_2 \times 0.5 + 10$$

確定了上述模型的權重值、附加值的初值後，將部分員工的應聘時的成績及年終考核成績代入上述模型計算損失值，並據此調整權重值、附加值。

- 將應聘成績代入初始模型，計算預估的年終考核成績 ey。
- 將預估年終考核成績 ey 與實際年終考核成績 y 相減，獲得損失值。
- 根據損失值調整權重值。

重複上述步驟，直到損失值小於某個特定的數（滿足閾值），確定最終模型。在應徵新職員後可以使用該最終模型評估其可能的表現。

21.5.3 均方誤差

上一節使用應聘考核的例子簡單説明了損失值的作用。下文介紹使用均方誤差（Mean Square Error，MSE）計算損失值。

均方誤差是應用最廣泛的損失函數，其形式如下：

$$E = \frac{1}{2} \sum_k \left(y_k - t_k \right)^2$$

其中，各個參數含義如下：

- y_k 是類神經網路的輸出。
- t_k 是監督資料，只有正確標籤對應位置上的值為 1，其餘值均為 0（One-Hot 編碼）（見 21.6.3 節）。
- k 是資料的維數。

均方誤差（損失函數值）越小，結果和監督資料之間的誤差越小，結果越準確。

例如，有數字辨識程式（辨識結果為數字 0～9，共有 10 個可能值），其中監督資料和輸出資料分別為

$$t = \{0,0,1,0,0,0,0,0,0,0\}$$

$$y = \{0,0,1,0,0,0,0,0,0,0\}$$

其中，t 和 y 中的數值對應數字 0～9 的機率值；t（監督資料）表示實際值為 2，y（類神經網路輸出）表示辨識結果是 2 的機率為 1（100%）。

計算均方誤差，即將 t 和 y 對應位置上的值相減，計算其平方和。兩組數值中各個位元上的值完全一致，因此該值為 0。t 表示實際值（監督資料）是 2，y 表示辨識結果也是 2，即預測結果與實際值完全一致時，其均方誤差值為 0。

例如，有兩次不同的辨識結果，分別為 y_a 和 y_b，具體如下：

$$t = \{0,0,1,0,0,0,0,0,0,0\}$$
$$y_a = \{0,0,0.8,0,0,0,0,0,0,0.2\}$$
$$y_b = \{0,0,0.9,0,0,0,0,0,0.05,0.05\}$$

則針對 y_a 和 y_b 的均方誤差為

- 針對 y_a，$E = \frac{1}{2}\left((1-0.8)^2 + (0-0.2)^2\right) = 0.04$。

- 針對 y_b，$E = \frac{1}{2}\left((1-0.9)^2 + (0-0.05)^2 + (0-0.05)^2\right) = 0.0075$。

透過上述計算可以看出，y_b 與監督資料（實際值）之間的均方誤差值更小，即損失函數值更小，這說明 y_b 與監督資料更加吻合。

21.5.4 交叉熵誤差

交叉熵誤差（Cross Entropy Error，CEE）是一種比較常用的損失函數是，其形式如下：

$$CEE = -\sum_k t_k \log y_k$$

其中，各個參數含義如下：

- y_k 是類神經網路的輸出。
- t_k 是監督資料，只有正確標籤對應位置上的值為 1，其餘值均為 0（One-Hot 編碼）。
- k 是資料的維數。

值得注意的是，在監督資料 t_k 中，僅僅正確標籤的值為 1，其餘值都是 0。因此，在計算交叉熵誤差時，計算的只是監督資料 t_k 為 1 的正確標籤對應的輸出資料的負對數值。

需要說明的是，y_k 是類神經網路的輸出，最小值是 0，最大值是 1。

也就是說，交叉熵誤差對應的函數是 $y=-\log x$（x 的值在[0,1]範圍內），其圖形如圖 21-24 所示。從圖 21-24 可以看出，x 的值越大，其傳回值越小。這意味著監督資料 t_k 中的正確標籤對應的輸出 y_k 中的值越大，其交叉熵誤差越小。

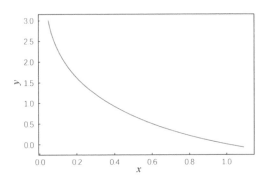

▲ 圖 21-24 $y=-\log x$ 圖形

例如，有兩次不同的辨識結果，分別為 y_a 和 y_b，具體如下：

$$t = \{0,0,1,0,0,0,0,0,0,0\}$$
$$y_a = \{0,0,0.8,0,0,0,0,0,0,0.2\}$$
$$y_b = \{0,0,0.9,0,0,0,0,0,0.05,0.05\}$$

則針對 y_a 和 y_b 的交叉熵是差為

- 針對 y_a，$ECC = -\log 0.8 = 0.2231$，即 y_a 中正確標籤對應的機率為 0.8，其交叉熵誤差為 0.2231。
- 針對 y_b，$ECC = -\log 0.9 = 0.1054$，即 y_b 中正確標籤對應的機率為 0.9，其交叉熵誤差為 0.1054。

透過上述計算，可以進一步明確：

- 在任何結果中，交叉熵誤差與錯誤標籤對應的機率是無關的。
- 正確標籤對應的機率值越大，其對應的交叉熵誤差越小。
- 交叉熵誤差越小，預測與監督資料越吻合。

21.6 學習的技能與方法

本節將主要介紹一些與深度學習相關的高頻詞,這些詞大多與學習的方法和技巧相關。

21.6.1 全連接

如圖 21-25 所示,如果輸出層中的神經元和輸入層中各個輸入完全連接,那麼輸出層又叫作全連接層(Fully-Connected Layer)或稱密層(Dense Layer)。

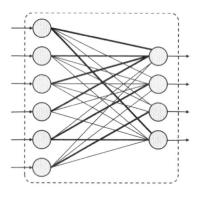

▲圖 21-25 全連接層示意圖

全連接層主要用於分類,它把提取的分散式特徵映射到各個對應的結果物件上。全連接層中每個神經元節點都與上一層的所有神經元節點相連接,它的作用是對上一層提取的特徵進行分類。深度學習(如 CNN)在經過多個提取特徵層(卷積層、池化層)後,會連接若干個全連接層。全連接層能夠對前面層提取的局部特徵進行整合,進而得到整體特徵。例如,在辨識貓時,前面層提取的是貓的臉、爪子等局部特徵,全連接層能夠將之組合為貓。

最後一層全連接層的輸出值被傳遞給一個輸出,可以採用 softmax 函數進行分類,該層也可稱為 softmax 層。

一個容易與全連接混淆的概念是全卷積網路（Fully Convolutional Networks，FCN），24.3.1 節有關於 FCN 的介紹。

21.6.2 隨機 Dropout

隨機 Dropout 由 Hinton（2018 年圖靈獎獲得者）提出，其思想來自銀行的防詐騙機制。Hinton 在去銀行辦理業務時發現櫃員會時不時地換人。後來了解到，銀行工作人員要想成功詐騙銀行必須相互合作，不停地換職位是為了阻止他們共謀侵害銀行利益。

隨機 Dropout 的目標在於降低過擬合，提高系統的泛化能力。它透過引入雜訊來打破不顯著的偶然模式，進而防止模型記住偶然模式。

在具體實現時，每個中間層的神經元以機率 p 從網路中被隨機地忽略。由於神經元是隨機選擇的，所以每個訓練實例選擇的都是不同的神經元組合。如圖 21-26 所示，左圖是標準的類神經網路模型；右圖是隨機 Dropout 範例，其中帶叉號的圓圈是在本輪訓練中被臨時淘汰的神經元。

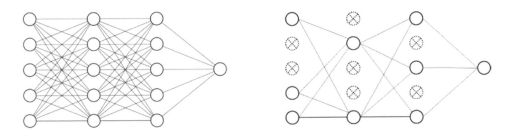

▲圖 21-26 標準的類神經網路模型和隨機 Dropout 範例

隨機 Dropout 的思想非常簡單，每一輪都會得到相對較弱的學習模型。將若干個弱模型組合表現的是整合學習思想。實踐表明，由弱模型組成的整合學習表現大大優於單一弱模型，且成績優異。

21.6.3 One-hot 編碼

One-Hot 編碼又稱獨熱編碼，它僅僅將一組數值中的某個特定位置上的值設定為 1，其餘位置上的值均設定為 0。One-Hot 編碼範例如圖 21-27 所示，在表示數字時，One-Hot 編碼僅將與該數字對應的索引位置上的值標注為 1，其餘位置均標注為 0。

索引	0	1	2	3	4	5	6	7	8	9
數字0	1	0	0	0	0	0	0	0	0	0
數字1	0	1	0	0	0	0	0	0	0	0
數字2	0	0	1	0	0	0	0	0	0	0
數字3	0	0	0	1	0	0	0	0	0	0
數字4	0	0	0	0	1	0	0	0	0	0
數字5	0	0	0	0	0	1	0	0	0	0
數字6	0	0	0	0	0	0	1	0	0	0
數字7	0	0	0	0	0	0	0	1	0	0
數字8	0	0	0	0	0	0	0	0	1	0
數字9	0	0	0	0	0	0	0	0	0	1

▲圖 21-27 One-Hot 編碼範例

One-Hot 編碼能夠讓數值的計算更科學、更方便。例如，雖然數值 9 與集合{數值 1,數值 3}中的每個數字都不同，但是我們往往只需要知道它們不同，無須考慮更多的差異值。

- 在計算差值時，數值 9 與集合{數值 1,數值 3}中的差值不一樣，存在不同的距離。數值 9 與數值 1 的距離為 8（9−1），數值 9 與數值 3 的距離為 6（9−3）。而使用 One-Hot 編碼，所有數字間的距離是一致的，都僅有一個數字的差異。
- 在計算 One-Hot 編碼資料時，直接使用位元運算方式即可完成數值間的運算，計算起來更方便。

21.6.4 學習率

第 15 章將梯度下降類比為在一個斜坡上不斷地朝著坡度最大的方向邁進。針對此場景，學習率是指每次邁進的步子大小，如每步可以是 80cm，也可以是 60cm。

在深度學習中，學習率是指在學習的過程中透過梯度下降演算法不斷地更新權重值，每次更新時權重值變化的大小。例如，原來的值是 0.36，可以將其變換為 0.35，也可以將其變換為 0.26。

學習率的大小直接影響學習的速度和精度。學習率示意圖如圖 21-28 所示。

- 圖 21-28（a）學習率較小，學習速度較慢，要經過多次學習才能找到最優解。
- 圖 21-28（b）學習率較大，很快就找到了最優解。
- 圖 21-28（c）和圖 21-28（d）學習率過大，導致多次越過最優解，甚至找不到最優解。

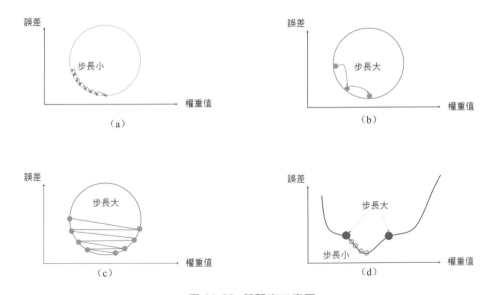

▲ 圖 21-28 學習率示意圖

21.6.5　正則化

　　深度學習面臨的一個重要問題是過擬合。過擬合是建構的模型過於複雜導致的對原始資料的過度擬合。過擬合模型對未知資料的泛化能力較弱。一個關於過擬合的範例：某個機器人能夠極佳地與人交流，但是每次說話時都要穿插著發出「嗞嗞嗞」的聲音。後來才知道，機器人是跟著收音機學習說話的，而那個收音機的接收效果不太好，總是會發出「嗞嗞嗞」的雜訊。

　　過擬合模型對於訓練資料表現良好，而對於訓練資料之外的資料表現相對較差。

　　通常，使用正則化來防止模型過擬合。正則化是將複雜問題空間映射到簡單問題空間的一種方式。例如，用學校所有機器人開展實驗，學校一共有 4 個機器人，它們分別屬於不同的部門，分佈在不同大樓中。為了提高效率，把分佈在不同地點的機器人放在同一間辦公室內。本例中，把機器人放在同一間辦公室之前的搜尋空間是整所學校，把機器人放在同一間辦公室（正則化）之後的搜尋空間變為某間辦公室。把機器人放在同一間辦公室之後的搜尋空間變得更有限了。把機器人放在同一辦公室內就是正則化過程。

　　很多過擬合是參數權重值過大導致的，為了降低深度學習網路模型的複雜性，並提高其泛化能力，通常透過權重值衰減來抑制過擬合，實現正則化。

　　透過增大損失函數的值可以抑制權重值變大，具體是透過讓損失函數加上一個與權重值有關的值來實現的，這種方式通常被稱為參數範數懲罰。根據所加值不同，可以將參數範數懲罰分為 L2 正則化和 L1 正則化。

1. L2 正則化

　　L2 範數是指一組數的平方和。在 L2 正則化中所加值是 L2 範數（權重值的平方和），具體為

$$E(w) = E(w) + \frac{1}{2}\lambda\sum_i w_i^2$$

其中：

- $E(w)$是誤差函數，如均方誤差、交叉熵誤差等。
- λ是控制較大權重值的衰減程度的懲罰係數，是權重向量。
- w_i是權重值。

L2 正則化被稱為權值衰減，又稱為嶺回歸（Ridge Regression）或 Tikhonov 正則化（Tikhonov Regularization）。

2. L1 正則化

L1 範數是一組數的絕對值之和。在 L1 正則化中所加值是 L1 範數（權重值的絕對值之和），具體為

$$E(w) = E(w) + \lambda\sum_i |w_i|$$

其中：

- $E(w)$是誤差函數，如均方誤差或交叉熵誤差等。
- λ是控制較大權重值的衰減程度的懲罰係數，是權重向量。
- w是權重值。

L1 正則化使用的是權重值的絕對值之和，L2 正則化使用的是權重值的平方和。也可以將 L1 正則化和 L2 正則化結合起來使用，這種方式被稱為 Elastic 網路正則化。除此以外，上文介紹的 dropout 方法也是正則化的重要方式。

21.6.6 mini-batch 方法

mini-batch 方法又稱小批次方法，是用部分資料代表全部資料進行訓練的一種方法。

傳統上，在訓練類神經網路時，需要針對每個單獨樣本一個一個計算梯度，從而對權重值進行最佳化。但是，實踐中的資料量可能非常多，會導致訓練耗時過長。因此，人們提出了 mini-batch 方法。

簡單來說，mini-batch 方法就是隨機從總樣本中挑選一部分樣本作為總樣本的代表。樣本選取過程既可以採用重複取樣，也可以採用不重複取樣。前者表示每次取樣後，不考慮上一次的取樣情況，下一次仍舊從所有樣本內隨機取樣；後者表示每次取樣後下一次取樣僅從沒有被抽中的樣本中隨機選取。

假如從一個盒子中隨機取小球，重複取樣相當於每次取完後把球放回去，因此重複取樣又稱有放回去樣；不重複取樣相當於每次取球後不再把球放回去，下一次取樣僅從盒子內剩餘的球中隨機選取，因此不重複取樣又稱無放回取樣。這兩種取樣方式都可以作為 mini-batch 的取樣方式，但是後者更常用。

當隨機選取的樣本數量和所有樣本數量一致時，稱為一個 epoch。假如，有 10000 個樣本，每個 mini-batch 選取 100 個，則完成 100 輪後完成一個 epoch。

值得注意的是，mini-batch 方法在當前批次上集中計算梯度，不像傳統方式那樣針對每個樣本單獨計算梯度。集中計算梯度的方式即用均值代替當前批次整體的值。

21.6.7 超參數

大多數機器學習（深度學習）演算法都具有超參數，它們用來控制演算法的行為。非常關鍵的一點是，超參數不是透過學習得到的，而是人為設定的。

例如，在 KNN 演算法中，K 值就是一個超參數。本節將介紹的參數基本上都是超參數，它們基本（不是絕對）都無法透過學習得到。

大多數情況下，一個參數被設定為超參數是因為它難以透過系統的自我學習進行最佳化，只能透過不斷進行人為調參獲取。大多數超參數如果透過學習訓練資料獲得，那麼將導致模型過擬合。

一般情況下會將資料集劃分為訓練資料和測試資料。為了解決超參數的設定問題會把資料集劃分為訓練資料、測試資料、驗證資料三部分，其中，驗證資料專門用於估計訓練中的或訓練後的泛化誤差，以更新超參數。

21.7 深度學習遊樂場

參考網址 11 中提供了一個非常有趣的線上神經網路演示系統，如圖 21-29 所示。該系統可以讓我們在不撰寫任何程式的情況下，只點擊滑鼠就可以隨心所欲地建構不同結構的深度學習系統。

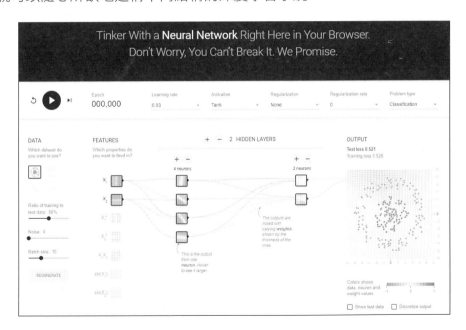

▲圖 21-29 線上神經網路演示系統

卷積神經網路基礎

卷積神經網路（Convolutional Neural Network，CNN）是一種專門處理具有類似網格結構資料的類神經網路。目前廣泛使用的影像處理應用中基於深度學習的方法基本都是以 CNN 為基礎的。

CNN 與傳統類神經網路一樣，都是透過類似架設積木的方式建構的。與傳統類神經網路不同的是，CNN 中使用了卷積層（Convolution）和池化層（Pooling）。

如圖 22-1 所示，左側是傳統類神經網路，右側是 CNN。CNN 在傳統類神經網路的基礎上增加了卷積層和池化層。

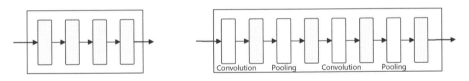

▲圖 22-1 傳統類神經網路和 CNN

本章將先具體介紹卷積層、池化層的建構和基本原理，再介紹建構 CNN 的基礎知識，最後介紹具有代表性的 CNN。

22.1 卷積基礎

在常見的運算中，卷積是對兩個實變函數的一種數學運算。深度學習中的卷積通常是離散卷積，是矩陣的乘法。如圖 22-2 所示，將左側 4×4 的原始矩陣（原始影像）與中間 3×3 的矩陣（卷積核心）相乘，得到右側 2×2 的輸出矩陣（輸出結果、運算結果）。從圖 22-2 中可以看出，左側矩陣與中間矩陣共進行了四次乘法運算，最終得到右側 2×2 矩陣中的四個值，圖 22-2（a）〜圖 22-2（d）分別對應這個四個值的計算過程。

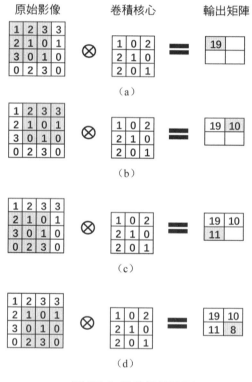

▲圖 22-2 卷積運算範例

■ 圖 22-2（a）展示的是第一次卷積運算。首先將卷積核心置於原始影像的左上角，如圖 22-2（a）中陰影位置（左上角 3×3 大小的區域）所示。然後將圖 22-2（a）左側影像中的陰影部分與圖 22-2（a）中間的 3×3 大小的矩陣對應位置的值相乘後求和，即 1×1 + 2×0 + 3×2+2×2 + 1×1 + 0×0+3×2 + 0×0 + 1×1=19。最後將數值 19 放到輸出矩陣的第 1 行第 1 列。

- 圖 22-2（b）展示的是第二次卷積運算。首先在左側影像中將卷積核心向右移一個像素點，如圖 22-2（b）中的陰影部分（右上角 3×3 大小的區域）所示。然後將圖 22-2（b）左側影像中的陰影部分與中間的 3×3 大小的矩陣對應位置的值相乘後求和，得到數值 10。最後將數值 10 放到輸出矩陣的第 1 行第 2 列。

- 圖 22-2（c）展示的是第三次卷積運算。在前述步驟中卷積核心從原始影像左上角開始，自左向右完成了針對原始影像第 1 行的遍歷。接下來將卷積核心移動到原始影像的最左端，並向下移動一個像素點。卷積核心在原始影像中的位置如圖 22-2（c）中陰影部分（左下角 3×3 大小的區域）所示。此時，將圖 22-2（c）左側影像內陰影部分與圖 22-2（c）中間的 3×3 大小的矩陣對應位置的值相乘後求和，得到數值 11。最後將數值 11 放到輸出矩陣的第 2 行第 1 列。

- 圖 22-2（d）展示的是第四次卷積運算。首先將卷積核心在原始影像中向右移動一個像素點，如圖 22-2（d）中陰影部分（右下角的 3×3 大小的區域）所示。接下來將圖 22-2（d）左側影像內陰影部分與圖 22-2（d）中間的 3×3 大小的矩陣對應位置的值相乘後求和，得到數值 8。最後將數值 8 放到輸出矩陣的第 2 行第 2 列。

　　大部分的情況下，上述操作可以表示為如圖 22-3 所示形式。圖 22-3 表示使用中間的矩陣對左側的原始矩陣進行卷積操作，得到最右側的輸出矩陣。

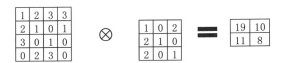

▲圖 22-3 圖 22-2 卷積運算範例另一種表示形式

將圖 22-3 一般化，使用字母表示矩陣中的各個數值，可以得到如圖 22-4 所示的表示形式。

原始影像

a	b	c	d
e	f	g	h
i	j	k	l
m	n	o	p

卷積核心

w	x
y	z

結果影像

aw+ bx+ ey+ fz	bw+ cx+ fy+ gz	cw+ dx+ gy+ hz
ew+ fx+ iy+ jz	fw+ gx+ jy+ kz	gw+ hx+ ky+ lz
iw+ jx+ my+ nz	jw+ kx+ ny+ oz	kw+ lx+ oy+ pz

▲ 圖 22-4 卷積運算一般式

在卷積運算中，卷積的第一個參數（原始影像）被稱為輸入，第二個參數被稱為卷積核心〔又稱為核心函數（Kernel Function）或稱為濾波器等〕，計算結果作為輸出（結果影像）有時被稱為特徵圖（Feature Map），有時被稱為特徵映射。

需要額外注意的是，大部分的情況下，輸入經過處理後得到的特徵圖與輸入大小並不一致。若希望特徵圖的大小與輸入大小保持一致，則需要進行填充等處理。在 22.3 節會介紹填充的方式。

22.2 卷積原理

本節將透過範例介紹卷積是執行原理的。

22.2.1 數值卷積

簡單來說，CNN 就是主動尋找特徵並針對這些特徵得到特徵圖，從而解決問題。因此，卷積的一個重要任務就是尋找特徵。

分別建構數值比較有特色的輸入、卷積核心，觀察最終效果，如圖 22-5 所示。

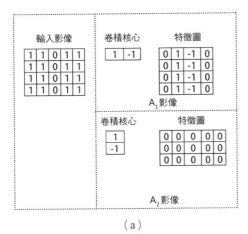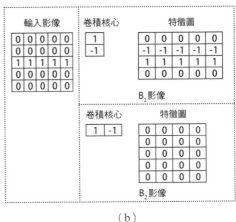

▲圖 22-5 數值卷積範例

- 圖 22-5（a）中的輸入影像在水平方向存在數值 1→0→1 的變化。
  - 使用 A₁ 影像中水平方向卷積核心(1,-1)對輸入影像進行處理，得到的特徵圖透過數值 1 和數值-1 表現了輸入影像中的值發生的變化。特徵圖中的數值 1 表示輸入影像中存在 1→0 的變化；數值-1 表示在輸入影像中存在 0→1 的變化。
  - 使用 A₂ 影像中的垂直方向卷積核心(1,-1)對輸入影像進行處理，得到的特徵圖中的值都是 0。這説明輸入影像在垂直方向不存在數值變化。

- 圖 22-5（b）中的輸入影像在垂直方向存在 0→1→0 的變化。
  - 使用 B₁ 影像中垂直方向卷積核心(1,-1)對輸入影像進行處理，得到的特徵圖中透過數值 1 和數值-1，表現了輸入影像中值的變化。特徵圖中的數值-1 表示輸入影像中存在 0→1 的變化；數值 1 表示輸入影像中存在 1→0 的變化。
  - 使用 B₂ 影像中的水平方向卷積核心(1,-1)對輸入影像進行處理，得到的特徵圖中的值都是 0。這説明在輸入影像在水平方向不存在數值變化。

透過上述範例可知，利用有效的卷積核心能夠獲得反映輸入影像值變化的特徵圖，針對輸入影像使用恰當的卷積核心能夠得到輸入影像的特定特徵資訊。

22.2.2 影像卷積

在對影像進行卷積運算時，使用不同卷積核心能夠實現不同的效果。圖 22-6 使用不同卷積核心分別實現了平滑、複製、銳化、提取邊緣的效果，具體如下。

- 運算 a 使用的卷積核心是實現卷積濾波時最常用的一種卷積核心。該卷積確定現了：計算當前像素點 3×3 鄰域中共 9 個像素點的像素值均值。該卷積核心使用鄰域像素值均值替換當前像素點的像素值，從而實現均值濾波，獲得影像平滑效果。

- 運算 b 使用的卷積核心只有中心像素點的像素值為 1，其餘像素點的像素值均為 0。在運算時，相當於將當前像素點的權重值設定為 1，其鄰域像素點的權重值均設定為 0，最終運算結果仍然是當前像素點的像素值。所以運算 b 不會改變原始影像，輸出仍是原始影像，相當於實現了影像的複製。

- 運算 c 使用的卷積核心的中心像素點的像素值為 5，其正上方、正下方、正左方、正右方的像素點的像素值均為-1，其左上角、右上角、左下角、右下角的像素點的像素值均為 0。該卷積核心相當於使用當前像素點的像素值的 5 倍減去其正上方、正下方、正左方、正右方的像素點的像素值。此時，能夠實現影像的銳化。

- 運算 d 使用的卷積核心的中心像素點的像素值為 8，其 3×3 鄰域內其他像素點的像素值均為-1。該卷積核心相當於使用當前像素點的像素值的 8 倍減去其 3×3 鄰域內其他像素點的像素值。此時，能夠提取影像的邊緣資訊。

圖 22-6 中的卷積核心比較常見，實際上卷積核心的形式、大小都可以是多樣的。在具體的影像處理中，經常透過選用不同大小、形式的卷積核心來獲取影像不同維度的特徵。

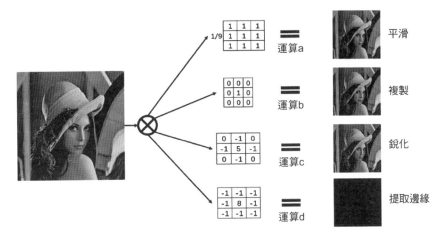

▲圖 22-6 不同卷積運算示意圖

參考網址 12 提供了一個線上演示卷積效果的應用,其卷積效果如圖 22-7 所示,可以選擇不同影像的不同卷積效果。

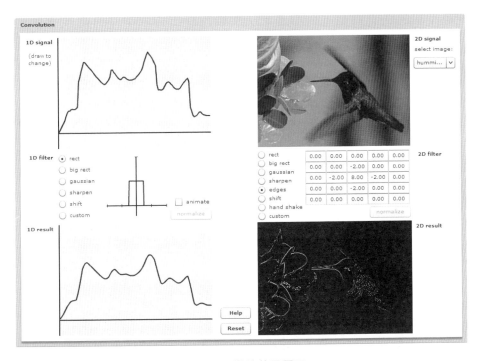

▲圖 22-7 卷積效果展示

22.2.3 如何獲取卷積核心

在實踐中，科學研究人員會使用不同形狀、大小、權重值的卷積核心提取不同的特徵。大部分的情況下，直接使用已知卷積核心就能很方便地提取所需特徵。例如，22.2.1 節中使用水平方向或者垂直方向的卷積核心能夠提取原始影像在水平方向或垂直方向的數值變化特徵，而這些數值變化實際上對應著影像的邊緣；22.2.2 節中使用不同的卷積核心能夠實現影像的平滑、複製、銳化、邊緣提取等。

在深度學習中手動設計卷積核心是不現實的，其原因如下：

■ 這是由 DNN 本身特點決定的。DNN 的結構非常複雜，不可能手動一個一個設計卷積核心。另外，類神經網路的點對點思想就是不希望進行手動設計。

■ 深度學習中提取的不再是簡單的點、線、角等初始影像特徵，而是更為高級的語義特徵。目前是無法手動設計出提取物件的語義特徵（如人的臉）的卷積核心的。

實際上，深度學習中的卷積核心不是手動設計出來的，而是由深度學習系統透過學習獲取的。在初始階段，隨機指定深度學習系統一個值，然後透過不斷的學習，最終獲取最佳的卷積核心。

22.3 填充和步進值

由前文可知，在大部分的情況下，利用卷積運算得到的特徵圖大小與輸入影像大小是不一致的。如圖 22-4 所示，在使用 2×2 大小的卷積核心時，輸入影像大小為 4×4，得到的特徵圖大小為 3×3。卷積運算得到的特徵圖比輸入影像小。

普通運算中，特徵圖大小與輸入影像大小不一致造成的影響並不大。但是，深度學習中往往存在多個卷積層，要進行多次卷積運算，這意味著每次卷積運算都會讓輸入影像變小。因此,經過多次卷積運算後得到的特徵圖比原始輸入影像要小很多。在極端情況下,特徵圖可能僅剩一個像素點。

在深度學習過程中,透過卷積運算可以得到影像的某些特徵資訊,如影像邊緣等。大多數情況下,希望卷積運算得到的特徵圖大小與原始輸入影像大小保持一致,以便處理。

為了保持特徵圖與輸入影像大小一致,一般會對原始輸入影像填充邊界(擴充邊界),讓輸入影像變得更大,從而保證卷積運算前後原始輸入影像與特徵圖大小一致。

如圖 22-8 所示,最左側的影像中白色背景部分是原始輸入影像,其大小為 4×4;中間是卷積核心,其大小為 3×3。若希望卷積處理得到的特徵圖與原始輸入影像大小一致,則可以透過對原始輸入影像進行填充邊界實現。

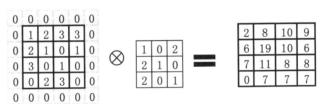

▲圖 22-8 填充邊界示意圖

如圖 22-8 中左圖所示,透過填充邊界將其尺寸變為 6×6,圖中陰影部分的數值 0,是填充的邊界。此時,使用圖 22-8 中間的卷積核心從原始輸入影像的左上角開始移動,完成卷積,最終將得到大小為 4×4 的特徵圖,如圖 22-8 中右圖所示。

上述填充邊界是最簡單的擴邊,實踐中填充邊界的大小、填充值可以根據需要進行調整。例如:

■ 填充邊界的大小:上述案例僅僅填充了 1 像素,實踐中可以根據需要填充更多像素。

▪ 填充值：上述案例使用數值 0 來填充邊界。實踐中，可以使用其他值或邊界值來填充邊界。使用邊界值填充較大的邊界時，既可以將最邊緣的像素點的像素值重複作為填充值，也可以把靠近邊緣的若干個像素點的像素值作為填充值。簡單來說，可以透過排列組合的方式對靠近邊緣的若干個像素點的像素值進行處理，然後將其作為填充值。

卷積核心在輸入影像中每次移動跨過的像素點的個數被稱為步進值（Stride）。大部分的情況下，卷積核心在行上和列上移動時，步進值是一致的。因此，步進值是一個值，這個值既表示行上的步進值，又表示列上的步進值。

上文運算中使用的步進值都是 1。如果增大步進值，可以讓卷積核心每次在原始影像上滑過更多的像素點。針對同一幅輸入影像，使用較大步進值得到的特徵圖比使用較小步進值得到的特徵圖更小。

例如，圖 22-9 中的卷積運算使用的步進值為 2。當卷積核心在輸入影像左上角完成第一次卷積運算後，向右側移動 2 個像素點，再進行一下次卷積運算，依此類推，每次移動，都是移動 2 個像素點。當某一行遍歷完成後，卷積核心移動到最左端再向下移動兩個像素點，繼續遍歷新的一行。

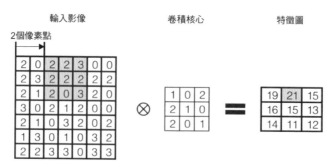

▲ 圖 22-9 卷積運算滑動示意圖

在圖 22-9 中，輸入影像中的陰影部分是第一次卷積計算後卷積核心所在位置，特徵圖中的陰影部分是本次卷積計算得到的特徵值。從圖 22-

9 中可以看出，卷積核心在每行會移動三次，在列方向上共計移動三次，最後得到的特徵圖大小為 3×3。

本節僅介紹了最常用的卷積形式，科學研究人員針對卷積進行了各種各樣的嘗試，並取得了豐碩的成果。實踐中，可以根據需要選用合適的卷積形式，也可以應用新的卷積形式。

22.4 池化操作

池化是由"Pooling"翻譯而來的，也有學者將其翻譯為「匯合」。進行池化操作的層，通常被稱為池化層（也被稱為匯合層）。

卷積能夠提取影像內的特徵，但影像內的特徵可能會由於雜訊影響不穩定。池化可以在一定程度上消除雜訊的影響，從而讓影像具有更穩定的特徵。也就是說，當影像存在微小的雜訊時，透過池化能得到影像的去噪結果。

與卷積層類似，池化層計算的是一個特定視窗內的輸出。不同於卷積層中要進行輸入和卷積核心的相關運算，池化層計算的是指定池化視窗內的元素的最大值或均值。計算最大值時被稱為最大值池化，計算均值時被稱為均值池化。圖 22-10 所示為最大值池化和均值池化的示意圖。

輸入	池化視窗	輸出

最大值池化

$max\ (a,b,e,f)$	$max(c,d,g,h)$
$max\ (i,j,m,n)$	$max(k,l,o,p)$

均值池化

$average(a,b,e,f)$	$average(c,d,g,h)$
$average(i,j,m,n)$	$average(k,l,o,p)$

輸入：

a	b	c	d
e	f	g	h
i	j	k	l
m	n	o	p

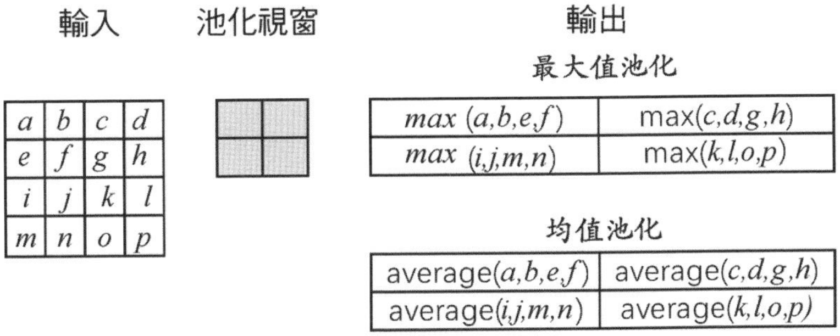

▲圖 22-10 最大值池化和均值池化的示意圖

　　圖 22-11 所示為最大值池化運算，其中，池化視窗大小為 2×2，池化視窗從輸入影像的左上角開始按照從左至右、從上至下的順序，依次在輸入影像上計算輸出結果影像（特徵圖）。當池化視窗在某一個位置上時，該位置上所有數值的最大值為輸出結果影像中對應位置上的值。

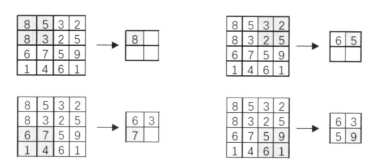

▲圖 22-11　最大值池化運算示意圖

　　需要說明的是，在圖 22-11 中，池化視窗的步進值為 2。與卷積運算一樣，池化視窗的步進值可以根據需要調整為不同值。一般情況下，會把池化視窗的步進值設定得和池化視窗等大小。例如，大小為 2×2 的池化視窗，設定其步進值為 2；大小為 3×3 的池化視窗，設定其步進值為 3；大小為 $N×N$ 的池化視窗，設定其步進值為 N。

22.5 感受野

　　眼睛可以看到的整個區域被稱為視野。人類視覺系統（Human Visual System，HVS）由數百萬個神經元組成，每個神經元可以捕捉不同的資訊。將神經元感受野定義為總視野的一小塊，即單一神經元能夠感受到的範圍（存取到的資訊）。

　　上述是生物細胞的感受野，它基本遵循「近大遠小」的邏輯。一般來說，在近處，它僅能夠看到有限範圍，而在遠處，它可以看到更廣泛的區域。

在 CNN 中,感受野(Receptive Field)是指影響元素 x 的前向計算的所有可能輸入區域(可能大於輸入的實際尺寸)。也就是說,感受野表述的是每一層的特徵圖上的每個像素點在原始影像上對應(映射)的區域大小。

圖 22-12 展示的特徵圖的每一個像素點都對應著輸入影像中的 3×3 個像素點。因此,特徵圖中的每一個像素點的感受野都是其對應的輸入影像中的 9(3×3)個像素點。

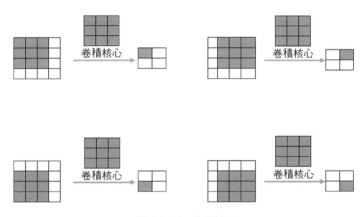

▲圖 22-12 卷積演示

換一種說法,圖 22-12 中的特徵圖中的每一個像素點都包含輸入影像內對應位置上 9 個像素點的資訊,這是因為特徵圖上的每個像素點都是其感受野內所有像素值的加權和。

感受野是不斷傳遞到下一層的。例如,圖 22-13 中有兩次卷積運算:

■ 第 1 次:輸入影像 A 與卷積核心 a 進行卷積運算,得到特徵圖 B。此時,輸入影像大小為 4×4,卷積核心大小為 3×3,特徵圖大小為 2×2。特徵圖 B 中每個像素點在輸入影像 A 中的感受野大小為 3×3。

■ 第 2 次:輸入影像 B 是第 1 次卷積運算得到的特徵圖 B,特徵圖 B 變為輸入影像 B。將輸入影像 B 與卷積核心 b 進行卷積運算,得到特徵圖 C。此時,輸入影像大小為 2×2,卷積核心大小為 2×2,特徵圖大小為 1×1。特徵圖 C 中每個像素點（只有一個像素點）在輸入影像 B 中的感受野大小為 2×2，特徵圖 C 中每個像素點在輸入影像 A 中的感受野大小為 4×4。這是因為，特徵圖 C 中的像素點來自輸入影像 B 中的 4 個像素點的加權和；而輸入影像 B 中的 4 個像素點來自輸入影像 A 中的所有像素點。

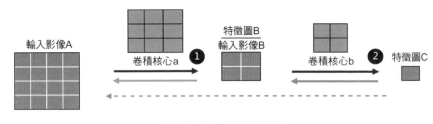

▲圖 22-13　感受野範例

一般情況下，前一層的感受野受到卷積核心的影響較大，但是向前追溯多層後，感受野與卷積次數及使用的卷積核心大小都有關。例如，在圖 22-14 中，上下兩個結構中大小為 1×1 的特徵圖的感受野都可以對應到最左側 7×7 大小的輸入影像。

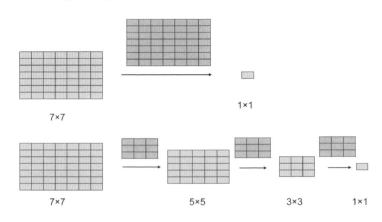

▲圖 22-14　不同卷積核心的感受野示意圖

圖 22-14 還涉及卷積核心的選用及效率問題。

- 首先，由圖 22-14 可以發現，能使用更多尺寸較小的卷積核心來替換尺寸較大的卷積核心，如可以使用 3 個 3×3 大小的卷積核心替代一個 7×7 大小的卷積核心。

- 其次，由圖 22-14 可以發現，在使用更多小尺寸卷積核心時，運算量更小。圖 22-14 中上半部分使用的卷積核心大小為 7×7，其中包含 49 個參數；下半部分使用了 3 個大小為 3×3 的卷積核心，其中共包含 3×3×3=27 個參數。很明顯，下半部分的運算方式使用了更少的參數，計算效率更高。

22.6 前置處理與初始化

本節將介紹 CNN 的前置處理與初始化問題。

22.6.1 擴充資料集

CNN 的強大功能基於其對巨量資料的訓練。實際上擁有的訓練資料是十分有限的，有限的資料會導致模型訓練不充分、性能不佳，陷入過擬合。實踐中，往往透過資料增強（Data Augmentation），又稱影像增廣（Image Augmentation），擴充資料集，以得到更多訓練資料。資料增強主要是透過對原始資料進行一系列的變換，從而得到與原始資料相似但又不完全相同的一組資料。資料增強透過隨機改變訓練樣本來降低模型對某些屬性的過度依賴，從而提高模型的泛化能力。例如，透過對影像進行不同方式的裁剪、旋轉，讓關鍵物件出現在影像的不同位置，從而減輕模型對物體位置的依賴。又如，透過調整影像亮度、色彩、對比度等顏色因素，降低模型對顏色的依賴。

即使已經擁有了大量資料，進行資料增強也是有必要的。因為進行資料增強後可以避免類神經網路學習到無關的模式，從而提升整體性能。值得注意的是，在資料增強過程中要避免增加無關（無意義）資料。

　　常見的資料增強方式包括影像的鏡像、轉置、翻轉、裁剪、平移、縮放、旋轉、仿射、差值、雜訊、對比度、顏色變換等。

　　可以透過 Fancy PCA 方法進行資料增強。該方法透過對影像的主成分進行隨機擾動，來增加新的資料。

　　上述方式直接對影像進行操作，影像的邊緣區域、不重要區域將生成一幅新影像。例如，對一幅貓的影像進行裁剪時，得到的新影像可能是不包含貓的部分，類似操作會導致新樣本集中包含無關（無意義）資料。為了避免上述問題，可以在更高層次的語義上對影像進行變換。例如，手動為影像中的關鍵核心區域，即 ROI 加標籤，然後根據 ROI 生成更多相似影像。這樣，得到的影像都是與輸入影像的 ROI 相關的影像。

　　參考網址 13 提供了用於擴充影像的函數庫。該函數庫可以將一組輸入影像轉換為一組新的、規模大得多的類似影像集。圖 22-15 所示為該函數庫提供的將一幅影像轉換為一組相似影像的範例。

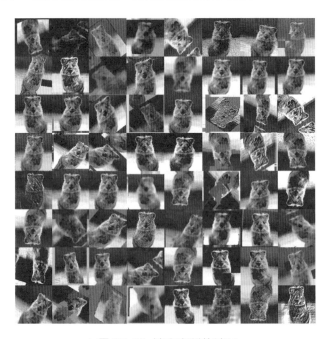

▲ 圖 22-15　擴充資料集演示

22.6.2　標準化與歸一化

　　圖 22-16 左側影像包含四組不同範圍的原始資料，它們分佈在不同的
空間內（位置範圍是各種各樣的）。在處理資料時，通常希望原始資料在
一個特定的範圍內。將圖 22-16 左側影像中的資料轉換成圖 22-16 右側影
像的形式是資料標準化與歸一化的目的，即無論資料的原始範圍是什麼，
都將其限定在一個方便後續運算的特定範圍內。

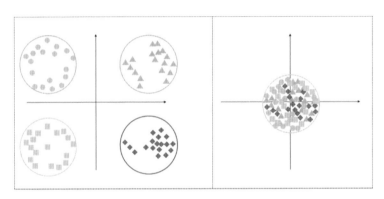

▲圖 22-16　資料標準化

　　在傳統的資料分析中，通常對原始資料進行標準化，使其分佈近似於
正態分佈。在類神經網路中，如果資料不是近似於正態分佈的，那麼演算
法將不會取得好的效果。標準正態分佈會讓資料的均值為 0，方差為 1。

　　標準化方法通常是原始資料先減去均值，再除以標準方差。例如，對
於 x_i 有

$$z_i = \frac{x_i - \overline{x}}{\sigma_x}$$

其中，z_i 是標準化結果；$\overline{x}$ 是 x_i 的均值；σ_x 是 x_i 的標準方差。

　　歸一化方法通常是把值縮放到 0～1，其實現方式為

$$z_i = \frac{x_i - x_{\min}}{x_{\max} - x_{\min}}$$

　　大部分的情況下，影像內的像素值範圍是[0,255]。針對影像的一種最常用的前置處理方式就是使影像內每一個像素點的像素值直接除以 255；另一種比較常用的方式是使影像內每一個像素點的像素值直接減去所有像素點的像素值均值。

22.6.3 網路參數初始化

　　最簡單的網路參數初始化形式是將所有的參數都設定為 0，但是這樣可能會導致網路模型無法完成訓練。因此，一種比較常用的網路參數初始化方式是將其設定為一組接近於 0 的隨機數，通常將符合正態分佈的資料乘以一個非常小的數值作為初值。

　　可以將訓練好的模型使用在當前新任務上。因為，已經訓練好的模型已經透過了實踐檢驗，並取得了較好的效果。將這些模型用在新任務上，並進行改進是一個不錯的選擇。

▌ 22.7 CNN

　　目前，已經出現了多種不同的網路結構。本節將對比較典型的結構進行簡單介紹。

22.7.1 LeNet

　　1998 年，LeCun 等人提出的 LeNet 系統將 CNN 應用於手寫字元辨識，並取得了低於 1%的錯誤率。美國郵政系統依賴該模型進行手寫數字辨識，成功地實現了自動化分揀包裹和郵件。

　　LeNet 系統是當代神經網路的基礎，其結構如圖 22-17 所示，其中每個矩陣都是一個特徵圖。從結構上看，LeNet 由連續的卷積層（Convolutions）、子採樣層（Subsampling）、全連接層（Full connection）組成。

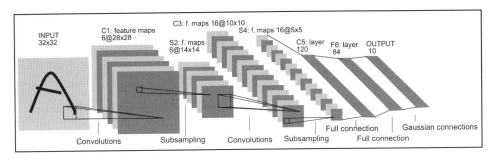

▲ 圖 22-17 LeNet 結構

（資料來源：LECUN Y，BOTTOU L，BENGIO Y，et al. Gradient-based learning applied to document recognition[J]. Proceedings of the IEEE，1998，86（11）：2278-2324。）

LeNet 中的子採樣就是池化。大部分的情況下，LeNet 中採用的是均值池化，CNN 中採用的是最大值池化。

值得注意的是，LeNet 中採用的啟動函數是 sigmoid 函數，而當前大多數 CNN 採用的是 ReLU 等具有更好效果的啟動函數。

22.7.2 AlexNet

LeNet 自成功應用後的 20 多年內一度被其他機器學習方法（如 SVM）超越，CNN 在很長一段時期陷入沉寂。

在當時的情況下，SVM 等機器學習方法是「白盒」，能夠透過嚴格的數學推導證得可靠性；而 CNN 是「黑盒」，我們不知道裡面到底發生了什麼，其工作機制如何。當時人們的研究興趣和熱點在於如何有效地提取特徵，以將特徵傳遞給機器學習系統。人們設計出了各種各樣具有較高價值的特徵描述子符號。其中，Krystian 等人發表的 *A performance evaluation of local descriptors* 對多種特徵的評價受到廣泛的關注。

機器學習雖然好用，但是特徵的提取和選用卻非常困難，人們一直想著讓機器透過學習自主提取特徵。隨著硬體價格的降低，可獲取資料量的增加，人們再次意識到 CNN 的魅力。2012 年，Alex 開發的 AlexNet 以超越第二名 10.9 個百分點的成績奪得 ImageNet 競賽影像辨識挑戰賽的冠軍。AlexNet 透過實踐證明了機器自主提取的特徵比手動提取的特徵更有效，CNN 因此重新站上了歷史舞臺，深度學習成為研究熱點。

AlexNet 結構如圖 22-18 所示，與 LeNet 相比，它有如下不同：

- 與 LeNet 相比，AlexNet 的規模更大、結構更複雜。它包含 8 層變換，其中有 5 層卷積層和 3 層全連接層。
- LeNet 使用的啟動函數是 sigmoid，AlexNet 使用的啟動函數是 ReLU。
- AlexNet 使用了隨機啟動（見 21.6.2 節）。
- AlexNet 採用了資料增強，透過影像翻轉、裁剪和顏色變化等方式對資料集進行擴充來降低對某些特徵的過度依賴，提高系統泛化能力（見 22.6.1 節）。

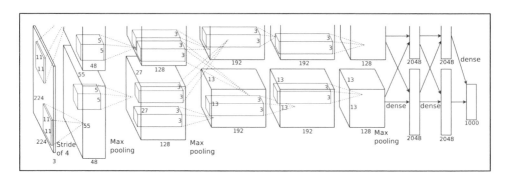

▲ 圖 22-18 AlexNet 結構

（資料來源：KRIZHEVSKY A，SUTSKEVER I，HINTON G E. ImageNet classification with deep convolutional neural networks[C]. International Conference on Neural Information Processing Systems. Curran Associates Inc. 2012：1097-1105。）

22.7.3 VGG 網路

牛津大學 Visual Geometry Group（VGG）提出的 VGG 網路透過重複使用簡單的基礎塊來建構深度模型，其結構如圖 22-19 所示，其特色在於：

- 卷積層：在對輸入進行 1 個像素邊界填充的基礎上，使用 3×3 的卷積核心進行卷積，以確保經卷積操作後得到的特徵圖與原始輸入影像大小一致。其非常重要的一個特點是使用多個小卷積核心替代大卷積核心（見 22.5 節）。

- 池化層：使用大小為 2×2 的池化視窗，將輸入影像尺寸調整為原始尺寸的四分之一。該操作將從四個像素值中提取一個最大值。實際上，該操作讓新特徵值的寬和高都變為原來的一半。

- 通道數逐層增加，從開始的 3 層（RGB 三層）透過運算逐步增加到 64 層、128 層、256 層、512 層，最後透過全連接層輸出。

- 它的結構是 16 層或者 19 層，因此稱為 VGG-16 或 VGG-19。

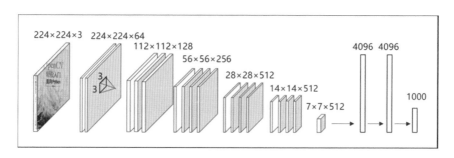

▲ 圖 22-19 VGG 網路結構

22.7.4 NiN

NiN 是指網路中的網路（Network in Network），很形象地指出在它建構的網路中還會有更小結構的網路。

CNN 能夠實現非線性運算，但是網路中的每一個基礎操作基本都是線性的（普通的卷積）。簡單來說，CNN 透過大量線性運算的疊加組成非線性運算器。因此，只有結構龐大且複雜的網路，才能將線性計算機組成功能完備的非線性計算機。所以，人們通常傾向於建構更複雜的網路來幫助人們更好地解決問題。按照這個思路建構網路只會讓網路越來越複雜，直到不能工作為止。

　　為了避免網路過於複雜，新加坡國立大學的 LinMin 提出了一種新型網路——NiN，該網路在 CNN 中用多層感知機網路（Multilayer perceptron，MLP）替代簡單的卷積操作。如圖 22-20 所示，左圖採用了普通的卷積操作，右圖採用了多層感知機將上一層的特徵傳遞給下一層。多層感知機能夠提取比卷積操作更高級的特徵，並傳遞給下一層。因此，NiN 可以用比傳統 CNN 更簡單的結構來完成同樣複雜的功能。

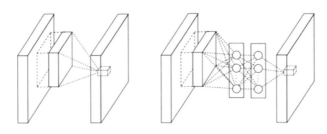

▲圖 22-20 普通卷積與多層感知機
（資料來源：LIN M，CHEN Q，YAN S. Network In Network[J]. Computer Science，2013。）

　　NiN 除了應用網路中的網路，還有一個創新在於去掉了最後的全連接層，直接使用特徵圖進行分類，其結構如圖 22-21 所示。

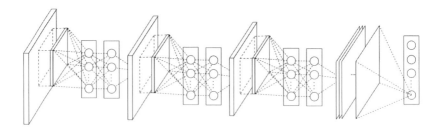

▲圖 22-21 NiN 結構
（資料來源：LIN M，CHEN Q，YAN S. Network In Network[J]. Computer Science，2013。）

　　在傳統 CNN 中，一般是在最終的輸出中使用 softmax 函數（見 21.1.4 節）來完成分類工作，這需要透過全連接層實現。全連接層設計的參數過多，很容易造成過擬合。NiN 用全域均值池化的方法替代傳統 CNN 中的全連接層。

NiN 使用了輸出通道數等於分類標籤數的 NiN 塊，然後將每個通道的整體均值（全域均值池化）作為分類結果。因此，極大地減少了網路參數，有效地避免了過擬合。這樣的設計，讓每張特徵圖都相當於一個特徵，每個特徵對應一個分類。如果要建構具有 N 個分類任務的模型，那麼最後一層的特徵圖個數就要選擇 N 個。

22.7.5 GooLeNet

GoogLeNet 取得了 2014 年 ImageNet 的第 1 名（第 2 名為 VGG）。Google 為向 LeNet 致敬特意將其中的字母"L"大寫。GoogLeNet 吸收了 NiN 的思想，對其進行了大幅改進。GoogLeNet 結構如圖 22-22 所示，看起來好像非常複雜。

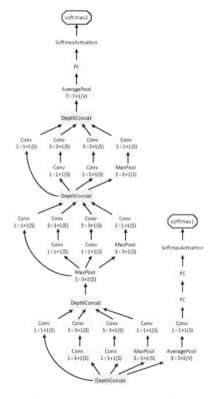

▲ 圖 22-22 GoogLeNet 結構（上）

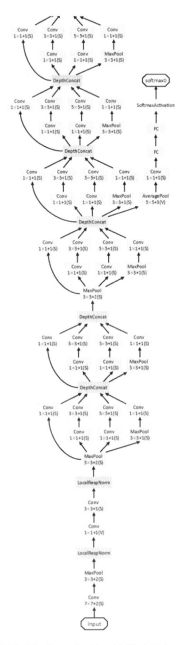

▲ 圖 22-22 GoogLeNet 結構（下）

（資料來源：SZEGEDY CHRISTIAN，LIU WEI，JIA Y，et al，Going deeper with convolutions[C]. 2015 IEEE Conference on Computer Vision and Pattern Recognition （CVPR），2015。）

傳統 CNN 的結構是一條線的，GoogLeNet 結構與傳統 CNN 結構的不同主要在於，GoogLeNet 在具有深度的同時具有寬度，這種寬度被稱為 "Inception"。如圖 22-23 所示，左圖是傳統 CNN 結構，右圖是 Inception 結構。從圖 22-23 中可以看到，Inception 結構內部使用了多個不同的卷積層和池化層。

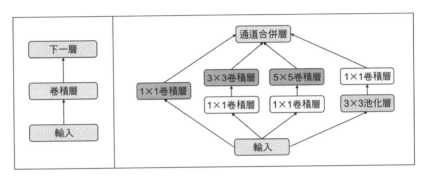

▲ 圖 22-23 傳統 CNN 結構與 Inception 結構

GoogLeNet 的 Inception 結構是一個具有 4 條線路的子網路，GoogLeNet 將多個 Inception 區塊和其他各層串聯起來，組成整個網路。

GoogLeNet 是 ImageNet 上較為高效的模型，在相似精度下，GoogLeNet 具有更低的複雜度。

22.7.6 殘差網路

為了解決更複雜的問題，我們傾向於建構具有更多層的網路。一般來說，越複雜的、層數越多的網路解決的問題越複雜。

在實踐中會發現，當一個淺層次網路能夠解決一個問題時，如果嘗試給它加上更多的層，即使這些層是恒等層，那麼網路的性能會降低。也就是說，在一個穩定的網路中，即使加入了一些什麼都不做的層，網路的性能也會降低。

CNN 中存在大量卷積和池化操作，這些操作都是對原始資訊的損耗,意在將最核心的資訊從原始資訊中提取出來。但是,網路層數的堆疊會過於損耗資訊,從而產生新的本不屬於它的特徵。其原理類似為1.01^{365}和0.99^{365},指數越大,最終結果偏離原值越多。

微軟的 He 提出了應用殘差網路(ResNet)來解決上述問題。ResNet中引入了「快捷結構」(又稱為捷徑、小路、高速公路等)。快捷結構跳過了卷積層,直接將輸入傳遞給輸出。例如,在圖 22-24 右圖中,輸入 x直接傳遞到最終的啟動函數。基於這種結構,訊號能夠更好地傳遞,更方便對網路做出最佳化。

在圖 22-24 中,假設最終的啟動函數的理想映射是 $f(x)$,則:

■ 左圖虛線框內需要擬合的映射為 $f(x)$。

■ 右圖虛線框內需要擬合的映射為 $f(x)-x$。映射 $f(x)-x$ 被稱為殘差映射。

圖 22-24 中的右圖是 ResNet 的基礎模組,即殘差區塊(Residual Block)。在殘差區塊中,輸入可以跨過多層資料線路更快地傳遞。由多個殘差區塊堆疊而成的網路結構就是 ResNet。

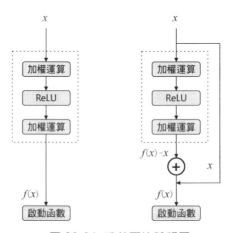

▲圖 22-24 殘差區塊說明圖

圖 22-25 中是三種不同網路結構的對比:

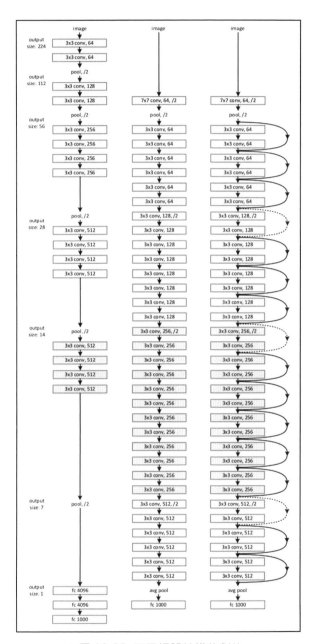

▲ 圖 22-25 不同網路結構的對比

（資料來源：HE K，ZHANG X，REN S，et al. Deep Residual Learning for Image
Recognition[C]. 2016 IEEE Conference on Computer Vision and Pattern Recognition
（CVPR），2016。）

- 底層是 VGG-19。
- 中間層是 34 層的普通網路，即傳統的 34 層的 CNN。
- 頂層是 34 層的 ResNet。

　　如圖 22-25 中頂層的 ResNet 所示，它以 2 個卷積層為步進值建構快捷結構，以連接不斷加深的層。實踐中，有學者將 ResNet 的網路深度加深到 150 層以上，辨識精度仍會不斷提升。ResNet 網路在 ILSVRC 2015 和 COCO 2015 大賽的檢測、定位和分割任務中均拔得頭籌。

　　每一種經典的網路都會引起人們不斷地對它進行最佳化的興趣。例如，稠密連接網路（DenseNet）就是在 ResNet 基礎上建構的。如圖 22-26 所示，左圖是 ResNet，右圖是 DenseNet，它們的主要區別在於：

- ResNet 使用的是加法。
- DenseNet 使用的是連接。

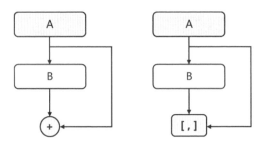

▲圖 22-26 ResNet 及 DenseNet

　　從圖 22-26 右圖中可以看出，輸入 A 和模組 B 後面的層連接在一起，這是該網路被稱為稠密連接網路的原因。

DNN 模組

DNN 模組是 OpenCV 中專門用來實現 DNN 模組的相關功能，其作用是載入別的深度學習框架（如 TensorFlow、Caffe、Torch 等）中已經訓練好的模型，然後用該模型完成預測等工作。OpenCV 在載入模型時會使用自身的 DNN 模組對模型進行重寫，因此模型具有更高的效率。

如果想在 OpenCV 中使用深度學習模型，那麼可以先用熟悉的深度學習框架訓練該模型，然後使用 OpenCV 的 DNN 模組載入該模型。

由 Intel 開放原始碼軟體中心音視訊團隊趙娟等〔他們最佳化了 OpenCV 模組在圖形處理器（Graphics Processing Unit，GPU）上的性能〕撰寫的《OpenCV 深度學習應用與性能最佳化實踐》一書中，將 DNN 模組的特點歸納為如下幾個方面：

■ 輕量：OpenCV 的深度學習模組只實現了模型推理功能，不涉及模型訓練，這使得相關程式非常精簡，加速了安裝和編譯過程。

■ 外部依賴性低：重新實現一遍深度學習框架使得 DNN 模組對外部依賴性極低，極大地方便了深度學習應用的部署。

■ 方便整合：在原有 OpenCV 開發程式的基礎上，透過 DNN 模組可以非常方便地加入對神經網路推理的支援。

■ 方便整合：若網路模型來自多個框架，如一個來自 TensorFlow，另外一個來自 Caffe，則 DNN 模組可以方便地對網路進行整合。

■ 通用性：DNN 模組提供了統一的介面來操作網路模型，內部做的最佳化和加速適用於所有網路模型格式，支援多種裝置和作業系統。

與其他推理框架一樣，OpenCV 中的 DNN 模組不支援網路訓練，只提供網路推理功能。這意味著，DNN 模組的主要任務就是載入和執行網路模型。目前，OpenCV 支援主流的網路模型，如 TensorFlow、Caffe、Torch、DarkNet、ONNX 和 OpenVINO 等。

DNN 模組支援所有基本網路層類型和子結構，如 AveragePooling（均值池化）、BatchNormalization（批次標準化）、Convolution（卷積）、dropout（隨機 Dropout）、FullyConnected（全連接）、MaxPooling（最大值池化）、Padding（填充）、ReLU、sigmoid、Slice、softmax 和 tanh 等。

除了實現基本的層類型，DNN 模組支援的網路架構如表 23-1 所示。DNN 模組支援的模型非常多，我們可以根據需要選用合適的網路架構。在使用過程中，無須考慮原格式的差異，各種格式的模型都將被轉換成統一的內部網路結構。

表 23-1 DNN 模組支援的網路架構

影像分類網路	Caffe	AlexNet、GoogLeNet、VGG、ResNet、SqueezeNet、DenseNet、ShuffleNet
	TensorFlow	Inception、MobileNet
	DarkNet	darknet-imagenet
	ONNX	AlexNet、GoogLeNet、CaffeNet、RCNN_ILSVRC13、ZFNet512、VGG-16、VGG16_bn、ResNet-18v1、ResNet-50v1、CNN Mnist、MobileNetv2、LResNet100E-IR、Emotion FERPlus、SqueezeNet、DenseNet121、Inception-v1/v2、ShuffleNet
物件檢測網路	Caffe	SSD、VGG、MobileNet-SSD、Faster-RCNN、R-FCN、OpenCV face detector
	TensorFlow	SSD、Faster-RCNN、Mask-RCNN、EAST
	DarkNet	YOLOv2、Tiny YOLO、YOLOv3
	ONNX	Tiny YOLOv2

語義分割網路	FCN（Caffe）、ENet（Torch）、ResNet101_DUC_HDC（ONNX）
姿勢估計網路	openpose（Caffe）
影像處理網路	Colorization（Caffe）、Fast-Neural-Style（Torch）
人臉辨識網路	openface（Torch）

23.1 工作流程

如圖 23-1 所示，DNN 模組直接使用訓練好的模型對輸入的問題進行處理，進而得到問題的答案。

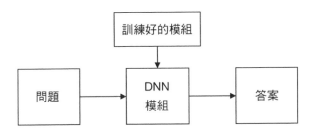

▲圖 23-1 DNN 模組工作流程示意圖

可以將在 OpenCV 中使用 DNN 模組簡單理解為一個簡單的函式呼叫過程。DNN 模組使用的主要函數及流程如圖 23-2 所示。

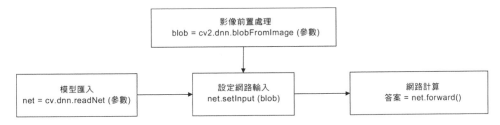

▲圖 23-2 DNN 模組使用的主要函數及流程

下文將對 DNN 模組工作流程中使用的主要函數進行一個簡單介紹。

23.2 模型匯入

DNN 模組中使用 readNet 函數匯入模型，其語法格式為

```
net=cv2.dnn.readNet( model[, config[, framework]] )
```

其中，各參數的含義如下：

- net：傳回值，傳回網路模型物件。
- model：模型權重檔案（模型參數檔案）路徑。模型權重檔案內儲存的是訓練好的模型的權重值，是二進位檔案，檔案較大。
- config：模型設定檔（網路結構檔案）路徑。模型設定檔內儲存的模型描述檔案，描述的是網路結構，是文字檔，檔案較小。
- framework：DNN 框架，可省略，DNN 模組會自動推斷框架種類。

函數 readNet 將不同深度學習框架訓練的模型匯入 DNN 模組的 net 物件中，並傳回一個 net。目前，函數 readNet 支援的模型格式有 DartNet、TensorFlow、Caffe、Torch、ONNX 和 Intel OpenVINO。此函數自動根據 model 參數或 config 參數對應的檔案推斷出框架類型，並呼叫適當的函數，如 readNetFromCaffe、readNetFromTensorflow、readNetFromTorch 或 readNetFromDarknet，如表 23-2 所示。

表 23-2 模型載入函數

model 參數	config 參數	framework 參數	函數名稱	參考網址
*.caffemodel	*.prototxt	caffe	readNetFremoCaffe	參考網址 14
*.pb	*.pbtxt	tensorflow	readNetFromTensorFlow	參考網址 15
*.t7	*.net	torch	readNetFromTorch	參考網址 16
*.weight	*.cfg	darknet	readNetFromDarknet	參考網址 17
*.bin	*.xml	dldt	readNetFromModelOptimizer	參考網址 18
*.onnx	—	onnx	readNetFromONNX	參考網址 19

需要注意的是，readNet 函數的參數的位置順序並不重要。呼叫 readNet 函數時無須關心 model 參數和 config 參數的放置順序。另外，參數 framework 一般不需要特別指定。readNet 函數內部會自動推斷參數串列中哪個是 model 參數，哪個是 config 參數，然後根據 model 參數和 config 參數推斷 framework 類型，並在內部自動呼叫其對應的函數。

因此，在使用函數 readNet 時，如下兩種形式是一樣的：

```
net=cv2.dnn.readNet(model,config)
net=cv2.dnn.readNet(config ,model)
```

既可以使用函數 readNet 讓它自動判斷對應的函數載入模型，也可以使用表 23-2 函數名稱列中的具體函數來載入模型。

若已知某 Caffe 模型的 model="xx.cdaffemodel"、config="xx.prototxt"，則如下敘述都是可以使用的：

```
net=cv2.dnn.readNet(model,config)
net=cv2.dnn.readNet(config ,model)
net=cv2.dnn.readNetFromCaffe(config, model)
```

需要注意的是，readNetFromCaffe 這種指定了框架（如 Caffe 等）的函數中的參數格式是固定的，不能改變。其他指定框架函數內參數的順序可以參考官網，這裡不再贅述。

表 23-2 framework 參數列中的 dldt（Deep Learning Deployment Toolkit）是 Intel 公司的 OpenVINO 軟體套件，該網路模型是經過 OpenVINO 軟體套件中的模型最佳化器（ModelOptimizer）元件處理後的輸出，所以對應的處理函數名稱中含有 FromModelOptimizer 字樣。這個函數最終將呼叫 Net 類別中的成員函數 readFromModelOptimizer。

從磁碟上的模型檔案到記憶體表示，再到 OpenCV 的內部模型表示，所有模型載入函數的過程都是一樣的，只是因具體格式的不同處理敘述略有不同。

▌ 23.3 影像前置處理

影像前置處理是指將需要處理的影像轉換成可以傳入類神經網路的資料形式。DNN 模組中的函數 blobFromImage 完成影像前置處理，從原始影像建構一個符合類神經網路輸入格式的四維區塊。它透過調整影像尺寸和裁剪影像、減均值、按比例因數縮放、交換 B 通道和 R 通道等可選操作完成對影像的前置處理，得到符合類神經網路輸入的目標值。其語法格式如下：

```
blob=cv2.dnn.blobFromImage(image[, scalefactor[, size[, mean[,
swapRB[, crop[, ddepth]]]]]])
```

其中：

- blob：表示在經過縮放、裁剪、減均值後得到的符合類神經網路輸入的資料。該資料是一個四維資料，佈局通常使用 N（表示 batch size，每次輸入的影像數量）、C（影像通道數，如 RGB 影像具有三個通道）、H（影像高度）、W（影像寬度）表示。

- image：表示輸入影像。

- scalefactor：表示對影像內的資料進行縮放的比例因數。具體運算是每個像素值乘以 scalefactor，該值預設為 1。

- size：用於控制 blob 的寬度、高度。

- mean：表示從每個通道減去的均值。若輸入影像本身是 B、G、R 通道順序的，並且下一個參數 swapRB 值為 True，則 mean 值對應的通道順序為 R、G、B。

- swapRB：表示在必要時交換通道的 R 通道和 B 通道。一般情況下使用的是 RGB 通道，而 OpenCV 通常採用的是 BGR 通道。因此，可以根據需要交換第 1 個和第 3 個通道。該值預設為 False。

- crop：當 image 大小和 size 值不一致時，對 image 進行調整的方式。
  - 當 crop 為 True 時，分為兩種情況：

> 情況 1：輸入影像 image 和目標影像的 size 值長寬比一致，直接縮放。

> 情況 2：輸入影像 image 和目標影像的 size 值長寬比不一致。此時，根據 size 調整輸入影像 image 的大小，將其中的一側（寬或高）調整為等於對應 size 規定的大小，另一側（寬或高）調整為大於或等於 size 規定的大小。然後，在大於 size 的一側執行從中心的裁剪操作。

- 當 crop 為 False 時，直接調整大小（縮放），不進行裁剪並保留縱橫比。

■ ddepth：控制輸出物件 blob 的資料格式，為 CV_32F 或 CV_8U。

blobFromImage 函數中，只有 image 是必選參數，其餘均是可選參數。該函數非常關鍵，它直接決定了傳遞給類神經網路的資料及其具體形式。下面對該函數的參數進行具體介紹。

【例 23.1】演示 scalefactor 參數的含義及使用。

```python
import numpy as np
import cv2
image=np.ones((3,3),np.uint8)*100
print("原始資料：\n",image)
blob = cv2.dnn.blobFromImage(image,scalefactor=1)
print("scalefactor=1：\n",blob[0])
blob = cv2.dnn.blobFromImage(image,scalefactor=0.1)
print("scalefactor=0.1：\n",blob[0])
```

執行上述程式，程式處理結果為

```
原始資料：
 [[100 100 100]
 [100 100 100]
 [100 100 100]]
scalefactor=1：
 [[[100. 100. 100.]
```

```
  [100. 100. 100.]
  [100. 100. 100.]]]
scalefactor=0.1:
 [[[10. 10. 10.]
  [10. 10. 10.]
  [10. 10. 10.]]]
```

由上述程式輸出結果可知，scalefactor 參數的影響如下：

- 將其設定為 1 時，像素值未發生變化。
- 將其設定為 0.1 時，像素值變為原來像素值的 10%。

【例 23.2】演示 size 參數的含義及使用。

需要注意如下兩點：

- 即使 size 的值與輸入影像 image 的尺度一致，其佈局也是不一致的。
- 使用 shape 函數傳回 blob 的結構時，傳回的是 NCHW，而設定時使用的參數(cols,rows)分別設定的是列數和行數。

```
import cv2
image=cv2.imread("lena.bmp")
image=cv2.resize(image,(3,3))
print("原始資料：\n",image)
blob1 = cv2.dnn.blobFromImage(image,1,size=(3,3))
print("原有尺度：\n",blob1[0])
blob2 = cv2.dnn.blobFromImage(image,1,size=(4,3))
print("變換尺度：\n",blob2[0])
print("blob 尺度：",blob2.shape)
```

執行上述程式，程式處理結果為

```
原始資料：
 [[[ 74  61 175]
  [155 158 205]
  [111 117 226]]
```

```
[[ 78  65 177]
 [ 75  67 182]
 [119 138 213]]

[[ 71  31  94]
 [100  95 216]
 [102 102 171]]]
原有尺度：
[[[ 74. 155. 111.]
 [ 78.  75. 119.]
 [ 71. 100. 102.]]

 [[ 61. 158. 117.]
 [ 65.  67. 138.]
 [ 31.  95. 102.]]

 [[175. 205. 226.]
 [177. 182. 213.]
 [ 94. 216. 171.]]]
變換尺度：
[[[ 74. 125. 139. 111.]
 [ 78.  76.  92. 119.]
 [ 71.  89. 101. 102.]]

 [[ 61. 122. 143. 117.]
 [ 65.  66.  94. 138.]
 [ 31.  71.  98. 102.]]

 [[175. 194. 213. 226.]
 [177. 180. 194. 213.]
 [ 94. 170. 199. 171.]]]
blob 尺度： (1, 3, 3, 4)
```

由上述程式輸出結果可知，即使尺度沒有發生變化，資料的佈局也發生了改變。在設定變換尺度時要注意 size 參數中行和列的順序。

在僅考慮影像的尺度（寬和高）及通道數時，影像在使用函數 blobFromImage 處理前後的佈局如圖 23-3 所示，左圖是 RGB 影像在 OpenCV 內的佈局，右圖是 blobFromImage 函數處理後輸出物件 blob 的佈局。

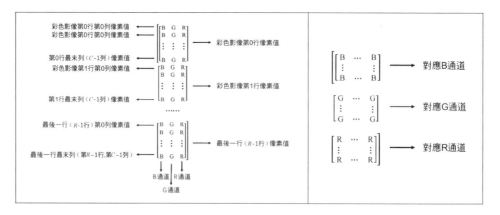

▲圖 23-3 資料佈局

【**例 23.3**】演示 mean 參數的含義及使用。

22.6.2 節中介紹了標準化與歸一化。參數 mean 和 scalefactor 是對影像進行標準化與歸一化的重要形式。這兩個參數一方面能夠讓資料更規範，從而便於進行後續計算；另一方面能夠去除影像內雜訊等影響。

影像的像素值極易受到光源的影響。例如，某影像：

■ 在光源較強時，其像素值為[100,140,120]。
■ 在光源較弱時，其像素值為[10,50,30]。

由此可知，在光源條件不同時同一幅影像的像素值相差較大。使像素值都減去均值，可以得到：

■ 在光源較強時，像素值[100,140,120]的均值為 120，減去均值為[-20,20,0]
■ 在光源較強時，像素值[10,50,30]的均值為 30，減去均值為[-20,20,0]

　　由此可知，受不同光源影響的同一幅影像具有不同的像素值，但是在所有像素值都減去均值後二者具有相同的值。

　　撰寫程式如下：

```
import cv2
image=cv2.imread("lena.bmp")
image=cv2.resize(image,(3,3))
print("原始資料：\n",image)
blob = cv2.dnn.blobFromImage(image,1,size=(3,3),mean=0)
print("mean=0：\n",blob[0])
blob = cv2.dnn.blobFromImage(image,1,size=(3,3),mean=(10,20,50))
print("mean=(10,20,50)：\n",blob[0])
```

　　執行上述程式，輸出結果如下：

```
原始資料：
 [[[ 74  61 175]
  [155 158 205]
  [111 117 226]]

 [[ 78  65 177]
  [ 75  67 182]
  [119 138 213]]

 [[ 71  31  94]
  [100  95 216]
  [102 102 171]]]
mean=0：
 [[[ 74. 155. 111.]
  [ 78.  75. 119.]
  [ 71. 100. 102.]]

 [[ 61. 158. 117.]
  [ 65.  67. 138.]
  [ 31.  95. 102.]]
```

```
 [[175. 205. 226.]
  [177. 182. 213.]
  [ 94. 216. 171.]]]
mean=(10,20,50):
 [[[ 64. 145. 101.]
  [ 68.  65. 109.]
  [ 61.  90.  92.]]

  [[ 41. 138.  97.]
  [ 45.  47. 118.]
  [ 11.  75.  82.]]

  [[125. 155. 176.]
  [127. 132. 163.]
  [ 44. 166. 121.]]]
```

　　從上述程式輸出結果可知，參數 mean 是每個像素值要減去的均值。本例中，B、G、R 通道減去的值分別為 10、20、50。注意函數運算前後影像結構的變化。

　　【例 23.4】演示 swapRB 參數的含義及使用。

```
import cv2
image=cv2.imread("lena.bmp")
image=cv2.resize(image,(3,3))
print("原始資料：\n",image)
blob1 = cv2.dnn.blobFromImage(image,1,(3,3),0,swapRB=False)
print("swapRB=False，不調整通道：\n",blob1[0])
blob2 = cv2.dnn.blobFromImage(image,1,(3,3),0,swapRB=True)
print("swapRB=True，調整通道：\n",blob2[0])
```

　　執行上述程式，輸出結果如下：

```
原始資料：
 [[[ 74  61 175]
  [155 158 205]
  [111 117 226]]
```

```
 [[ 78  65 177]
  [ 75  67 182]
  [119 138 213]]

 [[ 71  31  94]
  [100  95 216]
  [102 102 171]]]
```
swapRB=False，不調整通道：
```
 [[[ 74. 155. 111.]
   [ 78.  75. 119.]
   [ 71. 100. 102.]]

  [[ 61. 158. 117.]
   [ 65.  67. 138.]
   [ 31.  95. 102.]]

  [[175. 205. 226.]
   [177. 182. 213.]
   [ 94. 216. 171.]]]
```
swapRB=True，調整通道：
```
 [[[175. 205. 226.]
   [177. 182. 213.]
   [ 94. 216. 171.]]

  [[ 61. 158. 117.]
   [ 65.  67. 138.]
   [ 31.  95. 102.]]

  [[ 74. 155. 111.]
   [ 78.  75. 119.]
   [ 71. 100. 102.]]]
```

　　由上述程式輸出結果可知，參數 swapRB 用於控制是否交換 R 通道和 B 通道的值。

　　圖 23-4 所示為在僅考慮影像內尺度（寬和高）及通道數時，影像的佈局情況，其中：

■ 影像 A 是 RGB 影像在 OpenCV 內的佈局。

■ 影像 B 是 blobFromImage 函數的 swapRB 參數為 False 時處理後得到的輸出物件 blob 的佈局。

■ 影像 C 是 blobFromImage 函數的 swapRB 參數為 True 時處理後得到的輸出物件 blob 的佈局。

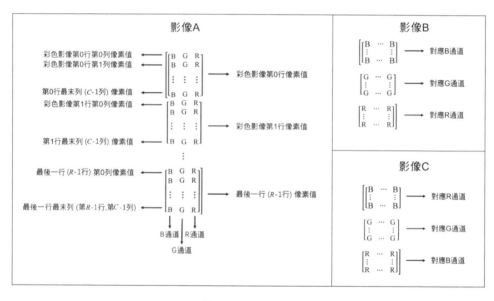

▲圖 23-4　影像佈局

　　【例 23.5】演示 crop 參數的含義及使用。

　　參數 crop 控制縮放後是否進行裁剪，具體情況如下：

■ crop 為 True 時，對輸入影像 image 進行等比例縮放，滿足其中一側（寬或高）縮放到 size 指定大小，另一側（高或寬）縮放到大於或等於 size 規定的大小。縮放完成後，對大於 size 的一側從中心進行裁剪操作。

■ crop 為 False 時，直接對輸入影像 image 進行縮放，保持新的縱橫比，不進行（不需要）裁剪。

　　函數 blobFromImage 完成影像前置處理時，所得到目標影像的長寬比與原始影像的長寬比相比較可能存在如下兩種情況：

■ 處理前後長寬比一致，此時不需要進行裁剪處理。

■ 處理前後長寬比不一致，此時分如下兩種情況進行討論。裁剪範例如圖 23-5 所示，需要說明的是，為了展示方便圖 23-5 中的影像在保證自身長寬比不變的情況下，縮放到了近似尺寸大小。也就是說，圖 23-5 中的六幅影像只展示了彼此的長寬比關係，各影像的尺寸大小與圖中展示無關。

▲ 圖 23-5 裁剪範例（一）

● 情況 1：目標影像的長寬比變小。在這種情況下，某些影像在進行裁剪後，可以取得更好的效果。例如，在圖 23-5 中將尺寸為 1600 像素×900 像素大小的影像 A 調整為尺寸為 500 像素×500 像素大小的目標影像。圖 23-5 中的，影像 B 是裁剪的結果，影像 C 是直接縮放的結果。可以看到，影像 C 長寬比變化較大；透過裁剪得到的影像 B 既保留了原始影像的長寬比又將原始影像的關鍵資訊保留了下來，處理效果更好。

- 情況 2：目標影像的長寬比變大。在這種情況下，某些影像進行裁剪後，可以取得更好的效果。例如，在圖 23-5 中將尺寸為 900 像素×2000 像素大小的原始影像 D 調整為尺寸為 600 像素×600 像素大小的目標影像。圖 23-5 中的影像 E 是裁剪的結果，影像 F 是直接縮放的結果。可以看到，影像 F 的長寬比變化較大；透過裁剪得到的影像 E 既保留了原始影像的長寬比又將原始影像的關鍵資訊保留了下來，處理效果更好。

透過上述分析可知，在長寬比改變時，透過裁剪既能夠保留影像的中心部分又能保留原始長寬比；不裁剪直接縮放，會使影像長寬比發生變化，從而失真。

圖 23-5 中的影像是比較特殊的影像，實踐中如果影像內關鍵物件占滿整幅影像，那麼裁剪將導致影像資訊遺失。例如，在圖 23-6 中，在將尺寸為 1600 像素×900 像素的原始影像 A 調整為 600 像素×600 像素的影像時，使用裁剪方式得到的影像 B 遺失了比較關鍵的資訊；使用直接縮放方式得到的影像 C 雖然存在長寬比失真，但影像整體得以保留。

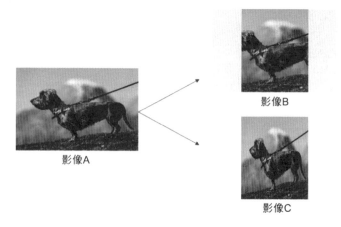

▲ 圖 23-6 裁剪範例（二）

綜上所述，裁剪操作有利也有弊：

- 裁剪不會導致影像長寬比改變，能夠保留影像的中心部分。但是，在影像內關鍵物件鋪滿整幅影像時，裁剪可能會遺失部分關鍵資訊。
- 不裁剪直接縮放影像，影像整體得以保留，但是縮放獲得的影像的長寬比會發生變化，影像會失真。

實踐中要根據影像的自身特徵決定是否對影像進行裁剪。

下面的程式有利於更好地理解參數 crop：

```python
import numpy as np
import cv2
image=np.random.randint(0,256,(4,4),np.uint8)
print("原始資料：\n",image)
blob = cv2.dnn.blobFromImage(image,1,(4,2),0,True,crop=True)
print("直接裁剪 1：\n",blob[0])
blob = cv2.dnn.blobFromImage(image,1,(2,4),0,True,crop=True)
print("直接裁剪 2：\n",blob[0])
blob = cv2.dnn.blobFromImage(image,1,(4,2),0,True,crop=False)
print("不裁剪 1：\n",blob[0])
blob = cv2.dnn.blobFromImage(image,1,(2,4),0,True,crop=False)
print("不裁剪 2：\n",blob[0])
```

執行上述程式，輸出結果為

```
原始資料：
 [[ 87 204 232 234]
 [195  49 150 182]
 [244 143 176 203]
 [ 87  99 243 227]]
直接裁剪 1：
 [[[195.  49. 150. 182.]
  [244. 143. 176. 203.]]]
直接裁剪 2：
 [[[204. 232.]
  [ 49. 150.]
```

```
 [143. 176.]
 [ 99. 243.]]]
不裁剪 1：
 [[[141. 127. 191. 208.]
 [166. 121. 210. 215.]]]
不裁剪 2：
 [[[146. 233.]
 [122. 166.]
 [194. 190.]
 [ 93. 235.]]]
```

透過上述程式輸出結果可知，crop 參數為 True 時，進行了裁剪；crop 參數為 False 時，未進行裁剪。

【例 23.6】演示 ddepth 參數的含義及使用。

```
import numpy as np
import cv2
image=np.ones((3,3),np.uint8)*100
print("原始資料：\n",image)
print("------------ddepth=CV_32F------------")
blob =
cv2.dnn.blobFromImage(image,1,(3,3),0,False,False,ddepth=cv2.CV_32F)
print("blob 資料型態：",blob.dtype)
print("觀察一下值：\n",blob[0])
print("------------ddepth=CV_8U------------")
blob =
cv2.dnn.blobFromImage(image,1,(3,3),0,False,False,ddepth=cv2.CV_8U)
print("blob 資料型態：",blob.dtype)
print("觀察一下值：\n",blob[0])
```

執行上述程式，輸出結果為

```
原始資料：
 [[100 100 100]
 [100 100 100]
 [100 100 100]]
```

```
-----------ddepth=CV_32F-----------
blob 資料型態: float32
觀察一下值:
 [[[100. 100. 100.]
   [100. 100. 100.]
   [100. 100. 100.]]]
-----------ddepth=CV_8U-----------
blob 資料型態: uint8
觀察一下值:
 [[[100 100 100]
   [100 100 100]
   [100 100 100]]]
```

23.4 推理相關函數

本節將主要介紹設定網路輸入函數 setInput 和網路計算函數 forward。

1. 設定網路輸入函數 setInput

函數 setInput 用來設定網路輸入,其語法格式如下:

```
cv2.dnn_Net.setInput( blob[, name[, scalefactor[, mean]]] )
```

其中:

- blob:函數 blobFromImage 的傳回值。
- name:輸入層的名稱。
- scalefactor:縮放因數,用於對輸入資料進行縮放。
- mean:均值,用於對輸入資料執行減去均值操作。

縮放因數 scalefactor 和均值 mean 的作用如下:

```
input(n,c,h,w) = scalefactor × (blob(n,c,h,w) - mean)
```

其中，input 是最終 DNN 的輸入，blob 是程式輸入的 Image。

函數 setInput 透過函數 readNet 的傳回值 net 呼叫，通常直接將 blob 傳遞給該函數即可。該函數沒有傳回值，其呼叫格式為

```
net.setInput(blob)
```

2. 網路計算函數 forward

網路的計算透過函數 forward 完成，其語法格式如下：

```
result = net.forward()
```

執行函數 forward，會進行推理並傳回計算結果。

綜上所述，DNN 模組在呼叫現成的模型實現運算時只需要四行敘述即可實現，具體如下：

```
net=cv2.dnn.readNet(model,config)
blob = cv2.dnn.blobFromImage(image)
net.setInput(blob)
detections = net.forward()
```

第 24 章，我們將具體介紹應用上述敘述實現不同任務的案例。

深度學習應用實踐

　　諺語「只要功夫深，鐵杵磨成針」告訴我們只要有決心，肯下功夫，多難的事都能夠成功。事實上，透過手工製作一枚針是很難的。亞當‧史密斯在《國富論》的開篇就提到，一個人即使一整天都竭力工作，也有可能連一枚針都製造不出來。如果把製作針的工序分為抽鐵絲、拉直、切截、削尖鐵絲的一端、打磨鐵絲的另一端（以便裝針頭），並將各工序分別交由不同的人負責完成，那麼每天可以製造出很多枚針。由此可知，社會化分工能夠極大地提升效率。

　　在不斷地細化分工的同時不斷地對具體分工進行「封裝」，交給協力廠商來完成，從而直接獲得結果。如今自動化程度越來越高，很多工作可以交給機器來完成。例如，一種專用的自動化炒菜機，只需把買來的菜直接放進自動炒菜機，就能得到一盤色香味俱佳的菜，極大地減少了人工作業。

　　社會化分工、協力廠商封裝極大地促進了人類社會的進步。如果沒有分工和封裝，完全憑藉自己的雙手，那麼從種菜到吃上一盤色香味俱佳的菜的過程是很漫長的。

　　電腦中處理問題的思路與現實世界是一致的，通常採用「分而治之」的方式來解決問題。這可以從兩方面來理解，一方面，將大問題化解為小問題，使問題更容易被理解；另一方面，使用不同的模組完成不同的工作，各模組只需專注於自己的「核心業務」就可以了，無須關心它的上下游，這個就是封裝的思路，即讓專業的人做專業的事。

OpenCV 的 DNN 模組提供了強大的功能，能夠實現影像分類、物件辨識、語義分割、實例分割、風格遷移等。DNN 模組使用起來很簡單，直接呼叫訓練好的模型即可獲得處理結果，是典型的分而治之的應用。簡單來說，OpenCV 的 DNN 模組僅提供了推理功能，不能訓練模型。這就像自動炒菜機，雖然功能很強大，但是它的功能是炒菜，並不能用來種菜。本章的主要內容是展示 OpenCV 的 DNN 模組都能夠做什麼。

第 23 章中已經介紹了 DNN 模組在呼叫現成的模型實現運算時僅需要如下四行敘述：

```
net=cv2.dnn.readNet(model,config)
blob = cv2.dnn.blobFromImage(image)
net.setInput(blob)
detections = net.forward()
```

本章將借助上述敘述呼叫已經訓練好的模型，展示一些深度學習在電腦視覺領域的核心應用。本章內容主要包括如下兩方面：

- 介紹深度學習的一些具體應用案例，如物件辨識、語義分割、實例分割等具體概念及實現。
- 透過案例展示使用 OpenCV 的 DNN 模組進行推理的一般步驟與方法。

需要再次説明的是，本章不包含模型的訓練過程，本章使用的模型都是已經訓練好的，相關介紹中提供了對應模型的下載網址；讀者也可以在本書的配套資源套件內直接使用筆者下載好的模型。

在實踐中大家既可以根據需要選用開放原始碼的模型，也可以自己訓練模型。

▋ 24.1 影像分類

影像分類是電腦視覺最基礎的任務之一。最初是對較簡單的具有 10 個數位類別的手寫數位資料集 MNIST 進行分類，後來是對更加複雜的具有 10 個類別的 CIFAR10 和 100 個類別的 CIFAR100 進行分類，後來 ImageNet 成為分類時使用的主要資料集。

影像分類簡單來説就是將不同的影像劃分到不同的類別內，並保證最小的分類誤差。

24.1.1 影像分類模型

ImageNet 專案是一個用於視覺物件辨識軟體研究的大型視覺化資料庫。基於該專案的 IamgeNet 大規模視覺辨識挑戰賽（ImageNet Large Scale Visual Recognition Challenge，ILSVRC）在電腦視覺乃至人工智慧發展史上具有重要影響。

2012 年，AlexNet 橫空出世，以領先第 2 名近 10.9 個百分點的壓倒性優勢奪得 ILSVRC 2012 的冠軍。由此，開啟了 CNN 乃至深度學習在電腦視覺領域的新篇章。

在 ILSVRC 2014 中，GoogLeNet 和 VGG 分別取得了不俗的成績。

在 ILSVRC 2015 中，ResNet 第一次在影像分類準確度上戰勝人類，其錯誤判率僅為 3.5%。事實上人類對於影像的辨識率是無法達到 100% 的，造成這種情況的原因一方面是影像中的物件會受到光源、角度、覆蓋多種因素影響，無法被人類準確辨識；另一方面是人類會受到諸多主觀因素的影響。

在 ILSVR C2017 中，SENet 奪冠。SENet 透過學習的方式自動獲取每個特徵通道的權重值，然後依照各個通道的權重值提升有用的特徵並抑制對當前任務用處不大的特徵。SENet 包含 Squeeze 操作、Excitation 操作、Reweight 操作。SENet 是以其中兩個非常關鍵的操作 Squeeze 操作和 Excitation 操作命名的。

- Squeeze 操作：在空間維度來進行特徵壓縮，將每個二維的特徵通道變成一個實數。簡單來說，Squeeze 操作在每個通道內，將一幅影像壓縮成一個像素點，該像素點包含影像的全域資訊，即這個像素點的感受野是其對應的整幅影像。

- Excitation 操作：根據 Squeeze 操作得到的像素點生成每個特徵通道的權重值。該權重值被看作經過特徵選擇後得到的衡量每個特徵通道重要性的指標。

- Reweight 操作：將 Excitation 操作得到的權重值透過乘法逐通道加權到先前的特徵上，完成在通道維度上的對原始特徵的更新（Reweight）。

ILSVRC 於 2017 年正式結束，此後專注於目前尚未解決的問題及今後的發展方向。ILSVRC 中的經典網路結構如表 24-1 所示。

表 24-1 ILSVRC 中的經典網路結構

年份	經典架構	特點	層數	計算量 (億次浮點運算)
2012	AlexNet	第一次應用了 ReLU、dropout、資料增強（透過裁剪、旋轉等擴巨量資料集）等最佳化技巧	8	7
2014	GoogLeNet	在具有深度的同時也具有了寬度	22	15
	VGG(亞軍)	使用多個小卷積核心替代大卷積核心	19	196
2015	ResNet	引入了快捷結構，跳過了卷積層，直接將輸入傳遞給輸出	152	113
2017	SENet	透過學習的方式獲取通道權重值，並據此提升有用的特徵，抑制對當前任務用處不大的特徵	154	125

24.1.2 實現程式

22.7.5 節介紹了 GoogLeNet，本節採用該網路結構實現影像分類。

【例 24.1】使用 GoogLeNet 完成影像分類。

本例用到的模型及分類檔案如下：

- 模型參數檔案 bvlc_googlenet.caffemodel，網址為參考網址 20。
- 網路結構檔案 bvlc_googlenet.prototxt，網址為參考網址 21。
- 分類檔案（本例中的 label.txt）網址為參考網址 22。

撰寫程式如下：

```python
import numpy as np
import cv2
# ======讀取原始影像======
image=cv2.imread("tower.jpg")
# ======呼叫模型======
# 依次執行四個函數
# readNetFromeCaffe/blogFromImage/setInput/forward
config='model/bvlc_googlenet.prototxt'
model='model/bvlc_googlenet.caffemodel'
net = cv2.dnn.readNetFromCaffe(config, model)
# 與 readNet 函數不同，需要注意參數的先後順序
blob = cv2.dnn.blobFromImage(image, 1, (224, 224), (104, 117, 123))
net.setInput(blob)
prob = net.forward()
# ======讀取分類資訊======
classes = open('model/label.txt', 'rt').read().strip().split("\n")
# ======確定分類所在行======
rowIndex = np.argsort(prob[0])[::-1][0]
# ======繪製輸出結果======
result = "result: {},
        {:.0f}%".format(classes[rowIndex],prob[0][rowIndex]*100)
cv2.putText(image, result, (25, 45),
        cv2.FONT_HERSHEY_SIMPLEX,1, (0, 0, 255), 2)
```

```
#  ====顯示原始輸入影像====
cv2.imshow("result",image)
cv2.waitKey()
cv2.destroyAllWindows()
```

執行上述程式，輸出如圖 24-1 所示的影像。

▲ 圖 24-1　【例 24.1】程式執行結果

由圖 24-1 可知，【例 24.1】程式的辨識結果為"(beacon, lighthouse, beacon light, pharos)"，置信度為 99%。

24.2 物件辨識

影像分類是將整幅影像看作一個整體，但實踐中一幅影像內往往包含多個不同的物件。因此，往往希望對影像內的多個物件進行檢測。更進一步來說，影像檢測包含如下兩個任務：

- 辨識一幅影像中的多個物體，屬於分類任務。
- 輸出目標的具體位置資訊（舉出候選框），屬於定位任務。

常見的目檢測演算法有 R-CNN 系列演算法、YOLO 和 SSD，後續演算法基本都是基於這些演算法得到的。

R-CNN 系列演算法是 two-stage 演算法，包含提取候選區、細化候選區（分類與回歸）兩個關鍵步驟。下面簡單介紹該系列的 R-CNN、Fast-RCNN 及 Faster-RCNN。

原始的 R-CNN 先利用經典的影像分割方法對影像進行分割；然後對分割結果進行篩選和歸併，從而找出最可能的目標位置，並將候選區的數量控制在 2000 個左右；再利用 CNN 演算法替代傳統的手動設計特徵的方法提取對應候選區的特徵；最後完成分類與回歸。Fast-RCNN 將原始影像作為輸入，利用 CNN 演算法得到影像的特徵層，再對特徵層進行分類。Fast-RCNN 避免了 R-CNN 中存在的不同區域重複進行 CNN 計算的過程。Faster-RCNN 利用類神經網路生成候選區的策略進一步提升了效率，解決了候選視窗過多導致的效率低的問題。

從 R-CNN 到 Fast-RCNN 再到 Faster-RCNN，被稱為 R-CNN 系列演算法。R-CNN 系列演算法具有候選框提取、候選區細化兩個階段，被稱為 two-stage 演算法。本節將主要介紹 one-stage 演算法的典型代表 YOLO 和 SSD。

24.2.1 YOLO

YOLO 來自 You Only Look Once，意味著僅看一次就解決問題。YOLO 的經典版本是 YOLO v1、YOLO v2、YOLO v3，作者均為 Joseph Redmon。在上述基礎上，又出現了 YOLO v4 和 YOLO v5 兩個最新版本。YOLO v4 曾得到 YOLO 原作者的認可，被認為是當時最強的即時物件檢測模型之一。YOLO v5 的運算速度更快，而且具有非常輕量級的模型。

在 YOLO 之前的物件辨識方法都是先產生候選區再檢測物件。這樣的 two-stage 方式雖然有相對較高的準確率，但執行速度較慢。YOLO 則將候選區篩選和檢測物件兩個階段合二為一，只需一步就能辨識出每張影像中有哪些物體及物體的位置。

　　YOLO 方法中沒有顯性的候選框提取過程，是 one-stage 物件辨識演算法，採用點對點的方式完成物件辨識。YOLO 的輸入是一幅影像，輸出是影像內物件的座標位置（候選框）、物件類別和置信度。進一步來說，YOLO 採用整幅圖來訓練模型，篩選候選框。

　　影像分類得到的是影像的類別資訊（及置信度）；物件辨識得到的是影像內各個物件的類別、每個物件的候選框（及物件的置信度）。

　　圖 24-2 為 YOLO 處理方式，展示了影像分類與物件辨識的區別：

■ 影像分類只需要輸出當前影像的分類資訊。
■ 在進行物件辨識時，YOLO 會將輸入影像劃分為若干個子單元，如果某個物件的中心點落在某個子單元內，那麼該子單元就負責檢測該物件，最終輸出影像內多個物件的類別、所在位置等資訊。

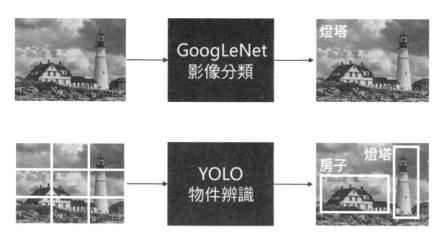

▲圖 24-2　YOLO 處理方式

　　由於物件可能是大於子單元的，不同的子單元可能對應同一個物件的不同的部位，因此最終要進行合併操作。針對操作過程中可能出現的彼此重疊的框採用非極大值抑制方式去除。具體來說，如果重疊的兩個框的重合度很高，那麼這兩個框很有可能表示的是同一個目標，因此只取其中一個具有代表性的框作為最終的辨識結果。

YOLO v2 在預測更準確、運算速度更快、辨識更多物件等方面做了改進，如將輸入影像劃分為更多子單元，使其能夠檢測更多物件。YOLO v3 採用多尺度融合的方法彌補了 YOLO v1 在發現小目標方面的不足。例如，YOLO v3 對輸入影像進行三次劃分，分別劃分為較少數量的子單元、中等數量的子單元、較多數量的子單元，然後在不同劃分情況下分別尋找較大目標、中等目標和較小目標。透過融合不同尺度，YOLO v3 進一步提升了檢測性能。YOLO v4 在資料處理、主幹網絡、網路訓練、啟動函數、損失函數等方面都有不同程度的最佳化，其性能和精度相比既往版本有較大提升。YOLO v5 的速度非常快，而且具有非常輕量級的模型。

【例 24.2】完成影像的物件辨識。

本例用到的模型及分類檔案如下：

- 模型參數檔案 yolov3.weights，網址為參考網址 23。
- 網路結構檔案 yolov3.cfg，網址為參考網址 24。
- 分類檔案（本例中的 coco.names），網址為參考網址 25。

撰寫程式如下：

```
import cv2
import numpy as np
# ==========初始化、推理==========
image = cv2.imread("test2.jpg")
# ==========初始化、推理==========
# classes 內包含 80 個不同的類別物件
# 其中部分類別為 person、bicycle、car、motorbike、aeroplane
classes =  open('coco.names', 'rt').read().strip().split("\n")
# ==========初始化、推理==========
# Step 1：讀取網路模型
```

```
net = cv2.dnn.readNetFromDarknet("yolov3.cfg","yolov3.weights")
# Step 2：影像前置處理
blob = cv2.dnn.blobFromImage(image, 1.0 / 255.0, (416, 416),
(0, 0, 0), True, crop=False)
# Step 3：設定網路
net.setInput(blob)
# Step 4：運算
# 傳回值
# outs 包含 3 層
# 第 0 層：儲存著找到的所有可能的較大尺寸的物件
# 第 1 層：儲存著找到的所有可能的中等尺寸的物件
# 第 2 層：儲存著找到的所有可能的較小尺寸的物件
# 每一層包含多個可能的物件，這些物件都是由 85 個值組成的
# 第 0~3 個值是邊框自身位置、大小資訊（需要注意，值都是相對於原始影像 image 的
百分比形式）
# 第 4 個值是邊框的置信度
# 第 5~84 個值表示 80 個置信度，對應 classes 中 80 種物件每種物件的可能性
outInfo = net.getUnconnectedOutLayersNames()
outs = net.forward(outInfo)
# ==========獲取置信度較高的邊框==========
# 與置信度較高的邊框相關的三個值：resultIDS、boxes、confidences
resultIDS = [] # 置信度較高的邊框對應的分類在 classes 中的 ID 值
boxes = [] # 置信度較高的邊框集合
confidences = [] # 置信度較高的邊框的置信度
(H, W) = image.shape[:2]
# 原始影像 image 的寬、高（輔助確定影像內各個邊框的位置、大小）
for out in outs:  # 各個輸出層（共 3 層，逐層處理）
    # 每個 candidate（共 85 個數值）包含三部分
    # 第 1 部分：candidate[0:4]儲存的是邊框位置、大小
    # 使用的是相對於原始影像 image 的百分比形式
    # 第 2 部分：candidate[5]儲存的是當前候選框的置信度
    # 第 3 部分：第 5~84 個值(candidate[5:])
    # 儲存的是對應 classes 中每個物件的置信度
    # 在第 5~84 個值中找到最大值及對應的索引（位置），有兩種情況
```

```
    # 情況 1：最大值大於 0.5，說明當前候選框是最終候選框的可能性較大
    # 保留當前可能性較大的候選框，進行後續處理
    # 情況 2：最大值不大於（小於或等於）0.5，拋棄當前候選框
    # 對應到程式上，不進行任何處理
    for candidate in out:       # 每層包含幾百個可能的候選框，一個一個處理
        scores = candidate[5:]              # 先把第 5～84 個值篩選出來
        classID = np.argmax(scores)         # 找到最大值對應的索引（位置）
        confidence = scores[classID]        # 找到最大的置信度值
        # 下面開始對置信度大於 0.5 的候選框進行處理
        # 僅考慮置信度大於 0.5 的候選框，小於該值的候選框直接忽略（不進行任何處
理）
        if confidence > 0.5:
            # 獲取候選框的位置、大小
            # 由於位置、大小都是相對於原始影像 image 的百分比形式
            # 因此位置、大小透過將 candidate 乘以原始影像 image 的寬度、高度
獲取
            box = candidate[0:4] * np.array([W, H, W, H])
            # 需要注意的是，candidate 表示的位置是候選框的中心點位置
            (centerX, centerY, width, height) = box.astype("int")
            # OpenCV 使用左上角的座標表示候選框位置
            # 透過中心點獲取左上角的座標
            # centerX，centerY 是候選框的中心點，透過該值計算左上角座標(x,y)
            x = int(centerX - (width / 2))   # x 軸方向中心點-框寬度/2
            y = int(centerY - (height / 2))  # y 軸方向中心點-框高度/2
            # 將當前可能性較高（置信度較大）的候選框放入 boxes 中
            boxes.append([x, y, int(width), int(height)])
            # 將當前可能性較高（置信度較大）的候選框對應的置信度 confidence
放入 confidences
            confidences.append(float(confidence))
            # 將當前可能性較高（置信度較大）的候選框對應的類別放入 resultIDS
            resultIDS.append(classID)
# 非極大值抑制，從許多重合的邊框保留一個最關鍵的邊框（去重處理）
# indexes，所有可能邊框的序號集合（需要注意，indexes 表示的是 boxes 內的序號）
indexes = cv2.dnn.NMSBoxes(boxes, confidences,0.5,0.4)
```

```
# ==========繪製邊框==========
# 給每個分類隨機分配一個顏色
classesCOLORS = np.random.randint(0, 255, size=(len(classes), 3),
dtype="uint8")
# 繪製邊框及置信度、分類
for i in range(len(boxes)):
    if i in indexes:
        x, y, w, h = boxes[i]
        color = [int(c) for c in classesCOLORS[resultIDS[i]]]   # 邊
框顏色
        cv2.rectangle(image, (x, y), (x+w, y+h), color, 2)
        result = "{}: {:.0f}%".format(classes[resultIDS[i]],
                                    confidences[i]*100)
        cv2.putText(image, result, (x, y+35),
                    cv2.FONT_HERSHEY_SIMPLEX, 1, color, 2)
cv2.imshow('result', image)
cv2.waitKey(0)
cv2.destroyAllWindows()
```

【例 24.2】程式執行結果如圖 24-3 所示。圖 24-3 中的各個物件都被標注了。

▲ 圖 24-3 【例 24.2】程式執行結果

24.2.2 SSD

SSD 即 Single Shot MultiBox Detector，是一種點對點的演算法，即接收輸入影像後直接輸出計算結果。相比以往演算法，SSD 極佳地改善了檢測速度，能夠更好地滿足物件辨識的即時性要求。同時，SSD 的計算精度得到進一步提高。

圖 24-4 所示為 SSD 框架。在訓練階段，SSD 的輸入是原始影像和標注好的框，如圖 24-4（a）所示。在卷積運算過程中，影像會被劃分為尺度不同的 feature map。例如，圖 24-4（b）中的 feature map 包含 8×8 共計 64 個小單元，而圖 24-4（c）中的 feature map 包含 4×4 共計 16 個小單元。在每一個小單元上，計算以當前小單元為中心的若干個 default box（圖 22-4 中的每個小單元有 4 個虛線標注的方框作為 default box）的「位置值」〔圖 22-4（c）中的 loc：中心點$(cx，cy)$，寬度 w，高度 h〕及針對各個分類的置信度〔圖 22-4（c）中的 conf：$c1,c2,\cdots,cp$〕。訓練時，先匹配所有 default box 和輸入中標注好的邊框。例如，圖 24-4 中有兩個 default box 匹配到了輸入影像中的貓〔見圖 24-4（b）中左下方的粗虛線邊框〕，一個 default box 匹配到了輸入影像中的狗〔見圖 24-4（c）中粗虛線邊框〕。因此，這幾個 default box 被作為正例，其他 default box 被作為負例。

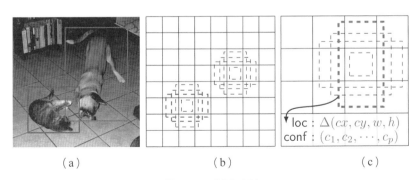

（a）　　　　　　　　（b）　　　　　　　　（c）

▲ 圖 24-4 SSD 框架

（資料來源：LIU W，ANGVELOV D，ERHAN D，et al. SSD：Single Shot MultiBox Detector[C]. European Conference on computer Vision，2016：21-37。）

【例 24.3】完成影像的物件辨識。

本例用到的模型及分類檔案如下：

- 模型參數檔案 MobileNetSSD_deploy.caffemodel，網址為參考網址 26。
- 網路結構檔案 MobileNetSSD_deploy.prototxt.txt，網址為參考網址 27。
- 分類檔案 object_detection_classes_pascal_voc.txt，網址為參考網址 28。

撰寫程式如下：

```python
import numpy as np
import cv2
# ============讀取待檢測影像============
image = cv2.imread("test2.jpg")
(H, W) = image.shape[:2]   # 獲取高度和寬度
# ============讀取類別檔案============
# 匯入、處理分類檔案
# 類別檔案內儲存的是 background、aeroplane、bicycle、bird、boat 等分類名稱
classes = open('object_detection_classes_pascal_voc.txt',
                    'rt').read().strip().split("\n")
# 為每個分類隨機分配一個顏色
classesCOLORS = (np.random.uniform(0, 255, size=(len(classes), 3)))
# ============模型匯入、推理============
config="MobileNetSSD_deploy.prototxt.txt"
model="MobileNetSSD_deploy.caffemodel"
net = cv2.dnn.readNetFromCaffe(config, model)
blob = cv2.dnn.blobFromImage(cv2.resize(image, (300, 300)),0.007843,
                    (300, 300), 127.5)
net.setInput(blob)
outs = net.forward()
print(outs.shape)
# outs.shape=[1,1,候選框個數,7]
# outs[1,1,:,1]，指當前候選框對應類別在 classes 內的索引
# outs[1,1,:,2]，指當前候選框對應類別的置信度
# outs[1,1,:,3:7]，指當前候選框的位置資訊（左上角和右下角的座標值）
# ============繪製物件辨識結果============
# 顯示每個置信度大於 0.5 的物件
```

```
# outs.shape[2]，指候選框個數
for i in np.arange(0, outs.shape[2]):  # 一個一個遍歷各個候選框
    # 獲取置信度，用於判斷是否顯示當前物件，並顯示
    confidence = outs[0, 0, i, 2]
    # 將置信度大於 0.3 的物件顯示出來，忽略置信度小於或等於 0.3 的物件
    if confidence >0.3 :
        # 獲取當前候選框對應類別在 classes 內的索引
        index = int(outs[0, 0, i, 1])
        # 獲取當前候選框的位置資訊（左上角和右下角的座標值）
        box = outs[0, 0, i, 3:7] * np.array([W, H, W, H])
        # 獲取左上角和右下角的座標值
        (x1,y1,x2,y2) = box.astype("int")
        # 類別標籤及置信度
        result = "{}: {:.0f}%".format(classes[index],confidence * 100)
        # 繪製邊框
        cv2.rectangle(image, (x1,y1), (x2,y2),classesCOLORS[index], 2)
        # 繪製類別標籤
        cv2.putText(image, result, (x1, y1+25),
            cv2.FONT_HERSHEY_SIMPLEX, 0.5, classesCOLORS[index], 2)
cv2.imshow("result", image)
cv2.waitKey()
cv2.destroyAllWindows()
```

【例 24.3】程式執行結果如圖 24-5 所示。

▲圖 24-5 【例 24.3】程式執行結果

▌ 24.3 影像分割

根據分割細微性的不同，可以將影像分割劃分為語義分割和實例分割兩種形式。

語義分割是指在像素等級進行分類，同類別的像素被劃分到同一類中。與物件辨識使用方框標注相比，語義分割更精細。

實例分割比語義分割更細緻，能夠將相同類別但是屬於不同個體的物體區分開。

在圖 24-6 中：

- 圖 24-6（a）是影像分類。
- 圖 24-6（b）是物件辨識，辨識結果中將辨識物件用方框標注。
- 圖 24-6（c）是語義分割，將相同類別的不同個體作為一個辨識物件處理，辨識精確到像素。
- 圖 24-6（d）是實例分割，將相同類別的不同個體區分開。

▲ 圖 24-6 影像處理比較

24.3.1 語義分割

語義分割將影像內的每一個像素點劃分到一個類別中，是像素等級的分類任務。與影像分類和物件辨識相比，語義分割需要精確到每一個像素點，因此影像本身的解析度和計算效率非常關鍵。與傳統方法相比，基於類神經網路實現的語義分割在精度方面有了較大提升，但是 DNN 中的許多參數導致運算時間過長。因此，如何取得在計算精度和即時性上的平衡是一個非常關鍵的問題。語義分割具有非常重要的實用價值，在自動駕駛、機器人、醫療影像分析、地理資訊系統（Geographic Information System，GIS）等領域發揮著非常關鍵的作用。

目前，語義分割的主要模型有 FCN、SegNet、DeepLab、Refine、NetPSPNet 等。本節以 FCN 為例進行簡單介紹。

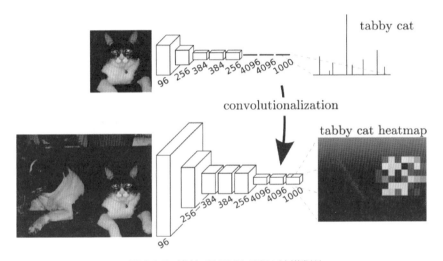

▲ 圖 24-7 傳統 CNN 及 FCN 結構對比

（資料來源：SHELHAMER E，LONG J，DARRELL T，Fully Convolutional Networks for Semantic Segmentation[J]. IEEE Transactions on Pattern Analysis and Machine Intelligence，2016，39（4）：640-651。）

FCN 全稱為 Fully Convolutional Networks（全卷積網路）。如圖 24-7 所示，上邊的網路結構是傳統 CNN 結構，下邊的網路結構是 FCN 結構。在傳統 CNN 結構中，前 5 層是卷積層；第 6 層和第 7 層分別是一個長度為 4096 的一維向量；第 8 層是長度為 1000 的一維向量，分別對應 1000 個類別的機率；最後的輸出表示輸入影像屬於每一類的機率。由圖 24-7 可知，輸入影像屬於 tabby cat 的統計機率最高。而 FCN 結構將傳統

CNN 中的全連接層轉換成一個個的卷積層，即將 CNN 的最後 3 層表示為卷積層，卷積核心的大小（通道數，寬，高）分別為（4096,1,1）、（4096,1,1）、（1000,1,1）。FCN 結構中的所有層都是卷積層，故稱為全卷積網路。FCN 的輸出不再是類別而是熱力圖（heatmap）。

　　傳統 CNN 透過卷積和池化操作實現的是下採樣，影像的尺寸不斷被縮小，解析度不斷被降低。而語義分割實現的是針對像素等級的分割，所以還需要進行上採樣，以將下採樣的結果還原到輸入影像的解析度。FCN 使用反卷積（轉置卷積）和反池化操作將輸入影像在經過常規 CNN 操作後的結果的解析度還原，FCN 結構如圖 24-8 所示。

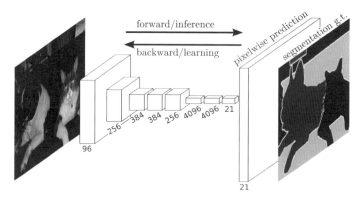

▲圖 24-8　FCN 結構

（資料來源：SHELHAMER E，LONG J，DARRELL T，Fully Convolutional Networks for Semantic Segmentation[J]. IEEE Transactions on Pattern Analysis and Machine Intelligence，2016，39（4）：640-651。）

【例 24.4】完成影像的語義分割。

　　本例用到的模型及分類檔案如下：

- 模型參數檔案 fcn8s-heavy-pascal.caffemodel，網址為參考網址 29。
- 網路結構檔案 fcn8s-heavy-pascal.prototxt，網址為參考網址 30。
- 分類檔案（需要注意下載的檔案 object_detection_classes_pascal_voc.txt 中不包含背景的分類，需要手動在第一行加上背景"background"）網址為參考網址 31。

撰寫程式如下：

```
import cv2
import numpy as np
# ================讀取原始影像================
image = cv2.imread("a.jpg")
H,W = image.shape[:2]    # 獲取影像的尺寸：寬和高
# ================匯入分類檔案================
classes =  open('object_detection_classes_pascal_voc.txt',
                'rt').read().strip().split("\n")
# ==============繪製色卡（顏色標識）================
# 設定一組隨機色，使用不同的顏色標識每個類別
classesCOLORS = np.random.randint(0, 255, size=(len(classes), 3),
                                    dtype="uint8")
classesCOLORS[0] =(0,0,0)       # 把背景設定為黑色
# 色卡就是把每個類別的顏色在表格的一行內展示出來（讓每個顏色有一定高度，以便觀
察）
rowHeight = 30                      # 每種顏色的高度
# 初始化色卡
colorChart = np.zeros((rowHeight * len(classesCOLORS), 200, 3),
np.uint8)
for i in range(len(classes)):  # 根據 COLORS 設定色卡的文字說明、顏色演示
    # row，色卡的一個顏色條所在行（有高度，rowHeight）
    row = colorChart[i * rowHeight:(i + 1) * rowHeight]
    # 設定當前遍歷到的顏色條的顏色
    row[:,:] = classesCOLORS[i]
    # 設定當前遍歷到的顏色條的文字說明
    cv2.putText(row, classes[i], (0, rowHeight//2),
                cv2.FONT_HERSHEY_SIMPLEX, 0.5, (255, 255, 255))
cv2.imshow('colorChart', colorChart)
# ================模型推理過程================
model="fcn8s-heavy-pascal.caffemodel"
config="fcn8s-heavy-pascal.prototxt"
net = cv2.dnn.readNet(model, config)
blob = cv2.dnn.blobFromImage(image, 1.0, (W,H), (0, 0, 0), False,
crop=False)
net.setInput(blob)
```

```
score = net.forward()
# ==========根據推理結果將每個像素用其所屬類顏色建構一個新遮罩==========
# 根據 classIDS 確定遮罩
classIDS = np.argmax(score[0], axis=0)    # 獲取每個像素點所屬分類 ID
print(classIDS.shape)
# 每個像素點的顏色為色卡指定的顏色（色卡顏色來自 classesCOLORS）
mask = np.stack([classesCOLORS[index] for index in
classIDS.flatten()])
mask = mask.reshape(H, W, 3)              # 調整遮罩至影像尺寸
# 將影像 image 和遮罩進行加權和計算
result =cv2.addWeighted(image,0.2,mask,0.8,0)
cv2.imshow("result",result)
cv2.waitKey(0)
cv2.destroyAllWindows()
```

　　執行上述程式，輸出如圖 24-9 所示。【例 24.4】程式對圖 24-9 中的
各個物件進行了語義分割。

▲圖 24-9　【例 24.4】程式執行結果

24.3.2 實例分割

　　語義分割可將不同類別的物件區分開，實例分割可將同種類別的不同物件區分開。例如，在圖 24-10 中：

- 左側圖是原始影像。
- 中間圖是語義分割結果，將狗和羊進行了區分，但是沒有區分出單只羊。
- 右側圖是實例分割結果，將每一隻動物獨立地區分開來。

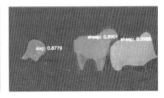

▲ 圖 24-10　語義分割與實體分割

　　實例分割可預測物體的類別，並使用像素級遮罩來定位影像中不同的實例。

　　目前，深度學習在實例分割方面的應用主要有 Mask RCNN、FCIS、MaskLab、PANet 等。本節將介紹 Mask RCNN 的基本原理。

　　Mask RCNN 結合了 Faster RCNN 和 FCN，來實現實例分割，其結構如圖 24-11 所示。

　　Faster RCNN 先使用 CNN 提取影像特徵，然後使用區域候選網路（Region Proposal Network，RPN）獲取 ROI，再使用 ROI pooling 將所有 ROI 變為固定尺寸大小，最後將 ROI 傳遞給全連接層進行回歸和分類預測，得到 class（類別）和 box（Bounding box，邊框）。Mask RCNN 在 Faster RCNN 的基礎上增加了一個 FCN 分支，專門用來預測每個像素點的分割遮罩。

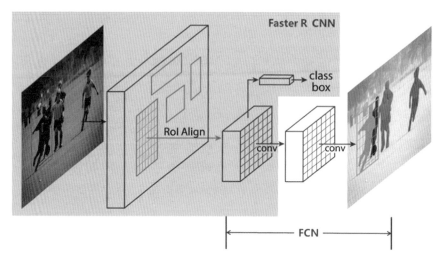

▲圖 24-11 Mask RCNN 結構

（資料來源：HE KAIMING，GEORGIA GKIOXARI，PIOTR DOLLÁR，et al. Mask R-CNN[C]. 2017 IEEE International Conference on Computer Vision，2017：2980-2988。）

　　更進一步來說，Mask RCNN 先選取具有代表性的 300 個邊框作為最初的候選框，在經過回歸、分類預測後進行非極大值抑制，保留其中 100 個候選框作為最終候選框。最終輸出包含如下兩部分。

- 候選框：維度是四維的，大小為(1,1,100,7)表示 100 個候選框的類別、置信度、位置。
- 遮罩：維度是四維的，大小為(100, 90, 15, 15)表示 100 個候選框對應的 90 個物件類的遮罩資訊，其中每個遮罩的大小為 15 像素×15 像素。

　　Mask RCNN 應用了特徵金字塔和 ROI 對齊（ROI Align）技術。

1. 特徵金字塔

　　特徵金字塔網路（Feature Pyramid Network，FPN）中存在自下而上、從上往下、側連接三種結構；圖 24-12 左上方是自下而上的金字塔（下採樣），其透過卷積模組得到不同尺度的特徵圖；圖 24-12 右上方是從上往下的金字塔（上採樣），其透過 1×1 卷積（1×1 conv）和 2 倍的上採樣（2×up）過程建構高解析度特徵圖，並在每一層進行預測。特徵金字塔透過橫向連接使用自下而上金字塔中對應的特徵圖來增強從上往下的特徵圖。在從上往下的上採樣過程中影像雖然看起來越來越不清晰，但是每一層都有來自左側的自下而上的對應層的側連接，其語義特徵更強了。

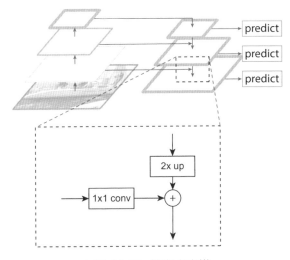

▲圖 24-12 特徵金字塔

（資料來源：LIN，TSUNG YI. Feature Pyramid Networks for Object Detection[C]. 2017 IEEE Conference on Computer Vision and Pattern Recognition，2017：936-944。）

2. ROI Align

　　將 ROI 劃分為固定大小的子單元後，將其進一步劃分，然後計算每個子單元的值。存在的問題是，確定的 ROI 未必恰好與像素點對齊，如圖 24-13（a）所示。解決該問題的方法如下：

■ 傳統方法是先將圖 24-13（a）轉換到圖 24-13（c）所示情況，再轉換到圖 24-13（d）所示情況。圖 24-13（c）將 ROI 移動到最近的像素點保證 ROI 與像素點對齊，這個過程解決了 ROI 與像素點沒有對齊的問題；圖 24-13（d）透過將子單元劃分為不同大小（其中一個包含 2 個像素點，另一個包含 4 個像素點），解決了內部像素點無法均勻劃分的問題。

▪ ROI Align 方法採用鄰近點取加權均值（雙線性內插）的方式將每一個
子單元的值都使用周圍像素點的值合理填充，如圖 24-13（b）所示。

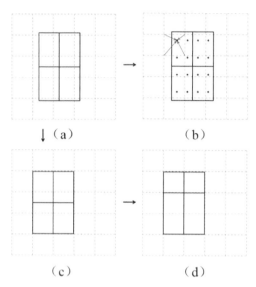

▲圖 24-13 ROI Align 示意圖

【例 24.5】完成影像的實例分割。

本例用到的模型檔案網址為參考網址 32；分類檔案網址為參考網址
33。

撰寫程式如下：

```
import cv2
import numpy as np
# =======讀取影像=======
image = cv2.imread("e.jpg")
# =======根據原始影像建構一個背景，用於存放實例=======
(H, W) = image.shape[:2]
background = np.zeros((H, W, 3), np.uint8)
background[:] = (100, 100, 0)
# =======讀取類別資訊=======
# 共計 90 個類別
```

```
# 分別為：person、bicycle、car、motorcycle 等
LABELS
=open("object_detection_classes_coco.txt").read().strip().split("\n")
# ========載入模型、推理========
net = cv2.dnn.readNetFromTensorflow("dnn/frozen_inference_graph.pb",
      "dnn/mask_rcnn_inception_v2_coco_2018_01_28.pbtxt")
blob = cv2.dnn.blobFromImage(image, swapRB=True)
net.setInput(blob)
boxes, masks = net.forward(["detection_out_final",
"detection_masks"])
# 傳回 100 個候選框
# ---------boxes，候選框---------
# boxes 結構
# boxes.shape=(1,1,100,7)
# boxes[0, 0, :, 1]--------對應類別
# boxes[0, 0, :, 2]--------置信度
# boxes[0, 0, :, 3:7]--------候選框的位置（以相對於原始影像百分比形式表示）
# ----------masks，遮罩-----------
# masks.shape=(100,90,15,15)
# 第 1 維 masks[0]：共計 100 個候選框對應 100 個遮罩(該維度的尺寸為 100)
# 第 2 維 masks[1]：模型中類的置信度（該維度的尺寸為 90）
# 第 3 維和第 4 維 masks[2:4]表示遮罩，其尺寸為 15 像素×15 像素
# 使用遮罩時，需要將其調整至原始影像尺寸
# ========實例分割處理========
# 計算候選框的數量 detectionCount
number = boxes.shape[2]     # 該值是 100（選出的候選框數量為 100 個）
# 遍歷每一個候選框，對可能的實例進行標注
for i in range(number):
    # 獲取類別名稱
    classID = int(boxes[0, 0, i, 1])
    # 獲取置信度
    confidence = boxes[0, 0, i, 2]
    # 考慮置信度較大的候選框，將信度較小的候選框忽略
    if confidence > 0.5:
        # 獲取當前候選框的位置（將百分比形式轉換為像素值形式）
        box = boxes[0, 0, i, 3:7] * np.array([W, H, W, H])
```

```
        (x1, y1, x2, y2) = box.astype("int")
        # 獲取當前候選框 (以切片形式從 background 內截取)
        box = background[y1: y2, x1: x2]
        # import   random   # 供下一行 random.randint 使用
        # cv2.imshow("box" + str(random.randint(3,100)),box)   # 測試
各個候選框
        # 獲取候選框的高度和寬度 (可以透過 box.shape 計算，也可以透過座標直接
計算)
        # boxHeight, boxWidth= box.shape[:2]
        boxHeight = y2 - y1
        boxWidth = x2 - x1
        # 獲取當前的遮罩 (單一遮罩的尺寸為 15 像素×15 像素)
        mask = masks[i, int(classID)]
        # 遮罩的大小為 15 像素×15 像素，要調整至候選框尺寸
        mask = cv2.resize(mask, (boxWidth, boxHeight))
        # import   random   # 供下一行 random.randint 使用
        # cv2.imshow("maska" + str(random.randint(3,100)),mask)
    # 測試各個候選框
        # 閾值處理，處理為二值形式
        rst, mask = cv2.threshold(mask, 0.5, 255, cv2.THRESH_BINARY)
        # import   random   # 供下一行 random.randint 使用
        # cv2.imshow("maskb" + str(random.randint(3,100)),mask)
    # 測試各個實例
        # 獲取遮罩內的輪廓 (實例)
        contours, hierarchy = cv2.findContours(np.array(mask,
np.uint8),
                 cv2.RETR_EXTERNAL, cv2.CHAIN_APPROX_SIMPLE)
        # 設定隨機顏色
        color = np.random.randint(0, 255, 3)
        color = tuple ([int(x) for x in color])
        # 設定為元組，整數
        # color 是 int64，需要轉換為整數 (無法直接使用 tuple(color)實現)
        # 繪製實例的輪廓 (實心形式)
        cv2.drawContours(box,contours,-1,color,-1)
        # 輸出對應的類別及置信度
        msg = "{}: {:.0f}%".format(LABELS[classID], confidence*100)
```

```
        cv2.putText(background, msg, (x1+50, y1 +45),
                    cv2.FONT_HERSHEY_SIMPLEX, 0.8, (255,255,255), 2)
# 將辨識結果和原始影像疊加在一起
result =cv2.addWeighted(image,0.2,background,0.8,0)
# =======顯示處理結果=======
cv2.imshow("original", image)
cv2.imshow("result", result)
cv2.waitKey(0)
cv2.destroyAllWindows()
```

執行上述程式，輸出如圖 24-14 所示。【例 24.5】程式對圖 24-14 中的各個物件進行了實例分割。

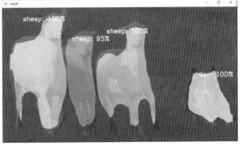

▲圖 24-14 【例 24.5】程式執行結果

24.4 風格遷移

風格遷移（Style Transfer）是指將一張圖片（風格圖）中的風格、紋理遷移到另一張圖片（內容圖），同時保留內容圖原有主體結構。簡單來說，就是把一張普通的照片變換成某個繪畫大師的作品風格。

透過風格遷移可實現在保留原有作品主體結構的基礎上，將某個繪畫大師的作品風格遷移到該作品上。例如，對圖 24-15 左側影像進行風格遷移後獲得了圖 24-15 右側影像。

▲ 圖 24-15 風格遷移範例

　　OpenCV 中的 DNN 模組使用的風格遷移模型來自史丹佛大學李飛飛團隊的研究成果，該網路包括一個影像轉換網路和一個損失網路，結構如圖 24-16 所示。影像轉換網路是一個 ResNet，其對輸入影像進行風格變換，並將其映射成輸出影像。

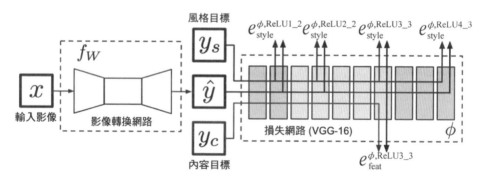

▲ 圖 24-16 風格遷移模型的網路結構

（資料來源：JOHNSON JUSTIN. Perceptual Losses for Real-Time Style Transfer and Super-Resolution[C]. ECCV，2016。）

　　損失網路用一個預訓練好的用於影像分類的網路來定義損失函數。損失網路定義的兩個感知損失函數如下：

▪ 內容（特徵）損失：衡量內容上的差距。目的在於讓轉換網路的輸出非常接近目標影像，但是又讓它們不是完全匹配。

■ 風格損失：衡量影像風格上的差距。目的在於懲罰風格上的偏離，如輸出影像在顏色、紋理、共同的模式等方面與目標影像的差異。

【例 24.6】完成風格遷移。

本例採用梵谷畫作《星空》的風格模型，下載網址為參考網址 34。

撰寫程式如下：

```python
import cv2
# ========讀取影像========
image = cv2.imread('tute.jpg')
# 獲取影像尺寸
(H, W) = image.shape[:2]
# ========載入模型、推理========
# 載入模型
net = cv2.dnn.readNetFromTorch('model\eccv16\starry_night.t7')
# net = cv2.dnn.readNetFromTorch('model\instance_norm\mosaic.t7')
blob = cv2.dnn.blobFromImage(image, 1.0, (W, H), (0, 0, 0),
swapRB=False, crop=False)
# 推理
net.setInput(blob)
out = net.forward()
# out 是四維的：B×C×H×W
# B,batch 影像數量（通常為 1），C：channels 通道數，H：height 高度、W：width
寬度
print(out)
# ======輸出處理======
# 重塑形狀（忽略第一維），四維變三維
# 調整輸出 out 的形狀，模型推理輸出 out 是四維 BCHW 形式的，將其調整為三維 CHW 形
式
out = out.reshape(out.shape[1], out.shape[2], out.shape[3])
# 對輸出進行歸一化處理
cv2.normalize(out, out,alpha=0.0, beta=1.0,
norm_type=cv2.NORM_MINMAX)
# out /= 255  # 修正後，可以進行數學運算
# （通道,高度,寬度）轉化為（高度,寬度,通道）
```

```
result = out.transpose(1, 2, 0)
# ======輸出影像======
cv2.imshow('original', image)
cv2.imshow('result', result)
cv2.waitKey()
cv2.destroyAllWindows()
```

執行上述程式，輸出如圖 24-17 所示，其中：

- 左側圖是原始影像。
- 中間圖是梵谷畫作《星空》。
- 右側圖是採用梵谷的《星空》風格模型處理的原始影像的輸出效果。因為黑白印刷無法顯示彩色影像，請讀者上機執行程式後觀察彩色效果。

▲ 圖 24-17 【例 24.6】程式執行結果

Justin Johnson 的 GitHub 上提供了更多的可選風格，具體網址見參考網址 35。讀者可以嘗試使用其他風格對即時擷取的視訊進行風格遷移。

24.5 姿勢辨識

姿勢辨識是指辨識出影像中人體的姿勢，其在人機互動、體育、健身、動作擷取、自動駕駛等領域具有廣闊的應用前景。

OpenPose 人體姿態辨識專案是美國卡內基美隆大學（Carnegie Mellon University，CMU）基於 CNN 和監督學習並以 Caffe 為框架開發的開放原始碼函數庫，是首個基於深度學習的即時多人二維姿態估計應用。它可以實現人體動作、面部表情、手指運動等姿態估計，不僅適用於單人，還能針對多人進行姿勢辨識。

OpenPose 的流程圖如圖 24-18 所示。

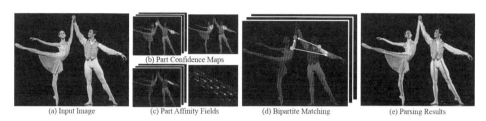

▲圖 24-18　OpenPose 的流程圖

（資料來源：CAO ZHE. Realtime Multi-person 2D Pose Estimation Using Part Affinity
Fields[C]. 2017 IEEE Conference on Computer Vision and Pattern Recognition，
2017：1302-1310。）

- 圖 24-18（a）Input Image 是原始輸入影像。
- 圖 24-18（b）Part Confidence Maps，簡稱 PCMs，是關鍵點熱力圖，用來表徵關鍵的位置資訊。假設需要輸出人體的 18 個關鍵點資訊，那麼 PCMs 會增加一個背景資訊，共計輸出 19 個資訊。輸出背景一方面增加了一個監督資訊，有利於網路的學習；另一方面輸出背景可以作為下一個階段的輸入，有利於下一個階段獲得更好的語義資訊。
- 圖 24-18（c）Part Affinity Fields，簡稱 PAFs，通常翻譯為關鍵點的親和力場，用來描述不同關鍵點之間的親和力。同一個人的不同關節間的親和力較強；不同人之間的關節間的親和力較弱。OpenPose 採用 bottom-up 的姿態估計網路，在檢測關節時先直接檢測出所有關節，並不會對關節屬於哪個人進行區分；然後根據關節間的親和力對關節進行劃分。簡單來說，將親和力強的關節劃分為同一個人。
- 圖 24-18（d）Bipartite Matching，二分匹配。透過 PAFs 推斷身體部位所在位置，透過一組沒有其他資訊的身體部位把它們解析成不同的人。

■ 圖 24-18（e）Parsing Results 是解析結果。對檢測到的同一個人的關節進行拼接，得到解析結果。

OpenPose 網路結構如圖 24-19 所示，第一個階段預測 PAFs（L^t），第二個階段預測 PCMs（S^t）。OpenPose 網路結構的終端使用的是 3 層大小為 3×3 的卷積核心。

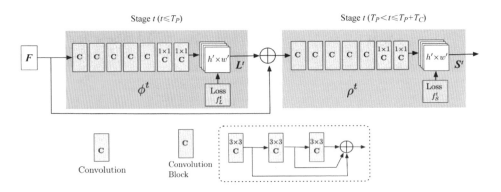

▲圖 24-19　OpenPose 網路結構

（資料來源：CAO ZHE. Realtime Multi-person 2D Pose Estimation Using Part Affinity Fields[C]. 2017 IEEE Conference on Computer Vision and Pattern Recognition，2017：1302-1310。）

【例 24.7】完成姿勢辨識。

本例採用 OpenPose 的模型檔案 graph_opt.pb，下載網址為參考網址 36。

撰寫程式如下：

```
import cv2
# ===============身體部位與姿勢對===============
# 定義身體部位
BODY_PARTS = { "Nose": 0, "Neck": 1, "RShoulder": 2, "RElbow": 3,
               "RWrist": 4,"LShoulder": 5, "LElbow": 6, "LWrist": 7,
               "RHip": 8, "RKnee": 9,"RAnkle": 10, "LHip": 11,
               "LKnee": 12, "LAnkle": 13, "REye": 14,"LEye": 15,
               "REar": 16, "LEar": 17, "Background": 18 }
```

```python
# 姿勢對
POSE_PAIRS = [ ["Neck", "RShoulder"], ["Neck", "LShoulder"],
               ["RShoulder", "RElbow"],["RElbow", "RWrist"],
               ["LShoulder", "LElbow"], ["LElbow", "LWrist"],
               ["Neck", "RHip"], ["RHip", "RKnee"],
               ["RKnee", "RAnkle"], ["Neck", "LHip"],
               ["LHip", "LKnee"], ["LKnee", "LAnkle"],
               ["Neck", "Nose"], ["Nose", "REye"],["REye", "REar"],
               ["Nose", "LEye"], ["LEye", "LEar"] ]
# ========載入模型、推理========
net = cv2.dnn.readNetFromTensorflow("graph_opt.pb")
# 處理即時視訊
cap = cv2.VideoCapture(0)
while cv2.waitKey(1) < 0:
    hasFrame, frame = cap.read()
    H, W =frame.shape[:2]
    blob = cv2.dnn.blobFromImage(frame, 1.0, (368, 368),
                                 (127.5, 127.5, 127.5),
swapRB=True, crop=False)
    net.setInput(blob)
    out = net.forward()
    print(out.shape)
    # out[0]：影像索引
    # out[1]：關鍵點的索引。關鍵點熱力圖和部件親和力圖的置信度
    # out[2]：第三維是輸出圖的高度
    # out[3]：第四維是輸出圖的寬度
    # ========核心步驟 1：確定關鍵部位（關鍵點）========
    out = out[:, :19, :, :]      # 只需要前 19 個（0～18）
    outH = out.shape[2]          # out 的高度 height
    outW = out.shape[3]          # out 的寬度 width
    points = []                  # 關鍵點
    print(points)
    for i in range(len(BODY_PARTS)):
        # 身體對應部位的熱力圖切片
        heatMap = out[0, i, :, :]
        # 取最值
```

```
        _, confidence, _, point = cv2.minMaxLoc(heatMap)
        # 將 out 中的關鍵點映射到原始影像 image 上
        px , py = point[:2]
        x = ( px / outW ) * W
        y = ( py / outH ) * H
        # 僅將置信度大於 0.2 的關鍵點保留，其餘的值為 None
        # 不是僅保留置信度大於 0.2 的關鍵點，還將置信度小於 0.2 的值設定為 None
        # 後續判斷需要借助 None 完成
        points.append((int(x), int(y)) if confidence > 0.2 else None)
    # print(points)    # 觀察 points 的情況，包含點和 None 兩種值
    # ========核心步驟 2：繪製可能的姿勢對========
    for posePair in POSE_PAIRS:    # 一個一個判斷姿勢對是否存在
        print("=============")
        partStart,partEnd = posePair[:2]    # 取出姿勢對中的兩個關鍵點
（關鍵部位）
        idStart = BODY_PARTS[partStart] # 取出姿勢對中第一個關鍵部位的索引
        idEnd = BODY_PARTS[partEnd]     # 取出姿勢對中第二個關鍵部位的索引
        print(partStart,partEnd,idStart,idEnd,points[idStart] ,
points[idEnd])
        # 判斷當前姿勢對中的兩個部位是否被檢測到，若被檢測到，則將其繪製出來
        # 判斷當前姿勢對中的兩個關鍵部位是否在 points 中實現
        if points[idStart] and points[idEnd]:
            cv2.line(frame, points[idStart], points[idEnd], (0, 255,
0), 3)
            cv2.ellipse(frame, points[idStart], (3, 3), 0, 0, 360,
(0, 0, 255), cv2.FILLED)
            cv2.ellipse(frame, points[idEnd], (3, 3), 0, 0, 360,
(0, 0, 255), cv2.FILLED)
    # =========顯示最終結果=========
    cv2.imshow('result', frame)
cv2.destroyAllWindows()
```

執行上述程式，輸出可即時顯示當前攝影機擷取到的視訊的姿勢辨識結果，如圖 24-20 所示。

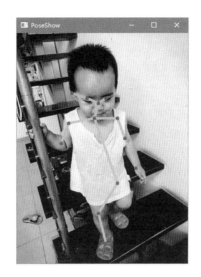

▲ 圖 24-20 【例 24.7】程式執行結果截圖

24.6 說明

（1）本章用到的所有模型參數檔案（權重檔案）、網路結構檔案
（模型設定檔）、分類集合（分類檔案）等檔案都儲存在與來源程式對應
的目錄下。讀者既可以根據例題中提供的網站下載，也可以直接使用本書
所附資源套件提供的下載好的模型。

（2）如第 23 章所述，模型參數檔案裡面儲存的是訓練好的模型所用
到的參數，網路結構檔案中儲存的是網路的結構資訊，如 GoogLeNet 的
網路結構檔案 bvlc_googlenet.prototxt 中的部分檔案內容為

```
name: "GoogleNet"
input: "data"
input_dim: 1
input_dim: 3
input_dim: 224
input_dim: 224
layer {
```

```
name: "conv1/7x7_s2"
type: "Convolution"
bottom: "data"
top: "conv1/7x7_s2"
param {
  lr_mult: 1
  decay_mult: 1
}
param {
  lr_mult: 2
  decay_mult: 0
}
convolution_param {
  num_output: 64
  pad: 3
  kernel_size: 7
  stride: 2
  weight_filler {
    type: "xavier"
    std: 0.1
  }
  bias_filler {
    type: "constant"
    value: 0.2
  }
}
}
```

（3）大多數演算法都具有較好的即時性，可以針對視訊進行處理。
本書為了便於理解，大多數案例是針對圖片進行處理的。讀者可以將程式
輸入調整為攝影機（擷取即時視訊）或者視訊檔案，觀察演算法的即時效
果。

第五部分
人臉辨識篇

本部分對人臉應用的相關基礎知識進行介紹，主要包含人臉檢測、人臉辨識、dlib 函數庫、人臉辨識應用案例等。

人臉檢測

人臉辨識是程式對輸入的人臉影像進行判斷並辨識出對應的人的過程。人臉辨識程式在「看到」一張人臉後能夠分辨出這個人是家人、朋友，還是明星。

要實現人臉辨識首先要判斷當前影像中是否出現了人臉，這就是人臉檢測。只有檢測到影像中出現了人臉，才能據此判斷這個人到底是誰。

本章將介紹人臉檢測的基本原理，以及使用 OpenCV 實現人臉檢測的簡單案例。

25.1 基本原理

當預測的是離散值時，進行的是分類操作。對於只涉及兩個類別的二分類任務，通常將其中一個類稱為正類（正樣本），另一個類稱為負類（反類、負樣本）。例如，人臉檢測的主要任務是建構能夠區分包含人臉實例和不包含人臉實例的分類器。這些實例分別被稱為正類（包含人臉的影像）和負類（不包含人臉的影像）。

本節將介紹分類器的基本建構方法，以及如何呼叫 OpenCV 中訓練好的分類器實現人臉檢測。

OpenCV 提供了三種不同的訓練好的串聯分類器，下面簡單介紹其中涉及的一些基本概念。

1. 串聯分類器

大部分的情況下，分類器需要對影像的多個特徵進行辨識。例如，在辨識一個動物是狗（正類）還是其他動物（負類）時，直接根據多個條件進行判斷，流程是非常煩瑣的。如果先判斷該動物有幾條腿：

▪ 有四條腿的動物被判斷為可能為狗，並對此範圍內的物件繼續進行分析和判斷。

▪ 沒有四條腿的動物直接被否決，即不可能是狗。

只透過比較腿的數目就能排除樣本集中大量的負類（如雞、鴨、鵝等不是狗的動物的實例）。

串聯分類器就是基於這種思路將多個簡單的分類器按照一定的順序串聯而成的。

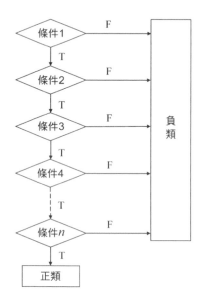

▲ 圖 25-1 串聯分類器示意圖

串聯分類器示意圖如圖 25-1 所示。

串聯分類器的優勢是，在開始階段只進行非常簡單的判斷就能夠排除明顯不符合要求的實例，在開始階段被排除的負類不再參與後續分類，極大地提高了後續分類的速度。例如，在撥打服務電話時，透過不斷地按不同的數字鍵進行選擇（國語請按 1，英文請按 0；查詢話費請按……），從而得到最終的服務。

OpenCV 不僅提供了用於訓練串聯分類器的工具，還提供了訓練好的用於人臉定位的串聯分類器。

2. Haar 串聯分類器

OpenCV 提供了已經訓練好的 Haar 串聯分類器用於定位人臉。Haar 串聯分類器的實現，經歷了如下歷史：

- 最初，有學者提出將 Haar 特徵用於人臉檢測，但是此時 Haar 特徵的運算量超級大，這個方案並不實用。
- 之後，有學者提出簡化 Haar 特徵的方法，讓使用 Haar 特徵檢測人臉的運算變得簡單易行，同時提出使用串聯分類器提高分類效率。
- 後來，有學者提出用於改進 Haar 的類 Haar 方案，為人臉定義了更多特徵，進一步提高了人臉檢測的效率。

下面，用一個簡單的例子來敘述上述方案。

假設有兩幅 4×4 大小的影像，如圖 25-2 所示。針對這兩幅影像，可以透過簡單的計算來判斷它們在左右關係維度是否具有相關性。

128	108
96	76

47	27
88	68

▲圖 25-2 影像範例

用兩幅影像左側像素值之和減去右側像素值之和：

- 針對左圖，sum(左側像素) – sum(右側像素) = (128+96) – (108+76) = 40。
- 針對右圖，sum(左側像素) – sum(右側像素) = (47+88) – (27+68) = 40。

兩幅影像的左側像素值之和減去右側像素值之和都是 40，因此，可以認為在左側像素值之和減去右側像素值之和角度（左側比右側稍亮），這兩幅影像具有一定的相關性。

進一步，可以從更多的角度考慮影像的特徵。學者 Papageorgiou 等人提出了如圖 25-3 所示的 Haar 特徵，分別為垂直特徵、水平特徵和對角特徵。他們利用這些特徵分別實現了行人檢測（*Pedestrian Detection Using Wavelet Templates*）和人臉檢測（*A General Framework For Object Detection*）。

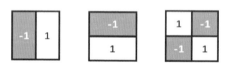

▲圖 25-3 Haar 特徵

Haar 特徵反映的是影像的灰階變化，它將像素點劃分為不同模組後求差值。Haar 特徵用黑白兩種矩形框組合成特徵範本，在特徵範本內，用白色矩形像素點的像素值和減去黑色矩形像素點的像素值和，用該差值來表示該範本的特徵。經過上述處理後，一些人臉特徵就可以使用矩形框的差值簡單地表示了。例如，眼睛的顏色比臉頰的顏色深，鼻樑兩側的顏色比鼻樑的顏色深，唇部的顏色比唇部周圍的顏色深。

關於 Harr 特徵中的矩形框，有如下 3 個變數。

- 矩形框位置：矩形框要逐像素點地劃過（遍歷）整個影像獲取每個位置的特徵值。
- 矩形框大小：矩形的大小可以根據需要進行任意調整。
- 矩形框類型：包含垂直、水平、對角等不同類型。

上述 3 個變數確保了能夠細緻全面地獲取影像的特徵資訊。但是，變數的個數越多，特徵的數量越多，如一個 24×24 大小的檢測視窗內的特徵數量接近 20 萬個。由於計算量過大，該方案並不實用，除非進一步簡化特徵。

後來，Viola 和 Jones 兩位學者在論文 *Rapid Object Detection Using A Boosted Cascade of Simple Features* 和 *Robust Real-time Face Detection* 中提出了使用積分影像快速計算 Haar 特徵的方法。他們提出透過建構積分圖（Integral Image），讓 Haar 特徵能夠透過查表法和有限次簡單運算快速獲取，極大地減少了運算量。同時，在這兩篇論文中，他們提出了透過建構串聯分類器，讓不符合條件的背景影像（負樣本）被快速地拋棄，從而能夠將算力運用在可能包含人臉的物件上。

為了進一步提高效率，Lienhart 和 Maydt 兩位學者在論文 *An Extended Set of Haar-Like Features for Rapid Object Detection* 中提出對 Haar 特徵函數庫進行擴充。他們將 Haar 特徵進一步劃分為如圖 25-4 所示的 4 類，主要包括

- 4 個邊特徵。
- 8 個線特徵。
- 2 個中心點特徵。
- 1 個對角特徵。

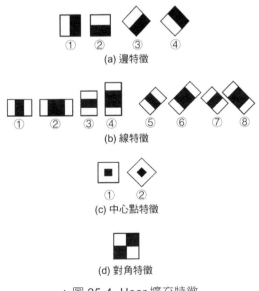

▲ 圖 25-4 Haar 擴充特徵

　　Lienhart 和 Maydt 認為在實際使用中，對角特徵〔見圖 25-4（d）〕和線特徵中的⑤和⑥〔見圖 25-4（b）〕是相近的，因此大部分的情況下無須重複計算。同時，論文 *Rapid Object Detection Using A Boosted Cascade of Simple Features* 和 *Robust Real-time Face Detection* 中還介紹了計算 Haar 特徵數的方法、快速計算方法，以及串聯分類器的建構方法等內容。

　　OpenCV 在上述研究的基礎上實現了將 Haar 串聯分類器用於人臉特徵的定位。讀者可以直接呼叫 OpenCV 附帶的 Haar 串聯特徵分類器來實現人臉定位。

　　除此以外，OpenCV 還提供了使用 HOG 特徵和 LBP 演算法的串聯分類器。HOG 串聯分類器主要用於行人檢測，這裡不再贅述。有關 LBP 演算法的內容請參考第 26 章。

25.2　串聯分類器的使用

　　為了訓練針對特定類型物件的串聯分類器，OpenCV 提供了 opencv_createsamples.exe 和 opencv_traincascade.exe 檔案，這兩個 exe 檔案可以用來訓練串聯分類器。

　　訓練串聯分類器很耗時，如果訓練的資料量較大，可能需要幾天才能完成。OpenCV 提供了一些訓練好的串聯分類器供使用者使用。這些分類器可以用來檢測人臉、臉部特徵（眼睛、鼻子）、人類和其他物體。這些串聯分類器以 XML 檔案的形式存放在 OpenCV 原始檔案的 data 目錄下，載入不同串聯分類器的 XML 檔案就可以實現對不同物件的檢測。

　　OpenCV 附帶的串聯分類器有 Harr 串聯分類器、HOG 串聯分類器、LBP 串聯分類器。其中，Harr 串聯分類器超過 20 種（隨著版本更新將繼續增加），可實現對多種物件的檢測。部分串聯分類器如表 25-1 所示。

表 25-1 部分串聯分類器

XML 檔案名稱	串聯分類器類型
harrcascade_eye.xml	眼睛檢測
haarcascade_eye_tree_eyeglasses.xml	眼鏡檢測
haarcascade_mcs_nose.xml	鼻子檢測
haarcascade_mcs_mouth.xml	嘴巴檢測
harrcascade_smile.xml	表情檢測
hogcascade_pedestrians.xml	行人檢測
lbpcasecade_frontalface.xml	正面人臉檢測
lbpcasecade_profileface.xml	人臉檢測
lbpcasecade_silverware.xml	金屬檢測

載入串聯分類器的語法格式為

```
<CascadeClassifier object> = cv2.CascadeClassifier( filename )
```

其中，filename 是串聯分類器的路徑和名稱。

如下敘述是一個呼叫實例：

```
faceCascade =
cv2.CascadeClassifier('haarcascade_frontalface_default.xml')
```

可以在官網上或利用搜尋引擎找到上述相關檔案，下載並使用。

25.3 函數介紹

OpenCV 中人臉檢測使用的是 CascadeClassifier.detectMultiScale 函數，它可以檢測出影像中的所有人臉。該函數由分類器物件呼叫，語法格式為

```
objects = cv2.CascadeClassifier.detectMultiScale( image[,
scaleFactor[,minNeighbors[, flags[, minSize[, maxSize]]]]] )
```

其中，各個參數及傳回值的含義如下。

- image：待檢測影像，通常為灰階影像。
- scaleFactor：表示在前後兩次相繼掃描中搜索視窗的縮放比例。
- minNeighbors：表示組成檢測目標的相鄰矩形的最小個數。在預設情況下，該參數的值為 3，表示有 3 個以上的檢測標記存在時才認為存在人臉。如果希望提高檢測的準確率，可以將該參數的值設定得更大，但這樣做可能會讓一些人臉無法被檢測到。
- flags：該參數通常被省略。在使用低版本 OpenCV（OpenCV 1.X 版本）時，該參數可能會被設定為 CV_HAAR_DO_CANNY_PRUNING，表示使用 Canny 邊緣檢測器拒絕一些區域。
- minSize：目標的最小尺寸，小於這個尺寸的目標將被忽略。
- maxSize：目標的最大尺寸，大於這個尺寸的目標將被忽略。若 maxSize 和 minSize 大小一致，則表示僅在一個尺度上查詢目標。大部分的情況下，將該可選參數省略即可。
- objects：傳回值，目標物件的矩形框向量組。該值是一組矩形資訊，包含每個檢測到的人臉對應的矩形框的資訊（x 軸方向位置、y 軸方向位置、寬度、高度）。

▌ 25.4 人臉檢測實現

本節將透過一個範例來說明如何實現人臉檢測。

【例 25.1】使用函數 detectMultiScale 檢測一幅影像內的人臉。

使用串聯分類器檢測人臉的過程如圖 25-5 所示。

▲圖 25-5 使用串聯分類器檢測人臉的過程

下面分步驟介紹人臉檢測的具體流程。

1. 原始影像處理

原始影像是可能包含人臉的影像，先讀取原始影像，並將其處理為灰階影像，具體實現敘述如下：

```
image = cv2.imread('friends.jpg')
gray = cv2.cvtColor(image,cv2.COLOR_BGR2GRAY)
```

2. 加載分類器

獲取 XML 檔案，載入人臉檢測器。這裡需要注意檔案的路徑及載入正確的檔案名稱。本例中，XML 檔案直接放在了當前資料夾下，所以直接將檔案名作為參數，具體敘述為

```
faceCascade =
cv2.CascadeClassifier('haarcascade_frontalface_default.xml')
```

3. 人臉檢測

呼叫函數 detectMultiScale 實現人臉檢測，具體程式為

```
faces = faceCascade.detectMultiScale(
    gray,
    scaleFactor = 1.04,
    minNeighbors = 18,
    minSize = (8,8))
```

上述程式沒有指定 maxSize 的值，如果已知影像中人臉的大概尺寸，或者想找到某一個尺寸範圍內的人臉，那麼可以為 maxSize 設定一個值。當設定 maxSize 值後，只會找到小於或等於該尺寸的人臉，大於該尺寸的人臉會被忽略。

4. 列印輸出的實現

使用 print 敘述列印函數 detectMultiScale 的傳回值 faces，即可得到

檢測到的人臉位置。具體程式如下：

```
print("發現{0}張人臉!".format(len(faces)))
print("其位置分別是：")
print(faces)
```

函數 detectMultiScale 的傳回值 faces 是一組矩形框資訊，包含了每個檢測到的人臉對應的矩形框的 x 軸座標值、y 軸座標值、寬度、高度。

5. 標注人臉及顯示

將函數 detectMultiScale 的傳回值 faces 表示的每一張人臉使用矩形函數 cv2.rectangle 在影像內標注出來，並顯示整張影像，具體程式為

```
for(x,y,w,h) in faces:
  cv2.rectangle(image,(x,y),(x+w,y+h),(0,255,0),2)
cv2.imshow("dect",image)
cv2.waitKey(0)
cv2.destroyAllWindows()
```

6. 完整流程

上述流程是人臉檢測的完整流程，完整程式如下：

```
import cv2
# ==============1.原始影像處理==============
image = cv2.imread('manyPeople.jpg')
gray = cv2.cvtColor(image,cv2.COLOR_BGR2GRAY)
# ==============2.載入分類器==============
faceCascade =
cv2.CascadeClassifier('haarcascade_frontalface_default.xml')
# ==============3.人臉檢測==============
faces = faceCascade.detectMultiScale(
    gray,
    scaleFactor = 1.04,
    minNeighbors = 18,
    minSize = (8,8))
```

```
# ==============4.列印輸出的實現==============
print("發現{0}張人臉!".format(len(faces)))
print("其位置分別是：")
print(faces)
# ===============5. 標注人臉及顯示=================
for(x,y,w,h) in faces:
  cv2.rectangle(image,(x,y),(x+w,y+h),(0,255,0),2)
cv2.imshow("result",image)
cv2.waitKey(0)
cv2.destroyAllWindows()
```

7. 輸出結果

執行上述程式，會輸出如下檢測到的人臉的個數及具體位置資訊：

```
發現 10 張人臉!
其位置分別是：
[[   98   374   163   163]
 [1143   370   167   167]
 [ 357   373   167   167]
 [ 625   381   153   153]
 [ 881   374   163   163]
 [  98   100   167   167]
 [ 622   101   162   162]
 [ 889   102   167   167]
 [1144   104   160   160]
 [ 361    97   165   165]]
```

8. 可視化輸出

執行上述程式還會輸出如圖 25-6 所示的影像，影像內的 10 張人臉被 10 個矩形框標注。

▲ 圖 25-6 【例 25.1】程式輸出影像

25.5 表情檢測

串聯分類器的功能十分強大，提供了諸多實用功能，如透過 harrcascade_smile.xml 可以實現微笑表情的檢測。

【例 25.2】檢測笑臉。

```
import cv2
# ===============1.載入分類器 ===============
faceCascade =
cv2.CascadeClassifier('haarcascade_frontalface_default.xml')
smile=cv2.CascadeClassifier("haarcascade_smile.xml")
# ===============2.處理攝影機視訊===============
# 初始化攝影機
cap=cv2.VideoCapture(0,cv2.CAP_DSHOW)
# 處理每一幀
while True:
    # 讀取一幀
    ret,image=cap.read()
    # 沒有讀到，直接退出
    if ret is None:
```

```
        break
    # 灰階化 (彩色影像轉換為灰階影像)
    gray = cv2.cvtColor(image,cv2.COLOR_BGR2GRAY)
    # 人臉檢測
    faces = faceCascade.detectMultiScale(gray,
                                         scaleFactor = 1.1,
                                         minNeighbors = 5,
                                         minSize = (5,5))
    # ==================3.處理每張人臉==================
    for(x,y,w,h) in faces:
        cv2.rectangle(image,(x,y),(x+w,y+h),(0,255,0),2)
        # 提取人臉所在區域，多通道形式
        # roiColorFace=image[y:y+h,x:x+w]
        # 提取人臉所在區域，單通道形式
        roi_gray_face=gray[y:y+h,x:x+w]
        # 微笑檢測，僅在人臉區域內檢測
        smiles=smile.detectMultiScale(roi_gray_face,
                                      scaleFactor = 1.5,
                                      minNeighbors = 25,
                                      minSize = (50,50))
        for (sx,sy,sw,sh) in smiles:
            # 如果顯示 smiles，會有很多回饋
            # cv2.rectangle(roiColorFace,(sx,sy),(sx+sw,sy+sh),
            #               color=(0,255,255),
            #               thickness=2)
            # 顯示文字"smile"表示檢測到笑臉
            cv2.putText(image,"smile",(x,y),
                        cv2.FONT_HERSHEY_COMPLEX_SMALL,1,
                        (0,255,255),thickness=2)
    # 顯示結果
    cv2.imshow("dect",image)
    key=cv2.waitKey(25)
    if key==27:
        break
cap.release()
cv2.destroyAllWindows()
```

執行上述程式,輸出如圖 25-7 所示。

▲圖 25-7 【例 25.2】程式執行結果

人臉辨識

　　人臉辨識是基於人的臉部特徵資訊進行身份辨識的一種生物辨識技術；是使用視訊擷取裝置（如攝像機或攝影機等）擷取含有人臉的影像或視訊實現檢測或追蹤人臉，並進行臉部辨識的一系列相關技術。

　　與其他辨識方式相比，人臉辨識更方便，主要表現在如下方面。

- 非強制性，幾乎可以在被擷取者無意識的狀態下獲取其人臉影像並進行辨識。
- 非接觸式，可以在使用者與擷取裝置不直接接觸的情況下完成擷取、辨識。
- 併發性，同一個擷取裝置能夠同時擷取場景內的多張人臉，並進行辨識。

　　人臉辨識在旅遊、教育、政務、出行、社區樓宇、機器人、支付、公共安全、網際網路應用等領域發揮著非常關鍵的作用。

　　本章將主要介紹 LBPH 人臉辨識、EigenFaces 人臉辨識、FisherFaces 人臉辨識等人臉辨識方法及具體實現。

26.1 人臉辨識基礎

本節將分別介紹人臉辨識的基本流程及 OpenCV 實現人臉辨識的基礎。

26.1.1 人臉辨識基本流程

人臉辨識要先找到一個模型 M，該模型 M 可以用簡潔又具有差異性的方式準確反映每張人臉的特徵。然後採用該模型 M 提取訓練資料中的每張人臉的特徵，得到特徵集。在辨識人臉時，先對當前待辨識人臉採用模型 M 提取特徵，再從已有特徵集中找出當前特徵的鄰近樣本，從而得到當前人臉的標籤。

人臉辨識範例如圖 26-1 所示：

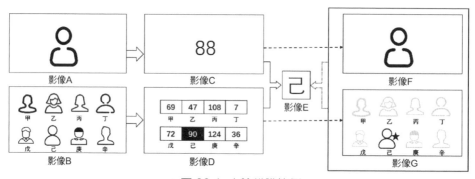

▲ 圖 26-1 人臉辨識範例

- 影像 A 是待辨識人臉。
- 影像 B 是已知人臉集合。
- 影像 C 是影像 A 的特徵值。
- 影像 D 是影像 B 中各人臉對應的特徵值（特徵集）。經過對比可知影像 A 中待辨識人臉的特徵值 88 與圖 D 中的特徵值 90 最接近。據此，可以將待辨識人臉 A 辨識為特徵值 90 對應的人臉己。
- 影像 E 是傳回值，即影像 A 辨識的結果是人臉己。

為了方便理解，可以想像在辨識人臉時有一個反向映射過程：

- 影像 F 是待辨識人臉，由特徵值 88 反向映射得到。
- 影像 G 是人臉集合，由影像 D 中的特徵值反向映射得到。

透過影像 F 和影像 G 可以更直觀地觀察到，影像 G 中第 2 行第 2 列是辨識的對應結果。該辨識結果是根據影像 C 和影像 D 的對應關係確立的。

為了便於理解，本例假設特徵值只有一個。實踐中應根據實際情況，選取更具代表性、更穩定的特徵作為判斷依據，這意味著特徵值不再是單一值，而是更複雜、長度更長的值。將上述過程一般化，人臉辨識流程示意圖如圖 26-2 所示。

- 透過特徵提取模組完成對訓練影像和待辨識物件的特徵提取。
- 將上述特徵傳遞給辨識模組。通常，將訓練影像特徵傳遞給訓練模型，用來訓練一個人臉辨識模型；然後用訓練好的模型對待辨識物件特徵使進行辨識。

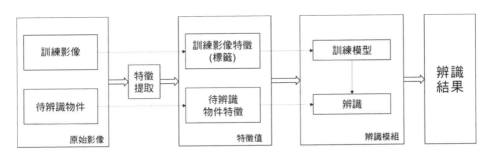

▲ 圖 26-2　人臉辨識流程示意圖

26.1.2　OpenCV 人臉辨識基礎

OpenCV 可以將待辨識物件、訓練影像及對應標籤在不提取特徵的情況下，直接傳遞給辨識模組，辨識模組透過生成實例模型、訓練模型、完成辨識三個步驟實現人臉辨識，輸出辨識結果。OpenCV 人臉辨識流程示意圖如圖 26-3 所示。

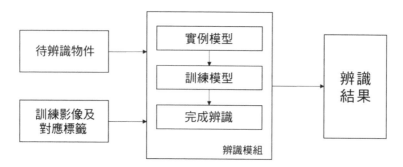

▲圖 26-3 OpenCV 人臉辨識流程示意圖

在辨識模組中：

■ 在生成實例模型時使用特定的函數生成特徵臉辨識器實例模型。 OpenCV 提供了三種用於辨識人臉的演算法，分別是 LBPH 演算法、 EigenFaces 演算法、FisherFaces 演算法。上述三種演算法都提供了對 應的函數來生成實例模型，下文將對其進行詳細介紹。

■ 在訓練模型時，採用函數 cv2.face_FaceRecognizer.train()完成模型的 訓練工作。

■ 在完成辨識時，採用函數 cv2.face_FaceRecognizer.predict()完成人臉 辨識。

綜上所述，在具體實現人臉辨識時先生成一個實例模型，然後用 cv2.face_FaceRecognizer.train() 函數完成模型的訓練，最後用 cv2.face_FaceRecognizer.predict()函數完成人臉辨識。下面對訓練模型、 完成辨識所使用的函數進行簡單介紹。

1. 函數 cv2.face_FaceRecognizer.train()

函數 cv2.face_FaceRecognizer.train()用給定的資料和相關標籤訓練生 成的實例模型。該函數的語法格式為

```
None = cv2.face_FaceRecognizer.train( src, labels )
```

其中，各參數的含義如下：

- src：訓練影像，用來學習的人臉影像。
- labels：標籤，人臉影像對應的標籤。

該函數沒有傳回值。

2. 函數 cv2.face_FaceRecognizer.predict()

函數 cv2.face_FaceRecognizer.predict()對一個待辨識人臉影像進行判斷，尋找與當前影像距離最近的人臉影像。與哪幅人臉影像距離最近，就將當前待測影像標注為該人臉影像對應的標籤。若待辨識人臉影像與所有人臉影像的距離都大於特定的距離值（閾值），則認為沒有找到對應的結果，即無法辨識當前人臉。

函數 cv2.face_FaceRecognizer.predict()的語法格式為

```
label, confidence = cv2.face_FaceRecognizer.predict( src )
```

其中，參數與傳回值的含義如下：

- src：需要辨識的人臉影像。
- label：傳回的辨識結果標籤。
- confidence：傳回的置信度評分，用來衡量辨識結果與原有模型之間的距離。

【提示】在使用不同演算法進行人臉辨識時，都會傳回一個置信度評分 confidence。置信度評分用來衡量辨識結果與原有模型之間的距離，一般情況下，0 表示完全匹配。

LBPH 演算法、EigenFaces 演算法及 FisherFaces 演算法的置信度評分值具有不同含義。LBPH 演算法認為置信度評分小於 50 是可以接受的，但是若置信度評分高於 80，則認為辨識結果與原有模型差別較大。EigenFaces 演算法和 FisherFaces 演算法的置信度評分通常介於 0～20000，若置信度評分低於 5000，則認為獲得了相當可靠的辨識結果。

OpenCV 官網上有如下兩點額外提醒：

- 訓練和預測必須在灰階影像上進行，可以使用函數 cv2.cvtColor 進行色彩空間之間的轉換。
- 訓練影像和測試影像大小必須相等。必須確保輸入資料具有正確的形狀，否則將引發異常。可以使用函數 cv2.resize 來調整影像大小。

26.2 LBPH 人臉辨識

LBPH（Local Binary Patterns Histogram，局部二值模式長條圖）演算法使用的模型基於 LBP（Local Binary Pattern，局部二值模式）演算法。LBP 演算法最早是被作為一種有效的紋理描述運算元提出的，因在表述影像局部紋理特徵方面效果出眾而得到廣泛應用。

26.2.1 基本原理

LBP 演算法的基本原理是將像素點 A 的像素值與其鄰域 8 個像素點的像素值逐一比較：

- 若像素點 A 的像素值大於或等於其鄰域 8 個像素點的像素值，則得到 0。
- 若像素點 A 的像素值小於其鄰域 8 個像素點的像素值，則得到 1。

最後，將像素點 A 與其鄰域 8 個像素點比較得到的 0、1 連起來，得到一個 8 位元的二進位數字，將該二進位數字轉換為十進位數字作為像素點 A 的 LBP 值。

下面以圖 26-4 左圖 3×3 區域的中心位置的像素點（像素值為 76 的點）為例，說明如何計算某像素點的 LBP 值。將像素值 76 作為閾值，對其鄰域 8 個像素值進行二值化處理。

128	36	251
48	76	9
11	213	99

1	0	1
0		0
0	1	1

▲圖 26-4　LBP 值原理示意圖

■ 將像素值大於或等於 76 的像素點處理為 1。鄰域中像素值為 128、
251、99、213 的像素點，都被處理為 1，並填入對應的像素點。

■ 將像素值小於 76 的像素點處理為 0。鄰域中像素值為 36、9、11、48
的像素點，都被處理為 0，並填入對應的像素點。

　　根據上述計算，可以得到如圖 26-4 右圖所示的二值結果。

　　完成二值化後，任意指定一個開始位置，將得到的二值結果序列化，
組成一個 8 位元的二進位數字。例如，從當前像素點的正上方開始，按順
時鐘方向將得到二進位數字"01011001"。

　　最後，將二進位數字"01011001"轉換為十進位數字，得到"89"，89 即
當前中心位置像素點的像素值，如圖 26-5 所示。

128	36	251
48	76	9
11	213	99

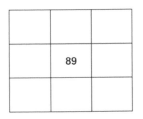

▲圖 26-5　中心位置像素點的處理結果

　　對影像逐像素點的用以上方式進行處理，即可得到 LBP 特徵圖。

　　為了得到不同尺度下的紋理結構，可以使用圓形鄰域，將計算擴大到
任意大小的鄰域內。圓形鄰域可以用(P, R)表示，其中，P 表示圓形鄰域
內參與運算的像素點個數，R 表示圓形鄰域的半徑。

圖 26-6 為不同大小的圓形鄰域示意圖。

- 左圖使用的是(4,1)鄰域，比較當前像素點像素值與鄰域內 4 個像素點像素值的大小，使用的圓形鄰域半徑是 1。

- 右圖使用的是(8,2)鄰域，比較當前像素點像素值與鄰域內 8 個像素點的像素值大小，使用的圓形鄰域半徑是 2。在參與比較的 8 個鄰域像素點中，部分鄰域可能不會直接取實際存在的某個位置上的像素點，而是透過對附近若干個像素點進行計算，建構一個「虛擬」像素值來與當前像素點進行比較。

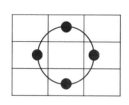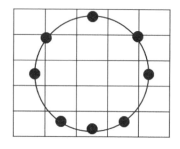

▲圖 26-6　圓形鄰域示意圖

　　雖然人臉的整體灰階受光線影響，會經常發生變化，但是人臉各部分之間的相對灰階基本保持一致。LBP 演算法的主要思想是以當前像素點與其鄰域像素點的相對關係為特徵。因此，在影像灰階整體發生變化（單調變化）時，從 LBP 演算法中提取的特徵能保持不變。簡而言之，LBP 演算法能夠較好地表現一個像素點與周圍像素點的關係。例如，在圖 26-7 中，黑點表示 0，白點表示 1，不同的點對應不同特徵值。例如，圖 26-7（a）中周圍所有像素點的像素值都是 0，說明周圍所有像素點的像素值都比當前像素點的像素值小，即當前像素點是一個點。

　　當影像灰階整體發生變化時，使用 LBP 演算法提取的特徵具有穩定不變性。因此，LBP 演算法在人臉辨識中獲得了廣泛應用。

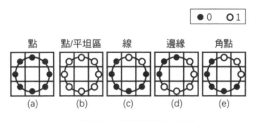

▲圖 26-7 點關係示意圖

使用 LBP 特徵圖建構的長條圖被稱為 LBPH 或 LBP 長條圖。需要注意的是，大部分的情況下，需要將影像進行分區以取得更好的效果。例如，在圖 26-8 中：

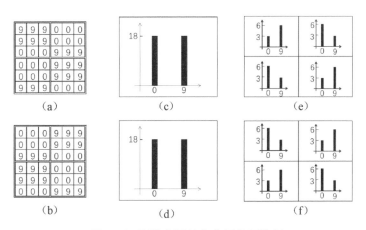

▲圖 26-8 影像分區前後的長條圖比較

- 圖 26-8（a）和圖 26-8（b）是兩幅不一樣的影像。
- 圖 26-8（c）和圖 26-8（d）是圖 26-8（a）和圖 26-8（b）各自對應的長條圖。由圖 26-8 可知，雖然圖 26-8（a）和圖 26-8（b）存在較大差異，但是二者的灰階長條圖是一致的。也就説，二者都是由 18 個像素值為 0 的像素點和 18 個像素值為 1 的像素點組成的。
- 圖 26-8（e）和圖 26-8（f）是圖 26-8（a）和圖 26-8（b）分區後各區對應的長條圖。由圖 26-8 可知，雖然圖 26-8（a）、圖 26-8（b）都是由 18 個像素值為 0 的像素點和 18 個像素值為 1 的像素點組成的，但是如果將影像劃分為 3×3 大小的單元後再觀察二者的長條圖，將發現圖 26-8（a）和圖 26-8（b）兩幅影像的各個單元（3×3 儲存格區域）的長條圖是不一樣的。

在 LBPH 演算法中，通常先透過 LBP 演算法從影像中提取特徵得到 LBP 特徵圖，再將 LBP 特徵圖劃分為指定大小的子區塊，然後計算每個子區塊的長條圖，最後得到 LBPH 特徵值。在 OpenCV 中，通常將 LBP 特徵圖劃分為 8 行 8 列共 64 個單元，之後分別計算每個單元的長條圖，最後將這些長條圖連接起來作為最終的 LBPH 值。

綜上所述，LBP 特徵圖是灰階不變的，不是旋轉不變的。當影像旋轉後，會得到不同的 LBP 值。透過一定的處理，可以讓 LBP 特徵實現旋轉不變性。例如，在圖 26-9 中：

- 第 1 列的原始影像中心位置的像素點周圍像素點的像素值都是 36、251、9、99、213、11、48、128。但是，不同原始影像中同像素值對應的像素點位置是不一樣的，可以視為從第 2 行開始的每幅影像都是透過旋轉第 1 行影像得到的。簡單來說，影像旋轉時將除中心原點外的所有像素點按照順時鐘方向移動一個位置。

- 第 2 列 LBP 值是分別以中心位置處的像素點的像素值 76 作為閾值得到的各個影像對應的 LBP 值。

- 第 3 列頂端排序是從第 2 列 LBP 值的正上方處的像素點開始，按照順時鐘方向將所有 LBP 值連接得到的結果。可以看到，雖然每一行影像中心位置的像素點周圍像素點的像素值是 36、251、9、99、213、11、48、128，但是得到的從頂端排序後的 LBP 值不一樣。也就是說，影像在發生旋轉後，LBP 值也發生了變化。

- 第 4 列是將第 2 列 LBP 值從不同的位置開始按照順時鐘方向建構的 8 個 LBP 值中的最小值。具體是，針對每一行中的第 2 列的 LBP 值，分別將正上方、右上角、正右方、右下角、正下方、左下角、正左方、左上角 8 個位置作為起始位置，按照順時鐘方向建構 8 個不同的 LBP

值，然後取這些值中的最小值。針對第 1 行的影像，將不同位置作為
起始值，按照順時鐘方向建構的 8 個 LBP 值分別為 01011001（從正
上方開始）、10110010（從右上角開始）、01100101（從正右方開
始）、11001010（從右下角開始）、10010101（從正下方開始）、
00101011（從左下角開始）、01010110（從正左方開始）、10101100
（從左上角開始），其中最小值是 00101011。針對第 2 行到第 8 行影
像，採用同樣的操作計算最小值。依此類推，計算每一行影像對應的
LBP 最小值。結果發現，最小值是相同的，都是 00101011。也就是
說，無論影像如何旋轉，都會得到同一個最小值。實際上，該最小值
是所有可能旋轉狀態中的最小值。因此，將該最小值作為 LBP 特徵
值，即可實現 LBP 特徵的旋轉不變性。

原始影像			LBP值			頂端排序	最小值
128	36	251	1	0	1		
48	76	9	0		0	01011001	00101011
11	213	99	0	1	1		
48	128	36	0	1	0		
11	76	251	0		1	10101100	00101011
213	99	9	1	1	1		
11	48	128	0	0	1		
213	76	36	1		0	01010110	00101011
99	9	251	1	0	1		
213	11	48	1	0	0		
99	76	128	1		1	00101011	00101011
9	251	36	0	1	0		
99	213	11	1	1	0		
9	76	48	0		0	10010101	00101011
251	36	128	1	0	1		
9	99	213	0	1	1		
251	76	11	1		0	11001010	00101011
36	128	48	0	1	0		
251	9	99	1	0	1		
36	76	213	0		1	01100101	00101011
128	48	11	1	0	0		
36	251	9	0	1	0		
128	76	99	1		1	10110010	00101011
48	11	213	0	0	1		

▲ 圖 26-9　旋轉不變性

從上文的介紹可以看出，LBP 特徵與 Haar 特徵相似，都是影像的灰階變化特徵。

26.2.2 函數介紹

在 OpenCV 中，可以用函數 cv2.face.LBPHFaceRecognizer_create()生成 LBPH 辨識器實例模型，然後用 cv2.face_FaceRecognizer.train()函數完成訓練，最後用 cv2.face_FaceRecognizer.predict()函數完成人臉辨識。

函數 cv2.face.LBPHFaceRecognizer_create()的語法格式為

```
retval = cv2.face.LBPHFaceRecognizer_create( [, radius[, neighbors[,
                                  grid_x[, grid_y[, threshold]]]]])
```

其中，所有參數都是可選的，含義如下。

- radius：半徑值，預設值為 1。
- neighbors：鄰域點的個數，預設值為 8，根據需要可以將其改為更大值。
- grid_x：將 LBP 特徵圖劃分為一個個單元時在水平方向上的單元個數。該參數預設值為 8，即將 LBP 特徵圖在水平方向上劃分為 8 個單元。
- grid_y：將 LBP 特徵圖劃分為一個個單元時在垂直方向上的單元個數。該參數預設值為 8，即將 LBP 特徵圖在垂直方向上劃分為 8 個單元。
- threshold：在預測時使用的閾值。如果大於該閾值，就認為沒有辨識到任何目標物件。

【提示】在 OpenCV 中進行 LBPH 處理時，預設將 grid_x 與 grid_y 設定為 8。也就是説，在經過 LBP 運算得到 LBP 特徵圖後，將特徵圖劃分為 8×8 個子區塊（8 行 8 列，共 64 個子區塊），分別計算每個子區塊的長條圖，得到最終的 LBPH。

該函數的參數 grid_x 和 grid_y 的值越大，劃分的子區塊數量越多，所得到的特徵向量的維數越高。當然，在一般情況下，採用預設值 8 即可。

26.2.3 案例介紹

使用 LBPH 模組完成人臉辨識的流程如圖 26-10 所示。

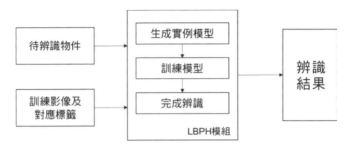

▲圖 26-10 採用 LBPH 模組完成人臉辨識的流程

本節使用 OpenCV 的 LBPH 模組實現一個簡單的人臉辨識。

【例 26.1】完成一個簡單的人臉辨識。

本例中有兩個人，每個人有兩幅人臉影像用於訓練。撰寫程式辨識另外一幅人臉影像（上述二人中一人的其他人臉影像），觀察辨識結果。

四幅用於訓練的人臉影像如圖 26-11 所示，從左到右影像的名稱分別為 a1.png、a2.png、b1.png、b2.png。

▲圖 26-11 用於訓練的人臉影像

在圖 26-11 所示的四幅影像中，前兩幅影像是同一個人，將其標籤設定為 0；後兩幅影像是同一個人，將其標籤設定為 1。

待辨識的人臉影像如圖 26-12 所示，該影像的名稱為 a3.png。

▲圖 26-12　待辨識的人臉影像

根據題目的要求，撰寫程式如下：

```python
import cv2
import numpy as np
# 讀取訓練影像
images=[]
images.append(cv2.imread("a1.png",cv2.IMREAD_GRAYSCALE))
images.append(cv2.imread("a2.png",cv2.IMREAD_GRAYSCALE))
images.append(cv2.imread("b1.png",cv2.IMREAD_GRAYSCALE))
images.append(cv2.imread("b2.png",cv2.IMREAD_GRAYSCALE))
# 為訓練影像貼標籤
labels=[0,0,1,1]
# 讀取待辨識影像
predict_image=cv2.imread("a3.png",cv2.IMREAD_GRAYSCALE)
# 辨識
recognizer = cv2.face.LBPHFaceRecognizer_create()
recognizer.train(images, np.array(labels))
label,confidence= recognizer.predict(predict_image)
# 列印辨識結果
print("對應的標籤 label=",label)
print("置信度 confidence=",confidence)'
```

執行上述程式，輸出結果為

```
對應的標籤 label= 0
置信度 confidence= 67.6856704732354
```

　　從程式輸出結果可以看出，標籤值為"0"，置信度約為 68。這説明影像 a3.png 被辨識為標籤 0 對應的人臉影像，即認為當前待辨識影像 a3.png 中的人與影像 a1.png、影像 a2.png 中的是同一個人。

　　本例只為了説明人臉辨識的實現方法，忽略了輸出效果。實踐中，辨識完成後，通常會把辨識結果繪製在人臉上，並將其顯示出來，以取得更好的互動效果。練習時，讀者可以使用自己的照片等影像組成訓練集（及待辨識影像）。辨識結束後，將標籤映射為對應的人名等更直觀的資訊，再使用函數 putText 將辨識結果繪製在待辨識影像上，最後使用函數 imshow（或者 matplotlib.pyplot.imshow）將其顯示出來，以取得更直觀的效果。本章在【例 26.2】中實現了上述視覺化展示。

【提示】當 opencv-python 和 opencv-contrib-python 存在不相容等情況時，可能導致程式無法執行。此時需要將 opencv-python 和 opencv-contrib-python 移除，然後重新安裝最新版本，具體操作為分別執行以下敘述：

```
pip uninstall opencv-python
pip uninstall opencv-contrib-python
pip install opencv-python
pip install opencv- contrib-python
```

26.3 EigenFaces 人臉辨識

　　EigenFaces 也被稱為特徵臉，它使用主成分分析（Principal Component Analysis，PCA）方法將高維的人臉資料處理為低維資料後（降維）再進行資料分析和處理，從而獲取辨識結果。

26.3.1 基本原理

　　在現實世界中，很多資訊的表示是有容錯的。例如，表 26-1 列出的一組圓的參數中就存在容錯資訊。

表 26-1　一組圓的參數

序　號	半　徑	直　徑	周　長	面　積
1	3	6	19	28
2	1	2	6	3
3	2	4	13	13
4	7	14	44	154
5	1	2	6	3
6	5	10	31	79
7	1	2	6	3
8	6	12	38	113

在表 26-1 所示的參數中各參數間存在非常強的相關性：

- 直徑 = 2×半徑。
- 周長 = 2× π ×半徑。
- 面積 = π ×半徑×半徑。

可以看到，直徑、周長和面積可以透過半徑計算得到。

在進行資料分析時，如果希望更直觀地看到這些參數的值，就需要獲取所有欄位的值。但是在比較圓的面積大小時，只使用半徑就足夠了，在這種情況下，其他資訊就是容錯的。此時，可以視為半徑就是表 26-1 所列資料中的主成分，將半徑從上述資料中提取出來供後續分析使用，就實現了降維。

上面例子中的資料非常簡單、易於理解，而在大多數情況下，要處理的資料是比較複雜的。很多時候可能無法直接判斷哪些資料是關鍵的主成分，此時要透過 PCA 方法將複雜資料內的主成分分析出來。

EigenFaces 演算法就是對原始資料使用 PCA 方法進行降維，獲取其中的主成分資訊，從而實現人臉辨識的方法。

26.3.2 函數介紹

OpenCV 先透過函數 cv2.face.EigenFaceRecognizer_create() 生成 EigenFaces 辨識器實例模型，然後透過函數 cv2.face_FaceRecognizer.train() 完成訓練，最後透過函數 cv2.face_FaceRecognizer.predict()完成人臉辨識。

函數 cv2.face.EigenFaceRecognizer_create()的語法格式為

```
retval = cv2.face.EigenFaceRecognizer_create( [, num_components[,
                                                threshold]] )
```

其中，兩個參數都是可選參數，含義如下：

■ num_components：使用 PCA 方法時保留的分量個數。該參數值通常要根據輸入資料來具體確定，並沒有一定之規。一般來說，80 個分量就足夠了。

■ threshold：進行人臉辨識時採用的閾值。

26.3.3 案例介紹

使用 EigenFaces 模組完成人臉辨識的流程如圖 26-13 所示。

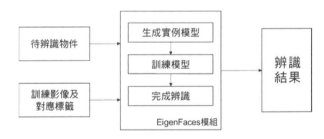

▲圖 26-13 使用 EigenFaces 模組完成人臉辨識的流程

本節使用 OpenCV 的 EigenFaces 模組實現一個簡單的人臉辨識。

【例 26.2】使用 EigenFaces 模組完成一個簡單的人臉辨識。

本例用於訓練的四幅人臉影像如圖 26-14 所示，從左到右影像的名稱分別為 e01.png、e02.png、e11.png、e12.png。

▲ 圖 26-14　用於訓練的人臉影像

在圖 26-14 所示的四幅影像中，前兩幅影像是同一個人，將其標籤設定為 0；後兩幅影像是同一個人，將其標籤設定為 1。

在進行人臉辨識時，建構一個 name=["first","second"]以與上述標籤對應，作為待辨識人臉影像上的輔助說明文字，也就是說：

■ 當辨識結果為標籤 0 對應的人時，在待辨識人臉影像上增加輔助文字 "first"（name[0]）。

■ 當辨識結果為標籤 1 對應的人時，在待辨識人臉影像上增加輔助文字 "second"（name[1]）。

本例中的待辨識的人臉影像較小，輔助說明文字較簡單，實踐中可以根據需要調整待辨識影像大小，以便顯示更複雜的提示資訊。

待辨識的人臉影像如圖 26-15 所示，該影像的名稱為 eTest.png。

▲ 圖 26-15　待辨識的人臉影像

根據題目的要求，撰寫程式如下：

```
import cv2
import numpy as np
# 讀取訓練影像
images=[]
images.append(cv2.imread("e01.png",cv2.IMREAD_GRAYSCALE))
images.append(cv2.imread("e02.png",cv2.IMREAD_GRAYSCALE))
images.append(cv2.imread("e11.png",cv2.IMREAD_GRAYSCALE))
images.append(cv2.imread("e12.png",cv2.IMREAD_GRAYSCALE))
```

```
# 為訓練影像貼標籤
labels=[0,0,1,1]
# 讀取待辨識的人臉影像
predict_image=cv2.imread("eTest.png",cv2.IMREAD_GRAYSCALE)
# 辨識
recognizer = cv2.face.EigenFaceRecognizer_create()
recognizer.train(images, np.array(labels))
label,confidence= recognizer.predict(predict_image)
# 列印辨識結果
print("辨識標籤 label=",label)
print("置信度 confidence=",confidence)
# 視覺化輸出
name=["first","second"]
font=cv2.FONT_HERSHEY_SIMPLEX
cv2.putText(predict_image,name[label],(0,30), font,
0.8,(255,255,255),2)
cv2.imshow("result",predict_image)
cv2.waitKey()
cv2.destroyAllWindows()
```

執行上述程式，輸出結果如下：

```
辨識標籤 label= 0
置信度 confidence= 1600.5481032349048
```

從輸出結果可以看出，影像 eTest.png 被辨識為標籤 0 對應的人臉影像，即認為影像 eTest.png 中的人與影像 e01.png 和影像 e02.png 中的人是同一個人。

同時執行上述程式會輸出如圖 26-16 所示視窗，該視窗中顯示了輔助說明文字 "first"，表明當前待辨識人臉影像中的人是標籤 0 對應的人（和圖 26-14 中的前兩幅影像中的人是同一人）。

▲圖 26-16　【例 26.2】程式輸出視窗

26.4 FisherFaces 人臉辨識

EigenFaces 演算法採用 PCA 方法實現資料降維，進而完成人臉辨識。EigenFaces 是一種非常有效的演算法，但是在操作過程中會損失許多特徵資訊。如果損失的資訊正好是用於分類的關鍵資訊，必然會導致無法完成分類。

FisherFaces 採用線性判別分析（Linear Discriminant Analysis，LDA）方法實現人臉辨識。線性判別分析最早由 Fisher 在 1936 年提出，是一種經典的線性學習方法，又被稱為「Fisher 判別分析法」。

26.4.1 基本原理

線性判別分析在對特徵降維的同時考慮類別資訊，思路是在低維表示下，相同的類應該緊密地聚集在一起；不同的類應該盡可能地分散開，並且它們之間的距離應盡可能遠。簡單地説，線性判別分析就是要盡力滿足如下兩個要求：

- 類別間的差別盡可能大。
- 類別內的差別盡可能小。

在進行線性判別分析時，首先將訓練資料投影到一條直線 A 上，讓投影後的點滿足如下兩點：

- 同類間的點盡可能靠近。
- 異類間的點盡可能遠離。

投影完後，將待測樣本投影到直線 A 上，根據投影點的位置判定樣本的類別，即可完成辨識。

圖 26-17 所示為一組訓練資料。現在需要找到一條直線，讓所有訓練樣本滿足：同類間的距離最近，異類間的距離最遠。

在圖 26-18 的左圖和右圖中分別有兩條不同的投影線 L_1 和 L_2，將圖

26-17 中的訓練資料分別投影到這兩條線上,可以看到訓練資料在 L_2 上的投影效果要好於在 L_1 上的投影效果。

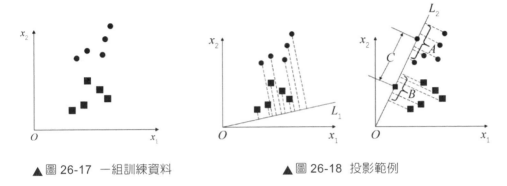

▲圖 26-17 一組訓練資料   ▲圖 26-18 投影範例

　　線性判別分析就是要找到一條最優的投影線。以圖 26-18 右圖中的投影為例,投影線要滿足:

- A、B 組內的點之間盡可能靠近。
- 兩個端點之間的距離 C(類間距離)盡可能遠。

　　找到一條這樣的直線後,如果要判斷某個待測資料的分組,那麼可以直接將該資料對應的點向投影線投影,然後根據投影點的位置判斷資料所屬類別。

　　例如,在圖 26-19 中待測資料 U 向投影線投影後,其投影點落在小數點的投影範圍內,因此認為待測資料 U 屬於小數點所在分類。

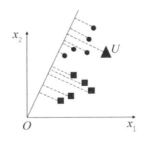

▲圖 26-19 判斷待測資料類別示意圖

26.4.2 函數介紹

OpenCV 透過函數 cv2.face.FisherFaceRecognizer_create() 生成 FisherFaces 辨識器實例模型，然後用函數 cv2.face_FaceRecognizer.train() 完成訓練，用函數 cv2.face_FaceRecognizer.predict()完成人臉辨識。

函數 cv2.face.FisherFaceRecognizer_create()的語法格式如下：

```
retval = cv2.face.FisherFaceRecognizer_create( [,
                              num_components[, threshold]] )
```

其中，兩個參數都是可選參數，具體含義如下。

- num_components：進行線性判別分析時保留的成分數量。可以採用預設值"0"，讓函數自動設定合適的成分數量。
- threshold：進行辨識時所用的閾值。如果最近的距離比設定的閾值 threshold 還要大，那麼函數將會傳回"-1"。

26.4.3 案例介紹

使用 FisherFaces 模組完成人臉辨識的流程如圖 26-20 所示。

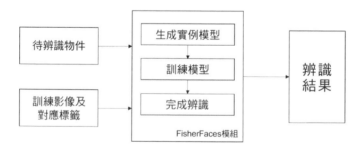

▲圖 26-20 使用 FisherFaces 模組完成人臉辨識的流程

本節使用 OpenCV 的 FisherFaces 模組實現一個簡單的人臉辨識。

【例 26.3】使用 FisherFaces 完成一個簡單的人臉辨識。

本例中用於訓練的四幅人臉影像如圖 26-21 所示，從左至右影像的名稱分別為 f01.png、f02.png、f11.png、f12.png。

▲圖 26-21 用於訓練的人臉影像

在圖 26-21 所示的四幅影像中，前兩幅影像是同一個人，將其標籤設定為 0；後兩幅影像是同一個人，將其標籤設定為 1。

待辨識人臉影像如圖 26-22 所示，該影像的名稱為 fTest.png。

▲圖 26-22 待辨識人臉影像

根據題目的要求，撰寫程式如下：

```
import cv2
import numpy as np
# 讀取訓練影像
images=[]
images.append(cv2.imread("f01.png",cv2.IMREAD_GRAYSCALE))
images.append(cv2.imread("f02.png",cv2.IMREAD_GRAYSCALE))
images.append(cv2.imread("f11.png",cv2.IMREAD_GRAYSCALE))
images.append(cv2.imread("f12.png",cv2.IMREAD_GRAYSCALE))
# 為訓練影像貼標籤
labels=[0,0,1,1]
```

```
# 讀取待辨識人臉影像
predict_image=cv2.imread("fTest.png",cv2.IMREAD_GRAYSCALE)
# 辨識
recognizer = cv2.face.FisherFaceRecognizer_create()
recognizer.train(images, np.array(labels))
label,confidence= recognizer.predict(predict_image)
# 列印辨識結果
print("辨識標籤 label=",label)
print("置信度 confidence=",confidence)
```

執行上述程式，辨識結果如下：

```
辨識標籤 label= 0
置信度 confidence= 92.5647623298737
```

從輸出結果可以看出，fTest.png 被辨識為標籤 0 對應的人臉影像，即認為待辨識人臉影像 fTest.png 與影像 f01.png 和影像 f02.png 中的人的是同一個人。

▎26.5 人臉資料庫

本節將對幾個常用的人臉資料庫進行簡單説明。

1. CAS-PEAL

CAS-PEAL（Chinese Academy of Sciences - Pose, Expression, Accessory, and Lighting）是中科院計算技術研究所在 2003 年完成的包含 1040 位志願者（595 位男性和 445 位女性）的共計 99594 幅人臉影像的資料庫。該資料庫中的所有影像都是在專門的擷取環境中擷取的，涵蓋了姿態、表情、飾物和光源 4 種主要變化條件，部分人臉影像具有背景、距離和時間跨度的變化。在擷取該資料庫中的影像時，對每個人在水平半圓形架子上設定了 9 部相機同時捕捉其不同姿態的影像，並採用了上下兩個鏡頭（共 18 幅影像）。此外，CAS-PEAL 資料庫還考慮了 5 種表情、6 種附件（3 副眼鏡、3 頂帽子）和 15 個照明方向。目前，CAS-PEAL 資料庫針對研究開放了其子集 CAS-PEAL-R1，該子集包含 1040 個人的 30900 幅影像。

2. AT&T Facedatabase

AT&T Facedatabase 即以前的 ORL 人臉資料集（The ORL Database of Faces）。ORL 是 Olivetti & Oracle Research Lab 的簡稱，該實驗室後來被 AT&T 收購，改名為 AT&T Laboratories Cambridge。2002 年，AT&T 宣佈結束對該實驗室的資助。目前該資料集由劍橋大學電腦實驗室（Cambridge University Computer Laboratory）的 資料技術組（The Digital Technology Group）負責維護。該資料集包含了 1992 年到 1994 年在實驗室內拍攝的一些人臉影像。

該資料集包含 40 個人的 400 幅影像。這些影像具有不同的拍攝時間、不同的光線、不同的面部表情（睜眼/閉眼、微笑/不微笑）和不同的面部細節（戴眼鏡/不戴眼鏡）。該資料集中的所有影像都是在亮度均勻的背景下拍攝的，被拍攝物件處於直立狀態，拍攝正臉（部分影像具有較小幅度的側臉）。

該資料集內的所有影像是以 PGM 格式儲存的，尺寸都是 92 像素×112 像素，包含 256 個灰階級的灰階影像。影像檔被放置在 40 個不同的目錄下，目錄名用 3 位數字的序號表示，如"010"表示第 10 個目錄（資料夾），每個目錄對應一個不同的人，其中有 10 幅被拍攝物件的不同影像，用兩位元數字作為檔案名稱，如 05.pgm 表示第 5 幅人臉影像。

在搜尋引擎內輸入"AT&T Facedatabase"即可找到由劍橋大學維護的這個資源。

3. Yale Facedatabase A

Yale Facedatabase A 資料庫也被稱為 Yalefaces（耶魯人臉資料庫）。該資料庫由 15 個人（14 名男性和 1 名女性）的人臉影像組成，每人都有 11 幅灰階影像。該資料集內的人臉影像在光線條件（中心光、左光、右光）、面部表情（高興、正常、悲傷、困倦、驚訝、眨眼）和眼鏡（戴眼鏡/不戴眼鏡）等方面都有變化。

4. Extended Yale Facedatabase B

Extended Yale Facedatabase B 資料庫是擴充的 Yale Facedatabase A 資料庫，包含 28 個人在 9 個姿勢和 64 種照明條件下的 16128 幅影像。

5. color FERET Database

Face Recognition Technology（FERET）是由美國國防部資助的計畫，該計畫旨在開發用於人臉自動辨識的新技術和演算法。為了便於研究，FERET 計畫在 1993 年至 1996 年收集了人臉影像，並將其製成資料庫 color FERET Database。該資料庫用於開發、測試和評估人臉辨識演算法。

color FERET Database 包含 1564 組，共計 14126 幅影像，這些影像是由 1199 個不同的被拍攝物件及 365 組重複拍攝物件的影像組成的。其中，365 組重複拍攝物件，是指被拍攝物件在已經完成第 1 組拍攝的情況下，在不同時間又拍攝了第 2 組影像。其中，部分被拍攝物件兩次參與拍攝的時間間隔可能超過兩年，部分被拍攝物件多次參與拍攝。在不同時間拍攝重複的物件使得研究人員能夠研究人臉在經過一段時間後外觀上出現的變化。

color FERET Database 是人臉辨識領域應用較廣泛的人臉資料庫之一。

6. 人臉資料庫整理網站

OpenCV 的官方文件推薦了線上資料集合（參考網址 37），其中列舉了非常多人臉資料庫。

Chapter

27

dlib 函數庫

    dlib 是一個現代工具套件，包含機器學習演算法和工具，用於在程式中建構軟體，以解決複雜的現實世界問題，被工業界和學術界廣泛應用於機器人、嵌入式裝置、行動電話和大型高性能計算環境等領域。dlib 函數庫的開放原始碼許可允許使用者在任何應用程式中免費使用。

    dlib 官網（參考網址 38）提供了非常充實的資料，對其中的函數進行了非常具體的使用説明。除此以外，dlib 官網還提供了大量案例幫助人們快速掌握該工具。

    本章將使用 dlib 函數庫實現幾個與人臉辨識相關的具有代表性的案例，具體如下：

① 定位人臉；
② 繪製關鍵點；
③ 勾勒五官輪廓；
④ 人臉對齊；
⑤ 呼叫 CNN 實現人臉檢測。

    本章使用的模型均可在 dlib 官網下載。

27.1 定位人臉

dlib 函數庫提供了 dlib.get_frontal_face_detecto 函數，該函數可生成人臉檢測器。該人臉檢測器採用了 HOG、線性分類器、金字塔影像結構和滑動視窗檢測等技術。上述類型的物件檢測器具有通用性，除了能夠檢測人臉，還能夠檢測多種類型的半剛性物件（Semi-Rigid Object）。

使用 dlib 函數庫建構和使用人臉檢測器的方法如下。

（1）Step 1：建構人臉檢測器。

使用函數 dlib.get_frontal_face_detector 生成人臉檢測器 detector，對應敘述為

```
detector =dlib.get_frontal_face_detector()
```

（2）Step 2：使用人臉檢測器傳回檢測到的人臉框。

使用 Step 1 中建構的人臉檢測器 detector 檢測指定影像內的人臉，對應語法格式為

```
faces=detector(image,n)
```

其中：

- 傳回值 faces：傳回當前檢索影像內的所有人臉框。
- 參數 image：待檢測的可能含有人臉的影像。
- 參數 n：表示採用上採樣的次數。上採樣會讓影像變大，能夠檢測到更多人臉物件。

【例 27.1】使用 dlib 函數庫捕捉影像內的人臉。

```
import cv2
import dlib
# dlib 初始化
detector=dlib.get_frontal_face_detector()
# 讀取原始影像
```

```
img=cv2.imread("people.jpg")
# 使用人臉檢測器傳回檢測到的人臉框
faces=detector(img,1)
# 對捕捉到的多張人臉一個一個進行處理
for face in faces:
    # 獲取人臉框的座標
    x1=face.left()
    y1=face.top()
    x2=face.right()
    y2=face.bottom()
    # 繪製人臉框
    cv2.rectangle(img,(x1,y1),(x2,y2),(0,255,0),2)
# 顯示捕捉到的各個人臉框
cv2.imshow("result",img)
cv2.waitKey(0)
cv2.destroyAllWindows()
```

執行上述程式，結果如圖 27-1 所示。由圖 27-1 可知，上述程式捕捉了照片中的多張人臉。

▲ 圖 27-1 【例 27.1】程式執行結果

在本書所附的資源套件中提供了針對攝影機的即時人臉捕捉程式。

▌ 27.2 繪製關鍵點

　　dlib 函數庫提供了 dlib.shape_predictor 函數，該函數可對特定物件的關鍵點進行標注，如重要人臉標識（如嘴角、眼角、鼻尖等）的關鍵點所在位置。該函數的輸入是原始影像及物件所在位置標記，輸出是一組關鍵點資訊。

　　使用 dlib 函數庫獲取人臉關鍵點的基本步驟如圖 27-2 所示。

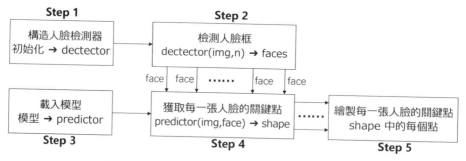

▲ 圖 27-2　使用 dlib 函數庫獲取人臉關鍵點的基本步驟

　　（1）Step 1：建構人臉檢測器。
　　本步驟對應敘述如下：

```
detector = dlib.get_frontal_face_detector()
```

　　（2）Step 2：檢測人臉框（使用人臉檢測器傳回檢測到的人臉框）。

　　使用 Step 1 中建構的人臉檢測器 detector 檢測指定影像內的人臉，對應語法格式為

```
faces=detector(image,n)
```

　　此時得到的 faces 是影像內所有人臉對應的方框。

　　（3）Step 3：載入模型（載入預測器）。
　　本步驟的語法格式為

```
predictor = dlib.shape_predictor(模型檔案)
```

　　dlib 函數庫中存在兩個關鍵點模型，其中一個關鍵點模型具有 5 個關鍵點，另一個關鍵點模型具有 68 個關鍵點。其中，具有 5 個關鍵點的模型僅檢測 5 個關鍵點，分別是每只眼睛的兩個眼角（共 4 個關鍵點），以及兩鼻孔中間的一個點；具有 68 個關鍵點的模型可以檢測到 68 個關鍵點，如圖 27-3 所示。

▲ 圖 27-3　具有 68 個關鍵點的模型

　　通常使用 dlib 函數庫內具有 68 個關鍵點的模型檔案，其預設名稱為 shape_predictor_68_face_ landmarks.dat。載入模型的敘述通常為

```
predictor =
dlib.shape_predictor("shape_predictor_68_face_landmarks.dat")
```

　　（4）Step 4：獲取每一張人臉的關鍵點（實現檢測）。

　　針對一幅影像 img，使用 Step 3 中建構的 predictor 對 Step 2 得到的人臉框集合中的每一張人臉進行關鍵點檢測，具體語法格式如下：

```
shape = predictor(img, face)
```

　　其中：

■　傳回值 shape：傳回 68 個關鍵點。

- 參數 img：要檢測的可能含有人臉的灰階影像。
- 參數 face：單一人臉框（源於 Step 2 得到的 faces）。

（5）Step 5：繪製每一張人臉的關鍵點（繪製 shape 中的每個點）。

該步驟需要將 Step 4 獲得的關鍵點類型轉換為座標(x,y)的形式，再透過迴圈使用繪製圓形函數 cv2.circle()實現每一個關鍵點的繪製。

該步驟對應的程式如下：

```
landmarks = np.matrix([[p.x, p.y] for p in shape.parts()])
# 遍歷每一個關鍵點
for idx, point in enumerate(landmarks):
    pos = (point[0, 0], point[0, 1])  # 當前關鍵點的座標
    # 針對當前關鍵點繪製一個實心圓
    cv2.circle(img, pos, 2, color=(0, 255, 0),thickness=-1)
    font = cv2.FONT_HERSHEY_SIMPLEX        # 字型
    # 利用函數 putText 輸出 1～68，索引加 1，顯示時從 1 開始
    cv2.putText(img, str(idx + 1), pos, font, 0.4, (255, 255, 255),
1, cv2.LINE_AA)
```

【例 27.2】使用 dlib 函數庫捕捉人臉的關鍵點，並在關鍵點上標注從 1 開始的序號。

```
import numpy as np
import cv2
import dlib
# 讀取影像
img = cv2.imread("y.jpg")
# Step 1：建構人臉檢測器（dlib 初始化）
detector = dlib.get_frontal_face_detector()
# Step 2：檢測人臉框（使用人臉檢測器傳回檢測到的人臉框）
faces = detector(img, 0)
# Step 3：載入模型（載入預測器）
predictor =
dlib.shape_predictor("shape_predictor_68_face_landmarks.dat")
# Step 4：獲取每一張人臉的關鍵點（實現檢測）
```

```
for face in faces:
    # 獲取關鍵點
    shape=predictor(img, face)
    # Step 5：繪製每一張人臉的關鍵點 (繪製 shape 中的每個點)
    # 將關鍵點轉換為座標(x,y)的形式
    landmarks = np.matrix([[p.x, p.y] for p in shape.parts()]])
    for idx, point in enumerate(landmarks):
        # 當前關鍵點的座標
        pos = (point[0, 0], point[0, 1])
        # 針對當前關鍵點繪製一個實心圓
        cv2.circle(img, pos, 2, color=(0, 255, 0),thickness=-1)
        # 字型
        font = cv2.FONT_HERSHEY_SIMPLEX
        # 利用函數 putText 輸出 1～68，索引加 1，顯示時從 1 開始
        cv2.putText(img, str(idx + 1), pos, font, 0.4,
                    (255, 255, 255), 1, cv2.LINE_AA)
# 繪製結果
cv2.imshow("img", img)
cv2.waitKey()
cv2.destroyAllWindows()
```

執行上述程式，輸出如圖 27-4 所示。圖 27-4 顯示了人臉關鍵點及對應序號。

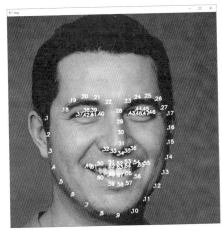

▲ 圖 27-4 【例 27.2】程式執行結果

▌ 27.3 勾勒五官輪廓

透過人臉的關鍵點，可以勾勒出五官輪廓。本節將針對人臉分別使用繪製連接線條和繪製 Convex Hull 輪廓處理。

1. 繪制連接線條

針對臉頰、眉毛、鼻子等五官，直接採用連接關鍵點的方式將關鍵點連接起來組成其大致輪廓，具體步驟如下。

（1）Step 1：獲取當前五官對應的關鍵點集，即獲取當前五官的關鍵點從哪個索引開始，到哪個索引結束。例如，臉頰的關鍵點索引從 0 開始到 16 結束。

（2）Step 2：遍歷關鍵點集，在索引相鄰的兩個關鍵點之間繪製直線，使相鄰關鍵點連接。例如，在建構臉頰的輪廓時，分別將相鄰的關鍵點用直線連接，即可得到臉頰的輪廓。

根據上述思路，建構函數 drawLine 繪製五官對應的輪廓：

```
def drawLine(start,end):
    pts = shape[start:end]      # 獲取關鍵點集
    # 遍歷關鍵點集，將各個關鍵點用直線連接起來
    for l in range(1, len(pts)):
        ptA = tuple(pts[l - 1])
        ptB = tuple(pts[l])
        cv2.line(image, ptA, ptB, (0, 255, 0), 2)
```

2. 繪製凸包輪廓

針對眼睛、嘴等封閉區域建構 Convex Hull，並繪製其對應輪廓，基本步驟如下。

（1）Step 1：獲取某個特定五官對應的關鍵點集。例如，左眼對應的關鍵點集是由索引為 42 的關鍵點到索引為 47 的關鍵點組成的。

（2）Step 2：根據關鍵點集，獲取當前五官的 Convex Hull。

（3）Step 3：根據 Convex Hull，繪製當前五官的輪廓。

根據上述思路，建構函數 drawConvexHull：

```
def drawConvexHull(start,end):
    # 獲取某個特定五官的關鍵點集
    Facial = shape[start:end]
    # 針對該五官建構 Convex Hull
    mouthHull = cv2.convexHull(Facial)
    # 把 Convex Hull 輪廓繪製出來
    cv2.drawContours(image, [mouthHull], -1, (0, 255, 0), 2)
```

眼睛、嘴也可以透過直線繪製，但是使用 Convex Hull 繪製的輪廓便於進行顏色填充等操作。

【例 27.3】使用 dlib 函數庫勾勒人臉輪廓。

```
import numpy as np
import dlib
import cv2
# 模型初始化
shape_predictor= "shape_predictor_68_face_landmarks.dat" #
dace_landmark
detector = dlib.get_frontal_face_detector()
predictor = dlib.shape_predictor(shape_predictor)
# 自訂函數 drawLine，將指定的關鍵點連接起來
def drawLine(start,end):
    # 獲取關鍵點集
    pts = shape[start:end]
    # 遍歷關鍵點集，將各個關鍵點用直線連接起來
    for l in range(1, len(pts)):
        ptA = tuple(pts[l - 1])
        ptB = tuple(pts[l])
        cv2.line(image, ptA, ptB, (0, 255, 0), 2)
# 自訂函數 drawConvexHull，將指定的關鍵點組成一個 Convex Hull，繪製其輪廓
# 注意，Convex Hull 用來繪製眼睛、嘴等封閉區域
```

```
# 眼睛、嘴也可以用函數 drawLine 繪製
# 但是，使用 Convex Hull 繪製的輪廓便於進行顏色填充等操作
def drawConvexHull(start,end):
    # 獲取某個特定五官的關鍵點集
    Facial = shape[start:end]
    # 針對該五官建構 Convex Hull
    mouthHull = cv2.convexHull(Facial)
    # 把 Convex Hull 輪廓繪製出來
    cv2.drawContours(image, [mouthHull], -1, (0, 255, 0), 2)
# 讀取影像
image=cv2.imread("image.jpg")
# 色彩空間轉換
gray = cv2.cvtColor(image, cv2.COLOR_BGR2GRAY)
# 獲取人臉
faces = detector(gray, 0)
# 對檢測到的 rects 一個一個遍歷
for face in faces:
    # 針對臉部的關鍵點進行處理，組成座標(x,y)的形式
    shape = np.matrix([[p.x, p.y] for p in predictor(gray,
face).parts()])
    # ===========使用函數 drawConexHull 繪製嘴、眼睛===========
    # 獲取嘴部的關鍵點集（在整個臉部索引中，其索引為 48～60,不包含 61）
    drawConvexHull(48,61)
    # 嘴內部
    drawConvexHull(60,68)
    # 左眼
    drawConvexHull(42,48)
    # 右眼
    drawConvexHull(36,42)
    # ===========使用函數 drawLine 繪製臉頰、眉毛、鼻子===========
    # 將 shape 轉換為 np.array
    shape=np.array(shape)
    # 繪製臉頰，把臉頰的各個關鍵點（索引為 0～16，不含 17）用線條連接起來
    drawLine(0,17)
    # 繪製左側眉毛，把左側眉毛的各個關鍵點（索引為 17～21，不含 22）用線條連接
起來
```

```
    drawLine(17,22)
    # 繪製右側眉毛（索引為 22～26，不含 27）
    drawLine(22,27)
    # 繪製鼻子（索引為 27～35，不含 36）
    drawLine(27,36)
cv2.imshow("Frame", image)
cv2.waitKey()
cv2.destroyAllWindows()
```

執行上述程式，輸出如圖 27-5 所示，人臉的五官輪廓被勾勒出來。

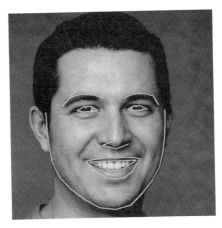

▲ 圖 27-5　【例 27.3】程式執行結果

27.4　人臉對齊

　　人臉對齊的任務是透過辨識影像中人臉的幾何結構，並嘗試透過平移、縮放和旋轉等操作，實現人臉的規範對齊。本節將透過 dlib 函數庫實現人臉對齊。在使用 dlib 函數庫實現人臉對齊時，直接呼叫相關函數即可，具體流程如下。

　　（1）Step 1：初始化。

　　該步驟對應程式如下：

```
# 建構人臉檢測器
detector = dlib.get_frontal_face_detector()
# 檢測人臉框
faceBoxs = detector(img, 1)
# 載入模型
predictor   =
dlib.shape_predictor('shape_predictor_68_face_landmarks.dat')
```

（2）Step 2：獲取人臉集合。

將 Step 1 獲取的人臉框集合 faceBoxs 中的每個人臉框對應的人臉一個一個放入容器 faces：

```
faces = dlib.full_object_detections()        # 建構容器
for faceBox in faceBoxs:
    faces.append(predictor(img, faceBox))    # 把每個人臉框對應的人臉放入
容器 faces
```

（3）Step 3：根據原始影像、人臉關鍵點獲取人臉對齊結果。

呼叫函數 get_face_chips 完成對人臉影像的對齊（傾斜校正）：

```
faces = dlib.get_face_chips(img, faces, size=120)
```

（4）Step 4：將獲取的每一張人臉顯示出來。

透過迴圈，對容器 faces 中的每一張人臉進行視覺化展示：

```
n = 0          # 用變數 n 為辨識的人臉按順序編號
# 顯示每一張人臉
for face in faces:
    n+=1
    face = np.array(face).astype(np.uint8)
    cv2.imshow('face%s'%(n), face)
```

【例 27.4】使用 dlib 函數庫實現人臉對齊。

```
import cv2
import dlib
import numpy as np
```

```
# 讀取圖片
img = cv2.imread("rotate.jpg")
# Step 1：初始化
# 建構人臉檢測器
detector = dlib.get_frontal_face_detector()
# 檢測人臉框
faceBoxs = detector(img, 1)
# 載入模型
predictor   =
dlib.shape_predictor('shape_predictor_68_face_landmarks.dat')
# Step 2：獲取人臉集合
# 將 Step 1 獲取的人臉框集合 faceBoxs 中的每個人臉框，一個一個放入容器 faces
faces = dlib.full_object_detections()          # 建構容器
for faceBox in faceBoxs:
    faces.append(predictor(img, faceBox))        # 把每個人的人臉框對應的
人臉放入容器 faces
# Step 3：根據原始影像、人臉關鍵點獲取人臉對齊結果
# 呼叫函數 get_face_chips 完成對人臉影像的對齊（傾斜校正）
faces = dlib.get_face_chips(img, faces, size=120)
# Step 4：將獲取的每一張人臉顯示出來
# 透過迴圈，對容器 faces 中的每一張人臉進行視覺化展示
n = 0          # 用變數 n 為辨識的人臉按順序編號
# 顯示每一張人臉
for face in faces:
    n+=1
    face = np.array(face).astype(np.uint8)
    cv2.imshow('face%s'%(n), face)
# 顯示
cv2.imshow("original",img)
cv2.waitKey(0)
cv2.destroyAllWindows()
```

　　執行上述程式，輸出如圖 27-6 所示，左圖是原始影像，右圖是從左圖中提取出來的 8 張人臉。

▲圖 27-6 【例 27.4】程式執行結果

27.5 呼叫 CNN 實現人臉檢測

dlib 函數庫提供了呼叫 CNN 人臉檢測器的方式。呼叫 CNN 模型比基於 HOG 的模型更加精準，但是花費的算力更多。大部分的情況下，在使用 dlib 函數庫中的 HOG 定位人臉時感覺不到延遲，而在呼叫 CNN 定位人臉時能夠感覺到非常明顯延遲。

在 dlib 函數庫中呼叫 CNN 實現人臉檢測的步驟如下。

（1）Step 1：載入模型。透過模型加載函數將 CNN 模型載入。

（2）Step 2：使用檢測器檢測人臉。使用函數 cnn_face_detector 完成人臉檢測。

（3）Step 3：遍歷 Step 2 得到的每一張人臉，將其輸出。

【例 27.5】使用 dlib 函數庫呼叫 CNN 人臉檢測器。

```
import dlib
import cv2
# 載入模型
cnn_face_detector =

dlib.cnn_face_detection_model_v1("mmod_human_face_detector.dat")
# 讀取影像
```

```
img = cv2.imread("people.jpg", cv2.IMREAD_COLOR)
# 檢測
# 傳回的結果 faces 是一個 mmod_rectangles 物件，有兩個成員變數
# dlib.rect 類別，表示物件的位置
# dlib.confidence，表示置信度
faces = cnn_face_detector(img, 1)
for i, d in enumerate(faces):
    # 計算每張人臉的位置
    rect = d.rect
    left = rect.left()
    top = rect.top()
    right = rect.right()
    bottom = rect.bottom()
    # 繪製人臉對應的矩形框
    cv2.rectangle(img, (left, top), (right, bottom), (0, 255, 0), 3)
    cv2.imshow("result", img)
k = cv2.waitKey()
cv2.destroyAllWindows()
```

執行上述程式，輸出如圖 27-7 所示。由圖 27-7 可知，上述程式準確地辨識出了每一張人臉。上述程式執行較慢，請耐心等待。

▲ 圖 27-7 【例 27.5】程式執行結果

人臉辨識應用案例

人臉是人類重要的生物特徵，採用無接觸的攝影機即可擷取含有人臉的圖片或視訊。透過對含有人臉的圖片或視訊進行辨識等操作，可以實現多種不同場景下的應用。

目前，與人臉相關的技術在支付、自動駕駛、安全、認證等領域發揮著非常關鍵的作用。本章將選取幾個具有代表性的應用進行實現。

本章將主要介紹如下幾個應用：

① 表情辨識；
② 駕駛員疲勞檢測；
③ 易容術；
④ 年齡和性別辨識。

28.1 表情辨識

本節將透過 dlib 函數庫獲取嘴部關鍵點，實現一個簡單的表情辨識應用，該應用可辨識大笑、微笑等不同的表情。具體實現中，根據臉部關鍵點之間的位置關係來對表情進行判斷。

1. 大笑表情辨識

　　人們在大笑時通常會把嘴張大，因此可將嘴的高寬比作為大笑的衡量指標。如果嘴的高寬比超過了閾值，就判定為大笑。在圖 28-1 中，中間圖為嘴的關鍵點示意圖，對應左圖臉部關鍵點示意圖中嘴所在位置。透過計算嘴的關鍵點中三個不同高度（A、B、C）的均值（$avg=(A+B+C)/3$）與寬度 D 的比值，即 avg/D，來判定嘴是否張大。若該比值超過閾值，則認為嘴張大，據此判定表情為大笑。

　　根據上述思路，建構嘴的高寬比函數 MAR，具體如下：

```
def MAR(mouth):
    # 歐氏距離，也可以直接計算關鍵點 y 軸座標的差值
    A = dist.euclidean(mouth[3], mouth[9])
    B = dist.euclidean(mouth[2], mouth[10])
    C = dist.euclidean(mouth[4], mouth[8])
    avg = (A+B+C)/3
    D = dist.euclidean(mouth[0], mouth[6])
    mar=avg/D
    return mar
```

　　其中，函數 dist.euclidean 用來計算歐式距離。

2. 微笑表情辨識

　　如圖 28-1 右圖所示，人們在微笑時嘴角會上揚，嘴的寬度與整個臉頰（下頜）的寬度之比變大，即微笑會導致 M/J 的值變大。

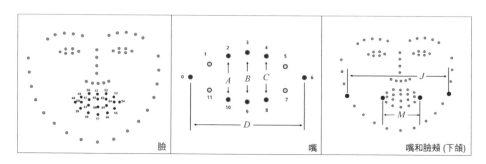

▲圖 28-1 關係圖

根據上述思路，建構函數 MJR 來計算嘴的寬度與下頜寬度之比，具體如下：

```
def MJR(shape):
    # 嘴寬度，歐氏距離，也可以直接計算關鍵點 x 軸座標的差值
    mouthWidht = dist.euclidean(shape[48], shape[54])
    # 下頜寬度，根據實際情況選用不同的索引，如 3 和 13 等
    jawWidth = dist.euclidean(shape[3], shape[13])
    return mouthWidht/jawWidth
```

【例 28.1】使用 dlib 函數庫判斷微笑、大笑表情。

```
from scipy.spatial import distance as dist    # 計算歐式距離
import numpy as np
import dlib
import cv2
# 自訂函數，計算嘴的高寬比
# 也可以直接使用 landmarks，確定好關鍵點位置即可
def MAR(mouth):
    # 歐氏距離，也可以直接計算關鍵點 y 軸座標的差值
    A = dist.euclidean(mouth[3], mouth[9])
    B = dist.euclidean(mouth[2], mouth[10])
    C = dist.euclidean(mouth[4], mouth[8])
    avg = (A+B+C)/3
    D = dist.euclidean(mouth[0], mouth[6])
    mar=avg/D
    return mar
# 自訂函數，計算嘴的寬度與下頜寬度之比
# 嘴的寬度/下頜寬度
def MJR(shape):
    # 嘴的寬度，歐氏距離，也可以直接計算關鍵點 x 軸座標的差值
    mouthWidht = dist.euclidean(shape[48], shape[54])
    # 下頜寬度，根據實際情況選用不同的索引，如 3 和 13 等
    jawWidth = dist.euclidean(shape[3], shape[13])
    return mouthWidht/jawWidth                      # 比值
# 自訂函數，繪製嘴部輪廓
def drawMouth(mouth):
```

```
    # 針對嘴型建構 Convex Hull
    mouthHull = cv2.convexHull(mouth)
    # 把嘴的 Convex Hull 輪廓繪製出來
    cv2.drawContours(frame, [mouthHull], -1, (0, 255, 0), 1)
# 模型初始化
shape_predictor= "shape_predictor_68_face_landmarks.dat" #
face_landmark
detector = dlib.get_frontal_face_detector()
predictor = dlib.shape_predictor(shape_predictor)
# 初始化攝影機
cap=cv2.VideoCapture(0,cv2.CAP_DSHOW)
# 逐幀處理
while True:
    # 讀取視訊放入 frame
    _,frame = cap.read()
    # 色彩空間轉換，BGR 色彩空間轉換為灰階空間
    gray = cv2.cvtColor(frame, cv2.COLOR_BGR2GRAY)
    # 獲取人臉
    rects = detector(gray, 0)
    # 對檢測到的 rects，一個一個遍歷
    for rect in rects:
        # 針對臉部的關鍵點進行處理，組成座標(x,y)形式
        shape = np.matrix([[p.x, p.y] for p in predictor(gray,
rect).parts()])
        # 獲取嘴部的關鍵點集（在整個臉部索引中，其索引範圍為 48～60，不包含
61）
        mouth= shape[48:61]
        # 計算嘴的高寬比和嘴的寬度/下頜寬度
        mar = MAR(mouth)    # 計算嘴的高寬比
        mjr = MJR(shape)    # 計算嘴的寬度/下頜寬度
        result="normal"    # 預設是正常表情
        # 每個人的嘴的高寬比和嘴的寬度/下頜寬度的值不一樣，本章選用 0.5
        # 讀者可以根據實際情況確定不同的值
        # print("mar",mar,"mjr",mjr)
        if mar > 0.5:
            result="laugh"
```

```
            elif mjr>0.45 ：  # 超過閾值（都是0.5）為微笑
                result="smile"
            cv2.putText(frame, result, (50, 100),cv2.FONT_HERSHEY_SIMPLEX,
                                    0.7, (0, 0, 255), 2)
            # 繪製嘴部輪廓
            drawMouth(mouth)
            # 即時觀察MAR值
            # cv2.putText(frame, "MAR: {}".format(mar), (10,10),
                        cv2.FONT_HERSHEY_SIMPLEX, 0.5, (0, 255, 0), 2)
            # 即時觀察MJR值
            # cv2.putText(frame, "MJR: {}".format(mjr), (10,40),
                        cv2.FONT_HERSHEY_SIMPLEX, 0.5, (0, 255, 0), 2)
    cv2.imshow("Frame", frame)
    # 按下"Esc"鍵盤退出（"Esc"鍵對應的ASCII為27）
    if cv2.waitKey(1) == 27:
        break
cv2.destroyAllWindows()
cap.release()
```

請讀者自行執行該程式，觀察輸出效果。

實踐中可以對程式進行最佳化，透過眼睛、眉毛、嘴等形態的變化判斷吃驚、生氣等表情。

28.2 駕駛員疲勞檢測

疲勞駕駛極易引發交通事故，疲勞駕駛人員的典型表現就是犯困。人在犯困時眼睛會在超過正常眨眼的時間內一直處於閉合狀態，因此可以透過眼睛的縱橫比來判斷眼睛是否閉合，進而判斷駕駛員是否處於疲勞駕駛狀態。

圖28-2所示為睜眼、閉眼狀態下的眼睛模型，其中：

- 左圖是正常的睜眼狀態，眼睛的縱橫比約為0.3。

■ 右側是閉眼狀態，眼睛的縱橫比約為 0。

▲圖 28-2　睜眼、閉眼狀態下的眼睛模型

dlib 函數庫使用 6 個關鍵點來標注眼睛，因此眼睛縱橫比的計算方式為

$$\frac{\left|P_1 - P_5\right| + \left|P_2 - P_4\right|}{2 \times \left|P_0 - P_3\right|}$$

根據上述關係，建構計算眼睛縱橫比的函數 eye_aspect_ratio：

```
def eye_aspect_ratio(eye):
    # 歐氏距離（P₁與 P₅、P₂與 P₄間的距離）
    A = dist.euclidean(eye[1], eye[5])
    B = dist.euclidean(eye[2], eye[4])
    # 歐氏距離（P₀與 P₃間的距離）
    C = dist.euclidean(eye[0], eye[3])
    # 縱橫比
    ear = (A + B) / (2.0 * C)
    return ear
```

之後需要判斷正常狀態下的眨眼和犯睏時閉眼的區別。正常狀態下的眨眼的閉眼時間極短，而犯睏時閉眼時間相對較長。在圖 28-3 中：

■ 上圖，眼睛縱橫比只在一瞬間處於較小值（約為 0），其餘時間都是正常值（約 0.3），對應的是正常狀態下的眨眼。

■ 下圖，眼睛縱橫比在較長時間內都處於較小值（約為 0），此時對應的是長時間閉眼。如果閉眼時間超過了事先規定的閾值，就將該狀態判定為疲勞狀態。

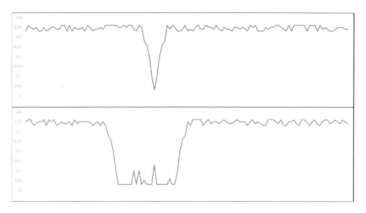

▲圖 28-3 正常狀態下與疲勞狀態下的眼睛縱橫比

因此在判斷眼睛縱橫比的基礎上，還要衡量眼睛縱橫比持續的時間，所以要增加一個計數器。該計數器的工作方式為

- 在眼睛縱橫比小於 0.3 時，認為當前幀眼睛處於閉合狀態，計數器加 1。並判斷計數器的值，如果計數器的值大於閾值（如 48），就認為眼睛閉合的時間過長，提示風險；如果計數器的值小於或等於閾值，就認為眼睛閉合的時間在正常範圍內，判定為眨眼，無須進行任何額外處理。

- 在眼睛縱橫比大於或等於 0.3 時，認為當前幀眼睛處於睜開狀態，計數器清 0，以便在下次閉眼時計數器從 0 開始重新計數。

根據上述分析，判斷疲勞駕駛的具體實現流程圖如圖 28-4 所示。

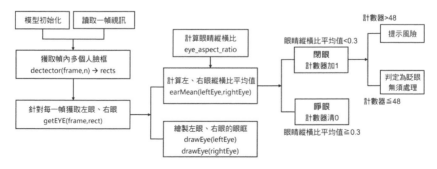

▲圖 28-4 判斷疲勞駕駛的具體實現流程圖

【例 28.2】使用 dlib 函數庫進行疲勞檢測。

根據圖 28-4 設計程式如下：

```
import numpy as np
from scipy.spatial import distance as dist  # 計算歐氏距離
import dlib
import cv2
# ==============獲取影像（當前幀）內的左眼、右眼對應的關鍵點集
==============
def getEYE(image,rect):
    landmarks=predictor(image, rect)
    # 將關鍵點處理為(x,y)形式
    shape = np.matrix([[p.x, p.y] for p in landmarks.parts()])
    # 獲取左眼、右眼關鍵點集
    leftEye = shape[42:48]    # 左眼，關鍵點索引為 42～47（不包含 48）
    rightEye = shape[36:42]   # 右眼，關鍵點索引為 36～41（不包含 42）
    return leftEye,rightEye
# ========計算眼睛的縱橫比（小於 0.3 判定為閉眼狀態，大於或等於 0.3 判定為睜眼
狀態）========
def eye_aspect_ratio(eye):
    # 眼睛用 6 個關鍵點表示，上下各兩個點，左右各一個點，結構如下
    # -------------------------------------------
    #      1    2
    # 0                3        <----眼睛的 6 個關鍵點
    #      5    4
    # -------------------------------------------
    # 歐氏距離（關鍵點 1 和關鍵點 5 及關鍵點 2 和關鍵點 4 間的距離）
    A = dist.euclidean(eye[1], eye[5])
    B = dist.euclidean(eye[2], eye[4])
    # 歐氏距離（關鍵點 0 和關鍵點 3 間的距離）
    C = dist.euclidean(eye[0], eye[3])
    # 縱橫比
    ear = (A + B) / (2.0 * C)
    return ear
# ==============計算兩眼的縱橫比均值==============
def earMean(leftEye,rightEye):
```

```python
    # 計算左眼縱橫比 leftEAR、右眼縱橫比 rightEAR
    leftEAR = eye_aspect_ratio(leftEye)
    rightEAR = eye_aspect_ratio(rightEye)
    # 均值處理
    ear = (leftEAR + rightEAR) / 2.0
    return ear
# =============繪製眼眶（眼眶的包圍框）=============
def drawEye(eye):
    # 把眼睛圈起來 1：convexHull，獲取 Convex Hull
    eyeHull = cv2.convexHull(eye)
    # 把眼睛圈起來 2：drawContours，繪製 Convex Hull 對應的輪廓
    cv2.drawContours(frame, [eyeHull], -1, (0, 255, 0), 1)
# =================使用到的變數=================
# 眼睛縱橫比的閾值為 0.3，預設眼睛縱橫比大於 0.3，小於該閾值，判定為處於閉眼狀態
RationTresh = 0.3
# 定義閉眼時長的閾值，超過該閾值，判定為疲勞駕駛
ClosedThresh = 48
# 計數器
COUNTER = 0
# 疲勞標識（長時間閉眼標識，警報器 FLAG）
FLAG = False
# ===========模型初始化===========
detector = dlib.get_frontal_face_detector()
predictor =
dlib.shape_predictor("shape_predictor_68_face_landmarks.dat")
# =========初始化攝影機=========
cap = cv2.VideoCapture(0,cv2.CAP_DSHOW)
# ==========讀取攝影機視訊，逐幀處理==========
while True:
    # 讀取攝影機內的幀
    _,frame = cap.read()
    # 獲取人臉
    boxes = detector(frame, 0)
    # 迴圈遍歷 boxes 內的每一個物件
    for b in boxes:
        leftEye,rightEye=getEYE(frame,b)  # 獲取左眼、右眼
```

```
            ear=earMean(leftEye,rightEye)      # 計算左眼、右眼的縱橫比均值
            # 判斷眼睛的縱橫比（ear），若小於 0.3（EYE_AR_THRESH），則認為處於
閉眼狀態
            # 可能是正常眨眼，也可能是疲勞駕駛，計算閉眼時長
            if ear < RationTresh:
                COUNTER += 1    # 每檢測到一次，計數器的值加 1
                # 計數器的值足夠大，說明閉眼時間足夠長，判定為疲勞駕駛
                if COUNTER >= ClosedThresh:
                    # 打開 FLAG 疲勞標識
                    if not FLAG:
                        FLAG = True
                    # 顯示警告
                    cv2.putText(frame, "!!!!DANGEROUS!!!!", (50, 200),
                        cv2.FONT_HERSHEY_SIMPLEX, 2, (0, 0, 255), 2)
            # 否則（對應眼睛縱橫比大於或等於 0.3），計數器清 0，解除疲勞標識
            else:
                COUNTER = 0         # 計數器清 0
                FLAG = False        # 解除疲勞標識
            # 繪製眼眶（眼睛的包圍框）
            drawEye(leftEye)
            drawEye(rightEye)
            # 顯示 EAR 值（eye_aspect_ratio）
            cv2.putText(frame, "EAR: {:.2f}".format(ear), (0, 30),
                cv2.FONT_HERSHEY_SIMPLEX, 0.7, (0, 255, 0), 2)
    # 顯示處理結果
    cv2.imshow("Frame", frame)
    # 按下"Esc"鍵退出，"Esc"鍵的 ASCII 碼為 27
    if cv2.waitKey(1) == 27:
        break
cv2.destroyAllWindows()
cap.release()
```

請讀者自行執行該程式，觀察輸出效果。

28.3 易容術

易容是指在保持一個人髮型、臉頰等基本特徵不變的情況下,將其五官換成另外一個人的五官。如圖 28-5 所示,最右側的人臉是在保持最左側人臉外輪廓(髮型、臉型)不變的基礎上,將五官變為中間影像的人的五官的結果。

▲ 圖 28-5 易容術範例

在實現易容術的過程中需要使用仿射變換來解決兩幅影像大小不一致及影像中人臉大小不一致的問題。本節將透過仿射、演算法流程、實現程式對易容術進行具體介紹。

【說明】圖 28-5 中的人臉是由參考網址 39 以人工智慧方式生成的虛擬臉,現實中並不存在。

28.3.1 仿射

仿射變換是指影像可以透過一系列的幾何變換實現平移、旋轉等。該變換能夠保持影像的平直性和平行性。平直性是指影像經過仿射變換後直線仍是直線;平行性是指影像在完成仿射變換後平行線仍是平行線。

OpenCV 中的仿射函數為 warpAffine,其透過一個變換矩陣 M 實現變換,具體為

$$\text{dst}(x, y) = \text{src}(M_{11}x + M_{12}y + M_{13}, M_{21}x + M_{22}y + M_{23})$$

如圖 28-6 所示，可以透過一個變換矩陣，將原始影像變換為仿射影像。

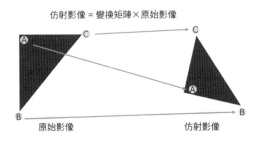

▲圖 28-6 仿射變換示意圖

仿射函數 warpAffine 的語法格式如下：

```
dst = cv2.warpAffine( src, M, dsize[, flags])
```

其中：

- dst 表示仿射後的輸出影像。
- src 表示待進行仿射的原始影像。
- M 表示一個 2×3 的變換矩陣。使用不同的變換矩陣，可以實現不同的仿射變換。
- dsize 表示輸出影像的尺寸。
- flags 表示插值方法，預設為 INTER_LINEAR。當該值為 WARP_INVERSE_MAP 時，表示變換矩陣是逆變換類型，實現從目標影像 dst 到原始影像 src 的逆變換。

仿射函數 warpAffine 對影像進行何種形式的仿射變換完全取決於變換矩陣。在原始影像和目標影像之間建構變換矩陣，即可實現原始影像到目標影像的轉換。本例使用奇異值分解（Singular Value Decomposition，SVD）技術建構兩幅影像之間對應的變換矩陣。本節建構了函數 getM 來建構兩幅影像間的變換矩陣。函數 getM 將 dlib 函數庫獲取的 68 個人臉關鍵點作為其使用的參數。

```
def getM(points1, points2):
    # 調整資料型態
    points1 = points1.astype(np.float64)
    points2 = points2.astype(np.float64)
    # 歸一化：(數值-均值)/標準差
    # 計算均值
    c1 = np.mean(points1, axis=0)
    c2 = np.mean(points2, axis=0)
    # 減去均值
    points1 -= c1
    points2 -= c2
    # 計算標準差
    s1 = np.std(points1)
    s2 = np.std(points2)
    # 除標準差
    points1 /= s1
    points2 /= s2
    # SVD
    U, S, Vt = np.linalg.svd(points1.T * points2)
    # 透過 U 和 Vt 找到 R
    R = (U * Vt).T
    # 傳回得到的變換矩陣
    return np.vstack([np.hstack(((s2 / s1) * R,
                                 c2.T - (s2 / s1) * R * c1.T)),
                                 np.matrix([0., 0., 1.])])
```

28.3.2 演算法流程

　　易容術演算法的核心在於找到人臉在影像中的具體位置，然後透過仿射將一個人的五官換到另外一個人的臉上。實現易容術的流程圖如圖 28-7 所示。

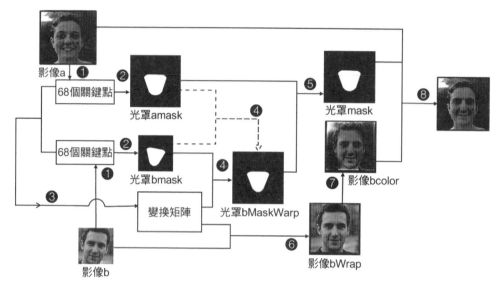

▲圖 28-7 實現易容術的流程圖

圖 28-7 保留了影像 a 人臉外輪廓，將其五官替換為影像 b 中的人臉的五官，具體流程如下。

（1）Step 1：獲取人臉關鍵點。

透過 dlib 函數庫分別獲取影像 a 和影像 b 中的人臉的 68 個關鍵點。

（2）Step 2：獲取人臉對應區域。

根據人臉的關鍵點獲取人臉的 Convex Hull，繪製 Convex Hull 的輪廓得到人臉所在區域（遮罩）。透過該步驟可得到影像 a 中人臉的遮罩 amask 和影像 b 中人臉的遮罩 bmask。由於影像大小、人臉臉型（瓜子臉、圓臉、方臉）、人臉位置（左上角、右下角、下側等）、人臉在影像中的方位（正臉、斜臉）等因素不同，必須對人臉進行校正。具體來説，需要將其中一幅影像（影像 b）中的人臉大小、臉型等映射到目標影像（影像 a）中的人臉的五官上，與目標影像儘量保持一致。

（3）Step 3：獲取變換矩陣。

根據影像內的人臉關鍵點，基於 SVD 技術建構兩幅影像間對應的變換矩陣。

（4）Step 4：校正影像 b 中的人臉的遮罩 bmask。

為了更好地將影像 a 中的人臉和影像 b 中的人臉融合在一起（換臉），需要讓影像 a 中的人臉和影像 b 中的人臉在影像中的位置基本一致（對齊）。使用 Step 3 獲取的變換矩陣進行映射執行，使影像 b 中的人臉的輪廓（遮罩 bmask）與影像 a 中的人臉的輪廓（遮罩 amask）儘量匹配，得到遮罩 bMaskWarp。

實際上，這裡的遮罩 bmask 是根據遮罩 amask 的形狀而變化的，如圖 28-7 中的虛線所示。

（5）Step 5：影像 a 中的人臉遮罩和校正後的影像 b 中的人臉遮罩進行融合得到最終遮罩 mask。

將影像 a 中的人臉的遮罩 aMask 和校正好的影像 b 中的人臉遮罩 bMaskWarp 融合，獲取最終遮罩 mask。將影像 a 中的人臉遮罩 aMask 和校正後的影像 b 中的人臉遮罩 bMaskWarp 中的白色區域疊加在一起（透過取最大值或加法等操作實現）即可實現。

（6）Step 6：影像 b 中的人臉校正。

使用 Step 3 獲取的變換矩陣進行映射運算，使影像 b 中的人臉與影像 a 中的人臉大小、方向一致，得到影像 bWarp。

與 Step 4 類似，本步驟是根據影像 a 中的人臉完成的針對影像 b 中的人臉的調整。

（7）Step 7：校正顏色。

對 Step 6 中得到的影像 bWarp 進行色彩校正，讓其與影像 a 中的人臉的顏色基本一致，得到最終參與運算的影像 bcolor。

實踐中，有比較成熟的演算法實現顏色校正。本例採用了比較簡單的方式，主要步驟如下：

■ 第 1 步：計算影像 a 的高斯變換 aGauss、影像 b 的高斯變換 bGauss。

高斯變換是為了讓影像中每個像素點的顏色盡可能地取周圍像素點的顏色的均值。

- 第 2 步：將 aGauss/bGauss 的值作為影像 a 和影像 b 的顏色比值 ratio。

- 第 3 步：用影像 b 乘以 ratio，獲得影像 b 的顏色調整結果。處理後，影像 b 的顏色接近於影像 a 的顏色。

（8）Step 8：換臉。

在新的人臉影像中，遮罩 mask 指定區域由影像 bcolor 組成，遮罩 mask 以外區域由影像 a 組成。

28.3.3 實現程式

【例 28.3】使用 dlib 函數庫實現換臉。

```
import cv2
import dlib
import numpy as np
# =================關鍵點集處理=================
# 關鍵點分配，五官的起止索引
JAW_POINTS = list(range(0, 17))
RIGHT_BROW_POINTS = list(range(17, 22))
LEFT_BROW_POINTS = list(range(22, 27))
NOSE_POINTS = list(range(27, 35))
RIGHT_EYE_POINTS = list(range(36, 42))
LEFT_EYE_POINTS = list(range(42, 48))
MOUTH_POINTS = list(range(48, 61))
FACE_POINTS = list(range(17, 68))
# 關鍵點集
POINTS = [LEFT_BROW_POINTS + RIGHT_EYE_POINTS +
          LEFT_EYE_POINTS +RIGHT_BROW_POINTS + NOSE_POINTS +
MOUTH_POINTS]
# 處理為元組，以便後續使用
POINTStuple=tuple(POINTS)
```

```
# ================自訂函數：獲取臉部（臉部遮罩）================
def getFaceMask(im, keyPoints):
    im = np.zeros(im.shape[:2], dtype=np.float64)
    for p in POINTS:
        points = cv2.convexHull(keyPoints[p])      # 獲取 Convex Hull
        cv2.fillConvexPoly(im, points, color=1)    # 填充 Convex Hull
    # 單通道 im 組成 3 通道 im（3,行,列），改變形狀（行,列,3），以適應 OpenCV
    # 原有形狀為（3,高,寬），改變後形狀為（高,寬,3）
    im = np.array([im, im, im]).transpose((1, 2, 0))
    ksize=(15,15)
    im = cv2.GaussianBlur(im,ksize, 0)
    return im
# ========自訂函數：根據兩個人的臉部關鍵點集，建構變換矩陣========
def getM(points1, points2):
    # 調整資料型態
    points1 = points1.astype(np.float64)
    points2 = points2.astype(np.float64)
    # 歸一化：(數值-均值)/標準差
    # 計算均值
    c1 = np.mean(points1, axis=0)
    c2 = np.mean(points2, axis=0)
    # 減去均值
    points1 -= c1
    points2 -= c2
    # 計算標準差
    s1 = np.std(points1)
    s2 = np.std(points2)
    # 除標準差
    points1 /= s1
    points2 /= s2
    # SVD 技術
    U, S, Vt = np.linalg.svd(points1.T * points2)
    # 透過 U 和 Vt 找到 R
    R = (U * Vt).T
    # 傳回得到的變換矩陣
    return np.vstack([np.hstack(((s2 / s1) * R,
```

```
                                    c2.T - (s2 / s1) * R * c1.T)),
                                    np.matrix([0., 0., 1.])])
# ===============自訂函數：獲取影像關鍵點集===============
def getKeyPoints(im):
    rects = detector(im, 1)
    s= np.matrix([[p.x, p.y] for p in predictor(im,
rects[0]).parts()])
    return s
# ===============自訂函數：統一顏色===============
def normalColor(a, b):
    ksize=(111,111)       # 非常大的卷積核心
    # 分別針對原始影像、目標影像進行高斯濾波
    aGauss = cv2.GaussianBlur(a, ksize, 0)
    bGauss = cv2.GaussianBlur(b, ksize, 0)
    # 計算目標影像調整顏色的權重值
    weight= aGauss/ bGauss
    return b * weight
# ========模式初始化========
PREDICTOR = "shape_predictor_68_face_landmarks.dat"
detector = dlib.get_frontal_face_detector()
predictor = dlib.shape_predictor(PREDICTOR)
# ============初始化：讀取原始影像 a 和影像 b 中的人臉============
a=cv2.imread(r"person/image2.jpg")
b=cv2.imread(r"person/image7.jpg")
bOriginal=b.copy()   # 顯示原始影像 b
# ========Step 1：獲取關鍵點集========
aKeyPoints = getKeyPoints(a)
bKeyPoints = getKeyPoints(b)
# ============Step 2:獲取換臉的兩個人的臉部遮罩============
aMask = getFaceMask(a, aKeyPoints)
bMask = getFaceMask(b, bKeyPoints)
cv2.imshow("aMask",aMask)
cv2.imshow("bMask",bMask)
# ============Step 3:根據兩個人的關鍵點集建構變換矩陣============
M = getM(aKeyPoints[POINTStuple],bKeyPoints[POINTStuple])
# ==Step 4：將影像 b 中的人臉（bmask）根據變換矩陣仿射變換到影像 a 中的人臉處==
```

```
dsize=a.shape[:2][::-1]
# 目標輸出與影像 a 大小一致
# 需要注意，shape 是（行，列）式，warpAffine 參數 dsize 是（列，行）式
# 使用 a.shape[:2][::-1]獲取影像 a 的（列，行）
bMaskWarp=cv2.warpAffine(bMask,
                     M[:2],
                     dsize,
                     borderMode=cv2.BORDER_TRANSPARENT,
                     flags=cv2.WARP_INVERSE_MAP)
cv2.imshow("bMaskWarp",bMaskWarp)
# ===========Step 5：獲取臉部最大值（兩個臉遮罩疊加）===========
mask = np.max([aMask, bMaskWarp],axis=0)
cv2.imshow("mask",mask)
# ===========Step 6：使用變換矩陣將影像 b 映射到影像 a===========
bWrap =cv2.warpAffine(b,
                     M[:2],
                     dsize,
                     borderMode=cv2.BORDER_TRANSPARENT,
                     flags=cv2.WARP_INVERSE_MAP)
cv2.imshow("bWrap",bWrap)
# =========Step 7:讓顏色更自然一些=========
bcolor = normalColor(a, bWrap)
cv2.imshow("bcolor",bcolor/255)
# ====Step 8：換臉（遮罩 mask 區域由影像 bcolor 組成，非 mask 區域由影像 a 組
成）====
out = a * (1.0 - mask) + bcolor * mask
# ========輸出原始人臉和換臉結果========
cv2.imshow("a",a)
cv2.imshow("b",bOriginal)
cv2.imshow("out",out/255)
cv2.waitKey()
cv2.destroyAllWindows()
```

執行上述程式，結果如圖 28-8 所示。

▲ 圖 28-8 【例 28.3】程式執行結果

28.4 年齡和性別辨識

年齡和性別辨識是一個有趣的應用，該應用在日常生活中很多場合都有應用。本節將使用 OpenCV 附帶的人臉檢測器及 Levi 等人設計的 CNN 模型辨識人臉對應的年齡和性別。

Levi 等人在 *Age and Gender Classification Using Convolutional Neural Networks* 中提出了一種在訓練資料有限時也具有較好性能的 CNN 模型，該網路模型如圖 28-9 所示，它包含三個卷積層和兩個全連接層。第一個卷積層包含 96 個 7 像素×7 像素的卷積核心，第二個卷積層包含 256 個 5 像素×5 像素的卷積核心，第三個卷積層包含 384 個 3 像素×3 像素的卷積核心。每個連接層包含 512 個神經元。最終的輸出是每個分類對應的標籤。

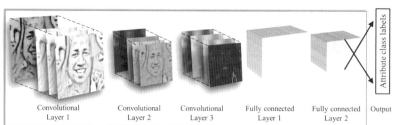

▲ 圖 28-9 網路模型

（資料來源：G LEVI，T HASSNCER. Age and gender classification using convolutional neural networks[C]. 2015 IEEE Conference on Computer Vision and Pattern Recognition Workshops，2015：34-42，doi：10. 1109/CVPRW. 2015. 7301352。）

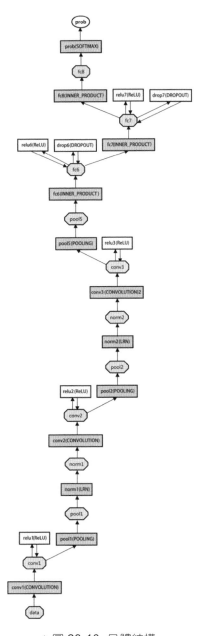

▲圖 28-10 具體結構

（資料來源：G LEVI，T HASSNCER. Age and gender classification using convolutional neural networks[C]. 2015 IEEE Conference on Computer Vision and Pattern Recognition Workshops，2015：34-42，doi：10. 1109/CVPRW. 2015. 7301352。）

　　圖 28-9 所示網路模型的具體結構如圖 28-10 所示，在第一個卷積層和第二個卷積層的後面都有 ReLU 層、最大值池化層、局部回應歸一化層（Local Response Normalization，LRN）。在第三個卷積層的後面僅有 ReLU 層、最大值池化層。全連接層都具有 512 個神經元，第一個全連接層接收第三個卷積層的輸入，第二個全連接層接收第一個全連接層的 512 個輸出作為輸入，兩個全連接層後面都伴有 ReLU 層、隨機 Dropout（dropout）層。最後的輸出是所有年齡、性別對應的分類標籤。

　　針對該論文，Levi 等在 GitHub 上提供了官方網頁，可以下載對應的程式和訓練好的模型，本節將使用的模型就來自其官方網頁，具體網址見參考網址 40。

　　【例 28.4】年齡和性別辨識。

```
import cv2
# =====模型初始化=====
# 模型(網路模型/預訓練模型):face/age/gender(人臉、年齡、性別)
faceProto = "model/opencv_face_detector.pbtxt"
faceModel = "model/opencv_face_detector_uint8.pb"
ageProto = "model/deploy_age.prototxt"
ageModel = "model/age_net.caffemodel"
genderProto = "model/deploy_gender.prototxt"
genderModel = "model/gender_net.caffemodel"
# 載入網路
ageNet = cv2.dnn.readNet(ageModel, ageProto)   # 年齡
genderNet = cv2.dnn.readNet(genderModel, genderProto)   # 性別
faceNet = cv2.dnn.readNet(faceModel, faceProto)   # 人臉
# ===========變數初始化===========
# 年齡段和性別
ageList = ['(0-2)', '(4-6)', '(8-12)', '(15-20)', '(25-32)',
           '(38-43)', '(48-53)', '(60-100)']
genderList = ['Male', 'Female']
mean = (78.4263377603, 87.7689143744, 114.895847746)    # 模型均值
# =======自訂函數，獲取人臉包圍框=======
def getBoxes(net, frame):
```

```
    frameHeight, frameWidth = frame.shape[:2]    # 獲取高度、寬度
    # 將影像（幀）處理為 DNN 可以接收的格式
    blob = cv2.dnn.blobFromImage(frame, 1.0, (300, 300),
                                        [104, 117, 123], True, False)

    # 呼叫網路模型，檢測人臉
    net.setInput(blob)
    detections = net.forward()
    # faceBoxes 儲存檢測到的人臉
    faceBoxes = []
    for i in range(detections.shape[2]):
        confidence = detections[0, 0, i, 2]
        if confidence > 0.7:    # 篩選，將置信度大於 0.7 的保留
            x1 = int(detections[0, 0, i, 3] * frameWidth)
            y1 = int(detections[0, 0, i, 4] * frameHeight)
            x2 = int(detections[0, 0, i, 5] * frameWidth)
            y2 = int(detections[0, 0, i, 6] * frameHeight)
            faceBoxes.append([x1, y1, x2, y2])    # 人臉框的座標
            # 繪製人臉框
            cv2.rectangle(frame, (x1, y1), (x2, y2),
                    (0, 255, 0), int(round(frameHeight / 150)),6)
    # 傳回繪製了人臉框的幀 frame、人臉包圍框 faceBoxes
    return frame, faceBoxes
# =========迴圈讀取每一幀，並處理=========
cap = cv2.VideoCapture(0, cv2.CAP_DSHOW)    # 加載攝影機
while True:
    # 讀取一幀
    _, frame = cap.read()
    # 進行鏡像處理，左右互換
    # frame = cv2.flip(frame, 1)
    # 呼叫函數 getBoxes，獲取人臉包圍框，繪製人臉包圍框（可能有多個）
    frame, faceBoxes = getBoxes(faceNet, frame)
    if not faceBoxes:    # 沒有人臉時，檢測下一幀，後續迴圈操作不再執行
        print("當前幀內不存在人臉")
        continue
    #  遍歷每一個人臉包圍框
    for faceBox in faceBoxes:
```

```
            # 處理 frame，將其處理為符合 DNN 輸入要求的格式
            blob = cv2.dnn.blobFromImage(frame, 1.0, (227, 227),mean)
            # 呼叫模型，預測性別
            genderNet.setInput(blob)
            genderOuts = genderNet.forward()
            gender = genderList[genderOuts[0].argmax()]
            # 呼叫模型，預測年齡
            ageNet.setInput(blob)
            ageOuts = ageNet.forward()
            age = ageList[ageOuts[0].argmax()]
            # 格式化文字（年齡，性別）
            result = "{},{}".format(gender, age)
            # 輸出性別和年齡
            cv2.putText(frame, result, (faceBox[0], faceBox[1] - 10),
                        cv2.FONT_HERSHEY_SIMPLEX, 0.8, (0, 255, 255), 2,
                        cv2.LINE_AA)
            # 顯示性別、年齡
            cv2.imshow("result", frame)
    # 按下"Esc"鍵，退出程式
    if cv2.waitKey(1) == 27:
        break
cv2.destroyAllWindows()
cap.release()
```

執行上述程式，輸出如圖 28-11 所示。

▲圖 28-11 【例 28.4】程式執行結果

Appendix

A

參考文獻

1. 李立宗. OpenCV 輕鬆入門——面向 Python[M]. 北京：電子工業出版社，2019.

2. 吳志軍，等. OpenCV 深度學習應用與性能最佳化實踐[M]. 北京：機械工業出版社，2020.

3. GOODFELLOW，等. 深度學習[M]. 趙申建，等譯. 北京：人民郵電出版社，2017.

4. 周志華. 機器學習[M]. 北京：清華大學出版社，2016.

5. LEWIS. Python 深度學習[M]. 穎青山譯. 北京：人民郵電出版社，2018.

6. 廖鵬. 深度學習實踐（電腦視覺）[M]. 北京：清華大學出版社，2019.

7. 李立宗. OpenCV 程式設計案例詳解[M]. 北京：電子工業出版社，2016.

8. KAEHLER，等. 學習 OpenCV3（中文版）[M]. 阿丘科技，等譯. 北京：清華大學出版社，2018.

9. 齋藤康毅. 深度學習入門（基於 Python 的理論與實現）[M]. 陸宇傑譯. 北京：人民郵電出版社，2019.

10. 趙春江. 機器學習經典演算法剖析（基於 OpenCV）[M]. 北京：人民郵電出版社，2018.

11. CHAN. 愛上 Python（一日精通 Python 程式設計）[M]. 王磊譯. 北京：人民郵電出版社，2016.

12. 張平. OpenCV 演算法精解（基於 Python 與 C++）[M]. 北京：電子工業出版社，2017.

13. 肖萊. Python 深度學習[M]. 張亮譯. 北京：人民郵電出版社，2018.

14. GARY BRADSKI，ADRIAN KAEHLER. 學習 OpenCV（中文版）[M]. 于仕琪，劉瑞禎譯. 北京：清華學大出版社，2009.

15. 劉瑞禎，於仕琪. OpenCV 教學[M]. 北京：航空航太大學出版社，2007.

16. 言有三. 深度學習之影像辨識（核心案例與案例實踐）[M]. 北京：機械工業出版社，2019.

17. HACKELING. Scikit-Learn 機器學習（第 2 版）[M]. 張浩然譯. 北京：人民郵電出版社，2019.

18. 李立宗，高鐵杠，顧巧論. 基於混沌系統的影像可逆資訊隱藏演算法[J]. 電腦工程與設計，2011，32（12）：4137-4142.

19. 沈晶，劉海波，周長建. Visual C++數位影像處理典型案例詳解[M]. 北京：機械工業出版社，2012.

20. 馮偉興，梁洪，王晨業. Visual C++數位影像模式辨識典型案例詳解[M]. 北京：機械工業出版社，2012.

21. 李立宗，高鐵杠，陳蓉，等. 認證中心控制下的版權保護框架研究[J]. 電腦工程與應用，2009，45（14）：87-89.

22. 李立宗，顧巧論，高鐵杠. 基於公開密鑰的可逆數位浮水印研究[J]. 電腦應用，2012，32（4）：971-975.

23. 李金洪. 深度學習之 TensorFlow（入門、原理與進階實現）[M]. 北京：機械工業出版社，2019.

24. DAVID G L. Object recognition from local scale-invariant features International Conference on Computer Vision[C]. 1999：1150-1157.

25. David G L. Distinctive image features from scale-invariant keypoints International Journal of Computer Vision[J]. 2004，60（2）：91-110.

26. 魏秀參. 解析深度學習：積神經網路原理與視覺實踐[M]. 北京：電子工業出版社，2018.

27. 阿斯頓・張，李沐等. 動手學深度學習[M]. 北京：人民郵電出版社，2019.

28. BILMES J A. A Gentle Tutorial of the EM Algorithm and its Application to Parameter Estimation for Gaussian Mixture and Hidden Markov Models[R]. Technical Report International Computer Science Institute and Computer Science Division，University of California at Berkeley，1998.

29. LÉON BOTTOU. Large-scale machine learning with stochastic gradient descent[C]//In Proceedings of COMPSTAT'2010. Berlin：Springer，2010：177-186.

30. FREY P W，SLATE D J. Letter recognition using Holland-style adaptive classifiers[J]. Machine Learning，19916：161-186.

31. DAVIS E KING. Dlib-ml：A Machine Learning Toolkit[J]. Journal of Machine Learning Research，2009（10）：1755-1758.

32. SOUKUPOVÁ T ，CECH J. Eye blink detection using facial Landmarks[C]. In zlst Computer Vision Winter Workshop，Rimske Toplice，2016.

33. SIMONYAN K，ZISSERMAN A. Very deep convolutional networks for large-scale image recognition [J]. 2014，CoRR abs//1409. 1556，2014arxiv1409. 15565.

34. BAGGIO，等. 深入理解 OpenCV（實用電腦視覺專案解析）[M]. 劉波譯. 北京：機械工業出版社，2015.

35. SRIVASTAVA N，HINTON G，KRIZHEVSKY A，et al. Dropout：A Simple Way to Prevent Neural Networks from Overfitting[J]. Journal of Machine Learning Research，2014，15（1）：1929-1958.

36. DALAL N，TRIGGS B. Histograms of Oriented Gradients for Human Detection[C]. IEEE Computer Society Conference on Computer Vision & Pattern Recognition，2005.

37. 吳軍. 數學之美（第 2 版）[M]. 北京：人民郵電出版社，2014.

38. GÉRON A. Hands-on machine learning with Scikit-Learn and TensorFlow：concepts，tools，and techniques to build intelligent systems[M]. Sebastopol：O'Reilly Media2017，2017.

Appendix B

參考網址

1. https://pypi.org
2. https://pypi.org/project/ opencv-python/
3. https://www.hackerfactor.com/blog/index.php?/archives/432-Looks-Like-It.html
4. https://www.comp.hkbu.edu.hk/wsb2021/lecturer_details.php?lect_id=2
5. http://norvig.com/spell-correct.html
6. http://archive.ics.uci.edu/ml/datasets.php
7. http://archive.ics.uci.edu/ml/datasets/Letter+Recognition
8. https://docs.opencv.org/master/dd/d3b/tutorial_py_svm_opencv.html
9. https://docs.opencv.org/master/d7/d00/tutorial_meanshift.html
10. https://poloclub.github.io/cnn-explainer/
11. http://playground.tensorflow.org/
12. https://graphics.stanford.edu/courses/cs178/applets/convolution.html
13. https://github.com/aleju/imgaug
14. http://caffe.berkeleyvision.org/
15. https://www.tensorflow.org/
16. http://torch.ch/
17. https://pjreddie.com/darknet/
18. https://software.intel.com/openvino-toolkit
19. https://onnx.ai/
20. http://dl.caffe.berkeleyvision.org/bvlc_googlenet.caffemodel

21. https://github.com/opencv/opencv_extra/blob/master/testdata/dnn/bvlc_googlenet.prototxt

22. https://github.com/opencv/opencv/blob/master/samples/data/dnn/classification_classes_ILSVRC2012.txt

23. https://pjreddie.com/media/files/yolov3.weights

24. https://github.com/pjreddie/darknet/blob/master/cfg/yolov3.cfg

25. https://github.com/pjreddie/darknet/blob/master/data/coco.names

26. https://github.com/PINTO0309/MobileNet-SSD-RealSense/blob/master/caffemodel/MobileNetSSD/MobileNetSSD_deploy.caffemodel

27. https://github.com/PINTO0309/MobileNet-SSD-RealSense/tree/master/caffemodel/MobileNetSSD

28. https://github.com/opencv/opencv/blob/master/samples/data/dnn/object_detection_classes_pascal_voc.txt

29. http://dl.caffe.berkeleyvision.org/fcn8s-heavy-pascal.caffemodel

30. https://github.com/opencv/opencv_extra/blob/master/testdata/dnn/fcn8s-heavy-pascal.prototxt

31. https://github.com/opencv/opencv/blob/master/samples/data/dnn/object_detection_classes_pascal_voc.txt

32. https://github.com/opencv/opencv/wiki/TensorFlow-Object-Detection-API

33. https://github.com/opencv/opencv/blob/master/samples/data/dnn/object_detection_classes_coco.txt

34. https://cs.stanford.edu/people/jcjohns/fast-neural-style/models/eccv16/starry_night.t7

35. https://github.com/jcjohnson/fast-neural-style/tree/master/models

36. https://drive.google.com/drive/folders/1str7hW8XEnx2zfkrDWck0f4YX7zSOJsj?usp=sharing

37. http://face-rec.org /databases/

38. http://dlib.net/

39. https://thispersondoesnotexist.com/

40. https://talhassner.github.io/home/publication/2015_CVPR

Note

Note

Note

Note

Note

Note

Note

Note